Meeresbiologie

Pierre Tardent

Meeresbiologie

Eine Einführung

116 Abbildungen, 26 Tabellen

Georg Thieme Verlag Stuttgart 1979

Prof. Dr. PIERRE TARDENT, Zoologisch-Vergl. Anatomisches Institut der Universität, Winterthurerstraße 190, CH-8057 Zürich

CIP-Kurztitelaufnahme der Deutschen Bibliothek

Tardent, Pierre:
Meeresbiologie : e. Einf. / Pierre Tardent. –
Stuttgart : Thieme, 1979.
ISBN 3-13-570801-2

Satz: Tutte Druckerei GmbH, Salzweg-Passau, gesetzt auf Linotype VIP
Druck: Druckhaus Dörr, Inh. Adam Götz, Ludwigsburg

ISBN 3-13-570801-2

Vorwort

Trotz des Griffes nach dem Weltraum haben die Meere in den Nachkriegsjahren in zunehmendem Maß die Aufmerksamkeit einer breiten Öffentlichkeit und der Wissenschaft auf sich gezogen. Das Wissen um die Tatsache, daß die größere Portion unseres Planeten bislang nur zögernd einen kleinen Teil ihrer Geheimnisse preisgegeben hatte, stellt für die geophysikalischen und biologischen Wissenschaften eine Herausforderung dar. So hat denn auch das sich immer rascher anhäufende Wissensgut seinen Niederschlag in einer fast nicht mehr überblickbaren Fachliteratur gefunden. Das vorliegende Buch soll vorab dem Studenten im Hinblick auf eine vertiefte Auseinandersetzung mit der vielschichtigen Materie einen anregenden Einblick in die Besonderheiten der marinen Biosphäre vermitteln. Dem naturwissenschaftlich interessierten Laien mag es helfen, wenigstens einen Teil der Fragen zu klären, die sich anläßlich immer häufigerer Kontakte mit dem Meer und seinen Bewohnern unweigerlich aufdrängen. Das Gerüst des Buches ist das meiner seit Jahren an der Universität Zürich für Studenten der Biologie gehaltenen Vorlesungen. Das darin verarbeitete Erfahrungsgut des Binnenländers stammt aus einem Jahrzehnt unvergeßlicher Tätigkeit an der Zoologischen Station von Neapel und von zahlreichen Aufenthalten an gastfreundlichen französischen und amerikanischen Meeresstationen.

Ich habe versucht, in einer gedrängten Form möglichst viele verschiedene Aspekte der Meeresbiologie zu beleuchten und dem Leser in Verflechtung mit anderen Themenkreisen einen Eindruck vom Formenreichtum der marinen Flora und Fauna zu vermitteln. Es soll und kann jedoch kein Bestimmungsbuch sein, sondern vermag den Uneingeweihten höchstens behilflich sein, eine Pflanze oder ein Tier in eine der großen systematischen Kategorien einzuordnen. Aus Platzgründen konnte im Literaturverzeichnis nur ein Teil der vielen empfehlenswerten Bücher und Schriften aufgeführt werden.

Es ist mir ein Anliegen, all jenen zu danken, die mir bei der Verwirklichung dieses Buches behilflich waren: allen voran *meiner Frau*, die das Manuskript geschrieben und einen wesentlichen Teil der Detailarbeit übernommen hat, dann den Graphikerinnen *A. Kohl* und *C. Tardent* welche die Abbildungen nach meinen Entwürfen mit viel Sorgfalt und Sachkenntnis ausgeführt haben. Vieler Kollegen Wissen und Geduld durfte ich dankbar in Anspruch nehmen. Es sind dies, neben anderen, Frau *A. Honegger*, Frau *H. Kishimoto*, die Herren *R. Bachofen, H. Rieber, F. Waldner, R. Wehner* (alle Univ. Zürich), die Kollegen *H. Bolli, A. Gansser* (ETH Zürich) und *L. Hottinger* (Univ. Basel). Nicht zuletzt gilt mein Dank und meine Anerkennung dem Verlag und Herrn Dr. *Bremkamp* für das mir entgegengebrachte Verständnis.

Zürich, im Februar 1979 PIERRE TARDENT

Inhaltsverzeichnis

1. Die Meere als Lebensraum

1.1. Dimensionen und Tiefen

Die Biosphäre unseres Planeten schließt sämtliche Räume ein, innerhalb derer sich Leben in irgend einer Form erhalten und entfalten kann. Sie erstreckt sich über die gesamte Oberfläche des Erdballs und reicht von der größten bisher bekannt gewordenen Meerestiefe (11033 m u. M.) bis in eine Höhe von ca. 6000 m ü. M. Sie läßt sich in die folgenden 4 großen Lebensräume aufteilen: in einen, die unterste Schicht der Atmosphäre beanspruchenden Luftraum, in Festland, in die Gesamtheit der Süßgewässer (Seen, Teiche und Flüsse) und in die salzhaltigen Meere.

Letztere bedecken ca. 361,1 Millionen Quadratkilometer (km^2), d. h. 70,8% der gesamten Erdoberfläche (510 Mio. km^2 = 100%). Dieses Verhältnis zwischen Festland und Hydrosphäre verschiebt sich in der südlichen Hemisphäre noch mehr zugunsten der Meere (19:81%). Das Volumen des marinen Lebensraumes beträgt schätzungsweise 1,375 Milliarden Kubikkilometer (km^3).

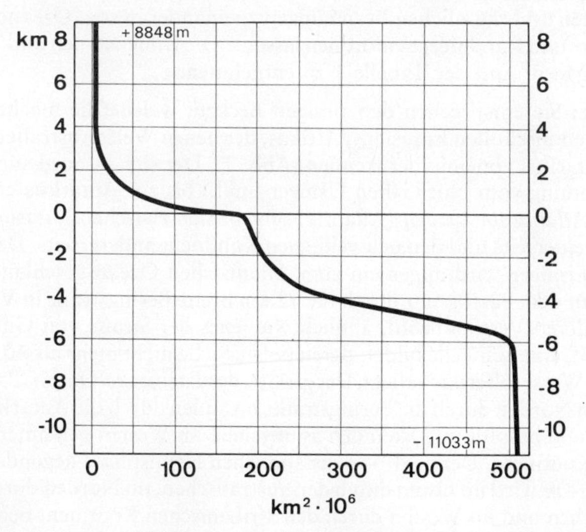

Abb. 1 Diese hypsographische Kurve zeigt an, welche Anteile (in km^2) der Erdoberfläche in welcher Höhe über, bzw. Tiefe unter der Meeresoberfläche liegen (nach *McLellan* 1968).

Da eine derart gigantische Maßzahl unser Vorstellungsvermögen ganz einfach überfordert, kann diesem mit dem folgenden Modell nachgeholfen werden: Hätten die Wassermassen der Ozeane die Gelegenheit, sich gleichmäßig über einer ausgeebneten Erdkruste auszubreiten, dann entstünde ein zusammenhängendes, den ganzen Erdball bedeckendes Weltmeer, dessen Tiefe mit etwa 3 600 – 3 800 m zu veranschlagen wäre. Dieser Bereich kann demnach als Richtzahl für die mittlere Tiefe der heutigen Meere gelten.

Die größte bisher ermittelte Tiefe, das Vitiaztief (–11 033 m), liegt im pazifischen Marianengraben östlich der Philippinen (Abb. 2). Dort und in anderen Tiefseegräben übertrifft die zwischen dem tiefsten Punkt und der Meeresoberfläche vertikal gemessene Distanz bei weitem jene, welche die Spitze des höchsten Berges der Erde (Mount Everest, 8848 m ü. M.) lotrecht gemessen vom mittleren Meeresspiegel trennt. Die hypsographische Kurve in Abb. 1 gibt für die gesamte Erdoberfläche die Verteilung der auf den mittleren Meeresspiegel bezogenen Höhen über Meer (ü. M.) und Tiefen unter dem Meeresspiegel (u. M.). Danach breiten sich 58% der Meeresfläche über Tiefen von mehr als 4 000 m aus.

1.2. Zur Geomorphologie der Meere

In seiner derzeitigen Erscheinungsform gliedert sich das zusammenhängende Weltmeer in eine Reihe von mehr oder weniger deutlich voneinander abgesetzten Becken, die sich aufgrund ihrer geomorphologischen Eigenheiten und räumlichen Beziehungen zueinander in sog. Ozeane, Mittelmeere und Randmeere einordnen lassen.* Die Dimensionen und Tiefen dieser Meere sind der Tabelle 1 zu entnehmen.

Ozeane: Sie entsprechen den riesigen Becken, welche die mächtigsten Kontinentalschollen Eurasiens, Afrikas, der neuen Welt, Australiens und der Antarktis voneinander trennen (Abb. 2). Der sich in nord-südlicher Ausdehnung vom Nördlichen Eismeer (inkl.) bis zur Antarktis erstreckende *Atlantische Ozean* (Atlantik) schiebt sich zwischen Eurasien und Afrika einerseits und den neuweltlichen Kontinent andererseits. Das arktische Eismeer wird allgemein zum Atlantischen Ozean geschlagen. Es steht mit dem Pazifik nur durch die 92 km breite Beringstraße in Verbindung, deren Vertikalprofil, ähnlich wie jenes der Straße von Gibraltar (Abb. 3), eine Schwelle bildet, deren tiefste Stelle nicht mehr als 40 m unter der Wasseroberfläche liegt. Der größte, der *Pazifische Ozean* (Pazifik), wird im Norden durch die Beringstraße, im Süden durch die Antarktis begrenzt und bespült im Osten den asiatischen, im Westen den amerikanischen Kontinent. Der zu 4/5 in der südlichen Hemisphäre liegende *Indische Ozean* wird im Osten durch den australischen, im Norden durch den asiatischen und im Westen durch den afrikanischen Kontinent begrenzt.

* Diese Systematik wurde 1846 von der Royal Geographical Society (London) festgelegt.

Tabelle 1 Flächen und Tiefen der Ozeane und Meere
O = Ozean, M = Mittelmeer, R = Randmeer (Die Nummergebung entspricht jener der Abb.2)

Geographische Bezeichnungen		Fläche in 1 000 km²	approx. Volumen in 1 000 km³	Tiefen in m mittl.	max.
A. Atlantischer Raum		**106 572**	**350 912**	**3 332**	**9 219**
1. Atlantischer Ozean (Atlantik)	O	84 753	323 299	3 736	9 219 (1)
2. Arktisches Eismeer (Arkt. Mittelmeer)	M	12 257	13 702	1 117	5 449
3. Hudson-Bay	M	1 230	16	128	218
4. Amerikanisches Mittelmeer (Karibisches Meer und Golf von Mexiko)	M	4 357	9 427	2 164	7 448
5. Europäisches Mittelmeer	M	2 510	3 771	1 502	5 121 (2)
6. Schwarzes Meer	M	508	605	1 191	2 245
7. Nordsee	R	575	54	94	725
8. Ostsee	M	382	38	101	459
B. Indischer Raum		**74 118**	**284 608**	**3 840**	**7 450**
9. Indischer Ozean	O	73 427	284 340	3 872	7 450 (3)
10. Persischer Golf	M	238	24	100	
11. Rotes Meer	M	453	244	538	2 604
C. Pazifischer Raum		**181 344**	**714 410**	**3 940**	**11 033**
12. Pazifischer Ozean (Pazifik)	O	166 241	696 189	4 188	11 033 (4)
13. Beringmeer	R	2 261	3 373	1 492	5 091
14. Ochotskisches Meer	R	1 392	1 354	973	5 210
15. Japanisches Meer	R	1 013	1 690	1 667	4 225
16. Gelbes Meer 17. Ostchinesisches Meer	R R	1202	327	272	2719
18. Südchinesisches Meer	R	2 318			5 559
Übrige Bereiche		6 917	11 477		

(1) Milwaukee-Tief im Puerto-Rico-Graben, (2) Kap Matapan, (3) Planet-Tief im Sunda-Graben, (4) Vitiaz-Tief im Marianen-Graben.

Die Verbindungen zwischen den 3 Ozeanen sind von unterschiedlichem Ausmaß, jedoch breit genug, um einen wechselseitigen Austausch von Wassermassen und damit auch von Pflanzen und Tieren zu gestatten. Da der Pazifische und Indische Ozean auf relativ breiter Front aneinanderstoßen (Abb. 2), so daß einem Austausch von Organismen keine zwingenden Hindernisse in den Weg gelegt werden, faßt man diese beiden Ozeane oft als „indopazifischen Raum“ zu einer einzigen biogeographischen Einheit zusammen.

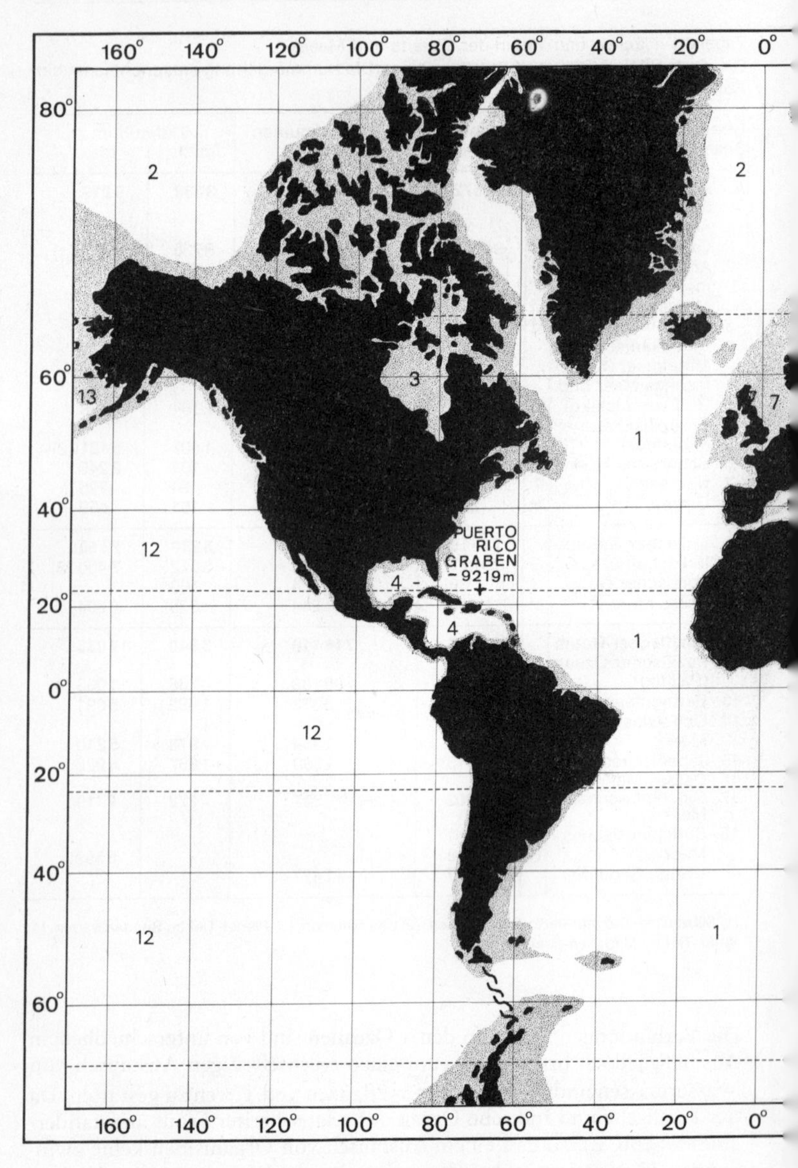

Abb. 2 Geographische Gliederung der Ozeane und Meere sowie Ausdehnung der zurzeit überfluteten Kontinentalsockel (graue Flächen). Die Grenzen zwischen den Ozeanen sind durch Wellenlinien gekennzeichnet (vgl. Tab. 1).

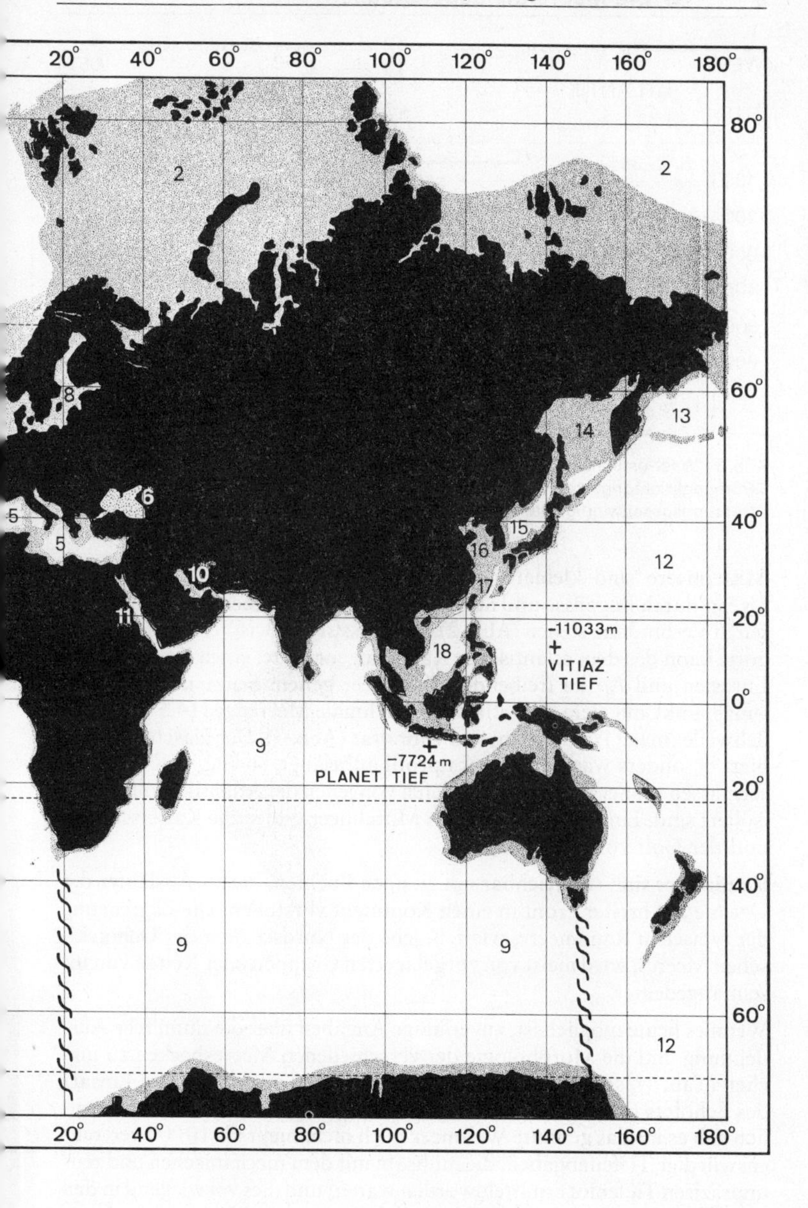
20° 40° 60° 80° 100° 120° 140° 160° 180°
80°
60°
40°
20°
0°
20°
40°
60°
2
2
8
13
14
6
5
5
15
16
12
10
17
11
-11033m
VITIAZ
TIEF
18
9
-7724m
PLANET TIEF
9
9
12

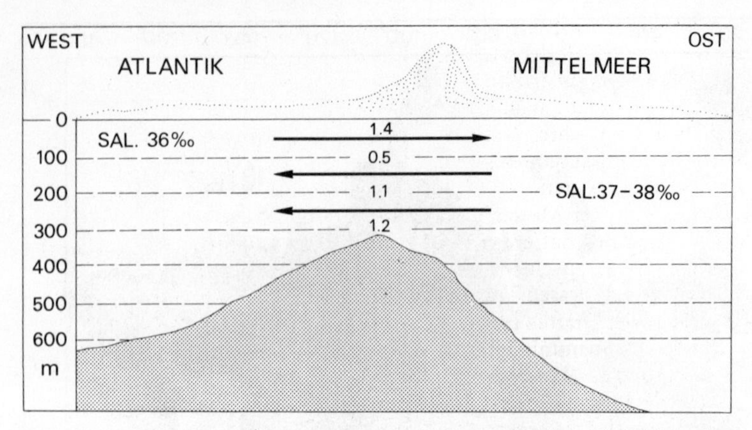

Abb. 3 West-östliches Profil durch die Meerenge von Gibraltar. Die Pfeile geben Strömungsrichtungen an. Die Zahlen zwischen den Pfeilen sind Richtwerte für die Strömungsgeschwindigkeiten in Knoten (Tab. 2) (SAL = mittlere Salinitätswerte).

Mittelmeere sind kleinere Meeresbecken, die mit dem benachbarten Ozean durch Engpässe und Schwellen unterschiedlicher Breiten und Tiefen in Verbindung stehen (Abb. 2). Als klassisches Beispiel für diese Kategorie kann das dem atlantischen Raum zugeordnete, einen Keil zwischen Eurasien und Afrika treibende Mittelmeer gelten. Sein einziger Berührungspunkt mit dem Atlantik ist die schmale Meerenge (14,5 km) bzw. Schwelle (max. Tiefe 300 m) von Gibraltar (Abb. 3). Der Flaschenhals ist hier, besonders was sein Vertikalprofil anbelangt, so eng, daß die Wassermassen großer mediterraner Tiefen von jenen des Atlantiks vollständig isoliert sind. Ein weiteres typisches Mittelmeer bilden die Karibische See und der Golf von Mexiko.

Randmeere sind vergleichbar mit riesigen Buchten, die als Ausläufer der Ozeane auf breiter Front in einen Kontinent vorstoßen. Die Begrenzung der typischen Randmeere, wie z. B. jene der Nordsee oder des Ochotskischen Meeres, wird meist von vorgelagerten Gruppen oder Ketten von Inseln angedeutet.

Wenn es heute möglich ist, zuverläßige Angaben über die räumliche Ausdehnung und die Morphologie der verschiedenen Meeresbecken zu machen (Tab. 1), so ist dies der Erfindung und dem systematischen Einsatz des Echolots (Kap. 1.4.) zu verdanken. Um die Jahrhundertwende nämlich gab es für das gesamte Weltmeer noch nicht mehr als 10000 vertrauenswürdige Tiefenangaben, die mühsam mit dem mechanischen und teils unpräzisen Tiefenlot ermittelt worden waren; und dies vorwiegend in den rege befahrenen Küstengewässern. Auf die gesamte Meeresfläche bezogen, bedeutet dies weniger als 1 Lotung je 30000 km². Diese lückenhaften

Angaben waren selbstverständlich außerstande, ein plastisches Bild von der wahren Gestalt der Meeresbecken zu vermitteln, so daß sich die alte Vorstellung von unstrukturierten, jeder geomorphologischen Abwechslung entbehrender „Wannen" fast bis in die Mitte unseres Jahrhunderts zu halten vermochte. Nach der Inbetriebnahme des Echolots in den Nachkriegsjahren reihten sich mehr und mehr Tiefenprofile nebeneinander und verdichteten sich zu Reliefs, in denen sich nach und nach die wahre Gestalt der Meeresbecken, die Unterwasserlandschaften und die Struktur und Beschaffenheit des Meeresgrundes offenbarten. Damit war der Grundstein zu einem neuen dynamischeren geomorphologischen Konzept gelegt, dessen Tragweite füglich zu den größten wissenschaftlichen Errungenschaften unseres Jahrhunderts gezählt werden dürfen. Die wichtigsten Erkenntnisse lassen sich wie folgt zusammenfassen:

- Der Grund der Meeresbecken, wie er sich heute darbietet, bildet nicht eine öde, unstrukturierte Mulde, sondern entspricht abwechslungsreichen, von Bergketten und Vulkankegel bereicherten und von Grabenbrüchen durchfurchten Unterwasserlandschaften, die dem Vergleich mit kontinentalen Landschaften durchaus standhalten.
- Die Kontinente selber sind große, die obere Schicht der Lithosphäre darstellende bewegliche Platten oder Schollen (Abb. 4–6), deren periphere Bereiche als mehr oder weniger weit ausgedehnte **Kontinentalsockel** (Kontinentalschelf, „continental shelf", Abb. 2, 5) von den litoralen Meeren überflutet werden. Wie an einem Tischrand fällt der Meeresgrund an der äußeren Kante des Schelfs unterschiedlich steil in größere Tiefen ab. Die über den Kontinentalsockeln gemessenen Wassertiefen unterschreiten nur in Ausnahmefällen 200 m. Etwa 7,6% (27,1 Mio. km^2) der gesamten Meeresoberfläche breiten sich über den Kontinentalsockeln aus (Abb. 2). Es gibt Meere, sog. Schelfmeere, wie z.B. die Nordsee und die Ostsee, die in ihrer ganzen Ausdehnung über dem Kontinentalsockel liegen. Die außerhalb des Kontinentalplateaus den Meeresgrund bildende Erdkruste (ozeanische Lithosphäre) ist im allgemeinen dünner als die Kontinentalplatten (Abb. 5). Diese ozeanischen Platten sind nur zum Teil mit den kontinentalen fest verwachsen. Andere, rein ozeanische Platten der Lithosphäre, wie z.B. die pazifischen, bilden mobile Kontakte mit den Kontinentalschollen und verschieben sich unabhängig von diesen.
- Die Ermittlung der meist unter Wasser liegenden, wahren Umrisse der Kontinentalplatten, die den geographischen Küstenlinien (Abb. 2) nur stellenweise folgen, verlieh der von WEGENER bereits 1915 formulierten Theorie der **Kontinentalverschiebung** neue Aktualität, lassen sich doch die Umrisse der heute voneinander getrennten Kontinentalplatten in einem Puzzle-Spiel noch besser als die Küstenlinien zusammenfügen (Abb. 6a).
- Durch seismische, geomagnetische, geologische sowie palaeontologische Untersuchungen ließ sich die Vermutung bestätigen, wonach die

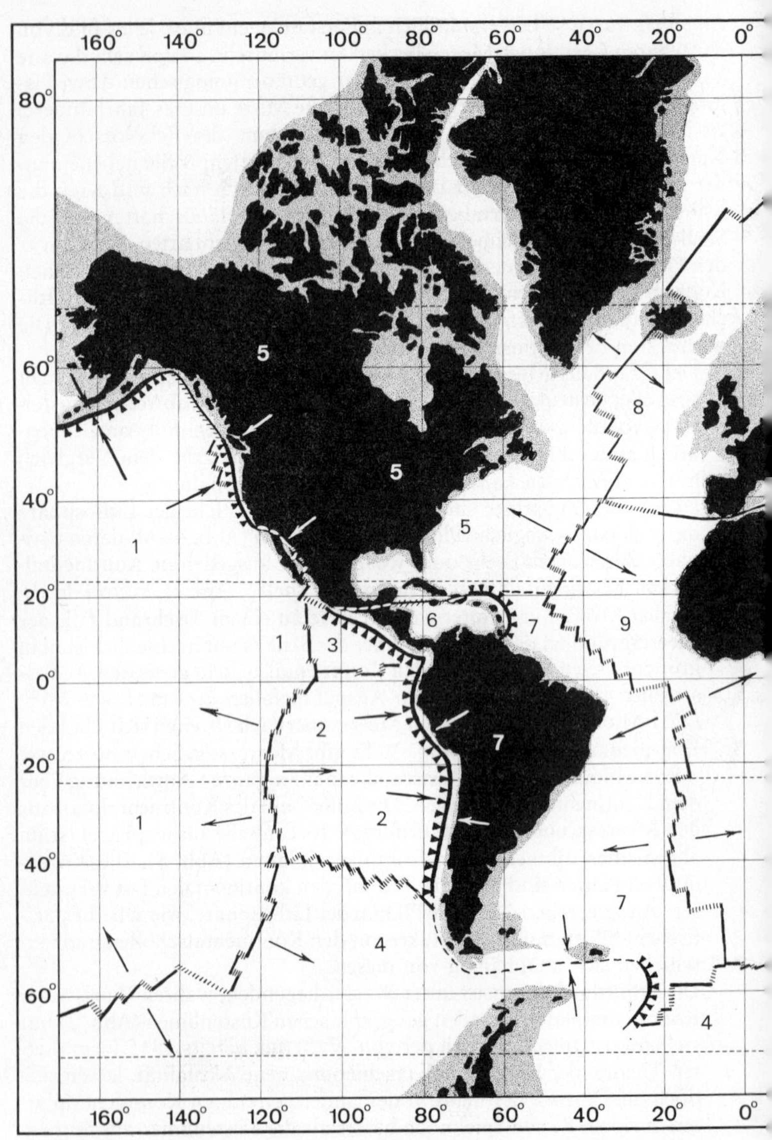

Abb. 4 Das bis heute ermittelte Mosaik kontinentaler und ozeanischer Platten. Die Pfeile deuten die derzeitigen Bewegungsrichtungen der Platten an (vgl. Abb. 5). – = Verlauf der mittelozeanischen Rücken, wo die Platten auseinanderweichen; //// = Bruchzonen, wo Plattenränder aneinander vorbeigleiten; ▼▼▼ = Konvergenzränder mit Unterschiebung (Subduktion); ---- = unsicherer Verlauf der Plattengrenzen.

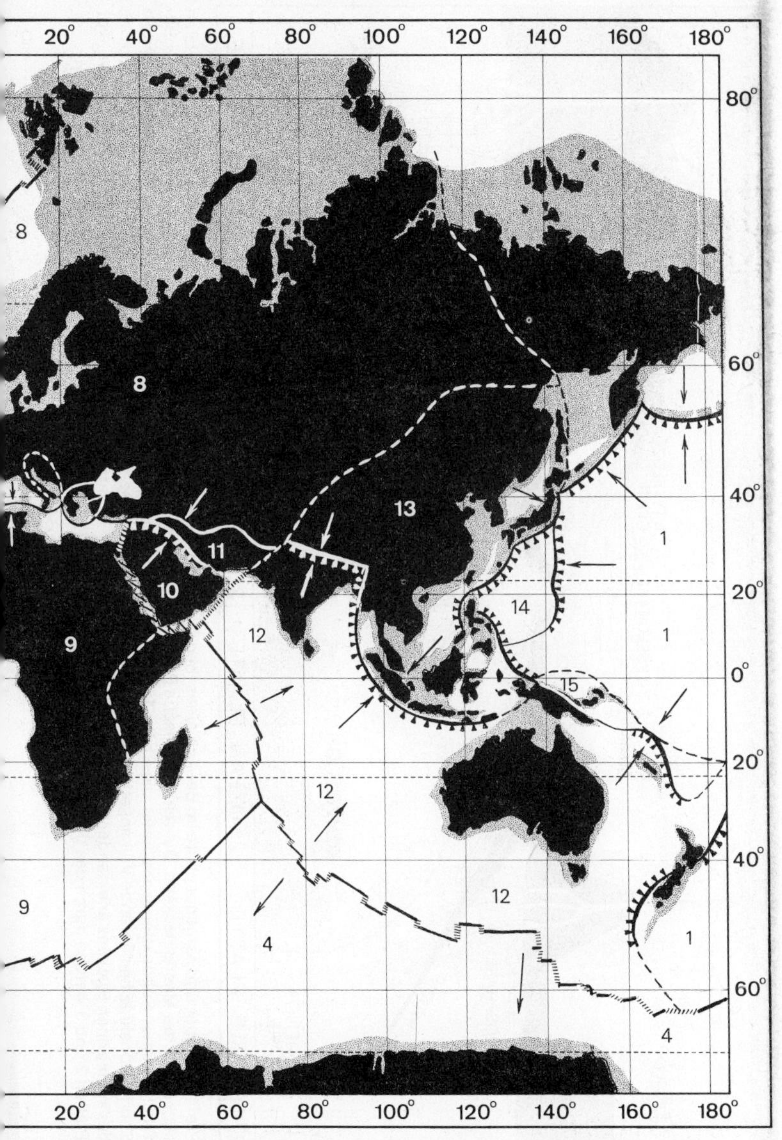

1. Pazifische –; 2. Nasca –; 3. Cocos –; 4. Antarktische –; 5. Nordamerikanische –; 6. Karibische – ; 7. Südamerikanische – ; 8. Eurasische – ; 9. Afrikanische – ; 10. Arabische – ; 11. Persische – ; 12. Australianische – ; 13. Südostasiatische – ; 14. Philippinische – ; 15. Bismarck-Platte (Zusammengestellt nach *Bullard* 1969; *Dewey* 1972; *Rona* 1973).

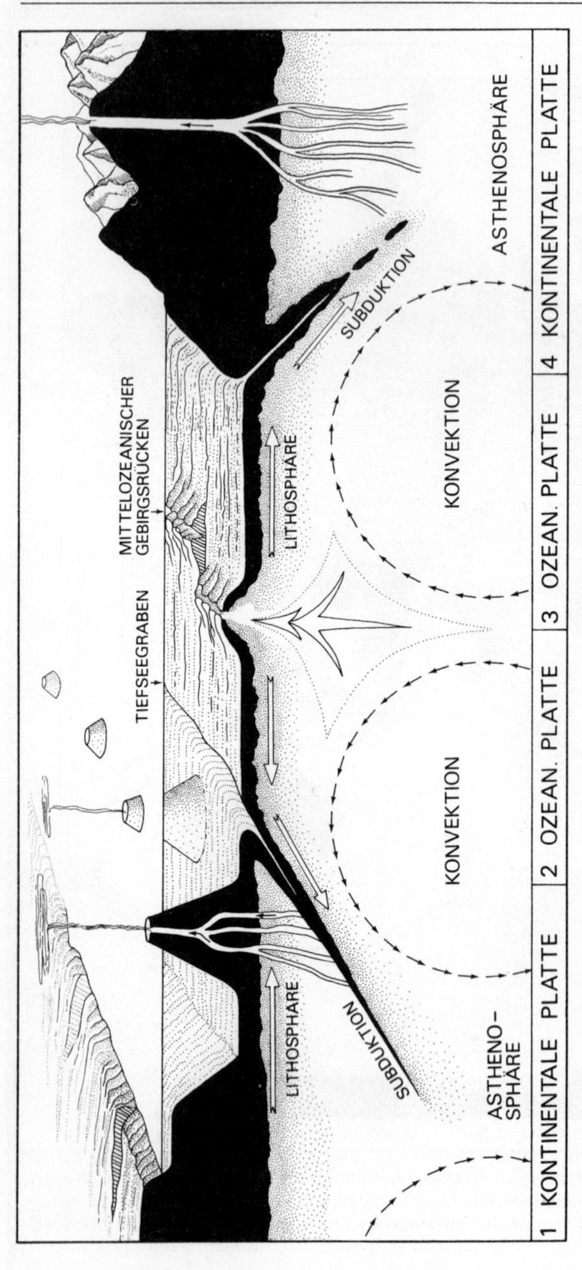

Abb. 5 Profil der Litho- und Asthenosphäre im Bereich eines theoretisch rekonstruierten Meeresbeckens. Die rein ozeanische Platte 2 schiebt sich in einer Subduktionszone unter die Platte 1, wobei eine die Subduktionslinie flankierende Vulkankette entsteht. Die im Bereich des submarinen Rückens aneinander stoßenden, rein ozeanischen Platten 2 und 3 werden durch das dort aufquellende (Pfeil) und an der Oberfläche erstarrende Magma in entgegengesetzten Richtungen auseinander getrieben. Platte 3 schiebt sich unter Bildung eines Tiefseegrabens (Tiefseesenke) unter die kontinentale Platte 4 (leere Pfeile = Bewegungsrichtungen der Platten; kleine Pfeile = vermutete Konvektionsströme der Asthenosphäre; vgl. Abb. 4).

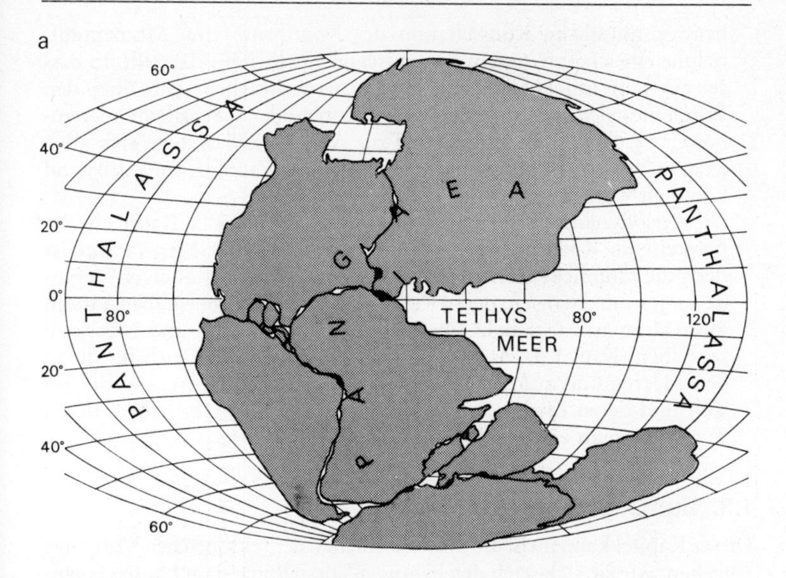

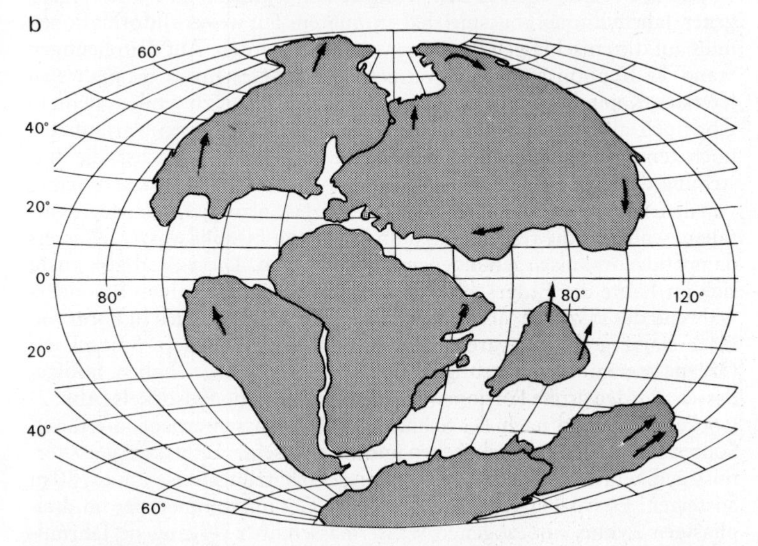

Abb. 6 Zwei aufeinanderfolgende Momentaufnahmen der auseinanderbrechenden *Pangaea* (a) und der daraus resultierenden Verschiebungen der Kontinente (Pfeile = Bewegungsrichtungen der Kontinente). **a**) Situation vor ca. 200 Millionen Jahren (Perm). **b**) Situation vor ca. 135 Millionen Jahren (Jura, Erdmittelalter) (nach *Dietz* u. *Holden* 1970).

heutige räumliche Konstellation der Kontinente eine Momentaufnahme eines langfristigen, dynamischen Geschehens darstellt, in dessen Verlauf lithosphärische Platten entzweibrachen, sich über den Erdmantel gleitend voneinander entfernten oder sich aufeinander zubewegten. Es besteht kein Grund zur Annahme, daß diese sich auch jetzt vollziehenden Bewegungen in absehbarer Zukunft zum Stillstand kommen werden.

– Diese geodynamischen Prozesse haben für den marinen Raum ebenso tiefgreifende Konsequenzen wie für die Kontinente selber, war und ist doch die räumliche Konstellation der Meeresbecken ständigen Veränderungen unterworfen, deren Kenntnisse es uns heute erlauben, eine in ihrer Dramatik fesselnde Geschichte der Kontinente und Meere zu schreiben (Kap. 1.3., Abb. 6). Dieses Geschehen muß auch für die in den Meeren und auf den Kontinenten heimische Pflanzen- und Tierwelt und deren Evolution große Konsequenzen gehabt haben, deren Tragweite man erst zu ahnen beginnt.

1.3. Zur Geschichte der Meere

Dieses Kapitel kann nicht auf alle Einzelheiten der tektonischen Vorgänge eingehen, wie sie sich nach den heutigen Vorstellungen im Laufe vergangener Jahrmillionen abgespielt haben mußten. Für weitere Informationen muß auf die einschlägige Literatur verwiesen werden. Auf dem heutigen Stand der Kenntnisse, wäre es vermessen, diese Geschichte bis in ihre allerersten Kapitel der Erdentstehung zurückverfolgen zu wollen; denn es gibt noch allzuviele Phasen dieses Geschehens, für deren Verlauf sich noch keine plausiblen Erklärungen anbieten. Es gälte zunächst, die Entstehung der großen Wassermassen der Hydrosphäre zu rekonstruieren, von denen heute schätzungsweise 97% auf das Salzwasser der Meere entfallen, während die restlichen 3% in Form von Eis, Süßwasser, Wasserdampf oder organisch gebundenem H_2O vorliegen. Dieses Verhältnis mag sich im Laufe der Erdgeschichte mehrmals verändert haben, besonders während der Eiszeiten, als wesentlich größere H_2O-Mengen in Form von Eis erstarrt gewesen waren. Damals mußte der mittlere Spiegel der Ozeane gegenüber dem heutigen wesentlich tiefer gelegen haben. Infolgedessen wurden große Portionen des heutigen Kontinentalsockels (Abb. 2) trockengelegt und nach der Schmelze der Eismassen erneut überflutet. Sollten sich die jetzigen arktischen und antarktischen Eismassen ganz verflüssigen, würde der heutige Meeresspiegel schätzungsweise um ca. 80 m ansteigen. Es wird angenommen, daß das Gesamtvolumen der im dreiphasigen Zyklus einbezogenen Wassermassen über vergangene Jahrmillionen hin mehr oder weniger konstant geblieben ist. Das Weltmeer muß vor 3,8 bis 3,5 Milliarden Jahren entstanden sein; in einer Phase der Erdgeschichte also, in der die Erdkruste schon in erhärtetem Zustand vorlag. Unverständlich ist u. a., weshalb sich in jenem Zeitpunkt so viel Wasser an der Erdoberfläche halten konnte, d.h. warum es nicht in Form von Wasserdampf zusammen mit anderen leichten Molekülen (z.B. Neon) ans All verloren ging. Inwieweit solche Verluste tatsächlich stattgefunden haben, durch Austreten von Wasser und Wasserdampf aus dem Erdinnern jedoch laufend kompensiert werden konnten, stellt ein weiteres ungelöstes Problem dar.

Diese Wassermassen konnten sich in der flüssigen Form nur über einer, durch Abkühlung erstarrten Erdkruste erhalten, die heute im ozeänischen Bereich eine mittlere Dicke von 6 km, im kontinentalen eine solche von 30 km aufweist (Smith 1974). Die Lithosphäre bildet nach neuen Erkenntnissen alles andere als einen um das flüssige Innere des Erdballs gelegten, reglosen Panzer. Sie setzt sich vielmehr aus einer Anzahl riesiger Platten oder Schollen (Abb. 4,5) zusammen, die sich wie Eisberge langsam, aber stetig auf dem viskös-flüssigen Erdmantel (Asthenosphäre, Abb. 5) verschieben. Die pazifischen „Platten“ z.B. sind in ihrer ganzen Horizontalausdehnung von Wasser überflutet und bilden den Boden des pazifischen Beckens. Andere dieser Schollen sind nur teils überflutet und tragen die über das Wasser hinausragenden Kontinente oder Teile derselben (Abb. 5), welche alle diese Verschiebungen getreulich mitmachen.

Tabelle 2 Umrechnungen von nautischen Maßeinheiten

	km Kilometer	m Meter	cm Zentimeter
Streckenmaße:			
1 Seemeile, (brit.) „nautical mile“	1,85318	1853,18	
1 Seemeile, (USA) „nautical mile“	1,85324	1853,24	
Tiefenmaße:			
1 Fuß, „foot“ (ft)		0,3048	30,48
1 Faden, „fathom“ (= 6 Fuß)		1,829	182,9
Geschwindigkeitsmaß:			
1 Knoten (= 1 Seemeile/h)	1,853/h	1853/h	

Die Geschwindigkeiten des Auseinanderweichens bzw. der Annäherung von zwei auf benachbarten Platten befindlichen Fixpunkten liegen in Größenordnungen von 1–8 cm/Jahr, bzw. 10–80 km/1 Million Jahre. Mit den Maßstäben der geologischen Zeitrechnung gemessen, zeugen diese Werte für ein geradezu hektisches Geschehen. Wie aus neuen erdmagnetischen, seismologischen und sedimentologischen Untersuchungen hervorgeht, ist z.B. das nordatlantische Becken nicht älter als 150 Mio. Jahre. Dies bedeutet, daß noch im frühen Erdmittelalter (Mesozoikum) direkte Landverbindungen zwischen dem heutigen Europa und Afrika einerseits und dem amerikanischen Kontinent andererseits bestanden haben mußten (Abb. 6a) und daß sich diese Kontinente von jenem Zeitpunkt an unter Bildung eines neuen Ozeans immer weiter voneinander entfernten. Diese Bewegungen sind noch heute in vollem Gang. Dafür spricht u. a. die anhand von Tiefseebohrungen (Abb. 7b) gewonnene Erkenntnis, wonach die ältesten im atlantischen Becken nachgewiesenen, biogenen Sedimente aus der Kreidezeit (Mesozoikum) stammen. Die ältesten, aus der Frühzeit des Atlantiks stammenden Ablagerungen wurden erwartungsgemäß in Bohrkernen nachgewiesen, die beidseits des Atlantiks in Küstennähe gewonnen wurden. Sie haben sich somit, zusammen mit den Kontinentalplatten, in entgegengesetzter Richtung voneinander entfernt.

Die Naht- und Kontaktstellen zwischen benachbarten Platten sind Bereiche ausgeprägter tektonischer Unruhe, die sich u. a. in einer lokalen Häufung von seismischen Ereignissen (Erdbeben) manifestiert. Alle auf der Karte (Abb. 4) angegebenen Grenzlinien sind deshalb als erdbebengefährdete Gebiete bekannt. Es gibt 4 verschiedene Kategorien von Nahtstellen zwischen aufeinandertreffenden Platten der Lithosphäre: Beim einen Typ gleiten die benachbarten Platten ganz einfach aneinander vorbei. Bei einem anderen Typ schiebt sich die eine der sich aufeinander zu bewegenden Platten über den Rand der anderen und drückt diese in die Tiefe, wo sie sich – in den Bereich der Asthenosphäre gelangt – wieder verflüssigt. An diesen Stellen der Unterschiebung (Subduktion) entstehen die ausgesprochenen Tiefseegräben, die z. T. von Vulkanketten flankiert sind (Abb. 5). Bei der dritten Art prallen die Platten frontal aufeinander, wodurch parallel zur Kontaktlinie verlaufende Gebirgszüge aufgeworfen werden.

Die vierte Kategorie von Nahtstellen ist dadurch gekennzeichnet, daß sich in ihrem Bereich die benachbarten Platten in entgegengesetzten Richtungen voneinander wegbewegen. Diese Berührungslinien entsprechen den durch die Mitte aller drei Ozeane ziehenden, submarinen Gebirgsrücken (Abb. 4,5). Dort quillt in der Spalte zwischen den benachbarten Platten zähflüssiges Magma auf, das erstarrt und sich zu Basalt verfestigt. Im Rahmen des 1971 begonnenen Famous-Projekts („French-American-Mid-Ocean-Undersea-Study“), dessen Ziel die Erforschung des Mitt-Atlantischen Rückens war, konnte die Besatzung des Bathyscaphs „Alvin“ diese wichtige Stelle vom Fahrzeug aus direkt untersuchen, wobei die angetroffenen Gesteinsformationen die gemachten Erwartungen noch übertrafen. Der Meeresgrund ist dort übersät mit wurstförmigen und sphärischen Basaltmassen, die wie zähflüssige Paste aus einer Tube gepreßt aus dem Erdinnern an die Oberfläche gelangten und hier unter Bildung bizarrster Formen erstarrten. Dieses langsame Aufquellen von Magma ließ und läßt Gebirgsrücken entstehen, die durch die Mitte der Ozeane ziehen. Durch dieses Geschehen wird kontinuierlich neue ozeanische Erdkruste an den Kanten der an diesen Stellen auseinanderweichenden Platten angelagert. Über die Art der geophysikalischen Kräfte, welche diese Bewegungen verursachen, herrscht noch Uneinigkeit. Nach der Zug-Theorie läge die primäre Ursache darin, daß der in der Subduktionszone absinkende Schollenrand die ganze Platte nach sich zieht. Der dadurch an der gegenüberliegenden Kante der Platte entstehende Spaltraum würde demnach passiv durch aufstoßendes Magma gefüllt. Die Stemm-Theorie ihrerseits erkennt gerade in diesem Aufquellen des Magmas die treibende Kraft, welche die benachbarten Platten aktiv auseinanderstemmt. Beide Thesen stützen sich auf die Vermutung, wonach sich innerhalb der zähflüssigen Asthenosphäre Konvektionsvorgänge abspielen, die als primäre Ursache der tektonischen Bewegungen in Frage kommen (Abb. 5).

Die historische Rekonstruktion dieser dynamischen Prozesse legt die Vermutung nahe, daß es gegen Ende des Erdaltertums, d.h. vor etwa 200 Millionen Jahren, zu einer Zeit also, als die marine Fauna und Flora schon in voller Entwicklung waren und das Festland bereits erobert hatten (Kap. 2.1.), in der südlichen Halbkugel einen einzigen, zusammenhängenden Kontinent, die sog. Pangaea gab, die von einem einzigen Ozean (Panthalassa) umspült war (Abb. 6a). Dieser Urkontinent zerbrach in der Folge in einzelne Schollen, die in langsamen, aber stetigen Bewegungen auseinanderwichen, so daß die Wasser der sich entsprechend gliedernden Panthalassa zwischen die neuen Subkontinente einströmen konnten. Wie in Abb. 6 dargestellt, entstand so nach und nach die heutige Konstellation der Kontinente bzw. der Ozeane und Meere. Diese wird sich, wenn für unseren Zeitbegriff auch sehr langsam, weiterhin verändern, wobei aus der Kenntnis der derzeitigen Bewegungen langfristige Voraussagen in den Bereich des Möglichen gerückt sind.

Damit hat in großartiger Weise die Theorie eines einzelnen Wissenschafters ihre Bestätigung gefunden. Schon 1915 hatte nämlich der Geophysiker und Meteorologe ALFRED WEGENER (1880–1930) in einem Buch „Die Entstehung der Kontinente und Ozeane“ von einer „Pangaea“ gesprochen und das heute aufgrund zahlreicher Indizien als bewiesen geltende Phänomen der Kontinentalverschiebungen postuliert.

Diese großräumigen tektonischen Ereignisse haben in kleineren Regionen des Globus nicht weniger dramatische Vorgänge zur Folge gehabt, deren Auswirkungen auf die lokalen Floren und Faunen nicht übersehen werden dürfen. Dazu gehören u.a. die Entstehung großer bis an die Wasseroberfläche reichender z.T. wieder abgesunkener Vulkankegel, an deren Spitzen und Flanken sich neue benthische Biocoenosen entwickeln konnten (Kap. 3.4.3.), oder lokale Hebungen und Senkungen des Meeresbodens, wie sie beispielsweise im Litoral des Mittelmeeres stattgefunden haben und sich z.T. noch heute abspielen.

Zu erwähnen ist in diesem Zusammenhang auch die sich erhärtende Vermutung (HSÜ, 1976), wonach das Mittelmeer mindestens einmal (vor ca. 6 Mio. Jahren) trocken lag, weil sich zuvor die Schwelle bei Gibraltar gehoben hatte, so daß das normalerweise vom Atlantik eindringende Wasser (Abb. 3) die Verdunstung der mediterranen Wasser nicht mehr zu kompensieren vermochte.

1.4. Methoden und Geräte der geophysikalischen Forschung

Die sich nach dem zweiten Weltkrieg neben der Raumfahrt abzeichnenden wissenschaftlichen und strategischen Interessen für das Meer haben zu einer beschleunigten Entwicklung der ozeanographischen Technologie geführt.

Schiffe: Wie den Angaben der FAO („Food and Agriculture Organization of the United Nations") zu entnehmen ist, erreichte im Jahr 1969 die Zahl der von 68 Ländern für ozeanographische Zwecke gebauten und eingesetzten Forschungsschiffe ein Total von 1056 Einheiten, von denen die größten mehr als 10000 Tonnen verdrängen. Seetüchtige und für bestimmte Aufgaben spezialisierte Oberflächenfahrzeuge mit einer großen Autonomie sind in Anbetracht der Größe der zu bearbeitenden Räume eine unentbehrliche, wenn auch kostspielige Voraussetzung für die Erforschung der Meere. Auch hier, wie in anderen Sparten der Wissenschaft, hat sich eine konzertierte Zusammenarbeit dem Einzelgang als in jeder Hinsicht überlegen erwiesen. So war, gemessen an den Ergebnissen, das erste multinationale, von 1959 bis 1965 dauernde Projekt, das unter dem Namen „International Indian Ocean Expedition" (IIOE) lief, ein voller Erfolg.

Das Echolot: Das mit dem Radar vergleichbare Echolot, dessen Erfindung auf das Jahr 1924 zurückreicht, das aber erst in den Nachkriegsjahren weltweite Anwendung fand, ersetzt in erster Linie die mühsamen und zeitraubenden, mechanischen Tiefenmessungen, die bis anhin von Hand oder mittels spezieller Lotmaschinen ausgeführt werden mußten. Das kontinuierlich arbeitende Echolot besteht im Prinzip aus einem Schallgeber, einem Schallempfänger und einem Kurzzeitmesser (Abb. 7a). Die beiden ersten Geräte sind unter der Wasserlinie am Schiffsrumpf angebracht. Der Schallgeber sendet in kurzen Intervallen einzelne Schallimpulse im Frequenzbereich von 15–20 kHz aus. Die Geschwindigkeit, mit denen sich diese Impulse im Wasser fortbewegen, liegt zwischen 1450 und 1500 m/sec (Kap. 4.6.1.). Die einzelnen Schallimpulse, die sich dem Meeresgrund entgegen bewegen, werden von diesem reflektiert und kehren als Echo mit gleicher Geschwindigkeit in entgegengesetzter Richtung zum Ausgangsort zurück, wo sie vom Empfangsgerät registriert werden. Aus dem halben, zwischen der Aussendung des Schallimpulses und der Wahrnehmung des Echos liegenden Zeitintervall einerseits und der als Konstante geltenden Fortpflanzungsgeschwindigkeit des Impulses andererseits errechnet das Gerät die Distanz, die zwischen dem Sender und dem reflektierenden Meeresgrund bzw. irgend einem reflektierenden Objekt liegt. Diese Werte werden auf einem Schreiber registriert und liefern bei bekannter Geschwindigkeit und genau eingehaltenem Kurs des Fahrzeuges ein absichtlich überhöhtes Profil des Meeresbodens. Die neuen Geräte haben ein so gutes Auflösungsvermögen, daß sie größere Fische, Fischschwärme (Kap. 3.3., Abb. 8) oder sogar Plankton (Kap. 3.2., Abb. 32), die in den Bereich des Schallkegels geraten, zu lokalisieren vermögen. Die Qualität des Echos läßt außerdem Schlüsse über die Beschaffenheit des Meeresbodens zu: Scharfe Echolinien zeigen Hartböden oder Felsgründe an, während breite Echobanden auf lockere Weichböden (Sand, Schlamm) schließen lassen.

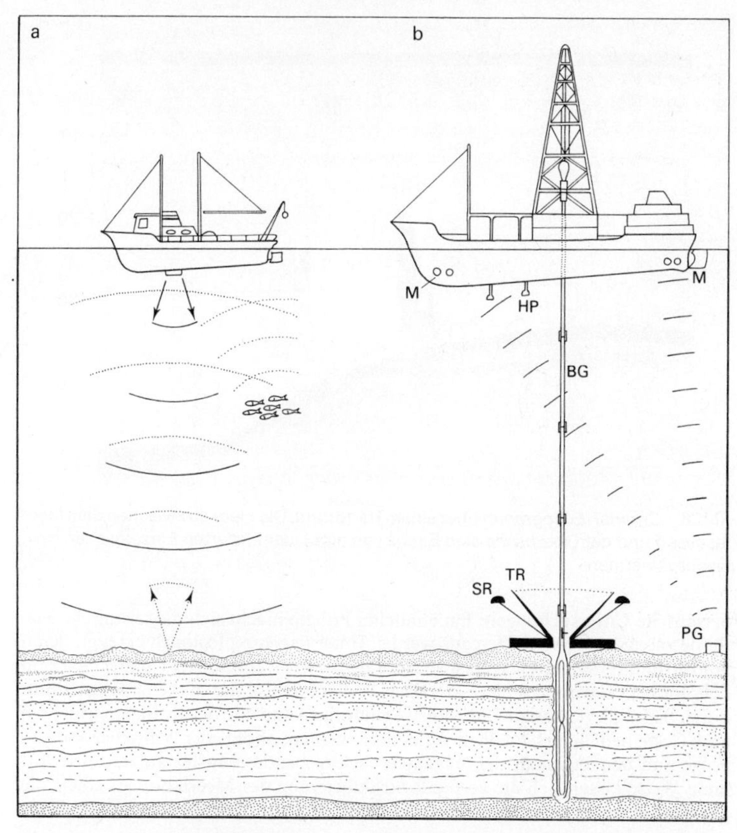

Abb. 7 **a**) Arbeitsprinzip des *Echolotes*. Die ausgezogenen Linien deuten die Ausbreitung der ausgesandten Ultraschallimpulse, die punktierten jene der als Echo vom Meeresboden, bzw. Fischen reflektierten Schallwellen (vgl. Abb. 8). **b**) Vereinfachte Darstellung der Arbeitsweise des Bohrschiffes „Glomar Challenger" (10500 Tonnen, Länge über alles 122 m, Besatzung bis 70 Mann). Das Schiff hält seine Position dank akustischer Peilung inne, die von einem am Meeresboden verankerten Gerät ausgeht (PG), dessen Signale von 4 Hydrophonen (HP) registriert werden. Diese steuern die unter der Wasserlinie angebrachten Propellermotoren (M), welche die Abweichungen des Schiffes von der idealen Position korrigieren. Der dem Meeresgrund aufliegende Trichter (TR) erlaubt das Wiedereinführen des Bohrgestänges (BG; Länge einer Gestängeeinheit = 27,4 m) ins Bohrloch. Dieser Prozeß wird durch Sonar-Reflektoren (SR) gesteuert, die am Trichter (TR) befestigt sind (mod. nach National Science Foundation 1970 „Deep Sea Drilling Project").

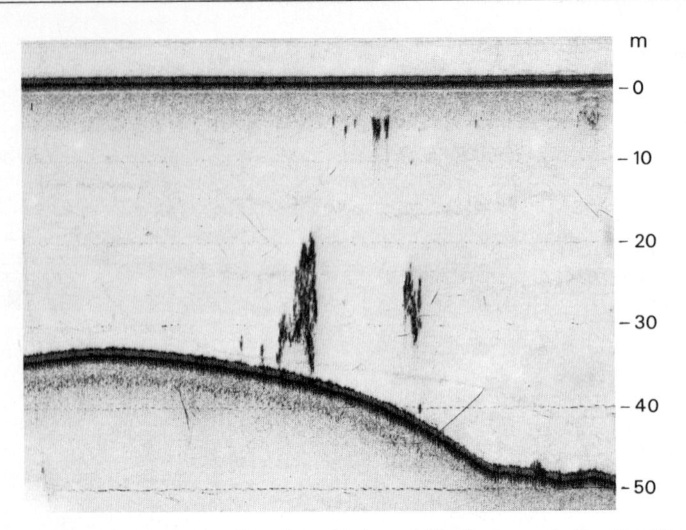

Abb. 8 *Original-Echogramm* über einem Hartgrund. Die Flecken zwischen dem Meeresgrund und der Oberfläche sind Echos von nicht identifizierten Einzelfischen bzw. Fischschwärmen.

Seismische Untersuchungen: Ein ähnliches Prinzip macht sich die seismische Methode zu eigen. Von Schiffen aus werden Unterwasserexplosionen erzeugt, deren vom Grund reflektierten Wellen an Bord registriert werden. Der Unterschied zum Echolot liegt darin, daß diese kräftigen Wellenimpulse durch die Sedimente hindurch bis in die verfestigte Lithosphäre eindringen und von den Sedimentschichten und Gesteinen unterschiedlich reflektiert werden, sodaß der Schreiber ein der Folge und dem Ausmaß der Schichten entsprechendes Muster aufzeichnet. Auf diese Weise lassen sich die vertikale Strukturierung des Meeresbodens sowie die physikalischen Eigenschaften der einzelnen Sediment- und Gesteinsschichten ermitteln und interpretieren.

Tiefseebohrungen: Die soeben erwähnten Methoden sind außerstande, Angaben über Identität und Beschaffenheit der einzelnen Schichten zu liefern. Diese Lücke kann heute durch die direkte Entnahme und Untersuchung von Bohrkernen geschlossen werden, deren Gewinnung selbst in großen Tiefen dank einer immer perfektionierteren Technologie möglich geworden ist. Pionierarbeit auf diesem Gebiet hat das von verschiedenen wissenschaftlichen Institutionen der USA ausgerüstete Bohrschiff „Glomar Challenger" (Abb. 7 b) geleistet, das im Rahmen des sog. JOIDES-Projekts (*J*oint *O*ceanographic *I*nstitutions *D*eep *E*arth *S*ampling) seit 1968 in allen Meeren, besonders in den geologisch aussagekräftigen Bereichen, Tiefseebohrungen durchführt. Es darf als eine technisch eindrückliche Leistung gelten, daß von einem Oberflächenfahrzeug aus, das dank einer elektronischen Steueranlage seine einmal gewählte Position beibehalten kann, ein Bohrgestänge über einer Wassertiefe von 6000 m und mehr noch bis 1500 m in die Sedimente und obersten Schichten der Lithosphäre vorgetrieben und wiederholt ins gleiche Bohrloch eingeführt werden kann. Die so gewonnenen Bohrkerne geben den Geologen und den Sedimentologen Auskünfte über Sequenz und Alter der organischen Sedimente und über die Beschaffenheit der darunter liegenden Basaltgesteine. Sie haben damit einen entscheidenden Beitrag zum Verständnis der Kontinentaldynamik (Kap. 1.3.) geleistet.

Messungen erdmagnetischer Feldmuster: Die Altersbestimmungen von ozeanischen Gesteinen stützen sich u. a. auf Untersuchungen, in deren Rahmen die erdmagnetischen Feldmuster aufgenommen werden. Die Methode bedient sich der Tatsache, daß die magnetische Achse der Erde im Verlauf deren Geschichte mehrmals und in unregelmäßigen Zeitabständen Richtungsänderungen erfahren hat. In den letzten 50 Mio. Jahren haben an die 135 solcher Umpolarisationen stattgefunden (BULLARD 1969). Eruptivgesteine, wie die Lava von Vulkanen oder der aus dem Erdinnern im Bereich der submarinen Gebirgsrücken (Abb. 5) aufquellende Basalt, werden bei ihrer Verfestigung entsprechend den in jenem Moment herrschenden Polaritätsverhältnissen magnetisch orientiert. Es hat sich gezeigt, daß die obersten Schichten der submarinen Lithosphäre beidseits der Gebirgsrücken ein spiegelbildliches Muster von magnetisch unterschiedlich polarisierten Basaltgesteinen aufweisen. Aufgrund dieses Musters lassen sich ausgehend vom Bildungsort das Alter der Gesteine und damit auch die Geschwindigkeit der Neuentstehung der ozeanischen Lithosphäre bzw. des Auseinanderweichens der Platten ermitteln. Diese Feldmessungen werden mit Magnetometern ausgeführt, die entweder in Flugzeugen eingebaut sind oder hinter einem Schiff nachgeschleppt werden.

Unterwasser-Television: Eine nützliche und verglichen mit anderen Methoden relativ billige Neuerung ist die Unterwasser-Television, mit deren Hilfe sich der Meeresboden und seine Bewohner von Schiffen aus indirekt beobachten lassen. Der Aktionsradius dieses Gerätes ist allerdings, der notwendigen Verbindungskabel zum Schiff wegen, beschränkt.

Unterwasser-Fahrzeuge: Alle indirekten Methoden vermögen direkte Beobachtungen an Ort und Stelle nicht zu ersetzen. Einzelne Wissenschafter haben den technischen Schwierigkeiten zum Trotz immer wieder nach Möglichkeiten gesucht, die es dem Menschen erlauben würden, selber in größere Tiefen vorzudringen. Zwischen den ersten, gegen Ende des 17. Jahrhunderts in England mit einfachen Taucherglocken durchgeführten Versuchen und dem historischen Datum (23. Januar 1960), an dem J. PICCARD und D. WALSH mit dem Bathyscaph „Trieste“ (Abb. 9) die tiefste Stelle des pazifischen Ozeans (10910 m u. M.) erreicht hatten, liegt eine lange technologische Entwicklung, die in eine versprechende Phase trat, als WILLIAM BEEBE und OTIS BARTON am 17. September 1932 mit einer druckfesten, an einem Kabel hängenden Tauchkugel (Durchm. 1,37 m, Wanddicke 3,2 cm) die beachtliche Tiefe von 900 m erreicht hatten. Dort konnten sie pelagische Organismen beobachten, die nie zuvor ein Mensch lebend zu Gesicht bekommen hatte. Da diesem Vorgehen, der Länge und des Gewichts des Kabels wegen, Grenzen gesetzt sind, entwickelte der Schweizer AUGUSTE PICCARD (1884–1962) die ersten nach dem Prinzip des Freiballons arbeitenden, autonomen Tauchfahrzeuge (Bathyscaphe), von denen der in Italien gebaute „Trieste“ (Abb. 9) in der Folge alle in ihn gesetzten Erwartungen erfüllte.

Der voluminöse, in 12 miteinander kommunizierenden Kammern unterteilte Schwimmkörper ist mit Benzin, das leichter ist als Wasser, gefüllt und wirkt wie die He-Kugel eines Freiballons. Der Schwimmer ist unten geöffnet, sodaß bei zunehmenden hydrostatischen Drucken Wasser ins Innere der Behälter einzudringen

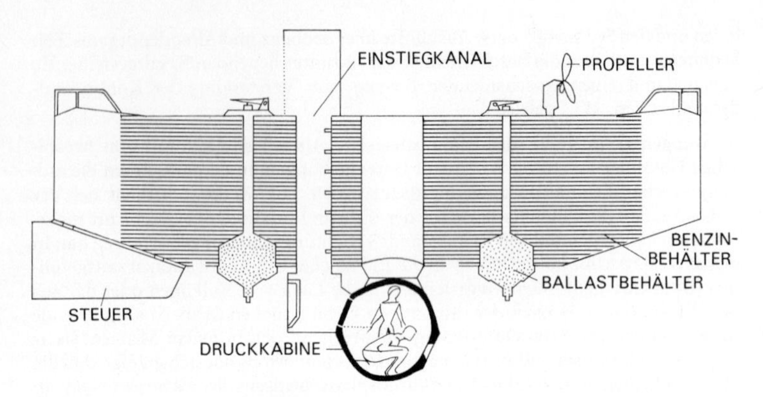

Abb. 9 Vereinfachter Längsschnitt durch den von *A.* und *J. Piccard* gebauten Bathyscaph „Trieste". Besatzung = 2 Mann; Länge über alles = 15,1 m; Durchmesser des mit Benzin gefüllten, zylindrischen Schwimmkörpers = 3,5 m, Volumen desselben = 105,45 m^3 (die Unterteilung des Schwimmkörpers in 12 voneinander getrennte Kammern ist nicht eingezeichnet), Innendurchmesser der druckfesten Kabine = 2 m; deren Wanddicke = 9 cm (vereinfacht nach *A. Piccard* 1954).

vermag, was eine druckfeste Hülle für den Schwimmer erübrigt. An diesem ist die druckfeste, kugelförmige Stahlgondel aufgehängt, in der 2 Personen Platz nehmen können und in der die Batterien und Steuergeräte untergebracht sind. Zwei runde, aus 15 cm dickem Plexiglas hergestellte Fenster erlauben aus dem Innern die Beobachtung der unmittelbaren Umgebung der Gondel, deren Druckfestigkeit auf mehr als 1500 atm berechnet worden war. Der Schwimmer beherbergt zwei Ballastbehälter, deren nach unten orientierte, trichterförmige Öffnungen elektromagnetisch geschlossen werden, sodaß der aus feinem Eisenschrot bestehende Ballast nur ausfließen kann, wenn der Strom unterbrochen wird. Das tauchbereite Fahrzeug wird zum Sinken gebracht, indem der von oben zur Gondel führende Einstiegskanal von der Bedienungsmannschaft mit Wasser gefüllt wird. Je tiefer der Bathyscaph sinkt, umso mehr verringert sich – des steigenden Druckes und der abnehmenden Temperatur wegen – das Volumen des im Schwimmkörper befindlichen Benzins. Der dadurch bedingten Erhöhung der Sinkgeschwindigkeit kann jederzeit durch dosierte Entlassung von Ballast entgegengewirkt werden. Hat der Bathyscaph die gewünschte Tiefe erreicht, wird so viel Ballast abgeworfen, bis er sich im Schwebegleichgewicht hält, wobei 4 elektrisch angetriebene Propeller zur horizontalen Fahrt antreiben. Der Wiederaufstieg wird durch den Abwurf einer dosierten Ballastmenge eingeleitet und gesteuert. Ist der Bathyscaph an die Oberfläche zurückgekehrt, wird das im Einstiegskanal befindliche Wasser mit Luftdruck evakuiert.

Später sind nach den gleichen und ähnlichen Prinzipien eine ganze Reihe von Tiefseefahrzeugen gebaut worden, während in einer anderen Entwicklungslinie tiefentüchtige Bathyscaphe nach dem Unterseeboot-Prinzip konstruiert wurden. Gleichzeitig erfuhr die Ausrüstung der Fahrzeuge verschiedene Verbesserungen, sodaß heute heute in großen Tiefen mit Hilfe von Bodengreifern, die vom Fahrzeug aus betätigt werden, gezielt Bodenproben entnommen werden können. Im Jahre

1969 standen insgesamt 73 derartige Unterwasserfahrzeuge im Dienste der Wissenschaft, wovon 60 allein in den USA (FUJINAMI 1969).

Autonome Tauchgeräte und Tiefsee-Laboratorien: Dem freien Tauchen des ungeschützten Einzelmenschen sind, was Dauer der Immersion und Tauchtiefe anbetrifft, physiologisch bedingte Grenzen gesetzt (vgl. Kap. 4.4.3.). Ein geübter Mensch kann ohne technische Hilfsmittel mit dem in seiner Lunge und Muskulatur vorhandenen Sauerstoff eine Tiefe von höchstens 50 m erreichen und vermag nur kurze Zeit unter Wasser zu verweilen, wobei diese Zeit in Abhängigkeit zum erbrachten Kraftaufwand steht. Schon vor dem zweiten Weltkrieg wurden diese Leistungsgrenzen durch die Einführung von Sauerstoffgeräten wesentlich erweitert. Der reine Sauerstoff kann jedoch schon bei geringen hydrostatischen Drucken giftig wirken, sodaß diese Geräte bald den Flaschen wichen, in denen komprimierte, atmosphärische Luft mitgeführt wird. Geschulte Taucher können mit diesen Geräten bis in Tiefen von 100 m vorstoßen. Die Immersionsdauer ist vom Luftvorrat, der erreichten Tiefe, der dort geleisteten körperlichen Arbeit und der für die Dekompression notwendigen Zeit (Kap. 4.4.3.) abhängig. Diese Nachteile rufen das Bedürfnis nach Stützpunkten unter Wasser wach, in denen sich der Mensch unter gleichbleibenden Drucken ausruhen und seine Luftvorräte erneuern kann. Verschiedene Länder haben in den letzten Jahren derartige, sich noch im Versuchsstadium befindliche „Unterwassersiedlungen“ gebaut, die in Tiefen von bis zu 100 m am Meeresgrund verankert wurden und in denen Menschen während Wochen lebten.

1.5. Ökologische Gliederung des marinen Milieus

1.5.1. Allgemeines

Der marine Raum als Ganzes betrachtet, mag uns, der Homogenität seines dominierenden Milieus, des Wassers wegen, zunächst als sehr einheitlich erscheinen. Bei genauerer Prüfung überrascht er uns jedoch mit einer fast unüberblickbaren Vielfalt von ineinander verzahnten Ökosystemen, für die es schwer fällt, befriedigende Ordnungskriterien anzuwenden. Dafür spricht u. a. das reiche Angebot an Vorschlägen, die von Seiten berufener Spezialisten zu diesem Problem bisher gemacht wurden (HEDGPETH 1957 u. a.). Es gilt dabei zu beachten, daß diese Bestrebungen nie zu einer endgültigen und alle Aspekte zufriedenstellenden Lösung führen können, da sich mit der Erweiterung der Kenntnisse laufend Neuanpassungen aufdrängen, und da sich die für eine bestimmte geographische Region genügende Klassifikation meist nicht ohne Vorbehalte auf eine andere übertragen läßt. Schwierigkeiten entstehen auch dadurch, daß benachbarte Untereinheiten eines solchen Systems meist fließend ineinander übergehen, so daß eine Grenzziehung zur Ermessenssache wird. Dieses Kapitel muß sich deshalb auf eine großräumige Klassifikation beschränken (Abb. 10).

Der marine Lebensraum scheidet sich grob-ökologisch in einen pelagischen Raum (Kap. 3.2., 3.3.) und einen benthischen Bereich (Kap. 3.4.).

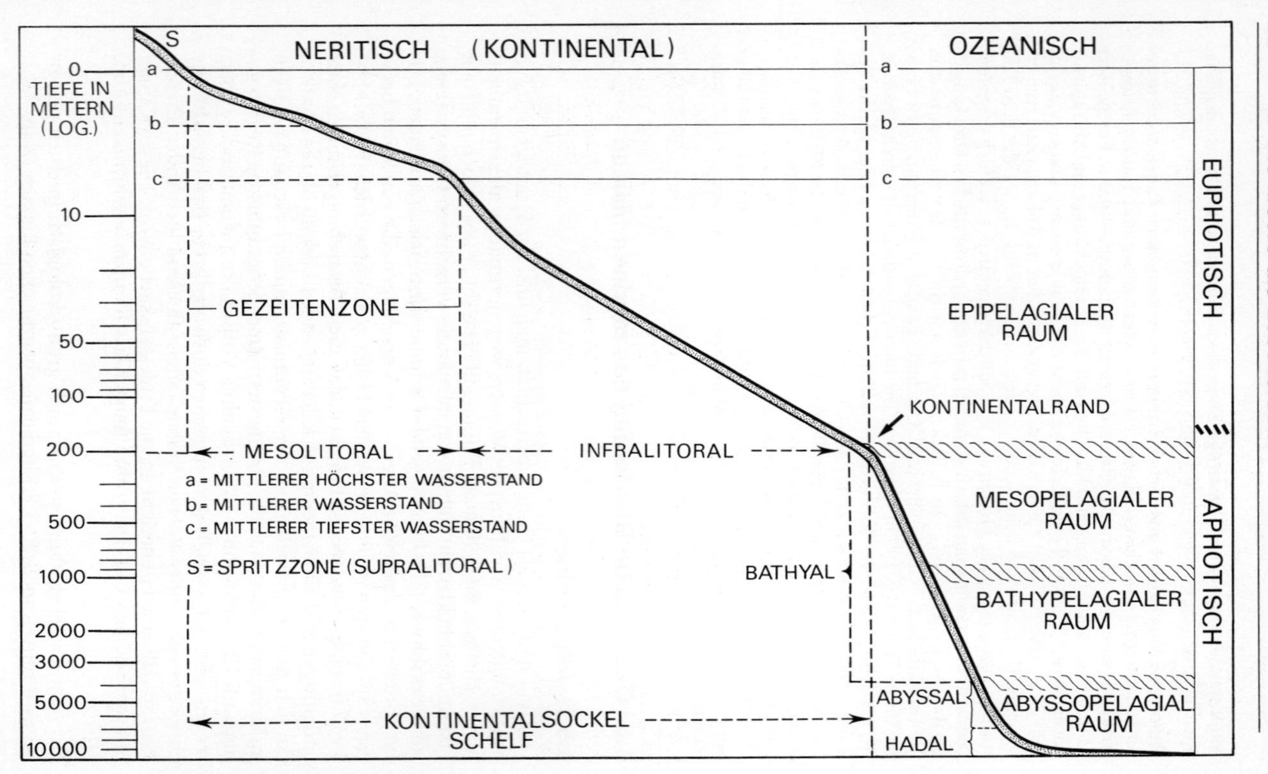
NERITISCH (KONTINENTAL)
OZEANISCH
S
a
b
c
0
TIEFE IN METERN (LOG.)
10
50
100
200
500
1000
2000
3000
5000
10000
EUPHOTISCH
APHOTISCH
GEZEITENZONE
EPIPELAGIALER RAUM
KONTINENTALRAND
MESOLITORAL
INFRALITORAL
a = MITTLERER HÖCHSTER WASSERSTAND
b = MITTLERER WASSERSTAND
c = MITTLERER TIEFSTER WASSERSTAND
S = SPRITZZONE (SUPRALITORAL)
MESOPELAGIALER RAUM
BATHYAL
BATHYPELAGIALER RAUM
ABYSSAL
ABYSSOPELAGIAL RAUM
HADAL
KONTINENTALSOCKEL SCHELF

1.5.2. Der pelagische Raum

Dieser ist im wahren Sinne des Wortes ein Raum, der die Gesamtheit der Wassermassen und der darin schwebenden oder schwimmenden Organismen einschließt. Letztere werden je nach ihren Dimensionen unter den Sammelbegriffen *Plankton* (Kap. 3.2.) bzw. *Nekton* (Kap. 3.3.) zusammengefaßt. Der pelagische Raum (Pelagial) läßt sich seinerseits in einen „neritischen" und einen „ozeanischen" Raum trennen. Beide stoßen über der äußeren Kante des Kontinentalschelfs (Abb. 2, 10) aneinander.

Der neritische Raum: Dieser ist identisch mit den sich über den Kontinentalsockeln (Kap. 1.2.) ausbreitenden marinen Gewässern, die dort selten eine Tiefe von 200 m unterschreiten. Es ist dies die von HAECKEL vorgeschlagene und von den Biologen angewandte Definition dieses Terminus, während die Paläontologen im allgemeinen den Meeresboden in diesen Begriff miteinbeziehen. Charakteristisch für den neritischen Raum ist, daß er unmittelbar an das Festland grenzt und somit dessen Einflüssen direkt unterliegt. Es gibt ganze Meere, sog. Schelf- oder Kontinentalmeere (Nordsee, Ostsee, Ochotskisches Meer), die in ihrer ganzen Ausdehnung über dem Kontinentalsockel liegen (Abb. 2) und deshalb ausschließlich dem neritischen Raum angehören.

Der ozeanische Raum: Er umfaßt den Raum, der außerhalb des Kontinentalsockels an den neritischen anschließt und bis in die größten Tiefen reicht. Er wird vertikal in 4 Etagen, in ein Epipelagial (0 – ca. 200 m), ein Mesopelagial (ca. 200–1000 m), ein Bathypelagial (ca. 1000–5000 m) und ein Abyssopelagial (>5000 m) eingeteilt, wobei den die Grenzen darstellenden Tiefen (Abb. 10) mehr konventionelle als ökologisch zwingende Bedeutung zukommt.

Das *Epipelagial* ist, was seine vertikale Ausdehnung anbetrifft, die Fortsetzung des neritischen Raumes (s. o.) in den ozeanischen Bereich hinein. Im epipelagischen Raum, wie übrigens auch im neritischen, liegt die für den Energiehaushalt der Meere so wichtige Grenzschicht zwischen Atmosphäre einerseits und Wassermassen andererseits. Hier werden die klimatisch bedeutsamen Austausche von Wärme (Kap. 4.2.5.) und Wasser zwischen den letzteren und der Atmosphäre geregelt; hier belädt sich das Wasser mit dem lebenswichtigen Sauerstoff (Kap. 4.4.1.); hier spielt sich auch dank des reichlich einfallenden Lichtes der wesentliche Teil der marinen Primärproduktion (Kap. 6.3.) ab. Das Epipelagial ist deshalb, wie die obersten Schichten des neritischen Raumes, reich an Phytoplankton (Kap. 3.2.1.) und an den davon zehrenden Primär- und Sekundärkonsumenten des Zooplanktons (Kap. 3.2.3.). Im Gegensatz zu den tiefer liegenden Etagen ist es tages- bzw. jahreszeitlich bedingten Einflüssen un-

◀ Abb. 10 Grob-ökologische Vertikalgliederung des marinen Lebensraumes (zusammengestellt nach *Hedgpeth* 1957; *McConnaughey* 1970 u. a.).

terworfen, die sich u. a. in Form von thermischen Schwankungen und Belichtungswechseln geltend machen.

Das *Mesopelagial* gehört – wie übrigens die beiden anderen tiefer liegenden Schichten (*Bathypelagial* und *Abyssopelagial*) auch – dem aphotischen Reich der ewigen Nacht an, in dem nur heterotrophe Organismen überleben können. Mit zunehmender Tiefe steigen die hydrostatischen Drucke auf Werte von über 1000 atm (Kap. 4.3.). Dazu kommt, daß die Temperaturen verglichen mit dem Epipelagial relativ niedrig sind und nur innerhalb engster Grenzen variieren (Kap. 4.2.3.). Entgegen früheren Auffassungen gibt es auch in größeren Tiefen z. T. intensive und ausgedehnte Horizontal- und Vertikalströmungen (Kap. 4.7.2.), die für eine Umwälzung der Wassermassen und der darin gelösten Komponenten sorgen. Die das tiefe Pelagial als Plankton oder Nekton belebenden Organismen sind vor den variierenden Einflüssen von Licht, Temperatur, Wellengang und Gezeiten fast ganz abgeschirmt, so daß es für sie keine diesbezüglich nachweisbaren Zeitgeber gibt, die ihre Aktivitäten tages- oder jahreszeitlich steuern könnten (Kap. 4.3.3.). Vom trophischen Standpunkt aus beurteilt stehen Zooplankton und Nekton dieser Räume in direkter oder indirekter Abhängigkeit von der Primärproduktion des Epipelagials.

1.5.3. Der benthische Bereich

Von der über der Linie des höchsten Wasserstandes liegenden, sog. Spritzzone bis hinunter zu den Meeresböden größter Tiefen bildet der Meeresgrund den sog. benthischen Bereich (Benthal); die über, auf oder im Meeresgrund lebenden pflanzlichen und tierischen Organismen fallen unter den Sammelbegriff *Benthos* (Kap. 3.4.). Die grobe Vertikalgliederung des benthischen Bereichs sieht ein Litoral (0–200 m), ein Bathyal (ca. 200–3000 m), ein Abyssal (ca. 3000–6000 m) und ein Hadal (> 6000 m) vor. Während die drei letzten, mehr oder weniger fließend ineinander übergehenden Untereinheiten kaum einer detaillierteren Zonierung bedürfen, drängt sich für das über dem Kontinentalsockel liegende, ökologisch reich gegliederte Litoral eine differenzierte Systematik auf.

Das Litoral: Die vielen Bemühungen, eine allen geographischen Regionen, Typen von Küsten und ökologischen Gesichtspunkten gerecht werdende Vertikalgliederung des Litorals (Abb. 10) vorzunehmen, haben zu einem nomenklatorischen Durcheinander geführt, auf das hier nicht eingegangen werden kann (s. HEDGPETH 1957). Seiner Unzulänglichkeiten bewußt, übernehmen wir hier zu einem Teil das von PERÈS (1957) für das Mittelmeer vorgeschlagene und von der CIESM (Commission Internationale pour l'exploration scientifique de la Mer Méditerranéenne) gutgeheißene System, das eine Zonierung in die vier folgenden Etagen vorsieht:

Das *Supralitoral* (Syn. Epilitoral, „Supratidal“) ist im Fall von felsigen Steilküsten die sog. Spritzzone, die sich auf die Gezeiten-bedingten Wasserstände bezogen vom mittleren höchsten Wasserstand an aufwärts ausdehnt. Seine unregelmäßige Befeuchtung mit Meerwasser hängt vom Ausmaß des Wellengangs bzw. der Brandung, von ausnahmsweise hohen Äquinoxialfluten (Kap. 4.7.4.) sowie der Mitwirkung des Windes ab. In den z. T. lang dauernden Intervallen zwischen diesen marinen Einwirkungen dominieren terrestrische und atmosphärische Einflüsse. Das Supralitoral ist dann sengenden Sonnenstrahlen oder eisigen Winden ausgesetzt, sodaß sich thermische Extremwerte und Schwankungen einstellen, wie sie im ganzen übrigen marinen Raum sonst nirgends vorkommen. Außerdem ist diese Spritzzone den Niederschlägen preisgegeben, was die Salinität des unregelmäßig anfallenden Wassers zwischen reinem Süßwasser und hoch konzentriertem Meerwasser oszillieren läßt. Die Ausdehnung des Supralitorals, dessen obere Grenzen schleifend in rein terrestrische Bedingungen überleiten, hängt vom jeweiligen Küstenprofil und von der Reichweite der erwähnten marinen Einflußnahmen ab. Im Bereich des Supralitorals treffen sich terrestrische und marine Formen, wobei es sich in beiden Fällen um wenige, ausgesprochene Spezialisten handelt, die es verstanden haben, sich an diese unwirtliche Kampfzone anzupassen (Kap. 4.7.5.).

Das *Mesolitoral* (Syn. Litoral, „Intertidal“) dehnt sich zwischen dem mittleren höchsten und mittleren tiefsten Wasserstand aus und entspricht demnach dem Gezeitengürtel (Kap. 4.7.4.), dessen Breite eine Funktion des jeweiligen Küstenprofils und des lokalen Tidenhubes ist. Im Mittelmeer, wo die Gezeitenoszillationen gering sind, ist das Mesolitoral entsprechend schmal, während es im Fall von Flachküsten mit starken Gezeiten eine Breite von mehreren Kilometern erreichen kann. Die in seinem Bereich lebenden Organismen werden der Gezeitenrhythmik entsprechend in regelmäßiger Folge entblößt und sind dann vorübergehend, analog den Bewohnern des Supralitorals, atmosphärischen Einflußnahmen ausgeliefert. Folge und Dauer der Entblößung bei Ebbe sind davon abhängig, in welchem Bereich der Tidenzone sich ein Organismus aufhält. Deshalb bildet sich im Mesolitoral eine oft auffällige vertikale Zonierung der Arten (Abb. 95) heraus, die eine Folge der unterschiedlichen Toleranz gegenüber der Dauer der gezeitenbedingten Trockenlegung ist.

Das *Infralitoral* (Syn. Sublitoral, inneres Sublitoral) erstreckt sich nach Pérès und Picard (1958) von der mittleren tiefsten Wasserlinie bis zur unteren Verbreitungsgrenze der benthischen Großpflanzen, vor allem jene der Phanerogamen (Kap. 3.4.1.). Im Bereich von Korallenriffen gilt die Tiefenverbreitung der lebenden, riffbildenden Korallen. Es ist klar, daß diese etwas willkürlich angenommene, untere Grenze und damit die Ausdehnung des Infralitorals je nach Breitengrad und Küste zwischen −15 und −80 m variieren können.

Es ist dies der erste benthische Gürtel, dessen Bewohner ständig von Wasser bedeckt und somit einem rein marinen Milieu verpflichtet sind, wo noch ausreichend Licht für die assimilatorische Tätigkeit zur Verfügung steht. Da hier außerdem ein reiches Angebot an verschiedenartigen Substraten zur Verfügung steht (Kap. 3.4.3.), gehört diese Etage zu den artenreichsten benthischen Bereichen. Das daran anschließende *Circalitoral* (Syn. Sublitoral, äußeres Sublitoral, unteres Sublitoral) reicht bis zur Kante des kontinentalen Sockels.

Die ozeanischen Bereiche des Benthos: Beim größten außerhalb des Kontinentalschelfs liegenden Anteil des Meeresbodens, jenem also, der bis in die größten Tiefen hinunterreicht und ökologisch weniger gegliedert ist als das litorale Benthos, scheint wenigstens vorläufig eine Unterteilung in drei Regionen auszureichen.

Die oberste, das **Bathyal**, das sich vom äußeren Rand des Kontinentalsockels bis in eine konventionell festgelegte Tiefe von 4000 m erstreckt, schließt in seinem oberen Teil den mehr oder weniger steilen z. T. von Schluchten durchzogenen Hang des Schelfs ein. Das zwischen 4000 und ca. 6000 m liegende **Abyssal** beansprucht den weitaus größten Flächenanteil (ca. 84%) des Meeresbodens mit seinen ausgedehnten, sedimentreichen flachen Mulden, den Gebirgsrücken und Vulkanketten (Abb. 5). Das **Hadal** (> 6000 m) entspricht den z. T. steilen Hängen und den schmalen Talsohlen der zahlreichen Tiefseegräben (Kap. 1.2).

Obwohl die Informationen über die ökologischen Verhältnisse tiefer benthischer Bereiche zur Zeit noch relativ spärlich sind, scheinen die drei erwähnten Etagen eine wesentlich größere Zahl an verschiedenartigen Biotopen anzubieten, als man vor der bathymetrischen Kartographierung des Meeresbodens anzunehmen geneigt war.

Obwohl wir der Unzulänglichkeit der Sammel- und Fangmethoden wegen noch keine verläßlichen Angaben über die qualitative und quantitative Zusammensetzung des ozeanischen Benthos verfügen, scheint sich die Vermutung zu bestätigen, wonach mit zunehmender Tiefe eine Verarmung des Artenreichtums und der benthischen Biomassen verbunden ist.

2. Die marine Flora und Fauna

2.1. Geschichtliches

Ein konstantes Angebot von Wasser in flüssiger Form ist eine der unumgänglichen Voraussetzungen für das Leben und Überleben pflanzlicher und tierischer Organismen. Dieser Forderung, die besonders für die stammesgeschichtlich ursprünglichen Formen gilt, wird der marine Lebensraum in fast idealer Weise gerecht. Es bestehen deshalb keine Zweifel mehr darüber, daß die ersten Lebewesen im Meer entstanden sind, und daß sich die Frühphasen pflanzlicher und tierischer Evolution dort vollzogen haben.

Die Gesamtheit der heute im Meer lebenden Arten und Artengruppen (Tab. 5,6) stellen zusammen mit den das Festland und die Süßgewässer belebenden Organismen eine Momentaufnahme in einem langsamen Evolutionsgeschehen dar, in dessen Verlauf aus vorhandenen Arten neue Rassen und über diese neue Arten und Artengruppen entstanden sind und weiterhin entstehen werden. Viele davon sind ausgestorben, von deren Existenz uns im besten Fall fossile Überlieferungen Kunde tun. Von der Urzeugung der ersten Lebewesen allerdings liegen keine derartigen Dokumente vor, so daß sich die Vermutungen, wonach es sich bei den sog. Protobionten um autoreproduktive, organische Moleküle gehandelt haben muß, die sich zu komplexeren, virusähnlichen Lebewesen weiterentwickelt haben, auf die neuen Erkenntnisse der molekularen Biologie stützen müssen (KAPLAN 1972 u.a.).

Diese Urzeugung muß schätzungsweise vor ca. 3,5 Milliarden Jahren, also kurz nach der Entstehung des Weltmeeres (Kap. 1.3.) stattgefunden haben; denn den ältesten, in Südafrika gefundenen Versteinerungen von einfachen Einzellern wurde ein Alter von ca. 3,2 Milliarden Jahren zugestanden.

Da diesen kugelförmigen Einzelzellen (*Archaeosphaeroides barbertonensis* Schopf und Barghoorn, Durchm. ca. 20 μm) ein Zellkern zu fehlen scheint, handelt es sich um sog. Prokaryoten (Syn.: Prokarionten, Anukleobionten), zu denen auch die rezenten Bakterien (Kap. 2.2.) und Blaualgen (Kap. 3.4.1.) gehören. Die in diesen ältesten Fossilien nachgewiesenen Reste von Blattgrün (Chlorophyll) lassen auf autotrophe, d.h. assimilierende Organismen schließen, deren Eigenheiten am ehesten mit jenen der rezenten *Cyanophyceae* übereinstimmen. Eine der wichtigsten biochemischen Errungenschaften, durch welche die Organismen dank des Chlorophylls erstmals die Fähigkeit erlangt hatten, sich die Sonnenener-

MIO J		MEER
1000	PROTEROZOIKUM	VERZWEIGTE FADENALGEN
1500		ERSTE EUKARYOTEN
2000		
2500	ARCHÄIKUM	ÄLTESTE, ASSIMILIERENDE, MEHRZELLIGE PROKARYOTEN (STROMATOLITHEN) GUNFLINTA
3000		ERSTE PROKARYOTE LEBEWESEN
3500		ENTSTEHUNG DER HYDROSPHÄRE ERSTE OZEANE
4000		ENTSTEHUNG DER LITHOSPHÄRE

MIO J		MEER	FESTLAND
0	KÄNOZ.		HOMINIDEN
			PRIMATEN
100	MESOZOIK.		ANGIOSPERMEN
			VÖGEL
200		AUFGLIEDERUNG DER PANGAEA	SÄUGER
	PALAEOZOIKUM		REPTILIEN INSEKTEN
300			SAMENPFLANZEN
			AMPHIBIEN (ICHTHYOSTEGER)
400		KNOCHENFISCHE	
		GNATHOSTOMATA	ÄLTESTE LANDPFLANZEN
		ÄLTESTE CHORDATIERE	
500			
600		EVOLUTION DER INVERTEBRATEN	
700	PROTEROZOIKUM	ÄLTESTE MEHRZELLIGE EUKARYOTEN	
800			
900			
1000			

gie zur Biosynthese von Kohlehydraten dienlich zu machen, liegt somit nicht weniger als 3 Milliarden Jahre zurück. Erst 1 Milliarde Jahre später, d.h. im mittleren Präkambrium treten die ersten mehrzelligen Pflanzen in Erscheinung, deren noch kernlose Zellen perlschnurähnlich aneinander gereiht waren (vgl. Tab. 8). Eine weitere Milliarde Jahre verstrich, bis diese Algenfaden sich erstmals verzweigten und damit die Ausgangslage für die Evolution kompakterer Zellverbände und damit auch für die funktionelle und strukturelle Differenzierung von Organen schufen. Ob es auf dieser Evolutionsstufe neben der vegetativen Zellvermehrung schon sexuelle Vorgänge gegeben hat, muß dahingestellt bleiben.

Die ersten Eukaryoten (kernhaltige Zellen) waren vermutlich bewegliche, mit den heute lebenden, autotrophen Flagellaten vergleichbare Einzeller, von denen ausgehend sich vor ca. 600 Millionen Jahren die ersten mehrzelligen Eukaryoten entwickelt haben. Von dieser Stufe organismischer Evolution an scheint auch die Scheidung von autotrophen pflanzlichen und heterotrophen tierischen Organismen gerechtfertigt zu sein.

Die Frage, ob es sich bei diesen ausnahmslos in marinen Sedimenten nachgewiesenen Urformen um Angehörige des Planktons oder des Benthos gehandelt hat, wird kaum zu entscheiden sein. Sicher ist jedoch, daß wenigstens die assimilierenden Formen, wie *Archaeosphaeroides*, nur in der euphotischen Wasserschicht (Kap. 4.5.) leben konnten.

Diese zeitraubenden Frühphasen des Evolutionsgeschehens (Abb. 11) hatten, soweit es sich anhand der verfügbaren Fossilien beurteilen läßt, noch keine spektakuläre Formenfülle hervorgebracht. Es waren vielmehr die Phasen, in deren Verlauf die komplexen für den Stoffwechsel und die Vermehrung der Zellen notwendigen biochemischen und zellphysiologischen Systeme entwickelt und perfektioniert wurden. Die im Meer herrschenden, relativ konstanten physikalisch-chemischen Bedingungen haben diese ultrastrukturelle und biochemische Evolution vermutlich in beschützendem Sinne begünstigt. Der daran anschließende, im Vergleich wesentlich kürzere und nach makroskopischer Beurteilung ereignisreichere Abschnitt des Evolutionsgeschehens hat diese elementaren „Erfindungen" unter dem Druck selektiv wirkender Einflüsse vor allem auf der Ebene der Zellverbände und Organsysteme weiter perfektioniert.

Pflanzen und Tiere haben die Süßgewässer der Kontinente und deren Festland erst vor ca. 400 Millionen Jahren als neue Lebensräume erobert. Vermutlich waren es Pflanzen, die diese Pionierleistung als erste vollbrachten, gefolgt von zunächst amphibisch lebenden Tieren verschiedenster Artengruppen. Das Evolutionsgeschehen hat als Folge der Inbesitznahme dieser neuen Lebensräume eine außerordentlich starke Beschleu-

◀ Abb. 11 Etappen der Evolution der Litho-, Hydro- und Biosphäre der Erde (zusammengestellt nach Angaben aus *Gass* u. Mitarb. 1973; *Dose* u. *Rauchfuß* 1975; *Cloud* 1976; *Kroemmelbein* 1977).

nigung erfahren. Die Gründe hierfür liegen zweifellos darin, daß beide, Süßgewässer und Festland, nach ökologischem Ermessen differenzierter und mannigfaltiger sind als der marine Raum, so daß Evolutionsfaktoren wie Selektion, Isolation und Gendrift einen höheren Wirkungsgrad erreichen konnten. Obgleich nachträglich nicht nachweisbar, darf zudem angenommen werden, daß der Übergang zum Landleben zu einer Erhöhung der Mutationsraten führte, weil die auf dem Festland lebenden Organismen in vermehrtem Maße natürlichen, mutagenen Strahlenwirkungen (kosmische Strahlung, Erdstrahlung) ausgesetzt sind, während diese ionisierenden Strahlen im Wasser rasch absorbiert werden.

Nur ein relativ kleiner Teil der in den Ozeanen entstandenen Artengruppen (Stämme, Klassen) hat diesen Wechsel der Lebensräume mit gleichem Erfolg vollzogen. Jene, die sich durchgesetzt hatten, erfuhren – wie z.B. die Blütenpflanzen, die Insekten und tetrapoden Wirbeltiere – auf dem Festland eine geradezu explosionsartige Radiation, die bezüglich ihrer Ausmaße und ihrer Geschwindigkeit im marinen Raum ihresgleichen sucht. So darf das marine Bios, gemessen am Einfallsreichtum ökologischer Anpassungsleistungen und verglichen mit dem terrestrischen, füglich als konservativ bezeichnet werden. Dafür spricht auch die Tatsache, daß es in der marinen Flora und Fauna heute viele Elemente gibt, die sich über Jahrmillionen hin in fast unveränderter Form erhalten haben. Von den im Süßwasser oder auf dem Festland erfolgreichen Artengruppen haben später wieder einige Vertreter den Weg zurück ins Meer angetreten (vgl. Kap. 3.3.).

Noch in der Mitte des vergangenen Jahrhunderts hatten bekannte Forscher, wie z.B. FORBES (1815–1854), erklärt, Leben sei in Meerestiefen von mehr als 500 m wegen des dort vermuteten Mangels an Sauerstoff und wegen der enormen hydrostatischen Drucke ausgeschlossen. Heute sind die letzten Zweifel darüber beseitigt, daß auch die größten Tiefen der Ozeane mit Mikroorganismen und Tieren besiedelt sind, die sich erfolgreich mit den dort herrschenden Bedingungen auseinanderzusetzen verstehen. Dank des dynamischen Verhaltens der ozeanischen Wassermassen (Kap. 4.7.) ist die Versorgung großer Tiefen mit lebensnotwendigem Sauerstoff entgegen früheren Auffassungen ausreichend gesichert.

2.2. Marine Bakterien

Die zu den kernlosen Prokaryoten gehörenden Bakterien *(Schizomycetes, Bacteriophyta)* haben sich als freilebende, heterotrophe Mikroorganismen in sämtlichen Nischen der Biosphäre angesiedelt und spielen auch als Symbionten oder Parasiten vieler Pflanzen und Tiere eine wichtige Rolle.

Systematik und Taxonomie der Bakterien leiden u.a. darunter, daß wegen der Unzulänglichkeit morphologischer Erkennungsmerkmale Stoffwechsel-Eigenschaften als Bestimmungskriterien herangezogen werden müssen, die sich nur anhand von langwierigen Zuchtversuchen ermitteln lassen. Es ist anzunehmen, daß heute nur ein kleiner Teil der in den Meeren vorkommenden Arten bekannt ist. Unter diesen gibt es ubiquitäre und anpassungsfähige Formen, die gleichzeitig auch auf dem Festland und im Süßwasser heimisch sind. Dies bedeutet jedoch nicht, daß sämtliche terrestrischen oder auch pathogenen Bakterien im Meer die für ihr Leben notwendigen Voraussetzungen finden. Es ist bekannt, daß das Meerwasser bzw. gewisse darin enthaltene lebende Komponenten bakterizide Eigenschaften haben (vgl. GUELIN 1974). Dafür spricht z.B. die Tatsache, daß Verletzungen, die man sich im Meerwasser zugezogen hat, selten Infektionen nach sich ziehen. Nur von vier Gattungen *(Protobacterium, Zymobacterium, Saprospira* und *Krassilnikovia)* darf mit einiger Sicherheit angenommen werden, daß sie ausschließlich im marinen Milieu vorkommen.

Die Ernährungsweise der freilebenden Bakterien und das Angebot an verwertbaren Substraten bestimmen weitgehend die Verbreitung und Abundanz dieser Mikroorganismen. Die heterotrophe Bakterienzelle vermag niedermolekulare organische Stoffe aufzunehmen, die sich ent-

Tabelle 3 Konzentrationen von marinen Bakterien

a) Zahl der heterotrophen Bakterien in Wasserproben aus verschiedenen Tiefen des Atlantiks und der Nordsee (Auszug aus Tabellen von *Kriss* 1963).

Atlantik Station: 27°00′ N 30°00′ W		**Nordsee** Station: 61°14′7″ N 2°59′5″ W	
Tiefe in m	Zahl der Kolonien je 40 ccm Probe	Tiefe in m	Zahl der Kolonien je 40 ccm Probe
0	12	0	56
10	37	10	60
31	14	30	87
102	42	75	44
205	139	150	100
518	186	300	24
2482	30	500	42
5387	11	1000	84

b) Benthische Bakterien. Zahl (je gr. Sediment) aerober und anaerober Bakterien innerhalb verschieden tief liegender Sedimentsschichten. Die Proben wurden in einer Tiefe von 2230 m mit einem Lot (Corer, vgl. Abb. 64 g) entnommen (nach *ZoBell* u. *Anderson* 1936 aus *Mc Connaughey* 1970).

Tiefe im Inneren der Sedimente	Aerobe Bakterien	Anaerobe Bakterien
0 – 10 cm	62000000	8900000
40 – 50 cm	91000	23000
240 – 250 cm	2000	900
500 – 510 cm	580	26

weder in dieser Form anbieten oder die von der Bakterienzelle durch extrazelluläre Lysis von partikulärem, organischem Material mit Hilfe von Exoenzymen zuerst in diese Form übergeführt werden müssen. Freilebende Bakterien sind also überall in Gesellschaft von totem, organischen Material anzutreffen. In der Regel sind die größten Konzentrationen heterotropher Bakterien im Neuston (Kap. 3.2.), d.h. in den obersten Wasserschichten wie auch in den Sedimenten sämtlicher benthischer Bereiche (Kap. 3.4.) anzutreffen (Tab. 3), während die dazwischen liegenden großen Wassermassen verhältnismäßig bakterienarm sind. KRISS (1963) hegt allerdings Zweifel an der uneingeschränkten Gültigkeit dieser Regel (ZOBELL 1946) und hebt hervor, daß die Abundanzen von Fall zu Fall von den herrschenden hydrographischen Gegebenheiten abhängig sind. In den neritischen und ozeanischen Wassermassen sind die Bakterien teils frei im Wasser suspendiert, teils sitzen sie an Planktonorganismen oder an Detrituspartikeln (TAGA u. MATSUDA 1974). Was die geographische Verbreitung anbelangt, so scheint die grobe, mit Ausnahmen behaftete Regel zu gelten, wonach die Bakterienflora in äquatorialen Gewässern die höchste Blüte erreicht und in Richtung der polaren Gebiete graduell abnimmt.

Eine ökologische Klassifikation der marinen Bakterien läßt sich u.a. aufgrund ihrer Toleranz gegenüber einzelnen Milieufaktoren aufstellen: **Halophile** Formen sind jene, die für ihr Gedeihen Na Cl (Toleranzgrenzen zwischen 2% und 32%) brauchen; **halotolerante** Bakterien dagegen können sich sowohl im Süßwasser als auch im salzhaltigen Milieu entfalten. Unter den extrem halophilen *Schizomycetes* gibt es Arten (z.B. *Halobacterium halobium*), die ein rotes unter dem Namen „Bacteriorhodopsin" bekannt gewordenes Pigment enthalten, mit dessen Hilfe sie Sonnenenergie in chemische Energie umwandeln. Diese wird u.a. zur Betätigung einer in der Zellwand osmoregulatorisch wirkenden Ionenpumpe verwendet (Kap. 4.1.4.).

Was die Abhängigkeit vom Sauerstoff anbelangt, so wird zwischen den sog. **aeroben** und **anaeroben** Bakterien unterschieden. Der oxydative Metabolismus der ersten ist auf ein reichliches O_2-Angebot angewiesen, während die anaeroben Formen die gleichen biochemischen Leistungen ohne Sauerstoff, d.h. allein auf enzymatischem Weg zu erbringen imstande sind.

Die Vermehrung der meisten an der Oberfläche lebenden Bakterien wird bei hydrostatischen Drucken von 200–400 atm gehemmt (Kap. 4.3.3.). Drucke von 500 bis 600 atm sind für diese Arten letal. Die aus großen Tiefen gewonnenen, sog. **basophilen** Bakterien, die zur *Pseudomonas*-Gattung gehören, widerstehen dagegen derart hohen Drucken und können deshalb ihre Tätigkeit auch in größten Tiefen entfalten.

Die sog. **psychrophilen** Mikroorganismen sind tolerant gegenüber tiefen Temperaturen und entwickeln sich noch bei 0 °C, obwohl ihr Existenzoptimum bei ca. 20 °C liegt. Andererseits sind diese Spezialisten empfindlich gegenüber hohen Temperaturen und gehen, wenn sie länger als 10 Minuten einer Temperatur von 30 °C ausgesetzt werden, der ausgesprochenen Wärmelabilität ihrer Enzymsysteme wegen zugrunde.

Tabelle 4 Stoffwechselleistungen von freilebenden Bakterien

Allg. Bezeichnungen:	Substrate	Stark vereinfachte Reaktionen	Bemerkungen	Bakterien-Gattungen
Ammonifikation	organ. N	$R - NH_2 \rightarrow NH_3/NH_4^+$		zahlreiche Arten
Nitrifizierende Bakterien (Nitrifikation)	NH_4^+	$NH_4^+ \rightarrow NO_2^-$	obligat. aerob; chemolithotroph; NO_2^- sofort weiter oxidiert	*Nitrosomonas, Nitrosocystis; Nitrosococcus* u.a.
	NO_2^-	$NO_2^- \rightarrow NO_3^-$	obligat. aerob; chemolithotroph	*Nitrobacter*
Denitrifizierende Bakterien (Denitrifikation)	NO_3^-	$NO_3^- \rightarrow NO_2^- \rightarrow NH_4^+$ / N_2 / N_2O / NO	fak. aerobe Bakterien (bei O_2-Mangel ist NO_3^- Elektronenakzeptor)	*Pseudomonas alruginosa; Paracoccus denitrificans, Bacillus subtilis* u.a.
methanoxidierende Bakterien	CH_4 CH_3OH	$CH_4 \rightarrow CO_2 + H_2O$	aerob	*Methanosomonas Methylococcus*
methanogene Bakterien	CH_3OH, Acetat HCOOH, H_2, CO	$CO_2 + H_2 \rightarrow CH_4 + H_2O$	obligat. anaerob	*Methanobacterium Methanosarcina*
Schwefelbakterien	red. S-Verbindungen	$S^{2-} \rightarrow S_2O_3^{2-} \rightarrow SO_4^{2-}$	aerob od fak.aerob, chemolithotroph	*Thiobacillus*
Desulfurikanten	SO_4^{2-}	$SO_4^{2-} \rightarrow S^{2-}$	obligat. anaerob; SO_4^{2-} als Elektronenakzeptor	*Desulfovibrio Desulfatomaculum*
photosynthetische Schwefelbakterien	S^{2-}; $S_2O_3^{2-}$	$S^{2-} \rightarrow S_2O_3^{2-} \rightarrow SO_4^{2-}$	strikt anaerob; photolithotroph	*Chromatium; Chlorobium; Thiocapsa, Thiopedia* u.a.
Eisenbakterien	Fe^{2+}; Mn^{2+} u.a.	$Fe^{2+} \rightarrow Fe^{3+}$ $Mn^{2+} \rightarrow Mn^{3+}$	aerob; chemolithotroph	*Ferrobacillus*
Wasserstoffbakterien	H_2	$H_2 + O_2 \rightarrow H_2O$ (H_2 kann auch von anderen Bakterien als Reduktionsmittel verwendet werden	aerob; z.T. chemolithotroph	*Hydrogenomonas*

Der Meeresgrund, vor allem der litorale, wo sich organische Sedimente anhäufen (Kap. 3.2.4.), ist die Hauptstätte bakterieller Entfaltung. Hier leisten diese Mikroorganismen den für die großen Stoffkreisläufe (Kap. 6.2.) der Meere so bedeutsamen Beitrag, indem sie das aus dem Pelagial sedimentierende organische Material zusammen mit den im Benthos verendenden Tieren abbauen und in lösliche Komponenten zerlegen. Durch diese bakterielle Remineralisation werden u.a. Stickstoff (N), Kohlenstoff (C), Schwefel (S), und Phosphor (P) in anorganischer Form (Tab. 4) wieder in den Kreislauf zurückgeführt und bilden die wichtigste Düngerquelle für die in der euphotischen Region assimilierenden Pflanzen.

Diese hohe Bakterien-Dichte, wie sie knapp über und im sedimentreichen Meeresgrund anzutreffen ist (Tab. 3), zehrt stark am vorhandenen Sauerstoff, dessen Nachschub, vor allem im Sedimentinnern, nicht immer gewährleistet ist. Allerdings trifft man in diesem O_2-armen Milieu noch auf aerobe Bakterien, wobei vorläufig dahingestellt bleiben muß, wie diese Formen neben den anaeroben Arten in diesen unwirtlichen Schichten überleben können.

Die intensive bakterielle Tätigkeit über und in den Sedimenten kann in dieser kritischen Grenzzone zu verhältnismäßig starken Veränderungen des Wasserstoffjonengehaltes (pH) führen. Diese können ihrerseits die Ausfällung anorganischer Karbonate und damit die Karbonat-Sedimentation begünstigen (Kap. 3.2.4.).

Neben der für den marinen Stoffhaushalt bedeutenden Aufgabe spielen die Bakterien zahllose andere Rollen, aus denen hier stellvertretend zwei Beispiele erwähnt seien: Wie experimentell nachgewiesen wurde, sind Bakterien bzw. Stoffe, welche von diesen ausgeschieden werden, eine Voraussetzung dafür, daß sich Metamorphose-bereite Larven einiger sessiler Invertebraten auf einem benthischen Substrat überhaupt festsetzen (Kap. 5.3.2.). Nach MÜLLER (1969) setzt sich die Planula-Larve (Abb. 103 a) von *Hydractinia echinata (Cnidaria, Hydrozoa)* auf einer sterilen Unterlage nie fest und kann deshalb auch nicht zu einem Polypen metamorphosieren. Damit sich diese Umwandlung vollziehen kann, muß das Substrat mit einem bakteriellen Film überzogen sein.

Das sich in Sandböden des Litorals eingrabende Lanzettfischchen *Amphioxus lanceolatus* (Abb. 52 g) wählt hierfür nur Sand, dessen Partikel mit einem bakteriellen Überzug versehen sind, der die Tiere vermutlich vor mechanischen Schädigungen bewahrt. Es würde zu weit führen, wenn hier auch die als Endosymbionten oder Parasiten tätigen Bakterien gewürdigt werden sollten. Es sei lediglich auf das Kapitel „Biolumineszenz" (Kap. 4.5.5.) verwiesen, wo von der Bedeutung symbiontischer Leuchtbakterien bei Tiefseeformen die Rede sein wird.

Lebende Organismen vermögen sich im allgemeinen den lytischen Bemühungen der Bakterien zu widersetzen, wobei wir noch weit davon entfernt sind, die dabei wirksamen Abwehrmechanismen zu verstehen. Es gibt Pflanzen und Tiere, die an ihrer Körperoberfläche bakterizide Substanzen ausscheiden und damit eine Besiedlung ihres Körpers mit Bakterien verhindern. Komponenten des Phytoplanktons scheinen derartige „Antibiotika" zu erzeugen, die auch in jenen Tieren ihre Wirksamkeit beibehalten, welche sich von diesen Algen ernähren.

Der sich über die Epidermis ausbreitende Schleimüberzug von Hochseefischen muß ebenfalls bakterizide Eigenschaften besitzen, denn es kann – wenn die Kontinuität dieser Schutzschicht mechanisch, so z.B. durch Berührung beeinträchtigt wird – in kürzester Zeit zu einer lokalen, meist fatalen Infektion durch Bakterien oder Pilze kommen. Es gibt auch Anhaltspunkte dafür, daß sich die Wirksamkeit dieser stofflichen Abwehrmechanismen nicht auf Bakterien beschränkt, sondern auch das Festsetzen von Protozoen, Pilzen, ja sogar von Invertebratenlarven, die als harmlose Epibionten in Frage kommen, verhindern. So gibt es z.B. eine ganze Reihe von Algen und Schwämmen *(Porifera)*, deren Außenflächen nie mit Epibionten besiedelt sind.

2.3. Die marine Flora

Man darf ohne Übertreibung behaupten, daß die rezente marine Flora mit Ausnahme einiger Artengruppen (z.B. Pilze, *Mycophyta)* und im Gegensatz zur Fauna (Kap. 2.4.) weitgehend inventarisiert ist. Dies hat seinen Grund darin, daß die Vertikalverbreitung der assimilierenden Pflanzen auf die euphotischen Tiefen begrenzt ist, die für uns noch relativ gut zugänglich sind. Allerdings ist man unlängst in Tiefen zwischen 250 und 4000 m auf einzellige planktontische und mehrzellige benthische Algen gestoßen (WOOD 1971), die noch funktionstüchtiges Chlorophyll enthielten und von denen angenommen werden muß, daß es sich nicht um in die Tiefe verfrachtete, dem Tod geweihte Exemplare handelt. Vermutlich sind es anpassungsfähige Formen mit einem teils autotrophen, teils heterotrophen Stoffwechsel.

Die marinen Pflanzen sind dank ihrer Fähigkeit, mit Hilfe des Blattgrüns (Chlorophyll) oder ähnlicher zellulärer Komponenten die Sonnenenergie in chemische Energie umzuwandeln und aus anorganischen Molekülen organische Verbindungen aufzubauen, die sog. Primärproduzenten des Meeres (Kap. 6.1.). Die Hauptträger der marinen Primärproduktion sind nicht – wie auf dem Festland – die Großpflanzen, sondern mikroskopisch kleine Einzeller, deren Gesamtheit das pflanzliche Plankton (Kap. 3.2.1.) der oberen neritischen und ozeanischen Wasserschichten bilden. Gesamthaft betrachtet sind ihre Biomasse und ihre Produktivität um ein Vielfaches größer als jene der auffälligeren Großpflanzen des litoralen Benthos, die ihrer sessilen Lebensweise wegen nur eine zweidimensionale Verbreitungsmöglichkeit haben, die sich auf einen relativ schmalen, litoralen Gürtel beschränkt. Eine diesbezügliche Ausnahme bilden die an der Oberfläche des Sargasso-Meeres dahintreibenden Braunalgen der Gattung *Sargassum* (Kap. 3.2.2.; Abb. 22, 23).

Die marine Flora setzt sich vorwiegend aus stammesgeschichtlich primitiven Artengruppen *(Schizophyta, Phycophyta, Mycophyta,* Tab. 5,8) zusammen. Die höheren Pflanzen, von den *Bryophyta* (Moosen) aufwärts

Tabelle 5 Das natürliche System der rezenten Pflanzen (Kryptogamen nach *Esser* 1976) mit Angaben über die approx. Zahl rezenter Arten bzw. über deren Vorkommen in den 3 wichtigsten Lebensräumen. (Zusammengestellt von Frau Dr. R. Honegger, Zürich)

Abteilung: Klasse:	Approx. Zahl der Arten	Vorkommen Meer	 Süßw.	 Festl.
Schizophyta (Spaltpflanzen)	**3450**			
Schizomycetes (Bakterien)	1450	++	++	++
Cyanophyceae (Blaualgen)	2000	+	+++	++
Phycophyta (Algen)	**32800**			
Euglenophyceae	1000	+	+++++	
Pyrrhophceae (Dinoflagellaten)	1000	+++++	+	
Chrysophyceae:				
– *Chrysomonadales, Coccolithinae* und *Silicoflagellinae*	1000	++++	++	
– *Diatomales** (Kieselalgen)	16000	+++	++	+
*Xanthophyceae*** (Heterokontae)	600	+	+++	++
Chlorophyceae (Grünalgen)	8000	+	++++	+
Phaeophyceae (Braunalgen)	1500	+++++	($^{+}$)	
Rhodophyceae (Rotalgen)	3700	+++++	($^{+}$)	
Mycophyta (Pilze)	**32325**			
Myxomycetes (Schleimpilze)	425			++++++
Phycomycetes (niedere Pilze)	1400	+	+++	++
Ascomycetes (Schlauchpilze)	15500	($^{+}$)	($^{+}$)	++++
Basidiomycetes (Ständerpilze)	15000			++++++
Lichenes (Flechten)	16000	($^{+}$)	($^{+}$)	++++
Bryophyta (Moospflanzen)	**20000**			
Hepaticae (Lebermoose)	6000		+	+++++
Musci (Laubmoose)	14000		+	+++++
Pteridophyta (Farnpflanzen)	**9771**			
Psilophytinae (Urfarne)	5			++++++
Lycopodiinae (Bärlappgewächse)	400			++++++
*Isoetinae**** (Brachsenkräuter)	34		++	++++
Equisetinae (Schachtelhalmgewächse)	32			++++++
Filicinae (Farne)	9300			++++++
Spermatophyta (Samenpflanzen)	**260000**			
Gymnospermae (Nacktsamige)	600			++++++
Angiospermae (Bedecktsamige)	250000	($^{+}$)	+	+++++

* ca. 100000 Formen sind bekannt, davon werden 16000 als echte Arten anerkannt.
** schlecht bekannte Gruppe, meist Süßwasserformen, aber auch auf zeitweise überschwemmten Festlandböden vorkommend.
*** Die Brachsenkräuter werden oft zu den Bärlappgewächsen *(Lycopodiinae)* geschlagen.

bis zu den bedecktsamigen Blütenpflanzen *(Angiospermae)* fehlen, von einigen wenigen Ausnahmen abgesehen, im marinen Raum ganz. Zu diesen Ausnahmen gehören im europäischen Raum einige unter dem Sammelbegriff „Seegräser" bekannte Laichkrautgewächse *(Potamogetonaceae)* der Gattungen *Posidonia* (Abb. 12a), *Zostera, Cymodocea (Angiospermae, Monocotyledoneae)*, deren schlanke Blätter sich auf Weichböden des Litorals zu ausgedehnten Wiesen verdichten und ein charakteristisches Biotop bilden (Abb. 63). Es ist dies eine kleine Gruppe von Pflanzen, deren Evolution sich in Süßgewässern vollzogen hatte, von wo sie sekundär den Weg zurück ins Meer antraten.

Die großwüchsigen, benthischen *Phycophyta* sind nicht wie die höheren Pflanzen in Wurzel, Stengel, Sprosse und Blätter gegliedert, sondern be-

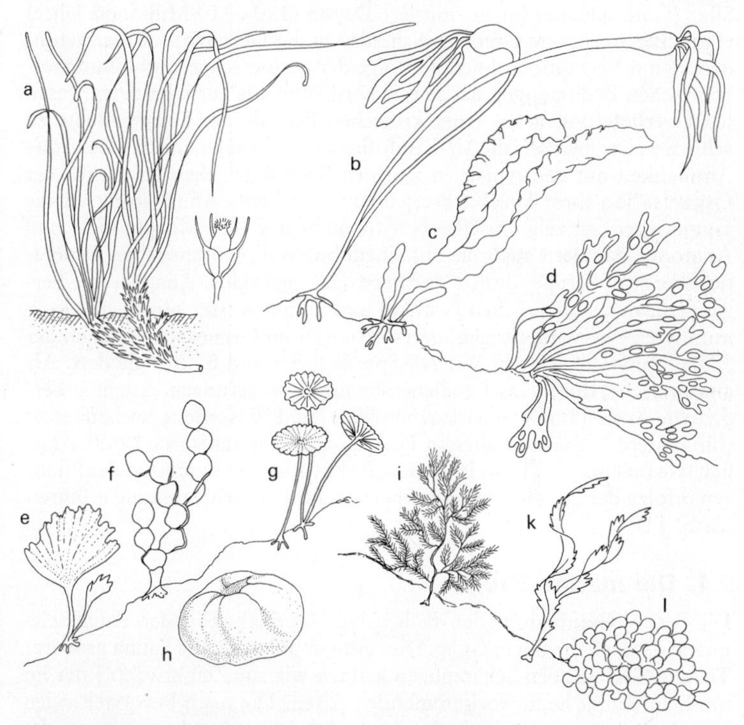

Abb. 12 Einige benthische Großpflanzen des Litorals.
a Blütenpflanzen: *Posidonia oceania* (Neptungras), Blattlänge bis 80 cm. Daneben: vergrößerte Blüte (nach *Riedl* 1963).
b–d Braunalgen: **b** = *Nereocystis luetkeana* (30–60 Meter), **c** = *Laminaria rodriguezi* (40–50 cm), **d** = Fucus *vesiculosus* (Blasentang, 20–30 cm).
e–h Grünalgen: **e** = *Udotea petiolata* (bis 7 cm); **f** = *Halimeda tuna* (9–10 cm); **g** = *Acetabularia mediterranea* (4 cm); **h** = *Codium bursa*, bis 15 cm.
i–l Rotalgen: **i** = *Plocamium coccineum* (7 cm); **k** = *Vidalia volubilis* (12 cm); **l** = *Lithophyllum racemus* (inkrustierende Kalkalge, Durchmesser bis 7 cm).

stehen aus einem mehrzelligen z. T. syncytialen Thallus, der sich blattförmig differenzieren und wurzelähnliche Haftorgane ausbilden kann. Einige Braunalgen *(Phaeophyceae)*, insbesondere die hochentwickelten *Laminariales*, weisen z. T. meterlange Stiele (Abb. 12b) auf, die ähnlich den Achsen höherer Pflanzen ein Meristem und eine Art Phloem enthalten. Die Entwicklungszyklen der Großalgen entsprechen meist einem in verschiedener Weise abgewandelten Wechsel von haploiden und diploiden, teils polymorphen Generationen (Kap. 5.2.).

Die Inbesitznahme des Süßwassers und des Festlandes durch die Pflanzen muß in der sog. Psilophytenzeit stattgefunden haben, die sich vom oberen Silur (Gotlandicum) bis ins mittlere Devon (380–310 Millionen Jahre) erstreckte. Sie hat im Grenzbereich, also in der Gezeitenzone stattgefunden, deren Vegetation ohnehin infolge der periodischen Entblößung terrestrischen Bedingungen ausgesetzt wird. Wie aus gut erhaltenen, fossilen Überlieferungen aus jener kritischen Periode der Erdgeschichte zu schließen ist, besaßen die Ur-Landpflanzen *(Rhynales)* noch eine große Ähnlichkeit mit den typischen marinen Großalgen, die hinsichtlich der Organisation ihrer Sproßachse jedoch schon eine Annäherung an die Gymnospermen zeigten. Dies betrifft nicht nur ihre Morphologie und Anatomie, sondern auch die auf einem haplo-diplobiontischen Generationswechsel beruhende Art des Entwicklungszyklus. Aus diesen Übergangsformen sind auf dem Festland und im Süßwasser sämtliche „Kormophyten“ hervorgegangen, deren Bau sich im Gegensatz zu jenem der „Thallophyten“, klar in Wurzel, Sproßachsen und Blätter gliedert. Als anatomische, durch das Landleben bedingte Neuerungen kamen außerdem die Ausbildung von wirksamen Stütz- und Wasserleitgeweben hinzu (für weitere Angaben zu diesem Thema siehe ZIMMERMANN 1969). Ähnlich wie im Fall der Tierwelt (Kap. 2.1.) hat auch die Evolution der Pflanzen infolge der Landnahme eine überaus starke Beschleunigung erfahren (Abb. 11).

2.4. Die marine Fauna

Die Bestandesaufnahme der die heutigen Meere belebenden Faunenelemente ist noch in vollem Gang. Dies gilt vor allem für die Fauna größerer Tiefen. Nach groben Schätzungen kennen wir zur Zeit etwa 2/3 der im marinen Raum heute vorkommenden Arten. Die noch bevorstehenden Neuentdeckungen werden nicht nur das bereits vorhandene Inventar der bekannten Artengruppen bereichern, sondern vermutlich auch Formen zutage fördern, die als Vertreter neu zu schaffender Ordnungen, Klassen, eventuell sogar Stämme (Tab. 6) ihren Beitrag zur Vervollständigung und Verfeinerung unseres derzeitigen Bildes über die stammesgeschichtlichen Zusammenhänge leisten werden.

Diese Erwartungen entspringen nicht einem übertriebenen Optimismus, gilt es doch zu bedenken, daß noch während der verflossenen 50 Jahre mehrere Neuentdeckungen von eminenter Aussagekraft gemacht wurden. Dazu gehört u. a. der zu den Knochenfischen *(Osteichthyes)* gehörende Quastenflosser *Latimeria chalumnae*, ein Fisch von 1,5 m Länge (Abb. 13 a), der als lebendes Fossil gelten darf, da man die *Crossopterygii*, denen die 1938 vom südafrikanischen Ichthyologen SMITH entdeckte *Latimeria* zuzuordnen ist, als schon im Erdmittelalter ausgestorben glaubte. Ein weiterer Fund von ebenbürtiger Tragweite stellt die Schnecke *Neopilina galatheae* (Abb. 13 b) dar, die vom dänischen Forscher LEMCHE im Material entdeckt wurde, das die dänische Galathea-Expedition 1952 aus dem östlichen Südpazifik zurückgebracht hatte. Die *Neopilina*, eine Tiefseeschnecke von 3 cm Durchmesser, ist ein rezenter Vertreter der bislang nur aus fossilen Funden bekannten *Monoplacophora*, die ihre Blütezeit im Erdaltertum (Silur) erlebt hatten.

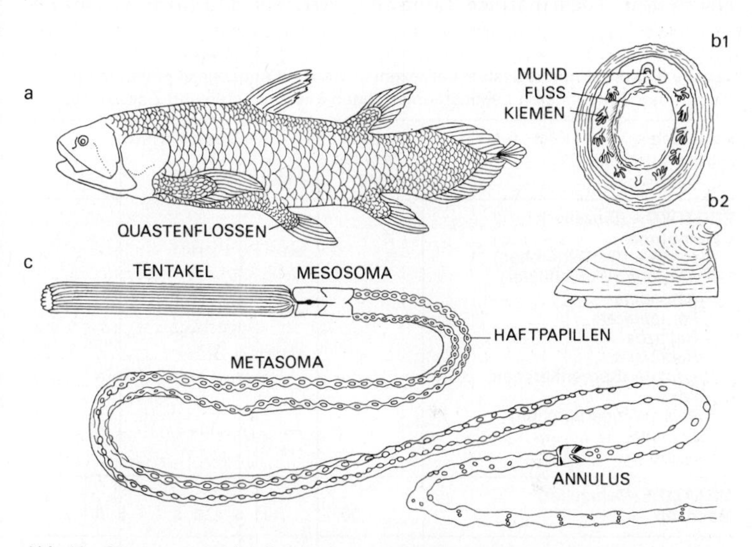

Abb. 13 Stammesgeschichtlich bedeutsame Neuentdeckungen mariner Tiere. **a** der Quastenflosser *Latimeria chalumnae* Smith (*Crossopterygii*), bis 1,5 m. **b** *Neopilina galatheae* Lemche (*Mollusca*, *Monoplacophora*) 3 cm; $\mathbf{b_1}$ = Ansicht von unten: $\mathbf{b_2}$ = Seitenansicht (nach *Kaestner* 1965). **c** *Spirobrachia beklemischevi* Ivanov (*Pogonophora*, Bartwürmer); 19 cm (nach *Kaestner* 1965).

Als letztes Beispiel sei hier die Entdeckung eines neuen Tierstammes, jenes der Bartwürmer (*Pogonophora* Johansson, Abb. 13 c) erwähnt. 1914 hatte CAULLERY einen 36 cm langen, aus dem Material der holländischen „Siboga-Expedition" stammenden, benthischen Wurm beschrieben *(Siboglinum weberi* Caullery), dessen Gestalt und Anatomie sich nicht mit den Merkmalen bekannter Stämme in Übereinstimmung bringen ließen. Aufgrund dieser Entdeckung schuf JOHANSSON 1937 den neuen Stamm der *Pogonophora*, der seither mit ca. 20 neuen Arten bereichert wurde.

Es mag überraschen, daß von den ca. 1.1 Millionen bisher inventarisierten Tierarten nur etwa 1/5 aquatisch und nur 1/6 marin sind (Thorson 1957), während alle übrigen die artenreiche Fauna des Festlandes repräsentieren. Dieses Ungleichgewicht wird dann verständlich, wenn man bedenkt, daß etwa 700 000 allein von der Klasse der vorwiegend terrestrischen Insekten beansprucht werden, die als derzeit dominierende Gruppe der *Arthropoda* (Gliederfüssler) auf dem Festland eine außerordentlich starke Radiation erfahren haben, ohne daß auch nur ein Teil davon ins Meer zurückgekehrt wäre.

Die quantitative Gegenüberstellung zwischen Festland und Süßgewässer einerseits und dem marinen Raum andererseits liefert jedoch ein ganz an-

Tabelle 6 Das natürliche System der rezenten Tiere mit Angaben über deren Vorkommen in den 3 wichtigsten Lebensräumen (nach *Kaestner* 1965 und *Ziswiler* 1976).

Abteilung *Stamm* Klasse	Approx. Zahl der Arten	Vorkommen Meer	 Süßw.	 Festl.
PROTOZOA (Einzeller)				
Cytomorpha				
Flagellata (Geißeltierchen)		+++	++	+
Rhizopoda (Wurzelfüßler)				
Amoebina		+	++++	+
Foraminifera		++++++		
Heliozoa			++++++	
Radiolaria		++++++		
Sporozoa (Sporentierchen)			Parasiten	
Cytoidea				
Ciliata (Wimpertierchen)				
Euciliata		+++	++	+
Suctoria		+++	+++	
METAZOA (Mehrzeller)				
Mesozoa	50		Parasiten	
Parazoa				
Porifera (Schwämme)	5000			
Calcarea (Kalkschwämme)		++++++		
Silicea (Kieselschwämme)		+++++	+	
Eumetazoa				
Cnidaria (Nesseltiere)	8900			
Hydrozoa	2700	+++++	+	
Scyphozoa	200	++++++		
Anthozoa	6000	++++++		
Acnidaria (Rippenquallen)				
Ctenophora	80	++++++		
Plathelminthes (Plattwürmer)	12400			
Turbellaria (Strudelwürmer)	3000	+++	++	+
Trematoda (Saugwürmer)	6000		Parasiten	
Cestoda (Bandwürmer)	3400		Parasiten	
Kamptozoa	60	+++++	+	
Nemertini (Schnurwürmer)	800	++++	+	+

Tabelle 6 (II)

Abteilung *Stamm* Klasse	Approx. Zahl der Arten	Vorkommen Meer	 Süßw.	 Festl.
Nemathelminthes (Schlauchwürmer)	12500			
Gastrotricha	150	++++	++	
Rotatoria (Rädertierchen)	1500	+	++++	+
Nematodes	10000	++	++	++
Nematomorpha	230	+	+++++	
Kinorhyncha	100	++++++		
Acanthocephala (Kratzer)		Parasiten		
Priapulida (Priapswürmer)	4	++++++		
Mollusca (Weichtiere)	128000			
Polyplacophora (Käferschnecken)	1000	++++++		
Solenogastres (Wurmschnecken)	150	++++++		
Monoplacophora	2	++++++		
Gastropoda (Schnecken)	105000	+++	++	+
Scaphopoda (Wurmschnecken)	350	++++++		
Bivalvia (Muscheln)	20000	+++++	+	
Cephalopoda (Kopffüßer)	730	++++++		
Sipunculida	250	++++++		
Echiurida (Igelwürmer)	150	++++++		
Annelida (Ringelwürmer)	8830			
Polychaeta (Vielborstige)	5300	++++++		
Myzostomida	130	++++++		
Clitellata (Gürtelwürmer)	3400	+	++	+++
Onychophora (Stummelfüßer)	70			++++++
Tardigrada (Bärentierchen)	180	+	++++	+
Pentastomida (Zungenwürmer)	60	Parasiten		
Arthropoda				
Merostomata (Schwertschwänze)	5	++++++		
Arachnida (Spinnentiere)	36000		($^{+}$)	++++++
Pantopoda (Asselspinnen)	500	++++++		
Crustacea (Krebse)	35000	++++	+	+
Myriapoda (Tausendfüßer)	10500			++++++
Insecta (Insekten)	700000	($^{+}$)	++	++++
Tentaculata				
Phoronidea	18	++++++		
Bryozoa (Moostierchen)	4000	+++++	+	
Brachiopoda (Armfüßer)	280	++++++		
Chaetognatha (Pfeilwürmer)	50	++++++		
Pogonophora (Bartwürmer)	47	++++++		
Echinodermata (Stachelhäuter)	5970			
Crinoidea (Haarsterne)	620	++++++		
Holothuroidea (Seewalzen)	1100	++++++		
Echinoidea (Seeigel)	860	++++++		
Asteroidea (Seesterne)	1500	++++++		
Ophiuroidea (Schlangensterne)	1900	++++++		
Branchiotremata (Hemichordata)				
Enteropneusta (Eichelwürmer)	60	++++++		
Pterobranchia	20	++++++		
Planctosphaerea	1	++++++		
Chordata (Chordatiere)				

Tabelle 6 (III)

Abteilung *Stamm* Klasse	Approx. Zahl der Arten	Vorkommen Meer	Süssw.	Festl.
Urochordata				
Larvacea (Appendicularien)	62	++++++		
Ascidiacea (Seescheiden)	2000	++++++		
Thaliacea (Salpen)	57	++++++		
Cephalochordata	13	++++++		
Vertebrata				
Agnatha (Kieferlose)	44	+++	+++	
Chondrichthyes (Knorpelfische)	625	+++++	+	
Osteichthyes (Knochenfische)	24000	++++	++	
Amphibia (Lurche)	3000		+++	+++
Reptilia (Kriechtiere)	6400	+	++	+++
Aves (Vögel)	8616	(+)	(+)	++++++
Mammalia (Säugetiere)	4250	+	+	++++

deres Bild, wenn man nicht die Artenzahlen, sondern die großen systematischen Gruppen (Stämme, Klassen) in die Waagschalen legt: Von den in Tabelle 6 aufgeführten 22 Stämmen (Phyla), in die alle rezenten *Metazoa* eingeteilt werden, sind nicht weniger als 19 im marinen Raum vertreten. Von diesen haben, an den Artenzahlen gemessen, 15 ihren Schwerpunkt im Meer, während insgesamt 7 Stämme *(Acnidaria, Priapulida, Sipunculida, Echiurida, Chaetognatha, Pogonophora, Echinodermata)* ausnahmslos marin sind. Unter den 64 Klassen (Tab. 6) sind 31 ausschließlich marin, und nur deren 10 treten im Meer nur mit vereinzelten Arten oder überhaupt nicht in Erscheinung. Diese Gegenüberstellung spiegelt mit aller Deutlichkeit die Rolle wieder, die der marine Lebensraum in den frühen Etappen der Metazoen-Evolution gespielt hat. Die späteren fast explosiven Phasen, die zum heutigen Stand der Arthropoden-Entfaltung einerseits und zur Radiation der Wirbeltiere andererseits geführt haben, stehen in einem kausalen Zusammenhang zur Besiedlung des Festlandes, dessen reichere ökologische Gliederung und Isolationsmöglichkeiten sich in förderndem Sinne auf die Rassen- und Artbildung ausgewirkt hatten.

Charakteristisch für die marine Fauna ist u.a. die Anwesenheit einer Reihe von ausgesprochen konservativen Artengruppen, die über Jahrmillionen hin in kaum veränderter Form und ohne je eine eigentliche Blütezeit erlebt zu haben, bis in unsere Zeit erhalten blieben. Dies trifft u.a. für die artenarmen *Sipunculida, Echiurida, Priapulida* (Abb. 49) zu. Andererseits nimmt im marinen Raum kein Stamm bzw. Klasse eine so vorherrschende Stellung ein, wie die Insekten auf dem Festland.

Im Gegensatz zur lichtabhängigen Flora hat die Fauna vom ganzen marinen Raum Besitz ergriffen. Es steht heute fest, daß auch die bisher größten bekannt gewordenen Tiefen mit Tieren belebt sind, welche es verstanden haben, sich an die extremen dort herrschenden Bedingungen anzupassen (Tab. 10). Dank des dynamischen Verhaltens der Wassermassen, ist, entgegen früherer Auffassungen, die Versorgung großer Tiefen mit dem lebenswichtigen Sauerstoff ausreichend gesichert (Kap. 4.4.2.). Was die trophischen Beziehungen anbetrifft, so gibt es in der marinen Fauna wie in jenem der beiden anderen Lebensräume Primär- und Sekundärkonsumenten. Erstere ernähren sich direkt von pflanzlichen Primärproduzenten und zwar in erster Linie vom Phytoplankton. Es gibt aus nicht erklärbaren Gründen nur wenige marine Primärkonsumenten, welche sich von den im Litoral reichlich vorhandenen Großpflanzen (Kap. 3.4.1.) ernähren. Die Anreicherung der in den Wassermassen suspendierten autotrophen Einzeller stellt nicht geringe Probleme. Eine Folge davon ist, daß es in der marinen Fauna, von einigen wenigen Ausnahmen abgesehen (z.B. Seekühe, *Sirenia*), keine, mit den gras- oder laubfressenden Landtieren vergleichbare, großwüchsige Primärkonsumenten gibt. Es handelt sich fast ausnahmslos um kleine bis kleinste pelagische (Abb. 29) oder benthische (Abb. 55, 56) Strudler, welche die Anreicherungsarbeit für die Sekundärkonsumenten übernehmen, woraus entsprechend komplexe, z.T. kaum entwirrbare trophische Beziehungen (Kap. 6.4.) resultieren. Eine weitere Folge dieses permanenten und ubiquitären Angebots an suspendierten Nahrungspartikeln ist, daß es im Benthos verhältnismäßig viele sessile und halbsessile Tiere gibt, deren ortsgebundene Lebensweise auf dem Festland aus ernährungsbiologischen Gründen untragbar wäre. Die marine Fauna läßt sich nach grob ökologischen Kriterien in die drei Kategorien Zooplankton (Kap. 3.2.), Nekton (Kap. 3.3.) und Zoobenthos (Kap. 3.4.) unterteilen, deren Zusammensetzungen und Eigenarten Gegenstand des folgenden Kapitels sein werden.

3. Die großen marinen Ökosysteme

3.1. Allgemeines

Die marine Fraktion der Biosphäre stellt eine gigantische Gemeinschaft von Mikroorganismen, pflanzlichen und tierischen Lebewesen dar, die alle miteinander mittelbare oder unmittelbare ökologische Wechselbeziehungen pflegen. Diese weitgehend in sich geschlossene Funktionseinheit ist mit den limnischen und terrestrischen Ökosystemen weit weniger eng verknüpft als diese beiden es miteinander sind. Die Grenze bildet das Litoral, eine eigentliche „Kampfzone", auf die marine und terrestrische Faktoren in gleichem Maße einwirken und sie damit zu einer unwirtlichen Schwelle machen, die nur von wenigen Organismen in der einen oder anderen Richtung überschritten wird.

Jedes Bestreben, innerhalb des marinen Raumes ökologisch begründete Untereinheiten voneinander abzugrenzen und zu charakterisieren, stößt auf Schwierigkeiten, weil die Beziehungen über die gezogenen Grenzen hinaus so verflochten sind, daß jede Einteilung nur unter Beiziehung relativ willkürlicher und damit nicht in jeder Hinsicht befriedigender Kriterien erfolgen kann. Diese Vorbehalte gelten bereits für die allgemein anerkannte und auch hier befolgte Gliederung der marinen Biosphäre in ein *Plankton*, ein *Nekton* und ein *Benthos*, weil ein und dieselbe Art sich, je nach der Phase ihres Entwicklungszyklus, der einen wie der anderen dieser Gemeinschaften anschließen kann (Abb. 14).

3.2. Das Plankton

Der von Hensen 1887 erstmals geprägte Ausdruck „Plankton" stammt aus dem Altgriechischen (*πλάνκτον*) und bedeutet das „Dahintreibende". Unter diesen Sammelbegriff fallen alle Organismen bzw. Entwicklungsstadien, die in verschiedenen Tiefen der Süßgewässer oder der Meere schweben und von den Wasserbewegungen dahingetrieben werden. Die Fähigkeiten dieser meist kleinen bis kleinsten Mikroorganismen, Pflanzen und Tiere, sich mit eigener Kraft fortzubewegen, fehlt entweder oder reicht zur Überwindung von Wasserbewegungen kaum aus. Die Plankter teilen das Pelagial mit den dem Nekton (Kap. 3.3.) zugeordneten, größeren Tieren. Eine eindeutige Abgrenzung zwischen dem Nekton und dem Plankton ist ausgeschlossen, da es zwischen den beiden alle möglichen Übergänge gibt.

Ein ausgewachsener, 3–4 m langer Schwertfisch (*Xiphias gladius*, Abb. 14) z. B. gehört eindeutig zum Nekton. Seine Eier (Durchm. 1,6–1,8 mm) und die aus die-

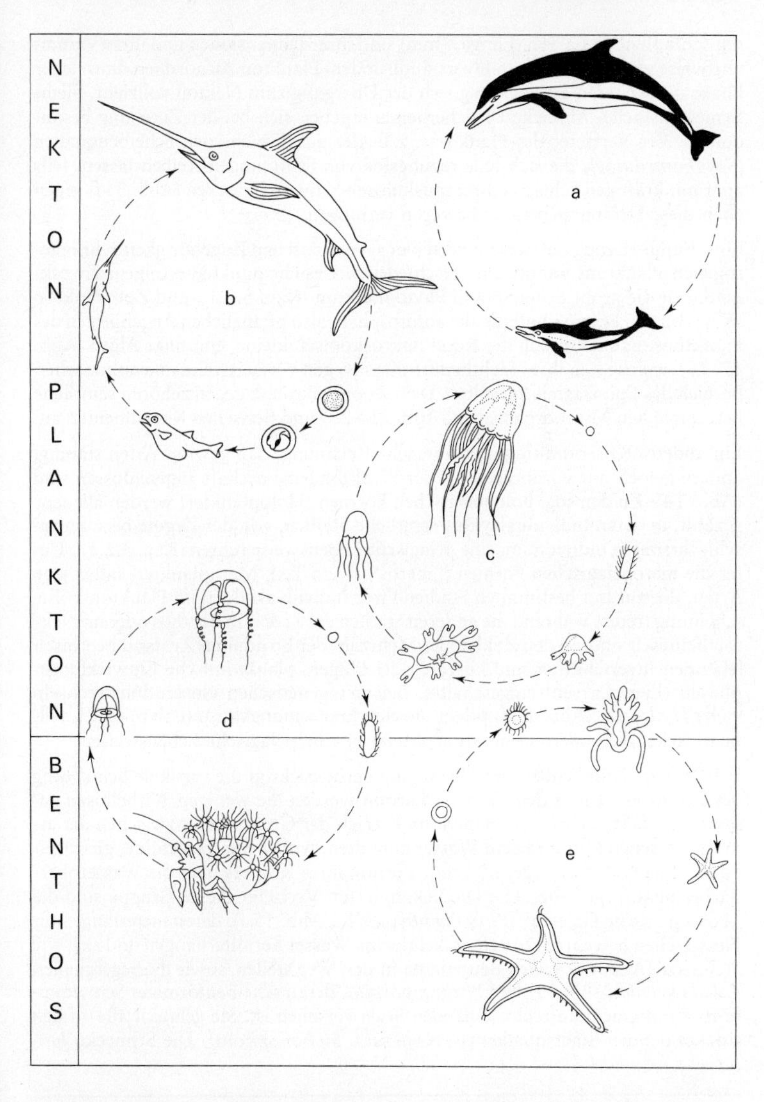

Abb. 14 Zugehörigkeit einiger Tierarten zu den 3 großen, ökologischen Gemeinschaften: Nekton, Plankton und Benthos. **a** *Delphinus delphis*, gemeiner Delphin (*Mammalia*), der während seines ganzen Individualzyklus ausschließlich dem Nekton angehört. **b** *Xiphias gladius*, Schwertfisch (*Osteichthyes*). Im subadulten und adulten Zustand Angehöriger des Nektons. Eier und Larven gehören aber zum Plankton. **c** Zyklus der holoplanktontischen Meduse *Pelagia noctiluca* (*Cnidaria*, *Scyphozoa*). **d** Ge-

sen schlüpfenden Larven (Länge 3 mm) sind ihrer Dimensionen und ihrer Verhaltensweise wegen ebenso unmißverständlich dem Plankton zuzuordnen. In welcher Phase der weiteren Entwicklung sich der Übergang zum Nekton vollzieht, bleibt Ermessenssache. Ähnliche Unsicherheiten ergeben sich bei der Zuteilung besonders großer Vertreter des Planktons, z.B. der ausgewachsenen Scheibenquallen *(Scyphomedusae)*, die sich teils regungslos von Strömungen treiben lassen, teils aber mit kräftigen Schlägen ihrer muskulösen Schwimmglocken (Abb. 31f) gegen eben diese Strömungen fortzubewegen vermögen.

Eine Aufgliederung des betreffend seiner systematischen Zugehörigkeit sehr heterogenen Planktons kann nach verschiedenen Gesichtspunkten erfolgen: Zweckmäßig ist die grobe Scheidung in **Phytoplankton** (Kap. 3.2.1.) und **Zooplankton** (Kap. 3.2.3.). Ersteres umfaßt alle autotrophen, also pflanzlichen Angehörigen des Planktons. Es sind dies in der Regel mikroskopisch kleine, einzellige Algen (Abb. 17, 18), welche sich ihres Lichtbedürfnisses wegen vorzugsweise im euphotischen Bereich des Epipelagials aufhalten. Dem Zooplankton dagegen gehören sämtliche heterotrophen Mikroorganismen (Abb. 21–28) und tierischen Konsumenten an.

Ein anderes Kriterium trägt der Tatsache Rechnung, daß gewisse Arten ständig, andere jedoch nur vorübergehend der Planktongemeinschaft angeschlossen sind (Abb. 14). Zu den sog. **holopelagischen** Formen (Holoplankter) werden alle jene gezählt, in deren Individualzyklus sämtliche Stadien, von der Zygote bis zum geschlechtsreifen Individuum, eine pelagische Lebensweise führen (Kap. 3.2.3.). Unter die **meropelagischen** Formen („meros" = ein Teil, Meroplankter) fallen jene Arten, die nur mit bestimmten Stadien ihrer Individualzyklen im Plankton in Erscheinung treten, während die anderen Stadien entweder im Benthos oder im Nekton heimisch sind. In den Zyklen der Mehrzahl der im adulten Zustand benthisch lebenden Invertebraten sind kürzere oder längere planktontische Entwicklungsphasen (Eier, Larven) eingeschaltet. Bei metagenetischen Generationswechseln vieler *Hydrozoa* (Abb. 14d) pflegt die eine Erscheinungsform (Polyp) eine sessilbenthische, die andere Generation (Meduse) eine pelagische Lebensweise.

Eine weitere Möglichkeit der Gliederung berücksichtigt die vertikale Schichtung des Planktons: Unter dem Begriff **Pleuston** werden die wenigen Wirbellosen zusammengefaßt, die sich permanent im Bereich der Grenzschicht zwischen der atmosphärischen Luft und dem Wasser aufhalten, wobei eine gasgefüllte, gleichzeitig als Boje und Windsegel wirkende Portion ihres Körpers über die Wasseroberfläche hinausragt (Abb. 15). Die bekanntesten Vertreter dieser Gruppe sind die „Portugiesische Galeere" *(Physalia physalis* L., Abb. 15a), deren meterlange, mit Nesselzellen bewehrten Fangtentakel tief ins Wasser herunterhängen und sich wie Stellnetze (Abb. 112g) den Beutetieren in den Weg stellen, sowie die Segelquallen *Velella velella* (Abb. 15) und *Porpita porpita*, deren scheibenförmiger Schwimmkörper mit einem aufrecht stehenden Segel versehen ist. Sie gehören alle zu den stockbildenden Staatsquallen *(Coelenterata, Siphonophora)*. Die Schnecke *Jan-*

---

nerationswechsel des meroplanktontischen Hydroiden *Podocoryne carnea* (*Cnidaria*, *Hydrozoa*). Die benthischen, sich vegetativ vermehrenden Polypen erzeugen durch asexuelle Knospung frei schwimmende Medusen. Aus den von diesen ins Wasser entlassenen Eier entwickeln sich Larven, die zu benthischen Polypen metamorphosieren. **e** Entwicklungszyklus des benthischen Seesterns *Astropecten sp.* (*Echinodermata*, *Asteroidea*), dessen Eier und Larvenstadien vorübergehend im Plankton erscheinen.

thina (Abb. 15 c) scheidet Schaumblasen aus, welche das Tier und seine Eier an der Oberfläche tragen.

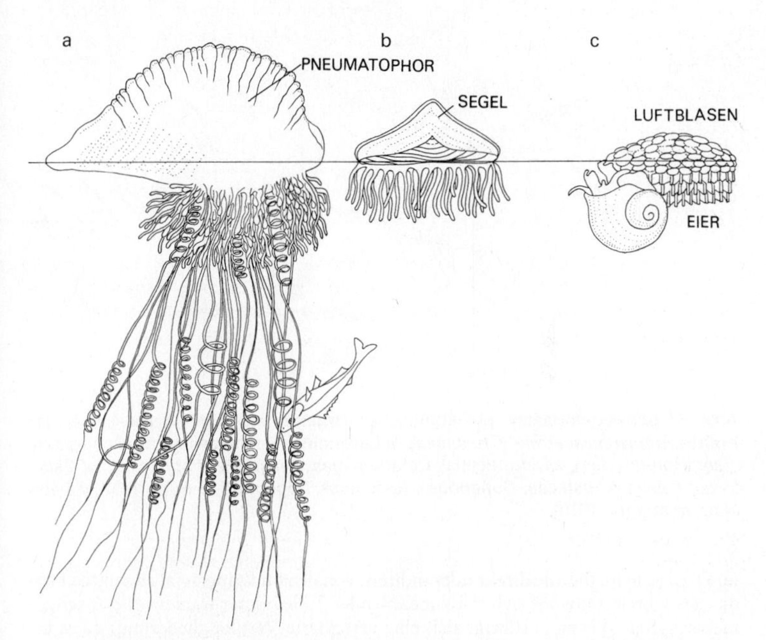

Abb. 15 Drei typische Vertreter des Pleustons. **a** Portugiesische Galeere, *Physalia physalis* (meterlange Tentakel), **b** Segelqualle, *Velella velella* (Durchm. 4–5 cm). Diese beiden stockbildenden Staatsquallen (*Hydrozoa*, *Siphonophora*) sind mit einem gasgefüllten, gleichzeitig als Segel wirkenden Schwimmkörper (Pneumatophor) versehen. **c** Die Veilchenschnecke *Janthina* sp. (*Mollusca*, *Gastropoda*) baut mit Schleim ein aus Luftblasen bestehendes Schaumfloß, an dessen Unterseite sie sich festhält und ihre Eikokons daran befestigt (nach Photos).

Das **Neuston** umfaßt all jene Organismen, welche die oberste, unmittelbar unter der Oberfläche liegende Wasserschicht von 0–1 cm Dicke als Aufenthaltsort wählen. Diese dünne, schwer zu analysierende Schicht ist 10 bis 1000mal reicher an Mikroorganismen als tiefer liegende Etagen und stellt somit ein Nahrungskonzentrat dar, das zahlreichen Protozoen, Larven und Invertebraten, die sich am Oberflächentreibgut festgesetzt haben, zugute kommt.

Das **epipelagische** Plankton besiedelt die obere, bis in eine Tiefe von ca. 200 m reichende Wasserschicht, deren oberste Etagen Sonnenlicht in einem für die Photosynthese ausreichenden Maß empfangen. Es ist deshalb der an pflanzlichen Primärproduzenten und tierischen Primärkonsumenten reichste pelagische Raum, der die größte Biomasse des Pelagials beherbergt (Kap. 6.). Die tiefer liegenden, durch Abwesenheit des Lichtes und zunehmende hydrostatische Drucke gekennzeichneten Wassermassen sind, bezogen auf die Volumeneinheit, wesentlich ärmer

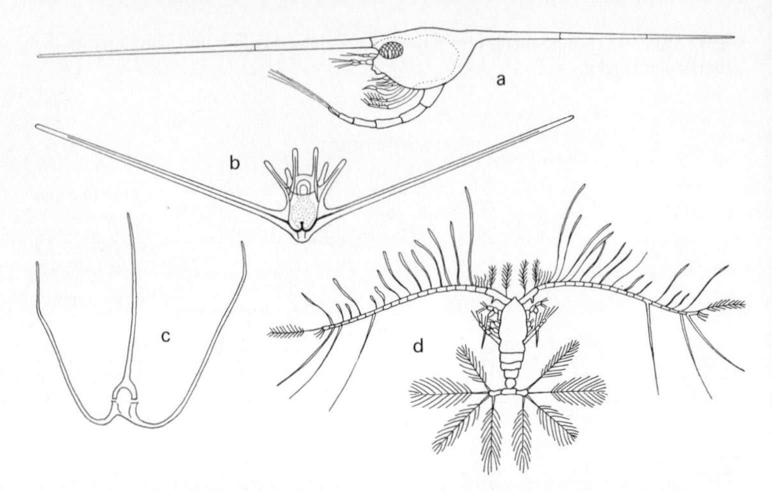

Abb. 16 Schwebefortsätze planktontischer Organismen. **a** Metazoëa-Larve der Krabbe *Ethusa mascarone* (*Crustacea*), **b** Larve eines Schlangensterns (*Echinodermata, Ophiuroidea*), **c** Dinoflagellat, *Ceratium massiliense* (*Pyrrhophyceae*), **d** *Calocalanus pavo* (*Crustacea, Copepoda*). (a–c nach *Trégouboff* u. *Rose* 1957; d nach *McConnaughey* 1970).

an Organismen, die alle direkt oder indirekt von den im Epipelagial erzeugten Produkten zehren. Obwohl sich mit zunehmender Tiefe immer wieder neue Artengemeinschaften ablösen, erübrigt sich eine verfeinerte Vertikalgliederung, da es infolge von Vertikalwanderungen (Kap. 3.2.3.) zu räumlich und zeitlich bedingten Durchmischungen der Formen kommt. Nicht zuletzt aus rein technischen Gründen (Kap. 3.2.5.) wird das Plankton ungeachtet seiner systematischen und ökologischen Zugehörigkeit aufgrund der Dimensionen seiner Angehörigen in mindestens Größenklassen eingeteilt: Ultramikroplankton $< 2\,\mu$m; Nanoplankton 2–20 μm; Mikroplankton 20–2000 μm; Megaplankton >2 mm.

Das Plankton bildet eine sehr heterogene Gemeinschaft, in der fast sämtliche Arten und Artengruppen der wirbellosen Tiere mit irgend einem ihrer Entwicklungsstadien in Erscheinung treten. Trotz dieser Heterogenität haben sich infolge konvergenter Anpassungen an die Besonderheit des Milieus und der pelagischen Lebensweise viele Gemeinsamkeiten ausgebildet: Viele Vertreter des Kleinplanktons, z. B. die Kieselalgen (Abb. 17) verfügen über keine Mittel zur aktiven Fortbewegung; bei anderen ist diese Fähigkeit stark eingeschränkt. Dieser Nachteil fällt nicht so sehr ins Gewicht, wenn es gilt, die populationsdynamische Bedeutung der Lokomotion zu bewerten, weil die passiv verfrachtenden Wasserbewegungen (Kap. 4.7.) hier kompensatorisch eingreifen.

Alle Plankter, deren spezifische Dichte (Kap. 4.3.2.) „a priori" höher ist als jene des Meerwassers, laufen Gefahr, in Tiefen abzusinken, die für sie

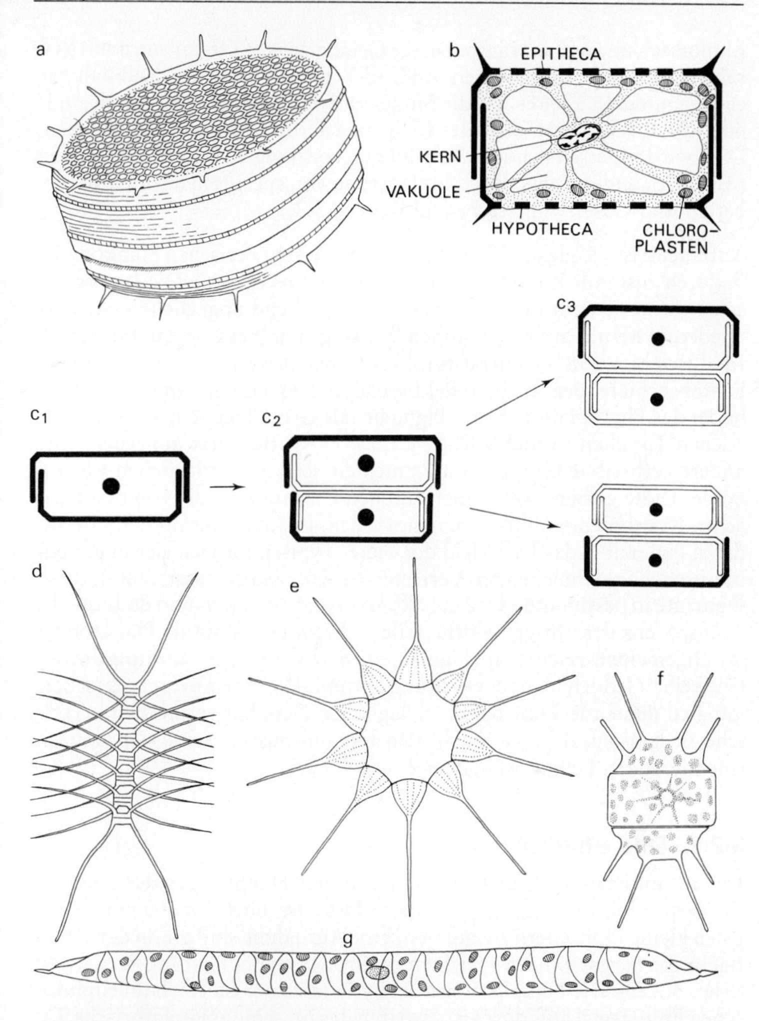

Abb. 17 Kieselalgen (*Chrysophyceae*): *Coscinodiscus excentricus* (Durchm. 70 μm); **b** Radialschnitt durch die Zelle von *Coscinodiscus;* $c_1 - c_3$: Schematische Darstellung (Radialschnitte) der mit der Erneuerung der Theken verbundenen Zellteilungen einer Kieselalge. **d** *Chaetoceros decipiens*, kettenförmiges Coenobium; **e** *Asterionella japonica* (58 μm), sternförmiges Coenobium; **f** *Biddulphia mobiliensis* (50 μm); **g** *Rhizosolenia styliformis* (13 μm). (**c**,**e**,**f** mod. nach *Raymont* 1976; **d** nach *Trégouboff* u. *Rose* 1957).

ökologisch untragbar wären. Dieser Gefahr wirken Organismen mit verschiedenen morphologischen und/oder physiologischen Maßnahmen entgegen, deren Ziel es ist, die Sinkgeschwindigkeit zu verringern und/oder die spezifische Dichte des Körpers jener des Milieus anzugleichen. Dies wird einerseits durch Ausbildung von langen Schwebefortsätzen (Abb. 16), andererseits durch Einlagerung von spezifisch leichten Jonen, Fetten und Gasen angestrebt (vgl. Kap. 4.3.2.).

Auffallend ist die glasige Transparenz der meisten tierischen Plankter, die dadurch zustande kommt, daß der optische Brechungsindex der organischen Materie dem des Meerwassers weitgehend angeglichen ist. Dies wiederum beruht auf einem hohen Wassergehalt (bei Coelenteraten, z.B. Medusen bis zu 98%) einerseits und auf einer ausgesprochenen Armut an lichtabsorbierenden bzw. reflektierenden Pigmenten. Eine Ausnahme bildet das Phytoplankton, das Pigmente als Grundlage seiner assimilatorischen Tätigkeit braucht (Kap. 4.5.3.). Es synthetisiert außerdem eine andere verbreitete Gruppe von Pigmenten, jene der fettlöslichen Carotinoide. Diese gelben, roten oder braunen Carotinoide, die von den tierischen Konsumenten übernommen werden, gestalten zusammen mit anderen Pigmenten das Farbkleid der Tiere. Typisch für viele der in der euphotischen Schicht lebenden Vertreter des Zooplanktons ist, daß sie diese Pigmente in bestimmten Organen konzentriert einlagern und dadurch die Transparenz der übrigen Körperteile wahren. Das abyssale Plankton ist im allgemeinen reicher an Pigmenten, deren optische Wirkung in der Dunkelheit jedoch nicht zur Geltung kommt. Die als Konvergenzerscheinung zu deutende Transparenz pelagischer Tiere hat vermutlich kryptische Bedeutung, d.h. sie macht den Organismus für seine sich optisch orientierenden Feinde weitgehend unsichtbar.

3.2.1. Das Phytoplankton

Das assimilierende pflanzliche Plankton, der Hauptträger der marinen Primärproduktion (Kap. 6.) setzt sich fast ausschließlich aus mikroskopisch kleinen Einzellern zusammen. Eine Ausnahme sind die an der Oberfläche des Sargassomeeres treibenden Großalgen der Gattung *Sargassum* (Kap. 3.2.2.). Die Hauptmasse des Phytoplanktons hält sich im euphotischen Epipelagial auf, dort also, wo ihm das für seine assimilatorische Tätigkeit notwendige Sonnenlicht zur Verfügung steht. Auf die Funde von Algen in tieferen Schichten wurde bereits hingewiesen (Kap. 2.3.). Die Vermehrung dieser in der Wassermasse schwebenden Einzeller erfolgt in erster Linie durch vegetative Zweiteilung der Zelle. Die Intensität dieses Vermehrungsgeschehens (Phytoplankton-Blüte) ist von Faktoren wie Licht, CO_2 und Düngung des Wassers mit stickstoff-, phosphor- und schwefelhaltigen Ionen sowie im Fall der Kieselalgen vom Angebot an Kieselsäure abhängig. Ins Wasser entlassene Metaboliten können entweder als Hemmer oder als Förderer der Vermehrung wirken (Raymont 1976). Das Zusammenspiel all dieser Parameter bestimmt die räumlichen und zeitlichen Muster der Phytoplankton-Blüte bzw. der Primärproduktion (Kap. 6.3.). Ein Teil der Algen ist in der Lage, sich mit Hilfe eines oder mehrerer Geißeln (Abb. 18) mit eigener Kraft fortzubewegen, wobei der Erfolg dieser Anstrengungen gemessen an der Wirkung von verfrachtenden Wasserbewegungen eine untergeordnete Rolle spielt. Andere Vertreter, wie z. B. die Kieselalgen (s. u.), die solcher lokomotorischer Organellen entbehren, lassen sich passiv in der Wassermasse treiben.

Kieselalgen (*Chrysophyceae, Diatomales*; Syn. *Bacillariophyta*, Abb. 17)

Die einzelligen Kieselalgen, die auch die Mikroflora des Benthos bereichern, bilden einen wesentlichen Bestandteil des Phytoplanktons. Es sind vielgestaltige, autotrophe Einzeller, deren Teilungsprodukte entweder voneinanderweichen (Abb. 17) oder ketten- bzw. sternförmig miteinander verbundene Zellgruppen, sog. Coenobien, bilden. Der vakuolisierte Zellkörper (Abb. 17b) ist in einem zweiteiligen, aus Kieselsäure (SiO_2) aufgebauten Gehäuse (Theka) eingeschlossen, dessen Form und Feinstruktur (Abb. 17a) die arttypische Gestalt der Zelle prägen. Bei den dosenförmigen Arten (*Centrales, Centricae*; Abb. 17a–c) stülpt sich die größere Epitheka wie ein Deckel über den zweiten Gehäuseteil, die Hypotheka. Poren in der mit einer Schleimschicht überzogenen Theka gestatten dem Cytoplasma, Kontakt mit dem Außenmilieu aufzunehmen. Die Zellgrößen variieren je nach Art zwischen 10 und 1000 μm, wobei besonders die nadelförmigen Vertreter der Gattung *Rhizosolenia* (Abb. 17) Maximalwerte erreichen. Die Größenwerte schwanken aber auch innerhalb ein und derselben Art und zwar als Folge eines für die Kieselalgen typischen Teilungsmodus (Abb. 17c): die mitotischen Zellteilungen folgen sich in Abständen von 1–2 Tagen. Unter künstlichen Kulturbedingungen wurden bei *Nitschia* Teilungsraten in der Größenordnung von einer Teilung je 10–12 h festgestellt. Bei jeder Teilung wird von den Tochterzellen je eine Hälfte der Theka im ursprünglichen Zustand übernommen. Nach erfolgter Teilung wird diese Erbschaft durch Synthese einer neuen Hypotheka ergänzt. Der Vorgang führt innerhalb eines Klons zu einer fortschreitenden Verkleinerung der Angehörigen einzelner Zell-Linien (Abb. 17c). Dieser divergenten Entwicklung wird entweder durch die Bildung von Dauersporen *(Ditylum, Stephanopyxis)* oder durch Einsetzen einer sexuellen Phase Einhalt geboten. Die in gut gedüngten Gewässern oft in riesigen Mengen auftretenden Kieselalgen bilden die Hauptnahrung vieler strudelnder Primärkonsumenten des Planktons (Abb. 29) und des Benthos (Abb. 55, 56). Ihre widerstandsfähigen Skelette (Theken) sedimentieren in großen Tiefen, besonders in den borealen Meeren zu sog. Diatomeenschlamm (Abb. 61, Kap. 3.2.4.).

Flagellaten (Abb. 18)

Der Ausdruck „Flagellaten" ist heute zu einem systematisch weitgehend bedeutungslosen Sammelbegriff für eine Fülle von einzelligen Organismen geworden, die in verschiedenen systematischen Gruppen Unterkunft gefunden haben, die aber alle durch den Besitz von einer oder mehreren als Fortbewegungsorganelle dienenden Geißeln gekennzeichnet sind. Es gibt unter den freilebenden „Flagellaten" autotrophe (Phytoflagellaten) und heterotrophe (Zooflagellaten) Arten und Artengruppen.

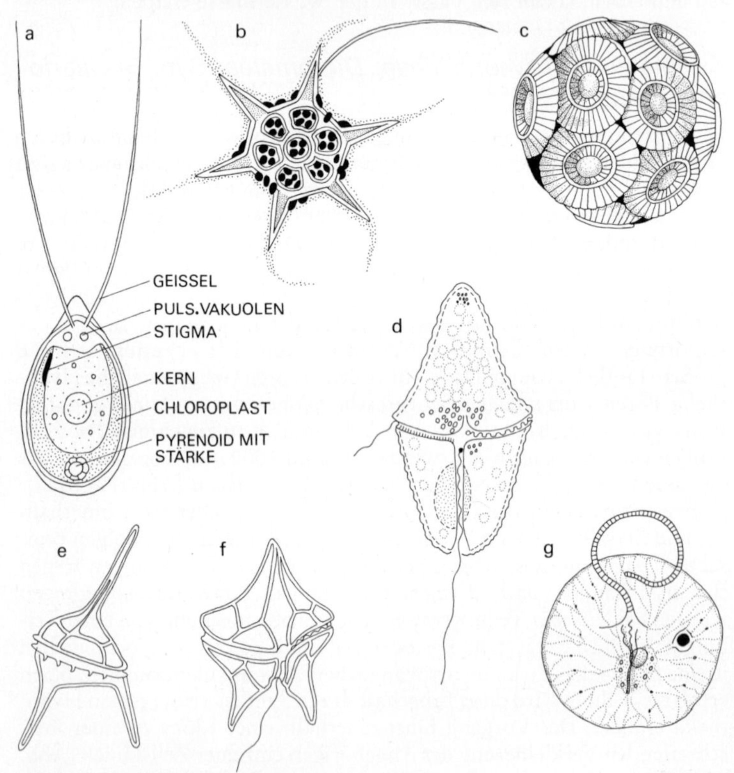

Abb. 18 Planktontische „Flagellaten".
a *Chlorophyceae*: Bauplan des autotrophen Flagellaten *Chlamydomonas sp.* (*Volvocales*) (nach *Grell* 1973).
b–c *Chrysophyceae:* **b** = Silikoflagellat, *Distephanus speculium (Chrysomonodales)* (nach *Raymont* 1976); **c** = Kalkflagellat, *Coccosphaera atlantica (Coccolithinae)* (nach *McConnaughey* 1970).
d–g *Pyrrhophyceae* (Syn. *Dinoflagellatae*): **d** = *Gymnodinium dogeili*, **e** = *Ceratium candelabrum*, **f** = *Peridinium compressum*, **g** = *Noctiluca miliaris* (selbstleuchtend) (d und g nach *Grell* 1973; e und f nach *Trégouboff* u. *Rose* 1957).

Dinoflagellaten (*Pyrrhophyceae*, Syn. *Dinoflagellatae*, Abb. 18 d-g): Diese Einzeller treten im Phytoplankton fast ebenso häufig auf wie die Kieselalgen. Ihre Zellwände sind meist durch dicke, in arttypischer Weise angeordneten Zellulose-Platten verstärkt (Abb. 18 e,f). Dieser oft in lange Schwebefortsätze (Abb. 16c) auslaufende Periplast besteht aus einer Epitheka und einer Hypotheka, die von einer die Zelle einschnürenden Querfurche (Anulus) getrennt sind, in der eine der beiden Peitschengeißeln eingebettet ist, während die zweite, meist längere einer Längsfurche (Sulcus) der Hypotheka entspringt (Abb. 18d). Die Vermehrung vollzieht sich durch Längs- oder Querteilungen der Zelle. Sexualvorgänge sind nur von vereinzelten Gattungen *(Ceratium)* bekannt.

Unter den Dinoflagellaten gibt es Arten (Nordsee und Atlantik: *Gymnodinium veneficum, G. brevis;* Pazifik: *Gonyaulax catenella*), die hochgiftige Stoffwechselprodukte erzeugen und diese ans Wasser abgeben. Wenn diese Arten lokal und in nicht voraussehbaren Zeitabständen in großen Mengen auftreten, so daß sich die oberflächlichen Wasserschichten rot färben („red tide"), erreichen auch die Gifte eine Konzentration, die besonders für Fische toxisch wirkt und diese tonnenweise vernichtet. Besonders im Pazifik ist es stellenweise nicht angezeigt, Muscheln oder andere Strudler zu verspeisen, weil diese Dinoflagellaten bzw. deren Gift in Mengen anreichern, die tödliche Folgen haben können. Die toxische Substanz, deren chemische Identifikation noch aussteht, wirkt schon in geringsten Mengen (3,0 – 4,0 μg/kg Körpergewicht), indem sie u. a. eine Depolarisation der Nerven-Synapsen herbeiführt.

Die biolumineszente *Noctiluca miliaris* (Abb. 18g), die im Mittelmeer nachts die bewegte Wasseroberfläche aufleuchten läßt (Kap. 4.5.5.), gehört ebenfalls zu den thekalosen Dinoflagellaten.

Kalkflagellaten (*Chrysophyceae, Coccolithinae*, Abb. 18c): Der Zellwand dieser kleinen und kleinsten (5–50 μm) zur Ordnung der *Chrysomonadales* gehörenden Flagellaten liegen z.T. kunstvoll strukturierte, arttypische Kalksklerite, sog. Coccolithen auf (Abb. 18 c). Sie sind Gegenstand einer komplizierten, besonders paläontologisch bedeutsamen Taxonomie, weil sie einen nicht unwesentlichen Bestandteil der Globigerinen-Schlamme (Kap. 3.2.4.) bilden. Ihrer geringen Dimensionen wegen schlüpfen diese Vertreter des Nanoplanktons meist auch durch die feinen Maschen der Phytoplanktonnetze, so daß sie am besten durch Sedimentation von anfixiertem Meerwasser angereichert werden (Kap. 3.2.5.).

Zum Phytoplankton gesellen sich neben den drei erwähnten Hauptgruppen u. a. die Silikoflagellaten (*Chrysophyceae, Chrysomonadales, Silicoflagellinae*, Abb. 18b), deren der Zelloberfläche aufliegenden Hartteile aus Kieselsäure (SiO_2) sind sowie Vertreter der prokaryotischen Blaualgen *(Cyanophyceae*, z.B. *Trichodesmium)*.

3.2.2. Die Sargassum-Gemeinschaft

Einen Sonderfall von pelagisch lebenden Großalgen stellt der im Bereich des atlantischen Sargasso-Meeres (Abb. 19) in großer Menge an der Oberfläche treibende

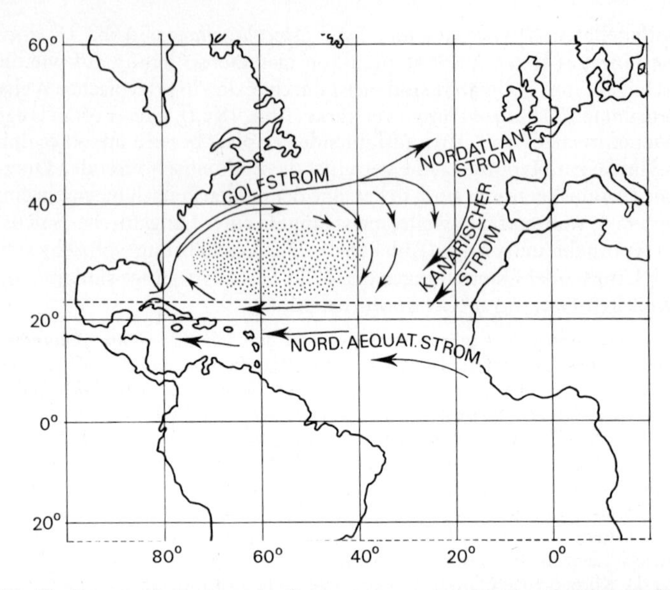

Abb. 19 Geographische Lage des Sargassomeeres (punktiert) und wichtigste Oberflächenströmungen in dessen Nachbarschaft (mod. nach *Ryther* 1956).

Blasentang dar (Abb. 20). Die Thalli dieser Braunalgen (*Phaeophyceae: Sargassum natans* und *Sargassum fluitans)* sind mit gasgefüllten, erbsengroßen Blasen ausgerüstet, die als hydrostatische Organe (vgl. Kap. 4.3.2.) ein Absinken der Pflanzen verhindert. Das Sargasso-Meer dehnt sich als elliptischer Wasserkörper von ca. 4 Mio. km² Fläche im subtropischen niederschlagsarmen Atlantik in westöstlicher Richtung aus. Seine variablen Grenzen werden durch die in Abb. 19 eingetragenen Oberflächenströmungen gezogen. Letztere bilden einen gigantischen Wirbel, in dessen Zentrum sich eine besondere hydrographische Situation ausgebildet hat: Ein relativ warmer (20–25 °C) linsenförmiger Wasserkörper, der sich thermisch scharf von den unterlagernden Schichten absetzt und in seinem Zentrum eine Tiefe von 1000 m erreicht, dreht infolge der Erdrotation im Uhrzeigersinn. Die Gesamtmasse des sich in diesem Bereich befindlichen Blasentangs wurde auf 1 bis 1,5 Mio. Tonnen je km² geschätzt, also total ca. 9–11 Mio. Tonnen.

Die Frage nach der Herkunft dieses an sich benthischen Blasentangs ist nach wie vor ungelöst. KOLUMBUS und von HUMBOLDT waren der Auffassung, die Pflanzen würden in der Karibischen See und an der amerikanischen Ostküste durch Sturmwirkung vom Grund losgerissen und durch den Golfstrom in die Sargasso-See transportiert. Fest steht heute lediglich, daß sich die *Sargassum*-Algen dort vegetativ vermehren und daß die einzelnen Thalli ein hohes Alter erreichen können. Ob und in welchem Ausmaß ein Nachschub im erwähnten Sinn zusätzlich stattfindet, muß dahingestellt bleiben.

Diese Ansammlungen von Großalgen mögen den Eindruck erwecken, als wäre das Sargasso-Meer eine besonders produktive Provinz des Atlantiks. Das Gegenteil ist

Abb. 20 Diorama der *Sargassum*-Gemeinschaft (vgl. Abb. 19): Auf und zwischen dem Blasentang (*Sargassum* sp.) mit seinen blattartigen Thalli und gasgefüllten Blasen sind folgende für diese Gemeinschaft charakteristischen Tiere dargestellt: **a** Nudibranchier-Schnecke, *Scyllaea pelagica* (*Mollusca*, *Gastropoda*); **b** Seenadel, *Syngnathus pelagicus* (*Teleostei*); **c** Sargassum-Fisch, *Antennarius marmoratus* (*Teleostei*); **d** Aktinie (*Cnidaria*, Anthozoa); **e** Schwimmkrabbe, *Portunus sayi* (*Crustacea*, *Decapoda*): **f** Moostierchen-Kolonie (*Bryozoa*); **g** Sargassum-Garneele, *Palaemon tenuicornis* (*Crustacea, Decapoda*); **h** Entenmuschel, *Lepas fascicularis* (*Crustacea, Cirripedia*); **i** Hydroiden-Stöcke (*Cnidaria, Hydrozoa*).

der Fall, erreicht doch die Primärproduktion des Sargasso-Meeres nur rund 1/3 des Durchschnitts, wobei selbst hier die Hauptleistung auf Konto des die Großalgen begleitenden Phytoplanktons geht. Der Grund hierfür ist u. a. darin zu suchen, daß die Wassermassen der Sargasso aus hydrodynamischen Gründen isoliert sind und deshalb nur in unzureichendem Ausmaß gedüngt werden. Die mit den Algen vergesellschaftete, artenarme Fauna fügt sich, was Gestalt, Pigmentierung und Verhalten anbelangt, bestens in diesen Biotop ein (Abb. 20). Körperform und Farbmuster des kleinen Sargasso-Fisches *(Antennarius marmoratus)* z.B., der nur in diesem Blasentang vorkommt, ahmen in täuschender Weise die Thalli der Pflanzen nach. Hochseefische benützen das Sargasso-Meer als Laichgründe, da die Eier und die sich daraus entwickelnden Larven den Schutz des Algenwaldes genießen, der außerdem einer relativ kleinen Zahl von sessilen oder halbsessilen Invertebraten als Substrat dient (Abb. 20).

3.2.3. Das Zooplankton

3.2.3.1. Zusammensetzung

Das aus heterotrophen Konsumenten zusammengesetzte Zooplankton ist, was die Dimensionen und die systematische Zugehörigkeit seiner Komponenten anbelangt, wesentlich heterogener als sein pflanzlicher Partner (Kap. 3.2.2.). Neben den Protozoen sind, von den höheren Wirbeltieren (Reptilien, Säuger) abgesehen, praktisch alle Stämme und Klassen des Tierreichs (Tab. 6), entweder als Mero- oder als Holoplankter in dieser Gemeinschaft vertreten. Die überwiegende Mehrzahl der als benthisch geltenden Arten und Artengruppen der Wirbellosen, deren Verbreitungsgebiete von den Tropen bis zu den gemäßigten Breiten reichen, entsenden vorübergehend ihre Entwicklungsstadien ins Plankton (Kap. 3.2.). Von dieser Regel weichen die meisten borealen Formen ab, die aus ökologischen Gründen entweder ein sehr kurzes Larvenstadium haben oder z.T. sogar zur Viviparie übergegangen sind (Kap. 5.). Die Zahl der im Plankton vertretenen meroplanktontischen Formen ist zweifellos größer als die Gesamtheit der im Pelagial ununterbrochen treu bleibenden Holoplankter (ca. 30000 Arten, THORSON 1971). Zu den letzteren gehören u.a. die den *Cnidaria* (Hohltiere) unterstellten *Trachylina* (Abb. 23c) und Staatsquallen (*Siphonophora*, Abb. 23d), die *Acnidaria* (Rippenquallen, Abb. 24), die zu den *Crustacea* gehörenden *Phyllopoda* (Abb. 27a, b), die meisten Pfeilwürmer (*Chaetognatha*, Abb. 26e) sowie die *Larvacea* und *Thaliacea* (Salpen, *Urochordata*, Abb. 28). In diesen Gruppen gibt es jedoch immer wieder vereinzelte Arten, deren Adultstadien sich gelegentlich oder permanent dem Benthos anschließen, so z.B. die am Meeresgrund lebenden Staatsquallen der Gattung *Stephalia*, die benthischen Rippenquallen *Ctenoplana* und *Tjalfiella* sowie die im Tang lebenden Pfeilwürmer der Gattung *Spadella.*

Das Gegenteil kommt ebenfalls vor, d.h. bei Artengruppen, deren Schwergewicht im benthischen Bereich liegt, sind vereinzelte Arten sekundär zur holopelagischen Lebensweise übergegangen, wie z.B. die *Heteropoda* und *Pteropoda* (Abb. 25), einige wenige *Polychaeta* (*Tomopteris*, Abb. 31c, *Vanadis*, Abb. 26d).

Protozoa

Foraminifera (Kämmerlinge, Abb. 21): Obwohl die Mehrzahl der ausnahmslos marinen, eine Ordnung der *Rhizopoda* (Wurzelfüssler, Tab. 6) bildenden *Foraminifera* benthisch sind, spielen die zu den *Globigerinidae* und *Globorotalidae* gehörenden, ca. 28 planktontischen Arten als Komponenten des Mikroplanktons ihrer Abundanz wegen eine wichtige Rolle. Es sind ein- bis mehrkernige Zellen, deren Cytoplasma, das symbiontische, autotrophe Zooxanthellen enthalten kann, sich mit einem harten Gehäuse umgibt, welches aus einer formgebenden organischen Matrix besteht, an die zur Verstärkung entweder von der Zelle gebildeter Kalk ($Ca\ CO_3$) oder feinkörniger Fremdkörper oder beides zusammen angelagert werden. Morphologie und Feinstruktur dieser Zellgehäuse sind hochgradig artspezifisch und werden deshalb besonders von den Paläontologen als zuverlässige Artmerkmale herangezogen. Innerhalb der Art können diese jedoch variieren, je nachdem, um welche Erscheinungsform des Entwicklungszyklus es sich handelt.

Zusätzlich vermögen Außenfaktoren (z.B. Temperatur) sowohl Größe als auch Feinstruktur, die Gehäuse innerhalb gewisser Grenzen zu verändern. So ist z.B. die Porosität der Gehäuse der in warmen Meeren lebenden Populationen größer als jene borealer Artgenossen. Derartige, ökologisch bedingte Polymorphismen sind für den Paläontologen deshalb wertvoll, weil sie als empfindliche Indikatoren einen wertvollen Beitrag an die Rekonstruktion paläo-ökologischer Verhältnisse leisten. Die in Tiefenbereichen von 0 bis ca. 4000 m sedimentierenden Kalkgehäuse der Kämmerlinge verdichten sich auf dem Grund zum sog. Globigerinenschlamm (Kap. 3.2.4.).

Die Schalen können einkämmerig *(Monothalamia)* oder mehrkämmerig (*Polythalamia*, Abb. 21a–c) sein. Durch die Poren treten lange, fadenförmige Pseudopodien des Cytoplasmas (Filipodien, Abb. 21b) nach außen, die gelegentlich zu sog. netzförmigen Reticulopodien anastomosieren. Diese beweglichen Pseudopodien dienen dem Fang der Beute (andere Protozoen, kleine Larven, z.T. auch kleinste Invertebraten) und als Schwebefortsätze (Kap. 4.3.2.).

Die Dimensionen der rezenten, pelagischen Foraminiferen liegen zwischen 20 μm und einigen Millimetern. Die aus dem Miozän fossil überlieferten Gehäuse der Nummuliten sind z.T. 14 cm lang und 1,5 cm dick.

Die Vermehrung und die dieser zugrunde liegenden Fortpflanzungszyklen sind komplex. In der Regel liegt ein metagenetischer Generationswechsel vor, indem der diploide Agamont die asexuelle, der haploide Gamont die sexuelle Fortpflanzung übernehmen. Letztere kann Gametogamie, Autogamie oder Gamontogamie umfassen. Die Vermehrungsraten pelagischer Foraminiferen scheint weit unter jener der pflanzlichen Einzeller zu liegen, nimmt der Vollzug eines Teilungszyklus doch einige Wochen bis ein Jahr in Anspruch.

Die pelagischen Foraminiferen halten sich vorwiegend im epipelagischen Raum auf. In Tiefen von 2000 m und mehr fehlen lebende, pelagische Foraminiferen, die außerdem stenohalin (Kap. 4.1.4.) sind und deshalb in Gewässern mit Salinitätswerten unter 27‰ kaum mehr in Erscheinung treten.

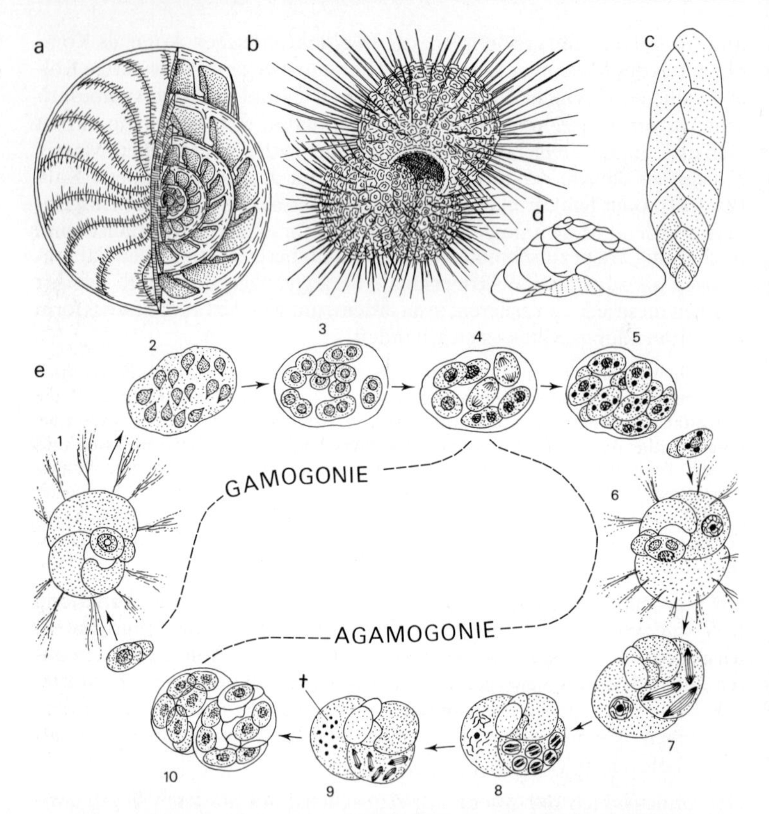

Abb. 21 Planktontische und benthische *Foraminifera* (Kämmerlinge): **a** Angeschnittenes Gehäuse von *Nummulites cummingii*) **b** *Globigerinoides* sp. Die „Strahlen", die aus den Poren des Gehäuses herausragen, sind bewegliche Pseudopodien; **c** Gehäuse von *Textularia agglutinens*; **d** Seitenansicht des adulten Agamonten von *Discorbis mediterranensis*; **e** Entwicklungszyklus von *Rotatiella roscoffensis* (a–e nach *Grell* 1973).

Radiolaria (Strahlentierchen, Abb. 22 b-f): Die sich aus ca. 750 rezenten Gattungen zusammensetzende Klasse der Radiolarien sind, wie die Foraminiferen, rein marin, leben aber im Gegensatz zu diesen ausnahmslos planktontisch und dringen auch im lebenden Zustand bis in große Meerestiefen vor.

Das Zytoplasma der meist sphärischen Zelle gliedert sich in eine zentrale Kapsel (Intracapsulum), die 1 bis mehrere, z. T. polyploide Kerne enthält und in ein blasiges Ektoplasma (Extracapsulum), das die Pseudopodien

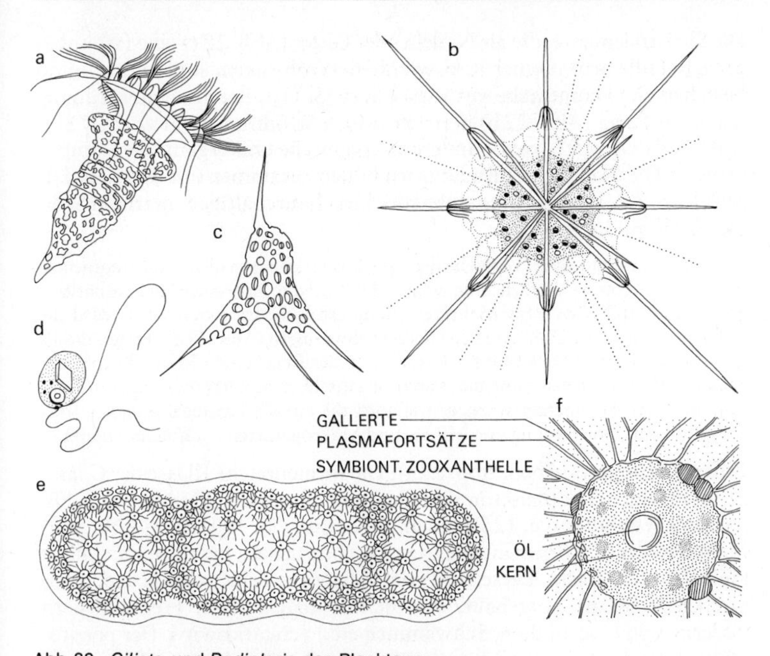

Abb. 22 *Ciliata* und *Radiolaria* des Planktons:
a *Ciliata*: *Tintinnopsis campanula* (*Tintinnidae*) 120 μm;
b–f *Radiolaria*: **b** = *Acanthometron elasticum* (*Acantharia*); **c** = Kiesel-Gehäuse von *Semantis distephanus*, **d** = „Kristall-Schwärmer" von *Antocantha scolymantha*, **e–f** = *Collozoum pelagicum*: **e** = zahlreiche Kapseln sind in einer mehrere Zentimeter langen Gallertmasse eingebettet (ohne Skelettnadeln); **f** = einzelne, mehrkernige Kapseln mit Öltropfen und symbiontischen, einzelligen Algen aus der Kolonie **e** vergrößert. (b, d, e und f nach *Grell* 1973; c nach *Trégouboff* u. *Rose* 1957).

und die Skelettelemente bildet und symbiontische Zooxanthellen sowie Öleinschlüsse oder Kristalle aufweisen kann. Ekto- und Endoplasma werden durch eine mit Poren durchsetzte Membran voneinander getrennt. Mehrere Zentralkapseln können, wie dies bei den Gattungen *Collozoum* (Abb. 22e,f) und *Sphaerozoum* der Fall ist, zu großen „Kolonien" innerhalb einer gemeinsamen, von Pseudopodien durchzogenen Gallertmasse zusammengefaßt sein. Diese kann eine Länge von mehreren Zentimetern erreichen (Abb. 22 e). Der Schwebezustand wird, wie vermutet, durch den Formwiderstand der Skelettstrukturen und Pseudopodien einerseits, aber auch durch den hohen Wassergehalt der ektoplasmatischen Vakuolen (Abb. 22 b) und Öleinschlüssen (Abb. 22 f) andererseits reguliert. Die Nahrung der Radiolarien setzt sich aus Mikroorganismen und Detritus zusammen, die mit Hilfe der Pseudopodien eingefangen werden.

Die Skelettelemente, die als Nadeln oder Gitter (Abb. 22c) eine fast unbegrenzte Fülle arttypischer Kunstwerke hervorbringen, sind autogen und bestehen zur Hauptsache aus Kieselsäure ($Si\ O_2$). Bei der Unterordnung der *Acantharia* (Abb. 22b) herrscht jedoch Strontiumsulfat vor ($Sr\ SO_4 = 65\%$; $Si\ O_2 = 9\%$ sowie andere anorganische und organische Komponenten). Die Skelette der Radiolarien bilden zusammen mit den Kieselalgen (Kap. 3.2.1.) den Hauptanteil der kieselsäurehaltigen, marinen Sedimente (Kap. 3.2.4.).

Die Informationen über Vermehrung und Entwicklungszyklen sind fragmentarisch. Die vegetative Vermehrung, während der sich die Zellen der Skelette entledigen, kann durch Zwei- bis Mehrfachteilung erfolgen. Im zweiten Fall wird die Zelle in eine größere Zahl von begeißelten Schwärmern (Abb. 22d) zerlegt, die als „Kristallschwärmer" bekannt sind, weil sie in der Regel einen Kristallkörper unbekannter Zusammensetzung und Funktion einschließen. Enzystierungen zu Dauerstadien sind beobachtet worden, wie auch die auf die Existenz sexueller Vorgänge hinweisende Bildung von Mikro- und Makrogameten (*Collozoum inerme*).

Ciliata (Wimpertierchen, Abb. 22a): Die formenreiche Klasse der *Ciliata* ist im marinen Zooplankton vor allem mit den zu den *Spirotricha* gehörenden *Tintinnidae* (ca. 12 Familien, 51 Gattungen, 300 Arten, Abb. 22a) vertreten, deren Körper in einer arttypischen urnen- bis röhrenförmigen Hülle (Lorica) steckt. Diese wird vom Ciliaten aus einer chitinösen, organischen Substanz aufgebaut, die oft mit angelagerten Fremdkörpern (Sklerite von Coccolithen, Schwämmen etc.) verstärkt wird. Der peristomiale Teil, der beim Schwimmen über den Rand der Lorica hinausragt und in diese zurückgezogen werden kann, trägt bewegliche, der raschen Fortbewegung und der Erzeugung des Nahrungsstromes (Strudler) dienende Membranellen aus miteinander verkitteten Cilien. Zwischen der Basis dieser Membranellen entspringen kontraktile, fadenförmige Tentakel.

Invertebrata

In Anbetracht der großen Zahl von Artengruppen, die mit irgend einem Stadium ihrer Zyklen im Zooplankton in Erscheinung treten, muß sich dieses Kapitel auf eine kurze Darstellung der ausgesprochen holopelagischen Formen beschränken. Den im Plankton auftretenden Larvenstadien der vielen benthisch lebenden Invertebraten ist ein besonderes Kapitel gewidmet (Kap. 5.3.2.).

Cnidaria (Nesseltiere, Abb. 23): Die Entwicklungszyklen der meisten zu diesem Stamm gehörenden, marinen *Hydrozoa* stellen einen Wechsel von benthisch lebenden, sich asexuell vermehrenden Hydroidpolypen (Abb. 48) und pelagischen, sich sexuell fortpflanzenden Hydromedusen (Abb. 23) dar. Vom populationsdynamischen und ökologischen Standpunkt aus beurteilt, ist dieses metagenetische Alternieren von sessilen und mobi-

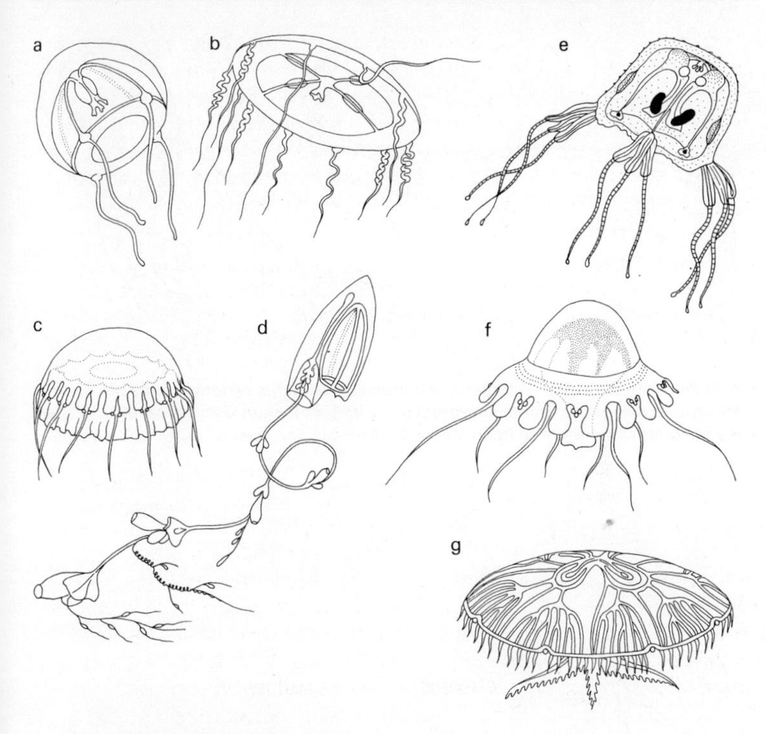

Abb. 23 *Cnidaria* des Zooplanktons:
a–d *Hydrozoa* (Hydromedusen und Staatsquallen): **a** = *Podocoryne carnea* (*Anthomedusae*, vgl. Abb. 14d); **b** = *Phialidium hemisphaericum* (Leptomedusae); **c** = *Cunina octonaria* (*Trachylina*); **d** = *Muggiaea* sp. (*Siphonophora*).
e–g *Scyphozoa* (Scyphomedusen): **e** = *Tripedalia cystophora* (*Cubomedusae*); **f** = *Nausithoë globifera* (*Coronata*); **g** = *Aurelia aurita* (*Semaeostomeae*) (Abb. e nach *Werner* 1973; alle übrigen nach *Tardent* 1978).

len Erscheinungsformen mit unverkennbaren Vorteilen verbunden, indem die pelagische Medusenform die Nachteile der ortsgebundenen Lebensweise des Polypen zu beheben und die Aufgabe der Verbreitung der Art wahrzunehmen vermag. Die durch einen vegetativen Knospungsprozeß von den Polypen gezeugten Hydromedusen bestehen aus einer glokken- bis tellerförmigen, mit einer kräftigen, quergestreiften Schwimm-Muskulatur ausgerüsteten Schwimmglocke (Umbrella) mit randständigen Fangtentakeln, welche die mit Hilfe von Nesselzellen betäubte oder getötete Beute dem sog. Magenstiel (Manubrium) zuführen. Dieser hängt wie ein Glockenschwengel im Zentrum der Glockenhöhle und nimmt die Beutetiere (meist Kleinkrebse) durch die endständige Mundöffnung auf.

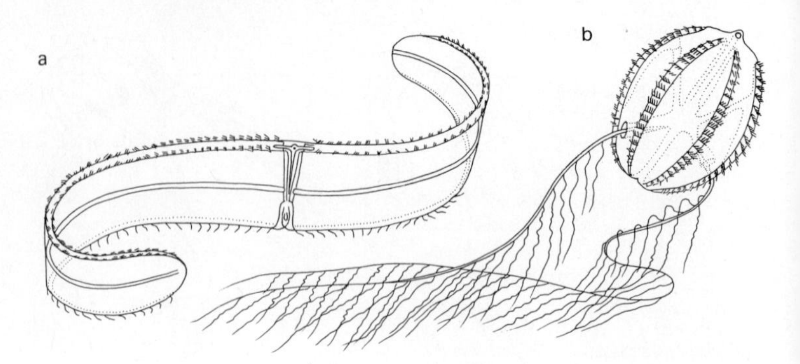

Abb. 24 Rippenquallen, *Acnidaria*: **a** Venusgürtel (*Cestus veneris*) Länge bis 1,5 m; **b** *Pleurobrachia pileus* mit ausgestreckten bis 1 m langen Fangtentakeln, Körperdurchmesser bis 12 cm (a nach *Mayer* 1912).

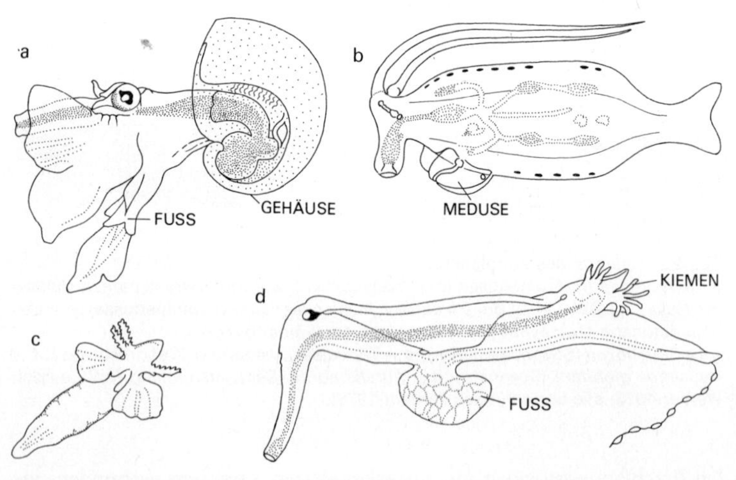

Abb. 25 Holoplanktontische Schnecken (*Mollusca*, *Gastropoda*): **a** Junge *Atlanta* sp., 7 mm (*Heteropoda*); **b** *Phyllirhoë bucephalum* (*Nudibranchia*), ca. 1 cm mit anhaftender Hydromeduse *Zanklea costata*; **c** *Clione longicaudata*, nackte Flügelschnecke (*Pteropoda*); **d** *Pterotrachea coronata* (*Heteropoda*), ca. 30 cm. (c nach *Trégouboff* u. *Rose* 1957).

Im Zyklus der holopelagischen *Trachylina* (Abb. 23 c) ist die Polypengeneration weggefallen, indem die Larvenstadien sich nicht vorerst zu Polypen, sondern direkt zu Medusen entwickeln. Dies gilt auch für die Staatsquallen (*Siphonophora*, Abb. 15, 23 d). Hier entstehen zunächst aus der Larve durch vegetative Knospungsprozesse eine immer größer werdende

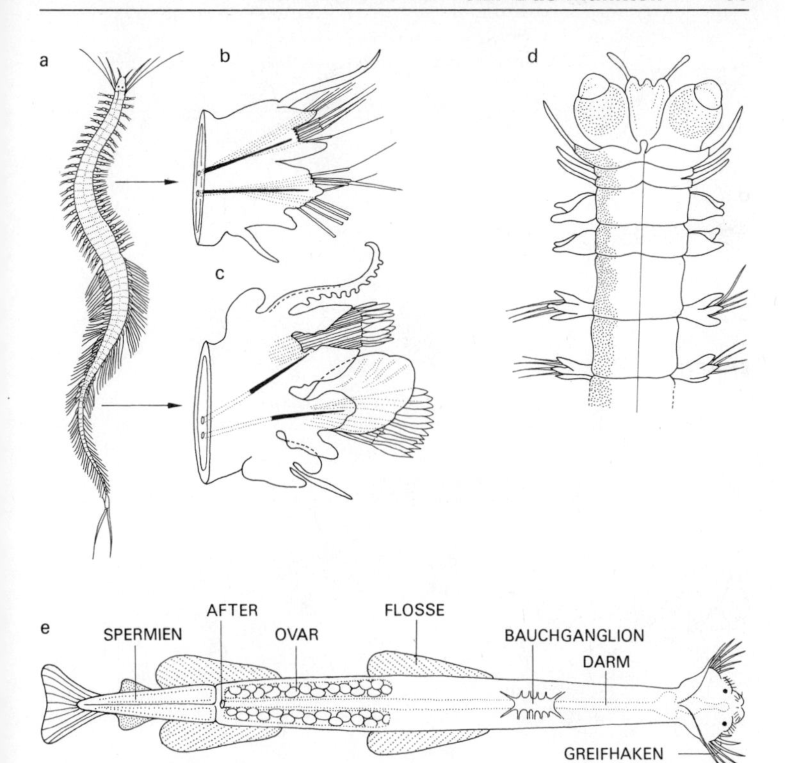

Abb. 26 Planktontische Borstenwürmer (*Polychaeta*, **a–d**) und Pfeilwürmer (*Chaetognatha,* **e**): **a** *Nereis irrorata* (bis 30 cm), pelagische Heteronereis-Form mit umgewandelten Parapodien (vgl. c) im hinteren, sexuell reifen Körperabschnitt; **b** normales Parapodium eines unreifen Wurmes; **c** Parapodium eines geschlechtsreifen, männlichen Wurmes (Heteronereis) (nach *Kaestner* 1965), **d** Kopf und vorderste Segmente der holoplanktontischen Art *Vanadis formosa* (20 cm) mit großen Linsenaugen (nach *Riedl* 1963). **e** Pfeilwurm, *Sagitta elegans* (2,5 cm), Dorsalansicht (mod. nach *Kaestner* 1965).

Zahl von Individuen, die sich jedoch nicht voneinander trennen und sich in der Folge im Sinne einer Arbeitsteilung zu „Organen“ dieser überindividuellen Gebilde differenzieren: Die einen werden zu pulsierenden, der Fortbewegung dienenden Medusen (Nektophoren), andere übernehmen die Funktion von hydrostatischen Organen (Pneumatophoren, Abb. 15 a, b), während sich weitere, oft in Vielzahl vorhandene Individuen in andere Aufgaben wie Nahrungsaufnahme (Gasterozoide), Feindvermeidung (Machozoide) und Fortpflanzung (Gonozoide) teilen.

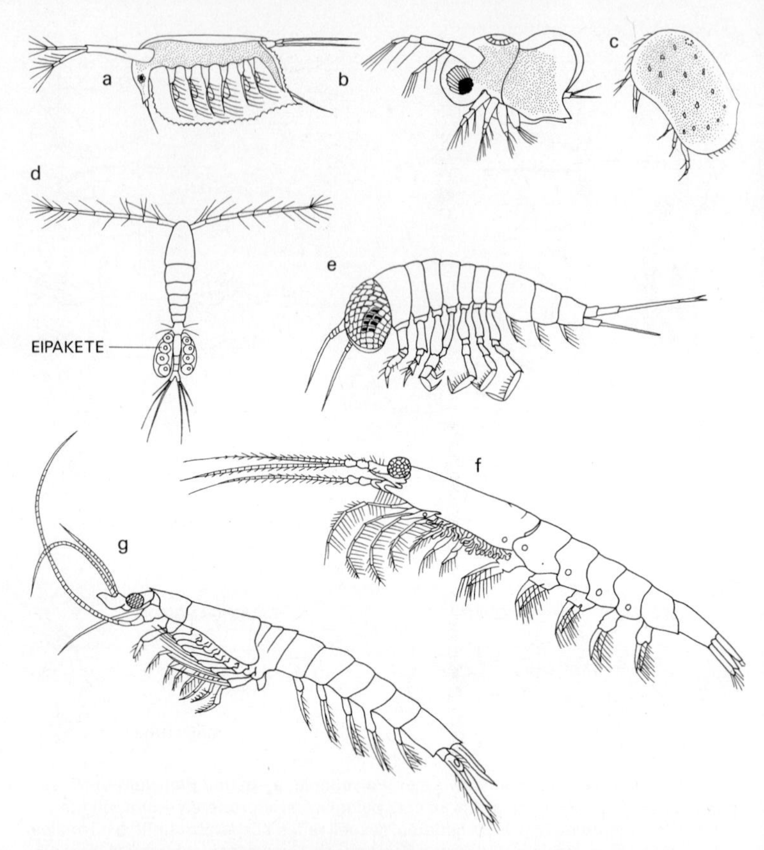

Abb. 27 Holoplanktontische Krebse (*Crustacea*):
a–b *Cladocera:* **a** = *Penilia avirostris* (1.1 mm); **b** = *Podon leuckarti* (1 mm);
c *Ostracoda*: *Leptocythere pellucida*;
d *Copepoda: Oithonia similis*
e–g *Malacostraca:* **e** = *Themisto gracilipes* (*Amphipoda*), **f** = *Euphausia superba* (*Euphausiacea*) **g** = *Leptomysis mediterranea* (*Mysidiacea*).
(a,b,e nach *Riedl* 1963; c,f nach *Trégouboff* u. *Rose* 1957; d nach *Raymont* 1976; g nach *McConnaughey* 1970).

Im Gegensatz zu den meist kleinen Hydromedusen sind die ähnlich gebauten Medusen der *Scyphozoa* (Scheibenquallen, Abb. 23 e-g) in der Regel wesentlich größer. Der Durchmesser der massiven Schwimmglocke kann 1 m erreichen (*Cyanea capillata*). Während die meisten dieser großen Medusen befähigt sind, mit Hilfe ihrer mit giftigen Nesselzellen (Nematocyten) bewehrten Tentakel große Beutetiere (Fische, Krebse etc.) einzufangen, betätigen sich andere als Strudler (*Rhizostomeae*). Wie im Fall der *Hydrozoa*, so stellen auch die Medusen der *Scyphozoa* in der Regel eine Erscheinungsform eines Generationswechsels dar, in dem die kleinen Scyphopolypen die benthische Komponente bilden. Auch hier gibt es jedoch Arten, wie die selbstleuchtende *Pelagia noctiluca*, die unter Auslassung einer Polypengeneration holopelagisch geworden sind.

Acnidaria (*Ctenophora*, Rippenquallen, Abb. 24): Die mit den *Cnidaria* nah verwandten, ca. 80 Arten umfassenden Rippenquallen sind mit einigen Ausnahmen Holoplankter des Epipelagials, die sich teils als Strudler von Mikroorganismen, teils als Räuber (*Beroë*, Abb. 31e; *Pleurobrachia*, Abb. 24b) von großen Beutetieren ernähren. Die *Tentaculata* unter ihnen verfügen über zwei lange, in besondere Taschen rückziehbare Fangtentakel (Abb. 24b), die nicht mit Giftzellen, aber mit Klebezellen (Collozyten) ausgerüstet sind. Die Hauptmasse des Körpers besteht aus einer primär azellulären, aber sekundär von Zellen durchsetzten, gallertigen Mesogloea, deren hoher Wassergehalt (bis zu 98%) das spezifische Gewicht des Organismus stark reduziert. Die langsame Fortbewegung erfolgt mit Hilfe von 8 Längsreihen (Rippen) von Wimperplättchen (Abb. 24b, 31e), die ihrerseits aus Reihen miteinander verkitteter Cilien (Wimperhaare) aufgebaut sind.

Mollusca (Abb. 25): Die holopelagischen Weichtiere rekrutieren sich lediglich aus der Klasse der Schnecken (*Gastropoda*). Es sind dies die meist großwüchsigen *Heteropoda* (Syn. *Atlantacea*, Abb. 25a, d), die kleinen, dafür stellenweise umso zahlreicher auftretenden Flügelschnecken (*Pteropoda*, Abb. 25c, 29a), ein einziger Vertreter der *Nudibranchia* (*Phylliorhoë*, Abb. 25b) sowie die Floß- oder Veilchenschnecke *Janthina* (Abb. 15c), die zu den *Prosobranchia* gehört.

Einzelne räuberisch lebende Arten der *Heteropoda*, wie z.B. *Carinaria* Lam., erreichen Körperlängen von über 50 cm. Gestalt und Bauplan dieser Schnecken sind weitgehend an die pelagische Lebensweise angepaßt. Der transparente Körper ist oft langgezogen, die Schale z.T. rudimentiert, und ein Teil des für die Schnecken typischen Kriechfußes ist zu einer seitlich abgeplatteten Schwimmflosse abgewandelt (Abb. 25).

Die *Pteropoda* überschreiten kaum die Länge von 2 cm. Ihr Fuß ist zu 2 muskulösen, flügelartigen Paddeln umgewandelt, mit deren kräftigen Schlägen sich das Tier schwimmend fortbewegt. Ein Teil dieser Schnekken sind nackt (z.B. *Clione*, Abb. 25c; *Dexiobranchea* u.a.), andere können sich ganz in ein Kalkgehäuse zurückziehen, dessen Gestalt von der spiralig aufgewundenen Schneckenform bis zur konisch auslaufenden Röhre reicht. Die beschalten Arten sind Strudler (Abb. 29a), während die nackten Formen sich räuberisch ernähren, indem sie ihre Beute unter Zuhilfenahme von Haken und Saugnäpfen überwältigen. Flügelschnecken kommen bis in Tiefen von 6000 m vor. In borealen Meeren treten sie oft in riesigen Mengen auf und bilden als sog. „Walaat" zusammen mit dem „Krill" (Abb. 27f) eine der Hauptkomponenten der Nahrung der Bartenwale (Kap. 3.3.).

Annelida (Ringelwürmer, Abb. 26): Die diesem Stamm zugeordneten, ausschließlich marinen *Polychaeta* (Vielborster) sind eine weitere typisch benthische Artengruppe, aus der einige wenige Arten pelagische Lebensgewohnheiten angenommen haben. Es sind dies transparente, räuberische *Errantia* (Abb. 26d, 31c) bescheidener Dimensionen, zu denen in den europäischen Gewässern die rein planktontischen Familien der *Alciopidae*, *Tomopteridae* (Abb. 31c) und *Typhloscolecidae* zu zählen sind.

Diese holopelagischen Arten erhalten von benthisch lebenden Polychaeten Gesellschaft und zwar von jenen Arten, deren Eintritt in die Geschlechtsreife mit einer besonderen Art von Metamorphose und einer Änderung der Verhaltensweise verbunden sind. Im Laufe dieser Wandlung gestalten sich u. a. die Parapodien (Abb. 26b, c) unter starker Vergrößerung zu kleinen Ruderorganen um. Die Würmer beiden Geschlechts werden dadurch in die Lage versetzt, schwimmend die oberflächlichen Wasserschichten zu erreichen, wo sie sich als sog. Heteronereis-Stadien zu bestimmten Jahres- bzw. Tageszeiten (meist nachts) in größerer Zahl versammeln und ihre Gameten ins Wasser entlassen.

Crustacea (Krebse, Abb. 27): Es gibt keine Planktonprobe, die ihren Beobachter nicht durch den Reichtum an Kleinkrebsen in ihren Bann ziehen würde. Zu den meist kleinwüchsigen Holoplanktern dieser Gruppe, deren Körperlänge selten 10 cm überschreitet, gesellen sich in großer Zahl die Larven benthischer Krebse (Abb. 104). Die holoplanktontischen Formen stammen vorwiegend aus den Unterklassen der *Branchiopoda* (*Cladocera*, Abb. 27a,b), der *Ostracoda* (Muschelkrebse, Abb. 27c), der *Copepoda* (Abb. 27d) und der heterogenen Gruppe der Großkrebse (*Malacostraca*, Abb. 27e-g).

Die aus organischen (Chitin) und anorganischen (Kalk) Komponenten aufgebauten und in einzelne Elemente aufgegliederten Exoskelette sind bei pelagischen Krebsen und Krebslarven dünner und enthalten wesentlich weniger Pigmente als jene benthischer Arten (Abb. 51). Im Zusammenhang mit dem Wachstum muß dieses nicht dehnbare Skelett periodisch gehäutet werden. Die abgeworfenen Exuvien treten deshalb im Plankton in großen Mengen auf und spielen als Nahrungssubstrat für Mikroorganismen eine nicht zu unterschätzende Rolle.

Das ökologische Gewicht der pelagischen Krebse liegt nicht nur in der großen Biomasse, die sie repräsentieren, sondern auch darin, daß es sich auch im Fall ihrer größeren Vertreter (*Euphausiacea, Mysidiacea*, Abb. 27f, g) fast ausnahmslos um Primärkonsumenten handelt, die dank ausgeklügelter Filtervorrichtungen (Abb. 29b, c) einen bedeutenden Anteil der Anreicherung und Verwertung des Phytoplanktons übernehmen. Die z. T. krassen Größenunterschiede zwischen den Primärprodukten einerseits und den sie verwertenden Konsumenten andererseits bedeutet in vielen Fällen eine wesentliche Verkürzung der trophischen Kette (Kap.

6.4.0.). Die *Crustacea* stellen deshalb ein von vielen großwüchsigen Konsumenten (Fische, Bartenwale) genutztes Nahrungssubstrat dar.

Cladocera (Abb. 27a, b): Während diese Kleinkrebse zusammen mit den Copepoden im Süßwasserplankton eine dominierende Stellung einnehmen, fallen sie im marinen Plankton durch eine ausgesprochene Armut an Arten auf. Bei den Cladoceren, die sich als Strudler von Phytoplankton und anderen Mikroorganismen ernähren, wechseln in jahreszeitlich festgelegten Zyklen (Heterogonie) parthenogenetische (Entwicklung der Eier ohne Besamung, d.h. Jungfernzeugung) und bisexuelle Fortpflanzung ab. Der parthenogenetische Fortpflanzungsmodus fällt in der Regel in jene Jahreszeiten, in denen für die Art günstige ökologische Bedingungen (z.B. reichliches Nahrungsangebot) herrschen. Dann bestehen die Populationen ausnahmslos aus Weibchen, deren kleine, unbesamte Eier sich während mehreren Generationen wiederum nur zu Weibchen entwickeln. Der Übergang zur bisexuellen Fortpflanzungsperiode vollzieht sich dann, wenn, vermutlich auch unter dem Einfluß äußerer Faktoren, aus den Eiern sowohl Weibchen als auch Männchen hervorgehen. Die von diesem Zeitpunkt an produzierten Eier sind größer, werden besamt und zeugen nach einer Ruhepause wiederum nur Weibchen, womit eine neue parthenogenetische Phase eingeleitet wird.

Ostracoda (Muschelkrebse, Abb. 27c): Der Körper dieser kleinen bis kleinsten Krebse wird von den 2 aus seitlichen Hautfalten gebildeten Schalenklappen fast vollständig eingeschlossen. Diese haben eine streng arttypische Form und Feinstruktur und spielen deshalb auch eine paläotaxonomische Rolle. Die meisten der auch im Süßwasser heimischen *Ostracoda* leben benthisch und ernähren sich wie ihre planktontischen Verwandten als Strudler.

Copepoda (Ruderfußkrebse, Abb. 27d, 29b, 31g): Aus dieser Unterklasse sind nicht weniger als 4000 Arten bekannt, von denen die größten, freilebenden Formen eine Länge von höchstens 1,5–2 cm erreichen. Ca. 1000 Arten leben als Parasiten auf oder in verschiedenen tierischen Wirten, andere sind Mitglieder der benthischen Gemeinschaften. Alle anderen Arten jedoch bilden einen permanenten Bestandteil des Planktons. Als geschickte Strudler (Abb. 29b) „weiden“ sie in erster Linie das Phytoplankton und stellen damit im trophischen Gefüge (Kap. 6.4.) eine erste wichtige Stufe bei der „Veredelung“ der pflanzlichen Substrate dar. Sie sind ihrerseits ein Hauptbestandteil der Speisekarten vieler größerer Sekundärkonsumenten (Fische, Fischlarven etc.). Die Copepoden haben ein relativ hohes spezifisches Gewicht und sinken trotz vieler eingelagerter Öltropfen und der z. T. weit ausladenden Antennen relativ rasch ab. Dies zwingt sie, unter beträchtlichem Energieaufwand durch Ruderbewegungen ihrer z.T. weit ausladenden Antennen (Abb. 31g) dieser Tendenz entgegenzuwirken.

Malacostraca (Großkrebse, Abb. 27e-g): Neben den Copepoden sind es die zu den Großkrebsen gehörenden, ca. 90 Arten umfassenden *Euphausiacea* (Leuchtkrebse), die, weltweit beurteilt, einen bedeutenden Anteil der tierischen Plankton-Biomasse in Anspruch nehmen. Im ausgewachsenen Zustand erreichen diese langgezogenen in Cephalothorax und Abdomen gegliederten Krebse Körperlängen von 1–10 cm. Die bekannteste Art ist *Euphausia superba* (Abb. 27f), die sich, wie übrigens alle anderen Vertreter dieser Ordnung, als Strudler von Phytoplankton ernährt und zwar vor allem in den produktiven Gewässern der Antarktis, wo diese Art als sog. „Krill" die Hauptnahrung der Bartenwale bildet (Kap. 3.3.). Als weitere Vertreter der *Malacostraca* im Zooplankton sind die den *Euphausiacea* ähnlichen *Mysidiacea* (Abb. 27g), sowie die *Isopoda* und *Amphipoda* (Abb. 27e) zu erwähnen.

Chaetognatha (Pfeilwürmer, Abb. 26e, 31i): Die ca. 50 Arten dieses Stammes, dessen Stellung im tierischen System umstritten ist, leben mit wenigen Ausnahmen (z.B. *Spadella*) holopelagisch. Es sind durchsichtige, torpedoförmige Tiere, die bestenfalls (*Sagitta gazella*) eine Länge von 10 cm erreichen können. Im hinteren Körperabschnitt bilden Hautduplikaturen seitlich abstehende, unbewegliche Flossen, die zusammen mit der ebenfalls horizontal ausgefächerten Schwanzflosse im Sinne von Stabilisatoren wirken. Die aktive Lokomotion erfolgt durch ein sich in Abständen von mehreren Sekunden wiederholendes, ruckartiges Vorschnellen, das dadurch zustande gebracht wird, daß der ganze Körper sich zunächst infolge der einseitigen Kontraktion der Längsmuskulatur biegt und dann rasch in die Ausgangslage zurückschnellt (Abb. 31i). An Stelle der fehlenden Ringmuskulatur wirkt der hohe Innendruck der Körperflüssigkeit als Antagonist zur Längsmuskulatur. Die räuberischen Pfeilwürmer überfallen und ergreifen ihre Beute (Copepoden, Larven etc.) unter Zuhilfenahme der borstenartigen, seitlich am Kopf eingelenkten Greifhaken. Die *Chaetognatha* treten z. T. in dichten Schwärmen in allen Tiefen warmer und gemäßigter Meere auf, wo sie als räuberische Sekundärkonsumenten in das trophische Gefüge eingreifen.

Chordata (Chordatiere, Abb. 28): Von den primitiven Chorda-Tieren (*Protochordata*) sind als Holoplankter im Pelagial nur 2 von den 3 Klassen der *Urochordata,* d.h. die *Thaliacea* (Salpen, Abb. 28b,c; 29e) und die *Larvacea* (Appendicularien, Abb. 28a, 29d) vertreten. In diesem Stamm erinnert nur der larvale Bauplan an die Chordaten-Zugehörigkeit, denn der Schwanz der Larven ist von einer primitiven, von einem Neuralrohr überlagerten Chorda durchzogen, die jedoch nicht bis in den Körper hineinreicht. Nach der Metamorphose, sofern eine solche erfolgt, bilden sich diese Strukturen infolge der Resorption des Schwanzes zurück, so daß die Adultform kaum noch anatomische Merkmale aufweist, die auf eine typische Chordaten-Organisation schließen ließen (Abb. 105l). Der tonnenförmige Körper der gallertartigen Salpen (*Thaliacea*, Abb. 29e)

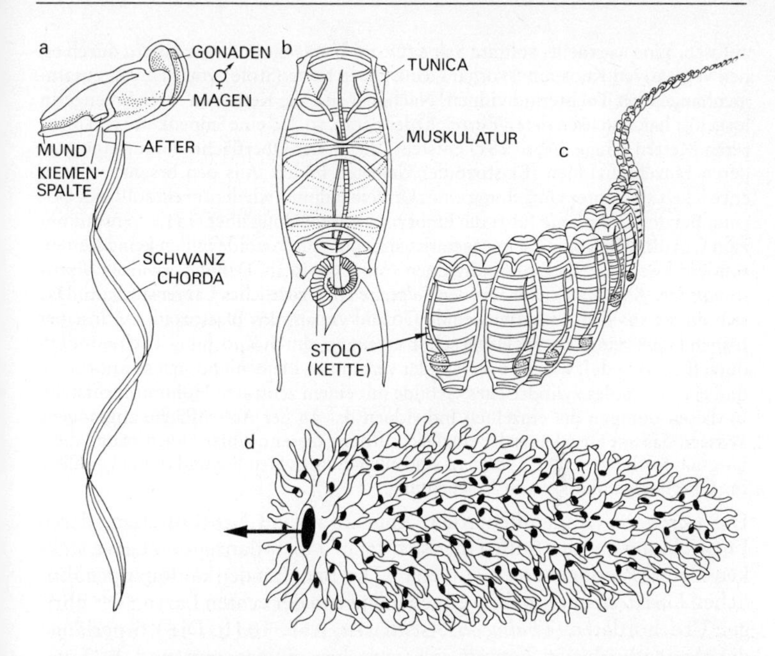

Abb. 28 Planktontische *Urochordata*: **a** *Oikopleura* sp. (*Larvacea*) ohne Gehäuse (vgl. Abb. 29 d), Körperlänge 3–10 mm; **b** *Thalia democratica* (*Thaliacea*), Ammenform (Oozoid) mit einer in Bildung begriffenen, vegetativ gezeugten Kette (Stolo) von Tochterindividuen (Blastozoide); **c** Perspektivische Ansicht einer mehrere Meter langen Salpenkette (*Thaliacea*) bestehend aus serial miteinander verwachsenen Geschlechtsindividuen (Blastozoide); **d** Feuerwalze *Pyrosoma atlanticum* (*Thaliacea*). Die Wand der innen hohlen, zylindrischen Walze wird durch eine Vielzahl aneinander gereihter, durch vegetative Vermehrung auseinander hervorgegangener Individuen gebildet. Jedes von diesen saugt Wasser durch die nach außen gewandte Mundöffnung ein und preßt es in den zentralen Hohlraum, von wo es mit Druck durch die Öffnung der Kolonie (Pfeil) austritt und diese nach dem Rückstoßprinzip vorantreibt (a nach *Alldredge* 1976; b nach *Trégouboff* u. *Rose* 1957).

weist zwei größere gegenständige Körperöffnungen auf. Durch die Tätigkeit einer ringförmig angeordneten Muskulatur wird Wasser durch die vordere Öffnung angesogen, durch die hintere wieder ausgepreßt. Auf dem Weg durch den Körper muß das Wasser durch eine enge, von Kiemen flankierte Spalte durchtreten, wo das als Nahrung verwertbare Geschwebsel abfiltriert und mit Hilfe von Cilien dem Darmtrakt zugeführt wird. Der mit Muskelkraft erzeugte Wasserstrom treibt nach dem Rückstoßprinzip das Tier ruckweise vorwärts.

Die Entwicklungszyklen vieler Salpen (Fam. *Salpidae*) entsprechen einem Generationswechsel, in dessen Verlauf sich vegetative und sexuelle Fortpflanzungsphasen ablösen. Eine asexuelle, solitäre Salpe (Oozoid) erzeugt in ihrem Innern durch einen vegetativen Knospungsvorgang eine ganze Kette (Stolo) von kleinen, zusammenhängenden Tochterindividuen. Nachdem sich die Kette von ihrer Erzeugerin losgelöst hat, wachsen deren Einzelglieder heran, so daß eine Salpenkette von mehreren Metern Länge (Abb. 28 c) entsteht, die an der Oberfläche dahintreibt und deren Einzelindividuen (Blastozoide) Gameten bilden. Aus den besamten Eiern entwickelt sich unter Umgehung eines Larvenstadiums wiederum ein solitäres Oozoid. Bei den *Doliolidae* führt die Embryonalentwicklung über ein Larvenstadium zum Oozoid. Die von diesem vegetativ gezeugten Blastozoide bilden keine Ketten, sondern lösen sich als Einzelindividuen vom Oozoid ab. Den Feuerwalzen (*Pyrosomatidae*, Abb. 28 d) fehlt wie den *Salpidae* ein eigentliches Larvenstadium. Das sich direkt aus dem Ei entwickelnde Oozoid verläßt das Blastozoid nie. In einer frühen Phase seiner Entwicklung schon erzeugt es durch Knospung Tochterindividuen (Blastozoide), welche miteinander verbunden bleiben und sich so anordnen, daß ein koloniales zylindrisches Gebilde mit einem zentralen Hohlraum entsteht. In diesen pumpen die einzelnen Individuen das an der Außenfläche angesogene Wasser, das mit Druck aus der einzigen Öffnung dieser „Walze“ austritt und diese langsam fortbewegt. Die *Thaliacea* sind ausnahmslos Strudler und treten vor allem im Oberflächenplankton in Erscheinung.

Die *Larvacea* (Appendicularien, Abb. 28 a) sind Urochordaten, deren Entwicklung auf der Stufe einer sich sexuell fortpflanzenden Larve stekken bleibt (Paedogenese, Neotaenie). Der Bauplan der kaulquappenähnlichen *Larvacea* entspricht weitgehend jenem der echten Larven der übrigen Urochordaten (*Thaliacea*, *Ascidiacea*, Abb. 103 l). Die Körperlänge der Appendicularien bewegt sich zwischen einigen mm und 1–2 cm. Diese z. T. in großen Mengen im Zooplankton der euphotischen Schicht auftretenden und sich mit Hilfe ihres undulierenden Schwanzes fortbewegenden Tieren ernähren sich von Phytoplankton und anderen Mikroorganismen. Die *Oikopleuridae* (Abb. 29 d), *Kovalevskiidae* und *Fritillaridae* erzeugen voluminöse, als Filtrierkammern dienende Gehäuse, in deren Innern das Tier lebt.

3.2.3.2. Ernährung

Mikrophagen: In Analogie zu den benthischen Organismen kann, was die Ernährungsgewohnheiten des Zooplanktons anbelangt, grob zwischen Mikro- und Makrophagen unterschieden werden. Die ersten verwerten kleine und kleinste, vorwiegend pflanzliche Komponenten des Nano- und Mikroplanktons. Obwohl zusammen mit dem in diesen Größenordnungen vorherrschenden Phytoplankton auch tierisches Mikroplankton sowie Detritus mit aufgenommen werden, dürfen diese Mikrophagen als Primärkonsumenten eingestuft werden. Solche sind praktisch in allen im Plankton vertretenen, systematischen Gruppen anzutreffen (Abb. 29) und beschränken sich keineswegs nur auf kleinwüchsige Arten, obgleich die kleinen *Copepoda* den Hauptharst der ausgesprochenen Primärkonsumenten darstellen.

Unter den kleinen Mikrophagen (z.B. *Copepoda*) gibt es Spezialisten, die aktiv und gezielt auf einzelne Mikroorganismen Jagd machen und den Inhalt der erbeuteten Zellen (z.B. Kieselalgen) aussaugen. Die meisten jedoch reichern die suspendierten Nahrungspartikel durch Filtration des

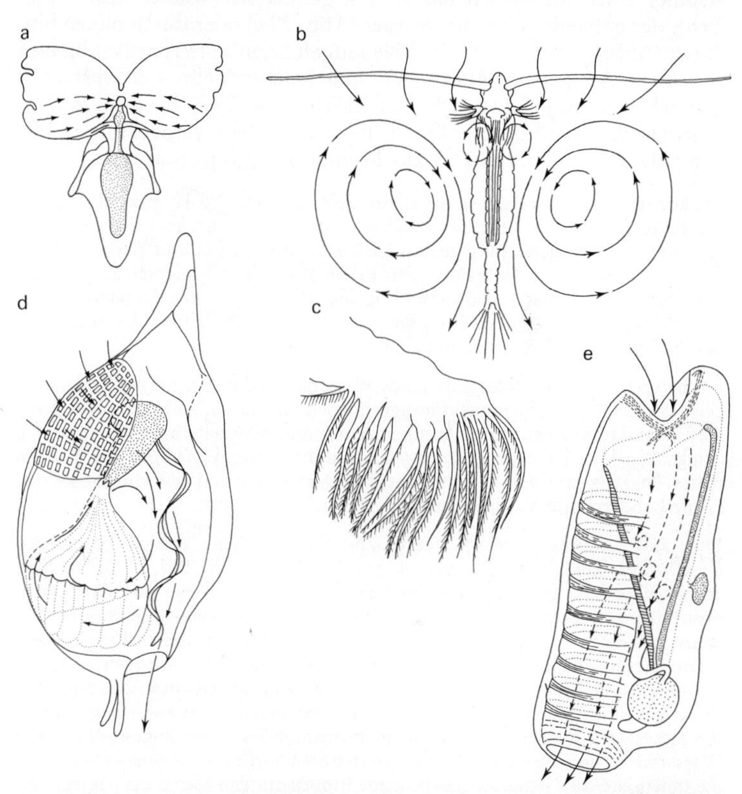

Abb. 29 Strudler des Zooplanktons: **a** Flügelschnecke, *Cavolinia interflexa* (*Mollusca, Pteropoda*). Die Cilienfelder des flügelartig abgewandelten Fußes führen die an dessen Oberfläche abgefangenen Nahrungspartikel zur Mundöffnung (nach *Yonge* 1926 aus *Nicol* 1960). **b** *Calanus finmarchicus* (*Crustacea, Copepoda*). Muster der durch die Bewegungen der Extremitäten erzeugten Wasserströmungen (Pfeile) (nach *Cannon* 1928 aus *Nicol* 1960). **c** Maxille (Mundwerkzeug) des Copepoden *Temora longicornis* (*Crustacea*), deren verästelte Borsten die im Strudelstrom (siehe b) mitgeführten Futterpartikel abfangen (nach *Bauer* 1962 aus *Bougis*, 1976).
d *Oikopleura albicans* (*Urochordata, Larvacea*) in ihrem selbsterzeugten Gehäuse (Theka). Die Pfeile geben die Strömungsrichtung des als Folge der Schwanzbewegungen durch den Filter im Gehäuse angesogenen Wassers (siehe Text) an (nach *Nicol* 1960). **e** *Salpa maxima* (*Urochordata, Thaliacea*). Verlauf (Pfeile) des durch die Pumpbewegungen der Ringmuskulatur erzeugten Wasserstromes.

Meerwassers an. Die hierfür entwickelten Hilfsmittel arbeiten nach einem allen gemeinsamen Grundprinzip: Mit Hilfe von Kinocilien, also von kleinen, beweglichen Zellorganellen (Abb. 31 d), bzw. mit Extremitäten (Abb. 29 c) oder anderen, beweglichen Körperteilen erzeugt der Strudler einen auf seinen Körper hin gerichteten Wasserstrom (Abb. 29 b), der entweder über den Körper (Abb. 29 a) oder durch diesen hindurch (Abb. 29 e) gelenkt wird. Die mitgeführten Futterpartikel bleiben an schleimüberzogenen Außen- oder Innenflächen kleben oder verfangen sich in hierfür ausgebildeten Abfanggeräten (Abb. 29 c). In einem zweiten Schritt wird das abfiltrierte Futter, meist in Schleim verpackt, mit Hilfe von Cilien oder Extremitäten zur Mundöffnung transportiert.

Die konzertierten Bewegungen der zahlreichen am Kopf und Thorax des Copepoden *Calanus* (Abb. 29 b) eingelenkten Extremitäten, zu denen auch die weit ausladenden Antennen gehören, erzeugen ein konstantes Muster von Wirbeln, durch deren Wirkung suspendierte Futterpartikel im Mundbereich angereichert werden. Dort verfangen sie sich in den kammartig angeordneten Borsten der paarigen Maxille (Mundwerkzeug, Abb. 29 c), die auch für die Weiterleitung der abgefangenen Nahrung zum Mund besorgt sind.

Ein Beispiel, bei dem der zu filtrierende Wasserstrom durch den Körper hindurch gelenkt wird, liefern die tonnenförmigen Salpen (*Thaliacea*, Abb. 29 e), wo durch die Kontraktionsarbeit der ringartig angeordneten Muskelbänder Wasser durch den großen Mund in einen geräumigen Schlund angesogen wird. An den Wänden dieses Pharynx werden die Futterpartikel abgefangen und mit cilienbedeckten Förderbändern zum Verdauungstrakt gelenkt.

Einer äußerst komplizierten Filtrationseinrichtung bedienen sich viele der zu den *Urochordata* gehörenden *Larvacea* (Appendicularien Abb. 28 a, 29 d). Die Körperoberfläche dieser kaulquappenähnlichen Tiere scheidet eine azelluläre gelatinöse Hülle aus, die sich infolge eines Quellungsprozesses zu einem geräumigen Gehäuse ausweitet. Zu seinen besonderen Strukturen gehört im oberen Teil eine Siebplatte, durch deren Poren von außen her Wasser und kleine, suspendierte Partikel ins Innere des Gehäuses eindringen können, während großen, unerwünschten Partikeln der Eintritt verwehrt wird. Durch die undulierenden Schwanzbewegungen des Tieres wird Wasser durch die Siebplatte ins Gehäuseinnere angesogen, wo der Wasserstrom und die mitgeführten Futterpartikel durch konvergent angeordnete, die Innenseite des Gehäuses auskleidende Rippen auf den Mund des Tieres zugelenkt werden. Das Wasser tritt unter Druck durch eine weitere Öffnung im Gehäuse nach außen und treibt dieses mit seinem Inhalt vorwärts. Wenn die Siebplatte bzw. das Innere des Gehäuses verstopft sind oder wenn das Tier sich bedroht fühlt, verläßt dieses das Gehäuse durch einen zuvor verdeckelten Notausgang und zerstört die Hülle durch heftige Bewegungen und beginnt unverzüglich mit der Ausscheidung eines neuen Gehäuses. Unter normalen Bedingungen findet ein derartiger Hauswechsel ca. alle 4 Stunden statt. Bei einigen Arten nimmt der Neubau nicht mehr als 5 Minuten in Anspruch (ALLDREDGE 1976).

Bei den meisten pelagischen Strudlern, so auch in den soeben angeführten Beispielen, steht die für die Erzeugung der Filtrationsströme verantwortliche Motorik auch ganz oder teilweise im Dienst der Lokomotion. In vielen Fällen ist sogar der Funktionskreis der Atmung miteinbezogen. Diese Koppelung mehrerer Funktionen stellt eine beispielhafte Rationalisierung des Energieaufwandes dar. Allerdings erwachsen daraus auch physiologische Konfliktsituationen, denn, strenggenommen, müßte sich ein kontinuierlich fortbewegendes Tier ebenso ununterbrochen ernähren. Beobachtungen haben aber gezeigt, daß beide Funktionskreise vorübergehend entkoppelt werden können, indem zwecks einer Verdauungspause das anfallende Futter abgewiesen werden kann.

In diesem Zusammenhang drängt sich auch die Frage auf, ob diese Art der Nahrungsbeschaffung und die hierfür verwendeten Hilfsmittel eine qualitative Selektion des Futters zulassen. Zweifellos ergibt sich aufgrund der Dimensionen und der Funktionsprinzipien dieser Vorrichtungen zunächst die Möglichkeit einer Größenselektion. Im Fall der Flügelschnecke (*Cavolinia*, Abb. 29 a) bleiben allzu große Futterpartikel ihrer Masse wegen am Schleimüberzug der Flügelflächen ganz einfach nicht haften. Zu große Futterorganismen werden beim Copepoden (Abb. 29 b) ihrer Trägheit wegen gar nicht in den Bereich der filtrierenden Maxillen gelangen, während extrem kleine Partikel durch die als Reuse wirkenden Extremitätenborsten hindurchschlüpfen. *Oikopleura* (Abb. 29 d) überläßt die Größenselektion der im Gehäuse eingelassenen Siebplatte. Bei großen Strudlern, wie *Salpa* (Abb. 29e), könnten überdimensionierte, für das Tier unverwertbare Fremdkörper mit dem Wasserstrom in den Pharynx gelangen und diesen hoffnungslos verstopfen. Dieser Gefahr wird durch die Wachsamkeit der am Mundrand lokalisierten Sinnesorgane begegnet, deren Reizung eine reflexartige Schließung der Mundöffnung zur Folge hat.

Eine solche auf mechanischen Grundlagen beruhende Größenselektion sagt nichts darüber aus, ob der Strudler die Möglichkeit hat, innerhalb ein und derselben Größenklasse bestimmte Arten von Futterorganismen aus dem anfallenden Angebot auszuwählen bzw. abzuweisen. Diesbezügliche Untersuchungen (Harvey 1937; Conover 1966) am Copepoden *Calanus* (Abb. 29 b) bestätigen dies, und es ist anzunehmen, daß auch andere Strudler über solche Selektionsmöglichkeiten verfügen und zwar aufgrund einer Prüfung des Nahrungsangebots mit Hilfe von Chemorezeptoren.

Makrophagen: Die Makrophagen des Zooplanktons greifen auf einer höheren Stufe in das Gefüge der trophischen Beziehung (Kap. 6.4) ein. Es sind mindestens Sekundärkonsumenten, die gezielt auf kleinere und größere Organismen Jagd machen. Sie bedienen sich hierfür verschiedenster Hilfsmittel: Die pelagischen Medusen und Staatsquallen (Abb. 15 a, b; 23) wie auch die *Tentaculata* (Abb. 24 b) unter den Rippenquallen (*Acnidaria*) verfügen über teils meterlange, kontraktile Fangtentakel, die sich fast unsichtbar wie Stellnetze den Beutetieren in den Weg stellen. Jene der *Cnidaria* sind mit sog. Cnidocyten (Syn. Nematocyten) bewehrt. Es sind dies Zellen, welche geschoßähnliche, mit Giften gefüllte Kapseln bilden, die bei Kontakt mit einem lebenden Organismus zu Hunderten ausgeschleudert werden, wobei ihre Gifte die Beute lähmen oder töten. Diese wird vom Tentakel umschlungen und der Mundöffnung zugeführt. Diese Cnidocyten können auch den Menschen nesseln und bei gewissen Arten, z.B. der australianischen Scyphomeduse *Chironex fleckeri* (*Cubomedusae*) zu tödlichen Vergiftungen führen. Anstelle dieser giftigen Nesselzellen sind die Fangtentakel der Rippenquallen mit Klebezellen (Collocyten) bespickt, welche meist kleinere Beutetiere daran hindern, sich dem definitiven Zugriff der Fangtentakel zu entwinden.

Während die passive Art des Beuteerwerbs keiner besonderen Sinnesleistungen bedarf, verfügen die gezielt jagenden Makrophagen zur Ortung ihrer Beute über gut entwickelte Sinnesorgane (Photo-, Mechano- oder Chemorezeptoren). Die räuberischen, holopelagischen *Polychaeta* (Abb. 26d) besitzen z.B. große, außerordentlich gut entwickelte Linsenaugen (Kap. 4.5.4.), die vermutlich ein Formensehen erlauben.

3.2.3.3. Dynamik

Beide, sowohl die qualitative als auch die quantitative Zusammensetzung des Zooplanktons, sind starken räumlichen und zeitlichen Veränderungen unterworfen, deren Ursachen ein komplexes Gefüge von Faktoren darstellt, von denen wir heute wohl erst die naheliegendsten kennen. Es ist deshalb auch für einen Spezialisten kaum möglich, für einen bestimmten Ort und eine bestimmte Tages- oder Jahreszeit diesbezüglich verläßliche Voraussagen zu machen.

Obwohl sich der Ausbreitung pelagisch lebender Pflanzen und Tiere keine physischen Grenzen entgegenstellen, werden das geographische Vorkommen wie auch die Tiefenverbreitung durch das Zusammenspiel mehrerer für die Art bedeutsamer Faktoren eingeschränkt. Mit anderen Worten: Eine Art kann nur in jenem Raum leben, der innerhalb der für diese Art geltenden ökologischen Toleranzgrenzen liegt. Dies gilt natürlich nicht nur für die Adultform, sondern ebensosehr für die ganze Reihe der sich ablösenden Entwicklungsstadien (Kap. 5.3.0.). So sind es, grob ausgedrückt, die artspezifischen, ökologischen Erfordernisse einerseits und die räumlich und zeitlich unterschiedlichen hydrographischen Bedingungen andererseits, die für die vielfältigen Muster der Zooplankton-Zusammensetzung verantwortlich zeichnen. Der geographischen Verbreitung der meisten Arten sind deshalb Grenzen gesetzt. Ein Beispiel liefern im Bereich des Atlantiks zwei nah verwandte Copepoden der Gattung *Calanus*. Das Verbreitungsgebiet der einen (*Calanus finmarchicus*, Abb. 29b) dehnt sich zwischen dem 45. und 65. nördlichen Breitengrad von den Küsten Europas bis an jene Grönlands und Kanadas aus. Jenes von *Calanus helgolandicus* dagegen hat seinen Schwerpunkt über dem europäischen Schelf. Dieser Befund legt die Vermutung nahe, wonach die erste Art ozeanische, die andere mehr neritische Bedingungen vorzieht, obwohl diese empirische Feststellung (Glover 1967) die Frage nach den primären Ursachen dieser unterschiedlichen Verbreitungsmuster nur hinausschiebt. Ebenso enigmatisch sind z.T. die artspezifischen Präferen-

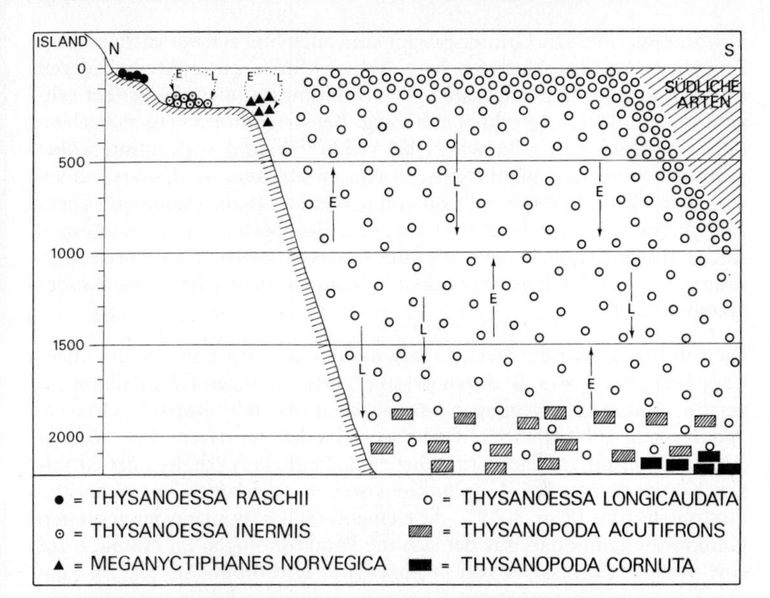

Abb. 30 Räumliche Verbreitung von 6 nordatlantischen *Euphausiacea*-Arten (*Crustacea*) von der Küste Islands ausgehend in Richtung Süden. Die Symbole geben die Verteilung der adulten Tiere an. Die Eier und Larven aller 6 Arten erscheinen in den oberflächlichen Schichten. Die Pfeile deuten auf die Vertikalverlagerungen der Eier (E) bzw. Larven (L) der in größerer Tiefe vorkommenden Arten hin (nach *Einarsson* 1945 aus *Bougis* 1976).

zen bezüglich der Vertikalverbreitungen, wie sie Abb. 30 für den Fall einiger borealer Euphausiden-Arten (*Euphausiacea*, *Crustacea*, Abb. 27 f) bei Island veranschaulicht. Die adulten Tiere der einen (*Thysanoessa raschii* und *T. inermis*) halten sich über dem Schelf bis in eine Tiefe von 150 m auf, *Meganyctiphanes norvegica* gibt der Schelfkante den Vorzug, während die anderen in dieser Hinsicht untersuchten Arten ozeanisch sind. Von diesen verteilt sich *Thysanoessa longicaudata* in nördlichen Breitengraden in den zwischen 50 und 2000 m Tiefe liegenden Wasserschichten, wobei sich im südlichen Teil des Verbreitungsgebietes die obere Grenze auf ca. 800 m senkt. Diese Art wird im südlicher gelegenen Raum von *Thysanopoda cornuta* unterschichtet, die erst von 2000 m an abwärts in Erscheinung tritt. Die Situation wird noch dadurch kompliziert, daß die Geschlechter und verschiedenen Entwicklungsstadien ein und derselben Art bezüglich ihrer vertikalen Verbreitung (vgl. Abb. 33) unterschiedliche Präferenzen zeigen.

Selbst innerhalb der räumlich definierten Verbreitungsgrenzen einer Art ist weder räumlich noch zeitlich eine homogene Verteilung der Population zu erwarten. Die Gründe hierfür sind auch hier schwer entflechtbar: Zunächst sind das Auftreten bzw. Verschwinden einer Art und deren Entwicklungsstadien innerhalb des Verbreitungsraumes von der Periodizität des Entwicklungszyklus abhängig. Bei Arten mit metagenetischem Generationswechsel z. B., wie er bei vielen *Cnidaria* vorkommt, wobei sich benthische und planktontische Phasen ablösen, ist das Erscheinen der Art im Zooplankton in Form von Medusen oft auf eine relativ kurze Zeitspanne des Jahres begrenzt (Abb. 75). Holopelagische Arten dagegen sind immer mit irgend einem Stadium vertreten, wobei die Verbreitungsräume der verschiedenen Entwicklungsstadien nicht selten voneinander getrennt sind.

Die Inhomogenität der Verteilung von Populationen kann noch andere Ursachen haben, so z. B. durch passive Verfrachtungen oder Anhäufungen durch Wasserbewegungen oder durch aktive, migratorische Ortsveränderungen, die ihrerseits wieder verschieden motiviert sein können (s. u.). Dieses differenzierte räumliche und zeitliche Verhalten der einzelnen Komponenten des Zooplanktons stellen, zusammen mit jenem des Phytoplanktons (Kap. 3.2.1.), die elementaren Phänomene der gesamten Planktondynamik dar, aus der sich die Planktonologen im Hinblick auf eine präzisere Erfassung von Produktivität und Biomasse (Kap. 6.) ein den Kausalzusammenhängen Rechnung tragendes Bild zu schaffen suchen.

Lokomotion: Obgleich sich die pelagisch lebenden Tiere, dank einer weitgehenden Angleichung ihres spezifischen Gewichtes an jenes des Meerwassers (Kap. 4.3.2.), oft regungslos treiben lassen, sind sie, von wenigen Ausnahmen abgesehen (z. B. *Foraminifera, Radiolaria*; Eier sowie frühe Entwicklungsstadien) zur aktiven Fortbewegung fähig. Die dabei erzeugten Kräfte und Geschwindigkeiten stehen u. a. in Abhängigkeit zur Wirksamkeit der Antriebsmechanismen und zur hydrodynamischen Eignung der Körperform. Gerade in diesem Zusammenhang ist eine Konfliktsituation nicht zu übersehen, die aus der Notwendigkeit der Ausbildung von Schwebefortsätzen (Abb. 16) im Hinblick auf eine Verringerung der Sinkgeschwindigkeiten einerseits und der Wahrung einer hydrodynamisch einigermaßen tragbaren Gestalt andererseits entsteht. Vor allem bei kleinen Strudlern (Abb. 29), deren Ernährungsweise rascher Ortsveränderungen nicht bedarf, entscheidet sich dieser Konflikt meist zugunsten der Schwebefortsätze. In anderen Fällen jedoch werden Kompromißlösungen angestrebt, indem z. B. die stromlinienförmigen Schwebefortsätze (Abb. 16 a) räumlich so orientiert sind, daß ihre Längsachse mit der Fortbewegungsrichtung zusammenfällt, so daß sich ihr diesbezüglicher Formwiderstand auf ein Minimum reduziert.

Die für die Lokomotion benötigten Kräfte werden, wie immer auch die Fortbewegungsart ist, durch differentielle Kontraktionen subzellulärer

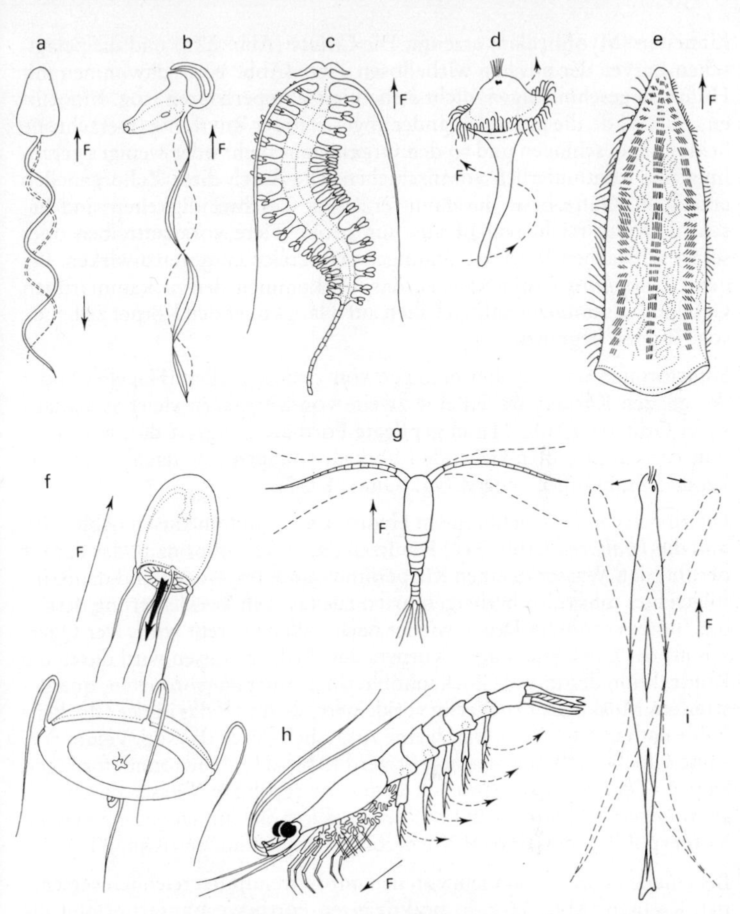

Abb. 31 Verschiedene Fortbewegungstypen pelagischer Protozoen und Metazoen (die Pfeile deuten die Fortbewegungsrichtung an): **a** Phasen der Schlängelbewegung der Geißel eines Flagellaten (*Protozoa*). **b** Schlängelbewegungen des dorso-ventral abgeplatteten Schwanzes einer Appendicularie (*Urochordata*, *Larvacea*, vgl. Abb. 28 a). **c** Sinusförmige Körperbewegungen eines schwimmenden holopelagischen Polychaeten (*Tomopteris* sp.). Die seitlich abstehenden, paddelförmigen Parapodien verstärken durch Hebelwirkung den Vorschub. **d** Trochophora-Larve eines Sipunculiden (*Sipunculida*, vgl. Abb. 53 k). Die metachrone Schlagfolge der in einem Kranz (Trochus) nebeneinander gereihten Cilien führt zu einer schraubenförmigen Vorwärtsbewegung der Larve. **e** Metachrone Schlagfolge der in 8 Längsrippen angeordneten Wimperplättchen der Rippenqualle *Beroë* sp. (*Acnidaria*). **f** Zwei Phasen der Schwimmbewegungen einer Hydromeduse (*Cnidaria*, *Hydrozoa*, vgl. Abb. 23). Der schwarze Pfeil deutet die Richtung des stoßweise aus der kontrahierten Schwimmglocke (Umbrella) austretenden Wassers (Rückstoßprinzip) an. **g** Schwimmbewegun-

Einheiten (Myofibrillen) erzeugt. Die *Ciliata* (Abb. 22a) und die pelagischen Larven der meisten wirbellosen Tiere (Abb. 103) schwimmen mit Hilfe von geschmeidigen, dicht stehenden Wimperhaaren (sog. Kinocilien, Abb. 31d), die mit aufeinander abgestimmter Rhythmik (metachrone Schlagfolge) schlagen und so den Organismus mehr oder weniger geradlinig und kontinuierlich voranschieben. Die durch diese Zellorganellen erzeugten Kräfte bzw. die damit erzielten Geschwindigkeiten sind bescheiden und reichen nicht aus, um große Tiere voranzutreiben oder selbst schwachen Wasserströmungen erfolgreich entgegenzuwirken. Bei den *Ctenophora* (Abb. 31e) ist das Vorkommen der zu kammartigen Gebilden zusammengefaßten Cilien auf 8 längs über den Körper ziehende sog. Rippen begrenzt.

Sinusförmige Schlängelbewegungen von Zellorganellen (Flagellen) oder des ganzen Körpers stellen eine zweite von Vertretern vieler systematischer Gruppen (Abb. 31a-c) gepflegte Fortbewegungsart dar, wobei die von vorn nach hinten ziehenden Verkrümmungen eine nach vorne wirkende Schubkraft erzeugen (vgl. GRAY 1957).

Die zu den *Cnidaria* gehörenden Hydro- und Scyphomedusen (Abb. 31f) und die *Thaliacea* (Abb. 31e) benützen das Rückstoßprinzip, das darauf beruht, daß Wasser in einen Körperinnenraum angesogen und dann, infolge einer muskulös herbeigeführten ruckartigen Verkleinerung desselben, unter erhöhtem Druck wieder nach außen gepreßt wird. Der Querschnitt des glockenförmigen Körpers der Hydromedusen wird durch die Kontraktion der in der Glockenhöhle ringförmig angeordneten, quergestreiften Muskulatur ruckartig verkleinert, wodurch das in der Glockenhöhle enthaltene Wasser durch eine zusätzlich durch das sog. Velum verengte Glockenöffnung ausgepreßt wird (Abb. 31f). Die tonnenförmigen Salpen (*Thaliacea*) saugen nach dem Einwegprinzip Wasser durch den geräumigen Schlund an und pressen es durch die am entgegengesetzten Körperpol liegende, zweite Körperöffnung nach außen (Abb. 31a).

Bei einer weiteren, vor allem von den mit Extremitäten reichlich versehenen Krebsen (Abb. 31 g, h) praktizierten Fortbewegungsart erfolgt die Kraftübertragung aufgrund des Hebel- oder Paddelprinzips, d.h. mit Hilfe von beweglichen, paarig oder in Serien arbeitenden Körperanhängen (Extremitäten, wie Antennen, Abb. 31g; Schwimmfüßen, Abb. 31h; usw.).

Gelegentlich sind zwei der vier hier kurz charakterisierten Prinzipien miteinander kombiniert, so z.B. bei den *Polychaeta* (Abb. 31c), wo die sinus-

gen (Hebelwirkung) des großen Antennenpaares eines Copepoden (*Crustacea*). **h** Schwimmbewegungen (Hebelprinzip) der abdominalen Extremitäten eines Großkrebses (*Crustacea*, *Euphausiacea*). **i** Phasen der ruckartigen Schwimmbewegungen eines Pfeilwurmes *Sagitta* sp. (*Chaetognatha*) in der Seitenansicht (vgl. Abb. 26e).

förmigen Schlängelbewegungen des Wurmkörpers seitens der als Paddel (Hebelwirkung) eingesetzten Parapodien Unterstützung erhalten.

Migrationen: Dank unterschiedlich gut ausgeprägten, lokomotorischen Fähigkeiten kommt es innerhalb der Verbreiterungsräume von Arten und Artengruppen zu migratorischen Phänomenen, die, auf verschiedenen Ursachen beruhend, sich periodisch oder in unregelmäßiger Folge in vertikalem und/oder horizontalem Sinn manifestieren können. Dazu gehört die oft beobachtete Entstehung von sog. Planktonwolken, innerhalb derer sich das Zooplankton bzw. gewisse Komponenten desselben vorübergehend über die Normalverteilung hinaus lokal anreichern. Die Copepoden versammeln sich oft zu einem dichten Schwarm, dessen Entstehung und Auflösung von BAINBRIDGE (1953) wie folgt interpretiert wird: An einer bestimmten Stelle übersteigt die Vermehrungsrate des Phytoplanktons jene umgebender Bereiche. Die „weidenden" Copepoden wandern nun horizontal und vertikal in einem vom Zentrum dieser Phytoplankton-Wolke ausgehenden Dichtegradienten auf diese zu, weil in deren Bereich ein reicheres Nahrungsangebot in Aussicht steht. Sobald der Konsum des Phytoplanktons dessen Vermehrungsrate übersteigt, bricht die Pflanzenpopulation zusammen und die Copepoden verlassen nun den für sie nicht mehr ergiebigen Raum und treffen auf benachbarte neue Phytoplankton-Wolken, die sich inzwischen relativ ungestört, d. h. von den anderswo weidenden Copepoden unbehelligt, entwickeln konnten.

Auf aktiven Ortsveränderungen beruhen auch die tageszeitlich bedingten Vertikalverlagerungen des Zooplanktons. Die diesbezüglich gemachten Beobachtungen lassen sich nach CUSHING (1951) in etwas vereinfachter Form wie folgt zusammenfassen: Viele Komponenten des Zooplanktons, vor allem Krebse, aber auch Pfeilwürmer (Abb. 26e), Borstenwürmer u. a. wandern bei Einbruch der Dunkelheit aus tieferen Wasserschichten, wo sie sich tagsüber aufgehalten hatten, der Oberfläche entgegen. Dort häufen sie sich bis gegen Mitternacht an, um danach wieder tiefer liegende Wasserschichten aufzusuchen. Kurz vor Tagesanbruch kehren die Tiere nochmals zur Oberfläche zurück, um dann relativ rasch in die „Tagestiefe" abzusteigen, auf der sie sich bis zum folgenden Abend aufhalten.

Es gibt keine Anhaltspunkte dafür, daß alle im gleichen Raum anwesenden Arten diesem circadialen Verhalten gehorchen. Andererseits darf gesagt werden, daß die meisten sich daran beteiligenden Arten den oben skizzierten Zeitplan einhalten, der sich für einen gegebenen Raum jahreszeitlich verändern kann. Variabel sind jedoch die vertikalen Distanzen, die beim Auf- und Abstieg überwunden werden. Im Falle größerer Arten kann es sich um mehrere hundert Meter handeln, während kleinere Organismen, wie z. B. der Copepode *Calanus finmarchicus* (Abb. 29b) jedesmal 40 bis 50 m in der Vertikalen zurücklegen.

Die in Abb. 33 wiedergegebenen Beispiele zeigen deutlich, daß sich die vertikalen Verteilungsmuster bzw. die daraus abzuleitenden Migrationen auch jahreszeitlich verändern und je nach Entwicklungsstadium bzw. Altersklasse variieren können. Es handelt sich jedoch um Nuancen, die sich durchaus in das oben skizzierte Gesamtbild einfügen. Dieses ließ sich auch durch Beobachtungen bestätigen, die mit Hilfe des Echolots (Kap. 1.4.0.) gemacht wurden.

Im Jahre 1942 stießen die mit der Perfektionierung des Echolots beschäftigten Techniker im Pazifik bei San Diego erstmals auf ein Phänomen, das in der Folge unter der Bezeichnung „deep scattering layer" (DSL) bekannt wurde. Es betrifft dies eine mehr oder weniger breite und dichte Echobande (Abb. 32), die außerhalb des

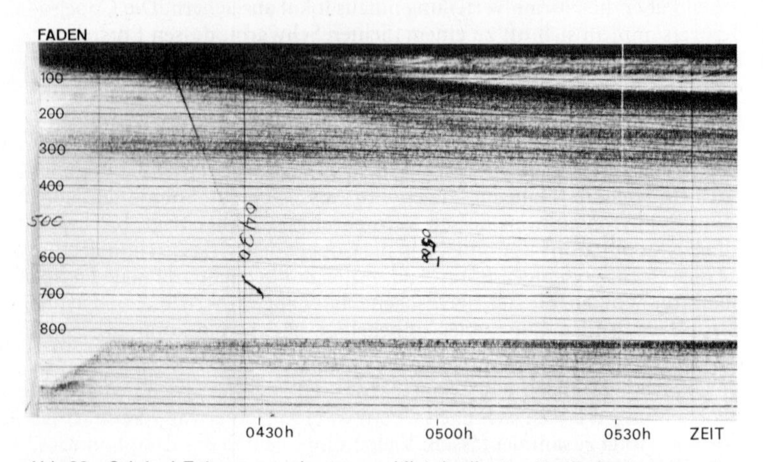

Abb. 32 Original-Echogramm der tageszeitlich bedingten Vertikalverlagerung des Zooplanktons. Die Aufnahme stammt von einer Station im östlichen Pazifik auf der Höhe der nordchilenischen Küste und erstreckt sich über eine Periode von 03.50 h bis 05.50 h morgens (9. Dez. 1955). Ein großer Anteil des echobildenden Planktons, das sich nachts an der Oberfläche aufhielt, beginnt bei Tagesanbruch (04.30 h) auf ca. 150 Faden (270 m) abzusinken. (Das Dokument wurde in freundlicher Weise von der „Woods Hole Oceanographic Institution", Woods Hole, Mass. USA überlassen).

Schelfs tropischer und subtropischer Meere über dem Meeresboden in variierender Tiefe zwischen 0–500 m in Erscheinung tritt. Über die Natur der die Echoimpulse im freien Wasser reflektierenden „Objekte" herrschte Ratlosigkeit, weil Plankton-Proben aus diesen echobildenden Wasserschichten zunächst auf keine abnormal hohen Konzentrationen von Organismen schließen ließen. Obwohl diese Erscheinung heute noch mit einer Reihe ungelöster Fragen behaftet ist, steht mit einiger Sicherheit fest, daß diese weichen Echos tatsächlich von Tieren stammen und zwar von einer in ihrer genaueren Zusammensetzung noch nicht ausreichend bekannten Mischung von kleinwüchsigem Nekton und Zooplankton. Neben mehreren Zentimeter langen Leuchtfischen der Familie der *Myctophidae* und Flügelschnecken (*Pteropoda*, Abb. 25 c, 29 a) wurden bisher in der DSL vor allem Krebse, darunter *Euphausiacea* (Abb. 27 f), Vertreter der *Sergestidae* (*Decapoda*) sowie

Copepoden nachgewiesen. Die Bestandsaufnahme des DSL fällt schwer, weil sich die größeren Komponenten, dank ihrer guten Schwimmfähigkeiten, dem Zugriff der Planktonnetze offenbar zu entziehen vermögen. BARRACLOUGH, BRASSEUR und KENNEDY (nach BOUGIS 1976, Fig. 10.24) haben im nördlichen Pazifik jedoch eine gute, quantitative Übereinstimmung zwischen dem vertikalen Verteilungsprofil des Copepoden *Calanus cristatus* einerseits und dem Echo-Muster des DSL festgestellt. Das Ausmaß dieser circadialen Vertikalverlagerungen der DSL sind z.T. beachtlich: Seine zu dieser Zeit relativ breite Echobande liegt tagsüber in Tiefen von 200–600 m, nachts erscheint sie in kompakterer Form dicht unter der Oberfläche (Abb. 32). Dies bedeutet, daß die DSL erzeugenden Organismen im vertikalen Sinn gemessen täglich die Gesamtstrecke von ca. 1 km schwimmend zurücklegen. Da sowohl der Aufstieg als auch der Abstieg innerhalb von je 1–2 Stunden (Abb. 32) bewerkstelligt wird, müssen diese aktiven Ortsveränderungen mit hohen relativen und absoluten Geschwindigkeiten erfolgen, die Fischen und Großkrebsen wohl zumutbar sind, für die kleinen Copepoden jedoch eine erstaunliche Leistung darstellen.

Die Frage nach der ökologischen Motivation dieser Vertikalmigrationen hat noch keine in allen Teilen befriedigende Antwort gefunden: Die Vermutung, wonach die DSL-bildenden Primärkonsumenten (Krebse) dabei dem sich entsprechend verhaltenden Phytoplankton folgen, fällt außer Betracht, da keine so ausgedehnten und raschen Verlagerungen des letzteren bekannt sind. Alle, teils von gewissen Ausnahmen getrübten Beobachtungen weisen darauf hin, daß die Belichtungsverhältnisse den direkt auf das mobile Zooplankton einwirkenden, zeitgebenden Faktor darstellen.

Dafür sprechen u.a. folgende Beobachtungen: Das Einsetzen des Auf- bzw. Abstiegs steht in guter zeitlicher Übereinstimmung mit den an der Oberfläche und in verschiedenen Tiefen gemessenen Lichtwerten (BODEN u. KAMPA 1967), wobei sich das Programm den jahreszeitlichen Verhältnissen entsprechend verschiebt. In den arktischen und antarktischen Gewässern lassen sich Vertikalwanderungen des Zooplanktons nur im Frühjahr und Herbst, d.h. dann, wenn dort ein eindeutiger Tag-Nacht-Wechsel herrscht, nachweisen. Im Winter und Sommer, wenn dieser Belichtungswechsel der Polarnacht bzw. dem 24-stündigen Tag weicht, bleiben auch die Vertikalmigrationen aus (BOGOROV 1946). Die von dieser photischen Steuerung betroffenen Organismen müssen deshalb sehr empfindlich auf Intensitätswechsel reagieren und über entsprechend sensible Photorezeptoren verfügen können. Damit ist jedoch die Frage nach der ökologischen Bedeutung der Vertikalmigrationen noch nicht beantwortet. Nach Auffassung von ANTON BRUUN muß es sich durchwegs um stenolume Organismen handeln, deren Physiologie entweder auf völlige Dunkelheit oder auf einen relativ eng begrenzten Intensitätsbereich eingestellt ist. Ihre von Sonnenbelichtung ungestraften, nächtlichen Exkursionen an die Oberfläche wären mit den trophischen Anforderungen in Beziehung zu bringen, d.h. die von ihren Sekundärkonsumenten (Fische, Pfeilwürmer etc.) treu begleiteten Primärkonsumenten (vor allem *Crustacea*) weiden während der Nacht in den an Phytoplankton reichen Weidegründen der oberflächlichen Schichten und ziehen sich tagsüber in die nahrungsärmeren, dafür aber vom Tageslicht verschonten Tiefen zurück.

Eine ökologische Auswirkung dieser Kausalkette kann nicht übersehen werden: Wenn die nachts an der Oberfläche weidenden Primärkonsu-

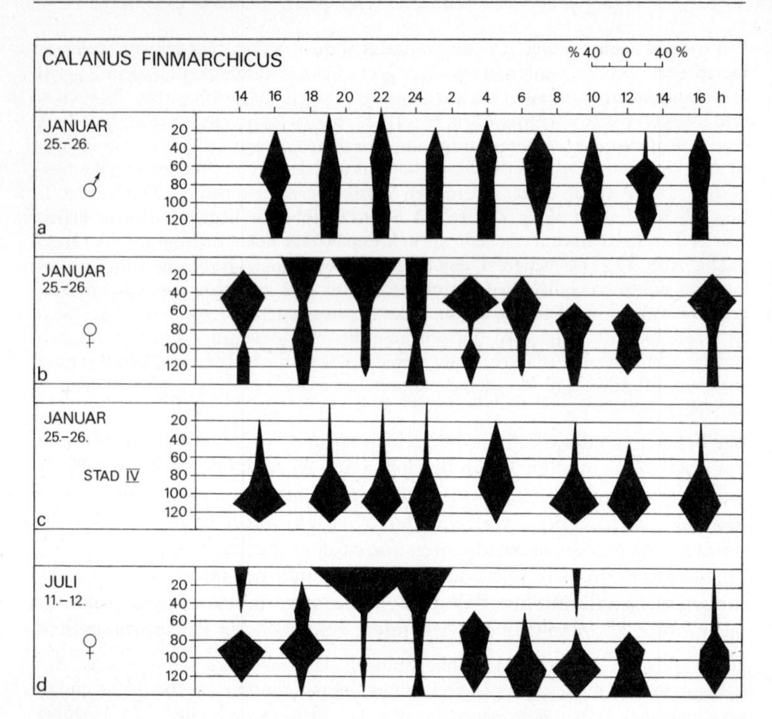

Abb. 33 Tages- und jahreszeitliche Muster der Tiefenverbreitung von *Calanus finmarchicus* (*Crustacea*, *Copepoda*, Abb. 29 b). Aus dem Vergleich von a, b und c geht hervor, daß ♂♂ und ♀♀ und Larven (Stad. V) sich unterschiedlich verhalten (nach *Marshall* u. *Orr* 1955 aus *Raymont* 1976).

menten bei Tagesanbruch in die Tiefe steigen, transportieren sie die verarbeiteten Primärprodukte auf schnellem Weg und direkt in tiefer gelegene Wasserschichten und machen sie den dort verbleibenden Sekundärkonsumenten tagsüber zugänglich, ohne daß sich diese an die Stätte höchster Produktivität zu bemühen brauchen. Dadurch wird der vertikale Fluß von Nährstoffen gefördert und beschleunigt, was allerdings mit dem Verlust der für die aktive Migration erforderlichen Energien erkauft werden muß, über deren Größenordnung noch keine Klarheit besteht.

3.2.4. Sedimentation

Die in den Wassermassen der Ozeane suspendierten anorganischen sowie leblosen Partikel und Kolloide organischen Ursprungs haben, da sie spezifisch schwerer sind als Wasser, die Tendenz, auf den Grund abzusinken. Die Geschwindigkeit dieses Sedimentationsprozesses hängt von zahlreichen Faktoren ab, die im Zusammenhang mit den physikalischen Eigenschaften des Wassers (Dichte, Viskosität, Strömungsverhältnisse u. a.) einerseits und jenen des sedimentierenden Materials (spez. Dichte, Größe, Gestalt usw.) andererseits stehen. Es kann diesbezüglich die von STOKES für Partikelgrößen zwischen 1 μm und 2 mm aufgestellte Gleichung gelten:

$$W = 2/9\, g \, \frac{D-d}{\mu} \, r^2$$

(W = Sedimentationsgeschwindigkeit; g = Erdbeschleunigung; D = Dichte der sedimentierenden Partikel, d = Dichte der Flüssigkeit, μ = Viskosität der Flüssigkeit, r = Radius des annähernd sphärischen Partikels).

Die Sedimentation kann sich jedoch nirgends, allein dieser Gesetzmäßigkeit gehorchend, ungestört vollziehen, weil sie dem Einfluß zahlreicher anderer Faktoren, auf die hier nicht im einzelnen eingegangen werden kann, unterworfen ist.

Würde dieses in großen Massen anfallende, leblose Geschwebsel vollumfänglich und in unveränderter Form den Meeresgrund erreichen, wäre das Wachstum der sich dort anhäufenden Sedimentsschichten so groß, daß der ozeanische „Müll" die Meeresbecken rasch auffüllen würde. Dies hätte noch eine andere, folgenschwere Konsequenz: Würde sich nämlich das gesamte, sedimentationsbereite Material am Meeresgrund diagenetisch verfestigen, wären seine Komponenten für lange Zeit den großen Kreisläufen entzogen. Aufgrund der heutigen Kenntnisse über das geologische Alter der Meeresbecken (Kap. 1.3.) und dem Ausmaß der sich tatsächlich über der Basaltkruste der ozeanischen Lithosphäre auftürmenden Sedimentschichten (maximal 400–500 m) muß geschlossen werden, daß der mittlere jährliche Zuwachs in der Größenordnung von Bruchteilen von Millimetern liegt. Diese in Anbetracht der Menge des für die Sedimentation in Frage kommenden Materials überraschende Tatsache ist darauf zurückzuführen, daß der größte Teil der Komponenten während des Sedimentationsprozesses, d. h. bevor sie den Meeresgrund erreicht haben, auf chemischem und/oder biologischem Weg zersetzt und in lösliche Form übergeführt werden. Dies gilt in besonderem Maß für die organischen Partikel und Kolloide; denn die Kadaver von Mikroorganismen, Pflanzen und Tieren, sowie deren Fäkalien fallen schon während des Absinkens, spätestens aber nachdem sie auf Grund zur Ruhe gekommen sind, einem intensiven, aeroben oder anaeroben, bakteriellen Abbau anheim (Kap. 2.2), wobei die Abbauprodukte in gelöster Form den Kreisläufen zurückerstattet werden. Auch biogene, aus anorganischen Stoffen aufgebaute Hartteile, wie z. B. die Kalkgehäuse der *Foraminifera* (Abb. 21) sind nach dem Tod der Zelle chemischen Auflösungsprozessen unterworfen. Entscheidend dafür, ob ein gegebener Partikel, sei es nun organischer oder anorganischer Natur, dereinst Bestandteil eines diagenetisch verfestigten, ozeanischen Sediments werden wird, sind also einerseits seine Resistenz gegenüber diesen zersetzenden Kräften und andererseits die Dauer mit der diese auf das Objekt einwirken können.

Zu den widerstandfähigsten biogenen Hartteilen gehören die Kieselsäureskelette ($Si\ O_2$) der *Radiolaria* (Abb. 22), der Kieselalgen (Abb. 17) und der Kieselschwämme (*Porifera, Silicea,* Abb. 48 b), die deshalb Bestandteile der Tiefseesedimente werden können. Alle aus Kalk (Calcit oder Aragonit) bestehenden Skelettelemente dagegen werden unter der Wirkung zunehmender hydrostatischer Drucke aufgelöst. Der Sedimentologe spricht in diesem Fall von einer sog. Lysokline, einer Tiefengrenze, unterhalb der Kalkskelette ausnahmslos der Lysis anheimfallen. Diese Lysokline liegt unterschiedlich tief. In der Regel entstehen jedoch in Tiefen von mehr als 4000 m keine nennenswerten Kalksedimente mehr. Die Gehäuse pelagischer und benthischer *Foraminifera*, vor allem *Globigerina* (Globigerinenschlamm), deren Sedimentanteil stellenweise 95% erreicht, die Kalkelemente der *Coccolithophoridea* (Kokkolithenschlamm, Abb. 18c), die Schalen von Flügelschnecken (*Pteropoda*, Abb. 29a) sowie zertrümmerte Kalkskelette benthischer Invertebraten (*Madreporaria*, Kap. 3.4.3., *Mollusca*, usw.) bleiben deshalb nur oberhalb dieser Lysokline in Form von Sedimenten erhalten. Zu den biogenen Produkten gehören auch die im Zusammenhang mit der Riffbildung in tropischen Meeren entstandenen und entstehenden Kalkablagerungen (vgl. Kap. 3.4.3.).

Das sedimentierende und sedimentierte Material, das nur zu einem Teil biogenen Ursprungs ist, kann nach verschiedenen Gesichtspunkten eingeteilt werden. Im Sinne einer Vereinfachung soll hier grob zwischen terrigenen, pelagischen und chemischen Sedimenten unterschieden werden: Das der ozeanischen Sedimentation anheimfallende terrigene Material umfaßt alles, was nach Erosion von kontinentalen Gesteinen durch Flüsse, auf dem Rücken von Gletschern, durch Gezeitenerosion oder Windwirkung vom Festland her in Form von lithogenem Kies, Sand, Silt oder feinen Tonen ins Meer verfrachtet wird. Die organischen Anteile (0,01–0,5% des Trockengewichtes) in Form von Pflanzen- und Tierresten spielen in diesem Fall eine untergeordnete Rolle. Die schweren, mineralischen Komponenten (Kies, Sand) lagern sich in der Regel bereits im küstennahen Bereich des Litorals, d.h. über dem Kontinentalschelf ab, wo sie sich mit den dort anfallenden, epipelagischen Sedimenten in unterschiedlichen Verhältnissen vermischen. Große Ströme mit langer geologischer Vorgeschichte (z.B. Niger, Ganges, Amazonas usw.) können aber an ihren Mündungen Deltas vor sich herschieben, die bis zur Kante des Kontinentalsockels reichen. Von dort können in unregelmäßigen Zeitabständen in Form von sog. Trübeströmen („turbidity currents") Geschiebemassen in die Tiefe gleiten und sich schließlich nach Korngrößen sortiert („graded bedding") auf dem Grund der Tiefseebecken ablagern.

Unter die pelagischen Sedimente fallen neben den eingangs erwähnten biogenen Komponenten auch feine und feinste mineralische Partikel (Silt, Tone) terrigener und vulkanischer Herkunft, die von Strömungen oder auch von lebenden Organismen verfrachtet, große Strecken zurücklegen können, bis sie irgendwo zur Ruhe kommen. Zusammen mit den biogenen Sedimenten bilden sie den für die Kontinentalabhänge typischen Blauschlick (die Farbe ist auf die Entstehung von Metallsulfiden zurückzuführen) und die für Tiefen unterhalb 4000 m charakteristischen Tiefseetone (Abb. 61).

Von chemischer Sedimentation ist dann die Rede, wenn im Meerwasser gelöste Komponenten unter besonderen physikalischen Umständen ausgefällt werden und als sog. chemische Sedimente erhalten bleiben. Derartige Vorgänge spielen sich u.a. dann ab, wenn flache isolierte Becken in Küstennähe der Verdunstung anheimfallen. Als Folge der damit verbundenen Erhöhung der Elektrolyten-Konzentrationen (Kap. 4.1.3.), teils auch unter Mitwirkung von Pflanzen (Blaualgen, *Cyanophyceae*) werden einzelne Komponenten, sog. Evaporite ausgefällt. Dazu gehören Karbonate, Sulfate, Kalisalze und Steinsalz. Gips ($CaSO_4 \cdot 2H_2O$) und Anhydrit ($CaSO_4$) beginnen auszufallen, wenn das Meerwasser auf $^1/_3$ bis $^2/_3$ seines ursprünglichen Volumens eingedampft ist, während Steinsalz ($NaCl$) erst entsteht, wenn die Volumenreduktion etwa $^1/_{10}$ erreicht hat.

Zu den Produkten chemischer Sedimentation sind vermutlich auch die auf dem Meeresboden von ca. 1000 m abwärts, z.T. in großen Mengen (bis 10 kg/m^2), anzutreffenden Eisen- und Manganknollen zu zählen. Es handelt sich dabei um nuß- bis faustgroße, laminär um einen Fremdkörper (Haizähne, Skelettstücke) gewachsene heterogene Körper, die unterschiedliche Anteile von Pyrolusit (Mangan-dioxid, MnO_2), Geothit (Eisenoxid, $Fe OOH$), Kieselsäure ($Si O_2$), Wasser sowie Spuren von Aluminiumoxid, Karbonaten, Kupfer, Nickel u. a. enthalten.

Am Aufbau der sich über dem Meeresboden in langsamer Folge aufschichtenden Sedimente beteiligen sich somit eine ganze Reihe von Prozessen und Materialien verschiedenster Herkunft. Das Ausmaß des jeweiligen Beitrages ist mitentscheidend für die qualitative und quantitative Zusammensetzung und die Struktur der Ablagerungen. Geologen und Paläontologen bemühen sich aus diesen Dokumenten die Geschichte der Ozeane und seiner Bewohner sowie die Folge klimatischer und ökologischer Veränderungen zu rekonstruieren.

Für die Ökologie des gesamten Benthos stellt das Sedimentationsgeschehen ein gewichtiger Faktor dar, denn es entscheidet u.a. über die Zusammensetzung und Qualität des Substrates, mit dem sich die darauf oder darin lebenden Organismen auseinanderzusetzen haben (Kap. 3.4.). Es stellt für diese dann eine Bedrohung dar, wenn die Ablagerungen ein solches Ausmaß annehmen, daß die sessilen Formen Gefahr laufen, verschüttet zu werden. Es leistet aber auch seinen wesentlichen Beitrag an der Aufrechterhaltung des Flusses organischen Materials vom Pelagial ins Benthal.

Fossilisation (Abb. 34). Wegen der oben erwähnten zersetzenden Kräfte wird nur ein kleiner Teil der aus dem Pelagial sedimentierenden oder auf dem Meeresboden verendenden Organismen fossilisiert, d.h. in einem mehr oder weniger unveränderten Zustand in den Sedimenten eingebettet, so daß sie im Rahmen der Verfestigung derselben in Form von Fossilien erhalten bleiben. Voraussetzung für die Fossilisation ist eine möglichst rasche Einbettung, die einer Zerstörung durch Aasfresser, Verwesungsprozesse und chemischen Einwirkungen zuvorkommt.

Organische Komponenten und die sie aufbauenden Stoffe haben aber ihrer Anfälligkeit gegenüber aerober und anaerober Lysis durch Bakterien wegen eine geringe Chance, in unveränderter Form erhalten zu bleiben. Allerdings gibt es auch hier Ausnahmen: Widerstandsfähigere Komponenten, wie z. B. *Chitin*, Porphyrine und z. T. sogar Aminosäuren können als nichtkörperliche Chemofossilien erhalten bleiben und als solche bedeutende Aussagen über das biochemische Evolutionsgeschehen machen.

Die Körperfossilien, vorab Hartteile (Exo- und Endoskelette, Zähne etc.), aber gelegentlich auch Weichteile, können in verschiedenen Zuständen überliefert sein: Unter die „echten“ Versteinerungen fallen nur Hartteile, die weitgehend in ihrer ursprünglichen Zusammensetzung und Struktur erhalten bleiben, wobei es allerdings im Rahmen der Diagenese zu Umkristallisationen (Aragonit-Kalzit) kommen kann. Derartige Vorgänge können zu den sog. Pseudomorphosen überleiten, in deren Rahmen die Stoffe, aus denen Hartteile ursprünglich aufgebaut waren, größtenteils durch andere anorganische Substanzen verdrängt und ersetzt werden (Metasomatose). So können z.B. Kalkskelette von Stachelhäutern unter Wahrung

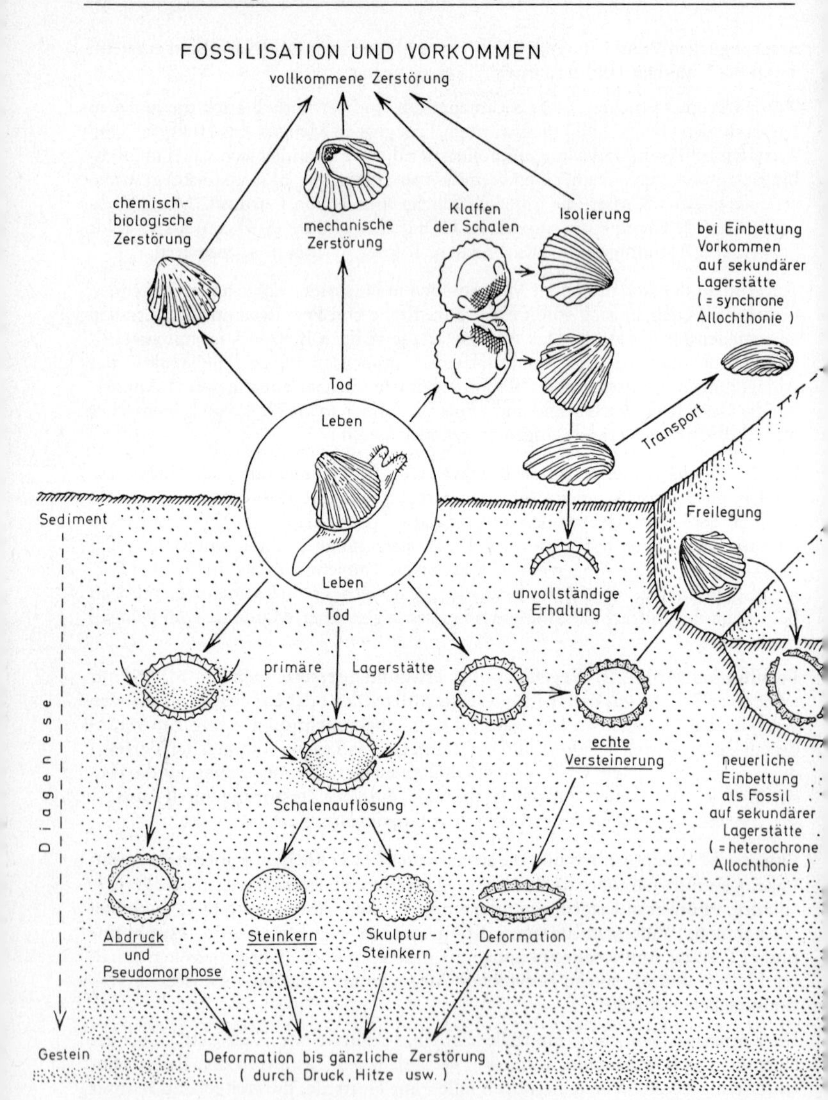

Abb. 34 Verschiedene Möglichkeiten der Zerstörung bzw. der Fossilisation von Muschelschalen, dargestellt am Beispiel der Herzmuschel *Cardium* sp. (aus *Thenius* 1976).

ihrer Gestalt und Form, infolge einer Substitution des Kalkes durch Kieselsäure verkieselt werden. Hohlräume, wie sie z. B. zwischen den beiden Schalenklappen verendeter Muscheln entstehen können (Abb. 34), werden oft von Sedimenten oder auskristallisierenden, mineralischen Lösungen ausgefüllt, so daß sog. Steinkerne entstehen, die auch dann, wenn die eigentlichen Hartteile der Zersetzung anheimgefallen sind, Aussagen über deren Dimensionen und Strukturen machen können. In ähnlicher Weise können als „Negative" Abdrücke von Hart- und Weichteilen entstehen. Wird ein auf oder im Meeresboden lebendes Tier an seinem ursprünglichen Standort in den Sedimenten eingebettet und in einer der soeben erwähnten Formen fossilisiert, so spricht der Paläontologe von einem autochthonen Vorkommen, von einer primären Lagerstätte. Werden die Überreste jedoch von ihrer definitiven Einbettung durch Strömungen, Wellenwirkung oder anderswie nach einer sekundären Lagerstätte verfrachtet, so handelt es sich um eine sog. synchrone Allochthonie. Es kann jedoch vorkommen, daß Organismen, die an ihrer primären oder sekundären Lagerstätte bereits der Fossilisation anheimgefallen sind, freigelegt und an einen anderen Ort transportiert werden, wo sie dann schließlich eingebettet werden. Das sich auf diese definitive Lagerstätte beziehende Vorkommen wird als heterochrone Allochthonie gewertet, weil die dorthin führenden Ereignisse zeitlich nicht zusammenfallen.

Die diagenetisch verfestigten marinen Sedimente, wie sie den Grund der heutigen Meere überschichten und als Sedimentgesteine etwa 75% der Oberfläche der Kontinente bedecken, beanspruchen schätzungsweise 5% der gesamten Lithosphäre. Die Erosion ist dafür besorgt, daß die in diesen Sedimentschichten vorübergehend blockierten Komponenten früher oder später wieder in die Kreisläufe zurückgeführt werden.

3.2.5. Planktonologische Methoden

Fang und Transport: Die Planktonorganismen jeder Größenklasse reagieren mechanischen Belastungen jeder Art, raschen Temperatursprüngen sowie Sauerstoffmangel gegenüber sehr empfindlich. Aus dem reichen Angebot an mehr oder weniger bewährten Methoden und Fanggeräten werden von Fall zu Fall jene zu wählen sein, die den Anforderungen der beabsichtigten Untersuchungen am ehesten entsprechen. Lebendbeobachtungen im Laboratorium erfordern ein besonders schonungsvolles Vorgehen beim Sammeln der Proben. Eine Bestandsaufnahme der Arten und Entwicklungsstadien (Kap. 5.3.2.) sollte zunächst, wenn irgendwie möglich, am lebenden Material vorgenommen werden, weil tote oder fixierte Plankter oft bis zur Unkenntlichkeit verunstaltet sind, was besonders für den Nicht-Spezialisten die Bestimmungsarbeit erschwert. Bei den anspruchsvollen, z. T. recht problematischen, quantitativen Erhebungen ist vor allem ein möglichst hoher Grad an Genauigkeit und Zuverlässigkeit des Vorgehens bzw. der Fangmethoden anzustreben. Mit Rücksicht auf eine Vergleichbarkeit der Resultate empfiehlt es sich dabei, national oder international vereinbarte Normen zu beachten (vgl. Unesco Press: Zooplankton Sampling, 1974).

Schöpfen von Oberflächenplankton: Eine einfache Methode, die besonders dann angebracht ist, wenn es darum geht, Vertreter des Megaplanktons (Medusen, Staatsquallen, Rippenquallen, Salpen u. a.) in möglichst unbeschädigtem Zustand zu sammeln, ist das Schöpfen der Tiere mit Hilfe eines 2–3 Liter fassenden Glas- oder Plastikbehälters mit weiter Öffnung von einem Boot aus. Dieses wird am besten in eine Oberflächenströmung gesteuert, an deren Rändern sich das Plankton ansammelt. Mit dem Gefäß lassen sich die unter der Oberfläche dahintreibenden Organismen aus dem Wasser schöpfen, ohne daß diese mit der Luft oder mit einem Netz in Kontakt geraten, wodurch ihre Überlebenschancen wesentlich erhöht werden. Mit etwas Übung lassen sich größere Tiere so auch aus einer Tiefe von 1–1,5 m heraufholen, indem man mit dem Fanggefäß einen die Tiere nach oben ziehenden Wirbel erzeugt. Diese Art von „Planktonjagd" hat selbstverständlich nur bei ruhiger See und klarem Wasser Aussicht auf Erfolg.

Planktonnetze: Das klassische Prinzip des nicht selektiven Planktonfangs beruht auf der Filtration des Wassers mit Hilfe von konisch auslaufenden, feinmaschigen Gazenetzen, in deren Endbehälter sich das filtrierte Material anreichert (Abb. 35). Die kreisförmige Netzöffnung (Durchmesser 50–100 cm) wird von einem Metallring gestützt, der mit 3 Halteseilen (Hahnepot) am Zugtau befestigt ist. Bei diesen kann es sich um eine von einer Winde ablaufende Stahltrosse (0,4–0,5 mm) oder um Hanf- bzw. Nylonseil handeln. Aus Gründen der Festigkeit und der hydrodynamischen Eignung des Netzes (Abb. 35 c) wird dessen filtrierender Teil, die Gaze, nicht direkt am Netzring, sondern an einer dazwischengeschalteten Segeltuchmanschette befestigt. Die Gaze verläuft konisch auf einen Endbehälter zu, der entweder dank verschiedenartiger Befestigungsmechanismen abgenommen oder über einen Hahn entleert werden kann.

Die Wirksamkeit eines Planktonnetzes hängt davon ab, wie treu sein Inhalt nach einem erfolgten Zug (Hol) die qualitative und quantitative Zusammensetzung der in der filtrierten Wassersäule vorhandenen Organismen wiedergibt. Sie wird durch mehrere physikalische und biologische Parameter beeinflußt: Das für den filtrierenden Teil des Netzes verwendete Gewebe (Gaze) kann aus Seide, Nylon oder Polyester-Fasern gewoben sein. Das Gitterwerk des Gewebes muß so beschaffen sein, daß die Lichtweite seiner mehr oder weniger quadratischen Poren (Durchlaßöffnungen) sich bei mechanischer Belastung nicht wesentlich verändert. Trotzdem muß ein gewisser Grad an Elastizität gewährleistet sein, die wesentlich zur Selbstreinigung verstopfter Maschen beiträgt. Die Lichtweite derselben bestimmt, welche Objekte abfiltriert, d. h. im Netz zurückbehalten werden. Da die Organismen unter den im Netz herrschenden Drücken verformt werden können, bedarf es in der Regel einer Maschenweite, die kleiner ist als der Normaldurchmesser der Organismen, die man anzureichern wünscht (weitere Details siehe Heron 1974). Die Feinstruktur der Gewebe kann entweder durch mikroskopisches Messen der Maschenlichtweiten oder durch Bestimmen der Maschenzahl je Flächeneinheit ermittelt werden, wobei das erste Vorgehen in Anbetracht der unterschiedlichen Fadendicke größere Genauigkeit verspricht. Für Planktonnetze werden je nach den Dimensionen des gewünschten Planktons Maschenlichtweiten zwischen 0,05 bis 0,35 mm verwendet (0,324 mm für Makro- und Megaplankton; 0,092 mm für Mikroplankton und 0,063 mm für Mikro- und Nanoplankton, vor allem Phytoplankton). Alle für die Herstellung der Gazen verwendeten Materialien haben Vor- und Nachteile: Die Gewebe aus Seide sind teuer und hinfällig, dafür sind sie geschmeidiger als die Kunststoffgazen, die billiger, robuster sind, aber eine nicht von allen Praktikern geschätzte Steifheit besitzen. In jedem Fall müssen die Netze unmittelbar nach Gebrauch im Süßwasser gründlich gewaschen, d. h. von dem in den Maschen hängengebliebenen Geschwebsel befreit und zum Trocknen an einem staubfreien Ort aufgehängt werden.

Der Filtrationsprozeß wird u. a. dann beeinträchtigt, wenn im Netz ein Rückstau

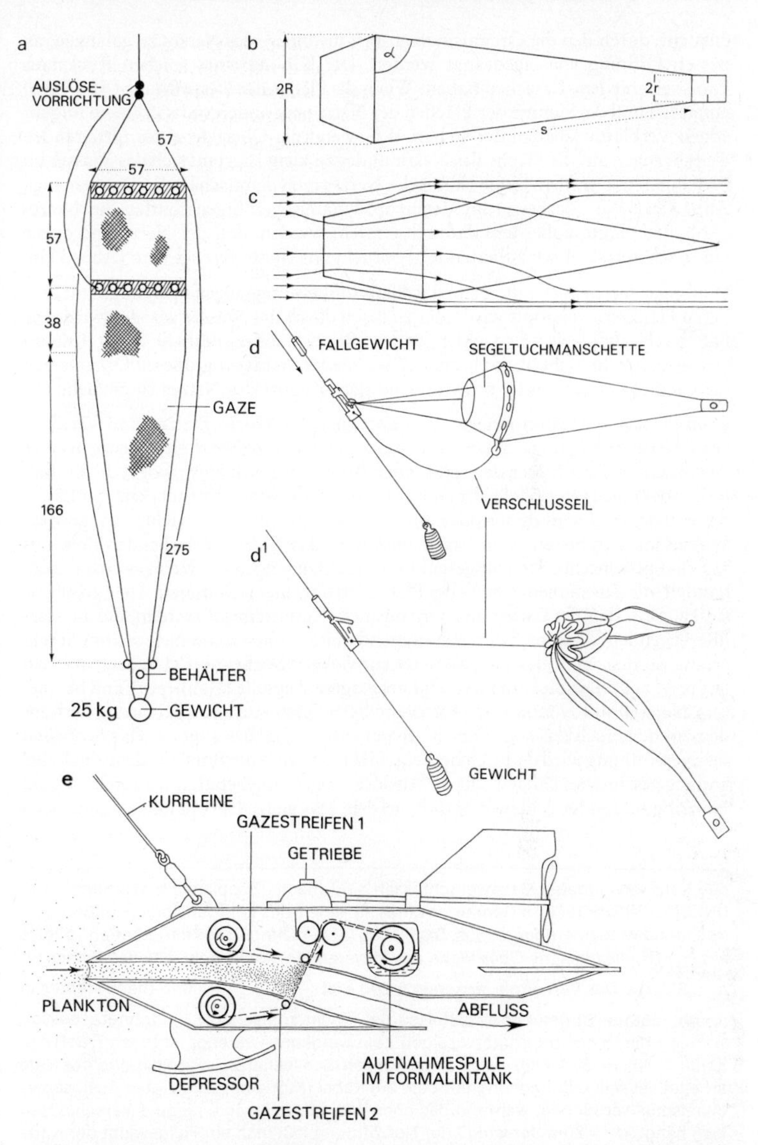

Abb. 35 Planktonnetze: **a** Schließnetz „International WP-2" (leicht modifiziert) für Vertikalzüge im Tiefenbereich von 0–200 m, geeignet für Mesozooplankton (Filtrationsverhältnis 6:1, Maschenweite 200 μm). Der Auffangbehälter hat ein Fassungsvermögen von 150–200 ccm und ist mit seitlichen Fenstern versehen, die mit der für

entsteht, durch den die Organismen anstatt ins Innere des Netzes zu gelangen, an dessen Öffnung vorbeigedrängt werden. Die Bildung eines solchen Rückstaus kann verschiedene Ursachen haben: Wenn die Fläche der Netzöffnung (Abb. 35 b) einerseits und die Summe der Flächen der Netzporen andererseits in einem ungünstigen Verhältnis zueinander stehen, d. h. wenn die Oberfläche des filtrierenden Teils bezogen auf die Fläche des Netzmundes zu klein ist, staut sich das Wasser im Netzinneren. Der filtrierende Konus des Netzes muß demnach lang genug sein (vgl. Abb. 35 a). Eine Verbesserung der hydrodynamischen Eigenschaften des Netzes (Abb. 35 c) kann außerdem dadurch erreicht werden, daß der Netzmund durch eine nach vorn konisch zulaufende Segeltuchmanschette verengt wird (Abb. 35 b).

Stauungen treten auch auf, wenn das Planktonnetz ungenügend gereinigt, mit größeren Planktern verstopft wird oder zu rasch durch das Wasser gezogen wird. Die Fahrgeschwindigkeit des schleppenden Bootes sollte deshalb 1–2 Knoten (1,8–3,6 km/h) nicht überschreiten. Dies wiederum räumt größeren Organismen die Chance ein, sich aktiv schwimmend dem Zugriff des Netzes zu entziehen.

Beim Einsatz der Planktonnetze wird zwischen dem Horizontalzug und Vertikalzug unterschieden. Beim ersten werden ein oder mehrere Netze gleichzeitig in einer gewünschten Tiefe hinter dem fahrenden Boot nachgeschleppt, wobei die Einhaltung einer konstanten Tiefe, die eine Funktion der Fahrgeschwindigkeit, der Länge der Kurrleine, des an dieser oder am Netz befestigten Senkgewichtes ist, gewisse Schwierigkeiten bietet. Beim Vertikalhol wird das Netz vom stehenden Boot aus auf eine gewünschte Tiefe abgesenkt und vertikal eingeholt. Wenn es sich darum handelt, die Zusammensetzung des Planktons auf einer bestimmten Tiefe zu analysieren, ohne daß die Proben mit Organismen „verunreinigt" werden, die aus darüberliegenden Wasserschichten stammend beim Einholen des Netzes von diesem erfaßt werden, muß das von NANSEN entwickelte Schließnetz eingesetzt werden (Abb. 35 a, d): Die drei am Netzrand befestigten Zugseile (Hahnepot) sind bei diesem Netztyp mit einer an der Kurrleine befestigten Auslösevorrichtung verbunden, an dem auch das sog. Verschluß-Seil (Abb. 35 d) befestigt ist. Das Schließen der Netzöffnung wird dadurch herbeigeführt, daß ein vom Boot aus dem Zugkabel entlang geschicktes Fallgewicht die Auslösevorrichtung betätigt, wodurch die zum Netzring führenden 3 Leinen befreit werden. Das ganze Netz hängt jetzt nur noch

---

das Netz verwendeten Gaze verschlossen sind (nach „Zooplankton sampling", the UNESCO PRESS 1968). **b** Geometrie eines mit einem aus Leinwand bestehenden, den Netzmund verkleinernden Konus. Die Fläche (A) der Öffnung des filtrierenden Teils ist $A = \pi \cdot R^2$, die gesamte Oberfläche des filtrierenden, konischen Teils des Netzes ist $a = (R + r)\,s$. Das Verhältnis zwischen A und a ist $\frac{A}{a} = \frac{\pi R^2}{\pi Rs} = \cos\alpha$ (nach *Tranter* u. *Smith* 1968). **c** Strömungsverhältnisse bei einem konischen Planktonnetz, dessen Öffnung durch einen undurchlässigen Leinwandkonus verengt ist (nach *Tranter* u. *Smith* 1968). **d–d₁** Arbeitsweise eines Nansen-Schließnetzes. **d** = Während das Netz arbeitet, ist sein Öffnungsring mit dem am Kabel (Kurrleine) befestigten Auslösemechanismus verbunden, während das ebenfalls dort befestigte längere Verschlußseil lose hängt. **d_1** = Zum Verschluß der Netzöffnung läßt man ein Fallgewicht der Kurrleine entlang gleiten, das den Verschluß öffnet und dadurch die zum Netzmund führenden Leinen befreit. Das Netz hängt nun nur noch an der Verschlußleine, durch deren Zug das Netz zugezogen wird. **e** Schnitt durch den kontinuierlich arbeitenden Planktonsammler nach *Hardy* 1936 (aus *Tait* 1971).

an der Verschlußleine, deren Zug den Netzhals erdrosselt (Abb. 35 d) und damit den Zutritt weiterer Organismen verhindert.

Bei jeder auf quantitative Erhebungen ausgerichteten Arbeit ist eine möglichst genaue Kenntnis der bei einem Planktonzug filtrierten Wassermengen unerläßlich. Unterlagen zu einer groben Berechnung dieser Wassersäule liefern der bekannte Durchmesser der Netzöffnung und die während des Zuges vom Boote zurückgelegte Strecke. Genauere Angaben über diese zweite Dimension kann ein dem Netz vorgespannter Strömungsmesser liefern.

Andere Methoden: Hardy (1936) hat einen torpedoförmigen, kontinuierlichen Planktonsammler entwickelt, in dem das abfiltrierte Plankton zwischen zwei zusammenlaufenden Gazestreifen eingeklemmt und auf einer in einem Fixierbad (Formol) rotierenden Spule aufgerollt wird. Das Gazeband wird im Laboratorium abgewickelt und auf seinen Gehalt in mittlererweile fixierten Organismen hin untersucht. Da der Fang bei dieser Methode nicht durchmischt ist, sondern in chronologischer Folge auf dem Streifen erscheint, erlaubt diese Methode u. a. Aussagen über Wolkenbildungen und segregative Phänomene. Das Gerät hat den weiteren Vorteil, daß es mit hohen Geschwindigkeiten auch hinter Kurs-Schiffen nachgeschleppt werden kann.

Unter Umgehung der „In-situ“-Filtration kann eine Anreicherung des Planktons auch an Bord des Schiffes erfolgen, indem Wasser aus einer gewünschten Tiefe durch ein weitlumiges Rohr möglichst schonungsvoll an Bord gepumpt und dort mit einem geeigneten Gewebe gesiebt wird.

Kleine Vertreter des Planktons, z. B. Flagellaten, insbesondere *Coccolithinae* (Abb. 18 c), die auch durch die feinsten Gazemaschen schlüpfen und in Planktonproben nur dann in Erscheinung treten, wenn sie an größeren Organismen hängen bleiben, müssen auf eine andere Art angereichert werden. Größere Wasserproben, die entweder mit einem Schöpfer (Abb. 65 a) gewonnen oder an Bord gepumpt wurden, müssen durch Versetzen mit einem Konservierungsmittel (Formol) zunächst anfixiert werden. Die toten Organismen sedimentieren langsam am Grund des Gefässes und können von dort abgesogen werden.

Behandlung der Planktonproben: Ist die Probe für Lebenduntersuchungen bestimmt, sind die im Auffangbehälter des Netzes zusammengedrängten Organismen möglichst rasch auf mehrere geräumige Gefäße aufzuteilen, vor direkter Sonneneinwirkung zu schützen und kühl zu lagern. Für die Sichtung der mit bloßem Auge identifizierbaren Komponenten des lebenden Planktons wird dieses am besten in einen hinten dunkel abgeschirmten und seitlich beleuchteten Standzylinder gebracht. Einzelne Tiere werden aus diesem Gefäß mit Hilfe eines als Heber dienenden Glasrohrs oder einer Pipette isoliert. Für beide ist Glasrohr mit einem Innendurchmesser von mindestens 0,7 cm zu verwenden, da größere Exemplare Gefahr laufen, an zu engen Rohrmündungen verletzt zu werden. Mit den gleichen Hilfsmitteln werden Proben entnommen, die anschließend in einer flachen Petrischale unter einer Binokularlupe untersucht werden. Die Bestimmungsarbeit ist, wenn irgendwie möglich, am lebenden Material vorzunehmen, da die meisten verendeten oder zuvor fixierten (s. u.) Plankter rasch Formveränderungen (Schrumpfung) erfahren und ihre Transparenz verlieren. Dies gilt ganz besonders für die meisten Larven und die wasserhaltigen Formen, während die Kleinkrebse und ihre Larven wesentlich widerstandsfähiger sind und auch im toten oder fixierten Zustand ihre taxonomischen Merkmale erkennen lassen. Für die Fixierung des Planktons eignet sich Formaldehyd (Formalin, Formol). Dieses ist in konzentrierter Form (38–40%) im Handel erhältlich und ist vor Gebrauch mit Meerwasser (inkl. Planktonprobe) im Verhältnis Formol : Wasser = 1 : 9 zu verdünnen. Da Formaldehyd leicht sauer ist und mit der Zeit kalkhaltige Skelett-Teile auflöst, muß es entweder mit Borax oder unter Zugabe von Marmorfragmenten neutralisiert werden. Technisches Formol enthält oft Eisen, das bei der Neutralisation ausfällt und die Proben verschmutzt. Aus diesem Grund empfiehlt es sich, das analytisch reine Produkt zu verwenden und es in Glas- oder Plastikbehältern aufzubewahren.

Aus Platzgründen können hier die bei der anspruchsvollen und fehleranfälligen, quantitativen Analyse von Planktonproben gebräuchlichen Verfahren nicht erörtert werden. Es sei in diesem Zusammenhang auf die von der UNESCO veröffentlichte Broschüre (Zooplankton Sampling, 1974, UNESCO Press) hingewiesen.

3.3. Das Nekton

Das Nekton umfaßt alle größeren Tiere, die sich aktiv schwimmend in den neritischen und ozeanischen Wassermassen bewegen. Diese Kategorie von Tieren reicht, was die Dimensionen anbelangt, von Fischen der Größe z. B. einer Sardelle (Abb. 38 a) bis zu den größten, heute lebenden Tieren, den Walen (Abb. 40 a-d). Eine klare Abgrenzung zwischen dem Plankton (Kap. 3.2.) und dem Nekton ist nicht möglich, da es beiderseits Formen gibt, die sich ebensogut der anderen Kategorie zuordnen ließen. Die Unterscheidungskriterien für das „sich dahintreiben lassen" (Plankton) und das „aktiv schwimmen" (Nekton) sind unpräzis.

3.3.1. Zusammensetzung

Invertebrata

Die wirbellosen Tiere sind im marinen Nekton einzig durch die pelagisch lebenden *Cephalopoda* (Kopffüßler, *Mollusca*) vertreten. Die heute noch lebenden, primitiven *Tetrabranchiata* (*Nautilus*, Abb. 77 a) und die meisten achtarmigen *Octobrachia* leben im ausgewachsenen Zustand benthisch oder epibenthisch. Eine Ausnahme bilden diesbezüglich die beiden auch im Mittelmeer vorkommenden acht-armigen *Argonautidae*, *Argonauta argo* (Abb. 36 b) und *Ocythoë tuberculata*, die sich vom Benthos emanzipiert haben.

Die typischen nektontischen Cephalopoden jedoch gehören zu den zehnarmigen *Decabrachia* (Kalmare, Abb. 36 a). Sie beleben als geschickte Schwimmer und als Räuber das ganze Pelagial, vom Litoral bis hinunter in die größten Tiefen. Unter diesen Tiefseeformen (Abb. 36 c), die gelegentlich nachts bis an die Oberfläche steigen, gibt es selten angetroffene Riesenformen (*Architheutis*), deren Körper zusammen mit den ausgestreckten Armen eine Länge von 18 m und deren leistungsfähige Linsen-

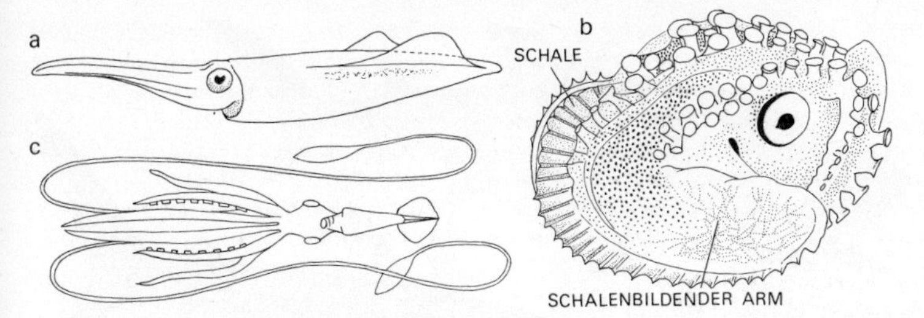

Abb. 36 Pelagisch lebende *Cephalopoda* (*Mollusca*): **a** Gemeiner Kalmar, *Loligo vulgaris* (*Decabrachia*), bis 50 cm. **b** Weibchen des Papierbootes *Argonauta argo* (*Octobrachia*), bis ca. 20 cm. Die helmförmige Kalkschale, in der der Rumpf sitzt, wird von den verbreiterten dorsalen Fangarmen des Weibchens gebildet und festgehalten. Das ♂ baut kein Gehäuse und wird nur 1 cm groß. **c** Tiefsee-Kalmar, *Architeuthis princeps*, Kopf und Rumpf ca. 12 cm.

augen den Durchmesser einer Untertasse erreichen können. Es sind dies die größten heute lebenden wirbellosen Tiere schlechthin. Sie bilden die Hauptnahrung des Pottwals (*Physeter catodon*, Abb. 40b), der ihnen bis in Tiefen von 1000 m tauchend nachstellt.

Vertebrata

Chondrichthyes (Knorpelfische, Haie, Rochen): Die dorso-ventral abgeplatteten Rochen (*Rajiformes*, Abb. 37c) sind ihrem Körperbau entsprechend an das Leben auf oder über Grund angepaßt. Die einzigen nektontischen Vertreter dieser Ordnung sind die im Tropengürtel vorkommenden, lebendgebärenden Riesen- bzw. Teufelsrochen oder Mantas der Gattungen *Manta* (Abb. 37c) und *Mobula*, die sich ähnlich wie einige Riesenhaie (s. u.) ausschließlich von Plankton ernähren.

Von den Haien (*Selachii*) sind die kleinwüchsigen Arten ausgesprochen benthisch, während die großen, gut schwimmenden Vertreter dieser Gruppe (Abb. 37) einen wichtigen Bestandteil des Nektons neritischer und ozeanischer Räume darstellen. Die zwei größten Arten unter ihnen, der Walhai (*Rhinodon typus*, Abb. 37a) sowie der Riesenhai (*Cetorhinus maximus*, Abb. 37b), die beide über 10 m lang werden können und somit die größten kiemenatmenden Wassertiere sind, ernähren sich, wie die erwähnte *Manta*, von Plankton. Alle übrigen Haie sind gewandte Räuber, die dank ihrer scharfen, sägeblattähnlich angeordneten Zähne im Stande sind, große Beutetiere blitzartig in mundgerechte Portionen zu zerlegen. Die großen Haiarten sind ohne Ausnahme lebendgebärend (Kap. 5.3.3.), so daß im Gegensatz zu den Knochenfischen weder ihre Eier noch die Jungtiere im Plankton erscheinen. Die großen Haie, wie übrigens auch die Riesenrochen oder Meerschildkröten (Abb. 39a), sind oft in Begleitung

Abb. 37 Nektontische Haie und Rochen (*Chondrichthyes*, **a–e**) und 2 mit diesen oft vergesellschaftete Knochenfische (*Osteichthyes*, **f–g**): **a** Walhai, *Rhinodon typus*, bis zu 20 m mit Pilotfischen (vgl. g); **b** Riesenhai, *Cetorhinus maximus*, bis 13 m, 4000 kg mit Schiffshalter (vgl. f); **c** Manta, Teufelsrochen, *Manta birostris*, bis 6 m Spannweite, 1000 kg; **d** Fuchshai, *Alopias vulpes* bis 6 m, 500 kg; **e** Hammerhai, *Sphyrna zygaena*, bis 7 m; **f** Schiffshalter, *Echeneis naucrates*, bis 40 cm, mit der auf dem Kopf ausgebildeten Saugplatte befestigt sich dieser Knochenfisch an Haien, Rochen, Walen, Schildkröten etc. (vgl. b); **g** Der Pilotfisch, *Naucrates ductor*, bis 35 cm, begleitet (vgl. a) große Haie und Rochen (Zeichnungen nach Photos und eigenen Skizzen).

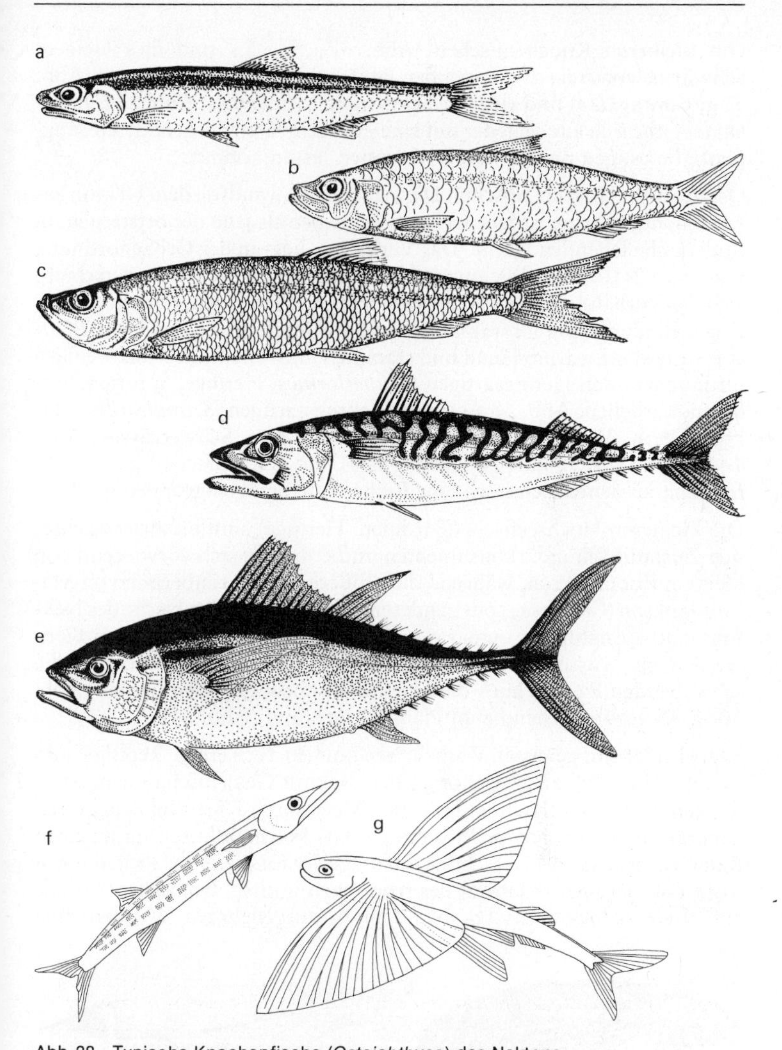

Abb. 38 Typische Knochenfische (*Osteichthyes*) des Nektons.
a–c Heringsartige (*Clupeidae*): **a** = Sardelle, *Engraulis encrasicholus* bis 16 cm; **b** = Sardine, *Clupea pilchardus*, bis 25 cm; **c** = Hering, *Clupea harengus*, bis 40 cm.
d–e Makrelenartige (*Scombridae*): **d** = Makrele, *Scomber scombrus*, bis 50 cm; **e** = Thunfisch, *Thunnus thynnus*, bis 250 cm und 300 kg.
f Pfeilhechte (*Sphyraenidae*): Barracuda, *Sphyraena barracuda*, bis 1,5 m.
g Fliegende Fische (*Exocoetidae*): *Exocoetus rondeleti*, bis 35 cm, mit ausgespreizten Brustflossen über der Wasseroberfläche gleitend (nach eigenen Skizzen und Photos).

von kleineren Knochenfischen (Abb. 37a, b). Es sind dies kleinere Schwärme von frei schwimmenden Pilotfischen (*Naucrates ductor*, Abb. 37g; *Carangidae*) und einzelne Schiffshalter (*Echeneis*, Abb. 37f, *Echeneidae*), die sich am Begleiter mit einer auf dem Kopf ausgebildeten Saugplatte befestigen und so herumschleppen lassen können.

Osteichthyes (Knochenfische): Die Zahl der einwandfrei dem Nekton zuzuordnenden Arten ist hier wesentlich kleiner als jene der ortstreuen, in Bodennähe lebenden Fische. Das Verhältnis liegt in der Größenordnung von etwa 1:10. Vom Blickpunkt der Biomasse her beurteilt, verschiebt sich das Verhältnis jedoch zugunsten der typischen Hochseefische mit geringer Bindung zum Litoral. Diese sind im Gegensatz zu den *Chondrichthyes* meist schwarmbildend und stammen im wesentlichen aus wenigen Ordnungen: den Heringsartigen (*Clupeiformes*, Heringe, Sprotten, Sardinen, Sardellen, Abb. 38a-c), den Makrelenartigen (*Scombroidei*, Makrelen Abb. 38d; Thunfische, Bonitos, Abb. 38e; Schwertfische, Abb. 14b), den Stachelmakrelen (*Carangidae*) und den Dorschartigen (*Gadiformes*), zu denen sich noch eine Reihe anderer Artengruppen gesellen.

Die kleineren Hochseefische (Sardinen, Heringe) sind im ausgewachsenen Zustand Sekundärkonsumenten und ernähren sich vorwiegend von kleinem Zooplankton, während die größeren Arten räuberisch von Makroplankton (*Crustacea*) oder anderen Fischen leben. Die Fische des Nektons sind ausnahmslos ovipar. Große Mengen von relativ kleinen Eiern werden ins Wasser entlassen und daselbst besamt, wobei sowohl die schwebenden Eier als auch die sich daraus entwickelnden Larven (Abb. 106g–k) vorübergehend zum Plankton gehören (Abb. 14).

Sauropsida: Mit gewissen Vorbehalten können auch einige Reptilien und Vögel (Abb. 39) als Angehörige der Nekton-Gemeinschaft eingestuft werden. Unter den ersten sind es die im Meer durch 5 Arten und mehreren Unterarten (Wermuth u. Mertens 1961) kosmopolitisch im marinen Raum vertretenen Meeresschildkröten (*Chelonioidea*, Abb. 39a), die sich wohl vorwiegend im Litoral des tropischen und subtropischen Gürtels aufhalten, jedoch nicht selten auf ihren ausgedehnten Wanderungen

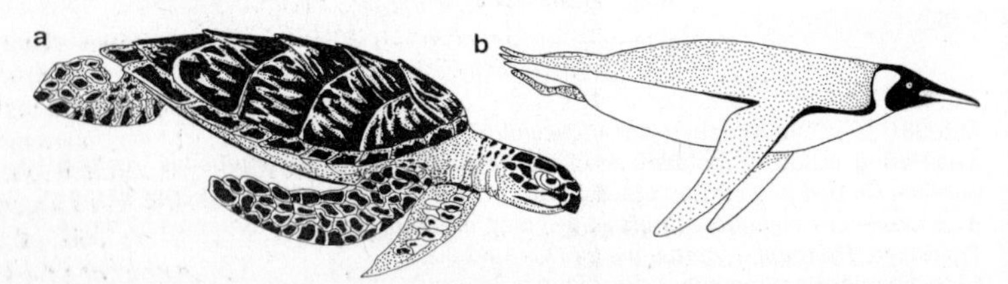

Abb. 39 Reptilien und Vögel (*Sauropsida*): **a** Echte Karettschildkröte, *Eretmochelys imbricata* (*Chelonioidea*) bis 80 cm und 120 kg. **b** Schwimmender Kaiserpinguin, *Aptenodytes forsteri* (*Sphenisci*) bis 115 cm lang und 25–28 kg.

(Abb. 43) auch im ozeanischen Epipelagial anzutreffen sind. Diese bestens an die aquatile Lebensweise angepaßten Reptilien, die das Festland nur zur Ablage ihrer Eier (Kap. 5.3.3.) aufsuchen, ernähren sich als Allesfresser, sowohl von Großalgen des Litorals als auch von wirbellosen Tieren und Fischen.

Sozusagen als „Gäste" des Nektons können die Angehörigen mehrerer Ordnungen der Vögel gelten, die sich als gute Tauchschwimmer ihre Nahrung (Fische und wirbellose Tiere) unter Wasser besorgen und dort als nicht zu vernachlässigendes Element als Sekundärkonsumenten ins Gewicht fallen. In diesem Sinne sind selbstverständlich ebensogut jene Vögel zu erwähnen, die nicht Taucher sind, die aber auch von marinen Produkten zehren, sei es als Watvögel in der entblößten Gezeitenzone oder als Fischer auf offener See, welche sich ihre Beute stoßtauchend (Möven, Pelikane, Abb. 111) oder auf andere Weise unter der Wasseroberfläche holen. Zu den eigentlichen Tauchschwimmern, die sich unter Zuhilfenahme ihrer Flügel als Ruder oder Stabilisatoren und Füssen unter Wasser erfolgreich fortbewegen

Abb. 40 Wale (*Cetacea*) und Robben (*Pinnipedia*) des Nektons:
a Bartenwale (*Mysticeti*): Blauwal, *Balaenoptera musculus*, bis 30 m und 112 Tonnen. **b–d** Zahnwale, Delphine (*Odontoceti*): **b** = Pottwal *Physeter catodon* bis 20 m und 50 t; **c** = Weißwal, *Delphinapterus leucas*, bis 4,5 m und 675 kg; **d** = männlicher Schwert- oder Mörderwal, *Orcinus orcas*, bis 9 m; ♀ bis 6 m, Gewicht großer ♂♂ über 1 t. **e** Robben (*Pinnipedia*): schwimmender kalifornischer Seelöwe, *Zalophus californianus*, große ♂♂ bis 280 kg.

können, gehören die Ordnung der antarktischen Pinguine (*Sphenisci*, Abb. 39b), die Seetaucher (*Gaviae*), Lappentaucher (*Podicipedes*), unter den Ruderfüßern (*Steganopodes*) die Kormorane (*Phalacrocoracidae*, Abb. 111b) sowie die Tauchenten (*Aythyinae*) und Säger (*Merginae*) unter den Gänsevögeln (*Anseres*) und die Alken (*Alcidae*).

Mammalia (Säugetiere): Die Säuger, deren Anpassungen an das aquatische Leben (z.B. Verkümmerung der Beine; Ausbildung einer nicht mit Extremitäten homologisierbaren, waagrechten Schwanzflosse; Ultra-Schall-Orientierung, Kap. 4.6.2.) den höchsten Stand erreicht haben, sind zweifelsohne die Wale und Delphine (*Cetacea*). Die 80 Arten (38 Gattungen), von denen 1 Familie (*Platanistidae*) im Süßwasser heimisch ist, verteilen sich auf die Unterordnung der Bartenwale (*Mysticeti*, Syn. *Mystacoceti*, 10 Arten, Abb. 40a, 116) und die der Zahnwale (*Odontoceti*, 70 Arten, Abb. 40b–d) auf. Die ersten sind die Riesen des Tierreichs, kann doch der größte unter ihnen, der Blauwal, eine Länge von 30 m und ein Gewicht von mehr als 100 Tonnen erreichen. Überraschend ist, daß sie sich als solche von Zooplankton, insbesondere von Krebsen (Krill, *Euphausiacea*, Abb. 27f) und Flügelschnecken (Abb. 29a) ernähren.

Die artenreichere Gruppe der Zahnwale, deren Dimensionen von den kleinen Delphinen (Abb. 14a) bis zu jenen des großen Pottwals (Abb. 40b) reichen, sind in Sippen organisierte Räuber, die sich von kleineren Vertretern des Nektons (hauptsächlich der Knochenfische) ernähren. Diese hinsichtlich der Sinnesleistungen, des Assoziationsvermögens und des Sozialverhaltens auf hoher Stufe stehenden Säuger bedienen sich für ihre Orientierung und Ortung der Beute der Ultraschall-Peilung (Kap. 4.6.2.) (Angaben über die Fortpflanzung der Wale sind dem Kap. 5.3.3. zu entnehmen).

Die noch relativ engen Bindungen der Robbenartigen (*Pinnipedia*, Abb. 40e) zum Festland äußern sich u.a. darin, daß Paarung und Geburt dort oder auf dem Treibeis stattfinden (Kap. 5.3.3.) und daß sich die meisten Arten an Land mit Hilfe der beiden noch vollständig erhaltenen Extremitätenpaare verhältnismäßig gut fortzubewegen verstehen. Die Angehörigen der *Otariidae* (Seelöwen, Abb. 40e; Seebären, Robben) und *Phocidae* (Seehunde, See-Elefanten) erjagen schwimmend ihre vorwiegend aus Fischen bestehende Nahrung. Das zirkumpolar im nördlichen Eismeer verbreitete Walroß *Odobenus rosmarus* ist kein typischer Vertreter des Nektons, da es sich vor allem über Grund aufhält, wo es sich von Bodenfischen, Krebsen und Muscheln ernährt. Die überwiegende Mehrzahl der *Pinnipedia* hält sich an die kalten Meere der nördlichen und südlichen Hemisphäre. Zu den Ausnahmen, die in wärmere Gewässer vorgedrungen sind, gehören u.a. der Kalifornische Seelöwe (*Zalophus californianus*, Abb. 40c), der Galapagos-Seelöwe (*Z. wollebaeki*) und die heute im Mittelmeer und Schwarzen Meer vor der Ausrottung bedrohte Mönchsrobbe (*Monachus monachus*).

Der Vollständigkeit halber seien hier die an den tropischen Küsten mit 4 Arten vertretenen, herbivoren Seekühe (*Sirenia*) erwähnt, die sich weitgehend an die aquatile Lebensweise angepaßt haben, die aber dem Litoral treu bleibend, im Nekton nicht in Erscheinung treten. Das gleiche gilt für den einzigen marinen Carnivoren, den zu den Marderartigen (*Mustelidae*) gehörenden Seeotter (*Enhydra lutris*), der sich an den Westküsten des nordamerikanischen Kontinents von Muscheln und Stachelhäutern ernährt.

3.3.2. Ernährung

Das sich aus relativ großwüchsigen Komponenten zusammensetzende Nekton greift auf den verschiedensten Niveaus in die Futterketten (Kap. 6.4.) ein, wobei es keine Gesetzmäßigkeiten der Beziehungen zwischen der Höhe dieser Stufen einerseits und der Körpergröße der Konsumenten andererseits gibt. Primärkonsumenten, die sich von Phytoplankton ernähren, kommen im Nekton jedoch nicht vor. Als Ausnahme können einige wenige Knochenfische gelten, die im Litoral benthische Algen abweiden. Die Anreicherung und Nutzung des Phytoplanktons ist jedoch den Strudlern des Zooplanktons (Abb. 29) überlassen, welche ihrerseits das Nahrungssubstrat kleiner (z.B. Heringe) und größter (Bartenwale) Vertreter des Nektons darstellen. Auf der Stufe der Sekundärkonsumenten gibt es grundsätzlich die folgenden zwei Typen des Nahrungserwerbs: Die kleinwüchsigen Formen machen, von ihren Sinnesorganen geleitet, aktiv Jagd auf einzelne Planktonorganismen, während die großen Sekundärkonsumenten (Riesenhaie, Abb. 37 a,b, Riesenrochen, Abb. 37 c und Bartenwale, Abb. 40 a) ihre Nahrung durch Filtration des Wassers gewinnen.

Je größer die nektontischen Tiere werden, um so größer wird bei Planktonernährung der mit dieser Art des Nahrungserwerbs verbundene Energieaufwand im Vergleich zur Ausbeute. Die meisten Fische, deren Körpergröße 30 cm überschreitet, halten sich deshalb als Räuber an größere, dem Nekton selber angehörende Beute, also z.B. an kleinere Fische. Allerdings gäbe es genügend Plankter z.B. *Thaliacea, Scyphozoa* etc. welche von ihrer Dimension her beurteilt, den Ansprüchen größerer nektontischer Formen genügen würden. Je größer aber die Angehörigen des Megaplanktons werden, umso größer ist ihr relativer Wassergehalt bzw. umso geringer ihr Nährstoffgehalt. Unter den Knochenfischen haben sich nur einige wenige, sog. Medusophagen (z.B. der Mondfisch, *Mola mola*) auf die Verwertung dieses wasserhaltigen Megaplanktons spezialisiert.

In der Regel ernähren sich größere Nektonten von kleineren, wobei das damit verbundene Jagdverhalten eine besondere Gewandtheit und Schnelligkeit erfordert. Die großen Räuber unter den Knorpelfischen (Abb. 37 e) und Knochenfischen (Thunfisch, Abb. 38 e, Barracuda, Abb. 38 f) sind dank ihrer kräftig entwickelten Schwimm-Muskulatur und ih-

Tabelle 7 Fortbewegungs-Geschwindigkeiten einiger Vertreter des Nektons. Gelegentlich registrierte Maximalwerte, die höher liegen als die normalen Wanderungsgeschwindigkeiten.

Arten	km/h	Quelle
Knochenfische: Thunfisch, *Thunnus thynnus,* Abb. 38e	60	Gray 1957
Reptilien: Lederschildkröte, *Dermochelys coriacea*	36	Carr 1952
Wale: Gem. Delphin, *Delphinus delphis,* Abb. 14a.	33–41	Gray 1957
Pottwal, *Physeter catodon,* Abb. 40b.	18–22	Kellog 1961
Blauwal, *Balaenoptera musculus,* Abb. 40a.	37	Gray 1957
Finnwal, *Balaenoptera physalus,* Abb. 116	64	Slijper 1961
Vergleichswerte: Großtanker (120 000 t)	27–29	
Mensch (Weltrekord 100 m Crawl)	7,2	

rer hydrodynamischen, fast perfekten Gestalt sehr schnell (Tab. 7). Dies trifft auch für die jagenden Zahnwale zu. Dieser inflatorischen Entwicklung, in der sich das Körpervolumen des Jägers und dessen damit verbundene Nahrungsbedürfnisse einerseits und der zur Deckung dieser Bedürfnisse notwendige Energieaufwand andererseits gegenüberstehen, scheint aufgrund einer rein empirischen Feststellung, ein obere Grenze gesetzt zu sein. Ist es nicht auffällig, daß die größten Repräsentanten des marinen Nektons, die Bartenwale (*Mysticeti*), die Riesenhaie und die großen Rochen (*Manta*) zur Planktonernährung zurückgekehrt sind und daß sich diese Evolution konvergent d.h. unabhängig voneinander in drei verschiedenen Artengruppen abgespielt hat! Diese Feststellung legt die Vermutung nahe, daß die Trägheit der Körpermasse dieser tonnenschweren Tiere trotz deren hydrodynamischen Gestalt Geschwindigkeiten nicht mehr zuläßt, die für eine erfolgreiche, aktive Jagd auf kleinere beweglichere Beute bzw. für die Wahrung einer energetisch tragbaren Bilanz zwischen Aufwand und Ertrag erforderlich wären. Auf dem Festland wären vergleichbare Riesen aus diesen Gründen zweifelsohne Pflanzenfresser. Da im marinen Raum jedoch kein entsprechend großes Angebot an Großpflanzen zur Verfügung steht und eine Verwertung des an sich reichlich vorhandenen Phytoplanktons aus ernährungstechnischen Gründen nicht in Frage kommt, halten sich diese „zu groß" gewordenen Tiere an das Zooplankton. Sie gewinnen dieses unter Zuhilfenahme anatomisch unterschiedlicher, aber nach ähnlichen Prinzipien arbeitender Filtervorrichtungen.

Die Bartenwale benützen hiefür ihre am Oberkiefer aufgehängten, dichtstehenden Barteln, in denen sich, wenn der Wal mit geöffnetem Mund schwimmt, die Futterorganismen verfangen. Durch einen im einzelnen nicht bekannten Bewegungsablauf wird das abgefangene Material aus den Barteln herausgesogen und verschluckt. Es wird vermutet, daß ein großer Blauwal (*Balaenoptera musculus*) auf diese Weise täglich mehr als eine Tonne Krill (*Euphausia superba*) und andere Plankter zu sich nimmt. Bei den Plankton fressenden Haien und Rochen bilden die verästelten Kiemenbögen eine wirksame Fangreuse, an der die mit dem Atemwasser in die Mundhöhle gelangenden Futterorganismen abgefangen werden.

Die Hauptnahrungsquelle der nektontischen Räuber bilden die Knochenfische. Der antarktische Seeleopard (*Hydrurga leptonyx, Pinnipedia*) hat sich auf die Jagd nach Pinguinen und anderen Wasservögeln spezialisiert, der Mörderwal (*Orcinus orcas*, Abb. 40 d) überfällt neben Fischen andere Wale und Robben, während der Pottwal (*Physeter catodon*) fast ausschließlich große Cephalopoden frißt, denen er tauchend bis in Tiefen von 1000 m nachstellt.

3.3.3. Zur Dynamik des Nektons

Eines der Merkmale des Nektons ist seine große Beweglichkeit, die einerseits auf dem hydrodynamischen Körperbau (Abb. 37, 38, 40), andererseits auf der Ausbildung einer kräftigen, das materielle Substrat der ganzen Motorik darstellenden Muskulatur seiner Angehörigen beruht. Die Selektion hat bei diesen, den verschiedensten Artengruppen zugehörenden Großtieren in überzeugend konvergenter Weise gewirkt und jenen Gestalten den Vorzug gegeben, die den Formwiderstand und die Entstehung behindernder Wirbelbildungen auf ein Minimum reduzieren. Unter den sich ausnahmslos auf Muskelkontraktionen stützenden Antriebsprinzipien werden verschiedene Möglichkeiten ausgeschöpft: Bei den pelagischen *Cephalopoda* (Kalmare) wird der starre, torpedoförmige Körper bei normaler Fortbewegung durch seitlich inserierte, undulierende Flossensäume vorangetrieben (Abb. 36a). Eine durch Flucht oder den Überfall auf eine Beute motivierte Beschleunigung wird mit Hilfe des Rückstoßprinzips erzielt. Dabei wird das im Mantelraum eingeschlossene Wasser stoßweise durch die verengte Öffnung eines vorgelagerten Trichters (Sipho) ausgepreßt. Die meisten Rochen (*Rajiformes*, Abb. 37 c), deren kurzer Körper sich für Schlängelbewegungen nicht eignet, treiben sich mit kräftigen Schlägen ihrer überdimensionierten, flügelartigen Brustflossen vorwärts. Haie, Knochenfische sowie die meisten marinen Säuger gewinnen die Antriebskraft durch sinusförmige Schlängelbewegungen ihrer muskulösen, geschmeidigen Körper. Die Flossen greifen dabei als Stabilisatoren, Steuerruder und/oder nach dem Hebelprinzip arbeitende Paddel in den Bewegungsablauf ein. Dies betrifft vor allem die meist gut entwickelte Schwanzflosse, die bei den Haien und Knochenfischen senkrecht, bei den *Cetacea* (Abb. 40) waagrecht am Körperende inseriert ist. Während die Schwanzflosse der Wale und der Seekühe (*Sirenia*) eine für Säugetiere einzigartige Neuerwerbung darstellt, die sich vergleichend-anatomisch nicht von den der Rückbildung anheimgefallenen Hinterbeinen ableiten läßt, übernehmen bei den Robben (*Pinnipedia*, Abb. 40 c) gerade diese die Funktionen der Schwanzflosse. Das vordere Extremitätenpaar, das bei Haien und Knochenfischen den paarigen Brustflossen entspricht und auch bei den Säugern im Sinne dieser Funktion modifiziert ist, erfüllt bei den raschen Schwimmern vor allem eine Stabilisator- und Steuerfunktion, oder, im Fall der fliegenden Fische (Abb. 38 g), jene von Tragflächen. Als wirkungsvolle Antriebsruder werden die Arme vor allem von den Meerschildkröten und den Robben eingesetzt.

Hochseefische und Wale springen oft einzeln oder im Verband über die Wasseroberfläche. Meister in dieser Akrobatik sind die kleineren Zahnwale (*Odontoceti*), und bei den Knochenfischen die sog. fliegenden Fische (*Exocoetidae*, Abb. 38 g). Letztere können knapp über der Wasseroberfläche gleitend, Strecken von bis zu 200 m „fliegend" zurücklegen (Flugzeit bis 20 Sekunden). Mit einer starken Beschleunigung der Schwimmbewegungen nimmt der Fisch mit angelegten Flossen dabei unter Wasser Anlauf und durchstößt in einem flachen Winkel die Wasseroberfläche. Die überdimensionierten, seitlich ausgespreizten Brustflossen, die bei der Gattung *Cypselurus* noch durch große paarige Bauchflossen Unterstützung erhalten, wirken beim Flug wohl als Tragflächen, nicht aber als bewegliche, dem Antrieb dienende Flügel. Dieser wird von der Schwanzflosse geliefert, die mit Unterbrüchen wie ein Heckpropeller im Wasser arbeitet. Dieses „aus dem Wasser springen" hat vermutlich von Fall zu Fall eine andere Motivation: Die gelegentlich beobachteten, spektakulären Sprünge der großen Wale werden teils mit der Bekämpfung der Ektoparasiten, die durch den Aufschlag des massiven Körpers auf die Wasseroberfläche zerstört werden, teils mit dem Paarungsverhalten in Zusammenhang gebracht. Das Springen der kleineren Zahnwale (Delphine) hat spielerische Elemente und könnte soziale Gründe haben. Zweifellos steht dieses Verhalten auch im Dienst der Feindvermeidung, indem sich verfolgte Tiere durch ein vorübergehendes Verlassen des Wassers dem Zugriff von Räubern zu entziehen versuchen.

Die von Vertretern des Nektons erzielten Maximal- und Reisegeschwindigkeiten sind schwer zu ermitteln, und die meisten in Tabelle 7 wiedergegebenen Zahlen stützen sich auf mehr oder weniger zuverlässige Gelegenheitsbeobachtungen. Beweglichkeit und Schnelligkeit werden, da sie von einer voluminösen, proteinhaltigen Muskulatur abhängig sind, mit einer beträchtlichen Erhöhung des spezifischen Gewichts erkauft. Die zur Kompensation der daraus resultierenden Sinktendenzen erforderliche Motorik würde eine zusätzliche energetische Belastung darstellen, wirkten nicht verschiedene anatomisch-physiologische Vorkehrungen, wie Schwimmblasen (Knochenfische), Fetteinlagerungen (Haie, Wale) und andere Maßnahmen diesem Nachteil entgegen (vgl. Kap. 4.3.2.).

Viele Tiere des Nektons leben und bewegen sich in Schwärmen, Rudeln und Herden. Die dichten Schwärme von Hochseefischen können Millionen von Individuen umfassen und sich über mehrere Quadratkilometer ausdehnen. Sie setzen sich meist aus ein- und derselben Art, ja aus einer einzigen Alters- und Größenklasse zusammen. Diese Segregation nach Körpergrößen scheint eine Folge der unterschiedlichen Leistungsfähigkeiten bezüglich der erzielten Geschwindigkeiten zu sein. Die Form der Schwärme ist mehr oder weniger arttypisch und die Individualdistanzen innerhalb der Schwärme sind stets groß genug, daß es zu keinen Berührungskontakten zwischen benachbarten Tieren kommt.

Es liegen genügend Anhaltspunkte dafür vor, daß Schwarmbildung bei Knochenfischen einer angeborenen Verhaltensweise entspricht, daß sich aber innerhalb eines Schwarmes keine soziale Rangordnung ausbildet, in deren Rahmen ein oder mehrere „Führer" das Verhalten oder die Richtungsänderungen des Schwarmes bestimmen würden. Die spekulativen Versuche, die ökologischen Vorteile dieses Schwarmverhaltens zu deuten, haben, außer der Feststellung, daß es sich um eine konvergente Erscheinung handelt, noch zu keinen überzeugenden, geschweige experimentell belegten Schlüssen geführt. Die einen unterstreichen die mit diesem Verhalten zweifellos verbundene Erhöhung der Besamungsrate bei Fischen, deren Gameten meist ohne irgend ein Vorspiel frei ins Wasser entlassen werden. Andere setzen die primäre Bedeutung in Beziehung zur Feindvermeidung. In diesem Zusammenhang wird vom Theoretiker, der sich in die Situation des angreifenden Räubers versetzt, auf die verwirrende Wirkung hingewiesen, die von einer Vielzahl von Opfern ausgeht. Überraschend ist, daß die Knorpelfische fast ausnahmslos Einzelgänger sind und sich nur gelegentlich zu kleineren Rudeln zusammenfinden. Die Herdenbildung bei Walen und Robben hat zweifellos soziale Hintergründe.

Wanderungen

Den großräumigen Ortsveränderungen von Fischen wurde von Fage und Fontaine (1958) folgende Begriffe zugrunde gelegt: Arten, deren Wanderungen sich entweder auf das Meer (Thalassobionten) oder auf das Süßwasser (Potamobionten) beschränken, werden als Holobionten bezeichnet. Amphibionten sind solche, die im Zusammenhang mit dem Fortpflanzungsgeschehen zum Laichen entweder vom Meer in die Flüsse (anadrome bzw. potamotoke Formen) aufsteigen oder von dort ins Meer (katadrome bzw. thalassotoke Arten) abwandern. Stehen die Ortsveränderungen im Dienste der Fortpflanzung, handelt es sich um gamodrome, sind sie anderweitig, z. B. mit dem Aufsuchen günstiger Weidegründe motiviert, um agamodrome Wanderungen.

Großräumige Untersuchungen über das migratorische Verhalten von Haien und Rochen (*Chondrichthyes*) liegen unseres Wissens keine vor. Im Fall planktonfressender Riesenformen (Abb. 37 a–c) ist anzunehmen, daß sie durch räumliche und zeitliche Schwankungen des Nahrungsangebots zu mehr oder weniger ausgedehnten Ortsveränderungen gezwungen werden. Bei den allgemein wärmere Gewässer bevorzugenden Jägern dieser Gruppe werden sporadische Verschiebungen von Populationen gemeldet, die aber einer jahreszeitlichen Gesetzmäßigkeit zu entbehren scheinen.

Über die z.T. ausgedehnten Wanderungen thalassobionter Knochenfische (*Osteichthyes*), insbesondere der wirtschaftlich bedeutenden Arten (Tab. 26) liegen ausführliche Karten und Zeitpläne vor, die das Resultat von Markierungsversuchen und Untersuchungen über die Altersstrukturen der herumziehenden Schwärme sind.

Ein Beispiel sei hier stellvertretend für andere kurz erläutert: Der im ganzen Nordatlantik inkl. Nord- und Ostsee beheimatete Hering (*Clupea harengus*, Abb. 38c) umfaßt mehrere geographische und ökologische Rassen, von denen jede ihr eigenes Laichgebiet und ihre eigenen Wanderungsgewohnheiten hat. Der norwegische Schelf-Hering z.B. versammelt sich im Winter in riesigen Schwärmen vor der nor-

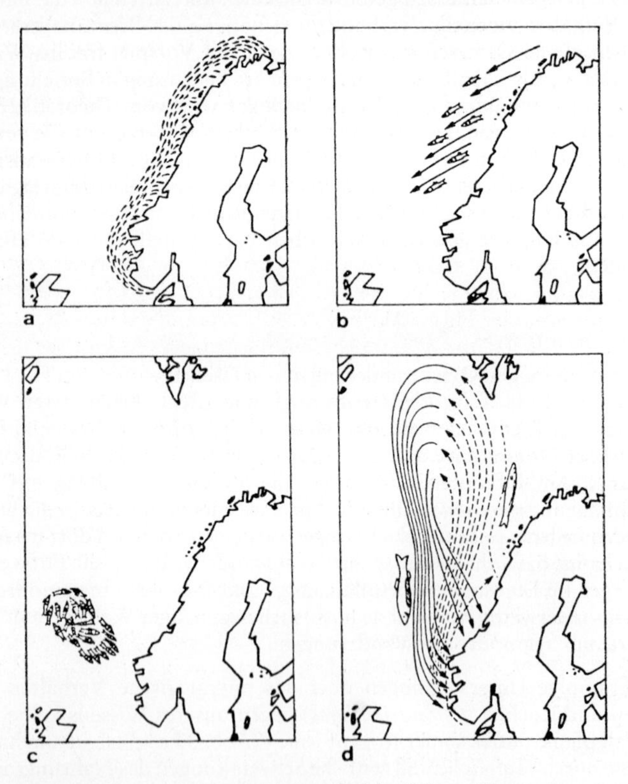

Abb. 41 Wanderungen des norwegischen Schelf-Herings (*Clupea harengus*, vgl. Abb. 38): **a** Ausbreitung der jungen Fische entlang der Küste; **b** die 3–4jährigen Heringe verlassen die Küstengewässer und suchen das offene Meer auf; **c** geschlechtsreife Tiere versammeln sich im Februar bis April an den Laichplätzen; **d** Wanderroute der adulten Fische von den Laichplätzen zurück zu den Futtergründen (nach *Fage* u. *Fontaine* 1958 aus *Ziswiler* 1976).

wegischen Küste (Abb. 41c), wo er von Februar bis April in einer Tiefe von 40–70 m bei ca. 5 °C in Bodennähe ablaicht. Nach zweiwöchiger Embryonalentwicklung steigen die geschlüpften Larven an die Oberfläche, wo sie sich nach Resorption des Dotters von Plankton ernähren und nach einem Jahr eine Körperlänge von annähernd 4 cm erreichen. Erst wenn sie nach 2–3 Jahren zu ca. 30 cm langen Jungfischen herangewachsen sind, entfernen sie sich von der norwegischen Küste (Abb. 41b) und nehmen an den Wanderungen teil, die sie auf der Suche nach Futter in Richtung Spitzbergen, Nordisland und die Färöer-Inseln führen (Abb. 41d), von wo sie im Spätherbst zu den küstennahen Laichgründen zurückkehren. Da der Hering ein Alter von 20–25 Jahren erreichen kann, nimmt er während seiner Lebzeit mehrmals an dieser Rundreise teil (Abb. 41d).

Die Zahl der rezenten, amphidromen Fische ist relativ klein, wobei die anadromen (potamotoken), also jene die zum Laichen aus dem Meer in die Flüsse aufsteigen (*Cyclostomata*: Fluß- und Meerneunaugen; *Salmonidae*: Lachse und Meerforellen; *Clupeidae*: Maifische) dominieren. Die fünf der Gattung *Oncorhynchus* unterstellten Lachsarten (*Salmonidae*) treiben sich während der marinen Phase ihres Daseins schwarmweise, nach anderen Fischen jagend, im nördlichen Pazifik und im Beringmeer herum. Auf diesen Beutezügen können diese gewandten Schwimmer, wie aus den Ergebnissen von Markierungsversuchen zu schließen ist, jährlich bis zu 4000 km zurücklegen. Nach einem je nach Art 2–4 Jahre dauernden Aufenthalt im Meer versammeln sich die geschlechtsreif gewordenen Individuen zu einer für jede Art charakteristischen Jahreszeit vor den Mündungen der Flüsse Alaskas, Kanadas und der USA. Die letzte, oft mehrere Hundert km messende Etappe der Wanderung führt sie in die Oberläufe dieser Flüsse, wo sie nach dem Laichen vollkommen erschöpft zugrunde gehen und den Speisezettel von Bären und anderen Raubtieren bereichern. Je nach Art steigen die geschlüpften Junglachse entweder sofort ins Meer ab oder treten diese Rückreise erst 1–2 Jahre nach der Geburt als 12–15 cm lange Fische an. Sie werden 2–4 Jahre später als ausgewachsene Tiere wieder in den Fluß zurückkehren, in dem sie zur Welt gekommen waren. Sie identifizieren diesen aufgrund des offenbar typischen Geruchs seines Wassers, denn die experimentelle Ausschaltung des Geruchsinns führt bei diesen Arten zu Fehlorientierungen. Nach wie vor ungelöst ist das Problem, wie sich diese Fische auf ihren ausgedehnten Wanderungen im Meer orientieren, d.h. mit Hilfe welcher Sinneseindrücke sie den Weg aus großer Entfernung zur Mündung „ihres" Fluß-Systems zurückfinden.

Der atlantische Lachs (*Salmo salar*), dessen marines Verbreitungsgebiet sich quer über den nördlichen Atlantik ausdehnt (Abb. 43), laicht im Gegensatz zu seinen soeben erwähnten, pazifischen Verwandten in seinem Leben mehrmals und begibt sich infolgedessen mehrmals auf die anadrome Wanderung.

Nach wie vor rätselhaft ist die katadrome Laichwanderung des europäischen Aals (*Anguilla anguilla*, Abb. 42). Obwohl es dem Dänen JOHAN-

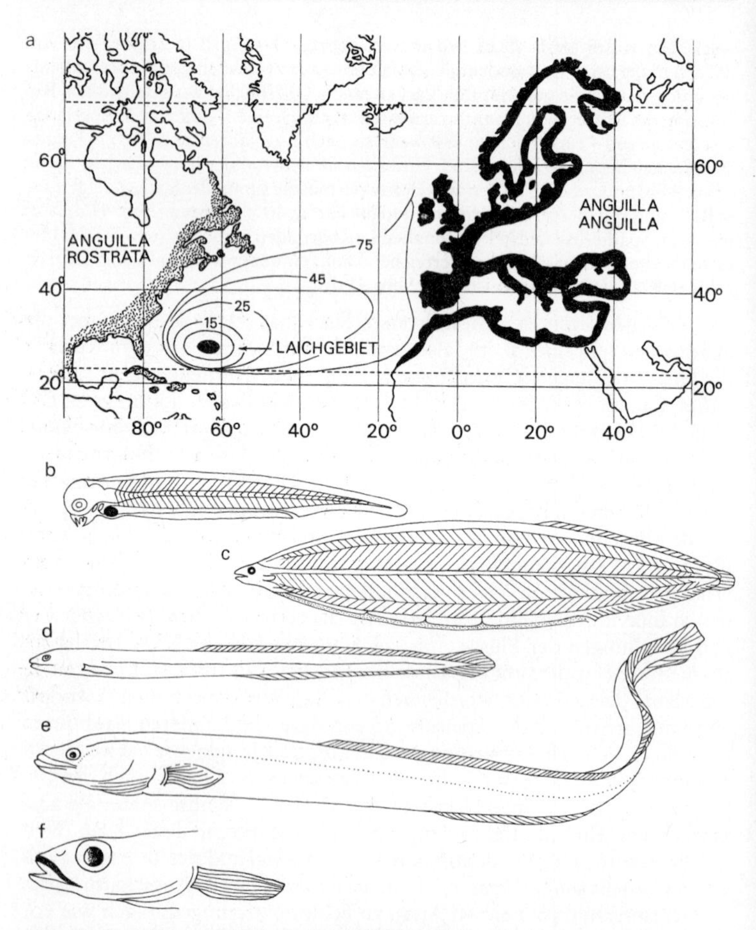

Abb. 42 Fortpflanzungsbiologie des Aals (*Anguilla*):

a Verbreitungsgebiete des europäischen (*Anguilla anguilla*) und des nordamerikanischen Aals (*Anguilla rostrata*). Das Laichgebiet beider Arten im Sargassomeer (vgl. Abb. 19) ist durch einen schwarzen Fleck bezeichnet. Die um diesen herum konzentrisch angeordneten Linien veranschaulichen die Größenverteilung der Larven (in mm) im Atlantischen Ozean (nach *Schmidt* 1924).

b–f Entwicklungsstadien des europäischen Aals: **b** = Protoleptocephalus-Larve, 6 mm; **c** = Leptocephalus-Larve, 75 mm; **d** = metamorphosierter Glasaal, 65 mm: **e** = adulter, nicht geschlechtsreifer Aal (Gelbaal), 35 cm; **f** = Kopf eines abwandernden Silberaals mit stark vergrößerten Augen (a,b,f nach *Bertin* 1942; d–e mod. nach *Muus* u. *Dahlstroem* 1968).

NES SCHMIDT zu Beginn unseres Jahrhunderts in fast 20jähriger Forschungsarbeit gelungen war, den Laichplatz des europäischen Aals im Bereich des Sargassomeeres (Abb. 42a) aufgrund indirekter Indizien zu lokalisieren, wissen wir heute noch nicht, wie die aus unseren Flüssen abwandernden, geschlechtsreifen Fische dorthin gelangen. Zwischen 1904 und 1922 hatte SCHMIDT im Atlantik alle Stadien der sog. Leptocephalus-Larve (Abb. 42b–d) des Aals gesammelt und kam dabei zum Schluß, daß sich der Schlupfort bzw. der Laichplatz im Sargassomeer (Kap. 3.2.2.) befinden muß, und daß die heranwachsenden Larven von Oberflächenströmungen (Golfstrom, Kap. 4.7.2.) verfrachtet nach fast 3 Jahren pelagischen Daseins die europäischen Küsten erreichen. Die Larve des Aals wird heute noch als Leptocephalus bezeichnet, weil sie 1856 von KAUP als *Leptocephalus brevirostris* erstmals in der Meinung beschrieben wurden, es handle sich um eine bisher unbekannte Fischart. Wenn die Larven die europäischen Küsten erreicht haben, wandeln sie sich zu 6,5 cm langen Glasaalen um, die entweder in brackigen Gewässern verweilen oder ins Süßwasser aufsteigen, wo sie als sog. Gelbaale zu geschlechtsreifen Tieren (♂ 6–7 Jahre, 30–50 cm; ♀ 8–10 Jahre, 50–100 cm) heranwachsen. Der Eintritt der Geschlechtsreife ist mit tiefgreifenden Umgestaltungen verbunden: Die Körperfarbe wird dorsal dunkel, auf der Bauchseite glänzend silbrig (Silberaale, Blankaale); die Augen erfahren eine starke Vergrößerung (Abb. 42f), ohne daß dabei die Zahl der Retinazellen entsprechend erhöht wird; der Darmkanal beginnt sich rückzubilden, läßt keine Nahrungsaufnahme bzw. Verdauung mehr zu; die Entwicklung der Gonaden setzt ein. In diesem Zustand wandern die Blankaale im September bis Oktober in die Flußmündungen ab, von wo aus sie die 4–5000 km lange Reise zu den Tiefen (5000–6000 m) des Sargassomeeres antreten. Über diese Etappe der Wanderung gibt es keine Zeugen. Nach SCHMIDT (1924) treten die jüngsten Larven (Abb. 42 a) in den oberflächlichen Sargassogewässern in den Monaten März-April auf, woraus zu schließen ist, daß die bisher nie beobachtete Eiablage höchstens 1 Monat früher stattgefunden haben mußte. Folgerichtig müßten die die europäischen Flüsse im Herbst verlassenden Aale, die z.B. zwischen der Po-Mündung und dem Sargassobecken liegende Distanz von 10000 km in weniger als 6 Monaten zurücklegen, was einer Tagesleistung von 55 km entspräche. In Anbetracht der erwähnten Tatsache, daß diese Wanderaale des rudimentierten Darmes wegen sehr wahrscheinlich keine Nahrung zu sich nehmen können, erscheint diese Leistung als außerhalb des physiologisch Möglichen zu liegen. Aus dem gleichen Grund aber erschiene auch eine 1½jährige Wanderung als unwahrscheinlich. Diese Ungereimtheiten hatten TUCKER (1959) zur Formulierung einer neuen Hypothese veranlaßt. Nach dieser würden die europäischen Aale auf der Wanderung verendend, das Laichgebiet gar nie erreichen. Die an die europäischen Küsten gelangenden Larven wären im Sinne dieser Theorie alle Nachkommen der amerikanischen Aale (*Anguilla rostrata*,

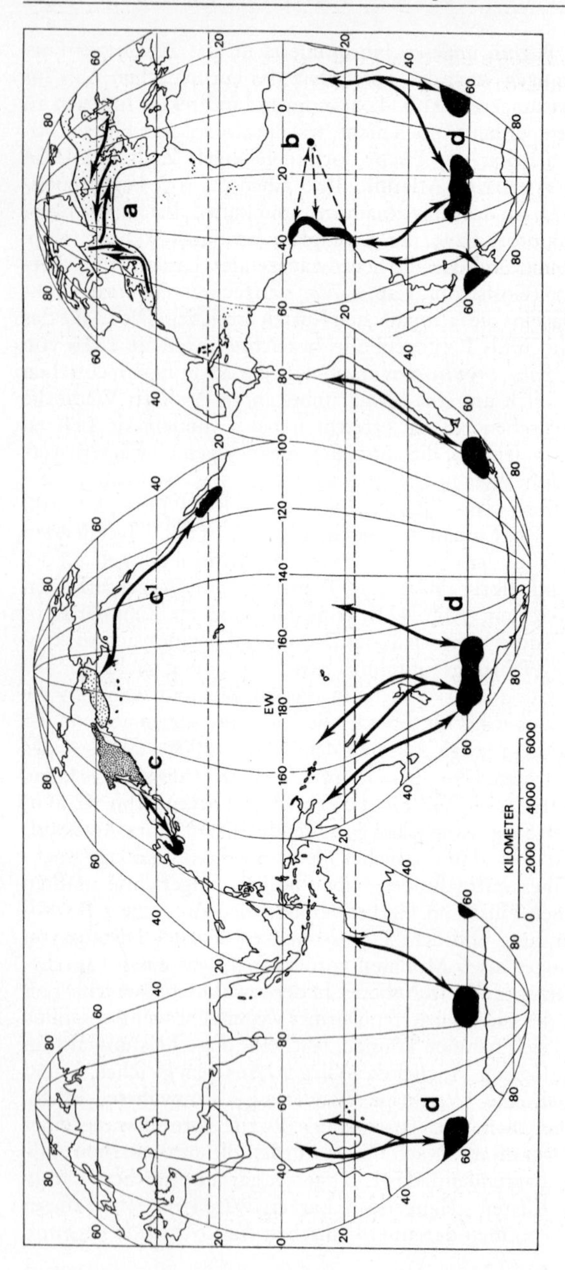
a
b
c
c1
d
d
d
d
EW
180
KILOMETER
0
2000
4000
6000

Abb. 42 a), die demzufolge nur eine Rasse der europäischen wären und einen wesentlich kürzeren Anweg zum Laichgebiet, das ebenfalls im Sargassomeer liegt, haben.

Die taxonomischen Unterscheidungsmerkmale, die den amerikanischen vom europäischen Aal scheiden, stehen auf wackeligen Füssen, stützt sie sich doch auf die statistisch variierende Zahl von Wirbeln, ein Merkmal, das auf modifikatorisch wirkende Einflüsse (Temperatur) relativ empfindlich reagiert. Ein Entscheid in dieser Frage wäre erst dann zu erwarten, wenn es gelänge, die Aale auf ihrer Wanderung und beim Laichgeschäft direkt zu beobachten.

Von den Meeresschildkröten (Abb. 39 a) sind z. T. ausgedehnte gamogene Wanderungen bekannt, in deren Rahmen die legebereiten Tiere mit erstaunlicher Präzision ihre traditionellen, an tropischen Sandküsten liegenden Brutplätze ansteuern. Eine atlantische Population der Suppenschildkröte (*Chelonia mydas*) z.B. wandert, sich von Meerespflanzen ernährend, entlang der brasilianischen Küste auf und ab. Die Brutplätze dieser Population befinden sich aber an den Stränden der 2600 km weit entfernten, mitten im Südatlantik liegenden Insel Ascension, wohin die von den männlichen Tieren begleiteten Weibchen (die Paarung findet in der Zeit der Eiablage statt) alle 2–3 Jahre ziehen (Abb. 43). Junge, auf der Insel markierte Tiere (Carr 1965) sind an der brasilianischen Küste wieder aufgefunden worden. Möglicherweise haben die Jungtiere diesen langen Weg vom südäquatorialen Strom in westlicher Richtung geleitet zurückgelegt. Wie sich die ausgewachsenen Tiere auf dem Weg nach der Insel Ascension orientieren, ist vorläufig noch ein ungelöstes Rätsel tierischer Hochseenavigation.

Die meisten Arten der *Cetacea* sind ausgesprochene Kosmopoliten. Die Zahnwale (*Odontoceti*) halten sich vorzugsweise in tropischen und gemäßigten Meeren auf. Der größte unter ihnen, der Pottwal (*Physeter catodon*, Abb. 40 b), bewegt sich in allen drei Ozeanen innerhalb eines zwischen 40 °N und 40 °S liegenden Gürtels. Diesbezügliche Ausnahmen sind z.B. der Schwertwal (*Orcinus orcas*, Abb. 40 d), der Narwal (*Monodon monoceros*) und der Weißwal (*Delphinapterus leucas*, Abb. 40 c), die sich ständig entweder in den kalten arktischen oder antarktischen Gewässern

◀ Abb. 43 Verbreitungsgebiete und Wanderstraßen einiger Fische, Reptilien und Säuger: **a** Verbreitungsgebiet (punktiert) und Wanderrichtungen des atlantischen Lachses *Salmo salar* (*Osteichthyes*). **b** Wanderungen der an der Westküste Brasiliens lebenden Population der Suppenschildkröte, *Chelonia mydas mydas*, nach den auf der Insel Ascension befindlichen Brutplätzen (nach *Carr* 1965). **c** Aufenthaltsräume und Wanderrouten der Grauwale, *Eschrichtius glaucus (Mysticeti)*. c = koreanische, c^1 = kalifornische Population. Die sommerlichen Weidegründe sind punktiert, die Winterquartiere schwarz markiert (nach *Orr* 1975). **d** Weidegründe (schwarz) und Wanderstraßen (Pfeile) der südlichen Populationen des Buckelwals, *Megaptera novaeangliae* (*Mysticeti*). Für weitere Details siehe Text (nach *Orr* 1975). (Die Distanzskala gilt für den Bereich der nicht-verzerrten Meridiane bzw. die Breitengrade von 40°N bis 40° S.).

herumtreiben. Über die Wanderungsgewohnheiten der Zahnwale liegen nur wenig Informationen vor. Sie stehen vermutlich im Zusammenhang mit entsprechenden Ortsveränderungen ihrer Beutetiere und mit dem Aufsuchen traditioneller Fortpflanzungsstätten, wo die Jungen zur Welt gebracht werden (Kap. 5.3.3.). Über die jahreszeitlich bedingten Migrationen der Bartenwale (*Mysticeti*) liegen dank der Walfangstatistiken verläßlichere Angaben vor, insbesondere für den kosmopolitischen Buckelwal (*Megaptera novaengliae*, Abb. 116) und den pazifischen Grauwal (*Eschrichtius glaucus*). Der erste scheint sowohl in der nördlichen als auch in der südlichen Hemisphäre (Abb. 43) in mehrere Populationen aufgespalten zu sein. Im antarktischen Sommer halten sich die südlichen Populationen im dortigen Eismeer südlich des 50° Breitengrades auf, wo sie sich an dem zu dieser Jahreszeit reichlich vorhandenen Krill satt fressen. Bei Eintreten des antarktischen Winters weichen sie dem entstehenden Packeisgürtel nach Norden aus und wandern in einem guten Ernährungszustand den kontinentalen Küsten entlang (Abb. 43) bis in den Bereich des Äquatorialgürtels nordwärts, wo sie in wärmeren Gewässern ihre Jungen zur Welt bringen und sich anschließend paaren (Kap. 5.3.3.). Da dort das Planktonangebot wesentlich dürftiger ist als in den antarktischen Weidegründen, müssen sie von den in Form von Walspeck angelegten Reserven zehren. Die Rückreise in den antarktischen Sommer erfolgt entlang der gleichen Wanderstraßen. Die nördlichen Populationen verhalten sich ähnlich, mit dem Unterschied, daß die Phasen dieser Wanderungen gegenüber jenen in der südlichen Hemisphäre lebenden Artgenossen um 6 Monate verschoben sind. Wenn sich die antarktischen Buckelwale im Äquatorialgürtel aufhalten, befindet sich die arktische Population bereits in ihren nördlichen Weidegründen, sodaß eine Durchmischung der nördlichen und südlichen Populationen vermutlich nicht zustande kommt, bzw. beide in relativer Isolation leben. Sehr wahrscheinlich spielen sich die Populationsbewegungen anderer kosmopolitischer Bartenwale, wie z.B. jene des Blauwals (*Balaenoptera musculus*) nach ähnlichen Gesetzmäßigkeiten ab, allerdings mit dem Unterschied, daß ihre Wanderstraßen sich nicht an die Küsten anlehnen, was eine Überwachung erschwert. Gut bekannt sind die Wanderungsgewohnheiten der kalifornischen und koreanischen Populationen des Grauwals (*Eschrichtius glaucus*), die sich im nördlichen Winter an den in Abb. 43 eingezeichneten Küsten fortpflanzen, um dann im Frühjahr (Mai) den Küsten entlang nordwärts in die im Bereich des Beringmeers (östliche Population) und des Ochotskischen Meeres (westliche Population) gelegenen Weidegründe zu wandern. Die kalifornische Population legt dabei auf einem Weg an die 5000 km zurück.

Da die Ultraschallortung (Kap. 4.6.2.) nur für die Nahorientierung in Frage kommt und die Bartenwale ohnehin über kein entsprechendes Navigationsmittel verfügen, muß die Frage, von welchen Sinnesorganen sich die Wale auf ihren ausgedehnten Wanderungen leiten lassen, vorläufig dahingestellt bleiben.

3.4. Das Benthos

Unter dem Sammelbegriff „Benthos“ (griech. *βένθος*) fallen alle Lebewesen, die sich unmittelbar über, auf oder im Meeresgrund aufhalten. Analog zum Plankton und Nekton gibt es auch hier neben den sog. holobenthischen Formen, deren Entwicklungszyklen sich vollumfänglich innerhalb dieser einen Gemeinschaft vollziehen, merobenthische Arten und Artengruppen, die mindestens mit einer Phase ihres Zyklus vorübergehend auch im Plankton in Erscheinung treten (Abb. 14). Gemessen an der Zahl der Arten, die sich so verhalten, darf man diesen Fall füglich als die Regel bezeichnen. Die pelagischen Entwicklungsstadien (Eier, Embryonalstadien, Larven, vgl. Kap. 5.3.2.) und/oder die mobilen Erscheinungsformen von Generationswechseln (Abb. 14) benthischer Organismen erfüllen vom ökologischen und populationsdynamischen Standpunkt aus beurteilt deshalb eine wichtige Funktion, weil sie dank Eigenbewegung und/oder passiver Verfrachtung (Kap. 4.7.3.) zur Ausbreitung der Art beitragen und damit u. a. die Durchmischung bestehender Populationen (Panmixie) bzw. des Erbgutes (Genfluß) begünstigen und eine wichtige Voraussetzung im Hinblick auf die Erschließung neuer Verbreitungsräume darstellen. Diesem dynamischen Aspekt fällt hier deshalb eine besondere Bedeutung zu, weil die Lebensweise der Komponenten benthischer Floren und Faunen im allgemeinen weit mehr standortgebunden ist als jene holopelagischer Organismen (Kap. 3.2.; 3.3.). Dies gilt in erster Linie für die zahlreichen sessilen Pflanzen und Tiere die, weil auf oder im Grund fest verankert, ihren einmal gewählten Standort nicht mehr verändern können. Selbst das Verhalten der sog. halbsessilen, über einen beschränkten Aktionsradius verfügenden Tiere, wie auch das mobiler Formen, die sich kriechend oder schwimmend fortbewegen können, zeugt meist für eine ausgeprägte Ortstreue, sodaß die pelagische Entwicklungsphase auch in diesen Fällen ihre populationshygienische Aufgabe wahrzunehmen hat.

Es gibt unter den marinen Organismen kaum eine systematische Gruppe, die nicht im Benthos vertreten wäre. Selbst unter den typischen Planktern, wie z. B. den *Ctenophora* (Rippenquallen, Abb. 24), den *Siphonophora* (Staatsquallen, Abb. 23d) oder *Chaetognatha* (Pfeilwürmer, Abb. 26e) gibt es vereinzelte, sich unkonventionell verhaltende Arten, die sich unter Entwicklung entsprechender Anpassungen dem Benthos angeschlossen haben. Andererseits haben gewisse Artengruppen ihren nach der Zahl der Arten beurteilten Schwerpunkt im Benthos. Es trifft dies bei den Pflanzen vor allem für die Großalgen (Grünalgen, *Chlorophyceae*; Braunalgen, *Phaeophyceae*; Rotalgen, *Rhodophyceae*) zu, von denen nur einige wenige Arten, z. B. die *Sargassum*-Algen (Kap. 3.2.2.), im Pelagial in Erscheinung treten. Typische benthische Gruppen unter den wirbellosen Tieren sind die Schwämme (*Porifera*, Abb. 48), die *Kamptozoa* (Abb. 49c), die wurmförmigen *Sipunculida, Echiurida, Priapulida, Pogonophora* (Abb. 13) und die *Tentaculata* (Abb. 50), von denen keine Arten bekannt sind, die im adulten Zustand dem Pelagial angehören würden.

Im Interesse einer ordnenden Gliederung des Benthos können neben den rein biosystematischen Gesichtspunkten (Tab. 5, 6) eine ganze Reihe anderer Klassifikationskriterien herangezogen werden. Für die Einteilung der Organismen nach deren Dimensionen mögen die folgenden drei Größenkategorien genügen:

Makrobenthos	>	2 mm
Meiobenthos		2,0–0,2 mm
Mikrobenthos	<	0,2 mm

Das letztere umfaßt alle für das nackte Auge unsichtbaren Mikroorganismen (Bakterien, einzellige Algen, usw.), die in großer Zahl auf und in den Substraten leben und als Futterquelle größerer Strudler (Abb. 55, 56) und Substratfresser sowie als Vollstrecker von Abbau- und Remineralisationsprozessen (Kap. 2.2.0.) eine ökologisch eminent wichtige Rolle spielen. Im Meiobenthos sind die kleinen und kleinsten Mehrzeller und Jugendstadien größerer Formen vertreten, während das Makrobenthos alle größeren, vom unbewaffneten Auge mühelos entdeckbaren pflanzlichen und tierischen Organismen der Meeresböden einschließt.

Je nachdem, ob es sich um pflanzliche oder tierische Komponenten handelt, spricht man vom *Phytobenthos* (Kap. 3.4.1.) bzw. *Zoobenthos* (Kap. 3.4.2.). Die Verbreitung des ersten ist seiner Lichtbedürfnisse wegen (Kap. 4.5.3.) auf das Litoral, d. h. auf die über den Kontinentalsockeln sich ausdehnenden Böden beschränkt. Das heterotrophe Zoobenthos dagegen besiedelt, von der Wasserlinie bis hinunter in die größten Tiefen, sämtliche benthischen Bereiche. Maßgebend für die vertikale Verbreitung einzelner Arten bzw. Artengemeinschaften ist neben anderen noch zu erörternden Faktoren die Tiefe. In Anlehnung an die in Abb. 10 vorgeschlagene Vertikalgliederung des Benthals kann deshalb von einem litoralen, bathyalen, abyssalen und hadalen Benthos gesprochen werden. Der in Abb. 1 dargestellten hypsographischen Kurve ist zu entnehmen, daß flächenmäßig betrachtet der weitaus größte Teil des marinen Benthos dem abyssalen und hadalen Bathyal zuzuordnen ist. Jede dieser Stufen ist durch die in ihrem Bereich vorherrschenden physikalischen Variablen wie Lichtverhältnisse, Temperatur, Salinität, Dichte, hydrostatische Drucke und hydrodynamische Gegebenheiten (Kap. 4.) mehr oder weniger gut charakterisiert, wobei auch hier die schleifenden Übergänge eine klare Grenzziehung verhindern.

Ein weiterer Faktorenkomplex, der das Benthos in seiner Verbreitung, Zusammensetzung und Abundanz mitgestaltet, betrifft den Meeresboden selber, seine Gestalt, seine physikalische Beschaffenheit. Großräumig betrachtet bildet er, entgegen früherer Vorstellungen, abwechslungsreiche Landschaften mit Gebirgsrücken, Vulkankegeln, kontinentalen Steilhängen, die mit wüstenähnlichem Flachland und tiefen Gräben abwechseln (Kap. 1.2). Die geomorphologischen Verhältnisse sind jenen des Festlandes ähnlich und bieten den Bewohnern eine annähernd gleichwertige Auswahl an verschiedenartigen Biotopen. Dazu kommt eine weitere Gliederungsmöglichkeit, welche den verschiedenen Qualitäten des den benthischen Organismen als Lebensraum dienenden Meeresbodens Rechnung trägt. Es kann diesbezüglich grob zwischen sog. Hartböden (Kap. 3.4.3.) und Weichböden (Kap. 3.4.5.) unterschieden werden. SEIBOLD (1974) schlägt eine etwas differenziertere Gliederung in Felsböden, Hartböden, Weichböden und Mischböden vor.

Die **Felsböden** werden durch anstehende, harte und zusammenhängende Gesteine gebildet, die von der Verschüttung durch Sedimente verschont geblieben sind. An sich sind alle Meeresbecken von harten Basalt-, Eruptiv- und Sedimentgesteinen ausgekleidet, aber nur an relativ wenigen Stellen stehen diese nackt, d. h. nicht von Sedimentsschichten (Kap. 3.2.4.) bedeckt, an. Es trifft dies für die Zinnen der mittelozeanischen Rücken zu, wo durch aufquellendes Magma neue Basaltmassen erhärten (Abb. 5), auf denen sich die ersten Sedimente wie der erste Schnee niedergelassen haben. Nackte Felsen gibt es auch an steilen Abhängen, wo die Sedimente keinen Halt finden und dort, wo permanente Strömungen oder, wie im Litoral, Wellen und Gezeitenbewegungen die Ablagerung von Sedimenten stören und verhindern. Felsböden sind stabile, verläßliche Substrate, die sessilen und halbsessilen Pflanzen und Tieren eine feste Verankerungsmöglichkeit und sichere Schlupfwinkel bieten. Ihre Härte gestattet aber nur wenigen Spezialisten der Infauna (Abb. 46a–d) das Eindringen ins schützende Innere des Bodens. Der Fels ist im euphotischen Bereich das bevorzugte Substrat der großen Grün-, Braun- und Rotalgen (Abb. 12, 44, 95), deren Anwesenheit eine individuen- und artenreiche Fauna nach sich zieht.

Die **Hartböden** setzen sich aus an sich beweglichen Einzelkomponenten zusammen, deren Dimensionen von der Größenordnung stattlicher Geröllbrocken über jene von Kies bis zu solchen feiner und feinster Sandkörner reichen können. Obwohl sie als Ganzes eine harte Unterlage bilden, ist ihre Stabilität der Beweglichkeit der Einzelteile wegen relativ und kann örtlich und zeitlich durch hydrodynamische Phänomene oder andere Ursachen beeinträchtigt werden. Diese möglichen Bewegungen stellen ein Gefahrenmoment für die auf oder in diesen Böden lebenden Organismen dar. Die Vorteile der Hartböden liegen u. a. darin, daß diese die Entfaltung einer Endofauna zulassen. Je nach den Dimensionen der sich zu diesen Hartböden verdichtenden, mineralischen Komponenten fallen die zwischen diesen ausgelassenen Interstitialräume größer oder kleiner aus, bzw. diese enthalten mehr oder weniger Wasser. Damit verändert sich im entsprechenden Sinn nicht nur die Zirkulationsmöglichkeiten dieses Porenwassers und die davon abhängige Versorgung des Substratinneren mit lebenswichtigem Sauerstoff (Kap. 4.4.2.), sondern auch die Bewegungsfreiheit der Endofauna. Es gibt diesbezüglich zwei Möglichkeiten: Die Interstitialräume sind bezogen auf die Dimensionen des Organismus groß genug, sodaß sich dieser darin frei bewegen kann, ohne die sich ihm in den Weg stellenden Hindernisse beseitigen zu müssen, oder aber die Räume sind so klein, daß sich das Tier den Weg mit eigener Kraft durch Verdrängung des Substrats bahnen muß.

Ein weiterer biologisch wichtiger Faktor ist der Grad der Stabilität dieser Hartböden, die durch Strömungen oder Wellen in Bewegung versetzt werden können. Als Folge davon können Komponenten der Endofauna entblößt oder über ein tragbares Maß hinaus verschüttet werden. Die Epifauna wird ihrer relativ stabilen Verankerungsmöglichkeiten beraubt, und die kleineren Organismen laufen Gefahr, durch die Bewegungen der Sedimentteile mechanisch beschädigt zu werden. Die Stabilität der Hartböden ist eine Funktion der Trägheit der Teilchen einerseits und der Kraft der herrschenden Wasserbewegungen andererseits. Kies von einer durchschnittlichen Korngröße von 1 cm gerät erst in Bewegung, wenn das Wasser mit einer mittleren Geschwindigkeit von 2 cm/sec über seine Oberfläche streicht. Bei Sand von 1 mm Korngröße genügt bereits eine solche von 0,5 m/sec. Die einleuchtende Beziehung zwischen Korngröße einerseits und Geschwindigkeit der Wasserbewegung andererseits hat aber nur Gültigkeit bis zu Korngrößen von 0,1–0,2 mm. Zum Aufwirbeln noch feinerer Sedimente bedarf es wieder stärkerer Strömungen, weil die Teilchen eine relativ geringe Angriffsfläche bieten und sich zu einem „bindigen“ Sediment verdichten (SEIBOLD 1974).

Die **Weichböden** werden von feinsten Sedimenten gebildet, deren Einzelkomponenten in der Größenordnung von Mikrons (0,001 mm) und weniger liegen. Sie enthalten unterschiedliche Anteile an terrigenen und biogenen Mineralien sowie organischen Komponenten. Die Kleinheit der Teilchen schafft feinste wasserhaltige Poren, deren Dimensionen die Zirkulation des Porenwassers und dessen Austausch mit den über Grund zirkulierenden Wassermassen erschweren. Dies führt zu einer entsprechenden physikalisch begründbaren Behinderung der Sauerstoffversorgung des Sedimentinneren. Dazu kommt, daß die obersten Schichten reich mit metabolisierenden Mikroorganismen besiedelt sind (Kap. 2.2.4), die ihrerseits vom dürftig vorhandenen Sauerstoff zehren.

Weichböden sind nur dort stabil, wo die Sedimentation ihrer feinsten Anteile ungestört von Wasserbewegungen erfolgen kann. Dies ist vor allem in der Tiefsee und in geschützten küstennahen Buchten und Lagunen der Fall.

Selbstverständlich gibt es zwischen den drei erwähnten Bodentypen alle möglichen Übergänge. In derartigen **Mischböden** können Eigenschaften des einen wie des anderen Typs vereinigt sein.

Es stellt sich hier die Frage, wie stabil für einen gegebenen Ort und Raum solche Bodentypen und die mit ihnen assoziierten Artengemeinschaften sind. Zweifelsohne können sich langfristige Veränderungen z. B. in Form eines vermehrten und in seiner Zusammensetzung verschiedenen Sedimentanfalls einstellen, aber es gibt auch Zeugen für relativ kurzfristig erfolgte, dramatische Umwälzungen. So z. B. wurde im Tyrrenischen Meer westlich der Insel Capri eine sich auf einer aus größerer Tiefe bis knapp unter die Oberfläche reichenden Erhebung ausdehnenden, typischen Hartbodengemeinschaft vollständig zerstört. Die Gesamtheit der dort vorhanden gewesenen, sessilen Organismen wurde, wie man aufgrund der aufgefundenen, im Schlamm eingebetteten Skelette annehmen muß, mit feinen, vermutlich von neu orientierten Strömungen herbeigeführten

Sedimenten zugeschüttet. Diese Veränderung muß sich in weniger als 100 Jahren vollzogen haben. Die Beispiele für die Anfälligkeit benthischer Biotope ließen sich besonders im Zusammenhang mit den Auswirkungen der zunehmenden Verschmutzung litoraler Bereiche beliebig erweitern.

Die verschiedenartigen, ökologisch bedeutsamen Faktoren, wie sie soeben kurz skizziert wurden, gestalten den Meeresboden zu einer Lebensstätte, die in jeder Hinsicht reicher gegliedert und abwechslungsreicher ist als das Pelagial. Dies findet seinen Ausdruck u. a. darin, daß das Benthos viel artenreicher (Kap. 3.4.2) ist als das Plankton und Nekton zusammen und daß sich in seinem Bereich ein fast unüberblickbares Mosaik verschiedener Lebensgemeinschaften ausbilden konnte, von denen in diesem Kapitel nur einige wenige charakterisiert werden können.

3.4.1. Das Phytobenthos

Die benthische Flora kann sich nicht wie das Phytoplankton im ganzen euphotischen Raum ausbreiten. Da ihre typischen Vertreter, von wenigen Ausnahmen abgesehen, ähnlich wie viele benthische Tiere, eine an festes Substrat gebundene Lebensweise pflegen, für ihre Assimilationstätigkeit jedoch auf ein ausreichendes Lichtangebot angewiesen sind, muß die Verbreitung des Phytobenthos auf einen verhältnismäßig schmalen, litoralen Gürtel begrenzt bleiben. Dies bedeutet, daß dieser Teil der marinen Flora nicht mehr als 4–5 % der gesamten Bodenfläche der Meere in Anspruch nimmt und verglichen mit dem Phytoplankton einen bescheidenen Beitrag an der marinen Primärproduktion (Kap. 6.3) leistet. Lokal jedoch, d. h. vor allem im Meso- und oberen Infralitoral verlagert sich dieses Verhältnis eindeutig zugunsten der benthischen Vegetation. Diese nimmt mit zunehmender Tiefe progressiv ab und erreicht etwa in 50–60 m ihre untere Grenze, obwohl man in klaren, lichtdurchlässigen Gewässern gelegentlich Algen bis in Tiefen von 200 m antrifft.

Die Bodenflora lebt, ihres Lichtbedürfnisses wegen, epibenthisch. Einzellige Kieselalgen (*Chrysophyceae*, Abb. 17) können jedoch mehrere Millimeter tief ins Innere von Hart- und Weichböden vordringen, und gewisse Blaualgen (*Cyanophyceae*) bohren sich, das Substrat auflösend, in Gesteine oder biogene Hartteile (Korallenkalk, Schalen etc.) ein und tragen in Zusammenarbeit mit Bohrschwämmen (z. B. *Cliona, Porifera*) zu deren Zersetzung bei.

Während die mikroskopischen Kleinalgen, vor allem die benthischen Kieselalgen, praktisch auf allen toten und lebenden Substraten angetroffen werden, bedürfen die fädigen, verästelten oder blattförmigen Thalli (Abb. 12) der Großalgen solider Verankerungsmöglichkeiten. An diesen gebricht es auf den beweglichen Sand- oder Weichböden, die deshalb mit Wüsten vergleichbar sind. Eine diesbezügliche Ausnahme bilden die zu den Blütenpflanzen gehörenden Seegräser (*Posidonia*, Abb. 63, *Zostera*,

Cymodocea), die dank ihrer Rhizome in lockerem Boden Halt finden. Die großen Algen dagegen sitzen auf anstehendem Fels, auf isolierten Gesteinsbrocken, wie auch auf Gehäusen toter oder lebender Tiere. Viele Algen sind fakultative oder obligatorische Epibionten oder Symbionten. Erstere benützen mit mehr oder weniger ausgesprochenen Präferenzen andere Pflanzen oder auch bewegliche Tiere als Verankerungssubstrat. Unter den zweiten verdienen vor allem die einzelligen Zooxanthellen Erwähnung, die als intrazelluläre Symbionten vieler wirbelloser Tiere des euphotischen Benthos (*Porifera, Cnidaria, Mollusca* u. a.) entscheidend in den Stoffwechsel ihrer Wirte eingreifen und in diesem Zusammenhang die Synthese biogenen Kalks riffbildender Organismen (Kap. 3.4.3) in förderndem Sinn beeinflussen.

Mehrere makroskopische Grün- und Rotalgen sind selber in der Lage, Kalk zu synthetisieren. Unter den Grünalgen (*Chlorophyceae*) betrifft dies vor allem die mit mehreren Arten im Infralitoral z. T. in dichten Rasen stehende *Halimeda* (*Chlorosiphonales*, Abb. 12f). Bei den Rotalgen (*Rhodophyceae*) sind es die *Corallinaceae* (Kalk-Rotalgen), die im europäischen Litoral mit den Gattungen *Corallina, Amphiroa, Lithophyllum* (Abb. 121), *Lithothamnion, Pseudolithophyllum, Fosliella* u. a. vertreten sind. Die beiden ersten sind verzweigte, freistehende Pflanzen, während die anderen auf verschiedenartigen Substraten widerstandsfähige, meist lilafarbene Krusten bilden. Auf dem Kalk der abgestorbenen Pflanzen siedeln sich neue an, sodaß ganze Konglomerate biogenen Kalks entstehen können, an deren Aufbau sich auch Hartteile von Tieren beteiligen (vgl. Kap. 3.4.3.).

Die makroskopischen Pflanzen prägen weitgehend das Bild des litoralen Benthos. Sie bilden ganze Rasen oder Wälder, in denen meist eine Art dominiert, die damit zusammen mit anderen Faktoren ein in seinem Charakter und seiner Zusammensetzung typisches Biotop bildet. Diese von einzelnen Großpflanzen geprägten Gemeinschaften können eine sehr unterschiedliche Ausdehnung haben. Zu den größten gehören die von der pazifischen Küste der neuen Welt bekannten Wälder von Braunalgen (*Nereocystis*, Abb. 12b; *Macrocystis*), deren phylloiden Thalli von einem Stielteil getragen mit diesem zusammen eine Länge von 100 m erreichen können. Im Mesolitoral dagegen sind die verschiedenen Algenarten entsprechend ihrer Resistenz gegenüber den auf die im Zusammenhang mit der gezeitenbedingten Entblößung (Kap. 4.7.5.) wirkenden Faktoren z. T. streng etagenweise angeordnet (Abb. 95).

Die ökologische Bedeutung der zum Mikro- und Meiobenthos gehörenden Kleinalgen liegt vor allem auf trophischem Gebiet, indem diese eine wesentliche Komponente der Nahrung von Substratfressern und Strudlern (Abb. 55, 56) unter den wirbellosen Tieren bildet. Im Falle der makroskopischen Pflanzen, Grün-, Braun- und Rotalgen sowie Seegräsern, kommt diesem Aspekt nur sekundäre Bedeutung zu, da die Zahl der Primärkonsumenten, die sich von lebenden Großalgen oder Seegräsern ernähren, überraschend klein ist. Die ökologische Bedeutung der Großalgen ist in anderen Zusammenhängen zu sehen: Ihre z. T. dicht stehenden

Thalli und Blätter bieten der artenreichen Litoralfauna ein reichliches Maß an Schutz und zwar nicht nur vor Nachstellungen potentieller Feinde, sondern in zahlreichen anderen Zusammenhängen. In der Brandungszone und wo starke Strömungen herrschen z. B. dämpfen die Algenrasen die Wirkung der Wasserbewegungen, im Mesolitoral schützen sie bei Ebbe viele der dort lebenden Tiere vor der direkten Einwirkung der Sonnenstrahlen vor der Vertrocknung (Kap. 4.7.5). Sie dienen vielen anderen mikroskopischen und makroskopischen Pflanzen und zahlreichen Tieren als Substrat und tragen damit zu einer beträchtlichen Vergrößerung der von sessilen und halbsessilen Organismen begehrten Substratflächen bei. Es gibt keine terrestrischen Pflanzen oder Pflanzengemeinschaften, die in gleichem Ausmaß von epiphytischen Gästen besiedelt wären wie die Großpflanzen des marinen Litorals. Wie Bestandsaufnahmen zeigen, sind nicht alle Arten gleich dicht und mit der gleichen Zahl von epiphytischen Arten besiedelt. Die meisten Grünalgen (*Chlorophyceae*) und viele Rotalgen (*Rhodophyceae*) beherbergen eine wesentlich geringere Zahl von Epibionten als die Braunalgen (*Phaeophyceae*). Diese Unterschiede mögen auf Faktoren beruhen, die mit der Feinstruktur der Oberfläche der Thalli oder deren Gliederung im Zusammenhang stehen. Die Möglichkeit, daß auch chemische Komponenten mit im Spiele stehen, ist nicht auszuschließen. Von Wahlversuchen her ist bekannt (Kap. 5.3.2), daß metamorphosebereite Larven von Tieren, die sich in diesem kritischen Moment des Zyklus für das den Ansprüchen der Art entsprechende Substrat entscheiden müssen, eine sehr ausgeprägte Bevorzugung der einen oder anderen Algenart zeigen (Tab. 22). Diese Präferenzen führen zu mehr oder weniger stabilen und typischen Artengemeinschaften, in deren Zentrum eine bestimmte Pflanzenart steht. Diese braucht nicht für jeden Angehörigen dieser Biocoenose der primäre Anziehungspunkt zu sein, denn gewisse Sekundärkonsumenten schließen sich deshalb an, weil sie dort z. B. die ihnen als Nahrung dienenden Futterorganismen vorfinden (Kap. 5.3). Die Anziehungskraft des makroskopischen Phytobenthos für das litorale Zoobenthos ist schon daraus ersichtlich, daß dessen Artenreichtum überall dort verarmt, wo die Großpflanzen fehlen.

Zusammensetzung

Die marine Pflanzenwelt und mit ihr die Benthos-Flora setzt sich, mit Ausnahme der wenigen, sekundär in den marinen Raum zurückgekehrten Blütenpflanzen, durchwegs aus stammesgeschichtlich ursprünglichen Artengruppen (Kryptogamen, Tab. 5) zusammen. Diese sind, was ihre zelluläre Architektur, ihre biochemischen und physiologischen Eigenarten und das Fortpflanzungsgeschehen (Kap. 5.2.) anbetrifft, außerordentlich heterogen, sodaß die Erstellung eines natürlichen, allen Merkmalen Rechnung tragenden Systems mit Schwierigkeiten verbunden ist, was denn auch seinen Niederschlag in einer großen Zahl diesbezüglicher Vorschläge gefunden hat.

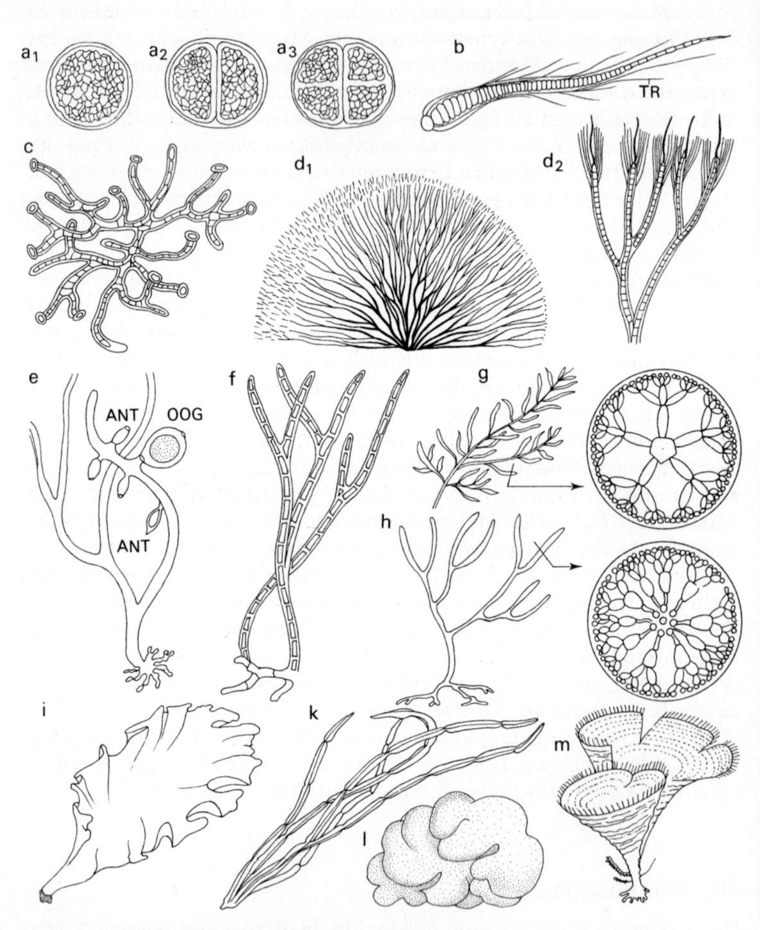

Abb. 44 Phytobenthos:
a–d verschiedene Organisationsstufen der Blaualgen (*Cyanophyceae*): $\mathbf{a_1}$–$\mathbf{a_3}$ = *Chroococcales.* Entstehung eines Coenobiums durch Zellteilungen. **b** = *Calothrix parasitica.* Zellfaden bis 0,5 mm lang mit Trichomen (TR). **c** = *Mastigocoelus testarum*. Verschlungene Fäden mit endständigen Heterocysten. Kalkbohrend auf Muschelschalen und Kalkalgen. $\mathbf{d_1}$–$\mathbf{d_2}$ = *Rivularia atra.* Halbkugelige Büschel (Durchm. bis 4 mm) aus verzweigten Zellfäden (d_2).
e *Xanthophyceae*: *Vaucheria thuretii*, fädige Thalli (ANT = Antheridien, OOG = Oogonium).

Kryptogamen: Dimensionen, Gestalt und Organisation der Kryptogamen sind von einer eindrücklichen Vielfalt, welche sich von den mikroskopisch kleinen, einzelligen Formen (Abb. 17) bis zu den viele Meter lang werdenden, äußerlich den höheren Pflanzen ähnlichen Tangen (Abb. 12b, c) erstreckt. Der Übergang vom unizellulären Zustand zur vielzelligen, geweblichen Organisation, innerhalb derer die Voraussetzungen für eine funktionelle und strukturelle Differenzierung (Aufgabenteilung) einzelner Zellen und Zellverbände gegeben sind, muß sich stammesgeschichtlich (vgl. Abb. 11) über verschiedene Zwischenstufen vollzogen haben, die bei den rezenten Kryptogamen fast lückenlos erhalten geblieben sind (Tab. 8). Die einfachsten plurizellulären Gebilde, wie man sie vor allem bei den prokaryotischen Blaualgen (*Cyanophyceae*, Abb. 44b–d) antrifft, sind einfache sog. Zellverbände (Coenobien), bestehend aus an sich autonomen Einzelzellen, die aber nach erfolgter vegetativer Vermehrung nicht auseinandergewichen sind. Bezüglich der räumlichen Anordnung der Einzelzellen bilden sich nach und nach arttypische Gesetzmäßigkeiten heraus, indem sich die Zellen zunächst kettenartig aneinanderreihen (Abb. 44b). Diese sog. trichalen Coenobien, wie sie auch bei vielen benthischen und planktontischen Kieselalgen (Abb. 17) entstehen, können sich auf einer höheren Organisationsstufe verzweigen und/oder zu zwei- oder dreidimensionalen Strukturen, sog. Thalli verdichten. Die reich verzweigten Thalli z. B. der Rotalgen (*Rhodophyceae*) sind aus Bündeln einzelner Zellfäden zusammengesetzt (Abb. 44g, h). Die äußere Gestalt der Thalli steht jedoch, was den Formenreichtum anbetrifft, den höheren Pflanzen kaum nach. Bei vielen Braunalgen (*Phaeophyceae*, Abb. 12b, c) gliedert sich der der Organisationsstufe echter Gewebe entsprechende Thallus in ein Verankerungsorgan (Rhizoid), in einen Stielteil (Cauloid) und in blattähnliche Strukturen (Phylloide).

Über die z. T. sehr komplexen Entwicklungstypen der Kryptogamen, deren Generationswechsel dimorphe Erscheinungsformen aufweisen können, wird in Kap. 5.2. berichtet. Die von den Vertretern der verschiedenen Artengruppen synthetisierten Pigmente und erzeugten Assimilationsprodukte sind in Tab. 21 aufgeführt.

---

f–h Rotalgen, *Rhodophyceae*: **f** = *Rhodochorton floridulum*, einfacher, trichal verzweigter Typ: **g–h** = zwei komplexere Strukturtypen (g – Zentralfadentypus: h – Springbrunnentypus).
i Grünalgen, *Chlorophyceae: Ulva lactuca*, Meersalat, häutige Thalli bis 70 cm lang.
k–m Braunalgen, *Phaeophyceae*: **k** = *Scytosiphon lomentaria*, röhrenförmige Thalli bis 50 cm lang: **l** = *Colpomenia sinuosa*, blasiger, gelblicher Thallus: **m** = *Padina pavonia*, kelchförmiger Thallus, bis 7 cm hoch.
(a, f–h nach *Esser* 1976; b–d nach *Riedl* 1963 u. *Pankow* 1971).

Tabelle 8 Zelluläre Organisationsstufen der *Schizophyta* und *Phycophyta* (vgl. Tabelle 5). P = Prokaryoten; E = Eukaryoten (zusammengestellt von Frau Dr. R. Honegger)

<table>
<tr><th></th><th colspan="3">Einzeller und Zellverbände</th><th colspan="3">Thalli (echte Zellverbände)</th></tr>
<tr><th></th><th>monadal
nackte, bewegliche, evt. gepanzerte, jedoch nie bewandete Zellen (Abb. 18 b, c)</th><th>capsal
nackte (evt. mit Schleimhüllen versehene), unbewegliche Zellen</th><th>coccal
bewandete, unbewegliche Zellen (Abb. 17)</th><th>trichal
unverzweigte od. verzweigte Zellfäden (Abb. 44 b, d)</th><th>plectenchymatisch
(pseudoparenchymatisch); Fäden zu Flecht- oder Schleimgeweben zusammengefügt. (Abb. 44 g, h)</th><th>parenchymatisch
echte, aus Meristemen hervorgegangene Gewebe (Abb. 12 b–c)</th></tr>
<tr><td rowspan="2">P</td><td>Bakterien</td><td></td><td>Bakterien</td><td></td><td></td><td></td></tr>
<tr><td></td><td>Cyanophyta</td><td></td><td></td><td></td><td></td></tr>
<tr><td rowspan="6">E</td><td>Euglenophyceae</td><td></td><td></td><td></td><td></td><td></td></tr>
<tr><td>Pyrrhophyceae</td><td></td><td></td><td></td><td></td><td></td></tr>
<tr><td colspan="3">Chrysophyceae</td><td>1 Art</td><td></td><td></td></tr>
<tr><td></td><td></td><td></td><td colspan="3">Phaeophyceae</td></tr>
<tr><td colspan="3">Xanthophyceae</td><td></td><td></td><td></td></tr>
<tr><td colspan="5">Chlorophyceae</td><td></td></tr>
<tr><td></td><td></td><td></td><td></td><td colspan="2">Rhodophyceae</td><td></td></tr>
</table>

Mikroskopische Formen: Dazu gehören in erster Linie alle einzelligen Arten wie auch solche, die kleinere oder größere Zellverbände (Coenobien) bilden.

Die prokaryoten Blaualgen (*Cyanophyceae*, Abb. 44a–d, Tab. 5) erscheinen sowohl im Plankton als auch im Benthos. Als extreme Bedingungen nicht scheuende Pioniere besiedeln die Blaualgen als Einzelzeller, fädige oder flächenhafte gallertige Coenobien von blaugrüner bis schwarzer Farbe, fast alle toten, aber auch lebenden (z. B. andere Pflanzen) Substrate. Während die einzelligen Dinoflagellaten (*Pyrrhophyceae*) und *Coccolithinae* typische Vertreter des Planktons sind (Kap. 3.2.1.), bilden die Kieselalgen (*Diatomales*, Abb. 17), deren Bau bereits erläutert wurde (Kap. 3.2.), einen wesentlichen Bestandteil der benthischen Mikroflora. Als Einzelzellen oder in Form coenobialer Zellverbände bedecken die bis in Tiefen von 100 m vordringenden Diatomeen oft in Form gelbbrauner Schichten die Oberflächen von toten oder lebenden pflanzlichen Substraten. Während im Phytoplankton die kompakteren, unbeweglichen *Centricae* (Syn. *Centrales*, Abb. 17a) dominieren, sind es im Benthos die langgestreckten, teils beweglichen *Pennatae* (Syn. *Pennales*, Abb. 17d), die vorherrschen.

Von den Pilzen (*Mycophyta*), deren Stellung im System heute mehr denn je umstritten ist, kommen im marinen Raum unseres Wissens nur die ubiquitären niederen Pilze (*Phycomycetes*) vor, die überall dort anzutreffen sind, wo organisches Material in Zersetzung begriffen ist. Für Einzelheiten sei auf folgende Arbeiten hingewiesen: JOHNSON u. SPARROW 1961; HUGHES 1975; MARETH JONES 1976.

Makroskopische Formen: Die auffälligen, makroskopischen Kryptogamen des Litorals gehören den Klassen der Grünalgen (*Chlorophyceae*), Braunalgen, Tange (*Phaeophyceae*) und Rotalgen (*Rhodophyceae*) an. Tabelle 9 gibt an, mit welchen Häufigkeiten diese 3 Artengruppen in der Ostsee und im Mittelmeer vertreten sind, und Kap. 4.5.3. nimmt zu ihrer Tiefenverbreitung Stellung. Die Algenbeete oder Algenwälder des Litorals sind teils Monokulturen, in denen eine Art vorherrscht und höchstens

Tabelle 9 Absolute und relative Artenzahlen makroskopischer Grün-, Braun- und Rotalgen weltweit (*Esser* 1976), in der Ostsee (*Pankow* 1971) und im Mittelmeer (*Funk* 1955).

Klassen	Weltweit		Ostsee		Mittelmeer	
	abs.	%	abs.	%	abs.	%
Grünalgen *(Chlorophyceae)*	ca. 11 000	67,7	128	39	88	19
Braunalgen *(Phaeophyceae)*	1 500	9,3	90	27	94	20
Rotalgen *(Rhodophyceae)*	3 740	23,0	111	34	289	61
Total	16 240	100	329	100	471	100

mit anderen epiphytischen Formen vergesellschaftet ist, teils artenreiche Gemische, in denen Vertreter aller 3 Klassen in Erscheinung treten. Hinsichtlich der Gesamtbiomasse fallen die meist großwüchsigen Braunalgen eindeutig am stärksten ins Gewicht, während den *Rhodophyceae* diesbezüglich der zweite Rang zukommt.

Nicht weniger als 90 % der unter den **Chlorophyceae** zusammengefaßten Arten leben im Süßwasser, z. T. auch an Feuchtstandorten auf dem Festland. Es ist eine heterogene Gruppe, in der fast alle Organisationsstufen (Tab. 8) vertreten sind. Die lamelläre Feinstruktur der Chromatophoren, die Pigmente (Tab. 21), die Assimilationsprodukte und der Bau der Zellwand (Zellulose und Pektin) sind Merkmale, deren Eigenarten weitgehend mit jenen höherer Pflanzen übereinstimmen, sodaß deren stammesgeschichtliche Ursprünge am ehesten unter den *Chlorophyceae* zu suchen sind. Das helle bis dunkle Grün dieser Algen beruht darauf, daß das Chlorophyll nicht wie bei den Braun- und Rotalgen durch andere Pigmente maskiert ist. Die trichale oder echte Thalli unterschiedlicher Gestalt ausbildenden, großwüchsigen *Chlorophyceae* des Litorals entstammen hauptsächlich drei verschiedenen Ordnungen:

Die *Ulotrichales* (Syn. *Ulotrichaceae*), die auch im Süßwasser gut vertreten sind, bilden teils fädige (*Ulothrix*), teils blattartige, meist aus zwei Zellschichten aufgebaute und mit sog. Fußzellen am Substrat verankerte Thalli. Die bekannteren, dieser Ordnung angehörenden Gattungen sind der weitverbreitete „Meersalat“ (*Ulva*, Abb. 44 i) und *Enteromorpha.*

Die fädigen *Chaetophorales* (z. B. *Cladophora, Chaetomorpha*) haben unter den Grünalgen die höchste Stufe trichaler Organisation erreicht. Das Charakteristikum der dritten Ordnung, der *Siphonales*, liegt darin, daß die außerordentlich polymorphen Angehörigen dieser Gruppe (Abb. 12 e, g, h) nicht aus Einzelzellen aufgebaut sind, sondern eine einzige, vielkernige (polyenergide) Zelle darstellen (siphonale Thalli). Die Nuclei sind somit nicht mit einer ihnen zugeteilten Cytoplasma-Portion durch Zellwände voneinander getrennt. Letztere entstehen in dieser Gruppe nur im Zusammenhang mit der Bildung von Fortpflanzungsbehältern. Zu den *Siphonales* gehören u. a. die dunkelgrünen, sich fleischig anfühlenden Vertreter der Gattung *Codium* (Abb. 12 h), die im Mittelmeer häufigen *Caulerpa prolifera*, welche auf verschiedenen Böden ganze Rasen bilden und *Acetabularia* (Abb. 12 g). Die letztere, deren Eignung als Experimentalobjekt von HAEMMERLING entdeckt wurde, ist in der einen Phase ihres Zyklus ein unscheinbarer, grüner Faden, der einen einzigen Kern enthält. Als Vorbereitung zur Gametenbildung wächst diese Zelle stielförmig vom Substrat in die Höhe und bildet an ihrer Spitze einen schirmförmigen Hut. In dieser Phase liegt der einzige Kern noch in der rhizoidartigen Basis der Zelle. Kernlose Fragmente derselben sind, da im Cytoplasma nachgewiesenermaßen hut- bzw. rhizoidbildende Stoffe vorhanden sind, in der Lage, beide polaren Strukturen regenerativ neuzubilden. Bei diesen morphogenetischen Stoffen handelt es sich um langlebige, zuvor vom Kern synthetisierte Boten-RNS (mRNS). Ist der Hut gebildet, teilt sich der basale Kern. Die Tochterkerne wandern in den Schirm, wo in Gametangien die begeißelten Gameten entstehen.

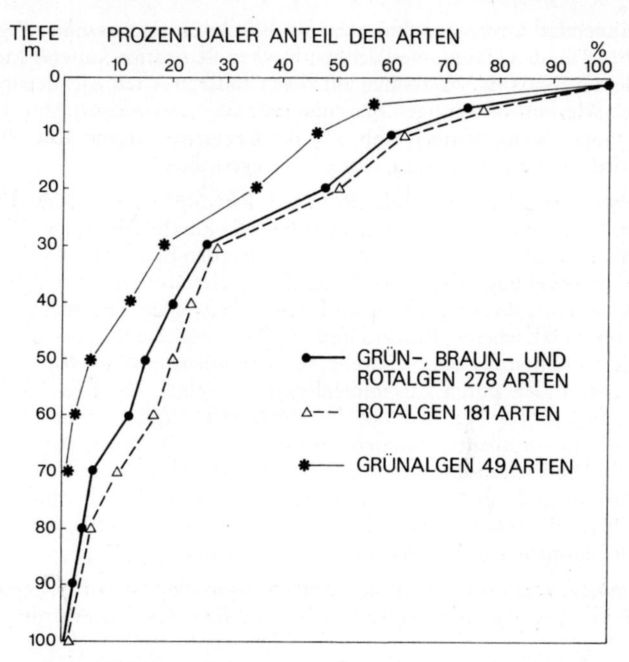

Abb. 45 Tiefenverbreitung von benthischen Großalgen im Golf von Neapel. Es sind nur Arten berücksichtigt, deren Tiefenverbreitung mit einiger Sicherheit bekannt ist (nach Angaben aus *Funk* 1955).

Die primitiveren Arten der außerordentlich polymorphen **Braunalgen** (*Phaeophyceae*) sind noch auf der Stufe trichaler Organisation, während die Thalli der evoluierteren Formen aus echten Geweben aufgebaut sind. Einzeller sowie Coenobien (Tab. 8) gibt es bei den Braunalgen nicht. Esser (1976) gliedert die Klasse in die folgenden 6 Ordnungen:

Die *Ectocarpales*, zu denen der Kosmopolit *Ectocarpus silicosus* gehört, bilden trichale, verzweigte Thalli, die entsprechend organisierten Grünalgen oft zum Verwechseln ähnlich sind. Die fädigen Thalli der *Sphacelariales* (z. B. *Sphacelaria, Halopteris*) sind büschel- bis besenartig angeordnet, während jene der *Cutleriales* (*Cutleria, Zanardinia* u. a.) und *Dictyotales* (z. B. *Dictyota, Padina*, Abb. 44 m) blattförmig sind. Die Riesen unter den Braunalgen sind die kältere Gewässer bevorzugenden Blatt-Tange (*Laminariales*, Abb. 12 b, c) von denen einzelne, stets deutlich in Rhizoid, Cauloid und Phylloid gegliederte Exemplare (z. B. die arktische *Macrocystis pyrifera*) ein Frischgewicht von 100 kg und mehr erreichen können. Die *Laminariales* bilden zusammen mit der letzten zu erwähnenden Ordnung, den mehr als 300 Arten umfassenden *Fucales* (Abb. 12d), den Hauptanteil der benthischen Vegetation kälterer Meere. Dieser Gruppe sind, zusammen mit vielen anderen Arten, die im europäischen Mesolitoral häufigen Blasentange (*Fucus vesiculosus*, Abb. 12d), Sägetange (*Fucus serratus*, Abb. 95), die *Sargassum*-Algen (Abb. 20) sowie die artenreiche Gattung *Cistoseira* zugeordnet.

Die systematische Stellung der **Rotalgen** (*Rhodophyceae*) ist, da die gemeinsam mit anderen Klassen geteilten Merkmale sehr spärlich sind, problematisch. Am ehesten lassen sie sich mit den Blaualgen (*Cyanophyceae*) in Beziehung setzen. Die wenigen Einzeller unter den Rotalgen wie auch die Fortpflanzungszellen sind stets unbeweglich. Die teils in Cauloid oder Haftscheibe, Rhizoid und Phylloid gegliederten, teils trichalen Thalli enthalten nie echte Gewebe, sondern höchstens Pseudoparenchyme, entstanden durch Zusammenlegung einzelner Zellfäden (Tab. 8, Abb. 44g, h). Die Dimensionen der Thalli sind, verglichen mit jenen der Grün- und vor allem Braunalgen, wesentlich bescheidener, dafür ist die gestaltliche Vielfalt umso größer. Sie erstreckt sich von den Krusten der Kalkrotalgen (*Lithophyllum, Lithothamnion*, Abb. 121) über blattartige Thalli (z. B. *Vidalia*, Abb. 12 k) bis zu reich verzweigten, leuchtendroten Bäumchen (z. B. *Plocamium*, Abb. 12i).

Die einzigen marinen, im Litoral recht häufigen Blütenpflanzen (*Spermatophyta, Angiospermae*) sollen andernorts (Kap. 3.4.3.) gewürdigt werden.

3.4.2. Das Zoobenthos

Das animale Benthos setzt sich nach den Schätzungen von THORSON (1971) aus ca. 157000 bis heute bekannt gewordenen Arten zusammen, unter denen die wirbellosen Tiere dominieren (holoplanktontische Arten nur ca. 30000). Obwohl die Bestandsaufnahme des marinen Benthos noch keineswegs als abgeschlossen gelten kann, darf gesagt werden, daß die Böden der Schelfmeere, besonders jene des tropischen und subtropischen Litorals den größten Artenreichtum aufweisen. Diese Vielfalt erfährt sowohl in Richtung auf die Eismeere hin (Abb. 47), wie auch mit zunehmender Tiefe eine progressive Verarmung. So sind z. B. aus dem Benthos großer und größter Tiefen bisher nicht mehr als 370 Arten bekannt geworden (THORSON 1971). Die Ursache, die diesem räumlichen Verteilungsmuster zugrunde liegen, lassen sich sicher nicht auf einen Nenner zurückführen. Sie scheinen jedoch in erster Linie von den thermischen Gegebenheiten (Kap. 4.2.6.) abhängig zu sein, wobei nach einem groben Beurteilungsverfahren eine Proportionalität zwischen Artenreichtum einerseits und Wassertemperatur andererseits unverkennbar ist. Diese Korrelation gilt jedoch nicht für Individuenzahl bzw. Biomasse. Außerdem mag, besonders was die vertikale Verarmung der Fauna anbelangt, die zunehmende Verödung des Angebots an verschiedenartigen Biotopen eine nicht zu unterschätzende Rolle spielen.

Epifauna: PETERSEN (1913) hat das Zoobenthos bezüglich dessen Standorte in eine Epifauna und eine Infauna (Endofauna) unterteilt. Die erste schließt alle jene Formen ein, die sich auf oder knapp über dem Meeresgrund aufhalten. Die streng sessilen Komponenten (Abb. 55 a–c) dieser Kategorie sind während mindestens einer Phase ihres Zyklus fest und irreversibel auf einem soliden, toten oder lebenden Substrat verankert. Die Befestigung an der Unterlage erfolgt mittels cuticulärer, oft verkalkter Ausscheidungen, oder, wie z. B. im Fall zahlreicher *Bivalvia*, mit Hilfe von sog. Bissusfäden, die ein im Wasser erhärtetes Drüsensekret darstellen. Da sich sessile Tiere dem Zugriff von Feinden nicht durch Flucht entziehen können, schützen sie sich meist durch Ausbildung widerstandsfähiger Hüllen, in die sich die Weichteile zurückziehen können (z. B. *Bryozoa*, Abb. 50 m; *Polychaeta*, Abb. 55 a; *Lamellibranchia*, Abb. 55 d; *Cirripedia*, Abb. 51 g, h) oder indem sie potentielle Feinde mit Hilfe von Nesselzellen (*Cnidaria*) fernhalten. Sessile Tiere ernähren sich fast ausschließlich von kleinwüchsigem Plankton und Detritus unter Zuhilfenahme der verschiedensten Fang- und Filtervorrichtungen (Abb. 55, 56).

Eine sich bei vielen sessilen und halbsessilen manifestierende, als Folge dieser Lebensweise zu wertende Konvergenz ist die Neigung zur Ausbildung eines rotations- oder radiärsymmetrischen Körperbaus, wobei die Symmetrieachse in der Normalstellung senkrecht zur Unterlage steht. Als Beispiele hierfür können viele *Cnidaria* (Abb. 48 d–l), mit Ausnahme der bilateral-symmetrischen Seeigel (Abb. 52 d) und den *Holothuroidea*, alle Stachelhäuter (Abb. 52) aufgeführt werden. Es handelt sich dabei durchwegs um evolutiv sekundäre Abwandlungen der Symmetrieverhältnisse. Dafür spricht die Tatsache, daß die Larven dieser Formen fast durchwegs bilateral-symmetrisch sind (Abb. 105 a–l).

Auch die halb-sessilen Arten (z. B. *Actinaria*, Abb. 48 i) bleiben in der Regel ihrem einmal gewählten Standort treu, obwohl sie über Möglichkeiten zu räumlich begrenzten Ortsveränderungen verfügen, indem sie sich, wie dies für einige Muscheln (*Pecten*, *Lima* u. a.) zutrifft, z. B. durch Auf- und Zuklappen der Schalen hüpfend vor Feinden (z. B. Seesterne) fliehen. Für die sessilen und halb-sessilen Komponenten der Epifauna stellen sich bezüglich Ernährung (s. u.) und Fortpflanzung (Kap. 5.3.) ähnlich gelagerte Probleme.

Zur typischen Epifauna sind auch die zahlreichen mobilen, meist räuberisch lebenden Arten zu zählen, die sich kriechend oder schwimmend auf bzw. über dem Meeresboden bewegen.

Infauna: Die Infauna lebt in Analogie zur terrestrischen Bodenfauna im Innern von lockeren Hart- und Weichböden (Kap. 3.4., Abb. 55, 61) unterschiedlicher Zusammensetzung. Diese mobilen Substrate bieten den sessilen Vertretern der Epifauna keine allzu stabilen Verankerungsmöglichkeiten, sodaß die Mehrzahl der dort vorkommenden Arten sich ganz oder teilweise ins Innere des Substrates zurückzieht (Kap. 3.4.3.). Auch bei dieser Infauna gilt es zwischen halb-sessilen und mobilen Formen zu unterscheiden. Erstere, die im Sand oder Schlamm eingegraben ihren

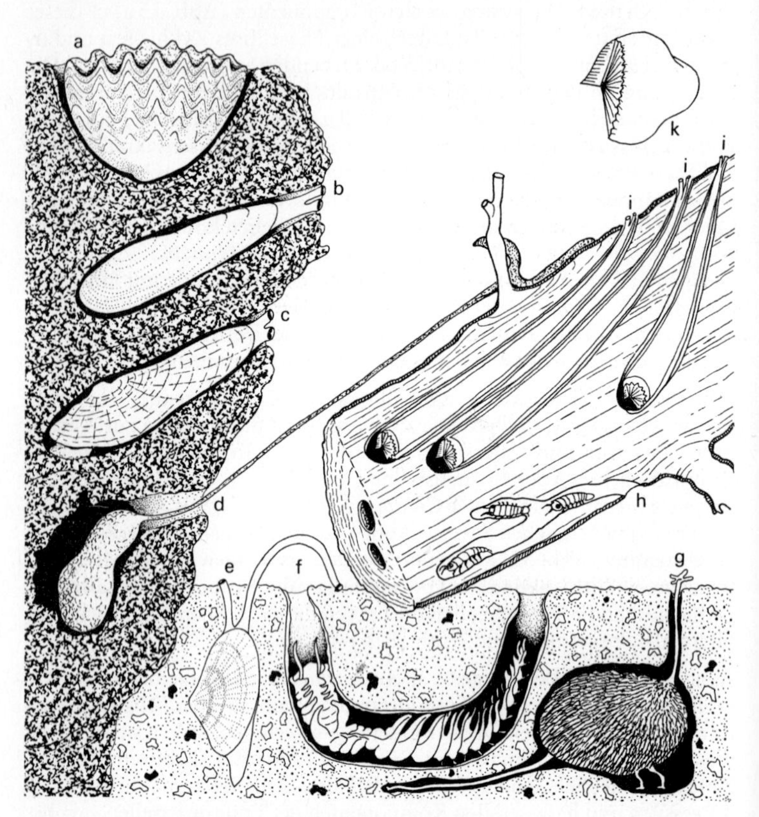

Abb. 46 Typische Vertreter der benthischen Infauna:
a–d: in Gesteinen (*Mollusca*, *Bivalvia* a–c: *Echiurida* d):
a Riesenmuschel *Tridacna gigas*, Länge bis 1,2 m, Gewicht bis 200 kg. **b** = Steindattel, *Lithophaga lithophaga:* **c** = gewöhnliche Bohrmuschel, *Pholas dactylus:* **d** = *Bonellia viridis*. a und c bohren mechanisch, b mit Hilfe von Säuren, d besiedelt schon vorhandene Gänge.
e–g: in Sand- und Schlickböden (*Mollusca, Bivalvia* e: *Polychaeta* f, *Echinodermata,* g): **e** = *Tellina distorta* **f** = *Chaetopterus variopedatus*, **g** = Herzigel, *Echinocardium* sp. **h–k** in Holz: (*Crustacea, Isopoda* h: *Mollusca, Bivalvia,* i–k) **h** = Bohrassel *Limnoria* sp. 3–4 mm: **i** = Schiffsbohrmuschel, *Teredo navalis*, 15–20 mm: **k** = Schale von *Teredo.*

Standort kaum verändern (Abb. 46e–g), ernähren sich vorzugsweise von sedimentierendem oder schon sedimentiertem Material (Abb. 55). Dabei erhalten sie die Verbindung mit der ihnen Sauerstoff und Nahrung anbietenden Oberfläche des Substrates aufrecht, indem sie entweder mit einem Körperteil dorthin vorstoßen (Abb. 46) oder das gleiche Ziel durch Erstellen von meist U-förmigen, an der Bodenoberfläche offenen Gängen oder Wohnröhren erreichen (Abb. 46f, 55e). Die räuberischen Arten der Infauna, z. B. gewisse Seesterne, Krebse, Schnecken (Abb. 61) verstehen es, sich durch Verdrängung des Substrates in diesem einzugraben und sich darin relativ rasch fortzubewegen.

Zur Infauna sind auch jene wirbellosen Tiere zu rechnen, die über Mittel verfügen, die es ihnen erlauben, sich in harte Substrate (Gesteine, Holz) einzubohren (Abb. 46). Dazu gehören einige Schwämme (*Porifera*) der Gattung *Cliona*, die Bohrmuscheln (*Lithophaga*, Abb. 46b; *Pholas*, Abb. 46c; *Tridacna*, Abb. 46a; *Barnea* u. a.) und im Fall von Treibholz, hölzernen Bootsplanken oder Hafenanlagen die gefürchteten Schiffsbohrmuscheln (*Teredo*, Abb. 46 i–k; *Bankia, Zirphaea* u. a.) und kleine Bohrasseln (*Crustacea*) der Gattung *Limnoria* (Abb. 46h). Der Vortrieb in diese harten Substrate wird teils unter Einsatz zweckmäßig strukturierter Hartteile (Abb. 46k), d. h. auf mechanischem Weg oder aber durch Ausscheidung von Säuren (z. B. *Porifera, Lithophaga*) bewerkstelligt. Die so erstellten Gangsysteme, die bei starkem Befall zur Zersetzung des Gesteins bzw. des Holzes führen können, bilden nach dem Ableben ihrer Hersteller günstige Unterschlupfmöglichkeiten für schutzbedürftige Sekundärbewohner.

Die Schiffsbohrmuscheln, deren Verbreitung auf wärmere Meere begrenzt ist, haben zur Zeit der Holzschiffe große Schäden angerichtet und dies führte dazu, daß befallene Schiffe oft auf hoher See auseinanderbrachen. Äußerlich ist der Befall kaum feststellbar, weil die mikroskopisch kleinen Larven dieser Muscheln bei ihrem Eindringen in das Holz nur kleine Bohrlöcher erzeugen, die im Inneren von den heranwachsenden Muscheln mit Hilfe der zu einem Bohrkopf ausgestalteten Schalen (Abb. 46k) zu langen Gangsystemen erweitert werden. Diese führen zu einer progressiven inneren Zersetzung des äußerlich als gesund erscheinenden Holzes. Im Sinne einer Prophylaxe, d. h. mit der Absicht, das Festsetzen der Larven zu verhindern, werden die hölzernen Bootsplanken mit kupferhaltigen Farben bestrichen oder sogar mit Kupferplatten verkleidet. Das Metall wirkt für die Larven der Bohrmuscheln wie übrigens für andere unerwünschte pflanzliche und tierische Organismen giftig.

Nach Erhebungen von THORSON (1957, 1971) gehören nicht weniger als 4/5 der benthischen Tierarten zum Epibenthos. Dieses besiedelt jedoch nicht mehr als 1/10 der Gesamtfläche des Meeresbodens, während sich das auf die Endofauna entfallende Fünftel über die ganze übrige Fläche (9/10)verteilt. Für dieses überraschende Ungleichgewicht, nach dem die Mehrzahl der benthischen Arten auf den sich vorwiegend im Litoral befindlichen Hartböden zusammengedrängt ist, bieten sich verschiedene Interpretationsmöglichkeiten an, deren Gewichtung jedoch Schwierigkeiten bereitet: Die Hartböden, besonders der anstehende Fels mit den darauf wachsenden Algen (Kap. 3.4.1.) und die tropischen Korallenriffe (Kap. 3.4.3.) sind morphologisch abwechslungsreicher als die eintönigeren Weichböden (Kap. 3.4.5.) und haben deshalb eine entsprechend differenziertere Auswahl an verschiedenartigen Makro- und Mikrobiotopen anzubieten, was sich auf die adaptive Radiation förderlich auswirken muß. Es überrascht deshalb nicht, daß die Infauna mariner Weichböden und damit auch ein großer Teil des bathyalen, abyssalen und hadalen Zoobenthos, vom evolutionistischen Standpunkt aus beurteilt, eine konservativere Zusammensetzung hat als die Epifauna. Dies bestärkt auch die Vermutung, wonach die bedeutsamen Evolutionsereignisse innerhalb dieser Gemeinschaft im litoralen Bereich stattgefunden haben müssen.

THORSON (1957) und HESSE u. Mitarb. (1951) stellen für das gesamte Zoobenthos wie auch für einzelne Artengruppen fest, daß die von arktischen Breitengraden her gegen den Äquator hin sich deutlich manifestie-

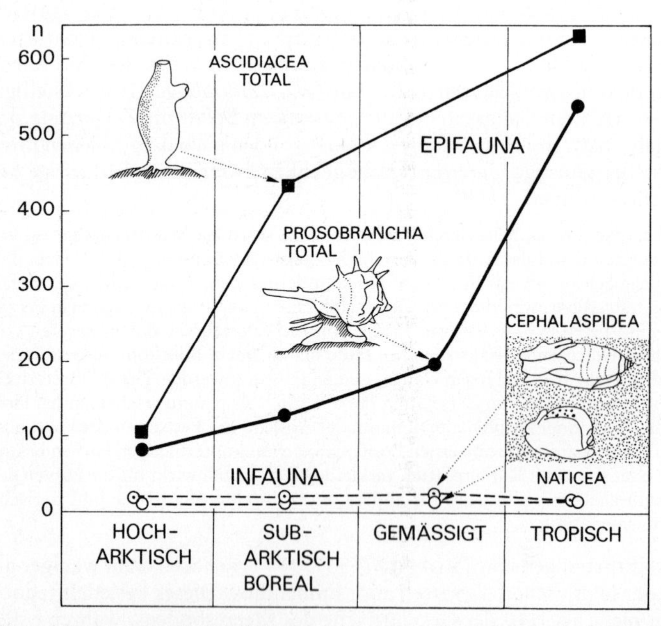

Abb. 47 Artenzahlen (n) der Epi- und Infauna im Litoral (0–300 m) verschiedener Breitengrade. Die *Ascidiacea* (*Urochordata*) gehören ausschließlich der Epifauna an. Von den *Prosobranchia* (*Gastropoda*) sind die *Naticidae* Bewohner von Weichböden, wie auch die zu den *Opisthobranchia* (*Gastropoda*) gehörenden *Cephalaspidea* (Syn. *Bullacea*) (zusammengestellt nach *Hesse* u. Mitarb. 1951 u. *Thorson* 1957).

rende Zunahme der Arten nur für die Epifauna, nicht aber für die Endofauna gilt (Abb. 47). Diese Feststellung kann dahin interpretiert werden, daß die Lebensbedingungen für die litorale Epifauna vor allem, was die Temperatur betrifft, in den kalten Meeren härter sind als für die Endofauna tiefer liegender Weichböden, daß sich aber in Richtung des Äquators die Bedingungen für die litorale Epifauna zunehmend verbessern, während sie, von der Endofauna aus beurteilt, mehr oder weniger unverändert blieben.

Die Kenntnisse über die Zusammensetzung des Benthos großer und größter Tiefen sind noch lückenhaft und stützen sich auf eine mühsame Sammeltätigkeit verschiedener Expeditionen, auf Momentaufnahmen mit Hilfe von Unterwasserkameras und Direktbeobachtungen von Tauchfahrzeugen aus (Kap. 1.4.). Diese Untersuchungen haben jeden Zweifel darüber beseitigt, daß benthisches Leben bis in die größten Tiefen möglich ist.

Für die meisten Artengruppen der wirbellosen Tiere hat WOLFF (1970) eine Liste zusammengestellt, in der die für jede Gruppe bisher bekannt gewordenen, tiefsten Vorkommen aufgeführt sind (Tab. 10). Die gleiche Veröffentlichung äußert sich auch über die Häufigkeiten einzelner Stämme und Klassen.

Tabelle 10 Bisher nachgewiesene, maximale Tiefenvorkommen einiger Vertreter des Zoobenthos (auszugsweise nach *Wolff* 1970 aus *Macdonald* 1975).

Artengruppe	Gattungen / Arten	Tiefe in m	Fundorte
Foraminifera	*Sorosphaera abyssorum*	10415–10687	Tonga
Porifera	*Asbestopluma occidentalis*	8175– 8840	Kurilen
Anthozoa	*Galatheanthemum* sp.	10630–10710	Marianen
Nemathelminthes	sp.	10415–10687	Tonga
Mollusca	*Phaseolus* (?) n. sp.	10415–10687	Tonga
Echiurida	*Vitjazema* sp.	10150–10210	Philippinen
Polychaeta	*Macellicephaloides* n.sp.	10630–10710	Marianen
Arthropoda	*Macrostylis* sp.	10630–10710	Marianen
Echinodermata	*Myriotrochus bruuni*	10630–10710	Marianen
Ascidiacea	*Situla pelliculosa*	8330– 8430	Kurilen
Osteichthyes	*Bassogigas* sp.	7965	Puerto Rico

3.4.2.1. Zusammensetzung

In Anbetracht des sich innerhalb des Zoobenthos entfaltenden Artenreichtums muß hier unter Verzicht auf eine ausführliche deskriptive Darstellung der einzelnen Artengruppen auf die einschlägige Literatur (z. B. KAESTNER 1963, 1965, 1967) verwiesen werden. Das Kap. 5.3. wird sich zu einigen Aspekten der Fortpflanzungsbiologie äußern.

Protozoa

Mit Ausnahme der *Foraminifera* (Kämmerlinge, Abb. 21), denen wegen ihrer Bedeutung als Leitfossilien seitens der Paläo-Ökologen besondere Aufmerksamkeit geschenkt wird, bilden die heterotrophen Einzeller eine Komponente des Benthos, über deren Zusammensetzung und ökologisches Gewicht nur spärliche Informationen vorliegen. Auf verschiedensten Substraten und auch in deren Innern lebend, ernähren sie sich von anderen Mikroorganismen oder schalten sich, in Zusammenarbeit mit den Bakterien, in die Zersetzungsprozesse ein, denen tote Organismen unterworfen sind. Sie sind ihrerseits auch ein wesentlicher Bestandteil der Nahrung von Mikrophagen (s. u.). Die mobilen unter den Protozoen sind die Flagellaten und Ciliaten. Letztere sind in der interstitiellen Fauna der Sandböden (Kap. 3.4.3.) mit Formen vertreten, deren Dimensionen jene kleinerer Vielzeller um ein Mehrfaches übertreffen können. Unter den benthischen *Rhizopoda* dominieren über dem Kontinentalschelf die auf lebenden oder toten Substraten heimischen, meist beschalten Foraminiferen, die durch Phagocytose sowohl lebende Mikroorganismen als auch Detritus in ihren Zellkörper aufnehmen. Während sie, gemessen an der Artenzahl, ihren Schwerpunkt im Benthos haben, sind von den *Radiolaria* (Abb. 22) keine benthisch lebenden Arten bekannt.

Invertebrata

Von den 20 in Tab. 6 aufgeführten Invertebraten-Stämmen lassen sich nicht weniger als 14 herausgreifen, deren Angehörige sich im adulten Zustand vorwiegend auf oder im Meeresgrund aufhalten.

Porifera (Schwämme, Abb. 48a–c, 56a): Diese primitiven Vielzeller besiedeln als sessile, meist lichtscheue Strudler den Meeresgrund vom Litoral bis hinunter in die größten Tiefen (Tab. 10). Die meisten Schwämme sind inkrustierend, d. h. ihr heteromorpher, aus einer relativ kleinen Zahl verschiedener Zelltypen aufgebauter Körper schmiegt sich der jeweiligen Unterlage an. Nur wenige Artengruppen lassen sich auf Grund ihrer arttypischen Gestalt (Abb. 48a, b) eindeutig identifizieren. Da sich die intraspezifische Variabilität auch auf die z. T. intensive Pigmentierung (Carotinoide) erstreckt, konzentrieren sich die taxonomischen Merkmale auf die im Schwammkörper von sog. Skleroblasten synthetisierten Hartteile. Diese sich z. T. zu feinen Gitterwerken verdichtenden Sklerite (Abb. 48b) sind bei den *Calcarea* (Kalkschwämme) aus $Ca\,CO_3$, bei den *Silicea* (Kieselschwämmen) aus $Si\,O_2$ aufgebaut. Bei den letzteren wird das Kieselsäure-Skelett oft durch Spongin, einem Kollagen-ähnlichen Protein verstärkt oder, wie z. B. im Fall des Badeschwammes (*Spongia officinalis*), ganz verdrängt.

Es fällt auf, daß die Oberflächen der unbeweglichen Schwammkörper selten bis nie mit Epibionten besiedelt sind. Vermutlich kommen die *Porifera* einem die Wasserzirkulation (Abb. 56a, b) behindernden Bewuchs dadurch zuvor, daß ihre äußeren

Abb. 48 Benthische Schwämme (*Porifera*, a–c) und Hohltiere (*Cnidaria*, d–l): **a** *Thetia aurantium*, Meerorange (*Silicea*), Durchm. bis 6 cm: **b** *Euplectella aspergillum*, Gießkannenschwamm (*Silicea*) Länge bis 60 cm; **c** *Spongia officinalis*, Badeschwamm (*Silicea*) Durchm. bis 40 cm; **d** *Cladonema radiatum*, Hydroidpolyp (*Hydrozoa*), Polyp rechts mit Medusenknospe: **e** *Aglaophenia tubulifera*, Polypenstock (*Hydrozoa*) bis 6 cm, mit einem Gonangium: **f** *Lucernaria quadricornis*, sessile Stielqualle (*Scyphozoa*), Durchm. bis 6 cm; **g** *Cassiopea* sp., Scyphopolyp (*Scyphozoa*), bis 5 mm, zwei bewegliche vegetative Knospen erzeugend. **h** Scyphopolyp von *Aurelia aurita* (*Scyphozoa*), der durch Strobilation (Querteilung) medusoide Ephyra-Larven zeugt: **i** *Actinia equina*, rote Pferdeaktinie (*Anthozoa*) Durchm. bis 6 cm, Höhe bis 5 cm; **k** *Pennatula phosphorea*, rote Seefeder (*Anthozoa*) bis 20 cm; **l** Polypenstock von *Epizoanthus* sp., Krustenanemone (*Anthozoa*) Länge der Polypen bis 1 cm. (a–c nach *Riedl* 1963, d–l nach *Tardent* 1978).

Zell-Lager Stoffe ausscheiden, die das Festsetzen von Larven potentieller Epibionten auf chemischem Weg verhindern. Dagegen bieten die gut ventilierten Innenräume (Filterkammern) der Schwämme (Abb. 56b) kleineren Raumparasiten (z. B. Kleinkrebse) oft gleichzeitig Schutz und eine gesicherte Nahrungszufuhr in Form von eingestrudelten Mikroorganismen oder Detritus. Die von den meisten Makrophagen verschmähten Schwämme haben ihre Feinde vor allem unter den

Schnecken, insbesondere *Opisthobranchia* (Abb. 50 i), welche mit ihrer bezahnten Radula die Schwammzellen abraspeln.

Cnidaria (Nesseltiere, Abb. 48 d–l): Die teils komplexen Generationswechsel vieler *Hydrozoa* (Abb. 14) und *Scyphozoa* setzen sich aus einer sessilen, sich asexuell durch Knospen oder anderen Fortpflanzungskörpern (Abb. 48 g) vermehrenden Polypen und einer frei schwimmenden Medusengeneration (Abb. 23) zusammen. Diese geht durch vegetative Knospungs- bzw. Strobilationsprozesse aus dem Polypen hervor und ist Träger der geschlechtlichen Fortpflanzung. In beiden Klassen hat dieser Zyklus mehr oder weniger weitgehende Abwandlungen erfahren, wobei entweder die benthische oder die pelagische Erscheinungsform (Kap. 3.2.3) ganz weggefallen oder in rudimentärer Form erhalten geblieben ist.

Die kleinwüchsigen, pflanzenähnlichen Hydroidpolypen (*Hydrozoa*, Abb. 48 d, e) leben einzeln oder als koloniale Stockgebilde, innerhalb derer sich funktionell motivierte Polymorphismen ausbilden können, auf verschiedenen Substraten verankert auf dem Meeresgrund. Einzig die kleinen Polypen der zu den *Hydrozoa* gehörenden *Actinuloida* können als Mitglieder der interstitiellen Fauna von Sandböden zur Infauna gezählt werden. Die teils nackten (*Athecatae*) oder von einem cuticulären Periderm geschützten (*Thecaphora*) Polypen ernähren sich, wie die ebenfalls kleinwüchsigen Polypen der *Scyphozoa* (Abb. 48 g), von kleinen Futterorganismen, die sie mit ihren Fangtentakeln ergreifen und nesseln.

Dieses Nesseln, das die Beute betäubt oder tötet, geschieht mit Hilfe von Nesselkapseln (Cnidocysten, Nematocysten). Es sind dies geschoßartige, von sog. Nesselzellen ausgeschleuderte, in feine Röhrchen auslaufende Kapseln, die Gifte oder klebrige Inkrete enthalten.

Über gleichartige Waffen, die auch im Dienste der Feindvermeidung eingesetzt werden, verfügen auch die *Anthozoa* (Blumentiere, Abb. 48 i–l), deren Entwicklungszyklus einer medusoiden Erscheinungsform entbehrt. Die nach einer 8strahligen Radiärsymmetrie aufgebauten *Octocorallia* bilden stets Stockgebilde, die aus einer Vielzahl von miteinander verbundenen Individuen zusammengesetzt sind. Bei den zu dieser Unterklasse gehörenden Seefedern (*Pennatulacea*, Abb. 48 k) geht die morphologische und funktionelle Integration der Polypenindividuen in eine überindividuelle Ganzheit so weit, daß man geneigt ist, dem kolonialen Gebilde den Status eines Individuums zuzusprechen. Die ebenfalls dieser Unterklasse zugeordneten Hornkorallen (*Gorgonaria*) scheiden biegsame, aus einer hornartigen, jodhaltigen Substanz aufgebaute, z. T. reich verzweigte Skelette aus, die nach Ableben der Kolonie anderen Epibionten als viel benützte Verankerungsgrundlage dienen. Zu den einer hexameren Radiärsymmetrie gehorchenden *Hexacorallia* gehören u. a. die stets solitären, weit verbreiteten Seeanemonen (*Actinaria*, Abb. 48 i), die sich mit ihrer schmiegsamen, klebrigen Fußscheibe auf Hartböden, Algen oder anderen meist soliden Substraten befestigen. Sie stellen unter den *Cni-*

daria die größten Einzelpolypen, die im Fall der tropischen Gattung *Stoichactis* Durchmesser von nahezu 1,5 m erreichen. Die Zylinderrosen (*Ceriantharia*) haben einen ähnlichen Bau, verankern sich aber mit ihrem zugespitzten Grabfuß im Innern von Sand oder Schlammböden. Die ebenfalls hexameren Steinkorallen (*Madreporaria*, Abb. 57), von denen man heute bis 2500 Arten identifiziert hat, gehören zu den Hauptarchitekten der Korallenriffe (Kap. 3.4.3.).

Plathelminthes (Plattwürmer, Abb. 49a, b): Die den ökologisch außerordentlich vielseitigen Plattwürmern unterstellten *Trematoda* (Saugwürmer) und *Cestoda* (Bandwürmer) sind ausschließlich Ekto- oder Endoparasiten von Wirbeltieren, während in der Klasse der *Turbellaria* (Strudelwürmer) alle freilebenden Vertreter dieses Stammes zusammengefaßt werden. Obwohl auch im Süßwasser und an Feuchtstandorten vorkommend, gehören die meisten Arten dieser Gruppe dem marinen Benthos an. Es sind vorwiegend kleine, bis sehr kleine, wurmförmige Arten, die sich mit Hilfe von Cilien oder peristaltischen Bewegungsabläufen auf und in den verschiedensten Substraten herumtreiben. Sie nehmen als Nahrung Detritus oder lebende Kleinorganismen mit einem ausstülpbaren Pharynx auf. Der Darm besteht aus einfachen oder verzweigten, blind endenden Taschen bzw. stellt bei den *Acoela* ein kompaktes, eines Hohlraumes entbehrendes Syncytium dar. Die auffälligen z. T. mehrere Zentimeter langen, oft bunt pigmentierten *Turbellaria* kommen aus der Ordnung der *Polycladida*, deren Körper extrem stark dorso-ventral abgeplattet ist. Sie gleiten, von Wimperhaar-Feldern angetrieben, über die Unterlage oder vermögen sich z. T. auch schwimmend fortzubewegen, indem konzertierte Kontraktionen des Hautmuskelschlauches zu undulierenden Bewegungen des ganzen Körpers führen (Abb. 49b). Die *Turbellaria* sind Hermaphroditen mit einem außerordentlich komplexen Geschlechtsapparat.

Kamptozoa (Syn. *Entoprocta*, Abb. 49c): Die Angehörigen dieses kleinen Stammes sind in ihrem Bauplan bilateral-symmetrische, polypenförmige, halbsessile bis sessile, meist als Epibionten lebende Strudler. Der kelchförmige Körper sitzt auf einem kontraktilen Stiel. Mund und After des U-förmigen Darmes öffnen sich innerhalb des mit Cilien überzogenen Tentakelkranzes (8–30 Tentakel), der die Nahrungspartikel der Mundöffnung zuweist. Darm, Protonephridien, das Ganglion und die Gonaden liegen in einer Mesenchym-Masse eingebettet. Die systematische Stellung dieser kleinen, höchstens 5 mm erreichenden Strudler, die nie in großen Mengen auftreten und deshalb ökologisch eine unwesentliche Rolle spielen, ist noch umstritten.

Nemertini (Abb. 49d): Der Ausdruck „Schnurwürmer" charakterisiert die Gestalt dieser vor allem das litorale Benthos belebenden, unsegmentierten Würmer vortrefflich, erreichen doch die größten unter ihnen Längen von bis zu 30 m (*Lineus longissimus*). Der Durchmesser des zylindrischen oder dorso-ventral abgeplatteten, oft farbenprächtigen Körpers bleibt dabei in der Größenordnung von einigen Millimetern. Diese sich

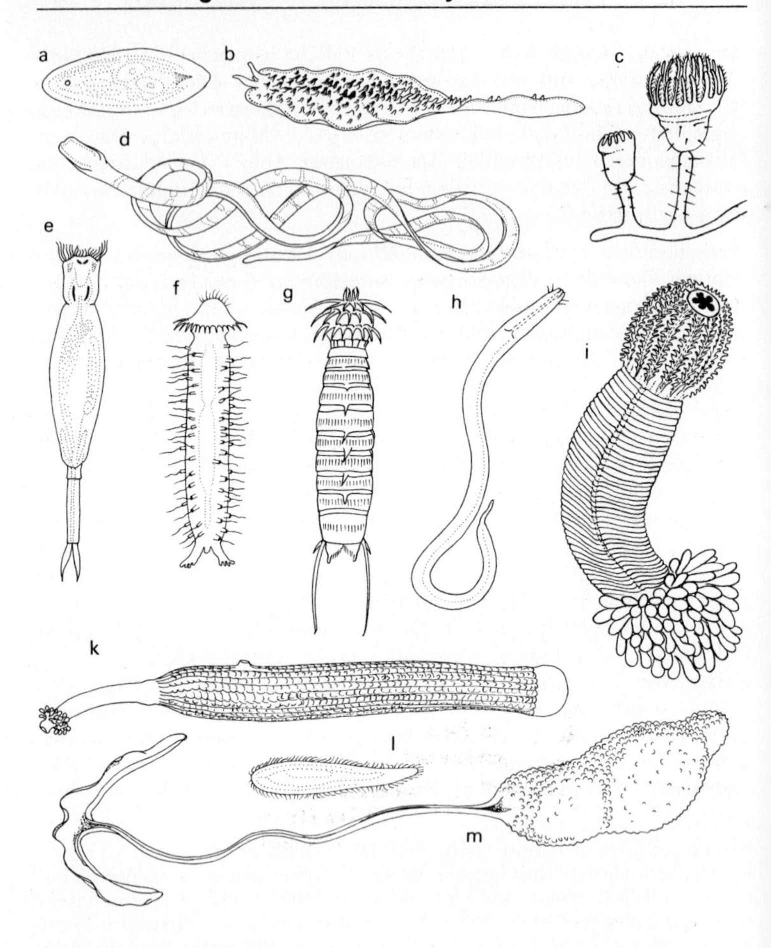

Abb. 49 Benthische „Würmer"

a–b Plattwürmer (*Plathelminthes*): **a** = *Paraproporus rubescens* bis 0,5 mm; **b** = *Thysanozoon brochii*, schwimmend, bis 50 mm;

c *Kamptozoa: Pedicellina* sp., ca. 1,2 mm;

d Schnurwürmer (*Nemertini*): *Lineus geniculatus*, bis 45 cm.

e–h Schlauchwürmer (*Nemathelminthes*): **e** = *Rotatoria*, Rädertierchen: *Proales reinhardtii*, bis 0,25 mm; **f** = *Gastrotricha*: *Tubanella cornuta*, bis 0,5 mm; **g** = *Kinorhyncha: Echinodores dujardini*, bis 0,4 mm; **h** = *Nematodes*: *Enoplus meridionalis*, bis 4,5 mm;

i *Priapswürmer* (*Priapulida*): *Priapulus caudatus*, bis 8 cm;

k *Sipunculida*: *Sipunculus priapuloides*, bis 15 cm;

l–m Igelwürmer (*Echiurida*): **l** = Männchen von *Bonellia viridis*, 2 mm; **m** = Weibchen, Körper bis 10 cm, Rüssel bis 1,5 m. (a, e, f, g, h nach *Riedl* 1963) auch durch Fragmentation vermehrenden, acoelomaten Würmer besiedeln die verschiedensten Substrate, über die sie sich mit Hilfe des Wimperkleides durch peristaltische oder schlängelnde Körperbewegungen fortbewegen. Die kleinwüchsigen Arten sind meist Mikrophagen, während die großen lebende Beutetiere (Mollusken, Annelida, u. a.) überfallen und dabei in verschiedener Art und Weise ihren Rüssel einsetzen.

Dieser Rüssel stellt ein vom Darmtrakt getrenntes, in seiner Art einzigartiges Organ dar, das durch einen Retraktormuskel in eine oft körperlange, über dem Darm liegende Rüsselscheide zurückgezogen werden kann, deren Öffnung über der Mundöffnung liegt. Der ausgestülpte, z. T. klebrige Rüssel kann die Beute entweder umschlingen oder mit Hilfe eines an seiner Spitze befindlichen stilettförmigen Hartteils erdolchen.

Der mit seitlichen Blindsäcken versehene Darm ist durchgehend. Er ist wie die serial angeordneten und getrennt ausmündenden Gonaden und die Protonephridien in einer Mesenchymmasse eingebettet. Ca. 70 Arten der *Nemertini* leben als Angehörige des Bathypelagials planktontisch.

Nemathelminthes (*Aschelminthes*, Abb. 49e–h): Der Stamm der Schlauchwürmer stellt eine heterogene Gruppe von unsegmentierten, einer echten Leibeshöhle entbehrenden, wurmförmigen Tieren dar. Die z. T. mikroskopisch kleinen, zwittrigen und sich oft parthenogenetisch fortpflanzenden *Gastrotricha* (Abb. 49f), die mit Hilfe eines muskulösen Pharynx Mikroorganismen in ihren durchgehenden Darm einsaugen, leben in verschiedenen Substraten vor allem in den Interstitialräumen von Sandböden. Die Körpergröße der Rädertiere (*Rotatoria*, Abb. 49e) bewegt sich in Größenordnungen von 0.05–2 mm. Eine Eigenart dieser sich als Strudler, Sauger oder Greifer verpflegenden Vertreter des Meiobenthos ist die syncytiale Struktur der Gewebe, die artspezifische Konstanz der Kern- bzw. Zellzahlen sowie der Wechsel zwischen bisexueller und parthenogenetischer Fortpflanzung (Heterogonie). Nur ca. 50 von den 1500 bisher bekannt gewordenen Arten sind rein marin, die anderen leben vorwiegend im Süßwasser oder an Feuchtstandorten.

Die großen Vertreter der gonochoristischen *Nematodes* sind ausschließlich Endoparasiten. Die anpassungsfähigen, kleinwüchsigen Arten dagegen (Abb. 49h) haben fast alle terrestrischen, limnischen und marinen Biotope erobert, wo sie sich als Schlinger von totem oder lebendem Kleinfutter ernähren, oder durch Anstechen von Pflanzen deren Säfte aussaugen.

Die höchstens 1 mm lang werdenden *Kinorhyncha* (Abb. 49g) sind marine Bodenbewohner, die sich durch Kontraktionen ihres Hautmuskelschlauches kriechend über die Unterlage fortbewegen, wobei die am Kopf befindlichen Hakenkränze und die den dorso-ventral abgeplatteten Körper bedeckenden, cuticulären Stachelkränze der Verankerung dienen. Die Nahrung der *Kinorhyncha* setzt sich aus Detritus, Mikroorganismen und Pflanzensäften zusammen.

Priapulida (Abb. 49i): Die nur mit 4 Arten einen eigenen Stamm bildenden, rein marinen Priapswürmer besiedeln die Schlammböden arktischer und antarktischer Meere bis in eine Tiefe von ca. 4000 m. Der walzenförmige, rot pigmentierte Körper gliedert sich in ein mit cuticulären Stacheln bewehrtes Introvert („Kopf"), der wie ein Handschuhfinger in den äußerlich geringelten, ebenfalls von einer Cuticula überzogenen Rumpfabschnitt zurückgestülpt werden kann. Hinter dem After entspringt ein Büschel dünnwandiger, ihrer Funktion nach unbekannter Anhänge, die dadurch verlängert werden können, daß Körperflüssigkeiten aus dem Pseudocoel in sie hineingepumpt werden. Die *Priapulida* bewegen sich vorwärts, indem das mit den Haken auf der Unterlage verankerte Introvert sich einstülpt und damit den Körper nachzieht. Es sind Räuber (Schlinger), welche die große Beute mit dem Mund ergreifen, um sie dann durch Einstülpung des Introverts in den Darm zu befördern.

Sipunculida: Nicht weniger enigmatisch als jene der *Priapulida* ist die systematische Stellung der diesen in mancher Hinsicht ähnlichen *Sipunculida* (Abb. 49 k), deren etwas schlankerer Körper sich gleichfalls in ein rüsselartiges Introvert und einen von cuticulären Ausscheidungen geschützten Rumpfabschnitt gliedert. Der durchgehende, im geräumigen Coelom spiralig verzwirnte Darm mündet vorne, unweit des Ansatzes des Introverts, mit dem After nach außen. Mit Ausnahme einer einzigen terrestrischen Art (*Phascolosoma lurco*) sind die eine Maximallänge von 40–50 cm erreichenden *Sipunculida* rein marin. Sie leben auf oder in Schlammböden oder in Höhlen und Nischen von Hartböden sämtlicher Meere. Der Fortbewegungsmodus ist jenem der *Priapulida* (s. o.) ähnlich. Wie aus den Darminhalten zu schließen ist, handelt es sich vorwiegend um Substratfresser, die sich gelegentlich an größerer Beute vergreifen.

Echiurida (Abb. 49 l, m): Dem sackförmigen Körper dieser coelomaten Würmer ist ein unterschiedlich langer Rüssel (Prostomium) angeschlossen, der dazu dient, der sich über dem Rüsselansatz befindlichen Mundöffnung detritische Nahrung zuzuleiten. Diese Würmer sind halb-sessil, leben in selbstgebauten Röhren (z. B. *Urechis caupo*), im Innern von Weichböden oder in Höhlen und Spalten, von wo aus der lange Rüssel die Umgebung abtastet (Abb. 46 d). Berühmtheit hat unter den *Echiurida* vor allem *Bonellia viridis* (Abb. 49 l–m), ihres krassen Geschlechtsdimorphismus und der phaenotypischen Geschlechtsbestimmung (Kap. 5.3.0.) wegen, erlangt. Während der Rumpf des Weibchens im ausgestreckten Zustand eine Länge von 15 cm erreichen kann, mißt das Zwergmännchen (Abb. 49 l) im besten Fall 2–3 mm.

Annelida (Ringelwürmer): Während die bisher kurz charakterisierten, wurmförmigen Invertebraten, gemessen an der Artenzahl und ihrer ökologischen Bedeutung, im Zoobenthos nicht sonderlich stark ins Gewicht fallen, bilden die *Annelida* eine wesentliche Komponente derselben. Es gilt dies in erster Linie für die *Polychaeta* (Abb. 55 a, e, f, 56 d), die sich infolge einer starken, adaptiven Radiation an fast alle ökologischen Gegebenheiten angepaßt haben. In der Ordnung der *Sedentaria* werden alle halbsessilen bis sessilen auf oder im Substrat lebenden Artengruppen zusammengefaßt. Diese Lebensweise hat bei vielen Arten zu mehr oder weniger stark ausgeprägten Abweichungen von der den Grundbauplan der Anneliden prägenden, homonomen Segmentation (Metamerie) geführt, die sich u. a. in einer strukturellen und funktionellen Spezialisierung einzelner Körpersegmente oder Segmentgruppen bzw. der Segmentanhänge (Parapodien) äußern. Diese Entwicklung ist bei halb-sessilen Arten, die, wie *Arenicola* (Abb. 55 e), im Innern von Weichböden oder lockeren Hartböden leben, weniger ausgeprägt als bei den zur Epifauna gehörenden sessilen Röhrenwürmer (z. B. *Sabella*, Abb. 56 d; *Spirographis*, Abb. 55 a). Der in mehrere Abschnitte gegliederte Körper dieser Formen steckt in einer vom Wurm gebauten Wohnröhre aus Schleim (z. T. mit Fremdkörpern versetzt) oder aus Kalk. Einzig die reich verzweigten Kopfanhänge (Abb. 56 d) ragen beim ungestörten Tier über die Röhrenöffnung hinaus. Diese pinsel- bzw. spiralförmig angeordneten Tentakel erfüllen einerseits die Funktion von Kiemen, andererseits sind es dem Nahrungserwerb dienliche Filterapparate oder Förderbänder (Abb. 56 f). Bei den *Serpulidae* ist einer dieser Tentakel zu einem Deckel (Operculum) umgewandelt, der, wenn der Tentakelapparat in die Röhre zurückgezogen wird, deren Öffnung verschließt. Der im blinden Ende vom Wurm ausgeschiedene Kot wird bei diesen Röhrenwürmern von einer dorsalen Kotrinne zur Röhrenöffnung befördert.

Die homonom segmentierten *Errantia*, die in fast allen Größenklassen des Zoobenthos, von mikroskopisch kleinen Arten bis zu den an die 3 m langen Riesen der Gattung *Eunice* in Erscheinung treten, sind fast ausnahmslos Räuber, die ihre lebende Beute mit Hilfe eines ausstülpbaren Schlundrohres (Pharynx) und/oder mit Greifhaken überwältigen. Die metamer angeordneten, meist mit feinen und kräftigen Borsten (Acciculae) verstärkten Parapodien (Abb. 26 b, c) werden von den meisten über Grund kriechenden *Errantia* wie seitlich abstehende Beine eingesetzt. Zumeist sind diese Körperanhänge auch Träger büschel- oder fadenförmiger Kiemen. Einige Arten und Artengruppen weichen äußerlich mehr oder weniger stark von der Grundgestalt der typischen *Errantia* (Abb. 26 a) ab. Der dorso-ventral abgeplattete Körper der *Aphroditidae* z. B. ist stark verkürzt und breit. Diese Eigenart und das dichte Borstenkleid haben dem größten, im europäischen Litoral vorkommenden Vertreter dieser Gruppe, *Aphrodite aculeata* (bis 15 cm), den Namen „Seemaus" eingetragen. Andere dieser Art nahestehende Formen tragen auf dem Rükken schuppenartig verformte Parapodien, sog. Elythren.

Die auch zu den *Annelida* gehörende Klasse der *Myzostomida* setzt sich aus ca. 130 parasitisch lebenden, höchstens 3 cm lang werdenden, parasitischen Arten zusammen, welche vorwiegend auf Haarsternen (*Crinoidea*, Abb. 52 a) schmarotzen. Von den auf dem Festland und im Süßwasser reichlich vertretenen Wenigborstern (*Oligochaeta*) sind nur einige wenige Arten, darunter der im adriatischen Litoral vorkommende *Enchitraeus adriaticus*, ins Meer übergesiedelt. Ebenso schwach vertreten sind im marinen Raum die Egel (*Hirudinea*). Der 10–15 cm lang werdende mit 2 terminalen Saugnäpfen ausgerüstete Rochenegel lebt als Ektoparasit vor allem auf Rochen, z. T. auch auf Haien.

Mollusca: Weitaus die größte Zahl der rezenten Arten dieses großen Stammes gehört dem marinen Benthos an, wobei es vor allem die ubiquitären Schnecken (*Gastropoda*) und Muscheln (*Bivalvia*) sind, die an ihrer Biomasse gemessen, ins Gewicht fallen.

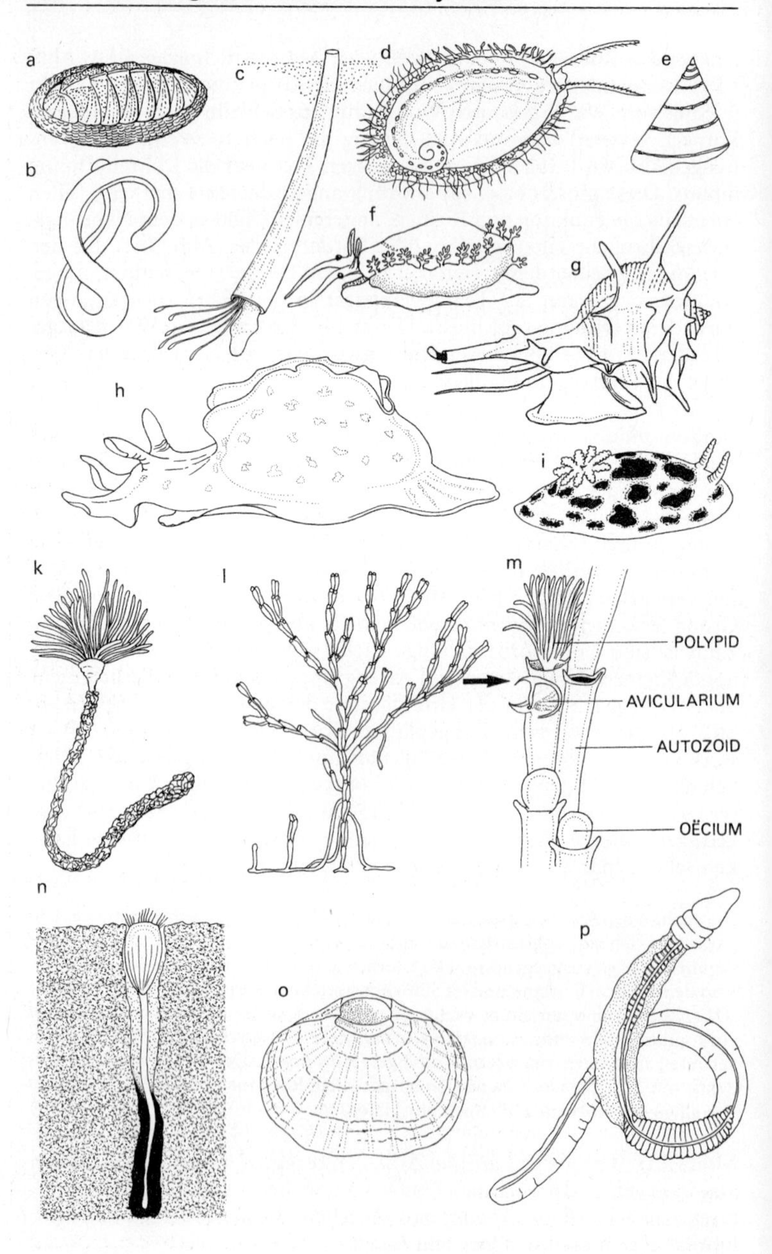
a
b
c
d
e
f
g
h
i
k
l
m
POLYPID
AVICULARIUM
AUTOZOID
OËCIUM
n
o
p

Die rein marinen *Polyplacophora* (Käferschnecken, Abb. 50a), deren ovaler Körper von 8 dachziegelartig angeordneten, z. T. vom Mantel überwachsenen Schalenplatten bedeckt ist, besiedeln als Weidegänger meist vereinzelt die Hartböden von der Brandungszone bis in Tiefen von 4000 m. Die größte, im pazifischen Felslitoral heimische Art *Cryptochiton stelleri* erreicht eine Länge von 30 cm.

Der wurmförmige Körper, der von der Mollusken-Organisation stark abgewichenen *Solenogastres* (Wurmschnecken, Abb. 50b) wird lediglich von einer verschiedenartig strukturierten, mit Kalkelementen verstärkten Cuticula geschützt. Bei einigen Arten sind der Fuß und die Mantelrinne noch als Relikte in Form einer medianen Ventralrinne erhalten geblieben. Ein Teil der sich wurmartig fortbewegenden und von Detritus oder Mikroorganismen ernährenden *Solenogastres* lebt in Weichböden, während andere Algen oder Hydrozoenstöcke besiedeln.

Die rezenten *Monoplacophora* (Gattungen: *Neopilina*, Abb. 13b; *Vema*), Überreste einer aus dem Erdaltertum fossil überlieferten Gruppe, sind erst 1952 aus Funden der dänischen „Galathea" und der amerikanischen „Vema-Expedition" (1958) bekannt geworden. Der von einer konischen Schale überdachte Körper dieser Schnecken (Abb. 13 b_2) weist Andeutungen einer für die Weichtiere ungewohnten, segmentalen Gliederung auf, deren stammesgeschichtlicher Aussagewert allerdings noch umstritten ist, d. h. es geht um die Frage, ob es sich dabei um ein ursprüngliches oder um ein abgeleitetes Merkmal handelt. Über die Lebensweise der bisher in Tiefen von 1500–5000 m des Pazifiks (Westküste Mittel- und Südamerikas) gefundenen *Monoplacophora* ist nicht mehr bekannt, als daß sie Weichböden besiedeln und sich vermutlich von Detritus und Mikroorganismen ernähren.

◄ Abb. 50 Benthische Weichtiere (*Mollusca*, a–i), *Tentaculata* (l–o) und Eichelwürmer (*Enteropneusta*, p):
a Käferschnecken (*Polyplacophora*): *Chiton olivaceus*, bis 40 mm;
b Wurmschnecken (*Solenogastres*): *Rhopalonemia aglaopheniae* bis 30 mm: **c** Kahnfüßler (*Scaphopoda*): *Dentalium* sp.
d–i Schnecken (*Gastropoda*):
d = *Haliotis tuberculata*, Seeohr 8–10 cm; **e** = *Calliostoma* sp., Kreiselschnecke; **f** = *Monetaria moneta* bis 38 cm; **g** = *Murex brandaris*, Brandhorn, bis 10 cm.
h *Aplysia punctata*, bis 15 cm; **i** *Peltodoris atromaculata*, bis 5 cm.
k *Phoronidea*: *Phoronis mülleri*, Körper in einer Wohnröhre, 5 cm;
l–m Moostierchen: (*Bryozoa*): **l** = Stock von *Bugula avicularia*; **m** = Vergrößerter Seitenzweig mit einzelnen Autozoiden (0, 4–0, 6 mm), Avicularien und Ooecien.
n–o Armfüssler (*Brachiopoda*): **n** = Ventralansicht von *Lingula unguis*, im Sand vergraben, Gesamtlänge ca 20 cm, Länge des Gehäuses ca. 4 cm; **o** = Gehäuse von *Mühlfeldtia truncata*, 13 mm;
p Eichelwürmer (*Enteropneusta*): *Glossobalanus minutus*, bis 12 cm.
(b, l, m, n nach *Kaestner* 1965; o nach *Riedl* 1963; die anderen nach eigenen Skizzen).

Die artenreichste Klasse der *Gastropoda* läßt sich ihrer Heterogenität und ihres Formenreichtums wegen schwerlich auf einem so kleinen Raum in einem Guß befriedigend charakterisieren. Es sei vorweggenommen, daß die im Süßwasser und auf dem Festland vorherrschenden Lungenschnekken (*Pulmonata*) im Meer nicht vertreten sind. Den Hauptanteil bilden hier die ca. 57000 Arten der Vorderkiemer (*Prosobranchia*), deren Kiemen (Ctenidien), wie der Name der Artengruppe andeutet, im typischen Fall vor dem Herzen, d. h. in der sich nach vorn öffnenden Mantelhöhle liegen. Der Eingeweidesack ist von einem aus einem einzigen Stück bestehenden, spiralig aufgewundenen, ovoiden oder zeltdachförmigen Gehäuse eingeschlossen, in dessen Schutz sich meist auch der Kriechfuß und der Kopf zurückziehen können, wobei die Gehäuseöffnung meist von einem auf der Dorsalseite des hinteren Fußes befestigten Operculum verschlossen werden kann.

Bei den primitiveren *Diotocardia* (Abb. 50d–e) kann die Innenseite der Schale wie bei vielen *Bivalvia* mit einer schillernden Perlmutterschicht ausgekleidet sein; den modernen *Monotocardia* (nur 1 Herzvorhof, 1 Kieme, 1 Niere) fehlt dieses Merkmal. Das Lokomotionsorgan der Prosobranchier ist der muskulöse Fuß (Abb. 50g), der primär als Kriechsohle eingesetzt wird, aber auch als Graborgan (z. B. *Naticidae*, Abb. 62f) oder Antriebsorgan zum Schwimmen (z. B. *Nassa*) dient. Zu den sessilen Prosobranchiern gehören u. a. die sich als Strudler ernährenden *Calyptraeacea* (Pantoffelschnecken) und die wurmförmigen Vertreter der Gattung *Vermetus* (Abb. 55 c), deren Kalkgehäuse mit dem Substrat verkittet wird.

Die Ernährungsgewohnheiten erstrecken sich über das ganze vom Strudler bis zum behenden Räuber reichende Spektrum, wobei die Radula, ein ursprünglich aus organischen Hartteilen aufgebautes Raspelorgan, in verschiedenster Weise zum Einsatz kommt. Von den weidenden Formen wird sie als Raspel, von den Kegelschnecken (*Conus*) als Giftpfeil (*Conacea*) und von den *Naticidae* (Abb. 62f) als Bandfeile zum Anbohren der Gehäuse anderer Mollusken verwendet.

Die Hinterkiemer (*Opisthobranchia*, Abb. 50h–i) sind eine Sammelgruppe, bei deren Angehörigen die Kiemen mit Ausnahme jener der *Actaeonidae* hinter dem Herzen inserieren. Gehäuse und Mantelhöhle sind meist teilweise oder ganz rückgebildet. Zu den benthischen Vertretern dieser Gruppe gehören u. a. die *Bullacea* (Abb.47), denen noch ein schneckenförmiges Gehäuse erhalten geblieben ist, die meist großwüchsigen *Aplysiacea* (Seehasen, Abb. 50h), die sich durch undulierende Schläge ihres flügelartig ausladenden Parapodiensaumes auch schwimmend fortbewegen, sowie die meist kleinen *Nudibranchia* (Abb. 50i). Besonders die im Litoral lebenden Arten dieser letzten Gruppe sind oft farbenprächtig gemustert, wobei es sich einerseits um kryptisch bzw. mimetisch wirkende, andererseits um auffällige (aposematische) Farbkleider handeln kann. Soweit untersucht, scheint hier im Zusammenhang mit der Feindvermeidung das Fehlen eines schützenden Gehäuses durch saure (pH 1), von der Epidermis ausgeschiedene und potentielle Feinde vergällende Sekrete wettgemacht zu werden. Die meisten Nacktkiemer sind Weidegänger, andere ernähren sich von Schwämmen oder Hohltieren, insbesondere *Hydrozoa.*

Das Gehäuse der in Weichböden bis 7000 m Tiefe vorkommenden *Scaphopoda* (Kahnfüßer, Abb. 50 c), ist ein schlankes zahnförmiges Rohr, durch dessen verjüngtes, über das Substrat hinausragende Hinterende Atemwasser in die Mantelhöhle eingestrudelt wird. An der Basis des schlauchförmigen Kopfes, der über dem Grabfuß liegt, entspringen zahlreiche, mit Chemo- und Mechanorezeptoren bestückte Fangfäden (Captacula), die das Substratinnere nach *Foraminifera* abtasten und diese als Vorzugsfutter der Mundöffnung zuführen.

Die Weichteile der eines eigentlichen Kopfes entbehrenden Muscheln (*Bivalvia*, Syn. *Lamellibranchia*, Abb. 46, a, b, c, e) sind mit der äußeren Hülle, dem Mantel und kräftigen Schließmuskeln zwischen zwei gegeneinander beweglichen Schalenklappen aufgehängt, zwischen die sich die meisten Arten vollständig zurückziehen können. Sie gehören vorwiegend der Infauna verschiedener Hart- und Weichböden an, in denen sie sich mit Hilfe ihres seitlich abgeplatteten, muskulösen Grabfußes langsam fortzubewegen vermögen. Einige Spezialisten verstehen es, sich chemisch oder mechanisch in hartes Gestein (Abb. 46 a–c) einzubohren. Die Verbindung mit der Substratoberfläche wird mit den sog. Siphonen aufrecht erhalten. Es sind dies zwei unterschiedlich lange, bewegliche Röhren, die vom Mantelorgan gebildet werden. Durch die eine (Ingestionsöffnung) wird Atemwasser und mit ihm organisches Geschwebsel in die geräumige Mantelhöhle eingestrudelt. Letzteres wird an den Kiemen abgefangen und als Futter via Cilienbahnen zum Mund befördert. Das durch die Kiemen hindurchgetretene Wasser verläßt die Muschel durch die Egestionsöffnung (Abb. 55 d).

Die *Anysomiaria*, bei denen der vordere der beiden, üblicherweise die Schalenklappen zusammenpressenden Schließmuskeln (Adduktoren) rudimentiert oder ganz rückgebildet ist, sind asymmetrisch gebaut (z. B. *Pectinacea, Anomiacea, Ostreacea*); außerdem fehlen die Siphonen, so daß das eingestrudelte Wasser auf der ganzen Ausdehnung der klaffenden Schalenränder in die Mantelhöhle eindringen kann. Diese Muscheln liegen entweder frei auf Weich- oder Hartböden (z. B. Kamm-Muscheln, *Pectinacea*, Feilenmuscheln, *Limidae*), über die sie sich hüpfend fortbewegen können, indem sie die weit geöffneten Schalenklappen zur Erzeugung eines Rückstoßes ruckartig schließen oder sind am Grund bleibend befestigt. Sie verankern sich dabei entweder mit Hilfe von zugfesten Bissusfäden (Miesmuscheln, *Mytilacea*; Steckmuscheln, *Pteriacea*) oder indem sie, wie dies z. B. die Austern (*Ostreacea*) tun, eine Schalenklappe fest mit der Unterlage verkitten.

Eine erstaunlich hohe Evolutionsstufe haben die *Cephalopoda* (Kopffüßer, Abb. 77) erreicht. Dafür zeugen u. a. die weitgehende Zerebralisierung des Nervensystems, die Ausbildung leistungsfähiger Sinnesorgane (Abb. 83 e) und ein auf einer überraschend guten Lernfähigkeit basierendes, differenziertes Verhalten. Ihr Körper ist in Eingeweidesack und Kopf gegliedert. Der Fuß ist hier zu den muskulösen Fangarmen und dem der Mantelhöhle vorgelagerten Trichterorgan abgewandelt worden. Die Arme, in Vielzahl (*Nautilus*, Abb. 77 a), zu zehn (*Decabrachia*, Abb. 77 c) oder zu acht (*Octobrachia*, Abb. 36 b) kranzförmig um die Mundöffnung angeordnet und mit Saugnäpfen und/oder mit Fanghaken versehen, bilden ein außerordentlich wirkungsvolles, verschiedensten Funktionskreisen (Fortbewegung, Nahrungserwerb, Paarung etc.) dienliches Instrument. Ein massives, auch als hydrostatisches Organ wirkendes Gehäuse (Kap. 4.3.2.) ist nur noch bei wenigen Arten (Abb. 77) erhalten geblieben. Mit Ausnahme der Nautiliden, deren Lichtsinnesorgane relativ primitive Becheraugen sind, verfügen die *Cephalopoda* über Kameraaugen (Abb. 83 e), die bezüglich Bau und Leistungsfähigkeit jenen der Wirbeltiere kaum nachstehen. Ihre Ontogenese ist von jener der Wirbeltieraugen (Konvergenz) jedoch grundsätzlich verschieden. Der optische Sinn wird meist wirkungsvoll durch einen gut ausgebildeten taktilen Sinn unterstützt, dessen Rezeptoren vor allem an den Rändern der Saugnäpfe lokalisiert sind.

Die Cephalopoden sind ausnahmslos nachtaktive Räuber, die ihre Beute (Krebse, Fische, auch Muscheln) mit den dieser blitzschnell entgegengeworfenen Fangarmen überwältigen. Den *Decabrachia* (z. B. *Sepia*, Abb. 77 c) stehen hiefür 2 besonders lange und dehnbare Tentakel zur Verfügung. Die festgehaltenen Beutetiere werden mit Hornkiefern, welche die Form eines Papageienschnabels haben, gebissen und zerlegt. Beim Biß wird der Beute ein lähmendes Gift (Cephalotoxin) eingespritzt, das in voluminösen Speicheldrüsen erzeugt wird und beim Menschen vorübergehend eine lokalisierte Stillegung der sensorischen Funktionen zur Folge haben kann. Die Struktur der Haut und deren Pigmentierung passen sich vorzüglich dem jeweiligen Untergrund an. Die blitzartigen Farb- und Musterwechsel, durch die auch gewissen Stimmungen, wie z. B. Angst, Ausdruck verliehen wird, sind deshalb möglich, weil das Verhalten der Pigmentzellen (Chromatophoren) nicht einer hormonalen, sondern einer nervösen Kontrolle unterstellt sind, und weil die Form der Farbzellen durch feine Muskelfasern verändert wird. Wenn bedroht, entlassen die *Decabrachia* und *Octobrachia* (den Nautiliden fehlt ein Tintenbeutel) durch ihren Trichter in Form einer schwarzbraunen Tintenwolke ein Gemisch von Schleim und schwarzem Pigment (Melanin), das in einer Drüse (Tintenbeutel) synthetisiert wird. Bei den *Decabrachia* verteilt sich

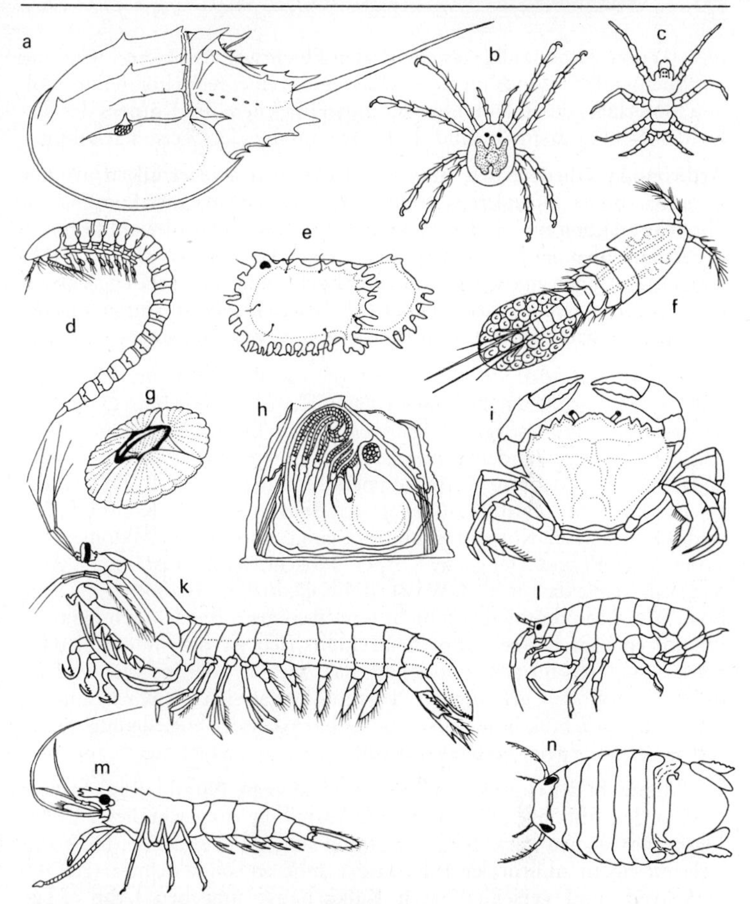

Abb. 51 Benthische Gliederfüßler (*Arthropoda*):
a Schwertschwänze (*Merostomata*, *Xiphosura*): *Limulus polyphemus*, bis 60 cm (Dorsalansicht);
b Spinnentiere (*Arachnida*, *Acari*, Milben): *Pontarachna punctulum* 0,3 mm.
c Asselspinnen (*Pantopoda*): *Pycnogonum pusillum*, 3 mm.
d–n Krebse (*Crustacea*):
d = *Cephalocarida*: *Lightiella incisa*, 2 mm; **e** = Muschelkrebse (*Ostracoda*): *Cythereis jonesi*, 1 mm; **f** = Ruderfußkrebse (*Copepoda*): *Tisbe furcata*, 1,5 mm; **g–h** = Rankenfüßler (*Cirripedia*): **g** = geschlossenes Gehäuse von *Balanus balanoides*, Durchm. 1,5 cm; **h** = Längsschnitt durch *Balanus tintinnabulum*, Durchm. 5 cm; **i** = Zehnfüßler (*Decapoda*): *Carcinus maenas*, Strandkrabbe; **k** = Fangschrecken-Krebse (*Stomatopoda*): *Harpiosquilla harpax*, 25 cm; **l** = Flohkrebse (*Amphipoda*): *Orchestia gammarella*, 15 mm; **m** = Zehnfüßler (*Decapoda*): *Lysmata seticaudata*, 4 cm; **n** = Asseln (*Isopoda*): *Sphaeroma* sp. (Dorsalansicht, 1 cm). (b, c, e nach *Riedl* 1963; d, h nach *Kaestner* 1967)

diese Wolke rasch und „vernebelt" den Fluchtweg des Tieres, während der flüchtende *Octopus* im freien Wasser einzelne, recht kompakte Wolken hinterläßt, deren Durchmesser ungefähr jenem des Körpers der fliehenden Krake entspricht und diesen in täuschender Weise nachahmt.

Arthropoda (Gliederfüßer, Abb. 51): Unter den Gliederfüßern nehmen die anpassungsfähigen Krebsartigen (*Crustacea*) im marinen Benthos eine ähnliche Stellung ein wie die Insekten auf dem Festland, obwohl sie nie an die Artenzahlen der letzteren heranzureichen vermögen (vgl. Tab. 6). Es sind mit der ihnen eigenen Vielfalt aber noch genug da, um einige Verwirrung in der systematischen Gliederung dieser Gruppe zu stiften, aus der hier nur die wichtigsten Ordnungen erwähnt werden können.

Die Gestalt der *Crustacea* wird durch die variable Zahl von Körpersegmenten geprägt, denen zu verschiedenen Zwecken (Fortbewegung, Sinnesorgane, Atmungsorgane, Kauwerkzeuge, Begattungsorgane, Brutpflege usw.) abgewandelte, unter sich homologe Extremitätenpaare zugeordnet sind. Mehrere Körpersegmente können, wie z. B. im Fall der hochevoluierten Zehnfüßer (*Decapoda*: Schwanzkrebse, Krabben, Einsiedlerkrebse), in 2 Körperabschnitte, Cephalothorax und Abdomen, zusammengefaßt sein. Der ganze Körper (Muschelkrebse, *Ostracoda*, Abb. 51e) oder Teile davon (z. B. Wasserflöhe, *Cladocera*; Großkrebse, *Decapoda*, Abb. 51i) können von mehr oder weniger ausgedehnten Hautduplikaturen umschlossen sein. Charakteristisch ist das unterschiedlich stark verkalkte, chitinöse Exoskelett, das, wie jenes der Insekten und anderer Arthropoden, gehäutet werden muß, so daß sich das Wachstum nur diskontinuierlich, d. h. jeweils unmittelbar nach der Entledigung des alten Skeletts (Exuvie) vollziehen kann.

Die Mehrzahl der benthischen *Crustacea* ist vagil. Nur die Rankenfüßer (*Cirripedia*, Abb. 51g, h) führen, mit Ausnahme einiger in dieser Unterklasse vertretenen Parasiten, eine streng sessile Lebensweise, indem sie sich mit einem an litoralen Felsen oder anderen soliden Unterlagen fest verkitteten und verschließbaren Kalkgehäuse umgeben (Abb. 51g). Kleinwüchsige Krebse (*Copepoda*, Abb. 51f; *Amphipoda*, Abb. 51 l; *Isopoda*, Abb. 51 n) sind oft Raumparasiten und leben als solche in den Filterkammern von Schwämmen (*Porifera*), im Kiemendarm von Ascidien (*Ascidiacea*) oder in den Mantelhöhlen von Muscheln (*Bivalvia*).

Zahlreiche Krebse (Ruderfußkrebse, *Copepoda*; Flohkrebse, *Amphipoda*; Asseln, *Isopoda*) und Rankenfüßer (*Cirripedia*) sind Ekto- und Endoparasiten geworden und haben dabei im adulten Zustand viele Elemente der typischen Gestalt und Struktur der Krebse eingebüßt.

Unter den kleinwüchsigen, vagilen Krebsen, die im Benthos mit zahlreichen Arten und z. T. großen Individuenzahlen in Erscheinung treten, sind neben vielen anderen die Copepoden, die Amphipoden, Flohkrebse, Isopoden (Asseln) und *Mysidiacea* (Abb. 27g) zu erwähnen. Die größeren, mehrere Zentimeter messenden, benthischen Krebse gehören fast alle der Ordnung der Zehnfüßer (*Decapoda, Reptantia*) an. Sie umfaßt die Langustenartigen (*Palinura*, Langusten, Bärenkrebse u. a.), die Hummerartigen (*Astacura*, Hummer, Kaiserhummer u. a.), die *Anomura* (Einsiedlerkrebse, Maulwurfkrebse u. a.) und die Krabben (*Brachyura*).

Die übrigen Arthropoden sind im marinen Benthos noch mit den unter die *Chelicerata* fallenden Klassen der *Merostomata* (Schwertschwänze, Abb. 51 a) und *Pantopoda* (Syn. *Pycnogonida*, Asselspinnen, Abb. 51 c) vertreten: Die heute nurmehr 5 Arten (3 Gattungen: *Limulus*, Abb. 51 a, *Tachypleus, Carcinoscorpius*) umfassenden, an den wärmeren Küsten Nordamerikas und Südostasiens vorkommenden Schwertschwänze sind lebend überlieferte Relikte einer primitiven, fossil bereits aus dem Erdaltertum bekannten Arthropodengruppe.

Bei den ebenfalls urtümlichen und systematisch schwer einzuweisenden Asselspinnen (*Pantopoda*, Abb. 51 c) sind 4 Extremitätenpaare, in die Blindsäcke des Darmes hineinziehen, an einem meist verhältnismäßig kleinen Rumpf eingelenkt. Sie halten sich auf den verschiedensten lebenden Substraten (Algen, Schwämmen, Hydroiden u. a.) auf, von deren Weichteilen sie sich ernähren.

Tentaculata (Abb. 50 k–o): Die systematische Stellung dieser trimeren Coelomaten, zu deren gemeinsamen Merkmalen u. a. ein den Mund kranzförmig umfassender Tentakelkranz gehört, ist noch umstritten. Es handelt sich durchwegs um Strudler, bei denen die mit Cilien besetzten, gleichzeitig die Aufgabe von Kiemen wahrnehmenden Tentakel als Fangreusen dienen. Der After liegt stets außerhalb des Tentalkelkranzes.

Die rein marinen *Phoronidea* (Abb. 50 k) sind leicht übersehbare Würmer, deren Körper in einer selbsterzeugten, oft mit Fremdkörpern durchsetzten Wohnröhre steckt. Aus ihrer einzigen Öffnung ragt beim ungestörten Tier nur die in ihrem Grundriß hufeisenförmige Tentakelkrone heraus. Weit verbreitet sind die stets sessilen Moostierchen (*Bryozoa*, Syn. *Ectoprocta*, Abb. 50 l, m), die mit der Unterklasse der *Phylactolaemata* auch im Süßwasser vertreten sind, während die marinen Vertreter ausnahmslos zu den *Gymnolaemata* gehören. Der Körper der Einzelindividuen (sog. Zoide), die im besten Fall eine Länge von 3, 4 mm erreichen, gliedert sich in ein distales, bewegliches, die Tentakelkrone tragendes Polypid und das basale, von einer cuticulären, teils stark verkalkten Hülle umschlossene Cystid, in dessen Schutz sich das Polypid mit Hilfe eines kräftigen Retraktormuskels zurückziehen kann. Die marinen Bryozoen bilden aus mehreren Individuen zusammengesetzte Stöcke, die durch vegetative Sprossung eines Gründerindividuums entstehen. Gestalt und Struktur dieser sich aus Einzelcystiden zusammensetzenden Stöcke sind artspezifisch. Sie können auf verschiedenen Substraten stark verkalkte Krusten oder freistehende Bäumchen (*Bugula*, Abb. 50 l) bilden.

Innerhalb der Stöcke kann es, ähnlich wie bei gewissen *Hydrozoa*, zur Ausbildung funktionell begründeter Polymorphismen (Heterozoide) kommen: Avicularien sind stark modifizierte Individuen, die mit vogelschnabelähnlichen, nach herumkriechenden Organismen schnappenden Zangen ausgerüstet sind (Abb. 50 m). Die Vibracularien ihrerseits peitschen mit ihrer langgezogenen Borste über die Oberfläche des Stockes und befreien zusammen mit den Avicularien das Stockgebilde von unerwünschten Epibionten.

Der von einer überdimensionierten Tentakelkrone dominierte Körper der rein marinen *Brachiopoda* (Armfüßer, Abb. 50 n, o) wird von 2 muschelähnlichen Schalenklappen, einer dorsalen und einer ventralen, schützend umhüllt. Auf der Innenseite der ventralen Klappe ist ein beweglicher, muskulöser Stiel befestigt, mit dem sich das sessile Tier entweder an einem harten Substrat oder im Sand oder Schlamm (*Lingulacea*, Abb. 50 n) verankert.

Pogonophora (Abb. 13 c): Diese sonderbaren Würmer, deren Körperdurchmesser auch bei Längen von 30–40 cm einen Millimeter nicht überschreitet, sind erst in diesem Jahrhundert wissenschaftlich erfaßt worden. Die wenigen, bisher bekannt gewordenen Arten (47) stammen alle von Weichböden, in denen sie sich lange, von Sekreten (Proteine und Chitin) ausgekleidete Wohnröhren bauen. Der fadenförmige Wurmkörper weist 3 mehr oder weniger deutlich voneinander abgrenzbare Abschnitte auf (Pro-, Meso- und Metasoma Abb. 13 c). Am Prosoma entspringen ein (*Siboglinum*) oder mehrere stets gebündelte Tentakel. An das kurze Mittelstück schließt das langgezogene mit Reihen von Befestigungspapillen ausgerüstete Metasoma an. Unter anderen Eigenheiten, welche die Einordnung dieses Stammes im System problematisch gestalten, muß das vollständige Fehlen eines Darmkanals hervorgehoben werden. Es muß deshalb angenommen werden, daß die Pogonophoren ihre Nahrung in Form niedermolekularer, gelöster Stoffe (Aminosäuren usw.) durch Vermittlung der Epidermis aufnehmen.

Echinodermata (Stachelhäuter, Abb. 52): Die nur im Meer heimischen Stachelhäuter bilden eine wesentliche Komponente des Zoobenthos. Im larvalen Zustand (Abb. 105 a–c) sind diese Deuterostomier alle streng bilateral-symmetrisch, wechseln dann aber im Verlauf eines komplizierten Metamorphoseprozesses zur pentameren Radiärsymmetrie über, wie sie bei einem 5armigen Seestern (Abb. 52 f) in beispielhafter Weise vorliegt. Die innere Organisation umfaßt außer dem durchgehenden oder blind endenden Darmtraktus, den Gonaden und dem radiär angeordneten Nervensystem eine Vielzahl von coelomalen Hohlräumen und Vaskularsystemen. Von diesen ist das sog. Ambulacralsystem äußerlich in Form der hydraulisch bewegten, polyfunktionellen Ambulacralfüßchen (Abb. 52 f) sichtbar. Das aus Kalk aufgebaute Endoskelett, das nach außen stets von einer dünnen Mesodermschicht und der Epidermis überzogen ist, zerfällt entweder, wie z. B. bei den *Holothuroidea* (Abb. 52 c), in einzelne in der Haut eingelagerte Sklerite oder bildet einen festen, mit beweglichen Kalkstacheln besetzten Panzer (Seeigel, *Echinoidea*, Abb. 52 d, e).

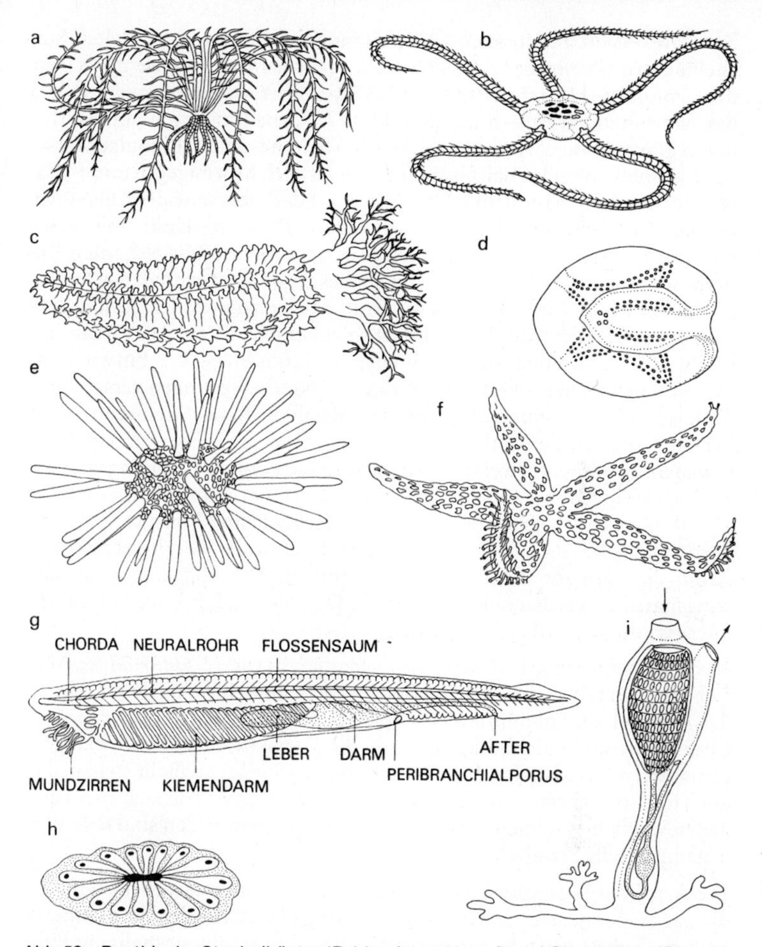

Abb. 52 Benthische Stachelhäuter (*Echinodermata*, a–f) und Chordatiere (*Chordata*, g–i):

a Haarsterne, Seelilien (*Crinoidea*): *Antedon mediterranea*, Durchm. bis 17 cm; **b** Schlangensterne (*Ophiuroidea*): *Ophioderma longicauda* Durchm. bis 24 cm; **c** Seegurken, Seewalzen (*Holothuroidea*): *Cucumaria plancii*, bis 15 cm; **d–e** Seeigel (*Echinoidea*): **d** = Skelett eines irregulären Seeigels, *Echinocardium cordatum*, Aboralseite (bis 6 cm); **e** = Schieferstift-Seeigel *Heterocentrotus* sp., **f** Seesterne (*Asteroidea*): *Echinaster sepositus*, Durchm. bis 20 cm. **g** Lanzettfischchen (*Cephalochordata*): *Amphioxus lanceolatus*, Länge bis 6 cm.

h–i Manteltiere, Seescheiden (*Urochordata, Ascidiacea*): **h** = Koloniale Ascidie. *Botryllus schlosseri* Durchm. der Kolonie 3–4 mm. Jede der durch Knospung entstandene Ascidie hat ihre eigene Ingestionsöffnung. Im Zentrum der Kolonie liegt die gemeinsame Egestionsöffnung. **i** = *Clavelina lepadiformis*, ca. 3 cm. (i nach *Riedl* 1963, die anderen nach Photos und eigenen Skizzen).

Den etwa 5000 aus fossilen Überlieferungen bekannten, gestielten Stachelhäutern (*Pelmatozoa*) stehen nicht mehr als 620 rezente der Klasse der *Crinoidea* (Haarsterne, Abb. 52 a) gegenüber. Bei etwas mehr als 4/5 der Arten handelt es sich um mobile, z. T. farbenprächtige Haarsterne, deren geschmeidige, stets mit zahlreichen Seitenästchen (Pinnulae) versehene Arme, einem verhältnismäßig kleinen, kelchförmigen Rumpf (Calyx) entspringen. Mund und After liegen auf der Oberseite des Calyx. Auf dessen Unterseite sind kurze, bewegliche Cirren eingelenkt, mit denen sich der Haarstern an einer Unterlage festklammert. Mit eleganten Ruderbewegungen der Arme schwimmen diese mobilen Crinoiden gelegentlich über Grund. Ihre Ontogenese verrät, daß sie von sessilen Seelilien abzuleiten sind, denn die Larve bildet vorübergehend ein Stielorgan aus (Abb. 105 b), von dem sie sich in einer späteren Phase der Entwicklung loslöst. Die nur in großen, von heftigen Wasserbewegungen verschonten Tiefen noch vorkommenden Seelilien behalten dieses Stielorgan zeitlebens bei und führen somit eine sessile Lebensweise. Diese von wirbelförmigen Skelettscheiben verstärkten Stielorgane können eine Länge von bis zu 2 m erreichen; bei fossil überlieferten Arten hat man solche von mehr als 20 m gefunden. Die Haarsterne und Seelilien sind Strudler, deren federförmige, wie die übrigen Körperteile durch Kalk-Sklerite verstärkten Arme die Aufgabe einer Fangreuse erfüllen. Die abgefangenen Nahrungspartikel werden über eine auf der Dorsalseite der Arme befindliche Förderrinne dem Mund zugeleitet.

Am scheibenförmigen Rumpf der Schlangensterne (*Ophiuroidea*, Abb. 52 b) sind stets 5 mehr oder weniger bewegliche Arme eingelenkt, die bei den sog. „Medusenhäuptern" (*Gorgonocephalidae*) reich verzweigt sind. Über gewissen Weichböden können die Populationen von Schlangenstern-Arten (im Mittelmeer z. B. *Ophiothrix fragilis*) so dicht stehen, daß die Tiere in mehreren Schichten übereinanderliegen. Die sich meist mit den beweglichen Armen vorwärtsschiebenden Ophiuriden sind teils Weidegänger, teils Strudler.

Die Arme der Seesterne (*Asteroidea,* Abb. 52 f) sind wesentlich steifer als die der Schlangensterne. Die Fortbewegung über Grund oder im Inneren lockerer Substrate (z. B. *Astropecten,* Abb. 62 b) erfolgt deshalb mit Hilfe der beweglichen Ambulacralfüßchen. Viele Seesterne sind Räuber, die andere Stachelhäuter oder Muscheln überfallen, wobei sie beim Öffnen der letzteren mit ihren saugnapfbewehrten Armen erstaunliche Kraftleistungen erbringen können. Der gemeine Seestern, *Asterias rubens,* kann in Muschelzuchten (Kap. 6.6.3.) empfindliche Schäden anrichten. Andere Arten, wie z. B. die in Sandböden lebenden Kamm-Seesterne der Gattung *Astropecten* überfallen dort lebende Schnecken, Muscheln, teils auch Fische, indem sie ihren evaginierenden Magen über die Beute stülpen.

Die Seeigel *(Echinoidea)* lassen sich in 2 Unterklassen scheiden. Die eine umfaßt die äußerlich streng radiär-symmetrisch gebauten, sich auf dem

Substrat aufhaltenden *Regularia* (Abb. 52e), die andere die *Irregularia* (Abb. 46g, 52d), welche sekundär wieder zur bilateralen Organisation zurückgekehrt sind. Diese gehören fast ausnahmslos der Endofauna von Sand- oder Schlickböden an (Abb. 62e), wo sie sich von Mikroorganismen und Detritus ernähren. Die sich mit Hilfe der Stacheln und Ambulacralfüßchen fortbewegenden *Regularia* sind dagegen vorwiegend Weidegänger. Als solche benagen sie mit 5 konzentrisch, zur sog. „Laterne des Aristoteles" angeordneten Zähnen die Algenüberzüge der Felsen. Die im mediteranen Sublitoral häufigen, schwarzen *(Arbacia lixula)* und braunen *(Paracentrotus lividus)* Seeigel sind stellenweise zu einer fast sessilen Lebensweise übergegangen, indem sich gewisse Populationen im weichen Tuffgestein mechanisch einbohren und diese Löcher kaum verlassen. Die Wellenbewegungen sind in diesem Fall für den dorthin geschwemmten Nachschub der pflanzlichen Geschwebsel besorgt.

Die *Holothuroidea* (Seewalzen, Seegurken, Abb. 52c, 63f), von denen tropische Arten eine Länge von 2 m erreichen können, sind walzenförmige, der Länge nach auf Grund liegende oder im Innern von Weichböden lebende Stachelhäuter. Die dem Stamm eigene Organisation hat in dieser Gruppe durch die Abwandlung der Körpergestalt gewisse, eine Rückkehr zur bilateralen Symmetrie andeutende Modifikationen erfahren. Der Mund liegt inmitten eines Kranzes von 10–30 ausstülpbaren, reich verästelten Tentakeln, die zum Aufgreifen oder Abfangen von Nahrungspartikeln dienen. Die Holothurien sind Mikrophagen und Substratfresser. Die letzteren (z.B. *Holothuria, Stichopus*) schieben sich unter Zuhilfenahme der Tentakel nicht vorselektioniertes Bodenmaterial in den Mund, aus dem ein Teil der organischen Komponenten herausverdaut wird, während die mineralischen Anteile den After in Form langgezogener Kotpakete verlassen. Vertreter anderer Gattungen (*Paracaudina, Labidoplax* u.a.) halten sich im Inneren lockerer Substrate auf, indem sie mit dem lang ausgezogenen, hinteren Körperteil den Kontakt mit der Substratoberfläche aufrecht erhalten. Viele Arten der *Dendrochirata*, z.B. die im Mittelmeer häufige *Cucumaria* (Abb. 52c), befestigen sich mit den kräftigen Ambulacralfüßchen auf Felsen oder in Felsritzen und setzen die entfalteten Tentakelbäumchen als Geschwebsel abfangende Filtervorrichtung ein. Im Gegensatz zu den anderen *Echinodermata*, deren Gasaustausch hauptsächlich durch Vermittlung der Ambulacralfüßchen, oder bei den *Echinoidea* und *Asteroidea* zusätzlich durch mundständige Kiemenbüschel bzw. aus dem Coelom an die Körperoberfläche vorstoßende Papulae erfolgt, verfügen viele Holothurien (*Dendrochirata, Aspidochirata* und *Molpadonia*) über sog. Wasserlungen. Es sind dies zwei neben dem After ausmündende, im Coelom verästelte Blindsäcke, in die Atemwasser eingepumpt werden kann.

Viele Holothurien stoßen, wenn man sie anfaßt, den gesamten Darmkanal und die Wasserlungen durch den After aus. Diese Organe werden nach einem solchen Ereignis, über dessen Bedeutung man noch im dunkeln tappt, innerhalb von 2–3 Wochen regenerativ neu gebildet. Die Schutzfunktion der Cuvierschen Schläuche, über die verschiedene Arten der Gattungen *Holothuria* und *Actinopyga* verfügen, steht dagegen außer Zweifel. Es sind dies 100–150 dünne (∅ 2–3 mm) Schläuche, die an der Basis der Wasserlungen festgemacht, ins Metacoel hineinragen. Wird die Seewalze belästigt, so schleudert sie diese, mit klebrigen, sich zu langen, dehnbaren Fäden verfestigenden Schläuche nach außen, in denen sich der Feind hoffnungslos verfängt. Im Mittelmeer ist nur die dunkelbraune bis schwarze *Holothuria forskali* mit dieser wirksamen Waffe ausgerüstet. Es gibt einige wenige Seewalzen *(Pelagothuria, Enypniastes),* die dank weit ausladender Schwimm-Membranen schwimmen können und eine pelagische Lebensweise führen.

Branchiotremata (*Hemichordata*): Die Stellung dieser Deuterostomier ist umstritten. Von einigen Autoren werden sie bei den wirbellosen Tieren eingereiht, von anderen den Chordatieren *(Chordata)* unterstellt. Mit den letzteren teilen sie einige anatomische Merkmale, so u.a. den von Kiemenspalten durchbrochenen Vorderdarm (Pharynx), ein auf den mittleren Körperabschnitt (Mesosoma) begrenztes Rückenmark. Eine Chorda dorsalis fehlt jedoch. Der langgezogene Körper der Eichelwürmer (*Enteropneusta*, Abb. 50 p) gliedert sich in drei Abschnitte, denen je ein Coelom zugeordnet ist. Der vorderste Abschnitt (Protosoma) wird vom Graborgan, der muskulösen „Eichel“ gebildet, an die als Kragen das Mesosoma anschließt. Im Grenzbereich dieser relativ kurzen Abschnitte liegt der Mund. Der lange Rumpfteil (Metasoma) kann sich in weitere 4 äußerlich voneinander abgrenzende Regionen (Kiemen-, Gonaden-, Leber- und Abdominalregion) gliedern. Die Eichelwürmer, die mit *Balanoglossus gigas* maximale Längen von über 2 m erreichen können, leben als Substratfresser auf oder in verschiedenen Böden.

Die **Pterobranchia** sind in Abweichung zu den *Enteropneusta* kleine, sessile, polypenähnliche und z. T. stockbildende Tiere. Unter einem Lappen des scheibenförmigen Prosomas liegt der Mund, hinter dem das zylindrische Mittelstück (Mesosoma) anschließt. Diesem entspringen dorsal ein bis mehrere, tentakeltragende Arme, deren Wimperkleid abgefangene Planktonorganismen der Mundöffnung zuleiten. Der After liegt dorsal auf der Höhe der Mundöffnung. Das im vorderen Teil sackförmige Metasoma läuft in einen langen Stielteil aus. Der Körper der Tiere steckt in einer arttypischen strukturierten Wohnröhre. Durch asexuelle Vermehrung können reich verzweigte, aus zahlreichen Einzelindividuen aufgebaute Stöcke entstehen.

Chordata

Urochordata: Während die *Thaliacea* (Salpen) und *Larvacea* (Appendicularien) typische Holoplankter (Kap. 3.2.3.) sind, liegt der Schwerpunkt der Entwicklungszyklen der *Ascidiacea* (Seescheiden, Abb. 52h,i) im Benthos. Diese sind streng sessile Strudler, bei denen im geschlechtsreifen

Zustand außer dem voluminösen Kiemendarm (Pharynx) gestaltlich und anatomisch nichts mehr an die Chordaten-Organisation erinnert, welche zuvor den Bauplan ihrer kaulquappenähnlichen Larven geprägt hatte (Abb. 103 l, 105 l). Diese besitzen eine auf den muskulösen Schwanz begrenzte unsegmentierte Chorda, über der ein sich im Rumpfbereich der Larve zu einem kleinen Gehirn erweiterndes Neuralrohr liegt. Im Verlauf der Metamorphose (Abb. 105 l), die auf ein meist kurzes pelagisches Larvaldasein folgt und mit der Verankerung des Tieres an einer festen Unterlage endet, wird der Schwanz mit seiner Chorda und dem Neuralrohr resorbiert. Von den für Chordaten typischen Bestandteilen bleibt nur der Kiemendarm übrig. Durch eine meist röhrenförmig ausgezogene Ingestionsöffnung wird Wasser angesogen (Abb. 55 b), das durch den als Filter wirkenden Kiemenkorb durchtritt und auf dem Weg der Egestionsöffnung, durch die auch die Fäkalien und Gameten (Ascidien sind Zwitter) evakuiert werden, wieder nach außen strömt.

Der meist massive, widerstandsfähige Mantel (Tunica), der den ganzen Körper umhüllt, besteht vorwiegend aus Tunicin, einer der pflanzlichen zelluloseähnlichen Substanz, über deren Syntheseverlauf man noch im Dunkeln tappt. Eine weitere biochemische Besonderheit der *Ascidiacea* stellt das in den Blutzellen (Vanadocyten) enthaltene Hämovanadin dar (Kap. 4.1.2.).

Die Ascidien vermehren sich auch vegetativ durch Bildung von Knospen. Bei vielen kleinwüchsigen Arten bleiben die so entstandenen, von einem gemeinsamen Mantel umhüllten Tochterindividuen im kolonialen Verband miteinander verwachsen (Abb. 52 h). Die großen *Ascidiacea* dagegen sind in der Regel solitär.

Cephalochordata (Abb. 52 g, 105 m): Dieser kleine, stammesgeschichtlich aufschlußreiche Unterstamm der Chordatiere umfaßt die unter den Gattungsnamen *Amphioxus* oder *Branchiostoma* bekannten Lanzettfischchen, deren Organisation z. T. Elemente des Chordatenbauplans (Chorda und Neuralrohr in typischer räumlicher Anordnung, letzteres mit Spinalnerven, Kiemendarm mit Kiemenspalten, segmentale Rumpfmuskulatur, Kreislaufsystem, Entwicklungsmodus etc.) teils Relikte aufweist, die mit dem wirbellosen Zustand in Übereinstimmung stehen (einschichtige Epidermis mit Cuticula, Protonephridien etc.). Diese Ambiguität hatte zunächst die Auffassung bekräftigt, die heute lebenden *Cephalochordata* stellten die Urform der Chordaten, d. h. Übergangsform zwischen dem wirbellosen Zustand und den Vertebraten dar. Viele Ungereimtheiten, wie z. B. die Verlagerung der Gonaden in den vorderen Körperbereich, das Vordringen der Chorda in die vordere Körperspitze u. a. haben berechtigte Zweifel an dieser optimistischen These aufkommen lassen, so daß die uns heute bekannten Lanzettfischchen als steckengebliebener Seitenast der weiterhin enigmatischen Chordaten-Vorgeschichte einzustufen sind.

Als ausgesprochen stenöke Tiere leben die Lanzettfischchen als Strudler im Sand des Infralitorals vergraben, wobei sie ganz bestimmte Korngrößen vorziehen, eine besondere Bakterienflora fordern und ein Überangebot an organischen Sedimenten meiden. Substrate, die diese Bedingungen erfüllen, sind relativ selten und meist von beschränkter Ausdehnung, so daß sich die Ansiedlung einer *Amphioxus*-Population oft auf wenige Quadratmeter beschränkt.

Vertebrata: Die Wirbeltiere sind im Benthos mit einigen *Agnatha* (Kieferlose), *Chondrichthyes* (Haie, Rochen und Chimären) sowie mit einer großen Zahl von *Osteichthyes* (Knochenfische) vertreten.

Agnatha: Die Vertreter dieser Klasse, die ihre Blütezeit mit den *Ostracodermi* im Erdaltertum (Silur, Devon) erlebt hatte, sind die primitivsten, heute lebenden Wirbeltiere, Relikte also einer bedeutsamen Vorstufe der Wirbeltierevolution. Dafür sprechen das Fehlen eines Kieferapparates, das Persistieren bis ins Adultstadium hinein einer primitiven Chorda dorsalis und andere primitive Merkmale, auf die hier nicht im einzelnen eingegangen werden kann (vgl. ZISWILER 1976). Von den 44 heute noch lebenden Arten gehört etwa die Hälfte zu den *Petromyzones* (Neunaugen), die andere zu den *Myxinii* (Schleimaale, Inger). Ein Teil der Neunaugen, so das Meerneunauge *(Petromyzon marinus)* und das Flußneunauge *(P. fluviatilis)* sind anadrom (vgl. Kap. 3.3.). Sie leben im Meer als Ektoparasiten von Knochenfischen, an denen sie sich mit dem Mund festsaugen und mit Hilfe der konzentrisch angeordneten Hornzähnchen die Wirtsgewebe aufarbeiten. Die *Myxinii* halten sich im Benthal gemäßigter und kalter Meere auf, wo sie als blinde Nachttiere auf Schlammböden leben, Bodentiere fressen, aber auch Fische überfallen und sich gewebefressend in diese einbohren.

Chondrichthyes (Abb. 53): Bei den Haien *(Selachii)*, die eine starke Bindung zum Benthos haben, weil sie sich hauptsächlich von benthischen Tieren (Wirbellose, Fische) ernähren oder weil sie ihre Eier irgendwo am Meeresboden befestigen, handelt es sich vorwiegend um kleinwüchsige Arten. Im europäischen Litoral betrifft dies z. B. die oviparen Katzenhaie (*Scyliorhinus stellaris, S. caniculus,* Abb. 53 a), bzw. den Fleckhai (*Galeus melastomus,* bis 80 cm), die viviparen Dornhaie (*Squalus acanthias,* bis 1 m) und Glatthaie (*Mustelus vulgaris,* bis 2 m), sowie die in größeren Tiefen vorkommenden, schwarzen Dornhaie (*Etmopterus spinax,* bis 45 cm) oder die Meersau (*Oxynotus centrina,* Abb. 53 b). Besonders gut an das Bodenleben angepaßt sind die dorso-ventral abgeplatteten Engelhaie (*Squatinoidei,* Abb. 53 d) und die Sägehaie (*Pristiophoroidei,* bis 5 m), deren Schnauze zu einem beidseitig bezahnten Sägeblatt verlängert ist, mit dem sie auf der Suche nach Nahrung den Meeresgrund aufwühlen. Alle diese benthischen Haie sind im Vergleich zu den im Pelagial lebenden Arten (Kap. 3.3.) schlechte, sich vorwiegend auf oder knapp über dem

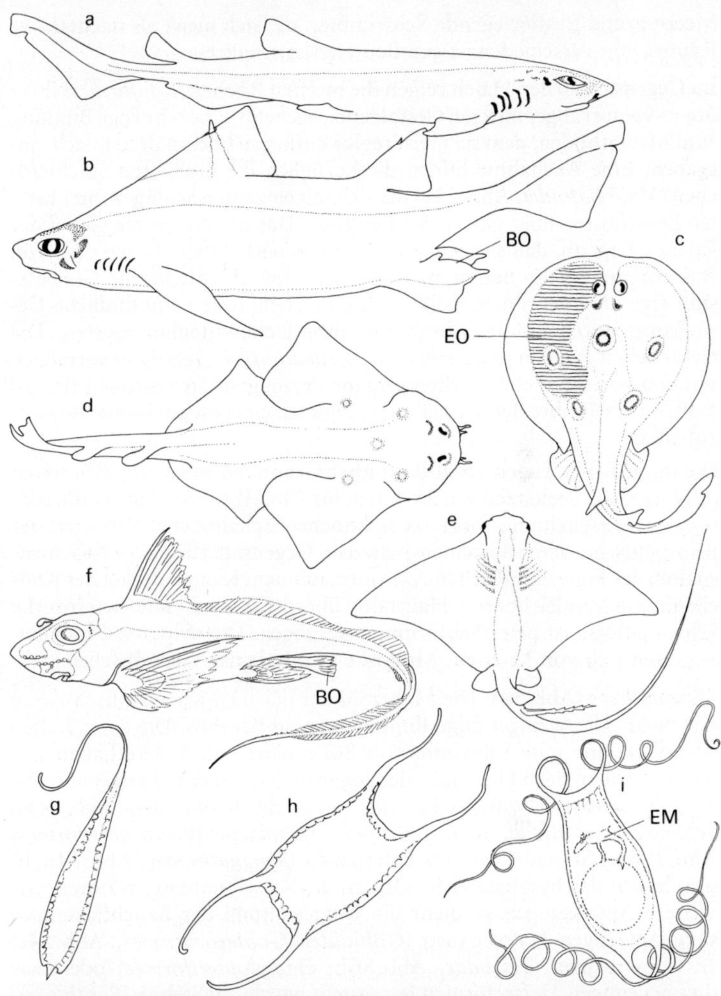

Abb. 53 Benthische Haie, Rochen und Chimären (*Chondrichthyes*): **a** Kleiner Katzenhai, *Scyliorhinus caniculus*, Weibchen bis 90 cm; **b** Meersau, *Oxynotus centrina*, ♂ mit Begattungsorgan (BO) 30–150 cm; **c** Augenfleck-Zitterrochen, *Torpedo torpedo*, bis 60 cm, Ausdehnung des elektrischen Organs (EO) schraffiert; **d** Engelhai, Meerengel, *Squatina squatina* ♀ bis 230 cm; **e** Adlerrochen, *Myliobatis aquila*, ♀ bis ca. 1 m; **f** Seekatze, *Chimaera monstrosa* ♂ mit Begattungsorgan (BO) bis 120; **g** Eikapsel der Seekatze (f), ca. 16 cm; **h** Eikapsel des Glattrochens, *Raja batis*, ca. 15 cm; **i** Eikapsel des kleinen Katzenhais (a) mit Embryo und Dotterkugel. Die Kapsel selbst ist ca. 7 cm lang. Die zur Befestigung der Kapsel dienenden Schnüre erreichen Längen von 20–30 cm (EM = Embryo) (nach eigenen Skizzen).

Meeresgrund fortbewegende Schwimmer, die sich meist als nachtaktive Räuber von verschiedenartigen Beutetieren ernähren.

Im Gegensatz zu den Haien zeigen die meisten Rochen *(Rajiformes)* ihrer dorso-ventral abgeplatteten Gestalt entsprechend, eine sehr enge Bindung zum Meeresboden, dem sie meist reglos aufliegen oder in den sie sich eingraben. Eine Ausnahme bilden diesbezüglich die mobileren Stachelrochen (*Myliobatoidei,* Abb. 53 e) die sich mit eleganten Schlägen ihrer breiten Brustflossen über Grund fortbewegen. Das meist stumpfe Gebiß der Rochen zeigt an, daß sie sich vor allem von wirbellosen Tieren oder von Aas ernähren. Beim Beutefang spielt der schwach entwickelte Gesichtssinn eine untergeordnete Rolle. An seine Stelle treten empfindliche Geruchsrezeptoren und das vibrationsempfindliche Seitenliniensystem. Die elektrischen Rochen (Zitterrochen, *Torpedinoidei,* Abb. 53 c) vermögen mit den von ihren elektrischen Organen erzeugten Stromstößen (bis 50 Volt) einerseits ihre Beute zu lähmen, andererseits potentielle Feinde fernzuhalten.

Die in größeren Tiefen (> 200 m) über Grund lebenden sog. Chimären (*Holocephali,* Seekatzen, ca. 25 Arten, bis 2 m, Abb. 53 f), sind sonderbare, ihrer Erscheinungsform nach knochenfischähnliche Vertreter der Knorpelfische, deren 4 Kiemenspalten im Gegensatz zu den 5–7 Kiemenspalten der Haie und Rochen von einer, mit dem Kiemendeckel der Knochenfische vergleichbaren Hautfalte überdeckt sind. Die heterozerke Schwanzflosse ist peitschenförmig ausgezogen. Die oviparen Chimären ernähren sich von Krebsen, Mollusken und kleinen Grundfischen.

Osteichthyes (Abb. 54): Die Mehrzahl der marinen Knochenfisch-Arten hat mehr oder weniger enge Bindungen zum Benthos. Die einen halten sich als relativ gute Schwimmer in Bodennähe auf, andere haben sich weitgehend an das Leben auf oder sogar im Meeresgrund angepaßt. Die ausgesprochenen Bodenfische, die Grundeln (*Gobioidei,* Abb. 54 g), Schleimfische (*Blennioidei,* Abb. 54 f), Plattfische (*Pleuronectiformes,* Abb. 106 e), Seenadeln und Seepferdchen (*Syngnathoidei,* Abb. 54 a, b) u. a. haben das hydrostatische Organ, die Schwimmblase, verloren. Als weitere Anpassungen verdient die Umgestaltung der Bauchflossen zu saugnapfartigen Haftorganen (*Gobioidei, Gobiesociformes,* Abb. 54e) zu Schreitbeinen (*Triglidae,* Abb. 86 b; *Dactylopteriformes*) oder, wie dies bei einigen Tiefseeformen festgestellt wurde, zu Stelzen (*Benthosaurus,* Abb. 79 e) erwähnt zu werden. Einen Extremfall stellen die Plattfische *(Pleuronectiformes)* dar, deren pelagische Larven normal bilateralsymmetrisch gebaut sind, die aber im Laufe der Metamorphose asymmetrisch werden und sich je nach Artengruppe entweder mit ihrer rechten (Butte, *Bothidae*; Hundszungen, *Cynoglossidae*) oder mit der linken (Seezungen, *Soleidae*; Schollen, *Pleuronectidae*) sich depigmentierenden Körperseite auf den Grund legen, wobei sich das dem Boden zugekehrte Auge auf die andere Körperseite verlagert (Abb. 106 b–d). Diese vorwie-

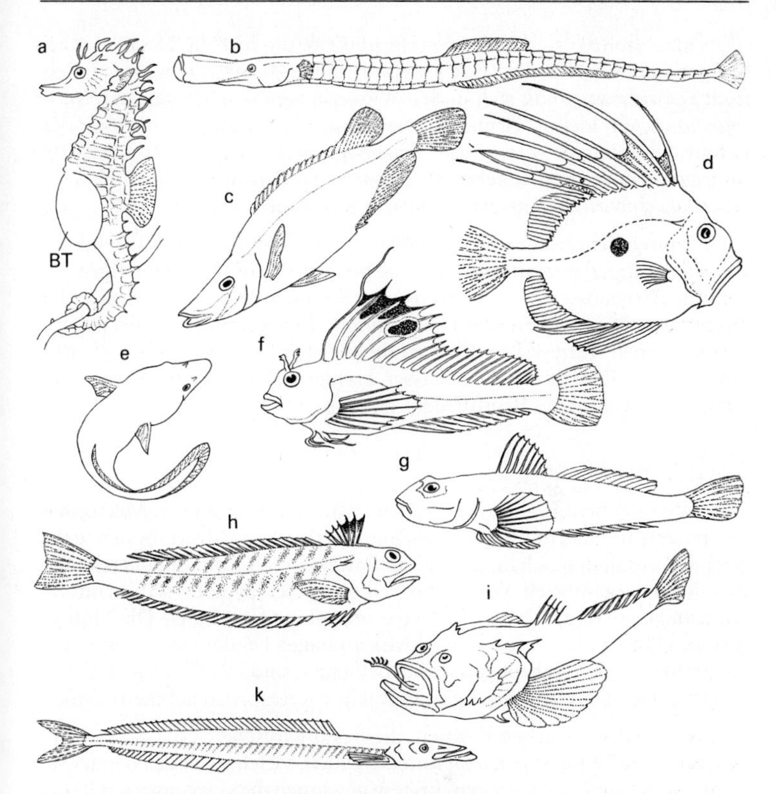

Abb. 54 Benthische Knochenfische (*Osteichthyes*):
a–b *Syngnathiformes*: **a** = Langschnäuziges Seepferdchen, *Hippocampus guttulatus*, ♂ mit Bruttasche (BT), bis 15 cm; **b** = Seenadel, *Syngnathus typhle*, bis 35 cm;
c *Perciformes, Labridae*: Schnauzenlippfisch, *Crenilabrus scina*, bis 12 cm;
d *Zeiformes*: Petersfisch, Heringskönig, *Zeus faber*, bis 60 cm;
e *Gobiesociformes*: Saugfisch, *Lepadogaster lepadogaster*, bis 7 cm;
f–k *Perciformes*: **f** = *Blennidae*, Seeschmetterling, *Blennius ocellaris,* bis 16 cm; **g** = *Gobiidae*: Grundel, *Gobius cruentatus* bis 18 cm; **h** = *Trachinidae*: Petermännchen, *Trachinus draco*, bis 30 cm, giftige Strahlen der Rückenflosse; **i** = *Uranoscopidae*: Sterngucker, *Uranoscopus scaber*, bis 25 cm; die beweglichen fleischigen Verästelungen der Zunge locken Beutefische an; **k** = *Ammodytidae*: Großer Sandaal, *Hyperoplus lanceolatus*, bis 35 cm.
(k nach *Muus* u. *Dahlström* 1968, die anderen nach eigenen Photos und Skizzen).

gend auf Flachböden lebenden Plattfische verstehen es, sich durch ruckartige Körperbewegungen mit Sand oder Schlick so zu bedecken, daß nur noch die Augen über die Oberfläche hinausragen. Andere Fische des Benthals, so z.B. die Sandaale (*Ammodytidae*, Abb. 54k), einige Lippfische

(Labridae) bohren sich in den Sandgrund ein, um hier die Nacht zu verbringen oder um sich dem Zugriff von Feinden zu entziehen. Der Nadelfisch *Fierasfer acus* hält sich in den Wasserlungen von Seewalzen *(Holothuroidea)*, ein kleiner Grundel *(Clevelandia ios)* in der Wohnröhre des Echiuriden *(Urechis caupo)* auf. Felsböden und vor allem Korallenriffe offerieren ein reiches Angebot an Höhlen und Ritzen, die von vielen Fischen als sichere Wohnstätte in Besitz genommen werden.

Viele typisch benthischen Knochenfische leben ständig oder während der Fortpflanzungszeit territorial, d. h. sie beanspruchen und verteidigen gegenüber Artgenossen bzw. Rivalen einen Raum, in dessen Bereich sich der angestammte Standort des Fisches befindet. Im Gegensatz zu den pelagischen Formen (Kap. 3.3.) entlassen die meisten benthischen Knochenfische den Laich nicht ins freie Wasser, sondern obliegen einer mehr oder weniger ausgeprägten Brutpflege (vgl. Kap. 5.3.3.).

3.4.2.2. Ernährung

Die unter den benthischen Wirbellosen zahlreich vertretenen **Mikrophagen** nutzen als Nahrungsquelle das über oder auf dem Meeresboden meist reichlich anfallende, kleinpartikuläre Futter. Dieses umfaßt neben lebenden Mikroorganismen vor allem sedimentierende oder sedimentierte Kleinkadaver (Kap. 3.2.4.) und Detritus anderen Ursprungs. Die Methoden und Hilfsmittel, derer sich die Mikrophagen bei der Gewinnung und Anreicherung der Nahrungspartikel bedienen, sind so vielseitig, daß ihre Darstellung allein den Umfang eines Buches in Anspruch nehmen könnte.

Es gilt zunächst zwischen Formen, die das organische Geschwebsel dem Wasser entziehen und jenen zu unterscheiden, welche sich das bereits sedimentierte Material aneignen. Erstere gewinnen die suspendierten Partikel, indem sie diese durch passive oder aktive Filtration dem Wasser entziehen, wobei je nach Art die verschiedensten, für diese Zwecke angepaßten Körperteile oder Organe in den Dienst dieser Aufgabe gestellt werden können. Die Gemeinsamkeit liegt darin, daß die Futterpartikel an klebrigen Schleimüberzügen von hierfür besonders ausgebildeten und unterschiedlich strukturierter Epithelien abgefangen werden. Diese liegen entweder an der Körperaußenfläche (Abb. 55 a, 56 d) oder kleiden die Innenflächen von Körperhohlräumen aus (Abb. 56 a–c). Die Ausbeute hängt einerseits von der Konzentration der im Wasser suspendierten Partikel bzw. von der über diese Filterorgane streichenden Wassermenge, andererseits von der Oberfläche dieser filtrierenden Epithelien ab. In den meisten Fällen erfüllen diese gleichzeitig respiratorische Aufgaben. Diese funktionelle Koppelung von Nahrungserwerb einerseits und Atmung (Kap. 4.4.3.) andererseits ist ein Charakteristikum der Strudler.

Ein passives Filtrieren kommt nur dort in Frage, wo mehr oder weniger konstante Strömungsverhältnisse eine ausreichende Wasserzufuhr gewährleisten und wo sich die filtrierenden Organe diesen Wasserbewegungen direkt in den Weg stellen. Dies trifft z.B. für viele freistehende Hornkorallen *(Gorgonaria, Cnidaria)* und *Hydrozoa* (*Cnidaria,* Abb. 48 e) zu, deren aus zahlreichen polypoiden Individuen zusammengesetzte Stöcke sich, wie auch experimentell nachgewiesen werden konnte, stets senkrecht zu der herrschenden Wasserströmung entwickeln und entfalten. Die Gesamtheit der feinen Polypententakel verdichtet sich dabei zu einem Netzwerk, in dem das von der Strömung mitgeführte Geschwebsel hängen bleibt.

Die Mehrzahl der echten Strudler jedoch steigert den Ertrag dadurch, daß sie mit Hilfe von Wimperepithelien oder unter Zuhilfenahme anderer Mittel selber Wasserströme erzeugen und diese über die filtrierenden Epithelien lenken. Äußere Filterorgane, durch die Wasser gesteuert wird, bestehen meist aus Netzwerken filamentöser, z.T. reich verzweigter Kör-

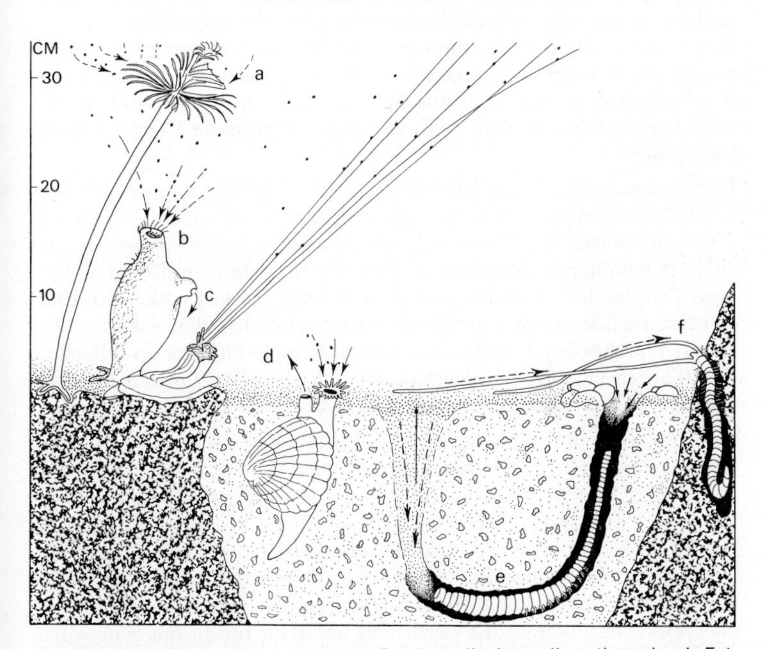

Abb. 55 Mikrophagen des mediterranen Benthos, die das sedimentierende, als Futter verwertete Material auf verschiedenen Etagen über Grund nutzen. **a** Röhrenwurm, *Spirographis spallanzanii* (*Polychaeta*, *Sedentaria*); **b** Rote Seescheide, *Halocynthia papillosa* (*Urochordata, Ascidiacea*); **c** Sessile Wurmschnecke, *Vermetus arenarius* (*Mollusca, Gastropoda*) schleudert spinnwebartige Fangfäden aus, die mit dem daran klebenden Geschwebsel wieder eingeholt werden; **d** Herzmuschel, *Cardium edule* (*Mollusca, Bivalvia*); **e** *Arenicola marina*; **f** *Polydora ciliata* (*Polychaeta, Sedentaria*).

peranhänge. Bei den Moostierchen (*Bryozoa,* Abb. 50 m) sind es die retraktilen Kränze feiner, mit Cilien besetzter Tentakel, bei vielen Röhrenwürmern (*Polychaeta, Sedentaria,* Abb. 55 a, 56 d) übernehmen die aus der Öffnung der Wohnröhre herausragenden spiralig oder büschelförmig angeordneten Kopfanhänge diese Funktion, während unter den Echinodermen die Haarsterne bzw. Seelilien (*Crinoidea,* Abb. 52 a) und einige Schlangensterne *(Ophiuroidea)* ihre verzweigten Arme hiefür einsetzen. Die Seewalzen *(Holothuroidea),* die sich – wie z. B. die Vertreter der Gattung *Cucumaria* – von Geschwebsel und Plankton ernähren, fangen diese mit den ausgestülpten, baumförmig verzweigten Mundtentakeln.

Bei der zweiten Kategorie von Strudlern wird das Wasser durch Körperhohlräume hindurch geleitet, an deren Auskleidung die Nahrungspartikel abfiltriert werden. Es trifft dies für die Schwämme (*Porifera,* Abb. 56 a–c) zu, bei denen Wasser durch feine Poren angesogen, durch ein mehr oder weniger komplexes Kammersystem (Geißelkammern, Abb. 56 b) gelenkt und durch eine oder mehrere Hauptöffnungen (Oscula) wieder ausgestoßen wird. Die die Geißelkammern auskleidenden Kragengeißelzellen erzeugen die Wasserbewegungen und nehmen gleichzeitig die abgefangenen Futterpartikel auf. Die Muscheln (*Bivalvia,* Abb. 55 d) und die Seescheiden (*Ascidiacea,* Abb. 55 b) sind weitere typische Vertreter dieser Kategorie.

Die Bewegungen der die Mantelinnenfläche und die Kiemen der Muscheln bedeckenden Cilien erzeugen im Mantelraum einen Unterdruck, durch den Wasser durch eine sich zwischen den Schalenklappen befindliche, oft kaminartig ausgezogene Öffnung (Ingestionssipho) angesogen wird. Das durch die Kiemen getriebene Wasser, wo die Partikel abfiltriert werden, verläßt den Körper durch eine zweite Öffnung, das sog. Egestionssipho. Bei den *Ascidiacea,* deren geräumiger Pharynx als Filtersack wirkt, liegen sehr ähnliche Verhältnisse vor. Tabelle 19 macht Angaben über die Filtrierleistungen einiger ausgewählter Beispiele.

Der Transport der abfiltrierten, in Schleimportionen verpackten Nahrungspartikel zur Mund- bzw. Ösophagus-Öffnung erfolgt meist auf „Förderbändern" (Abb. 56 f), auf denen das Fördergut einmal mehr von kräftigen Cilien transportiert wird. Bei gewissen Röhrenwürmern (z. B. *Sabella,* Abb. 56 d–f) sind diese in den Hauptästen der Kiemen eingekerbten Förderrinnen so gestaltet, daß sie ein Sortieren der Partikel nach Größenklassen erlauben. Die größten Partikel werden unverwertet eliminiert, die Partikel mittlerer Größe werden als Bausteine für die mit dem Wurm wachsende Wohnröhre verwendet, wo sie mit Mucus untereinander verkittet werden. Nur die in den engsten Teil der Rinne passenden Partikel werden als Futter dem Mund zugeführt. Fast in jedem anderen Fall sind ähnliche, wenn auch meist nicht so ausgeklügelte Vorkehrungen getroffen, die dem Strudler ein Selektionieren der Nahrungspartikel nach Größe und Qualität erlauben. So sind überdimensionierte Partikel zu schwer, als

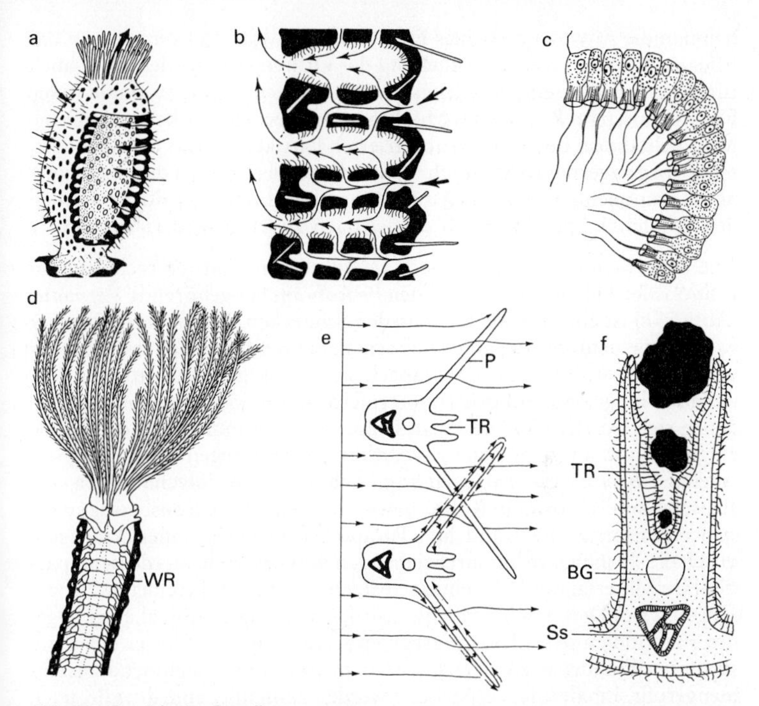

Abb. 56 Benthische Strudler

a–c Schwämme (*Porifera*): *Sycon raphanus* (*Calcarea*) bis 2 cm; **a** = angeschnittener Schwamm. Das Wasser wird durch die feinen Poren angesogen und verläßt den Innenraum durch das apicale Osculum; **b** = vergrößerter Schnitt durch die von Geißelkammern durchsetzte Wand des Schwammes. Pfeile geben die Richtung der Wasserströmung an; **c** = Kragengeisselzellen (Choanocyten), die Innenfläche einer Geißelkammer auskleidend.

d–f Röhrenwürmer (*Polychaeta*, *Sedentaria*): *Sabella pavonina* 12–15 cm; **d** = Vorderende des Wurmes mit büschelförmig angeordneten Tentakeln. Die aus Schleim und Fremdkörpern aufgebaute Wohnröhre (WR) ist aufgeschnitten. **e** = Schematisierter Querschnitt durch 2 benachbarte Tentakel mit ihren Verzweigungen (Pinnulae = P). Die nicht unterbrochenen Pfeile geben die Richtung des von den Cilienepithelien erzeugten Wasserstroms an, die unterbrochenen die Transportrichtung der an den Pinnulae abgefangenen Futterpartikel. **f** = Vergrößerter Querschnitt durch die zum Mund des Wurmes führende tentakuläre Transportrinne (TR), welche eine Sortierung des abfiltrierten Materials nach 3 Größenklassen erlaubt. Die Bewimperung der Rinne ist weggelassen (BG = Blutgefäß des Tentakels; Ss = Stützstab des Tentakels) (e, f nach *Nicol* 1960).

daß sie an äußeren Filterorganen haften bleiben würden. Dort, wo im Körperinnern filtriert wird, selektioniert der Durchmesser der Ansaugporen (*Porifera*, Abb. 56 b) oder die Sinnesepithelien der Ansaugöffnungen nehmen die Anwesenheit eines Fremdkörpers wahr und veranlassen das Effektor-System zu einer Schließung der Öffnung. Außerdem liegt auch für viele Strudler eine Selektion der Nahrung nach deren qualitativen Eigenschaften im Bereich des Möglichen. So werden z.B. bei den meisten Muscheln die an den Kiemen abfiltrierten Partikel auf den der Mundöffnung vorgelagerten Mundsegeln qualitativ sortiert, wobei die abgewiesenen Komponenten von Cilien zum Mantelrand und von dort zwischen den Schalenklappen hindurch wieder nach außen befördert werden.

Unter den Strudlern bedienen sich vereinzelte Spezialisten recht unkonventioneller Hilfsmittel: Der zu den *Prosobranchia* gehörende *Vermetus* (Abb. 55 c) ist eine der wenigen sessilen Schnecken, deren wurmförmiger Körper in einem spiralig aufgewundenen, mit der Unterlage fest verkitteten Gehäuse steckt. Dieses Tier angelt sich sozusagen die Futterpartikel, indem es lange, von Fußdrüsen sezernierte Spinnfäden ausschleudert, an denen sich Geschwebsel verfängt. Dieses wird zusammen mit den Fäden eingeholt und mit den letzteren verschlungen. Ein regelrechtes Fangnetz erzeugt *Chaetopterus variopedatus* (Abb. 46 f), ein Polychaet, der eine selbstgebaute U-förmige Röhre bewohnt. Die Ventilationsbewegungen seiner blattartig abgewandelten Parapodien erzeugen einen kräftigen, durch die Wohnröhre hindurchziehenden Wasserstrom, aus dem das partikuläre Material mit Hilfe eines selbsterzeugten „Planktonnetzes" abgefangen wird. Dieser Schleimbeutel wird von 2 langen, dorsal eingebogenen Parapodien des 12. Körpersegments ausgesondert. Hat er einen bestimmten Füllungsgrad erreicht, wird er von hinten beginnend zusammengerollt. Inhalt und Verpackung werden dann über eine dorsale, nach vorne laufende Förderrinne zum Mund des Wurmes transportiert, der sogleich ein neues Fangnetz erzeugt.

Für die das bereits sedimentierte, organische Material verwertenden Mikrophagen sind die Probleme des Nahrungserwerbs etwas anders gelagert. Sie müssen der sich in ihrem näheren Umkreis rasch erschöpfenden Futterquelle entweder aktiv nachgehen oder über Mittel verfügen, mit denen die Nahrung auch aus entfernteren Bereichen herangeholt werden kann. Viele dieser Substratfresser arbeiten sich ganz einfach fressend durch die Detritusschichten hindurch, wie dies vergleichshalber der im Boden lebende Regenwurm tut, oder strudeln sich die lockeren Sedimente direkt in den Mund. Die standorttreuen Formen, deren Körper z.B. in der schützenden Obhut einer Höhle steckt (Abb. 46 d), schaffen sich die Nahrung aus der näheren und weiteren Umgebung ihres Unterschlupfes mit Hilfe von langen Körperanhängen herbei. Dies tun z.B. die meisten, zu den *Polychaeta (Sedentaria)* gehörenden *Terebellimorpha* (Abb. 55 f), deren fadenförmige Tentakel mit Hilfe von Muskelkontraktionen und/oder Wimperepithelien wie Würmer in verschiedenen Richtungen über den Boden kriechen, wobei sie im Maximal ausgestreckten Zustand eine Länge erreichen, welche die Körperlänge des Wurmes um ein Vielfaches übertrifft. Die in einer auf der Dorsalseite des Tentakels liegenden Rinne aufgenommenen Nahrungspartikel werden wie auf einem Förderband dem Mund des Wurmes zugeführt. Einer ähnlichen Vorrichtung bedienen sich auch die Igelwürmer (*Echiurida,* z.B. *Bonellia viridis,* Abb. 46d, 49 l, m).

Viele der im Innern von Weichböden lebenden Mikrophagen wenden ausgeklügelte Methoden an, um der über Grund liegenden Sedimente habhaft zu werden: Die aus einer Mantelfalte gebildete, lang ausgezogene und bewegliche Ingestionsröhre der kleinen Muschel *Tellina* (Abb. 62g) tastet die Bodenfläche ab und saugt mit diesem Organ das lockere Sedimentmaterial auf. Der im Litoral lebende Sandwurm, *Arenicola marina* (Abb. 55e), gräbt sich im Substrat einen U-förmigen Gang, dessen einer Schenkel, in dem sich der Wurm vorzugsweise aufhält, mit einem pergamentartigen, den Einsturz des Ganzen verhindernden Drüsensekret ausgekleidet ist. Mit peristaltischen Körperbewegungen ventiliert der Wurm die Wohnröhre, wodurch das Substrat in dem nicht ausgekleideten Teil derselben aufgewirbelt wird; dadurch entsteht eine Art Einsturzschacht, durch den Material aus oberflächlichen Schichten nach unten, d.h. in die Reichweite des Wurmkopfes gelangen.

Das sedimentierende oder sedimentierte organische Geschwebsel wird von den Mikrophagen auf verschiedenen Etagen über oder auf dem Grund genutzt (Abb. 55). Jene Formen, deren Filterorgane relativ hoch über Grund stehen, fangen das sedimentierende Material bereits früh ab, andere erfassen es unmittelbar über Grund, während eine dritte Kategorie die Sedimente verwerten, welche die Oberfläche des Meeresbodens erreicht haben oder in diesen hinein geraten sind. Auf diese Weise wird die direkte Nahrungskonkurrenz unter den benthischen Mikrophagen gemildert.

Makrophagen, jene Tiere also, die sich von größeren Pflanzen und Tieren ernähren, sind nur selten sessil oder halb-sessil. Es sind dies u.a. die größeren Aktinien (*Anthozoa,* Abb. 48i), welche Fische, Krebse etc. erbeuten, die zufällig in den Aktionsbereich ihrer mit Nessel- und Klebezellen bewehrten Tentakel geraten. In der Regel erfordert die Ernährungsweise der Makrophagen jedoch ein Minimum an Mobilität und die Ausbildung von Sinnesorganen, welche die Ortung der Nahrungsquellen aufgrund optisch, geruchlich oder taktil wahrnehmbarer Reize ermöglichen. Die Großalgen werden, wie bereits erwähnt, nur von wenigen *Gastropoda, Crustacea, Echinoidea* und vereinzelten Fischen (z.B. Brassen, *Sparidae*) abgeweidet.

Ein Teil der carnivoren Makrophagen ist auf die Verwertung sessiler und halbsessiler Futterorganismen spezialisiert, eine Ernährungsweise, die bezüglich der Sinnesleistungen und der Agilität keine allzugroßen Anforderungen stellt. Hier gilt es vielmehr, die vom bewegungsbehinderten

Beutetier getroffenen Schutzvorkehrungen zu überwinden, wie z.B. die von den *Cnidaria* (Abb. 48 d–l) als wirksame Abwehrwaffe eingesetzten Nesselzellen, die widerstandsfähigen Gehäuse, in deren Schutz sich z.B. die *Bryozoa* (Abb. 63i), viele Polychaeten, *Brachiopoda* (Abb. 50n, o), *Bivalvia* und *Gastropoda* und die *Cirripedia* (Abb. 51g, h) zurückziehen können oder der schutzbietende Standort im Innern eines Substrates (Abb. 46). Die Wirksamkeit dieser Maßnahmen ist relativ, gibt es unter den potentiellen Feinden doch immer wieder Spezialisten, welche über Möglichkeiten zu ihrer Überwindung verfügen: Zu den Feinden einiger im mediterranen Sandlitoral lebenden Muscheln (z.B. *Cardium*, Abb. 34, 55 d, *Tapes*) gesellen sich u. a. der Seestern *Astropecten aurantiacus* (Abb. 62b) und die sich im Sandgrund geschickt fortbewegenden Nabelschnekken (*Naticidae,* Abb. 62f). Letztere umfaßt mit ihrem Fuß die Muschel, wobei sie mit Hilfe ihrer Radula-Zähne ein kreisrundes Loch in eine der beiden Schalenklappen der Muschel bohrt und sich dadurch den Zutritt zu den Weichteilen der Beute bahnt. Andere Schnecken (z.B. *Tritonium*) erschließen die Kalkgehäuse ihrer Beute auf chemischem Weg, d.h. durch Auflösung mit Hilfe von starken, in Drüsen erzeugten Säuren (Salz- oder Schwefelsäure).

Auch halb-sessile, potentielle Opfer verfügen über mehr oder weniger wirksame Möglichkeiten, sich dem Überfall eines Feindes zu entziehen: die im nördlichen Pazifik heimische Aktinie *Stomphia* z. B. hebt dabei ihre Fußscheibe von der Unterlage ab und entfernt sich schwimmend von ihrem Standort, indem sie den weit ausgebreiteten Tentakelkranz ruckartig hin und her bewegt. Ähnliche ungerichtete Fluchtreaktionen zeigen einige Muscheln (*Spisula, Pecten, Lima* u. a.), die, wenn sie von den Ambulacralfüßchen eines Seesternes berührt werden, ihre Schalenklappen mit heftigen Bewegungen öffnen und schließen und sich mit solchen „Sprüngen" dem Zugriff entziehen. Die im Mittelmeer heimische Helmschnecke (*Cassidaria echinophora*) spritzt mit ihrem Sipho den angreifenden Nabelschnecken (s. o.) Säure entgegen, eine Reaktion, die man durch Anbohren des Gehäuses künstlich auslösen kann. Im Zusammenhang mit der Feindvermeidung gegenüber den sich optisch orientierenden Makrophagen kommt im benthischen Bereich dem kryptischen und mimetischen Verhalten (Abb. 63 a) eine große Bedeutung zu. Im Gegensatz zum Plankton, wo der selektive Vorteil der Transparenz (Kap. 3.2.3.) unverkennbar ist, spielen im euphotischen Benthos ebengerade die im Plankton fehlenden Pigmente und Farbmuster eine wesentliche Rolle.

Bei den benthischen Fischen finden sich die verschiedensten Nahrungsspezialisten, unter denen jedoch eigentliche Strudler fehlen. Zahlreiche kleinwüchsige Arten, z. B. die *Syngnathidae* (Abb. 54a, b) sowie viele der bunten Korallenfische (*Chaetodontidae, Pomacentridae*, u. a.) picken mit ihren z. T. pinzettenartig ausgezogenen Mäulern kleine Invertebraten auf. Andere sind in der Lage, mit Hilfe brechzangenartiger Gebisse Korallenstöcke abzubrechen (Papageienfische, *Calliodon*) oder die Schalen größerer Muscheln zu zermalmen (z. B. Goldbrasse, *Chrysophris aurata*). Die meisten benthischen Raubfische, die sich an anderen Fischen schadlos halten, überfallen ihre Opfer von geschützten Unterständen aus. Weniger gewandte Schwimmer unter ihnen locken die Beute mit Hilfe von Attrappen an: Der meist im Sand eingegrabene Sterngucker (*Uranoscopus scaber* Abb. 54i) z. B. zieht kleinere Fische mit einem beweglichen, einen Wurm vortäuschenden Fortsatz seiner Zunge an, während das ähnlich wirkende Angelgerät des Seeteufels (*Lophius piscatorius*) ein Hautläppchen des ersten beweglichen Strahls der Rückenflosse ist.

3.4.3. Benthische Gemeinschaften

Die starke, vor allem durch die Vielzahl an verschiedenartigen Substraten (Kap. 3.4.) geprägte, ökologische Gliederung des Benthos schafft ein ebenso abwechslungsreiches Mosaik von benthischen Artengemeinschaften (Biocoenosen), die, je nach den angelegten Maßstäben, wieder in größere und kleinere Einheiten unterteilbar sind. Ihre qualitative und quantitative Zusammensetzung sind das Resultat der hierarchischen Wirkungen vieler biologischer und physikalischer Gegebenheiten, die in einem bestimmten Bereich des Benthos eine Auswahl aufeinander abgestimmter Arten zusammenführen.

Dieses Kapitel muß sich darauf beschränken, aus dieser Vielfalt benthischer Biocoenosen einige wenige kurz zu skizzieren.

3.4.3.1. Das Felslitoral

Der Meeresgrund steiler Küsten besteht meistens aus anstehenden, harten Gesteinen mit unterschiedlicher geologischer Vorgeschichte. Diese Hartböden, über denen Sedimente in der Regel keine dauernde Bleibe haben, gehören neben den tropischen Korallenriffen (s. u.) zu den artenreichsten Großbiotopen des marinen Benthos. Die Hauptursache hierfür ist in der Stabilität der Substrate zu suchen, die von einigen bohrenden Formen (Abb. 46a–d) abgesehen, einer Infauna den Zutritt wohl verwehren, die dafür aber einer großen Zahl sessiler und halbsessiler Organismen verläßliche Verankerungsmöglichkeiten, sowie sichere Unterschlupfgelegenheiten in Form von Spalten, Löchern und Höhlen anbieten. Der erste dieser Faktoren ist für die makroskopischen Algen (Abb. 12, 95) von ausschlaggebender Bedeutung, denn wegen des Fehlens echter Wurzeln finden diese in mobilen Sedimentböden keinen Halt. Die auf Gesteinsböden im euphotischen Litoral mögliche Entfaltung von dichten Algenbeeten oder rasenähnlichen Überzügen schaffen ökologische Situationen, wie sie auch im Fall der Seegraswiesen (s. u.) verwirklicht sind: Die Phylloide und Cauloide der Algen vergrößern u. a. das Angebot an Verankerungsflächen, auf denen sich epiphytische Organismen niederlassen können. Diese ihrerseits stellen eine reiche Nahrungsquelle für mobile Formen dar, die gleichzeitig den von den Pflanzen gewährten Schutz vor größeren Feinden in Anspruch nehmen. Vielen epibenthischen Fischen des Litorals dienen die Algenrasen außerdem als Laichplätze, sei es, daß sie die Eier an den Pflanzen bzw. unter deren Schutz am Grund festkleben oder, wie einige Lippfische (*Labridae*) dies z. B. tun, aus Algenfragmenten richtige Nester bauen (FIEDLER 1964).

Die erwähnten Faktoren fallen als Anziehungspunkte für die Fauna stärker ins Gewicht als der trophische Stellenwert der makroskopischen Primärproduzenten (Kap. 6.2.), denn der Kreis der Konsumenten, welche die Großalgen als Hauptnahrungsquellen nutzen, ist relativ klein. Es sind dies vor allem Schnecken, die mit den raspelnden Hornzähnchen ihrer bandförmigen Radula Rasen und Überzüge von Algen kurz halten. Daß das Ausmaß dieser Äsung nicht vernachlässigt werden darf, haben Versuche im felsigen Supra- und Mesolitoral der Isle of Man gezeigt (LODGE 1948 aus THORSON 1971). Man hat dort ganze Bereiche von Napfschnecken der Gattung *Patella* befreit. Innerhalb weniger Monate wiesen die Zonen, wie durch anschauliche Luftaufnahmen dokumentiert werden konnte, eine wesentlich reichere Algenvegetation auf als benachbarte Bereiche, die während dieser Zeit der Weidetätigkeit von Schneckenpopulationen normaler Dichte ausgesetzt waren.

Neben den Großalgen benützen viele sessilen Invertebraten (*Porifera; Cnidaria*, Abb. 48; *Polychaeta sedentaria*, Abb. 55 a; *Bivalvia; Bryozoa; Cirripedia*, Abb. 51 g, h; u. a.) sowie zahlreiche *Ascidiacea* (Abb. 55 b) die Gesteine als solide Verankerungsgrundlage. Viele davon schützen ihren Körper durch Kalkgehäuse, auf denen sich nach dem Tod des Tieres neue Organismen festsetzen, so daß diese biogenen Hartteile stellenweise das Gestein in Form dicker Krusten überziehen. An deren Aufbau beteiligen sich auch inkrustierende Kalk-Rotalgen (*Lithothamnion, Lithophyllum, Pseudolithophyllum*, Abb. 121). Dadurch erfährt die Oberfläche des Gesteins eine zusätzliche Gliederung, so daß besonders für die Meiofauna neue Nischen entstehen. Im mediterranen Felslitoral, wo weder die Gezeiten noch die Brandung als störender Faktor maßgeblich ins Gewicht fallen, können knapp unterhalb der mittleren Wasserlinie auf diese Weise teils überhängende, biogene „Balkone" (franz. „trottoirs") entstehen, die wie kleine Saumriffe aus fest miteinander verkitteten, biogenen Hartteilen aufgebaut sind. Von der im felsigen Supra- und Mesolitoral in eindrücklicher Weise sich manifestierende, vertikale Zonierung der Gemeinschaften (Abb. 95) wird in einem anderen Zusammenhang die Rede sein (Kap. 4.7.5.).

3.4.3.2. Korallenriffe

Die Korallenriffe, die innerhalb eines tropischen Gürtels von ca. 50 Breitengraden vielen Küsten vorgelagert sind, und die Atolle, welche als riesige Kegel biogenen Kalks inmitten der Ozeane stehen, stellen die größten, von Lebewesen erstellten Bauwerke dar. An Ausdehnung (ca. 190 Mio km^2) und Volumen übertreffen sie alles, was die Menschheit je aus Zement oder Stein gebaut hat. Nicht zuletzt sind die Riffe die artenreichsten Lebensgemeinschaften, die es in der Biosphäre gibt.

Diese gigantischen Ablagerungen von biogenem Kalk, die im berühmtesten aller Riffe, dem australischen Barriereriff, über 2000 km der Küste entlang ziehen und stellenweise eine Breite von über 100 km und eine Tiefe von mehr als 500 m erreichen, sind das Gemeinschaftswerk unzähliger, auf engstem Raum zusammenlebender Organismen, welche über die Fähigkeit verfügen, Hartteile aus Kalk ($Ca\ CO_3$) zu synthetisieren. Diese sind meist Außenskelette, welche, wie z. B. die Schalenklappen der Muscheln oder die harten Wohnröhren vieler sessilen Borstenwürmer, dem Tier entweder mechanischen Schutz gewähren und/oder ihm eine solide Basis verschaffen, mit der es sich an der Unterlage festkittet (z. B. Steinkorallen, *Madreporaria*). Als Verankerungsbasis dienen im Riff die Skelette anderer, abgestorbener Formen, so daß sich in einer unaufhaltsamen Folge Hartteile über Hartteile aufschichten, die sich nach und nach zu riesigen Kalkmassen verdichten, wobei deren Zwischenräume mit feineren mobilen Skelettfragmenten ausgefüllt werden.

Als Hauptarchitekten der Korallenriffe und Atolle betätigen sich die dem Stamm der Hohltiere (*Coelenterata*, Kap. 3.4.2.) zugeordneten Steinkorallen (*Hexacorallia, Madreporaria*, Abb. 57) und Feuerkorallen (*Hydrozoa, Millepora*). Die meist kleinen Polypen dieser primitiven Metazoen, deren basales Ektoderm Kalk ausscheidet (Abb. 59), bilden infolge intensiver vegetativer Vermehrung durch Knospung oder Längsspaltung (Abb. 57d) ganze, aus einer Vielzahl von Individuen zusammengesetzte Stöcke, deren Dimension, Form und Architektur mehr oder weniger artspezifisch sind. Die Kalkmassen einzelner Stöcke (z. B. *Porites*) können Durchmesser von mehr als 5 m erreichen, wobei die Formenfülle von der kompakten Kugelform einer Gehirnkoralle (Mäanderkoralle) bis zum freistehenden, geweihartig verästelten Stock einer *Acropora* (Abb. 57f) reicht. In den Spalten und Zwischenräumen siedeln sich andere, z. T. ebenfalls als Kalkbildner tätige Organismen an, wie z. B. die krustenbildenden Rotalgen (*Rhodophyceae*, Abb. 12 l), die kalkausscheidende Grünalge *Halimeda* (Abb. 12f), die kolonialen Moostierchen (*Bryozoa*), Röhrenwürmer (*Polychaeta, Sedentaria*) und Muscheln (*Bivalvia*). Zu den letzteren gehören u. a. die im Indopazifik verbreiteten Riesenmuscheln der Gattung *Tridacna* (Abb. 46 a), deren massive Schalenklappen eine Länge von 1,4 m und ein Gewicht von nahezu 200 kg erreichen können. Zwischen all diesen, relativ stabilen Kalkgerüsten sedimentieren als

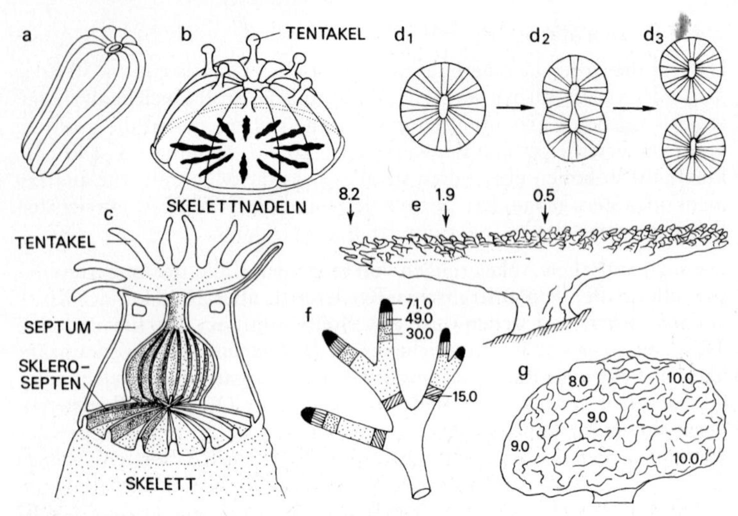

Abb. 57 Riffbildende Korallen (*Madreporaria*):
a–b Zwei Entwicklungsstadien der Steinkoralle *Siderastraea radians*. **a** = freischwimmende Planula-Larve; **b** = festgesetzte, zum Polypen metamorphosierte Larve mit Skelettnadeln, die den Grundstein zum basalen Kalkskelett bilden (siehe c).
c Längsschnitt durch die Weichteile eines Steinkorallen-Polyps.
d Schematische Darstellung der vegetativen Längsspaltung eines Steinkorallenpolypen von oben gesehen. Die konzentrisch angeordneten Striche deuten die Anordnung der Septen an.
e–g Wuchsformen und Wachstumsraten von Korallenstöcken. Die Zahlen geben die regional gemessenen Wachstumsraten der Kalkskelette, ausgedrückt in μgr Ca^{++}/mgr N/h an. **e** = Stock der Tischkoralle, *Acropora conferta* (Durchm. bis 1–2 m); **f** = Geweihkoralle, *Acropora cervicornis*; **g** = Hirnkoralle, *Colpophyllia natans* (a–b nach *Mergner* 1971; e–g nach *Yonge* 1963).

Füllmaterial Skeletteile anderer, das Riff bewohnender Organismen (*Foraminifera, Echinodermata* usw.), die damit ebenfalls einen nicht zu unterschätzenden Anteil (z. T. bis 90%) an der Vermehrung der Kalkmassen leisten.

Die materiellen Beiträge, welche die erwähnten Artengruppen am Wachstum der Kalkmassen leisten, sind von Region zu Region verschieden. So dominieren z. B. in den Riffen und Atollen des Indopazifik die Steinkorallen (*Madreporaria*), die in jenem Raum mit etwa 700 Arten (80 Gattungen) vertreten sind, während diese Gruppe im Atlantik (Karibisches Meer, brasilianische Ostküste) mit nur 35 Spezies (26 Gattungen) in Erscheinung tritt.

Die Verbreitung riffbildender Artengemeinschaften und damit das geographische Verteilungsmuster der Riffe und Atolle (Abb. 61) hängen im wesentlichen von den Faktoren Temperatur, Futterangebot und Licht ab. Was die erste dieser Voraussetzungen anbelangt, so muß für diese stenothermen Organismen (Kap. 4.2.6.) ein Jahresmittel von 23,5 °C und eine Minimaltemperatur von 20 °C gewährleistet sein. Diese thermischen Bedingungen sind im tropischen und subtropischen Gürtel zwischen dem 25. nördlichen und 25. südlichen Breitengrad überall dort erfüllt, wo keine kalten Wassermassen infolge von Windwirkung aus der Tiefe aufsteigen (Kap. 4.7.) oder in Form kalter Strömungen den Küsten entlang ziehen (vgl. Abb. 90). Aus diesem Grund entstehen Riffe nur an Küsten, die sich konstanten, warmen Oberflächenströmungen in den Weg stellen. Außerhalb der Verbreitungsgrenzen der Riffe gibt es wohl skelettbildende Steinkorallen, aber jene Formen vermögen höchstens lokale und in ihrer Ausdehnung begrenzte Kalkagglomerate zu bilden (im Mittelmeer z. B. *Cladocora crespitosa*, Abb. 58b).

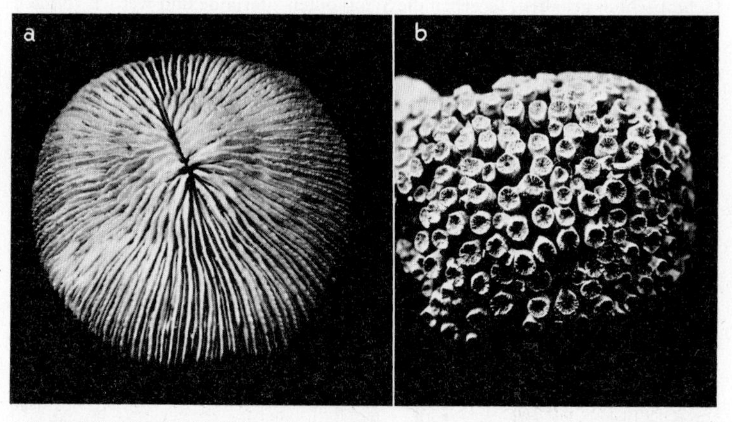

Abb. 58 Skelette von Steinkorallen (*Madreporaria*): **a** Basalplatte eines einzelnen Polypen von *Fungia* sp. (Indopazifik) mit Sklerosepten (vgl. Abb. 57c); **b** Skelett eines Stockes von *Cladocora cespitosa* (Mittelmeer).

Die Steinkorallen und Feuerkorallen und die anderen mit ihnen im Riff vergesellschafteten Invertebraten ernähren sich von lebendem Plankton, das durch Wellenwirkung oder Strömungen in den Bereich ihrer Fangtentakel getragen wird. In Anbetracht der Dichte riffbildender Organismen ist der Bedarf an Futterorganismen entsprechend groß, das Wasser darf jedoch nicht sedimenthaltig sein, da die Organismen auf störende Ablagerungen empfindlich reagieren.

Der Lichtbedarf riffbildender Tiere ist damit zu begründen, daß die meisten von ihnen große Mengen einzelliger, autotropher Algen, sog. Zooxanthellen als Symbionten enthalten. Es sind dies die vegetativen Stadien einiger Dinoflagellaten (*Pyrrhophyceae*) der Gattungen *Gymnodinium* und *Symbiodinium*, die in den Entodermzellen ihrer Wirte leben. In einem mm^3 Gewebe von Steinkorallen sind bis zu 30000 dieser Symbionten gezählt worden, deren Gesamtmasse jene des Wirtsgewebes bei weitem übertreffen kann. Die Zooxanthellen der *Madreporaria* werden auf dem Weg der Eier bzw. Larven (Abb. 57a, b) von einer Wirtsgeneration auf die nächste übertragen. Sie kommen, infolge ihres Lichtbedürfnisses wegen, nur in Wirtsorganismen vor, welche den euphotischen Raum bis in eine Tiefe von ca. 80 m besiedeln.

Die Bedeutung dieser Zooxanthellen und die physiologisch-chemischen Wechselbeziehungen, die zwischen ihnen und ihren Wirten herrschen, sind z. T. noch unklar. Laboratoriumsversuche mit Steinkorallen haben ergeben, daß die Korallenstöcke jener Arten die Zooxanthellen enthalten, rascher wachsen als solche, die entweder natürlicherweise keine Symbionten beherbergen oder denen man diese künstlich entzogen hat. Werden nämlich Korallen während längerer Zeit unter Lichtabschluß gehalten, so gehen die Symbionten zugrunde und werden von den

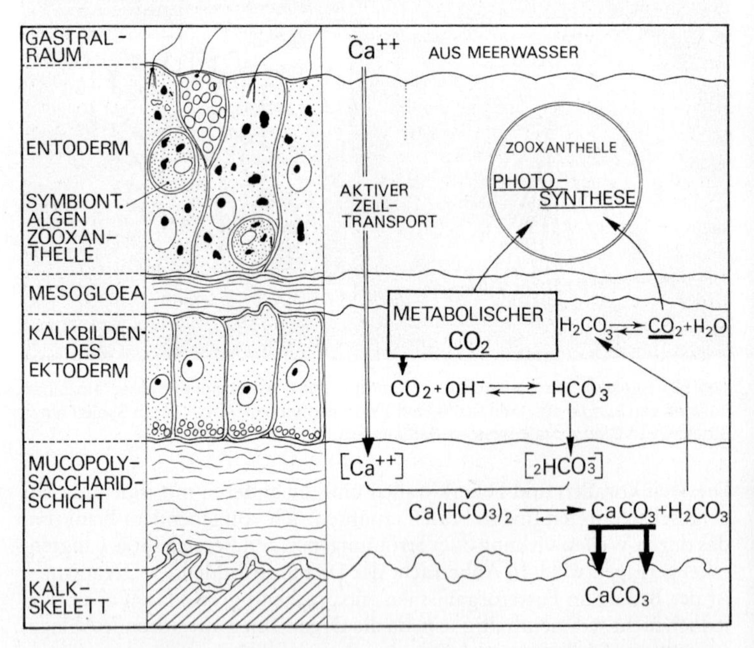

Abb. 59 Hypothetischer Beitrag der assimilierenden, symbiontischen Zooxanthellen bei der Kalksynthese hermatypischer Steinkorallen (*Madreporaria*): Schematisierter Längsschnitt durch die Basis einer Steinkoralle. Die symbiontischen Zooxanthellen befinden sich in den Zellen der entodermalen Schicht. Die Darstellung rechts stellt den vermuteten Verlauf der Kalksynthese dar (nach *Goreau* 1959).

Wirtsgeweben ausgeschieden. Die auf diese Weise von ihren Zooxanthellen befreite Koralle lebt weiter, zeigt jedoch, gemessen an der Menge des synthetisierten Kalks, eine verringerte Wachstumsrate. Unklar bleibt vorderhand, auf welchem Weg die symbiontischen Algen ihre wachstumsfördernde Wirkung geltend machen. Möglicherweise stehen gleichzeitig mehrere Wechselbeziehungen mit im Spiel. Die meisten Autoren (vgl. YONGE 1963) stimmen darin überein, daß der von Algen erzeugte Sauerstoff in diesem Zusammenhang kaum ins Gewicht fällt. Andererseits scheint der Entzug von CO_2 durch die Symbionten im Wirtsgewebe die Synthese bzw. die Ausscheidung des Kalkes dadurch zu beschleunigen, daß die Spaltung von H_2CO_3 gefördert wird (Abb. 59). Nach SIMKISS sollen die Algen den Wirtszellen Phosphate entziehen, die in Form von organischen Phosphaten und Orthophosphaten eine hemmende Wirkung auf die Bildung der Aragonit-Kristalle ausüben.

Vom trophischen Gesichtspunkt her sind ebenfalls mehrere Hypothesen formuliert worden. Ob und wieweit die Symbionten dem Wirt direkt als Nahrung dienen, indem dieser einen Teil der Algenzellen intrazellulär verdaut, ist noch unklar. Daß Assimilate der Symbionten von diesen an den Wirt abgegeben werden, steht außer Zweifel. Es ist jedoch schwer zu ermessen, welchen Anteil diese Quelle verglichen mit der normalen Ernährung in Anspruch nimmt. Diese noch vorhandenen Unsicherheiten ändern nichts an der bereits erwähnten Tatsache, wonach eine unmißverständliche, auf die Anwesenheit der Zooxanthellen zurückzuführende Förderung des Wachstums bzw. der Kalkausscheidung vorliegt. Diese kann experimentell durch Bestimmung des Einbaus von radioaktivem Calcium (Ca^{45}) und Kohlenstoff (C^{14}) ermittelt werden. Die Wachstumsraten sind von Art zu Art verschieden, und die arttypischen Formen und Strukturen sind das Resultat regionaler, differentieller Wachstumsraten (GOREAU 1961, vgl. Abb. 57 e–g). Seitenzweige der Geweihkoralle *Acropora* wachsen nach diesen Ermittlungen 2,5 – 5 cm pro Jahr, während die Zuwachsraten bei anderen Arten bescheidener ausfallen.

Könnte sich das Wachstum der Kalkmassen ungehindert vollziehen, müßten die Riffe wesentlich rascher wachsen, als dies tatsächlich der Fall ist (s. u.). In Wirklichkeit wird das Gesamtwachstum durch Zerstörungsprozesse verlangsamt oder stellenweise bzw. vorübergehend sogar rückgängig gemacht. Diese dem Wachstum entgegengesetzten Kräfte wirken in 2 Phasen: In einer ersten wird dem Wachstum durch das Ableben oder die Vernichtung der kalkausscheidenden Organismen Einhalt geboten. In einer zweiten Phase werden dann die entblößten Skelettmassen durch biologische und/oder mechanische, wie auch chemische Einwirkung zerstört.

Es gibt einige Spezialisten, die der ansonst wirksamen Abwehrwaffe der Stein- und Feuerkorallen, den Nesselzellen (Nematocyten) mit Erfolg zu begegnen wissen. Dazu gehört u. a. der große Seestern *Acanthaster plancii* (*Asteroidea*), der in den letzten Jahren von sich reden gemacht hat, weil er sich aus noch unbekannten Gründen in einigen pazifischen Riffen und Atollen außerordentlich stark vermehrt und seiner Vorzugsnahrung, den Polypen der *Madreporaria* so zugesetzt hat, daß ganze Teile von Riffen kahlgefressen zurückblieben.

Einige größere Vertreter der zu den Lippfischen (*Labroidei*) gehörenden Papageifische (*Sparisoma, Calliodon* u. a.) vermögen, dank ihres kräftigen Gebisses und einer ihnen eigenen knöchernen Rachenmühle, abgebissene Äste von Korallenstöcken zu zermalmen und deren Weichteile von den wieder ausgespuckten Kalkfragmenten zu sortieren.

Derartige Eingriffe verlangsamen nicht nur das Wachstum, sondern legen die toten Kalkmassen frei, die, bevor sie neu besiedelt werden, den Angriffen kalkzerstörender Organismen anheimfallen. Als solche wirken u. a. Blaualgen (*Cyanophyceae*, Kap. 3.4.1.) oder Schwämme (*Porifera*, z. B. *Cliona*), die durch lokale Auflösung des Kalkes in diesen eindringen und ihn porös und brüchig machen. Sie werden in ihrem Werk von größeren bohrenden Invertebraten, vor allem Muscheln (*Lithophaga*, Abb. 46 b, *Tridacna*, Abb. 46 a) unterstützt. Nicht zuletzt fallen die eines organischen Überzugs entbehrenden Kalkskelette der chemischen Lysis anheim und können durch die Brandung mechanisch zertrümmert werden.

Die tatsächliche Wachstumsgeschwindigkeit von Riffen, d. h. die Resultante aus den sich entgegenwirkenden Aufbau- und Zerstörungsprozessen ist räumlichen und zeitlichen Schwankungen unterworfen und hängt weitgehend davon ab, in welchem Ausmaß das Wachstum die erwähnten Erosionsvorgänge wettzumachen vermag. Aufgrund von C^{14}-Bestimmungen an Bohrkernen aus dem Bermuda-Riff wurde für die dortigen Verhältnisse Wachstumsraten von 0,1 mm pro Jahr ermittelt (GYSIN 1969), während die Durchschnittswerte anderswo in der Größenordnung von 1 cm/Jahr liegen (SEIBOLD 1974). Aufgrund der Kenntnisse der Öko-Physiologie und des Wachstums einzelner, riffbildender Arten, sowie anhand deren interspezifischen Wechselbeziehungen lassen sich die Entstehung und die Größenzunahme der Riffe im Sinn von Modellvorstellungen rekonstruieren, obwohl die diesbezüglichen Theorien noch mit Ungereimtheiten behaftet sind. CHARLES DARWIN (1809–1882) hatte sich übrigens während seiner Weltumsegelung (1831–1836) an Bord der „Beagle" schon Gedanken darüber gemacht, wie diese eindrücklichen Kalkbänke entstanden sein könnten. In seinem während dieser Reise entstandenen Tagebuch („The voyage of the Beagle") entwickelt er dazu eine Theorie, deren wichtigste Elemente noch heute als der Wirklichkeit nahekommend gelten dürfen.

Wir treffen hier die Annahme, im Pazifischen Ozean habe sich infolge eruptiver Prozesse soeben ein neuer Vulkankegel vom Meeresgrund bis über die Wasseroberfläche aufgetürmt. Am erkalteten Gestein der neuen Insel werden sich knapp unter der Wasserlinie neben anderen pflanzlichen und tierischen Organismen durch Strömungen herangetragene Larven von Steinkorallen und Feuerkorallen festsetzen (Abb. 57 a, b) und sich dort vom reichlichen Planktonangebot zehrend zu Korallenstöcken entwickeln. Zwischen diesen siedeln sich andere kalkausscheidende Organismen an, deren Wachstum und Vermehrung durch die Mitwirkung ihrer photophilen Zooxanthellen (s. o.) ebenfalls gefördert wird. Auf den Skeletten der abgestorbenen Pioniere setzen sich neue Generationen fest, so daß ein sich zusehends verbreiternder „Balkon" aus biogenem Kalk entsteht (Abb. 60 a). Gleichzeitig ist aber auch die Erosion am Werk. Die von der Brandung herausgebrochenen Skelettfragmente kollern in die Tiefe und bilden dort eine Geröllhalde, auf der sich eine neue Front des horizontal wachsenden Riffes aufbauen kann, dessen rasch wachsende äußere Kante sich mehr und mehr von der Küstenlinie entfernt (Abb. 60 b). Über dem sich zwischen dieser und der Riffkante bildenden Plateau liegen bei Flut nur wenige Fuß Wasser, während die Korallenstöcke bei Ebbe bloßgelegt werden. Das Wasser dieser sich zusehends ausdehnenden Zwischenzone erwärmt sich stark und führt relativ wenig Plankton. Deshalb lichten sich die Reihen der dort lebenden Arten. Es entsteht eine Lagune (Abb. 60 c), in der sich feiner, beweglicher Korallensand über den Skeletten toter Organismen ablagert. Indem sich die von der Schiffahrt gefürchtete, wellenbrechende Riffkante langsam von der Küste entfernt, wird die Lagune breiter und tiefer, so daß sie z. T. schiffbar wird. Sie stellt der hohen dort herrschenden Wassertemperaturen, der Instabilität ihres Bodens und des spärlichen Planktons wegen ein abiotisches Milieu dar, dessen Flora und Fauna sich im Vergleich zur Riffkante durch eine ausgeprägte Armut auszeichnen. Da Bereiche der Lagune stellenweise entblößt werden, kann der ge-

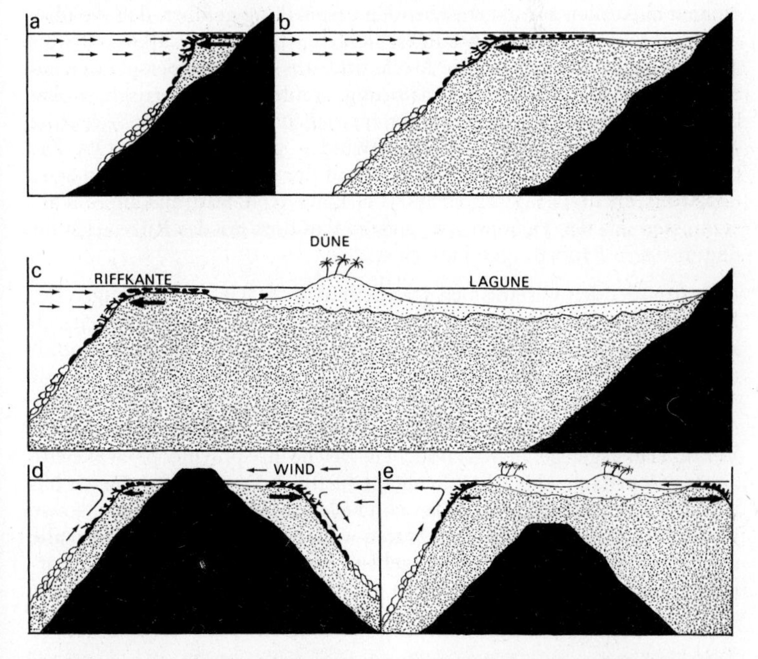

Abb. 60 Vereinfachte Darstellung (im Profil) der Entstehung und des Wachstums von Korallenriffen (**a–c**) und Atollen (**d–e**) (schwarz = Festland bzw. Vulkankegel (d–e); dicht punktiert = biogene Kalksedimente; leicht punktiert = Korallensand; die lebenden, riffbildenden Organismen sind schwarz dargestellt; dünne Pfeile = Strömungsrichtungen des Wassers; dicke Pfeile = Wachstumsrichtung des Riffs bzw. Atolls).

trocknete, feine Sand zu Dünen aufgeworfen werden, auf denen sich terrestrische Vegetation anzusiedeln vermag (Abb. 60c).

Es wird zwischen mindestens 3 Typen von Korallenbänken unterschieden: Das **Saumriff** ist eine relativ schmale, die Küste umgürtende junge Korallenbank, deren äußere Kante sich noch unweit von der Küstenlinie dieser entlang zieht. Das **Barriereriff** (Wallriff) ist eine breite Bank, deren sich ins offene Meer hinausschiebende Kante von der Küste durch ausgedehnte Lagunen getrennt ist (Abb. 60c). Das australische Barriereriff (Abb. 61) zieht etwa 2000 km der Westküste des Kontinents entlang, hat eine zwischen 30 und 250 km variierende Breite und wird von einer Wasserfläche von 210000 km^2 Ausdehnung bedeckt. Die **Atolle** sind typische Erscheinungen des indopazifischen Raumes, d. h. Riffe, welche die Spitze oder die Flanken von Vulkankegeln kragenförmig umsäumen (Abb. 60d). Bei vielen Atollen fehlt dieser Eruptivkern an der Oberfläche, so daß angenommen werden muß, daß sich die Vulkankegel in diesen Fällen infolge tektonischer Ereignisse abgesenkt haben. Im Pazifik haben Bohrungen in Atollen zur überraschenden Feststellung geführt, daß die über abgesenkten Vulkankegeln aufgeschichteten biogenen Kalkmassen bis 1200 m dick sein können. Die Atolle sind, aus der Vogelperspektive betrachtet, meist nicht streng kreisförmig, sondern asymmetrisch, wobei der östliche Sektor des Riffs stärker entwickelt ist. Auf dieser Seite trifft das planktonreiche, von den Passatwinden vorangetriebene Oberflächenwasser auf das Riff auf, während auf der gegenüberliegenden Seite des Atolls, ebenfalls infolge der Windwirkung (Abb. 60d, e), kältere Wassermassen aus der Tiefe hochsteigen, so daß dort für das Riffwachstum ungünstigere Bedingungen herrschen.

Die riffbildenden Organismen schaffen, ähnlich wie die Großalgen des Felslitorals reich differenzierte Makro- und Mikrobiotope, in denen sich eine außerordentlich artenreiche und ökologisch vielseitige Fauna entfalten kann. Auch hier sind es nicht so sehr die riffbildenden Formen, die als mögliche Nahrungsquelle den Hauptanziehungspunkt darstellen. Ihre ökologische Bedeutung ist vielmehr in den zahlreichen Unterschlupf- und Verankerungsgelegenheiten zu suchen, welche ihre polymorphen Skelette an der Oberfläche des Riffes schutzbedürftigen Formen anzubieten haben. Diese Gelegenheiten werden von vielen sessilen, halbsessilen, sowie vagilen Invertebraten und Vertebraten wahrgenommen, unter denen alle möglichen Ernährungstypen, ausgehend von den die riffbildenden Formen konkurrenzierenden Strudlern über die Substratfresser (z. B. *Holothuroidea*) bis zu den Klein- und Großräubern.

Auffallend ist die große Zahl von epibenthischen, solitären oder schwarmbildenden „Korallenfischen". Dieser Sammelbegriff, dem keine systematische Bedeutung zukommt, umfaßt Vertreter aus den verschiedensten Ordnungen der Knochenfische: Es dominieren dabei die Barschartigen (*Perciformes*) mit den eigentlichen Barschen (*Percoidei*), den bunten Lippfischen (*Labroidei*), den Doktorfi-

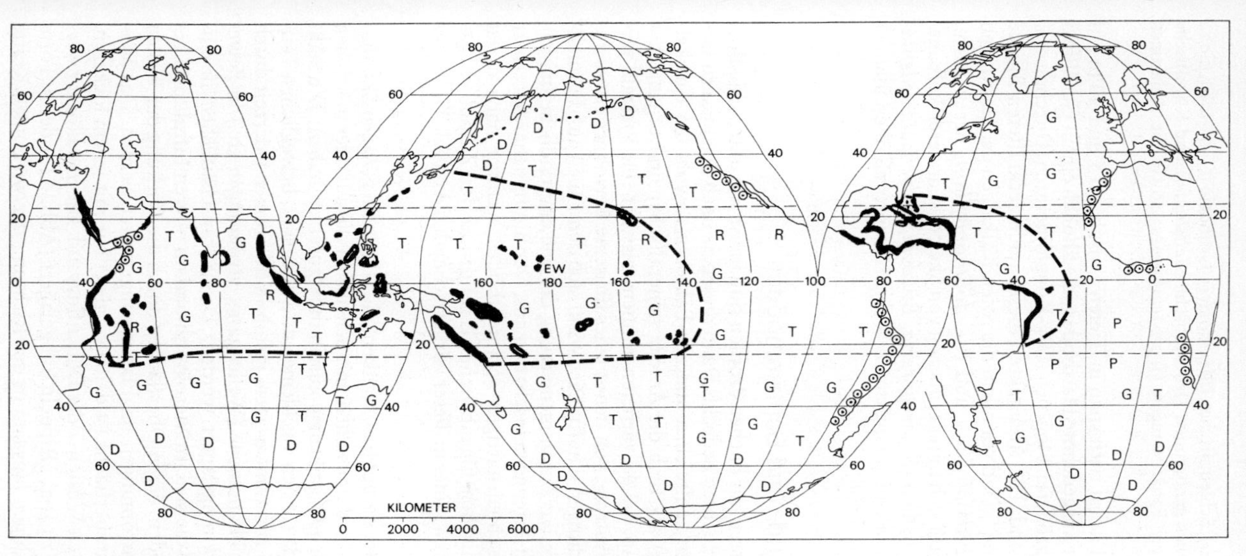

Abb. 61 Verbreitung der Korallenriffe und verschiedenartigen Sedimentböden. Die wichtigsten Riffe sind schwarz markiert. Die gestrichelten Linien geben die Verbreitungsgrenzen an und die Ringe (⊙⊙⊙) bezeichnen die Küsten mit kalten Auftriebsgebieten, wo sich keine Riffe bilden können (D = Diatomeen-, G = Globigerinen-, P = Pteropoden-, R = Radiolarienschlamm; T = roter Tiefseeton) (nach *Ekman* 1953; *Tait* 1971; *Siebold* 1974).

schen (*Acanthuroidei*), Schleimfischen (*Blennioidei*), Grundeln (*Gobioidei*), die zu den *Tetraodontiformes* gehörenden Drückerfische (*Balistoidei*) und Kugelfische (*Tetraodontoidei*), die Panzerwangen (*Scorpaeniformes*) sowie die Aalartigen (*Anguilliformes*).

Im mediterranen Litoral trifft man in Tiefen zwischen 15 und 40 m auf mehr oder weniger ausgedehnte Hartböden, die ähnlich einem Geröllfeld mit kleineren und größeren biogenen Kalk-Konglomeraten (Durchmesser bis 1 m) bedeckt sind. Die Architekten dieser reich zerklüfteten Blöcke (franz. „Coralligène“) sind vor allem die roten Kalkalgen der Gattungen *Lithothamnium, Lithophyllum* und *Pseudolithophyllum*, deren harte, inkrustierende Thalli sich unter Einbezug von Skeletten anderer kalkausscheidender Organismen (*Madreporaria, Bivalvia, Polychaeta sedentaria, Bryozoa* u. a.) in einem langsamen Wachstumsprozeß übereinander schichten (LAUBIER 1966).

3.4.3.3. Die Sand- und Schlammböden

Die Böden der Küsten mit flachen Profilen sind meist von unterschiedlich dicken Sedimentschichten bedeckt. Da in diesen, je nach den lokalen Gegebenheiten, neben zahlreichen anderen Faktoren sowohl die Partikelgrößen (Kap. 3.4.) als auch die Anteile mineralischer und organischer Komponenten (Kap. 3.2.4.) variieren können, entsteht eine Vielzahl verschiedenartiger Substrate, von denen jedes für seine Bewohner etwas andere Lebensbedindungen schafft. Dies wirkt sich denn auch auf die qualitative und quantitative Zusammensetzung der wie empfindliche Indikatoren reagierenden Artengemeinschaften aus. Der Biologe charakterisiert deshalb diese verschiedenartigen Sedimentböden weniger nach deren physikalisch-chemischen Eigenheiten, als aufgrund der Zusammensetzung ihrer Fauna bzw. einer in dieser vorherrschenden Art (vgl. THORSON 1957).

Wir müssen uns hier darauf beschränken, die allgemein gültigen ökologischen Gegebenheiten darzustellen, mit denen sich die auf oder in solchen Substraten lebenden Organismen auseinanderzusetzen haben: Die Sedimentböden sind, da sie sich aus kleinen und kleinsten, beweglichen Teilchen (Kap. 3.2.4.) zusammensetzen, instabil und können jederzeit durch hydrodynamische Phänomene (Wellengang, Strömungen etc.) in Bewegung versetzt und umgelagert werden. Dies veranschaulichen in eindrücklicher Weise die sich im Mesolitoral und im oberen Infralitoral befindlichen Sandböden, deren Oberflächen durch die Wirkung der Wellen und der Gezeitenströmungen unablässig umgestaltet werden. Das Verhalten der Substratoberfläche ist dabei vergleichbar mit jenem lockeren, vom Wind bewegten Wüsten- oder Dünenflugsand. Die Sandkörner werden aufgewirbelt, zu sog. „Rippeln“ abgelagert (Abb. 62) oder in Form größerer Wanderdünen langsam in der Richtung der wirkenden Kräfte verschoben. In größeren Tiefen mit geringeren Wasserbewegungen sind diese Phänomene weniger dramatisch, liegen jedoch jederzeit im Bereich der Möglichkeit, besonders dann, wenn sich Wassermassen in Form mehr oder weniger kontinuierlicher Horizontalströmungen direkt über Grund bewegen (Kap. 4.7.2.).

Die daraus resultierende Instabilität der Sedimentböden schließt sessile und halbsessile, epibenthisch lebende Organismen weitgehend aus, denn diese wären der permanenten Gefahr ausgesetzt, „entwurzelt" und/oder verschüttet zu werden. Diese Sachlage erklärt die auffallende Armut an makrobenthischen Pflanzen und Tieren, die auf oder über solchen Böden leben.

Es gibt nur einige wenige makrobenthische Arten, die es verstanden haben, sich auf mobilen Sandböden anzusiedeln. Es sind dies u. a. die in Rifflagunen vorkommenden großen Polypen der *Fungia*-Steinkorallen (Abb. 58 a), deren Skelettbasis wie ein umgedrehter Teller der Sandoberfläche aufliegt, die Seegräser *Posidonia* (Abb. 12 a), *Zostera* u. a., die sich dank ihrer Rhizome (Abb. 63 a) in Sand- und Schlickböden zu verankern vermögen. Da es den Großalgen an entsprechend wirksamen Organen gebricht, setzt sich die Algenflora mobiler Sedimentböden fast ausschließlich aus mikroskopisch kleinen Arten (Blau- und Kieselalgen) zusammen.

Die Fauna ihrerseits ist eine klassische Infauna (Abb. 62). Zu ihr gehören einerseits jene kleinen Formen, die sich ihrer geringen Dimensionen wegen in den zwischen den Sedimentpartikeln ausgesparten Räumen frei bewegen können (Interstitielle Fauna), andererseits eine z. T. individuenreiche Makrofauna, deren Angehörige sich nur durch Verdrängung der Sedimente fortbewegen können. Diese großwüchsige Infauna setzt sich aus Vertretern verschiedener Stämme und Klassen zusammen, so z. B. *Cnidaria* (z. B. *Actinaria*), *Priapulida* (Abb. 49 i), *Mollusca*, vor allem die *Bivalvia* (Abb. 62 g), die *Scaphopoda* (Abb. 50 c), aber auch spezialisierte *Gastropoda* (Abb. 62 f), die *Sipunculida* (Abb. 49 k), *Annelida* (Abb. 46 f), *Crustacea* (Abb. 62 h), *Brachiopoda* (Abb. 50 n), *Pogonophora* (Abb. 13 c), *Echinodermata* (Abb. 62 c) und *Enteropneusta* (Abb. 50 p). Zu ihnen gesellen sich die *Cephalochordata* (Abb. 52 g) und einige Knochenfische, die sich, wie z. B. die Sandaale (Abb. 54 k), die Petermännchen (Abb. 54 h) und vor allem die Plattfische (*Pleuronectiformes*, Abb. 106 e) u. a. vorübergehend im Substrat eingraben. Alle permanent im Substratinnern lebenden Komponenten dieser Infauna erstellen in irgendeiner Weise, z. T. auch nur vorübergehend, den Kontakt mit der Substratoberfläche her, von wo sie das O_2-reiche Wasser, teils aber auch die Nahrung beziehen. Die *Cnidaria*, z. B. die Zylinderrosen (*Ceriantharia*), lassen ihre retraktilen Tentakel über den Boden hinausragen; die Muscheln benützen hierfür ihre Siphonen, während die Seeigel (z. B. *Echinocardium*) den Kontakt mit der Oberfläche mit Hilfe einzelner, verlängerter Ambulacral-

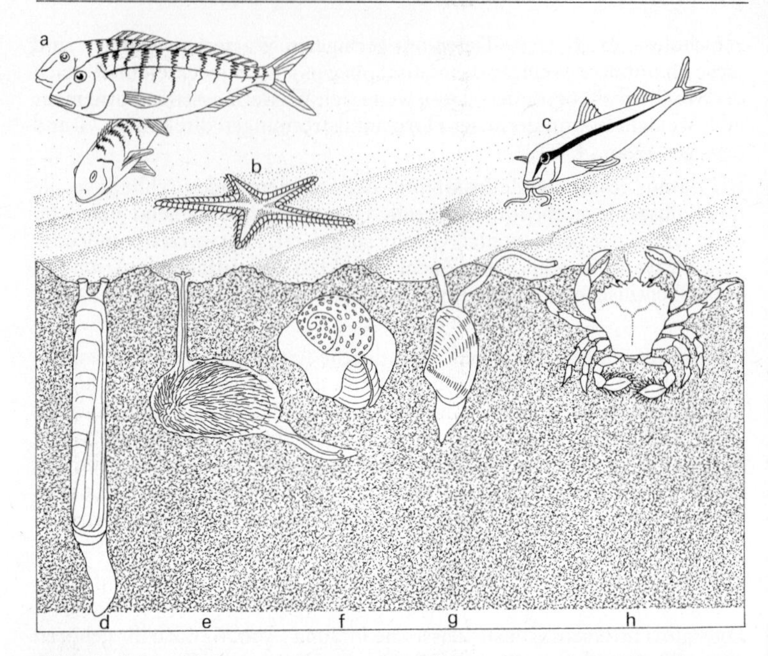

Abb. 62: Epi- und Infauna mediterraner Sandböden: **a** Marmorbrasse *Pagellus mormyrus* (*Sparidae*); **b** Kamm-Seestern, *Astropecten* sp. (*Asteroidea*); **c** gestreifte Meerbarbe, *Mullus surmuletus* (*Mullidae*); **d** Scheidenmuschel, *Ensis siliqua* (*Bivalvia*); **e** kleiner Herzigel, *Echinocardium cordatum* (*Echinoidea*); **f** punktierte Nabelschnecke, *Natica millepunctata* (*Gastropoda*); **g** *Tellina* sp. (*Bivalvia*); **h** Schwimmkrabbe, *Portunus* sp. (*Crustacea, Decapoda*).

füßchen aufrecht erhalten. Die überwiegende Mehrzahl der Arten sind entweder Strudler, die sich das an der Substratoberfläche einfallende Sedimentmaterial aneignen oder Substratfresser. Nur wenige sind, wie z. B. die Seesterne der Gattung *Astropecten* (Abb. 62b) oder die Nabelschnekken (*Naticidae*, Abb. 62f) aktiv jagende Räuber.

Einen besonderen Problemkreis stellt die physische Auseinandersetzung des Organismus mit dem ihn ständig umhüllenden, mobilen Substrat und dessen Einzelpartikel dar, deren unmittelbarer Kontakt sich nicht nur störend auf die oberflächlichen Funktionen (z. B. Tätigkeit von Cilien) auswirkt, sondern im Fall gröberer Sandkörner auch eine Verletzungsgefahr darstellt. Einige (z. B. *Cnidaria, Polychaeta sedentaria*) lösen diese Probleme durch Ausscheidung von unterschiedlich stark erhärtenden Schleimhüllen (Abb. 46f), die einerseits den Einsturz des Aufenthaltsraumes verhindern, andererseits aber auch Sedimentpartikel von der Körperoberfläche fernhalten. Fische, die sich im Sand eingraben, schützen ihre empfindliche Epidermis ebenfalls durch eine verstärkte Mucus-Sekretion. Bei anderen Artengruppen (z. B. *Mollusca*) erfüllen die Exoskelette den gleichen Zweck, wobei sich in diesem Fall eine unverkennbare Korrelation zwischen der Dicke bzw. Widerstandsfähigkeit dieser Gehäuse oder Schalenklappen einerseits und den physikalischen Eigenheiten der Sedimente herausgebildet hat.

Viele ortstreuen Vertreter der Infauna bewegen sich nur innerhalb einer selbst erstellten und, wie soeben erwähnt, ausgekleideten Wohnröhre (z. B. *Polychaeta, Pogonophora* u. a.), während andere sich den Weg durch Verdrängung des Substrates bahnen müssen. Die hierfür aufzuwendende Muskelkraft ist selbstverständlich eine Funktion der Art und Konsistenz des zu überwindenden Sedimentmaterials. Die meisten in diesem Zusammenhang beobachteten Bewegungsabläufe gehorchen ein und demselben Prinzip: Der Querschnitt des die Fortbewegung einleitenden Körperteils, z. B. des Vorderendes eines wurmförmigen Tieres oder des beilartigen Fußes (Schwellkörper einer Muschel, Abb. 46 e), wird durch Muskeltätigkeit, z. T. kombiniert mit einer Erhöhung des inneren Flüssigkeitsdruckes, so reduziert, daß dieser im Substrat vorangetriebene Körperteil einem Minimum an Widerstand begegnet. In einer zweiten Phase dieser diskontinuierlichen Lokomotion weitet sich die anschwellende Spitze aus und bildet so eine Verankerung, dank der der ganze Körper in einer dritten Bewegungsphase durch Muskelkontraktionen nachgezogen werden kann. Mit diesem Verfahren vermögen sich gewisse Muscheln im Substratinnern erstaunlich schnell fortzubewegen. So z. B. kann die in Sandböden der pazifischen Küsten der USA heimische Scheidenmuschel, *Siliqua patula*, einem intensiv nach ihr grabenden Sammler dadurch entgehen, daß sie sich mit unerwarteter Geschwindigkeit in eine für diesen fast unzugängliche Tiefe des Substrates zurückzieht. Eine weitere Art der Verdrängung der Sedimente bedient sich der Hebelwirkung der Körperanhänge. So schaufelt sich eine eingrabende Schwimmkrabbe der Gattung *Portunus* (Abb. 62 h) den Sand oder Schlamm durch heftige Bewegungen ihrer Extremitäten beiseite, während die Seesterne (z. B. *Astropecten*, Abb. 62 b) hierfür ihre zahlreichen der Oralseite entspringenden Ambulacralfüßchen zu Hilfe nehmen. Das Lanzettfischchen (*Amphioxus*, Abb. 52 g) und zahlreiche Fische, die das schützende Innere lockerer Substrate aufsuchen, bohren sich durch Schlängelbewegungen Kopf oder Bauchseite voran in diese ein. Die Plattfische (*Pleuronectiformes*, Abb. 106 e) und Rochen (*Rajiformes*, Abb. 53 c) begnügen sich damit, ihren am Boden flach aufliegenden Körper durch ruckartige Bewegungen desselben mit einer dünnen Schicht von Sand oder Schlamm zu verschütten.

Während sich viele Angehörige dieser Infauna, vor allem jene, die Wohngänge bauen, durch eine ausgeprägte Ortstreue auszeichnen, hat man bei anderen Arten recht ausgedehnte, verschieden motivierte Ortsveränderungen festgestellt. Wie Amouroux (1972) im mediterranen Sandlitoral feststellen konnte, erfolgen diese „Wanderungen" sowohl in horizontaler als auch in vertikaler Richtung. Beim Herannahen eines Sturmes z. B. ziehen sich viele Arten in tiefer liegende Sedimentschichten zurück, wobei die Frage nach der Art der in diesem Zusammenhang die Vorauswarnung darstellenden Signale noch nicht gelöst ist. Während einige Artengruppen, wie z. B. die *Bivalvia* und die irregulären Seeigel (*Irregularia*) sich nur im Innern des Substrates fortbewegen, steigen andere, so z. B. die Seesterne (*Astropecten*) an die Oberfläche, um sich horizontal zu verschieben.

Die aus gröberen Sedimenten zusammengesetzten Böden beherbergen je nach ihrem Gehalt an organischen Anteilen eine z. T. artenreiche Meio- und Mikrofauna, die in den zwischen den Sedimentpartikeln ausgesparten Räumen, d. h. im Kapillarwasser lebt. Dieses interstitielle Psammon setzt sich aus Protozoen und kleinen, vorwiegend wurmförmigen, wirbellosen Tieren zusammen. Erstere sind hier vor allem durch Ciliaten vertreten, deren Größe oft jene der in ihrer Gesellschaft lebenden Metazoen (z. B. *Cnidaria: Actinulida; Plathelminthes: Acoela*, Abb. 49a; *Nemathelminthes: Gastrotricha*, Abb. 49 f; *Kinorhyncha*, Abb. 49 g, u. a.) übertrifft.

3.4.3.4. Die mediterrane Posidonia-Wiese

Ein Biotop besonderer Art bilden im mediterranen Infralitoral die sich in Tiefen von 3 bis 50 m, meist über flachen Sandböden ausbreitenden *Posidonia*-Wiesen. Dominierendes Element ist hier das zu den wenigen marinen Blütenpflanzen gehörende (Kap. 2.3.) Neptungras, *Posidonia oceanica* (*Monocotylae, Potamogentonaceae*, Abb. 63), dessen kräftige Rhizome die Pflanze im Grund verankern und diesen dadurch weitgehend stabilisieren. Den Rhizomen entspringen bündelweise schlanke, 50–80 cm lange Blätter, die meist so dicht stehen, daß sie aus der Perspektive der dort lebenden Organismen einen schutzbietenden „Wald“ bilden. Die alten, losgerissenen Blätter werden teils an den Strand verfrachtet, teils auf dem Grund der Wiese abgelagert. So können dort Schichtfolgen bestehend aus verwesenden Blättern vermischt mit Sedimenten anderer Herkunft von bis zu 1 m Höhe entstehen. Der sich darauf weiterentwickelnde Blätterwald begünstigt die Sedimentation feiner und feinster organischer Partikel, die sich von Wasserbewegungen ungestört in seinem Inneren zur Ruhe setzen können. Er schafft außerdem verschiedene Belichtungsbedingungen und bietet sessilen und halbsessilen, epiphytischen Organismen, gesamthaft gesehen, eine riesige Substratfläche und den mobilen Bewohnern zahlreiche Unterschlupfmöglichkeiten. Damit sind die wichtigsten Akzente gesetzt, welche die *Posidonia*-Wiese ökologisch charakterisieren. Eine repräsentative Auswahl der in der *Posidonia*-Wiese heimischen Fauna ist in der Abb. 63 aufgeführt.

3.4.4. Methoden der benthischen Forschung

Der mit der Erforschung des Benthos verbundene Aufwand und die Schwierigkeiten verhalten sich proportional zur Tiefe, aus der man qualitative und quantitative Informationen einzuholen wünscht. Methodisch hat man die Wahl zwischen 2 Vorgehen: Das eine macht die persönliche Anwesenheit des Beobachters wün-

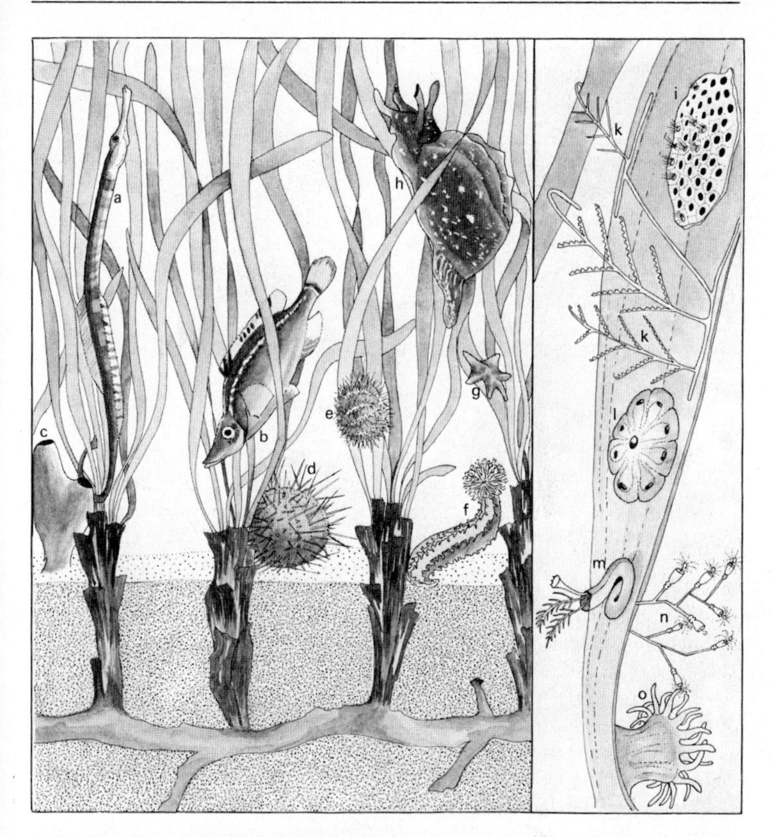

Abb. 63: Die mediterrane *Posidonia*-Wiese mit einigen typischen Vertretern ihrer Makrofauna. Rechts: ein einzelnes, vergrößertes Blatt mit epiphytischen Invertebraten. **a** Große Seenadel, *Syngnathus acus* (*Syngnathidae*); **b** Lippfisch, *Coricus rostratus* (*Labridae*); **c** Seescheide, *Ascidiella aspersa* (*Ascidiacea*); **d** Steinseeigel, *Paracentrotus lividus* (*Echinoidea*); **e** Kletterseeigel, *Psammechinus microtuberculatus* (Echinoidea); **f** Seewalze, *Cucumaria planci* (*Holothuroidea*); **g** *Asterina pancerii* (*Asteroidea*); **h** Seehase, *Aplysia punctata* (*Opisthobranchia*); **i** Moostierchen, *Microporella johannae* (*Bryozoa*); **k** Hydroidpolyp, *Aglaophenia* sp. mit terminalen Haken (*Hydrozoa*); **l** Koloniale Ascidie, *Botryllus schlosseri* (*Ascidiacea*); **m** Röhrenwurm, *Spirorbis* sp. (*Polychaeta*); **n** Hydroidpolyp, *Obelia geniculata* (*Hydrozoa*); **o** Junge Aktinie, *Paractinia striata* (*Anthozoa*).

schenswert, der sich entweder frei tauchend (Kap. 4.4.3.) oder in einem druckfesten Unterwasserfahrzeug (Kap. 1.4., Abb. 9) an Ort und Stelle begibt; das andere, indirekte bedient sich einer von Oberflächenfahrzeugen aus eingesetzter Auswahl erprobter Geräte (Abb. 64). Beide haben Vor- und Nachteile, können sich jedoch, wenn die Ausrüstung und die Mittel verfügbar sind, in fast idealer Weise ergänzen.

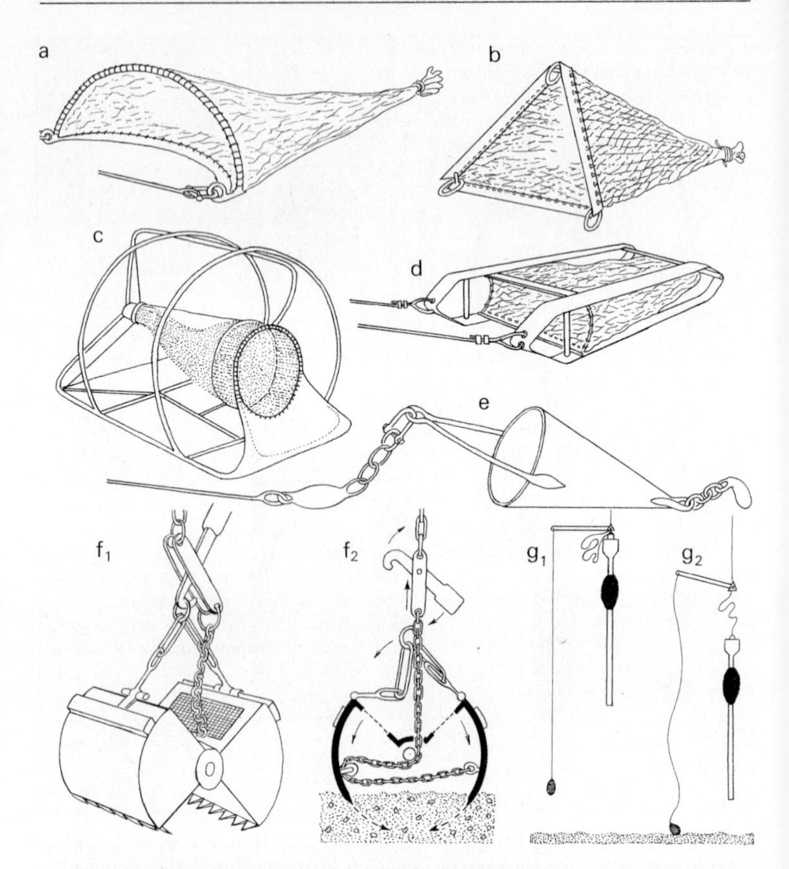

Abb. 64 Perspektivische und schematische Darstellungen von Geräten für das Sammeln und den Fang benthischer Organismen und die Gewinnung von Bodenproben: **a** Einfache Dredsche geeignet für flache Böden; **b** dreieckige Dredsche für Hartböden, modifiziert nach dem Vorbild der vierkantigen Dredsche von *O. F. Müller*; **c** auf einem Schlitten montiertes Planktonnetz (Hypoplanktonnetz) für den Fang epibenthischer Organismen; **d** Schlittendredsche nach *Ockelmann*; **e** einfacher Schöpfer zur Entnahme von Bodenproben entwickelt von *Bourcart* und *Boillot* 1960; **f** Backengreifer nach Petersen (f_1 = Außenansicht des geöffneten Greifers, f_2 = Schnitt durch den Backengreifer im Moment seines Auftreffens auf dem Grund. Die Pfeile geben die Bewegungsrichtungen der Einzelteile an); **g** Fall-Lot für die Entnahme von Sedimentproben. Wenn das Pilotgewicht den Meeresboden erreicht hat, wird die Auslösevorrichtung entlastet. Das durch ein Gewicht (schwarz) beschwerte Rohr (Corer) fällt nun frei und bohrt sich in die Sedimente ein (b–g mod. nach Photos und Zeichnungen aus *Holme* 1964).

Das Tauchen mit Hilfe von autonomen Atmungsgeräten erlaubt eine gezielte und sorgfältige Arbeit über Grund, in deren Rahmen sich Direktbeobachtungen mit der Möglichkeit des experimentellen Eingreifens, sowie verläßliche qualitative und quantitative Erhebungen an Ort durchführen lassen. Aus physiologischen Gründen (Kap. 4.4.3.) kommt diese Arbeitsweise in der Praxis vorläufig jedoch nur für bescheidene Tiefen bis zu 70 m in Frage, von wo an die teureren und personalaufwendigeren Unterwasserfahrzeuge, deren diesbezüglicher Reichweite (Kap. 1.4.) keine zwingenden Grenzen mehr gesetzt sind, eingesetzt werden müssen.

Die weniger aufwendigen Unterwasserkameras und Televisionsgeräte ihrerseits sind im Stande, wertvolle Dokumente über die lokale Beschaffenheit des Meeresbodens und über die qualitative und quantitative Zusammensetzung der makroskopischen Epifauna zu vermitteln.

Die Gewinnung von sedimentologischen oder biologischen Proben in größeren Tiefen erfolgt nach wie vor mittels Geräten, die von Oberflächenfahrzeugen aus zum Einsatz kommen. Von den Nachteilen, die dabei in Kauf genommen werden müssen, seien hier nur einige erwähnt: Diese Fang- und Sammelgeräte (Abb. 64), welchen Zwecken sie auch immer dienen, müssen an langen, reißfesten Kabeln und Trossen geführt werden, deren Eigengewicht meist jenes des Gerätes übertrifft. Daraus entstehen Schwierigkeiten bei der Führung und Ortung desselben, besonders dann, wenn kräftige Strömungen mit im Spiele stehen. Außerdem drohen die Geräte stets wie Anker zu wirken oder an Hindernissen beschädigt zu werden. Das von ihnen an die Oberfläche geförderte Gut vermag selten ein der jeweiligen Situation getreulich entsprechendes Bild zu vermitteln, weil sich eine störende Durchmischung des Materials kaum vermeiden läßt und weil sich mobile Tiere dem Zugriff des Gerätes durch Flucht entziehen können oder weil die Proben beim Heraufholen ausgewaschen werden. Diese Fehlerquellen fallen besonders dann ins Gewicht, wenn die Zielsetzungen der Untersuchungen quantitativer Natur sind. Von den zahlreichen, für verschiedene Zwecke entwickelten Geräten (vgl. HOLME 1964) kann hier nur eine kleine Auswahl vorgestellt werden. Zum Einsammeln von makroskopischem Epibenthos für wissenschaftliche Zwecke werden Schleppnetze verschiedener Bauart verwendet. Handelt es sich um hindernisfreie, flache Sedimentböden, so werden meistens die geräumigen Grundschleppnetze verwendet, wie sie sich im Handwerk der Berufsfischerei bewährt haben (Kap. 6.6.2., Abb. 113). Im Falle harter Böden muß die Netzöffnung durch einen Metallrahmen beschwert und verstärkt werden (Abb. 64 a), wobei der am Grund aufliegende Balken wie ein Messer über Grund fährt. Das Netz einer solchen Dredsche ist aus kräftigem Hanf oder Metall gewoben. Die Arbeit über Felsböden läßt wegen der Gefahr der Verkeilung nur kleine Netze zu. Die vier- oder dreieckige Öffnung des Netzes wird von einem schweren Metallrahmen gebildet, dessen messerartig zugeschliffene Balken die auf Felsen festsitzenden Organismen abzuschaben vermögen (Abb. 64 b). Da diese Geräte nur langsam über Grund geschleppt werden dürfen, entgehen ihnen die aktiv schwimmenden oder rasch kriechenden Tiere. Im Felslitoral lassen sich diese deshalb nur mit Hilfe von Stellnetzen oder beköderten Reusen (Abb. 112 d) fangen.

Die verhältnismäßig grobe Arbeitsweise der bis hier erwähnten Geräte kann niemals ein Bild über die vertikale Schichtung der Organismen über, auf oder im Innern des Meeresbodens vermitteln, umso mehr, als die kleineren Komponenten der Flora und Fauna durch die Netzmaschen verloren gehen. Für diese Zwecke sind spezielle, den jeweiligen Anforderungen angepaßte Fangvorrichtungen entwickelt worden. Wenn es darum geht, die dicht über Grund schwimmenden und schwebenden Organismen zu erfassen, werden Planktonnetze verwendet, die in einem schlittenähnlichen Gestell auf Kufen montiert, dicht über den Sedimentböden geschleppt werden können, ohne daß die Netzöffnung oder das Netz selber mit dem Grund in Berührung kommt (Abb. 64c). Diese Netze, die analog den Planktonnetzen (Abb. 35d) auch mit einer Schließvorrichtung versehen sein können, eignen sich jedoch nur für flache Böden ohne größere Hindernisse. Dies gilt auch für die kleineren, ebenfalls mit Kufen ausgerüsteten Hobel-Dredschen (Abb. 64d), die das auf oder dicht über den Sedimentböden befindliche Material einsammeln. Für die Gewinnung von Sedimentproben und der darin enthaltenen Organismen werden schwere Schöpfer oder Dredschen verschiedener Bauart verwendet. Bei den ersten handelt es sich meist um konische Gefäße (Abb. 64e), mit denen eine dem Inhalt des Schöpfers entsprechende Probe entnommen werden kann.

Die sog. Bodengreifer (Abb. 64f) garantieren ein gewisses Maß an Genauigkeit bei quantitativen Analysen von Sedimentproben. Das Gerät besteht im wesentlichen aus 2 schweren, gegeneinander beweglichen Teilen, die, wenn sie in geöffnetem Zustand auf dem Meeresboden auftreffen, wie 2 Kiefer zuschnappend eine Portion Sediment aus dem Boden „herausbeißen". Der erste von PETERSEN entwickelte Backengreifer (Abb. 64f) wurde in der Folge unter Beibehaltung des Prinzips verschiedentlich perfektioniert (s. HOLME 1964). Diese Bodengreifer haben gegenüber den oben erwähnten, an Kabeln nachgeschleiften Schöpfern oder Dredschen den Vorteil, daß sich die Probe nach deren Entnahme in einem geschlossenen Raum befindet, was die Verluste durch Auswaschen beim Einholen des Greifers auf ein Minimum reduziert.

Legt man Wert auf die Erhaltung der Schichtfolge der Sedimentproben, müssen unter Verzicht auf ein größeres Proben-Volumen die sog. Lote eingesetzt werden. Es sind dies im Prinzip Metall- oder Plexiglasrohre, die senkrecht in die Sedimentböden gerammt werden und aus diesem einen zylindrischen Kern herausstechen (Abb. 64g). Die hierfür notwendige Kraft kann allein durch den freien Fall des mit Gewichten beschwerten, an einer losen Trosse in die Tiefe fahrenden Lotes gewonnen werden. Zusätzlich läßt sich die Rammwirkung dadurch erhöhen, daß beim Auftreffen des Gerätes auf dem Boden eine Explosion ausgelöst wird, durch die das Rohr noch tiefer in den Grund getrieben wird. Die sog. Vibrocorer ihrerseits werden in einem Gestell montiert auf dem Meeresboden abgesetzt, wobei die von einem Motor erzeugten Vibrationen das Rohr in die Sedimente hineintreiben. In jedem Fall sorgen verschiedenartige Verschlußmechanismen dafür, daß das herausgestochene Material, der Bohrkern, beim Einholen des Gerätes weder ausfließen noch einer nennenswerten Umschichtung anheimfallen kann.

4. Physikalisch-chemische Parameter und ihre biologischen Implikationen

Dieses Kapitel ist den wichtigsten physikalisch-chemischen Faktoren gewidmet, die dem marinen Raum sein besonderes, ökologisches Gepräge verleihen und damit im Alleingang oder im Zusammenspiel einen maßgeblichen Einfluß auf die Entfaltung des Lebens ganz allgemein und auf die Gestalt, den Bau, den Stoffwechsel, das Fortpflanzungsgeschehen, das Verhalten und die Populationsdynamik einzelner Arten und Artengruppen ausüben. Diese abiotischen Parameter und deren zeitliche und örtliche Veränderungen können hier nur so weit erläuternd gewürdigt werden, als sie für das Verständnis der durch sie hervorgerufenen biologischen Reaktionen bzw. Anpassungen erforderlich sind. Für ausführlichere Informationen muß auf die Fachliteratur der physikalischen Ozeanographie verwiesen werden.

4.1. Zum Chemismus des Meerwassers

Das Wasser der Meere enthält, auch wenn es von den sich darin befindlichen Lebewesen befreit ist, eine große Zahl von gelösten oder in kolloidaler Form vorliegender, anorganischer und organischer Stoffe. Nach quantitativen Gesichtspunkten beurteilt dominieren dabei die Salze, die, im gelösten Zustand in Anionen und Kationen (Tab. 11) dissoziiert, für eine charakteristische Eigenschaft des Meerwassers, d. h. seinen hohen Elektrolytengehalt (Salzgehalt) verantwortlich zeichnen (Kap. 4.1.2.). Daneben treten, allerdings in weit geringeren Mengen, die meisten Elemente des periodischen Systems als sog. Oligoelemente (Spurenelemente, Tab. 13) in Erscheinung. Diese anorganischen Bestandteile sind im Laufe der Erdgeschichte aus den Gesteinen ausgewaschen worden, infolge eruptiver Tätigkeiten in Lösung übergegangen und vom Festland in die Meere gespült worden.

Bei den im Meerwasser gelösten Gasen (Kap. 4.4.) handelt es sich um die in der atmosphärischen Luft vorhandenen Gase Stickstoff (N_2), Sauerstoff (O_2), Kohlendioxid (CO_2) und Argon (Ar), welche den für Gase geltenden Lösungsgesetzen gehorchend an der Grenzschicht zwischen Wasser und atmosphärischer Luft zwischen beiden Medien ausgetauscht werden. Außerdem greifen biologische Prozesse, wie Assimilation und Atmung, in die Kreisläufe der beiden biologisch wichtigen Gase O_2 und CO_2 ein, indem diese von Organismen dem Wasser entzogen bzw. diesem wieder zurückerstattet werden.

Die in gelöster, kolloidaler oder partikulärer Form im Meerwasser enthaltenen organischen Komponenten umfassen Vertreter verschiedenster

Stoffgruppen. Als Ausscheidungs- bzw. Zersetzungsprodukte lebender Materie sind sie, obwohl biologisch bedeutsam (Kap. 4.1.5.), in zu geringen Mengen vorhanden, als daß sie einen die physikalischen Eigenschaften des Wassers maßgeblich beeinflussenden Faktor darstellen könnten. Im Gegensatz zu den meisten anorganischen Stoffen ist der Gehalt der organischen Komponenten sowohl qualitativ als quantitativ bedeutenden räumlichen und zeitlichen Schwankungen unterworfen, deren Ursachen u. a. in entsprechenden Veränderungen der Biomassen bzw. Produktivität (Kap. 6.3.) zu suchen sind.

4.1.1. Das Sammeln von Wasserproben

Das klassische und einfachste Vorgehen im Zusammenhang mit der chemischen und/oder physikalischen Untersuchung des Meerwassers beruht auf der Gewinnung von Wasserproben, die anschließend an Bord des Schiffes oder im Laboratorium einer Analyse unterzogen werden. Die Gewinnung der Proben erfordert eine ebenso große Sorgfalt wie die Analyse selber, weil die Proben infolge der notwendigen Manipulationen unter Umständen so weit verändert werden können, daß sie die am Ort der Entnahme herrschenden Zustände nicht mehr getreu wiederzugeben vermögen. Diese sind u. a. temperaturabhängig, so daß im Hinblick auf nachträgliche Umrechnungen stets die für den Ort und den Zeitpunkt der Probe-Entnahme gültige Temperatur registriert werden muß. Als für diese Zwecke geeignetes Schöpfgerät findet die von F. NANSEN entwickelte und später verschiedentlich modifizierte Nansen-Flasche (Abb. 65 a) weitverbreitete Anwendung. Es handelt sich um einen mindestens einen Liter fassenden Stahlzylinder, dessen beide verjüngten Enden mit 2 Deckeln verschlossen werden können, deren Drehbewegungen mittels eines Gestänges gekoppelt werden. Die Flasche wird mit 2 Haltevorrichtungen an einem hydrographischen Kabel festgemacht und abgesenkt, wobei das Wasser frei durch den beidseits offenen Zylinder strömen kann. Hat das Gerät die gewünschte Tiefe erreicht, wird die obere Haltevorrichtung mit Hilfe eines dem Kabel entlang nach unten geschickten Fallgewichts vom Kabel gelöst, so daß die noch an der unteren Halterung befestigte Flasche um 180° nach unten kippt. Durch diesen Bewegungsablauf werden beide Öffnungen des Zylinders durch Vermittlung des durch die Kippbewegung betätigten Schließgestänges verschlossen. Mehrere Nansen-Flaschen können in Serien geschaltet werden, was eine gleichzeitige Probenentnahme in verschiedenen Tiefen erlaubt und eine Zeitersparnis darstellt. Diese Flaschen sind alle mit mindestens einem sog. Kippthermometer versehen, das ermöglicht, die Temperatur am Ort der Probenentnahme mit hoher Genauigkeit festzuhalten (Kap. 4.2.1.). Die Flaschen werden an Bord des Schiffes durch einen am Deckel vorhandenen Hahn in verschließbare Glasgefäße entleert. Diese Manipulationen erfordern größte Sorgfalt, da sie, besonders im Zusammenhang mit der Bestimmung von gelösten Gasen, verfälschende Zustandsveränderungen nach sich ziehen können.

Diese Art der Probenentnahme ist verhältnismäßig mühsam und zeitraubend, so daß telemetrisch arbeitende Geräte entwickelt wurden, die es unter Umgehung einer Probenentnahme erlauben, vom Fahrzeug aus in gewünschten Tiefen physikalische Parameter wie Temperatur (vgl. Kap. 4.2.1.), Elektrolytengehalt, Wasserstoffionenkonzentration etc. direkt und rascher zu messen. In jüngster Zeit sind

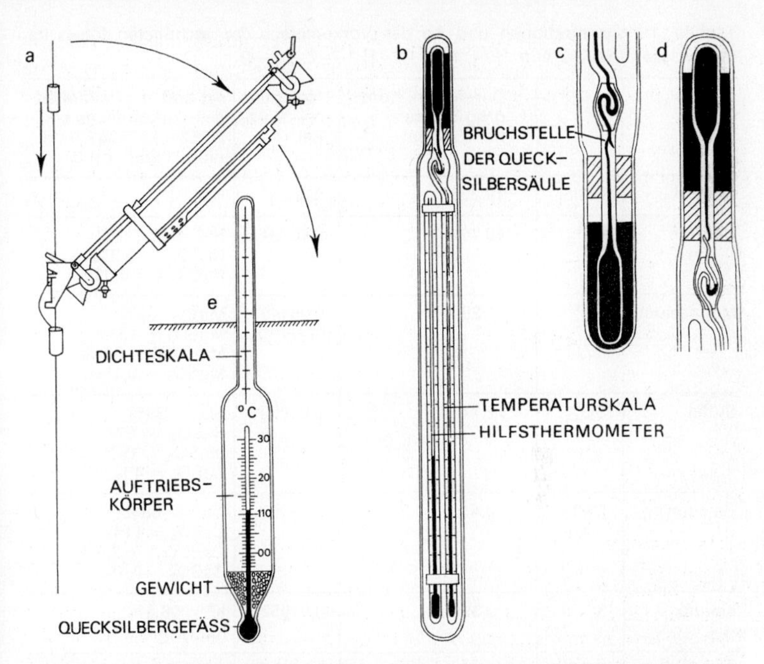

Abb. 65 Hydrographische Instrumente: **a** Nansen-Schöpfer. Das obere Fallgewicht hat die obere Befestigungsvorrichtung der offenen Flasche ausgelöst. Diese ist im Begriff, nach unten zu kippen, wobei das Schließgestänge durch die Drehung die beiden terminalen Öffnungen verschließt. Durch den Kippvorgang wird ein zweites Fallgewicht von der unteren Befestigungsvorrichtung befreit; es fällt nach unten und kann eine weitere Flasche auslösen **b** Tiefsee-Umkippthermometer nach dem Kippen; **c** Teil des Kippthermometers im nicht gekippten Zustand; **d** Thermometer im gekippten Zustand. Die Quecksilbersäule ist an der verengten Stelle abgebrochen; **e** Stengel-Aräometer für thermohaline Dichtebestimmungen. Im Stengel liegt die Dichteskala, im Auftriebkörper das Referenzthermometer.

sog. hydrographische, am Grund verankerte Bojen entwickelt worden, die ähnlich wie eine meteorologische Station von einem fixen Standort aus laufend hydrographische Daten registrieren und diese an eine auf dem Festland befindliche Zentrale telemetrisch übermitteln. Weitere methodische Angaben sollen im Rahmen der einzelnen Kapitel gemacht werden.

4.1.2. Gelöste anorganische Stoffe

4.1.2.1. Elektrolyten

Die nach Verdunstung des Meerwassers zurückbleibenden Rückstände bestehen größtenteils aus einem Gemisch von verschiedenen Salzen, unter

Tabelle 11 Konzentrationen und Art des Vorkommens der wichtigsten Ionen im Meerwasser. (Nach *Smith* 1974, Tab. 1.2–1; 1.2–2; 1.2–4)

		Durchschn. Konz. g/kg Wasser bei 35‰ Sal.	Molarität bei 34,8‰ Sal.	Art und rel. Häufigkeit des Vorkommens bei 25 °C, 19,375‰ Chlorinität, 1 atm. pH 8
Chlorid	Cl^-	19,353	0,56241	Cl^-
Natrium	Na^+	10,76	0,48284	Na^+ = 97,7% $NaSO_4^-$ = 2,2% $NaHCO_3$ = 0,03%
Magnesium	Mg^{2+}	1,29	0,05440	Mg^{2+} = 89% $MgSO_4$ = 10% $MgHCO_3^+$ = 0,6% $MgCO_3$ = 0,1%
Sulfat	SO_4^{2-}	2,71	0,02909	SO_4^{-2}=39% $NaSO_4^-$ = 37% $MgSO_4$ = 19% $CaSO_4$ = 4%
Calcium	Ca^{2+}	0,41	0,01059	Ca^{2+} = 88% $CaSO_4$ = 11% $CaHCO_3^+$ = 0,6% $CaCO_3$ = 0,1%
Kalium	K^+	0,39	0,01052	K^+ = 98,8% KSO_4^- = 1,2%
Bicarbonat	HCO_3^-	0,14	0,00245	HCO_3^- = 64% $MgHCO_3^+$ = 16% $NaHCO_3$ = 8% $CaHCO_3^+$ = 3% CO_3^{2-} = 0,8% $MgCO_3$ = 6% $NaCO_3^-$ = 1% $CaCO_3$ = 0,5%
Bromid	Br^-	0,06	0,00087	Br^-
Borsäure	$B(OH)_3$	0,0046	0,00044	$B(OH)_3$ = 84% $B(OH)_4^-$ = 16%
Strontium	Sr^{2+}	0,0078	0,00009	
Fluor	F^-	0,0013		F^- = 50–80% MgF^+ = 20–50%

denen das Kochsalz (Na Cl) mengenmäßig vorherrscht. In gelöster Form sind diese Salze jedoch in Anionen und Kationen dissoziiert, wie sie unter Angabe ihrer Konzentrationen in Tab. 11 aufgeführt sind, die außerdem erwähnt, in welcher Form diese Elektrolyten im Meerwasser in Erscheinung treten. Die Tatsache, daß sich die Ionenzusammensetzung des Meerwassers in einer derart allgemein gültigen Form darstellen läßt, weist auf den folgenden wichtigen Punkt hin: Die relativen Häufigkeiten der im Meerwasser enthaltenen Ionen zeichnen sich durch einen erstaunlich hohen Grad an Konstanz aus. Es gibt allerdings gewisse Ausnahmen zu dieser Regel und zwar dort, wo Meerwasser gefriert oder wo Eis schmilzt. Unter diesen Bedingungen können sich leichter Verschiebungen in den Verhältniswerten, besonders bezüglich der Cl^- und $SO_4^{=}$-Ionen, einstellen. Räumlichen und zeitlichen Variationen sind die sich für alle Komponenten proportional verändernden, absoluten Konzentrationen unterworfen. Dies bedeutet, daß Veränderung des Salzgehaltes (Salinität oder Chlorinität, Kap. 4.1.3.) keine Verschiebungen der zwischen den einzelnen Ionen herrschenden Mengenverhältnisse nach sich ziehen.

Tabelle 12 Relative Häufigkeit der wichtigsten Anionen und Kationen in Körperflüssigkeiten einiger mariner Tiere. Die Werte sind auf die Chlor-Ionen (100%) bezogen (nach *Nicol* 1960).

	Na^+	K^+	Ca^{2+}	Mg^{2+}	SO_4^{2-}	Cl^-
Meerwasser (vgl. Tab. 11)	55,5	2,01	2,12	6,69	14,0	100
Cnidaria: Aurelia aurita	53	2,05	1,96	6,3	6,3	100
Polychaeta: Arenicola marina (Abb. 55e)	56	2,09	2,12	6,7	12,9	100
Mollusca: Mya arenaria	56	2,15	2,26	6,6	14,1	100
Sepia officinalis (Abb. 77b)	51	4,10	2,22	6,7	2,9	100
Crustacea: Squilla mantis (Abb. 51k)	64	2,69	2,59	2,2	11,2	100
Carcinus maenas (Abb. 51i)	62	2,43	2,69	2,4	8,0	100
Echinodermata: Holothuria tubulosa	56	2,06	2,15	6,9	13,9	100
Urochordata: Phallusia mammillata	53,3	1,95	1,91	6,38	7,1	100
Vertebrata: Mustelus canis	76	2,68	2,79	0,82	2,1	100
Gadus callarias	67	6,35	2,62	0,95	---	100

Diese Konstanz der relativen Häufigkeiten ist von größter biologischer Tragweite, denn die Folgen beliebiger Verschiebungen der Ionen-Populationen für die Physiologie und Biochemie der Organismen wären nicht abzusehen, zeigt doch das Innenmilieu der meisten Organismen (Tab. 12) in dieser Hinsicht einen hohen Grad an Konstanz. Diese ist mit Rücksicht auf den reibungslosen Verlauf der meisten biologischen Prozesse von größter Wichtigkeit. Damit sei jedoch nicht gesagt, daß das Innenmilieu der marinen Pflanzen und Tiere bezüglich seines relativen Gehalts an Elektrolyten (Kap. 4.1.4.) mit demjenigen des umgebenden Wassers in Übereinstimmung steht. Es ist vielmehr so, daß die Verhältniszahlen von Art zu Art mehr oder weniger stark von denen des Außenmilieus (Tab. 12) abweichen, ohne daß dies eine Störung der osmotischen Gleichgewichte (Kap. 4.1.4.) zur Folge haben muß. Dies bedeutet wiederum, daß die Organismen über Mittel verfügen, die es ihnen ermöglichen, aus den sich im Außenmilieu anbietenden Ionen eine Auswahl zu treffen bzw. durch selektive Ausscheidung einzelner Ionen das gleiche Ziel zu erreichen. Die diesen Aufgaben unter Energieaufwand gerecht werdenden, in den Zellwänden und Zellmenbranen lokalisierten Ionen-Pumpen sind jedoch auf ein bezüglich der relativen Häufigkeit der Ionen konstantes Außenangebot angewiesen, denn drastische Veränderungen desselben würden die Leistungsfähigkeit dieser Pumpen überfordern.

Eine erschöpfende Würdigung der biologischen Bedeutung einzelner Elektrolyten würde den Rahmen dieser Darstellung sprengen. Es sei hier lediglich erwähnt, daß einige davon u. a. als Bausteine von Skeletten (Kap. 3.4.3.) verwendet werden und daß viele im Zusammenhang mit physiologischen (Kap. 4.1.4.) und biochemischen Prozessen unerläßlich sind. Im Vergleich zu terrestrischen oder in Süßgewässern lebenden Organismen sind diesbezüglich keine grundsätzlichen Unterschiede anzuführen. Die Besonderheit des marinen Milieus liegt in diesem Zusammenhang vor allem in der Beständigkeit des Angebots an verschiedenartigen Elektrolyten. Dieser Umstand mag eine der Voraussetzungen sein, welche, zusammen mit anderen, die Frühphase der organismischen Evolution auf biochemischer und physiologischer Ebene begünstigt haben (Kap. 2.1.).

Tabelle 13 Konzentrationsbereiche (μg/Liter) einiger neben den geläufigen Elektrolyten (Tab. 11) im Meerwasser vorkommender, anorganischer Komponenten und Oligoelemente (Reihenfolge nach dem periodischen System) (nach *Smith* 1974, Tab. 1.2–8)

Elemente	Konzentration μg/Liter	Art des Vorkommens
Lithium (Li)	180–195	Li^+
Beryllium (Be)	5,7 × 10^{-4}	
Stickstoff (N)	0–560	NO_3^-; NO_2^-, NH_3, N_2
Aluminium (AL)	0–7	Al $(OH)_3$
Kieselsäure (Si)	0–4900	Si $(OH)_4$, $SiO(OH)^-$
Phosphor (P)	0–90	$H_2PO_4^-$, H PO_4^{2-}, PO_4^{3-}
Vanadium (V)	2,0–3,0	$VO_2(OH)_3^{2-}$
Mangan (Mn)	0,2–8,6	Mn^{2+}, $MnSO_4$, $Mn(OH)_{3.4}$
Eisen (Fe)	0,1–62	$Fe(OH)_3$, $Fe(OH)_2^+$
Kobalt (Co)	0,035–4,1	Co^{2+}, $CoSO_4$
Nickel (Ni)	0,8–2,4	Ni^{2+}, $NiSO_4$
Kupfer (Cu)	0,2–4,0	Cu^{2+}, $CuSO_4$, $CuOH^+$
Zink (Zn)	3,9–48,4	Zn^{2+}. $ZnSO_4$, $ZnOH^+$
Rubidium (Ru)	112–134	Rb^+
Molybdän (Mo)	0,24–12,2	Mo O_4^{2-}
Silber (Ag)	0,05–1,5	$AgCl_2^-$, Ag Cl_3^{2-}
Cadmium (Cd)	0,02–0,25	$CdCl^+$, Cd^{2+}, $CdSO_4$
Jod (I)	48–80	IO_3^-, I^-
Barium (Ba)	5–93	Ba^{2+}, $BaSO_4$
Gold (Au)	0,004–0,027	$AuCl_4^-$, $AuCl_2^-$
Quecksilber (Hg)	0,03	$HgCl_3^-$, $HgCl_4^{2-}$
Blei (Pb)	0,02–0,4	Pb^{2+}, $PbSO_4$, $PbOH^+$
Uran (U)	2–4,7	$UO_2(CO_3)_3^{4-}$

Mehrere dieser Elemente kommen in organischen Komplexen vor.

4.1.2.2. Oligoelemente

Die in Tab. 13 aufgeführten Spurenelemente treten im Meerwasser in weit kleineren Mengen auf als die Elektrolyten. Ihr Nachweis und ihre quantitative Bestimmung sind in vielen Fällen mit erheblichen Schwierigkeiten verbunden, so daß die veröffentlichten Werte z. T. beträchtlich streuen. Ob dies eine Folge methodischer Unzulänglichkeiten ist, oder ob sich darin tatsächlich räumlich und zeitlich bedingte Konzentrationsschwankungen widerspiegeln, ist schwer zu entscheiden.

Die biologische Bedeutung einiger dieser selteneren Elemente ist unbestritten, während es in anderen Fällen hierfür keine Anhaltspunkte gibt.

Der **Stickstoff** (N) tritt im Meerwasser in gelöster Gasform (N_2), als Ammoniak (NH_3) sowie als Nitrite (NO_2^-) und Nitrate (NO_3^-) auf. Letztere sind die wichtigste Stickstoffquelle für die Biosynthese von Aminosäuren, Proteinen und anderen N-haltigen Stoffen und werden im Rahmen des großen Stickstoffkreislaufes (Kap. 6.2.) durch Remineralisierung organischer Materie (Kap. 2.2.) dem Wasser wieder zugeführt. Der Gehalt an diesen Ionen ist deshalb beträchtlichen zeitlichen und räumlichen Schwankungen unterworfen (Kap. 6.).

Gleiches gilt für den in Form von Phosphationen vorkommenden **Phosphor** (P), der nicht zum angestammten Ionen-Inventar des Meerwassers gehört, jedoch als Bestandteil von organischen Stoffen eine essentielle Rolle spielt.

Die **Kieselsäure** (Si) wird vor allem von den einzelligen Kieselalgen (*Chrysophyceae, Diatomales*, Abb. 17) und *Radiolaria* (Abb. 22b–f) als Ausgangsmaterial für den Aufbau ihrer Skelette (SiO_2) verwendet. Eine Ordnung der letzteren, die *Acantharia* (Abb. 25b) bauen in diesen, neben organischen Komponenten und Kieselsäure, auch unterschiedliche Mengen von Strontiumsulphat ($Sr\,SO_4$) ein.

Kupfer (Cu) ist normalerweise in sehr kleinen Mengen vorhanden. Auf viele Mikroorganismen wie auch auf Algen und niedere Invertebraten, insbesondere deren Larven, übt dieses Metall in höheren Konzentrationen eine letale Wirkung aus, wobei die obere Toleranzgrenze im Bereich von etwa $7-10\,\gamma$/Liter liegt. Kupfer und kupferhaltige Stoffe werden deshalb überall dort mit Erfolg angewendet, wo es gilt, im Meerwasser eingetauchtes Holz (Planken von Holzschiffen, Hafenanlagen etc.) vor Algenbewuchs und vor dem Befall mit Larven holzbohrender Tiere (Abb. 46h, i) zu schützen. Kupfer spielt andererseits als metallischer Bestandteil eines bei den Invertebraten weit verbreiteten, respiratorischen Pigments, dem sog. Hämocyanin, eine wichtige Rolle (Kap. 4.4.3.).

Die den *Urochordata* zugeordneten Seescheiden (*Ascidiacea*, Abb. 52i) führen in ihrem Blutplasma sog. Vanadocyten. Es sind dies Zellen, die Hämovanadin, ein Proteid enthalten, das mit dem seltenen Erdsäurebildner **Vanadium** (V) einen Komplex bildet und das im Kontakt mit der Luft eine tiefblaue Farbe annimmt. Bei den Vertretern der Familie der *Dizionidae* zirkuliert dieses Chromoprotein frei in der Blutflüssigkeit. Die Funktion des Hämovanadins scheint in keinem Zusammenhang mit dem Gastransport zu stehen. Es sind Vermutungen geäußert worden, wonach diese energiereichen Komplexe bei der Synthese des Tunicins eine Rolle spielen könnten. Das Tunicin ist ein zähes, die Außenwand der Seescheiden bildendes Material, dessen Chemismus und Struktur Ähnlichkeiten mit jenen der pflanzlichen Zellulose zeigen, dessen Biosynthese in ihrem Verlauf jedoch noch weitgehend unbekannt ist.

Die Reihe der Beispiele über die biologische Verwendung von Spurenelementen könnte beliebig fortgesetzt werden. In jedem dieser Fälle sind wir mit dem noch ungelösten physiologischen Problem konfrontiert, wie die Organismen die Anreicherung dieser im Meerwasser in so geringen Konzentrationen auftretenden Elemente bewerkstelligen.

4.1.3. Salinität/Chlorinität

Die „Salinität" ist ein Maßwert für die in einem gegebenen Volumen Meerwasser gelöste Menge von Salzen, wobei auf deren qualitative Zusammensetzung hier keine Rücksicht genommen wird. Da sich die relativen Häufigkeiten der einzelnen Elektrolyten durch einen hohen Grad an Konstanz auszeichnen (Kap. 4.1.2.), lassen sich aus dem jeweiligen Salinitätswert ohne weiteres die Konzentration einzelner Salze bzw. einzelner Ionen errechnen. Die „Salinität" wird in Gramm Salze je Liter Meerwasser, also in ‰ ausgedrückt.

Ein weiterer gebräuchlicher Richtwert ist die „Chlorinität", die ebenfalls in ‰ berechnet, aussagt, wieviel Chlor-Ionen (Cl^-) in einem Liter Meerwasser enthalten sind. Die beiden Größen, Salinität (S) und Chlorinität (Cl), lassen sich jederzeit mit Hilfe der Gleichung von KNUDSEN (1901)

$$S\,‰ = 0.03 + 1.8050\ Cl\,‰$$

umwandeln. Diese Operation kann auch aufgrund der in Abb. 66 wiedergegebenen Tabelle vorgenommen werden.

Bestimmungsmethoden: Die am einfachsten erscheinende Methode zur Bestimmung der Salinität, d. h. das Wägen der festen Rückstände nach Eindampfen einer Wasserprobe ist deshalb ungenau, weil die Rückstände außer den Salzen noch andere, z. B. organische Komponenten enthalten und weil sich, der hygroskopischen Eigenschaften der Salze wegen, beim Wägeprozeß Fehler einstellen.

In einem raschen, jedoch nicht sonderlich präzisen Verfahren kann der Salinitätswert durch Umrechnung (Abb. 66) der mit einem Aräometer (Densimeter, Abb. 65 e) gemessenen, spez. Dichte ermittelt werden.

Als weitere Meßmethoden sind die Bestimmung der Gefrierpunktserniedrigung (Abb. 71) oder die Ermittlung der elektrolytenabhängigen, elektrischen Leitfähig-

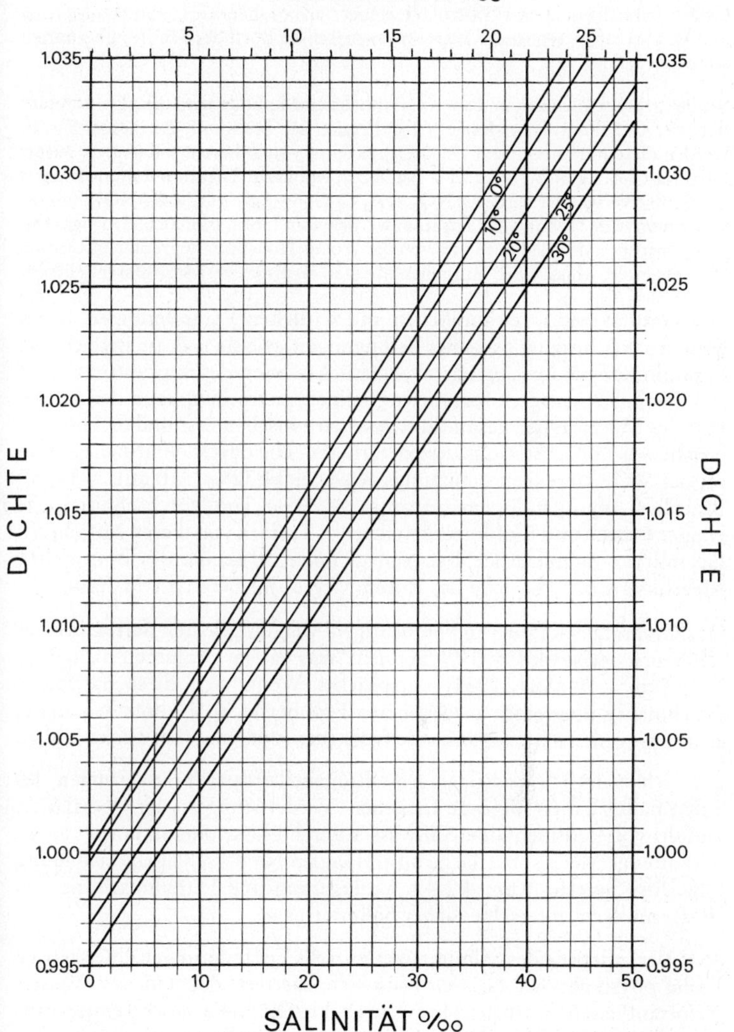

Abb. 66 Umrechnungstabelle für Salinität, Chlorinität und Dichte (nach Angaben aus *Defant* 1961; *Smith* 1974).

keit des Wassers zu erwähnen. Das zweite Verfahren, das eine Genauigkeit im Größenbereich von ± 0.003‰ zuläßt, eignet sich besonders für Salinitäts-Mengen an Ort und Stelle, wobei die Werte telemetrisch an Bord des Schiffes übermittelt werden.

Bei der gebräuchlichsten und auch verläßlichsten Methode wird die „Chlorinität" d. h. der Gehalt an Chlor-Ionen (Cl^-) titrimetrisch bestimmt. Zu diesem Zweck werden diese mit Silbernitrat ($Ag\,NO_3$) in Form von Silberchlorid ($Ag\,Cl$) ausgefällt ($Na\,Cl + Ag\,NO_3 \rightarrow Ag\,Cl + Na\,NO_3$), wobei zur Titration Kaliumchromat ($K_2\,Cr\,O_4$) verwendet wird ($Ag\,NO_3 + K_2\,Cr\,O_4 \rightarrow Ag\,Cr\,O_4 + K_2\,NO_3$). Für die kolorimetrische Eichung der Titration werden vom Internationalen Hydrographischen Institut in Kopenhagen und von der Woods Hole Oceanographic Institution (Woods Hole, Mass. USA) Ampullen mit standardisiertem Meerwasser geliefert.

Die Salinität und ihre räumlichen und zeitlichen Veränderungen. Unter Mitberücksichtigung extremer Bedingungen, wie sie z. B. im Bereich von Flußmündungen in Lagunen, Wasserrückständen des Supralitorals oder in künstlich angelegten Salzgärten (Salinen) herrschen, kann der Salzgehalt des Meerwassers gesamthaft gesehen zwischen 0‰ und den höchstmöglichen Konzentrationswerten variieren. Die durchschnittliche Salinität der Weltmeere liegt schätzungsweise bei 34,72‰ (Atlantik ≈ 34,90; Pazifik ≈ 34,62; Indischer Ozean ≈ 34,76‰). Die Durchschnittswerte einiger Mittel- und Randmeere weichen z. T. stark von diesen Mitteln ab: die mittlere Salinität der Ostsee liegt unter 30‰, die des Bottnischen Meerbusens bei 7‰, jene des Roten Meeres im Bereich von 39‰.

Das Gesamtgewicht der in den heutigen Meeren gelösten Salzen beträgt schätzungsweise $4{,}8 \times 10^{16}$ Tonnen, was einem Volumen von $21{,}8 \times 10^6\,km^3$ (DEFANT 1961) entspräche. Wenn sich diese Salzmasse gleichmäßig über einer ausgeebneten Erdoberfläche ausbreiten könnte, würde sie eine weltumspannende Salzkruste von ca. 60 m Dicke bilden.

Die sich räumlich und/oder zeitlich einstellenden Veränderungen des Salzgehaltes haben folgende Ursachen: Verdunstung an der Oberfläche, Zufuhr von kontinentalem Süßwasser durch Flüsse oder in Form von direkt auf der Meeresoberfläche auftreffenden Niederschlägen, Eisbildung bzw. Eisschmelze (Kap. 4.2.4.), Verlagerung und Durchmischung von Wassermassen unterschiedlicher Salinität usw.

Jede Veränderung des Salinitätswertes zieht Veränderungen einer ganzen Reihe physikalischer Größen nach sich, die den Zustand des Wassers mitbeeinflussen. Betroffen sind: Die Dichte (Kap. 4.3.), der Temperaturbereich maximaler Dichten und die Gefrierpunktserniedrigung (Abb. 71), die spez. Wärme und die thermische Leitfähigkeit (Kap. 4.2.2.), der osmotische Druck (Kap. 4.1.4.), die elektrische Leitfähigkeit, die Löslichkeit von Gasen (Kap. 4.4.2.), die Ausbreitungsgeschwindigkeit von Schallwellen (Kap. 4.6.1.) u. a. Es sind dies alles Parameter mit mehr oder weniger folgenschweren biologischen Konsequenzen.

Weltweit betrachtet (Abb. 72b) liegt die mittlere Oberflächen-Salinität der sich von den Polen bis zu den gemäßigten Breitengraden ausdehnenden Wassermassen tiefer als jene subtropischer und tropischer Meere. Eine diesbezügliche, einem Meridian entlang erstellte Kurve erreicht zwei in der Größenordnung von 37‰ liegende Maxima zwischen den 20. und 30. Breitengraden beidseits des Äquators. Dieser zweigipflige Kurvenverlauf ist eine Folge unterschiedlicher Niederschlagsmengen einerseits und der Verdunstungsraten andererseits.

Aus den Vertikalprofilen der Salinität (Abb. 67) ergeben sich gewisse, allerdings mit Ausnahmen behaftete Gesetzmäßigkeiten. In arktischen und antarktischen Gewässern liegen die Salinitätswerte an der Oberfläche relativ tief, erreichen dann in einer Tiefe zwischen 200 und 400 m einen höheren, mit zunehmender Tiefe mehr oder weniger konstant bleibenden

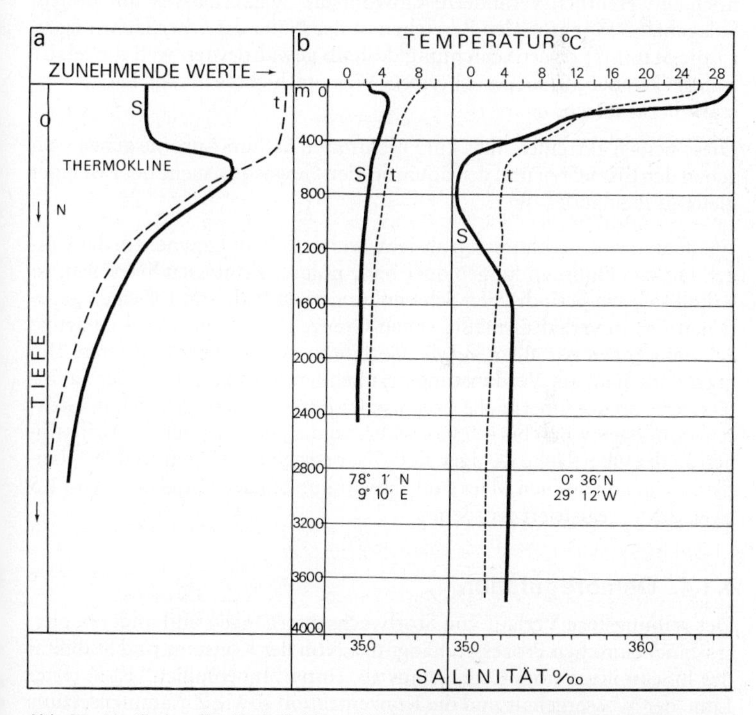

Abb. 67 Vertikalprofile der Salinität und Temperatur: **a** Schematisierte Beziehungen zwischen der Salinität (S) und der Thermokline (t); **b** Salinitäts- und Temperaturprofile von 2 hydrographischen Stationen im Atlantik (links: Europäisches Nordmeer, Daten vom 22. Juli 1910; rechts: äquatorialer Ostatlantik, Daten vom 19. September 1926 (mod. nach *Defant* 1961).

Wert (Abb. 67b). Da auf jenen Breitengraden im vertikalen Sinn weitgehend Isothermie (Abb. 67b) herrscht, ist es dort vor allem die Salinität, welche die Dichteunterschiede (Kap. 4.3.) verursacht, so daß die Wassermassen mit höherer Salinität, wie sie u. a. bei der Eisbildung entstehen (Kap. 4.2.4.), in die Tiefe absinken. Die Salinitätsprofile tropischer Meere zeigen in der Regel einen ganz anderen Verlauf: Hier klettern die an der Oberfläche registrierten Salinitätswerte in einer Tiefe zwischen ca. 80 und 150 m auf ein Maximum. Dies wird im Bereich der jeweiligen Thermokline (Abb. 72a) erreicht und wird als Folge von salzhaltigen Horizontalströmungen interpretiert, die in diesen Tiefen dem Äquator zufließen. Von dieser kritischen Tiefe an sinken die Werte annähernd parallel zur Temperatur ab und erreichen auf ca. 800 m ein Minimum. Ein erneuter Anstieg ist zwischen diesem Niveau und einer Tiefe von 1600 bis 2000 m zu verzeichnen, von wo sich die Werte mit zunehmender Tiefe dann nur noch unwesentlich verändern. Obwohl die Wassermassen mit hohem Salzgehalt in äquatorialen Bereichen in der Nähe der Oberfläche liegen, ist die Stabilität dieser Schichtung deshalb gewährleistet, weil die relativ hohen Temperaturen der obersten Wasserschichten deren Dichtewert stark herabsetzen.

Diese beiden extremen, hier kurz erläuterten Salinitätsprofile gehen zwischen den Eismeeren und den äquatorialen Gewässern mehr oder weniger gleitend ineinander über.

Wenn man von Verhältnissen absieht, wie sie z. B. in Lagunen, in der Umgebung von Flußmündungen oder nahe polarer Eismassen herrschen, so halten sich die periodischen Schwankungen der Salinität für einen gegebenen Ort in verhältnismäßig engen Grenzen. Im Litoral sind derartige Schwankungen vor allem auf die Gezeitenwirkung zurückzuführen. Die tageszeitlichen, auf Verdunstung beruhenden Veränderungen der Salinitätswerte an der Oberfläche ozeanischer Bereiche bewegen sich in Grössenordnungen von 0 bis 0,03‰, während die jahreszeitlichen Oszillationen an der Oberfläche weniger als 0,5‰ betragen. Im äquatorialen Atlantik und im javanischen Meer sind Schwankungen der Mittelwerte von 1,5 bzw. 2,5‰ registriert worden.

4.1.4. Osmoregulation

Der reibungslose Verlauf von Stoffwechselvorgängen und anderen physio-biochemischen Prozessen hängt u. a. von der Konstanz und Stabilität des Innenmilieus eines Organismus ab. Unter „Innenmilieu“ ist in erster Linie der Wassergehalt und die Konzentration sowie Zusammensetzung der Elektrolyten zu verstehen. Diese Parameter variieren wohl mehr oder weniger stark von Art zu Art (Tab. 12), zeichnen sich jedoch innerhalb ein und derselben Art durch einen hohen Grad an Konstanz aus. Diese Stabilität des Innenmilieus kann nur aufgrund einer permanenten, meist mit

Energieaufwand verbundenen Auseinandersetzung mit den Gesetzen der Osmose aufrecht erhalten werden. Die Zell- und Körperflüssigkeiten sind von der Außenwelt durch sog. semipermeable Wände bzw. Membranen getrennt, durch die das Lösungsmittel Wasser frei permeieren kann, die aber für gelöste Komponenten nach rein physikalischen Gesichtspunkten unüberwindbare Barrieren darstellen. Da gemäß den osmotischen Gesetzen ein Ausgleich der beidseits dieser semipermeablen Wände oder Membranen vorliegenden Konzentrationen der osmotisch kompetenten Moleküle (Elektrolyten, Zucker, Harnstoff, Aminosäuren u. a.) angestrebt wird, fließt Wasser dorthin, wo deren Konzentration höher ist.

Trifft dies für das Innere einer Zelle oder eines Organismus zu, d. h. sind diese im Vergleich zum Außenmilieu **hypertonisch** (Hypertonie), dringt Wasser passiv ein und erzeugt in der Zelle oder im Organismus, die nicht beliebig quellen können, einen Innendruck, verbunden mit einer Verdünnung der in der Zell- bzw. Körperflüssigkeit gelösten Komponenten. Da dieser Vorgang die geforderte Stabilität des Innenmilieus beeinträchtigt, muß der Organismus entgegen einem herrschenden Konzentrationsgefälle und infolgedessen unter Aufwand von Energie das passiv eingedrungene Wasser wieder ausscheiden. Tut er dies, d. h. verfügt er über die hierfür erforderlichen physiologischen Möglichkeiten, betreibt er aktive Osmoregulation. Dies trifft auch für den entgegengesetzten Fall zu, d. h. wenn der Organismus osmotisch bedingte Wasserverluste zu kompensieren hat. Solche stellen sich dann ein, wenn die Konzentration der osmotisch aktiven Moleküle im Außenmilieu höher ist als im Körperinnern. Dieses ist dann im Vergleich zum Außenmilieu **hypotonisch** (Hypotonie), was einen Wasserverlust bzw. eine Erhöhung der Innenkonzentration nach sich zieht.

Die meisten marinen Pflanzen, Protozoen und wirbellosen Tiere stehen zum Außenmilieu in einem Zustand der Isotonie (Syn. isosmotischer Zustand). Dieser ist dann erreicht, wenn die osmotischen Drucke, d. h. die Konzentration der osmotisch aktiven Moleküle beidseits der semipermeablen Wände bzw. Membranen identisch sind, also im osmotischen Gleichgewicht zueinander stehen. Wichtig ist dabei, daß die osmotische Eigenschaft einer Lösung nicht durch die Qualität der darin gelösten Ionen bzw. osmotisch aktiven Moleküle, sondern allein durch deren Zahl bestimmt wird. Das heißt, daß das Innere eines Organismus mit dem Meerwasser auch dann im osmotischen Gleichgewicht steht, wenn die Zusammensetzung seiner Anionen und Kationen in qualitativer Hinsicht von jener des Meerwassers abweicht. Wie der Tab. 12 zu entnehmen ist, trifft dies in den meisten Fällen auch zu. Dies bedeutet, daß die Organismen unter den sich im Außenmilieu anbietenden Ionen (Tab. 11) eine ihren physiologischen Anforderungen am besten gerecht werdende Auswahl treffen können, ohne dadurch das osmotische Gleichgewicht bzw. den isosmotischen Zustand zu gefährden. Dies setzt voraus, daß die Zellwände und Membranen imstande sind, mit Hilfe von sog. Ionenpumpen bestimmte, ausgewählte Ionen aufzunehmen bzw. nach außen zu befördern (vgl. Kap. 4.3.).

Osmoregulatorische Probleme stellen sich für die an sich isosmotischen Organismen dann, wenn sich die Salinität des Außenmilieus verändert (Kap. 4.1.3.). Die Toleranzgrenzen gegenüber derartigen Salinitätsschwankungen sind unterschiedlich weit gespannt: Die sog. **euryhalinen Formen**, die vor allem dort, z. B. im Litoral, angetroffen werden, wo relativ umfangreiche Salinitätsschwankungen zur Tagesordnung gehören, verstehen es, sich erfolgreich mit den sich verändernden Bedingungen auseinanderzusetzen. Für die sog. **stenohalinen Arten** dagegen sind die diesbezüglichen Toleranzgrenzen enger gesteckt, so daß diese Kategorie nur dort überleben kann, wo sie nur geringfügigen, tages- und jahreszeitlichen Salinitätsschwankungen begegnen.

Die wirbellosen Tiere und deren Entwicklungsstadien lösen die osmoregulatorischen Probleme in unterschiedlicher Weise: Eine relativ kleine Zahl von Arten unterzieht sich, ohne über eigentliche Regulationsmöglichkeiten zu verfügen, unter Preisgabe des Prinzips der Stabilität des Innenmilieus, passiv den osmotischen Gesetzen. Steigt der Salzgehalt des Wassers, so verlieren sie im Rahmen eines reversiblen Prozesses Wasser ans Außenmilieu, was eine Gewichts- bzw. Volumeneinbuße zur Folge hat. In ein hypotonisches Milieu versetzt, nehmen sie unter Quellung d. h. Volumen- und Gewichtszunahmen passiv Wasser auf, ohne daß dadurch die Funktionen, innerhalb gewisser Grenzen natürlich, einschneidend beeinträchtigt werden.

Von einer aktiven Osmoregulation kann nur dann die Rede sein, wenn der Organismus sich erfolgreich bemüht, diesen Veränderungen durch geeignete Maßnahmen entgegenzuwirken (Abb. 68). Hierfür kommen, je nach der herrschenden Situation, verschiedene physiologische Prinzipien zur Anwendung. Soll die Hypertonie des Innenmilieus gewahrt werden, was bei den meisten Süßwasserorganismen der Fall ist und auch z. B. für anadrome Meeresfische gilt, wenn sie ins Süßwasser aufsteigen (Kap. 3.3.), muß die Wasserausscheidung via Exkretionsorgane intensiviert werden. Liegen die osmotischen Verhältnisse umgekehrt, d. h. gilt es einem passiven Wasserverlust entgegenzuwirken, muß durch Aufnahme von Elektrolyten oder durch Speicherung anderer osmotisch aktiver Komponenten ein Gleichgewicht angestrebt werden. Als solche kommen u. a. Harnstoff oder Glycerin in Frage. Die in Salinen des toten Meeres lebende, einzellige Alge *Dunaliella parva* z. B. erzeugt als Produkt ihrer assimilatorischen Tätigkeit Glycerin, dessen Synthese der jeweiligen Salzkonzentration des Außenmilieus angepaßt wird.

Mit einer Ausnahme, den Knorpelfischen (*Chondrichthyes*), sind die marinen Wirbeltiere ausgesprochen **homoiosmotisch**, d. h. der Wasser- und

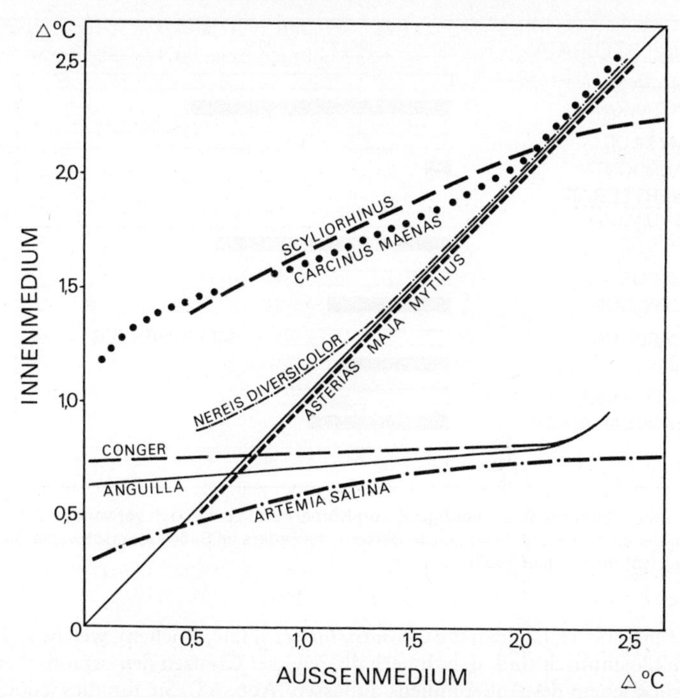

Abb. 68 Abhängigkeit bzw. Unabhängigkeit der Gefrierpunktserniedrigung der Körperflüssigkeiten (Innenmedium) einiger Invertebraten und Vertebraten von der Gefrierpunktserniedrigung des Außenmediums. Die Diagonale verbindet die Punkte isosmotischer Zustände. Alle Kurven, die von dieser Diagonalen abweichen, bedeuten, daß das Tier über die Fähigkeit zur aktiven Osmoregulation verfügt. Die Kurven homoiosmotischer Arten verlaufen annähernd parallel zur Abszisse. *Osteichthyes*: Aal, *Anguilla*, Abb. 46; Meeraal, *Conger*; *Chondrichthyes*: Katzenhai, *Scyliorhinus*, Abb. 57 a; *Crustacea*: *Maja*, *Carcinus maenas*, Abb. 55 i; Salinenkrebse *Artemia salina*; *Mollusca*: Miesmuschel, *Mytilus edulis*; *Polychaeta*: *Nereis diversicolor*; *Echinodermata*: *Asterias* (zusammengestellt nach *Nicol* 1960; *Penzlin* 1977).

Elektrolytengehalt ihrer Körperflüssigkeiten zeichnen sich durch einen hohen Grad an Konstanz aus, auch dann, wenn sich die osmotischen Eigenschaften des Außenmilieus verändern. Gemessen am Elektrolytengehalt sind sie, verglichen mit jenem des normalen Meerwassers, ausnahmslos hypotonisch (Abb. 69). Während dieser Zustand im Fall der Reptilien, Vögel und Säuger, die sekundär ins Meer zurückgekehrt sind, verständlich ist, bietet sich für die Hypotonie der Fische keine befriedigende Erklärung an; es sei denn, man schließe sich der paläontologisch unzureichend belegten Auffassung an, wonach die Frühphase der Evolution dieser Tiere im Brack- oder Süßwasser stattgefunden hätte.

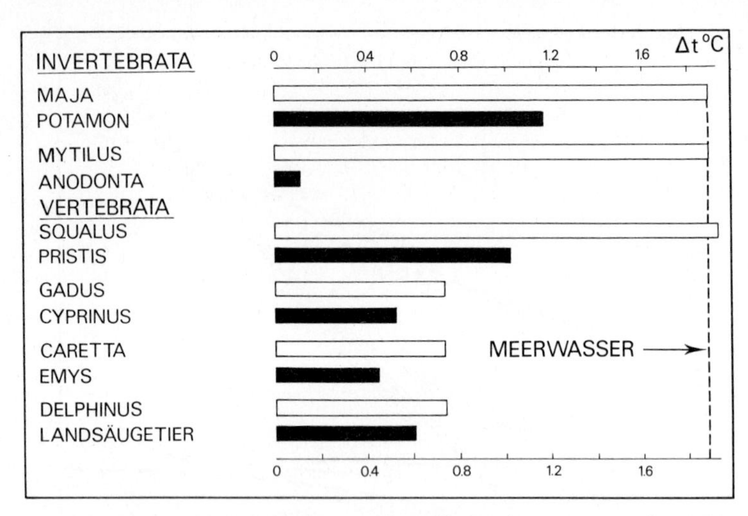

Abb. 69 Gefrierpunktserniedrigung von Körperflüssigkeiten nah verwandter Arten, von denen die eine im Meer (weiße Balken), die andere im Süßwasser (schwarze Balken) lebt (nach *Nicol* 1960).

Einen Sonderfall bilden die *Chondrichthyes* (Haie, Rochen), welche z. T. **poikilosmotisch** sind, d. h. innerhalb gewisser Grenzen den osmotischen Druck jenem des Außenmilieus anpassen (Abb. 68). Sie tun dies jedoch nicht auf dem Weg einer entsprechenden Anpassung ihres Elektrolytengehaltes, sondern durch einen Rückbehalt von osmotisch aktiven, organischen Komponenten, wie Harnstoff (Urea), Trimethylamin und dessen Oxid, also alles Abfallprodukte des Stickstoffwechsels. Die damit erreichte Korrektur des osmotischen Druckes schießt dabei nicht selten über das Ziel hinaus, so daß das Blut der Elasmobranchier zum Meerwasser sogar in einem hypertonischen Verhältnis stehen kann (Abb. 69).

Die marinen *Osteichthyes* (Knochenfische) haben sich diese physiologisch mögliche Lösung nicht zu eigen gemacht, denn sie sind homoiosmotisch (Abb. 68) und hypotonisch (Abb. 69). Sie verlieren kontinuierlich und passiv Wasser an das hypertonische Milieu. Das zur Kompensation dieser Verluste aufgenommene Wasser enthält jedoch zu viele Elektrolyten. Dieses Problem hat seine Lösung darin gefunden, daß die überschüssigen Ionen durch Salzdrüsen, welche in den reich durchbluteten Kiemen-Epithelien lokalisiert sind, wieder nach außen befördert werden. Es versteht sich von selbst, daß diese Drüsen sich ihrer Aufgabe nur unter Energieaufwand entledigen können, da der Ionen-Transport durch die Zellmembranen hindurch entgegen einem Konzentrationsgefälle zu erfolgen hat.

Als flankierende Maßnahme wird die exkretorisch unumgängliche Wasserausscheidung via Niere auf ein Minimum reduziert. Ihre Wirksamkeit ergibt sich aus der Feststellung, wonach die auf das Körpergewicht bezogene Urin-Ausscheidung mariner Fische 10 bis 100 mal kleiner ist als jene von Süßwasserfischen. Als anatomische Folge davon ist der glomeruläre Teil der Nieren einiger mariner Knochenfische (z. B. *Syngnathidae*, Seepferdchen, Seenadeln, Abb. 54a, b und *Lophiidae*, Seeteufel) weitgehend atrophiert. Bei amphidromen Fischen, die zwischen dem Meer und den Süßgewässern hin und her pendeln (Kap. 3.3.3.) erfordert jeder Milieuwechsel eine sinngemäße Umstellung der osmoregulatorischen Systeme.

Die Körperflüssigkeiten der Sauropsiden, also Reptilien und Vögel, deren Evolution auf dem Festland stattgefunden hat, sind streng homoiosmotisch und in Gegenüberstellung zum Meerwasser hypotonisch (Abb. 69). Sie lösen das osmoregulatorische Problem ähnlich wie die Knochenfische, d. h. durch Reduktion der Wasserausscheidung einerseits und Elimination der aufgenommenen Salze mittels spezialisierter Tränendrüsen andererseits, die in der Augengegend liegen (Abb. 70). Der stark salzhaltige

Abb. 70 Lage der Salzdrüsen bei marinen Sauropsiden (*Reptilia*, *Aves*). **a** Kormoran, *Phalacrocorax carbo*; **b** Eissturmvogel, *Fulmarus glacialis*; **c** Meerschildkröte (*Chelonioidea*).

Tränenfluß trifft bei den weiblichen Meerschildkröten (Abb. 70c) dann deutlich in Erscheinung, wenn sie zur Ablage der Eier an Land steigen. Die Ausführkanäle der Salzdrüsen von Meeresvögeln (Möwen, Kormorane, Sturmtaucher etc.), die sich von Meerestieren ernähren und auch Meerwasser trinken sollen, führen zum Schnabelansatz, von wo das Kochsalz-Konzentrat heruntertropft (Abb. 70a) oder verblasen wird (Abb. 70b). Dieses Sekret kann einen Salzgehalt von bis zu 50‰ erreichen, eine Konzentration also, die etwa 5mal höher ist als jene der Körperflüssigkeiten.

Die Frage, weshalb die Nieren der marinen Knochenfische und Sauropsiden die Aufgabe der Elektrolytenausscheidung nicht allein übernehmen können, läßt sich mangels anderer Erklärungsmöglichkeiten damit beantworten, daß, in Anbetracht der auszuscheidenden Mengen, die Leistungsfähigkeit des diesem Organ zugrunde liegenden Funktionsprinzips überfordert wäre, um so mehr als eine intensive Exkretionstätigkeit auf diesem Weg mit einer unzweckmäßigen Erhöhung der Wasserausscheidung verbunden wäre. Diese Interpretation scheint für die marinen, streng homoiosmotischen und hypotonischen Säugetiere nicht zu gelten, da bei diesen bis jetzt keine besonderen, der Salzelimination dienenden Drüsen nachgewiesen werden konnten. Hier scheint die Niere allein die osmoregulatorischen Aufgaben wahrnehmen zu können. In diesem Zusammenhang muß erwähnt werden, daß sich die Zusammensetzung des Urins mariner Säuger nicht stark von jener landlebender Formen unterscheidet, daß aber die Urinabgabe, wie beispielsweise beim Seehund (*Phoca vitulina*), auf eine unmittelbar auf die Nahrungsaufnahme folgende Periode beschränkt bleibt. Andererseits ernähren sich die meisten marinen Säuger, mit Ausnahme der Bartenwale (*Mysticeti*), des Pottwals und einiger Robben fast ausschließlich von Fischen, deren Körperflüssigkeiten bekanntlich einen relativ niedrigen Salzgehalt aufweisen, so daß die Aufnahme von Salzen auf dem Weg der Nahrung kaum ins Gewicht fällt, während der Wasserbedarf durch die salzarmen Körperflüssigkeiten der Beutetiere weitgehend gedeckt werden kann.

Eier, Embryonalstadien und Larven, deren Entwicklung sich außerhalb des schützenden mütterlichen Organismus vollzieht, sehen sich den gleichen Problemen bezüglich des Wasser- und Elektrolytengehalts gegenüber, ohne daß ihnen jedoch in den Frühphasen der Entwicklung osmoregulatorisch wirksame Organe zur Verfügung stünden. Die meisten von Invertebraten frei ins Wasser entlassenen Eier (Kap. 5.3.2.) befinden sich im osmotischen Gleichgewicht mit dem Außenmilieu und beantworten innerhalb gewisser Grenzen bleibende Salinitätsschwankungen durch osmosekonforme Volumenveränderungen, wobei sich meist sekundäre Eihüllen (z. B. Gallerthüllen) dem passiven Wasserverlust bzw. der Wasseraufnahme widersetzen. Die Larven vieler Invertebraten (Kap. 5.3.2.) sind schon osmoregulatorisch tätig, verfügen doch viele von ihnen bereits in einem frühen Zeitpunkt über Protonephridien, d. h. primitive Exkretionsorgane (Abb. 103n).

Im Zusammenhang mit den biologischen Auseinandersetzungen mit milieubedingten Faktoren, wie Salinität, Temperatur, Dichte u. a. gilt es, zwischen den physiologischen und ökologischen Toleranzgrenzen zu unterscheiden: Erstere geben Auskunft darüber, in welchem Bereich bei experimenteller Veränderung des jeweiligen Faktors das Überleben eines Individuums oder einer Individuengruppe noch gewährleistet ist. Mit anderen Worten: Es gilt, die für den Organismus letal wirkenden oberen und unteren Grenzen zu ermitteln, zwischen denen der sog. „physiologische Toleranzbereich" liegt. Bei derartigen Bestimmungen ist stets dem Zeitfaktor Rechnung zu tragen; denn die Toleranzgrenzen verschieben sich in Funktion der Geschwindigkeit, mit der sich die Außenbedingungen verändern bzw. der Zeitspanne, während der der Organismus den extremen Streßbedingungen unterworfen wird. Der ökologische Toleranzbereich bewegt sich meist in wesentlich engeren Grenzen, weil diese nicht für ein Einzelindividuum oder ein einzelnes Entwicklungsstadium, sondern für ganze Populationen über eine unbegrenzte Zeit hin gelten. Sie zeigen somit die Toleranzspanne auf, innerhalb derer alle Entwicklungsstadien überleben, d. h. die Erhaltung der Art gewährleistet ist.

Die physiologische und ökologische Toleranz gegenüber Veränderungen des Salzgehaltes bzw. die Leistungsfähigkeit osmoregulatorisch tätiger Organellen und Organe einerseits und die im marinen Raum räumlich und zeitlich auftretenden Salinitätsschwankungen (Kap. 4.1.3.) andererseits, sind Parameter, die über Verbreitungsgrenzen einer Art mitentscheiden. Die Mehrzahl der marinen Organismen, ob sie nun der homoiosmotischen oder poikilosmotischen Kategorie angehören, darf als **stenohalin** gewertet werden, was bedeutet, daß sich ihre ökologische Toleranz gegenüber Salinitätsschwankungen innerhalb verhältnismäßig enger Grenzen bewegt. Die ausgesprochen **euryhalinen** Formen, die entweder die Auswirkungen der Osmose-Gesetze passiv und ohne nachteiligen Folgen über sich ergehen lassen (Abb. 68) oder über besonders leistungsfähige, osmoregulatorische Organe verfügen, sind in der Minderzahl. Sie sind denn auch überall dort anzutreffen, wo extrem hohe oder extrem tiefe Salinitätswerte registriert werden oder wo umfangreiche und z. T. kurzfristige Veränderungen des Salzgehaltes zur Tagesordnung gehören. Derartige Bedingungen liegen nur im litoralen Bereich, an Flußmündungen, in Lagunen, Salzgärten usw. vor. Zu den Spezialisten in dieser Hinsicht gehören u. a. einige einzellige Algen (z. B. *Dunaliella parva*) oder der Salinenkrebs *Artemia salina* (*Crustacea, Branchiopoda*), die in hochkonzentrierten Salzgärten zu überleben vermögen. Der ökologische Toleranzbereich von *Artemia* z. B. liegt zwischen Salinitätswerten von 10‰ und 45‰. Im Brackwasser, dessen meist variiender Salzgehalt mehr oder weniger tief unter dem Mittel (34,72‰) liegt und den Flußmündungen, gewissen Lagunen oder ganzen Meeren (z. B. Bottnischer Meerbusen 7‰) ein besonderes ökologisches Gepräge verleiht, fühlen sich nur wenige, an diese hypohalinen Verhältnisse jedoch bestens angepaßte Arten heimisch. Diese Spezialisten sind fast ausnahmslos von marinen Artengruppen abzuleiten, und nur sehr wenige Arten sind aus dem Süßwasser kommend ins Brackwasser vorgedrungen.

4.1.5. Organische Stoffe

Da es im marinen Raum keine Wasserprobe gibt, die nicht mit lebenden Organismen besiedelt wäre, welche Metaboliten ausscheiden oder selbst der Lysis anheimfallen, enthält das Meerwasser neben den erwähnten anorganischen Komponenten (Kap. 4.1.2.) auch leblose, organische Stoffe in gelöster, kolloidaler oder partikulärer Form. Ihre Konzentrationen stehen in einer direkten Abhängigkeit zu der in Raum und Zeit vorhandenen Biomasse. Da diese organischen Stoffe jedoch in nur kleinen und kleinsten Mengen vorliegen, sind ihre Anreicherung bzw. ihr qualitativer und quantitativer Nachweis mit technischen Schwierigkeiten verbunden. Mit der Verbesserung der analytischen Methoden (Chromatographie etc.) erweitert sich auch zusehends der Katalog dieser Substanzen, unter denen Kohlehydrate, fast alle Aminosäuren, Peptide verschiedener Zusammensetzung, Fettsäuren, Phenolderivate sowie Vitamine vertreten sind (SMITH 1974). Es kann nicht Aufgabe dieser Darstellung sein, Herkunft, Schicksal und biologische Bedeutung der einzelnen Komponenten dieses reichen Angebots zu erörtern. Die Frage ist berechtigt, ob und in welchem Ausmaß diese organischen Stoffe von marinen Organismen aufgenommen und als Nahrungsquelle verwertet werden können. Die meisten tierischen Zellen verfügen über die Möglichkeit, nieder- bis hochmolekulare, sich im flüssigen Außenmilieu anbietende Moleküle oder Kolloide aufzunehmen. Es darf deshalb angenommen werden, daß heterotrophe Mikroorganismen im Sinne der Erschließung einer zusätzlichen Nahrungsquelle davon Gebrauch machen. Von Aktinien (*Cnidaria*) z. B. ist bekannt, daß sie im Meerwasser gelöste, radioaktiv markierte Aminosäuren aufnehmen und diese als Bausteine von Proteinen verwerten. Den benthischen *Pogonophora* (Bartwürmer, Abb. 13 c) fehlen sowohl eine Mundöffnung als auch ein Darmtraktus, so daß angenommen werden muß, daß sich auch diese Organismen ihre Nahrung in Form von gelösten, organischen Molekülen beschaffen, die durch Vermittlung der Epidermiszellen angereichert und ins Körperinnere weitergeleitet werden.

4.1.6. Herstellung von künstlichem Meerwasser

Die Erfolge bzw. Mißerfolge bei der Haltung und Zucht mariner Organismen im Binnenland hängen zu einem guten Teil von der Qualität des verwendeten Meerwassers ab. Da der Nachschub natürlichen Wassers umständlich und kostspielig ist, wird für diese Zwecke heute fast ausnahmslos künstliches Meerwasser hergestellt, das entweder auf dem Markt angeboten wird oder das man sich aufgrund bewährter Rezepte selbst anfertigen kann. Bei den auf den Markt gebrachten Präparaten handelt es sich um Salzgemische, die aufgrund der Kenntnisse der natürlichen Ionenzusammensetzung (Tab. 11) zusammengestellt werden. Es genügt, diese Salzgemische in einem im voraus berechneten Volumen destillierten Wassers schrittweise zu lösen und die erreichte Dichte bzw. Salinität mit Hilfe eines Aräometers (Densimeter, Abb. 65 e) zu kontrollieren und eventuell zu korrigieren. Dabei können anhand der in Abb. 66 wiedergegebenen Umrechnungstabelle jederzeit die Salinität und Chlorinität ermittelt werden, wobei der jeweiligen Wassertemperatur Rechnung zu tragen ist. Ein Salzgemisch, das sich aus eigener, jahrelanger Erfahrung bestens bewährt hat und die Haltung und Zucht relativ empfindlicher Protozoen (z. B. Foraminiferen), Hydroidpolypen und Hydromedusen erlaubt, wird von der Firma H. Wiegandt, Krefeld (Spezialfabrikation für Meeresaquaristik) unter der Bezeichnung hw-Meersalz angeboten. Auf dem Markt ist außerdem das sog. „instant ocean" (Aquarium System, Inc. Wickliffe, Ohio/USA) erhältlich, bei dem es sich um eine hoch-konzentrierte Meersalzlösung handelt, die es für den Gebrauch lediglich auf die gewünschte Dichte bzw. Salinität zu verdünnen gilt.

Entschließt man sich, das künstliche Meerwasser selber herzustellen, stehen mehrere bewährte Rezepte zur Verfügung, von denen zwei in Tabelle 14 aufgeführt sind. Es brauchen dabei nicht unbedingt analysenreine Salze gewählt zu werden, da durch gewisse Verunreinigungen willkommene Oligoelemente (Tab. 13) eingeführt werden. Es ist jedoch darauf zu achten, daß die Salze nach Abwägen einzeln gelöst werden und daß Ca Cl_2 als letzte Zugabe in Lösung gebracht wird.

Tabelle 14 Rezepte für die Herstellung von künstlichem Meerwasser. Die in Gramm angegebenen Mengen gelten für ca. 1 Liter und eine Chlorinität von 19‰ bzw. eine Salinität von 35‰ (nach *Smith* 1974).

Salze	nach Lyman u. Fleming (1940)	nach Kalle (1945)
NaCl	23476g	28,014g
$MgCl_2 \cdot 6H_2O$	4,981	3,812
$MgSO_4 \cdot 7H_2O$	—	1,752
$CaCO_3$	—	0,1221
$CaCl_2$	1,102	—
$CaSO_4$	—	1,283
KICI	0,664	—
K_2SO_4	—	0,8163
Na_2SO_4	3,917	—
$NaHCO_3$	0,192	—
KBr	0,096	0,1013
H_3BO_3	0,026	0,0277
NaF	0,003	—
$SrCl_2$	0,024	—
$SrSO_4$	—	0,0282
Aqua dest.	Zugabe von soviel dest. Wasser, bis ein Gesamtgewicht von 1000 g erreicht ist.	

Wie immer auch das künstliche Meerwasser hergestellt wird, lohnt es sich, dieses mehrere Wochen vor Gebrauch vorzubereiten und an einem kühlen, wenn möglich dunklen Ort zu lagern, damit sich die Ionen-Gleichgewichte einstellen können. Die zur Aufbewahrung verwendeten zugedeckten Gefäße müssen aus einem Material sein, aus dem keine, sich später schädlich auswirkenden Stoffe in Lösung gehen können. Gefäße aus Metall oder aus auffällig riechendem Kunststoff sind deshalb für diese Zwecke ungeeignet. Empfehlenswert sind Steingut, Porzellan, Glas, Plexiglas oder PVC.

Wegen der unvermeidlichen Verdunstung müssen Dichte und Salinität periodisch überprüft werden. Wasserverluste sind durch dosierte Zugabe von destilliertem Wasser zu ersetzen.

4.2. Die Temperatur

4.2.1. Temperaturmessungen

Zur Beurteilung des physikalischen Zustandes des Meerwassers ist eine möglichst genaue Bestimmung seiner Temperatur „in situ“ unerläßlich. Für diese Messungen finden Flüssigkeit-Elektrothermometer wie auch Bimetallthermometer Anwendung.

Temperaturmessungen an der Oberfläche können mit einem gewöhnlichen Quecksilberthermometer (Genauigkeitsgrad 1/10 °C) verwendet werden. Für Messungen in der Tiefe haben NEGRETTI und ZAMBRA (1878) das sog. Kippthermometer entwickelt (Abb. 65 b–d), das z. B. an einem Kippschöpfer (Abb. 65 a) befestigt, in die gewünschte Tiefe gesenkt wird. Nach einer dort gewährten Anpassungszeit von 5–10 Min. wird mit Hilfe eines am Kabel in die Tiefe gleitenden Fallgewichtes die ganze Vorrichtung zum Kippen gebracht (Abb. 65 a). Bei dieser auch vom Thermometer ausgeführten Drehbewegung um 180° reißt im Hauptthermometer die Quecksilbersäule an einer verengten Stelle der Quecksilberkapillare ab und fließt abwärts in den mit einer Skala versehenen Teil des Hauptthermometers. Das beim Kippvorgang aus dem Hauptreservoir nachfließende Quecksilber wird in der S-förmigen Auffangschleife immobilisiert. Beim Einholen des Gerätes wird sich die Höhe der Quecksilbersäule der variierenden Außentemperaturen wegen leicht verändern, also nicht mehr getreulich die am Ort des Umkippens registrierte Temperatur wiedergeben. Die deshalb notwendig gewordene Korrektur wird mit Hilfe eines zweiten, sog. Referenzthermometers aufgrund von tabellarisch verfügbaren Umrechnungsfaktoren vorgenommen. Die so ermittelten Werte erreichen einen Genauigkeitsgrad von ± 0,01 °C. Unter diesen Geräten gibt es sog. geschützte und ungeschützte Thermometer. Die ersten sind mit einem druckresistenten Glasrohr umschlossen und werden nur für Temperaturmessungen verwendet. Die ungeschützten sind der Wirkung hydrostatischer Drucke unterworfen, welche die Höhe der Quecksilbersäule mitbeeinflussen, so daß das Gerät gleichzeitig auch für Druckmessungen verwendet werden kann. Hierfür ist aber ein direkter Vergleich mit der Ablesung eines geschützten Thermometers notwendig. Aus diesem Vergleich kann der auf Druckwirkung beruhende Anteil der Säulenveränderung errechnet werden.

Für kontinuierliche Temperaturmessungen werden sog. Bathythermographen eingesetzt, deren Nachteile darin liegen, daß sie weniger genau arbeiten als die Kippthermometer und eine beschränkte Reichweite haben (bis ca. 270 m Tiefe). Gleiches gilt für die elektrisch arbeitenden Thermistoren, die die gemessenen Daten (Temperatur und hydrostatische Drucke) kontinuierlich auf einen an Bord des Schiffes befindlichen Schreiber übermitteln. Mehrere in regelmäßigen Abständen an einer schweren Kette befestigten Temperaturfühler können gleichzeitig aus verschieden tief liegenden Wasserschichten Daten in Form zusammenhängender Temperaturprofile an Bord übermitteln.

4.2.2. Thermische Eigenschaften des Meerwassers

Seiner physikalischen Eigenheiten wegen stellt das Wasser ganz allgemein ein thermisch träges Milieu dar, das in der Lage ist, große Wärmemengen zu speichern und das seine Bewohner vor kurzfristigen und umfangreichen Temperaturschwankungen bewahrt.

Die **spezifische Wärme** eines Körpers entspricht jener Wärmemenge (cal*), deren es bedarf, um die Temperatur eines Gramms dieses Körpers

* Umrechnung: (kcal) × 4,1868 = kJ (Kilojoule) – (kJ) × 0,2388 = kcal (Kilokalorie); „kleine“ Kalorie = cal = 0,001 kcal

um den Betrag von 1 °C zu erhöhren. Die für eine Ausgangstemperatur von 15 °C gültige spezifische Wärme von destilliertem Wasser beträgt 1,0 cal/g (Eichwert), jene von Meerwasser (15 °C, Dichte 1,028) 0,93 cal/g. Diese Differenz bedeutet, daß die im Meerwasser gelösten Elektrolyten (Kap. 4.1.3.) eine leichte Senkung der für reines Wasser geltenden spezifischen Wärme verursachen. Im Vergleich zum atmosphärischen Gasgemisch ist Wasser ein ausgesprochen wirksamer Wärmespeicher. So vermag beispielsweise die von 1 m^3 Wasser bei dessen Abkühlung um 1 °C freigesetzte Wärmemenge nicht weniger als 3118 m^3 Luft um den gleichen Betrag zu erwärmen, was die klimatologische Bedeutung der Wassermassen der Ozeane in eindrücklicher Weise veranschaulicht.

Die **thermische Leitfähigkeit** eines Körpers wird durch die Wärmemenge (cal) ausgedrückt, die durch einen Würfel von 1 cm^3 Inhalt dieses Körpers in der Zeiteinheit fließt, wenn der Temperaturunterschied an zwei gegenüberliegenden Flächen dieses Würfels 1 °C beträgt. Die thermische Leitfähigkeit des Meerwassers (0,00013) liegt im allgemeinen etwas höher als die des reinen Wassers (0,00012), ist jedoch verglichen mit anderen flüssigen und festen Medien verhältnismäßig niedrig. Die infolge Sonneneinstrahlung von der Wasseroberfläche aufgenommene und gespeicherte Wärmeenergie könnte deshalb aufgrund reiner Diffusion nur äußerst langsam in größere Tiefen vordringen. Für den Wärmetransport innerhalb der großen Wassermassen der Ozeane sind in Wirklichkeit aber Strömungen und Konvektionen (Kap. 4.7.) besorgt.

4.2.3. Räumliche und zeitliche Veränderungen der Temperatur

Das im marinen Raum mögliche Temperaturminimum fällt mit dem Gefrierpunkt des Meerwassers zusammen, der mit zunehmendem Salzgehalt sinkt (Abb. 71). Die höchsten Wassertemperaturen liegen, wenn man nur die relativ großen Wasserkörper in Betracht zieht, bei etwa + 35 °C. In tropischen Lagunen oder kleinen Wasserrückständen des Supra- und Mesolitorals kann die Quecksilbersäule gelegentlich noch wesentlich höher klettern.

Im Vergleich mit den anderen Lebensräumen der Biosphäre sind die Meere als ein kaltes Milieu einzustufen, dessen mittlere Temperatur auf ca. + 4 °C geschätzt wird. Bei annähernd der Hälfte der marinen Wassermassen liegt die Temperatur unter + 2 °C. Im Sinne einer Momentaufnahme lassen sich die Temperaturmuster in ihrer räumlichen Ausdehnung in vereinfachter Form wie folgt darstellen: Die entlang eines Meridians registrierten mittleren **Oberflächentemperaturen** (Abb. 72 a) erreichen ihre Minimalwerte im Packeis der arktischen und antarktischen Meere, von wo die Werte gegen den äquatorialen Gürtel hin bis zu Größen über 25 °C ansteigen. In Wirklichkeit wird dieses idealisierte Kurven-

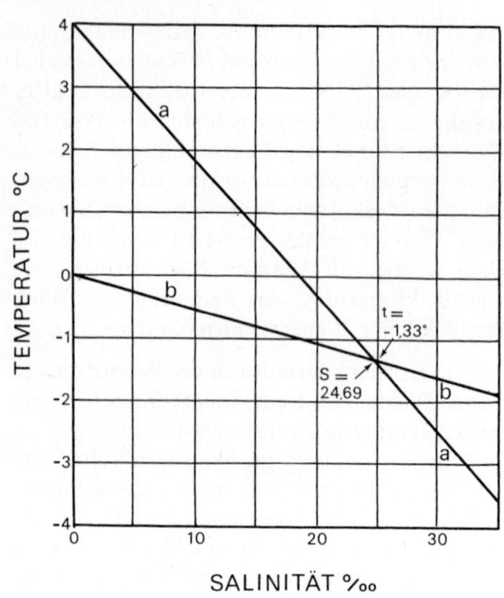

Abb. 71 Abhängigkeit des Gefrierpunktes und der Temperatur höchster spez. Dichte von der Salinität des Meerwassers (nach *McLellan* 1968)

bild durch die quer zu den Meridianen verlaufenden Oberflächenströmungen gestört, die entweder kälter oder wärmer sind als die Wassermassen, durch die sie ihren Weg bahnen. Diese großen, permanenten Horizontalströmungen bestimmen weitgehend das oberflächliche Temperaturmuster der Meere. So ist z. B. die Oberfläche des östlichen Nordatlantiks wesentlich wärmer als die des westlichen, weil sie unter dem wärmenden Einfluß des nach Nord-Osten ziehenden Golfstromes (Abb. 90) steht, während der westliche Teil durch die aus dem Eismeer zufließenden Wassermassen gekühlt wird.

Die **vertikalen Temperaturprofile** (Abb. 67), welche einer gewissen Gesetzmäßigkeit nicht entbehren, vermitteln ein Bild über die grobe thermische Schichtung der Wassermassen. In diesem Zusammenhang wird zwischen der sog. ozeanischen „Troposphäre" und der „Stratosphäre" unterschieden, die im Bereich der „Thermokline" (Abb. 67) aneinander grenzen. Oberhalb der letzteren, also in der „Troposphäre", sind die verhältnismäßig hohen Temperaturwerte jahres- und tageszeitlichen Veränderungen unterworfen. Im Bereich der Thermokline, die sich in wärmeren Meeren ausgeprägter manifestiert als in den Eismeeren (Abb. 67b), sinken die Temperaturen rasch auf die niedrigen, meist unterhalb + 4 °C liegenden Werte der „Stratosphäre". Die Tiefe, in der dieser Temperatursprung in Erscheinung tritt, bzw. die Schichtdicke der „Troposphäre" va-

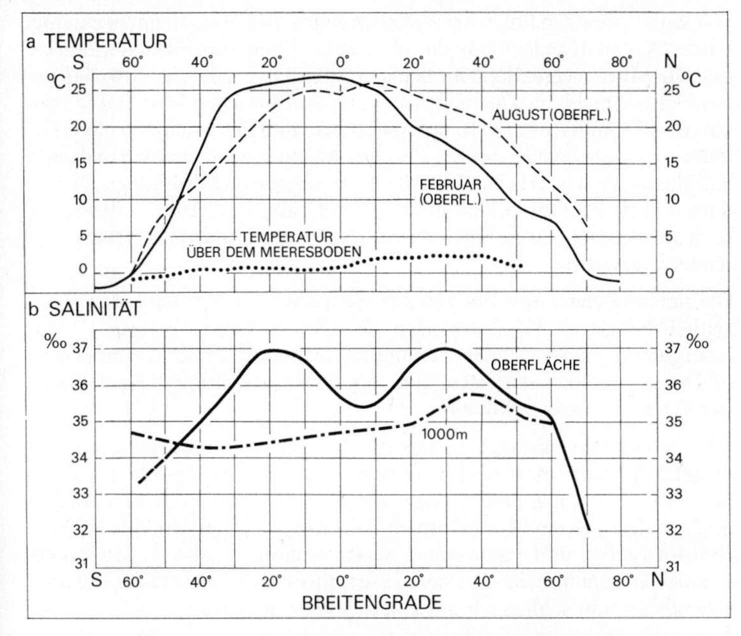

Abb. 72 Temperatur- (a) und Salinitätsprofile (b) entlang des 20. westlichen Breitengrades. **a** Mittl. Oberflächen-Temperaturen für Februar und August, und mittl. Temperaturen über dem Meeresgrund. **b** Mittl. Salinitäten an der Oberfläche und in 1000 m Tiefe (zusammengestellt nach Karten aus *Defant* 1961).

riieren von Meer zu Meer und von einem Breitengrad zum anderen, wobei sie dicht unter der Oberfläche oder in Tiefen von 800–1000 m liegen kann. In den ausgesprochen kalten Meeren (Abb. 67b), wo sich das Vertikalprofil einem Zustand der Homothermie annähert, gibt es keine eigentliche Thermokline mehr.

Die unterhalb der letzteren liegenden Wassermassen zeichnen sich durch einen hohen Grad an thermischer Konstanz aus. Sie sind auch den atmosphärischen, sich im Bereich der Troposphäre in tages- und jahreszeitlichen Fluktuationen auswirkenden Einflüssen weitgehend entzogen. Mit zunehmender Tiefe sinken die Werte mehr oder weniger kontinuierlich (Abb. 65 b) gegen die 0 °C-Grenze ab. Die niedrigsten in großen Tiefen des Atlantiks festgestellten Temperaturen liegen bei −0,92 °C. Es sind dies Werte, wie sie an der Oberfläche von polaren Meeren gemessen werden (Abb. 72a). Diese Übereinstimmung bekräftigt die schon von ALEXANDER VON HUMBOLDT (1816) geäußerte und seither bestätigte Vermutung, nach der das warme tropische und subtropische Oberflächenwasser von kalten, von den Polen her zufließenden Wassermassen unterschichtet wird. Dies trifft jedoch für die über dem Schelf liegenden Randmeere und für Mittelmeere, die vom benachbarten Ozean durch Schwellen getrennt sind, nicht zu. Die niedrigsten, im europäischen Mittelmeer registrierten Temperaturen z. B. unterschreiten nirgends, auch in großen Tiefen nicht, die Schwelle von + 12 °C. Die Minimalwerte werden in diesem Fall durch die winterlichen Oberflächentemperaturen festgelegt. Dies ist darauf zurückzuführen, daß die Enge von Gibraltar (Abb. 3) den spezifisch schweren, polaren Wassermassen des Atlantiks den Zutritt ins Mittelmeer verwehrt.

Die sich im Bereich der marinen „Troposphäre" manifestierenden tageszeitlich bedingten Veränderungen der Oberflächentemperatur (Δ t °C) bewegen sich in der Größenordnung von 0,1 bis 1 °C und wirken sich bis in Tiefen von höchstens 50 m aus, wo noch tageszeitliche Oszillationen von 0,05 °C auftreten können.

Die von den Jahreszeiten abhängenden Temperaturveränderungen an der Oberfläche sind in den subtropischen Gürteln am größten (Δ t °C = 8 – 15 °C) und nehmen von dort sowohl in Richtung des Äquators als auch zu den polaren Meeren hin ab. Die größten Unterschiede von 20 °C sind im Gelben und Japanischen Meer festgestellt worden. Mit zunehmender Tiefe nimmt das Ausmaß dieser jahreszeitlichen Oszillationen zusehends ab, um schließlich auf einen 0-Wert zu sinken.

4.2.4. Eis und Eisbildung

Zur Zeit sind schätzungsweise 2,4% des die Hydrosphäre unseres Planeten bildenden Wassers in Form von Eismassen erstarrt, die in ihrer Ausdehnung ca. 3,3% der nördlichen, 11,3% der südlichen Halbkugel bedecken. Nicht weniger als 29% der gesamten Meeresoberfläche liegen ständig oder vorübergehend unter Eis bzw. werden von dahintreibenden Eisschollen oder Eisbergen heimgesucht.

Ein Teil dieses Eises hat sich als Folge von Niederschlägen auf dem polaren und circumpolaren Festland aufgetürmt, von wo es durch Flüsse oder küstennahe Gletscherabbrüche ins Meer gelangt. Einzelne Gletscher Grönlands z. B., die sich mit Geschwindigkeiten von bis zu 20 m/Tag auf die Küste zu bewegen, produzieren jährlich an die tausend Eisberge größeren und kleineren Kalibers. Während diese terrigenen Eismassen aus süßem, d. h. salzfreiem Wasser gebildet werden, entsteht das sog. „Meereis" durch Gefrieren von elektrolytenhaltigem Meerwasser. Die von der Salinität abhängigen Gefrierpunkte desselben liegen stets unterhalb jenem des reinen Wassers (Abb. 71). Nach Unterschreitung des kritischen Gefrierpunktes entstehen bei ruhigem Wasser zunächst nadelartige, bei bewegter Oberfläche plättchenförmige Eiskristalle, deren Populationen sich zusehends verdichten. An diesem Kristallisationsprozeß nimmt nur das Wasser teil; bis zu 90% der gelösten Elektrolyten (Tab. 11) fallen aus, was u. a. eine entsprechende Erhöhung der Salinität des im Bereich der Eisbildung befindlichen Wassers nach sich zieht. Andererseits führt dieser Vorgang zu einer Verringerung des Salzgehaltes bzw. der Dichte des Eises. Ein Teil der Elektrolyten bleibt jedoch zwischen den sich verdichtenden Eiskristallen gefangen, ohne daß sich dabei die relative Häufigkeit der verschiedenen Ionen wesentlich verändert. Ihre absolute Konzentration, d. h. die Salinität des entstandenen Meereises hängt u. a. von der Ausgangssalinität des gefrierenden Meerwassers, von der Geschwindigkeit, mit der sich der Prozeß vollzieht sowie vom Alter des Eises ab. Je rascher das Meerwasser gefriert, um so mehr Elektrolyten bleiben in der Eismasse gefangen. Junges Eis z. B., dessen Kristallisation sich bei Außentemperaturen von – 30 bis – 40 °C rasch vollzogen hat, kann einen Salzgehalt von bis zu 20‰ aufweisen. In der Regel aber schwanken die Werte zwischen 3 und 8‰, wobei mit zunehmendem Alter weiterhin Elektrolyten ausgeschieden werden.

Die Dichte von gefrorenem, reinen Wasser beträgt bei 0 °C = 0.91676, während noch flüssiges Wasser bei der gleichen Temperatur eine solche von 0.99986 aufweist. Die spezifische Dichte des Meereises nimmt bei jeder Erhöhung seiner Salinität von 1 ‰ um ca. $\sigma = 0.0008$ zu, vorausgesetzt allerdings, daß das Eis frei von Lufteinschlüssen ist. In jedem Fall ist die Dichte des Eises geringer als die des ungebundenen Wassers. Wäre dies nicht so, würden die Eismassen absinken und die Meerestiefen in unwirtliche Eiswüsten verwandeln.

4.2.5. Zum Wärmehaushalt der Meere

Der Wärmehaushalt der Meere wird fast ausschließlich durch die sich an der Grenzschicht zwischen den Wassermassen einerseits und der Atmosphäre andererseits abspielenden Austauschprozesse geregelt, deren Ursachen, Verlauf und Ausmaß schwer überblickbar sind. Diese, global betrachtet, im Gleichgewicht stehenden Wechselbeziehungen beruhen einerseits auf der Absorption von eingestrahlter Wärmeenergie durch das

Tabelle 15 Wärmebilanz der Ozeane auf verschiedenen Breitengraden. Die Zahlen geben die durchschnittliche auf der Wasseroberfläche auftreffende bzw. von dieser an die Atmosphäre abgegebene Wärme in gcal/cm²/Tag an (nach *Defant* 1961).

Breite	0°	10°	20°	30°	40°	50°	60°	70°	80°	90°
Wärmegewinn	368	384	373	332	269	202	153	112	85	75
Wärmeverlust	327	349	360	338	278	214	177	159	157	157
Gewinn – Verlust	+41	+35	+13	– 6	– 9	–12	–24	–47	–72	–82

Wasser, andererseits auf der Rückerstattung gespeicherter Wärme an die Atmosphäre. Da die diesbezüglichen Bilanzen örtlich und zeitlich unterschiedlich ausfallen (Tab. 15) ergeben sich im Meer, wie auch in der Atmosphäre großräumige Temperaturgefälle, welche die eigentlichen Antriebskräfte für die marinen und atmosphärischen Zirkulationsphänomene darstellen und damit das Klima und seine Veränderungen mitbestimmen.

Unter den Quellen, aus denen die Wassermassen der Ozeane ihre thermische Energie beziehen, steht an erster Stelle die solare Wärmeeinstrahlung, deren auf die äußerste Hülle der Atmosphäre auftreffende Energie mit 1,94 g cal/cm^2/min (Solarkonstante) angegeben wird. Davon erreichen wegen der beim Durchtritt durch die Atmosphäre erfolgten Absorption im Durchschnitt nur etwa 0.21 g cal/cm^2/min die Oberfläche der Meere, wobei ca. $^2/_3$ auf die direkte Einstrahlung, $^1/_3$ auf diffuse Strahlung entfallen. Andere Quellen stellen die Kondensation von Wasserdampf an der Oberfläche, die Wärmezufuhr aus dem Erdinnern durch Vermittlung der ozeanischen Lithosphäre ($6-10 \times 10^{-5}$ g cal/cm^2/min), die Umwandlung kinetischer Energie in Wärme, sowie deren Freisetzung durch chemische, biologische und radioaktive Zerfallsprozesse dar.

Auf der Verlustseite der Bilanz stehen die Abstrahlung und Konvektion von Wärme an der Grenzschicht, sowie der durch Verdunstung verursachte Wärmeverlust. Global und langfristig betrachtet, stehen diese Prozesse in einem Gleichgewicht; örtlich und zeitlich jedoch führen sie zu unterschiedlichen Bilanzen: Vom Äquator bis zu den 20. Breitengraden ist die Bilanz positiv, von dort wird sie mit zunehmenden Breiten in vermehrtem Maß negativ (Tab. 15).

4.2.6. Biologische Implikationen der Temperatur

Alle Lebensvorgänge gehorchen direkt und indirekt den thermischen Gesetzen. Die maximale Temperaturspanne, innerhalb derer sich biologische Prozesse überhaupt vollziehen können, erstreckt sich, etwas grob formuliert, zwischen jenem Punkt, bei dem das Lösungsmittel Wasser, d. h. die Zell- und Körperflüssigkeiten gefrieren, bis zu einer oberen Schwelle (40–50 °C), deren Überschreitung zu unwiderruflichen Veränderungen (Denaturierung) der wärmeempfindlichen Enzyme und Strukturproteine führt. Zwischen diesen beiden Extremen manifestiert sich die Einflußnahme der Temperatur entweder in einer Beschleunigung (Temperaturerhöhung) oder einer Verlangsamung (Temperaturerniedrigung) der Lebensvorgänge. Dabei hat innerhalb gewisser sich von Fall zu Fall verschiebender Temperaturspannen die van't Hoffsche RGT-Regel (*R*eaktionsgeschwindigkeit-*T*emperatur-Regel) Gültigkeit:

$$Q_{10} = \frac{v_T + 10}{v_T} = 2-4$$

Sie besagt, daß die Reaktionsgeschwindigkeiten bei einer Erhöhung bzw. Erniedrigung der Temperatur von je 10 °C um einen doppelten bis vierfachen Betrag beschleunigt bzw. verlangsamt werden. Innerhalb dieser Spanne gibt es jedoch stets einen noch enger begrenzten Temperaturbereich, der für den reibungslosen Verlauf der Stoffwechselvorgänge optimale Voraussetzungen schafft, d. h. unter denen die Enzyme ihren optimalen Wirkungsgrad entfalten können. Einen weiteren, physiologisch mitzuberücksichtigenden Faktor stellen das Ausmaß und die Geschwindigkeiten kurzfristiger Temperaturveränderungen dar (s. u.).

Diese empfindlich reagierenden, biologischen Reaktionssysteme sind dem Diktat der herrschenden Außentemperaturen nicht schutzlos preisgegeben, weil sie gegen deren Einflüsse durch mehr oder weniger wirksame Maßnahmen abgeschirmt werden können. Dies trifft in besonderem Maß für die **homoiothermen**, d. h. gleichwarmen Vögel und Säuger (s. u.) zu, welche ihre Körpertemperatur regulatorisch auf einen von der Außentemperatur unabhängigen Wert einzustellen verstehen. Aber auch bei **poikilothermen,** d. h. wechselwarmen Organismen, deren Innentemperatur sich weitgehend jener des Außenmilieus anpaßt, begegnet man gewissen Vorkehrungen, welche die Folgen extremer Außentemperaturen mildern.

Generell betrachtet ist der marine Raum ein kaltes Milieu (Kap. 4.2.3.). Die warmblütigen, sekundär ins Meer zurückgekehrten Säugetiere (*Cetacea, Pinnipedia, Sirenia*) sehen sich somit dem Problem der Aufrechterhaltung eines beträchtlichen thermischen Gefälles zwischen dem Außenmilieu einerseits und ihrer Eigentemperatur andererseits gegenüber. Der Stoffwechsel der poikilothermen Organismen seinerseits scheint an die im marinen Raum herrschenden Temperaturen angepaßt zu sein, wobei wie aufgrund der geographischen Verbreitungsmuster (Abb. 74) geschlossen werden darf, die diesbezüglichen ökologischen Toleranzgrenzen von Art zu Art verschieden liegen. Bei den sog. **stenothermen** Formen entsprechen sie einem relativ engen, irgendwo in der im marinen Raum möglichen Temperaturskala (Kap. 4.2.3.) befindlichen Bereich während **eurytherme** Arten diesbezüglich anpassungsfähiger sind und größere, langfristige, unter Umständen auch kurzfristige Temperaturschwankungen schadlos ertragen. Die überwiegende Mehrzahl der marinen Organismen muß, besonders im Vergleich mit den terrestrischen Verhältnissen, als ausgesprochen stenotherm eingestuft werden. Diese Tatsache ist als eine evolutive Anpassung an ein thermisch besonders träges Milieu zu werten, das keine tages- oder jahreszeitlichen Temperaturschwankungen größerer Ausmaße zuläßt (Kap. 4.2.3.). Um so empfindlicher beantworten im allgemeinen die marinen Organismen verhältnismäßig geringfügige Veränderungen der Temperatur (s. u.), deren subtiles Diktat die Verbreitungsgrenzen der Arten im Zusammenspiel mit anderen Faktoren bestimmt und die tages- und jahreszeitlichen Aktivitäten steuernd beeinflußt.

Homoiothermie: Die normalen Körpertemperaturen der Wale (*Cetacea*) liegen zwischen 35,6 °C (Blauwal, *Balaenoptera musculus,* Abb. 40 a) und 36,6 °C (Großtümmler, *Tursiops truncatus*), jene der Robben (*Pinnipedia*) zwischen 36° und 38 °C (IRVING 1969). Diese hohen Eigentemperaturen müssen einem Außenmilieu gegenüber aufrecht erhalten werden, das, vom Litoral tropischer Meere abgesehen, stets bedeutend kälter ist und zudem die Wärme ca. 27mal besser ableitet als die atmosphärische Luft. Dieses thermoregulatorische Problem gilt in besonderem Maß für die ständigen Bewohner der Eismeere (z. B. Arktis: Narwal, *Monodon monoceros*; Walross, *Odobenus rosmarus;* Sattelrobbe, *Pagophilus groenlandicus;* Antarktis: Krabbenrobbe, *Lobodon carcinophagus;* Seeleopard, *Hydrurga leptonyx*) und all jene Arten, z. B. die Bartenwale (*Mysticeti*), die aus ernährungsbiologischen Gründen gezwungen sind, vorübergehend die reichen Weidegründe arktischer und antarktischer Meere aufzusuchen (Kap. 3.3., Abb. 43). Der ungeschützte menschliche Körper würde bei den dort herrschenden Temperaturen innerhalb weniger Minuten erfrieren. Die marinen Säugetiere sind im allgemeinen großwüchsig, so daß die damit verbundene Verschiebung der Volumen-Oberflächen-Relation zu ungunsten der Oberfläche allein schon einem starken Wärmeverlust entgegenwirkt. Bezeichnend ist in diesem Zusammenhang, daß die Wale ihre Jungen, deren Körperoberfläche noch in einem diesbezüglich ungünstigen Verhältnis zum Volumen steht, in wärmeren Gewässern zur Welt bringen und daß die Robben zu diesem Zweck das Festland aufsuchen, wo der Wärmeverlust der Neugeborenen, dank der isolierenden Wirkung ihres Felles und der geringen thermischen Leitfähigkeit der Luft kleiner ist als im Wasser. In beiden Gruppen wirkt das unter der dünnen Oberhaut (Epidermis) und einer fettfreien Schicht der Cutis im Unterhautgewebe eingelagerte Fett als wirksames Isolationsmittel. Bei den großen Walen kann die jahreszeitlich variierende Dicke dieser Speckschicht 50–60 cm erreichen; im Mittel ist sie jedoch dünner (Mittelwerte nach SLIJPER 1962: Blau- und Finnwal 8–14 cm; Seiwal 5–8 cm). Bei den *Pinnipedia* gesellt sich die Fell-Isolation hinzu, deren Wirksamkeit an der Luft ca. doppelt, im Wasser etwa um $^1/_4$ größer ist als die einer gleich dikken Fettschicht (SCHOLANDER u. Mitarb. 1950).

Trotz dieser Schutzmaßnahmen ist die auf die Gewichtseinheit bezogene Stoffwechselintensität bei marinen Säugern annähernd doppelt so hoch wie jene von landlebenden Warmblütern vergleichbarer Körpergrößen. Beim Großtümmler (*Tursiops truncatus*) sind Werte von 108 cal/kg/Tag gemessen worden, während die mittleren Vergleichswerte eines annähernd gleich schweren Menschen im Bereich von 53 cal/kg/Tag liegen. Ein Teil dieses hohen Energiebedarfes ist thermoregulatorisch bedingt, ein anderer ist durch den Umstand gerechtfertigt, daß die großen, im Wasser lebenden Tiere ständig in Bewegung sind. Die damit verbundenen Ansprüche hinsichtlich des Nahrungsbedarfs können in den meisten Fällen nur geschätzt werden. So wird vermutet, daß ein großer Bartenwal während seines Aufenthaltes in den an Futterorganismen reichen Weidegründen der Eismeere täglich mehr als 1 Tonne Krill (Kap. 3.3.) verzehrt. Die schnell heranwachsenden Jungtiere ihrerseits erhalten eine besonders fetthaltige Muttermilch (Tab. 25).

Poikilothermie: Alle Stoffwechselprozesse, auch jene wechselwarmer Organismen, sind mit der Freisetzung von Wärme verbunden. Die meisten wechselwarmen Organismen sind jedoch außerstande, dem Abfluß endogener Wärme in wirksamer Weise zu begegnen. Nach Carey (1973) liegt der Grund hierfür nicht primär in einer wärmehaushälterisch ungünstigen Volumen-Oberflächen-Relation oder in einem Fehlen geeigneter Isolationsmittel, sondern er steht vielmehr in einem kausalen Zusammenhang mit der Atmung: Das O_2-Angebot ist im Wasser um ein Vielfaches kleiner als in der atmosphärischen Luft (Kap. 4.4.2.); andererseits aber ist die thermische Leitfähigkeit des Wassers größer (Kap. 4.2.2.). Der Gasaustausch bzw. die O_2-Aufnahme erfolgt z. T. durch die Körperoberfläche, vor allem aber durch Vermittlung von reich durchbluteten, von Wasser umspülten Atmungsorganen (Kap. 4.4.4.), in deren Bereich, des intimen Kontaktes zwischen Blut und Außenmilieu wegen, starke Wärmeverluste unvermeidbar sind. Dies führt zu einem physiologischen „circulus vitiosus", weil die zur Erzeugung größerer Wärmemengen erforderliche Intensivierung des Stoffwechsels einen erhöhten O_2-Bedarf nach sich zieht. Dieser kann jedoch nur durch eine entsprechende Erhöhung der Kiemenventilation gedeckt werden, wodurch aber wieder in vermehrtem Maß Wärme aus dem Kreislauf abgeführt wird. Aufgrund dieser Feststellung darf behauptet werden, daß die großen, homoiothermen Meeressäuger fast unlösbaren, thermoregulatorischen Problemen gegenüberstünden, wenn sie nicht Lungen-, sondern Kiemenatmer wären.

Es gibt marine Knorpel- und Knochenfische, deren Körpertemperaturen stellenweise 10–12 °C höher liegen als jene des sie umgebenden Wassers. Soweit bisher festgestellt werden konnte (Carey 1973), beschränkt sich diese physiologische Besonderheit auf relativ große Hochseefische (*Chondrichthyes:* Makrelenhai, *Isurus oxyrhynchus; Osteichthyes: Thunnus thynnus*, Abb. 38 e, *Euthynnus pelamis* u. a.). Die Blutkreisläufe dieser Arten sind so umgestaltet (Abb. 73), daß der erwähnte Wärmeverlust an den Kiemen auf ein Minimum reduziert wird. Dies wird durch Einschaltung von gemischt arteriell-venösen Kapillarnetzen (Wundernetz, „rete mirabile", Abb. 73 c) erreicht, die schon Cuvier (1831) in der reich durchbluteten, roten Portion der Rumpfmuskulatur von Fischen entdeckt hatte. Im Bereich dieser eng verflochtenen Kapillarsysteme, die den Hautarterien und Hautvenen angeschlossen sind, wird ein Teil der vom venösen Blut mitgeführten endogenen Wärme wieder in den arteriellen Kreislauf übergeführt. Damit wird dem über das Herz in Richtung der Kiemen fließenden, venösen Blut (Abb. 73 b) ein Teil seiner Wärme entzogen, bevor diese in den Kiemen nach außen abfließen kann. Dieser Wärmerückbehalt, der für eine konsequente Homoiothermie offenbar nicht ausreicht, vermag jedoch die Betriebstemperatur der stark beanspruchten Schwimm-Muskulatur gegenüber dem Milieu um 10 °C zu erhöhen, was nicht weniger als eine zwei- bis dreifache Steigerung der erzeugten Muskelleistung zur Folge hat.

Verschiedenartige physiologische und anatomische Vorkehrungen vermögen, innerhalb gewisser Grenzen, die poikilothermen Organismen vor den Auswirkungen extremer Temperaturen zu schützen. Die Zahl der eu-

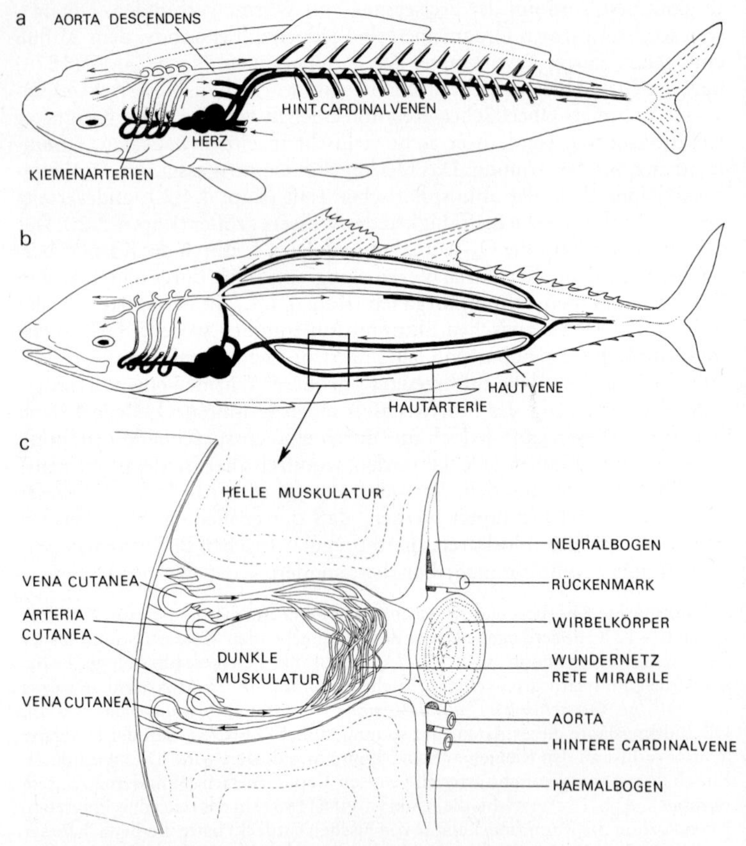

Abb. 73 Wärmerückbehalt bei poikilothermen Knochenfischen (*Osteichthyes*). Die Pfeile geben die Fließrichtung des Blutes an. In a und b (Schrägansichten von oben) sind die Arterien weiß, die Venen schwarz gekennzeichnet. **a** Normales Kreislaufsystem eines Knochenfisches. **b** Kreislaufsystem eines Thunfisches (*Thunnus thynnus*, vgl. Abb. 38 e) mit gegenläufigen Hautarterien bzw. Venen. **c** Perspektivische Ansicht eines Schnittes durch die Rumpfpartie eines Thunfisches mit überdimensioniertem Wundernetz („rete mirabile"), gebildet von Kapillargefäßen, die von den Hautvenen bzw. Hautarterien ausgehen (neu gezeichnet nach *Carey* 1973).

rythermen Spezialisten, deren Temperaturresistenz an die Grenzen des Tragbaren reichen, ist im marinen Raum verhältnismäßig klein. Mit tiefen und tiefsten Temperaturen haben sich nur jene Formen auseinanderzusetzen, die sich entweder in unmittelbarer Nähe des Eises, bzw. im gefrierbereiten Wasser aufhalten oder die in der Tidenzone gemäßigter und borealer Litorale leben und dort bei Ebbe im entblößten Zustand vorübergehend winterlichen Lufttemperaturen ausgesetzt sind, die den Gefrierpunkt des Wassers bei weitem unterschreiten können. Derartige Streß-Situationen führen mit steigenden Breitengraden zu einer zunehmenden Verarmung der Tidenfauna. Im Supra- und Eulitoral der Küsten Spitzbergens z. B. harren als letzte Vertreter dieser kälteresistenten Fauna die Seepocken (*Cirripedia: Balanus balanoides*, Abb. 51 g, h) aus. In den antarktischen Eismeeren haben die hämoglobinlosen „Eisfische“ (Kap. 4.4.4.) als kälteresistente Kaltblüter Berühmtheit erlangt.

Intrazelluläre Eisbildung hat, wenn auch gewisse experimentell nachgewiesene Ausnahmen vorzuliegen scheinen (JANKOWSKY u. Mitarb. 1969), für wasserhaltige Zellen und Gewebe u. a. deshalb letale Folgen, weil das vitale Lösungsmittel blockiert wird und die Eiskristallbildung zur Beschädigung der Ultrastrukturen von Zellen und Geweben führt. Ein Schutz vor dem folgenschweren Gefrieren des intra- und extrazellulären Wassers kann durch Herabsetzung des Gefrierpunktes desselben erzielt werden. Einer diesem Zweck dienlichen, drastischen Erhöhung des Salzgehaltes sind aber aus osmoregulatorischen Gründen Grenzen gesetzt (Kap. 4.1.4.). Der antarktische Fisch *Trematomus bernacchii* kann in gewissen Grenzen den Ca^{++}- und Mg^{++}-Gehalt anpassen (POTTS u. MORRIS 1968), während bei anderen Fischarten jener Region Glykoproteine (Mol. Gew. 10000–21500) die Funktion eines „Gefrierschutzmittels“ übernehmen (SCHOLANDER u. MAGGERT 1971; RAYMONT u. DEVRIES 1972). Von anderen Vorkehrungen, welche die Gefrierresistenz zu erhöhen vermögen, sei noch die Ausscheidung größerer, die Eisbildung verzögernder Schleimmengen erwähnt, wie dies bei der antarktischen Napfschnecke *Patinigera polaris* (HARGENS u. SHABICA 1973) beobachtet wurde.

Mit außergewöhnlich hohen Temperaturen haben sich wiederum in erster Linie die Bewohner der Tidenzone auseinanderzusetzen, besonders dann, wenn sie, während der Ebbe entblößt, wie terrestrische Organismen vorübergehend der direkten Sonneneinstrahlung ausgesetzt sind. Einige Spezialisten unter den dort lebenden Tieren, z. B. die Strandschnekken der Gattung *Littorina*, vermögen kurzfristig Temperaturen von mehr als 40 °C zu überleben.

Die zur Verhinderung einer folgenschweren Überhitzung in solchen Fällen getroffenen Gegenmaßnahmen sind vielseitig: Sie umfassen u. a. das Aufsuchen beschatteter und feuchter Stellen (Ritzen und Spalten). Die Beobachtung, wonach größere Individuen (z. B. *Littorina littorea*) bzw.

großwüchsigere Arten (z. B. *Monodonta lineata*) von Gastropoden in höheren d. h. exponierteren Etagen des Supralitorals anzutreffen sind, ist dahin zu interpretieren (NEWELL 1972, 1976), daß die Oberflächen-Volumen-Relation im Vergleich zu kleinwüchsigeren Exemplaren bzw. Arten der Wärmeaufnahme entgegenwirkt. Zu den Faktoren, die kompensatorisch die Wärmeabgabe begünstigen, gehören außerdem

– die Wasserverdunstung, die aber wegen der Gefahren der Dehydratation einerseits und der damit verknüpften Veränderungen des osmotischen Milieus andererseits gewisse Grenzen nicht überschreiten darf;
– die Form und Oberflächenbeschaffenheit der Exoskelette, wobei hohe und reich strukturierte Gehäuse der Wärmeabgabe förderlich sind;
– die Pigmentierung, in dem die hellen Außenstrukturen das Verhältnis zwischen Wärmeabsorption und Wärmeverlust zugunsten des letzteren verschieben.

Alle diese auf die Reduktion der Wärmeabsorption bzw. Förderung der Wärmeabgabe ausgerichteten Vorkehrungen, können in den meisten Fällen deshalb nicht zu einer optimalen Entfaltung kommen, weil sie mit anderen physiologisch und ökologisch entgegenwirkenden Faktoren in einer antagonistischen Konkurrenzbeziehung stehen.

Von der überwiegenden Mehrzahl der marinen Organismen werden jedoch keine derart extremen Anpassungsleistungen verlangt. Sowohl die physiologischen als auch ökologischen Toleranzbereiche bewegen sich innerhalb von wesentlich enger gesteckten Grenzen. Für die meisten Arten liegen diese im wärmeren Teil der Temperaturskala, was bedeutet, daß ihre Zahl vom Äquator ausgehend in Richtung der Eismeere deutlich abnimmt. Dies gilt sowohl für benthische Vertreter des Litorals (Abb. 74a), wie auch für die Bewohner des Pelagials (Abb. 74b). Die an die kälteren Gewässer gemäßigter oder borealer Breitengrade angepaßten Arten und Artengruppen zeigen oft eine diskontinuierliche, bipolare Verbreitung, d. h. das gesamte Verbreitungsgebiet wird durch den für diese Formen unwirtlichen äquatorialen Gürtel in einen nördlichen und einen südlichen Bereich geschieden, wobei es von Fall zu Fall festzustellen gälte, in wieweit diese Isolation voneinander getrennter Populationen eine vollständige ist. Die pelagisch lebenden Kaltwasserformen z. B. haben die Möglichkeit, im tropischen und subtropischen Gürtel in größere, den thermischen Anforderungen entsprechende Tiefen auszuweichen, so daß in oberflächlichen Wasserschichten eine diskontinuierliche Bipolarität nur vorgetäuscht wird (Abb. 74c). Weniger zwingend wirkt sich der Temperaturfaktor auf die Verbreitung bathyaler, abyssaler und hadaler Tiere aus, da diese in einem nahezu homothermen Milieu leben.

Die meisten marinen Organismen reagieren empfindlich auf kurzfristige Temperaturveränderungen. Temperaturschocks im einen wie im anderen Sinn, im Ausmaß von 4–6 °C z. B., können für relativ große Fische bereits letale Folgen haben. Andererseits üben die sich der thermischen Trägheit

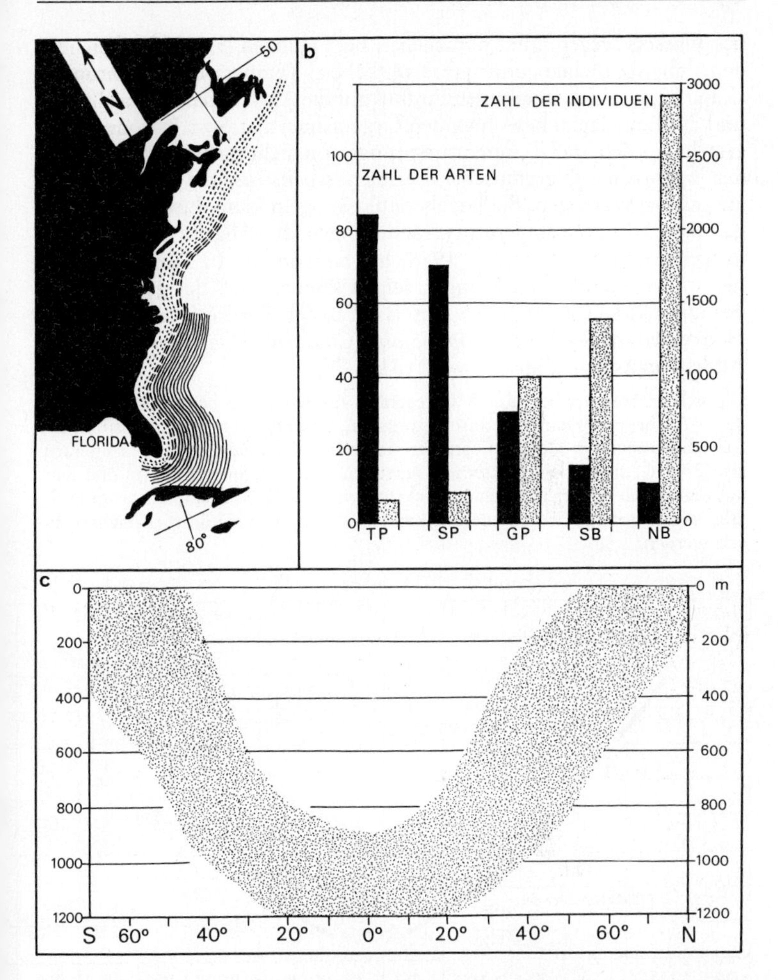

Abb. 74 Einfluß der Temperatur auf die horizontale und vertikale Verbreitung einiger mariner Invertebraten. **a** Verbreitung der entlang der USA-Ostküste vorkommenden Muschel-Arten (*Bivalvia*). Jede Linie entspricht 10 Arten (punktierte Linien = arktische und akadische Arten; gestrichelte Linien = virginische Arten; ausgezogene Linien = carolinische und karibische Arten) (nach *Fischer* 1960 aus *Seibold* 1974). **b** Arten- (schwarze Säulen) bzw. Individuenzahlen (helle Säulen = Zahl der Ind./m^3) der Gattung *Calanus* (*Copepoda*, vgl. Abb. 29b) im nördlichen Pazifik. TB = tropischer-, SP = subtropischer-, GM = gemäßiger Pazifik, SB = südliches, NB = nördliches Beringmeer (nach *Broodskij* aus *Murphy*, 1962). **c** Vertikalverbreitung des kosmopolitischen Pfeilwurms *Eukrohnia hamata* (*Chaetognatha*, vgl. Abb. 26e) im Pazifik zwischen McMurdo Sound (Antarktis) und dem Beringmeer (Arktis) (nach *Tait* 1971).

des Wassers wegen unter natürlichen Bedingungen langsam vollziehenden, tageszeitlichen und jahreszeitlichen Temperaturveränderungen (Kap. 4.2.3.) einen steuernden Einfluß auf die Aktivitäten der das Litoral und das Epipelagial bewohnenden Organismen aus. So z. B. konnte festgestellt werden, daß Temperatursprünge von nicht mehr als ± 0,5 °C bei der japanischen Pilgermuschel (*Pecten yessoenensis*) die Gametogenese auszulösen vermögen. Bei laichbereiten Seeigeln kann durch geringfügige, schockartige Temperaturveränderungen die Abgabe der Gameten ausgelöst werden. WERNER (1958) hat anhand von Laboruntersuchungen und Freilandbeobachtungen zeigen können, daß der ganze Ablauf des komplexen Generationswechsels der in der Nordsee vorkommenden Hydromeduse *Rathkea octopunctata* (*Cnidaria, Hydrozoa*) durch die Außentemperatur gesteuert wird (Abb. 75).

Die sich im Sommer bei 15–18 °C vegetativ vermehrenden benthischen Polypen dieser Art beginnen dann Medusen zu zeugen, wenn die Temperatur absinkt. Die frei schwimmenden Medusen vermehren sich bei tiefen winterlichen Temperaturen (2–8 °C) ebenfalls vegetativ und erzeugen dann erst Spermatozoen und Eier, aus denen sich wieder Polypen entwickeln, wenn die Wassertemperatur im Frühjahr erneut ansteigt. Diese Steuerung kann im Laboratorium künstlich nachvollzogen werden.

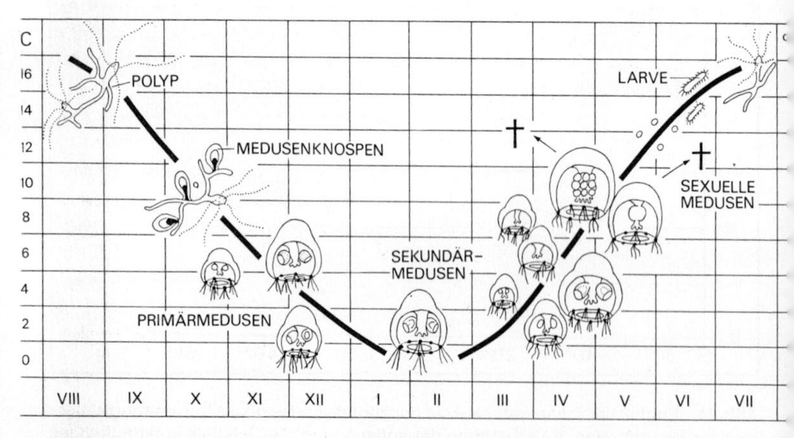

Abb. 75 Jahreszeitlicher, durch die Wassertemperatur gesteuerter Verlauf des Generationswechsels von *Rathkea octopunctata* (*Cnidaria, Hydrozoa*) in der Nordsee (nach *Werner* 1958).

4.3. Dichte und Drucke

4.3.1. Physikalisches

Die **Dichte** ist eine physikalische Zustandsgröße von erstrangiger Bedeutung, sind ihre räumlich und zeitlich auftretenden Veränderungen doch dafür verantwortlich, daß die Wassermassen der Ozeane in Bewegung geraten (Kap. 4.7.) und daß dadurch letztlich Leben bis in die tiefsten Bereiche dieses Raumes möglich ist.

Als Dichte (σ) eines homogenen Körpers definiert man dessen Masse pro Volumeneinheit ($\sigma = m/V$). Als Einheit des CGS-Systems wird sie in g/cm^3 ausgedrückt, was dem spezifischen Gewicht (Wichte) entspricht. Als Bezugseinheit ($\sigma = 1.0000$) gilt das Gewicht eines cm^3 destillierten Wassers bei 4 °C auf Meereshöhe, Bedingungen, unter denen reines Wasser auch seine höchste Dichte erreicht (Abb. 71). Die Dichte des Meerwassers ist eine Funktion der Salinität bzw. Chlorinität, der Temperatur (Abb. 71) und des hydrostatischen Druckes. Jede Erhöhung des Salzgehaltes bei gleichbleibender Temperatur und unverändertem Druck hat eine lineare Zunahme der Dichte zur Folge. Ausgehend von der jeweiligen Temperatur maximaler Dichte zieht, bei konstanter Salinität und konstantem Druck, jede Temperaturveränderung eine Verringerung der Dichte nach sich. Diese wird außerdem bei zunehmenden hydrostatischen Drucken leicht erhöht. Der Druck wirkt jedoch in geringerem Maß als die beiden anderen Faktoren, Salinität und Temperatur. Wäre dies nicht der Fall, d.h. würde der Druck im Zusammenspiel dieser drei Faktoren dominieren, könnten die unter hohen Drucken stehenden Wassermassen großer Tiefen nie wieder an die Oberfläche gelangen.

Die Temperatur, bei der das Meerwasser seine maximale Dichte erreicht, sinkt mit zunehmender Salinität linear (Abb. 71). Dort wo sich diese Gerade mit jener der Gefrierpunktserniedrigung kreuzt (Temperatur = −1,33 °C; Salinität = 24,69‰), ist der Punkt erreicht, bei dem das Meerwasser seine höchste Dichte im Moment des Gefrierens erreicht.

Die Temperatur und die Salinität entscheiden im Zusammenspiel über die Dichte der oberflächlichen Wassermassen. Ist deren Dichte größer als jene des darunter liegenden Wasserkörpers, sinkt das schwerere Wasser unter Verdrängung des leichteren in die Tiefe. Als Folge davon entsteht in der vertikalen Dimension eine Zirkulation (Konvektion), die ihrerseits Horizontalverlagerungen von Wassermassen nach sich ziehen (Kap. 4.7.2.).

Die in den verschiedenen Tiefen der Meere herrschenden **hydrostatischen Drucke** werden von den Ozeanographen meistens in Bar oder Dezibar (1/10 Bar) angegeben. Ein Bar entspricht 10^4 Dyn/cm^2 bzw. annähernd einer Atmosphäre (0,9869 atm). Der Einfachheit halber wird hier diese Maßeinheit verwendet. Für biologische Zwecke mag die Feststellung genügen, daß der hydrostatische Druck bei jeder Tiefenzunahme von 10 m um 1 atm steigt. Dies bedeutet, daß der Druck in 100 m Tiefe ca. 10 atm, in 10000 m etwa 1000 atm beträgt; Drucke also, die sonst nirgendwo in der Biosphäre vorkommen und an deren physiologische Auswirkungen sich die Tiefseefauna anzupassen verstand (Kap. 4.3.3.).

4.3.2. Dichteregulation bei marinen Organismen

Wenn das spezifische Gewicht bzw. die spezifische Dichte eines Organismus größer sind als die des umgebenden Wassers (Tab. 16), sinkt dieser

Tabelle 16 Spez. Dichten und Sink-Koeffizienten einiger mariner Tiere.

$$\text{Sink-Koeffizient} = \frac{\text{Dichte des Tierkörpers}}{\text{Dichte des Meerwassers}} \times 1000$$

(nach *Nicol* 1960)

	Spez. Dichte	Sink-Koeffizient	Lebensweise
Cnidaria: Aurelia aurita (Abb. 23g)	1,027	1000	planktontisch
Anemonia sulcata	1,045	1018	benthisch
Crustacea: Calanus finmarchicus (Abb. 29b)	1,056	1029	planktontisch
Homarus vulgaris	1,170	1140	benthisch
Osteichthyes: Clupea harengus (Abb. 38c)	1,061	1034	nektontisch (mit Schwimmblase)
Solea solea	1,087	1059	benthisch (keine Schwimmblase)

entweder ab, oder er muß unter Energieaufwand d.h. durch aktive Schwimmbewegungen dieser Tendenz entgegenwirken. Je größer diese Dichtedifferenz ist, um so stärker wirkt die Gravitation auf den Organismus und um so größer ist auch der für die Einhaltung der Schwebelage erforderliche Energieaufwand. Da sowohl Pflanzen als auch Tiere einen relativ hohen Gehalt an Proteinen aufweisen und diese ausnahmslos schwerer sind als Wasser, ist lebende Materie „a priori“ spezifisch schwerer als Wasser. Mit diesem Problem haben sich vor allem die Vertreter des Planktons (Kap. 3.2.0.) und die Angehörigen des Nektons (Kap. 3.3.0.) auseinanderzusetzen. Vorkehrungen anatomischer und physiologischer Natur streben bei diesen Formen auf verschiedenen Wegen eine Angleichung der Eigendichte an jene des Meerwassers an, nicht selten auch unter gleichzeitiger Inanspruchnahme des bereits erwähnten Prinzips des Formwiderstandes (Kap. 3.2., Abb. 16).

Wassergehalt: Je höher der Wassergehalt eines aquatilen Organismus ist, um so stärker reduziert sich die Differenz zwischen seiner spezifischen

Dichte und jener seines Milieus. Es überrascht deshalb nicht, daß sich besonders unter den pelagischen Invertebraten viele Arten und Artengruppen durch einen außerordentlich hohen Wassergehalt auszeichnen. Bei den *Cnidaria* (Abb. 23) und *Acnidaria* (Abb. 24) stellt die gallertige, azelluläre Mesoglöa, die sich zwischen die beiden Epithelschichten Ektoderm und Entoderm schiebt, ein voluminöses Wasserreservoir dar. Infolgedessen erreicht der gesamte Wassergehalt dieser Tiere 96–98%, während nicht mehr als 2–4% von den organischen und anorganischen Komponenten beansprucht werden. Die Tatsache, daß tote oder bewegungsunfähige Medusen und Quallen langsam sinken, beweist, daß sie trotz ihres hohen Wassergehaltes immer noch spezifisch schwerer sind als Meerwasser. Wäre das im Körper enthaltene Wasser frei von Elektrolyten (vgl. Kap. 4.1.2., Tab. 12), so gewännen diese Tiere bei einer Dichte des Außenmilieus von 1,026 einen Auftrieb von 26 mgr/cm^3, was ausreichen würde, um sie in der Schwebe zu halten. Da ein Verzicht auf die Elektrolyten aus osmotischen (Kap. 4.1.4.) und anderen physiologischen Gründen jedoch nicht tragbar wäre, kann es trotz hohem Wassergehalt nie zu einem Dichtegleichgewicht kommen, es sei denn, die Elektrolytenzusammensetzung der Körperflüssigkeit wird, wie dies für die folgenden Beispiele zutrifft, in zweckmäßiger Weise verändert.

Veränderung des Elektrolytengehalts: Die Zell- und Körperflüssigkeiten der meisten marinen Pflanzen und Invertebraten befinden sich mit dem Außenmilieu in einem Zustand osmotischen Gleichgewichts. Da sich die osmotischen Gesetze nicht nach der Art der Ionen, sondern nach deren Anzahl richtet (Kap. 4.1.4.), können schwerere Ionen gegen leichtere ausgetauscht werden, ohne daß das osmotische Gleichgewicht dadurch beeinträchtigt würde.

Von dieser Möglichkeit machen tatsächlich einige Vertreter des Zooplanktons Gebrauch. Verhältnismäßig kleine, pelagisch lebende Cephalopoden, wie *Helicocranchia pfefferi, Chranchia scabra, Japetella diaphana* u.a. (Denton u. Gilpin-Brown 1973) verfügen über eine für Mollusken außergewöhnlich große, sekundäre Leibeshöhle (Coelom), die mit Körperflüssigkeit gefüllt ist. Das Gewicht (außerhalb des Wassers gewogen) dieser Coelomflüssigkeit beansprucht bei *Helicocranchia* ca. $^2/_3$, bei *Verrillitheutis* meh als $^1/_2$ des gesamten Körpergewichtes (Frischgewicht). Wie Tab. 17 zeigt, sind unter Wahrung ihrer osmotischen Eigenschaften in dieser Flüssigkeit die Na^+-Ionen durch leichtere NH_4^+-Ionen ersetzt, was eine beträchtliche Herabsetzung der spezifischen Dichte dieses Flüssigkeitsreservoirs und damit des ganzen Tieres zur Folge hat. Dank dieser Maßnahme, die auf dem Niveau der Zellmembranen die Existenz wirkungsvoller und selektiv arbeitender Ionen-Pumpen voraussetzt, kann das spezifische Körpergewicht in fast idealer Weise dem des Meerwassers angepaßt werden, was diesen Tieren erlaubt, regungslos im Schwebegleichgewicht zu verharren. Ähnliche Anpassungen

Tabelle 17 Eigenschaften der Coelomflüssigkeiten einiger nektontischer Cephalopoden (nach *Denton* u. *Gilpin-Brown* 1973).

	Helicocranchia	*Verrillitheutis*	Meerwasser
No. des untersuchten Tieres	3,02	16,02	
Frischgewicht	8,5 g	22,0	
Frischgewicht ohne Coelomflüssigkeit	3,0 g	10,5	
Volumen der Coelomflüssigkeit	5,5 ml	11,5 ml	
No. des untersuchten Tieres	9,01	16,02	
Coelomflüssigkeit: Dichte	1,010	1,011	1,026
Gefrierpunktserniedrigung	−1,7 °C	−1,8 °C	−1,9 °C
Ionen-Zusammensetzung NH_4^+ (mM)	475	480	—
Na^+ (mM)	80	83	491
K^+ (mM)	—	3,2	—
Cl^- (mM)	657	637	568
	4,9	5,6	8,1

sind bei Dinoflagellaten (*Noctiluca*, Abb. 18 g) und Eiern von *Ascidiacea* (*Corella*), deren vakuolisierte Follikelzellen diese regulatorische Aufgabe übernehmen (LAMBERT, pers. Mitt.), beobachtet worden.

Fetteinlagerungen: Fette, d.h. Lipoide sind organische Reservestoffe, die spezifisch leichter sind als Wasser. Sie vermögen, wenn in genügenden Mengen vorhanden, der Pflanze oder dem Tier Auftrieb zu verleihen. Viele pflanzlichen und tierischen Einzeller des Planktons lagern in Vakuolen des Cytoplasmas Öltropfen ein (Abb. 22 f), dank derer sich die Zelle in der Schwebelage zu halten vermag. Gleiches gilt für viele an der Oberfläche dahintreibende Eier und frühe Entwicklungsstadien von Hochseefischen (Abb. 106 g), deren Dottermasse Lipoidtropfen enthalten. DENTON und GILPIN-BROWN (1973) vermuten, daß auch der fetthaltige Hepatopankreas (Mitteldarmdrüse, Leber) von pelagischen Cephalopoden (*Illex illecebrosus*) die Nebenaufgabe eines auf dem Prinzip der Fetteinlagerung begründeten hydrostatischen Organs übernimmt. Ein solches stellt sicherlich die Leber der meisten Knorpelfische (*Chondrichthyes*) dar. Bei vielen Haien, die im Gegensatz zu den meisten Knochenfischen (*Osteichthyes*) keine gasgefüllte Schwimmblase (s. u.) besitzen, weist die Leber, die 25% des totalen Körpergewichts beansprucht, einen Fettgehalt von nahezu 80% auf.

Hydrostatische Organe auf der Basis von Gasen: Gase und Gasgemische eignen sich ihrer geringen spezifischen Dichte wegen für wasserlebende Organismen besonders gut, da bereits kleine Volumina eine starke Herabsetzung der spezifischen Dichte nach sich ziehen. Die Nachteile, mit dem dieses Prinzip behaftet ist, liegen darin, daß die den hydrostatischen Drucken ausgesetzten Gase in hohem Maße komprimierbar sind. Mit steigenden hydrostatischen Drucken wird das Volumen der mit elasti-

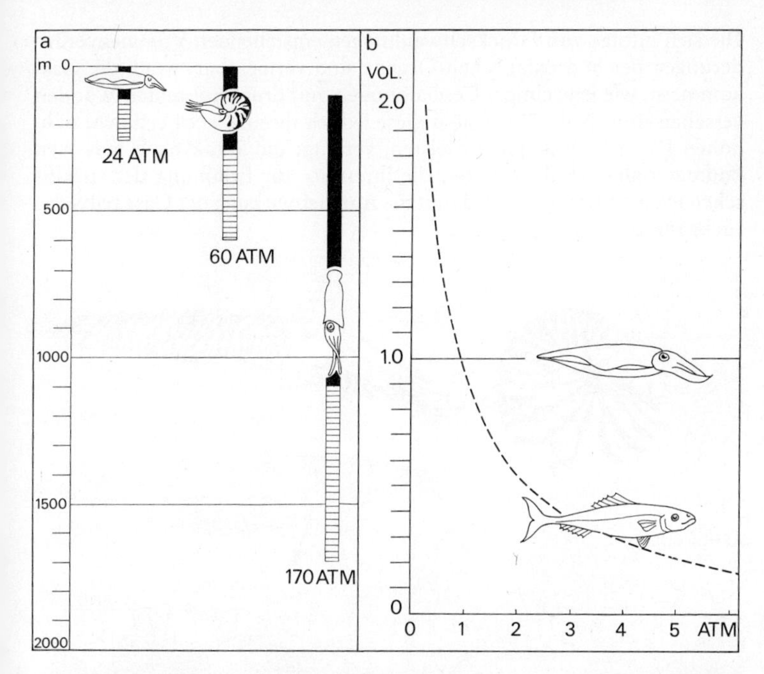

Abb. 76 Hydrostatische Organe: **a** Druckfestigkeiten der nicht komprimierbaren Gaskammern von Cephalopoden (vgl. Abb. 77). Von links nach rechts: *Sepia officinalis*, *Nautilus macromphalus*, *Spirula* sp. Die schwarzen Säulen entsprechen dem normalen Tiefenvorkommen, der schraffierte Teil der Säulen erstreckt sich über die Tiefen, deren hydrostatischen Drucken die Gaskammern noch Widerstand zu leisten vermögen. **b** Volumenveränderungen von hydrostatisch wirksamen Gaskammern bei zunehmenden hydrostatischen Außendrucken (Abszisse). Der mit starren, druckfesten Wandungen versehene Schulp (Abb. 77 d) von *Sepia* erfährt keine Volumenveränderung, während die mit elastischen Wandungen ausgerüstete Schwimmblase des Knochenfisches (Abb. 86 c) bei zunehmenden Außendrucken komprimiert wird (a und b nach *Denton* u. *Gilpin-Brown* 1973).

schen Wandungen versehenen Gasbehälter (z. B. Schwimmblasen, Abb. 86 c) zusehends verkleinert (Abb. 76 b), was eine Zunahme der spezifischen Dichte bzw. der Sinkgeschwindigkeit bewirkt. Zur Kompensation müssen die gasbildenden Drüsen der Schwimmblase Gase entgegen einem hohen Druck ausscheiden. Ein weiterer Nachteil dieser Gasbehälter liegt darin, daß auch Temperaturschwankungen zu Volumenveränderungen führen, die es ebenfalls zu kompensieren gilt. Allerdings gibt es umfangreiche und kurzfristige Temperaturschwankungen im Meer selten (Kap. 4.2.3.), so daß dieser Nachteil weniger ins Gewicht fällt.

Die sich infolge von Druckschwankungen einstellenden Volumenveränderungen der hydrostatischen Organe sind vermeidbar, wenn die Gaskammern, wie jene einiger Cephalopoden, mit druckresistenten Wänden versehen sind (Abb. 77). Sollen diese jedoch ihren Zweck erfüllen, d. h. hohen Drucken Widerstand leisten, verlangt die Statik nach massiven Baumaterialien (Kalkskelette), die ihrerseits zur Erhöhung der spezifischen Dichte beitragen und damit die Auftriebwirkung der Gase teilweise rückgängig machen.

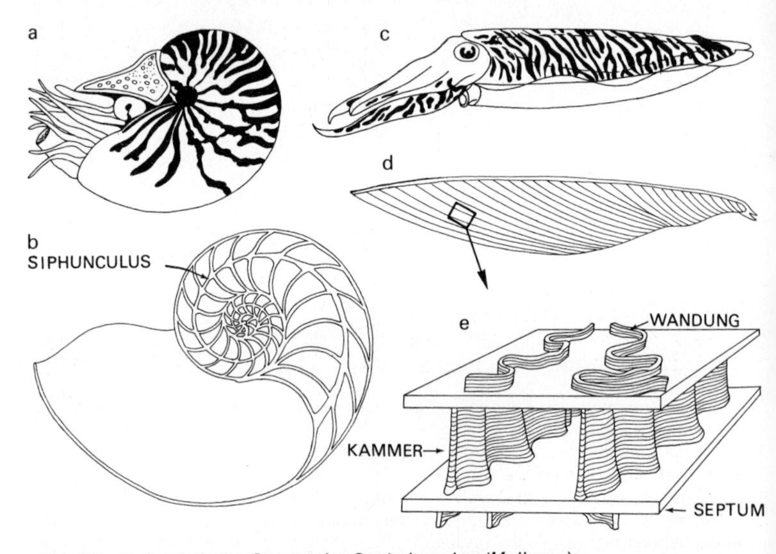

Abb. 77 Hydrostatische Organe der Cephalopoden (*Mollusca*):
a–b *Nautilus macromphalus (Tetrabranchiata).* **a** = Schwimmendes Tier; **b** = Längsschnitt durch das Gehäuse (Durchm. bis 18 cm). Die Kammern sind mit dem den vordersten Raum bewohnenden Tier durch den Siphunculus verbunden.
c–d Tinten„fisch", *Sepia officinalis* (*Dibranchiata, Decabrachia*) **c** = Männchen im Hochzeitskleid; **d** = Der Längsschnitt durch den Schulp mit den durch Lamellen voneinander getrennten Gaskammern; **e** = Feinstruktur eines Schulps. Die Lamellen, die benachbarte Kammern voneinander trennen, sind durch mäandernde Wandungen gegeneinander abgestützt (nach *Kaelin* 1967).

Das Prinzip der elastischen Schwimmblase findet sowohl bei Pflanzen als auch bei Tieren Anwendung. Unter den ersten sind jene Braunalgen (*Phaeophyceae*) zu erwähnen, deren Thalli eine oder zahlreiche Gaskammern bilden (Abb. 12b, d), in deren Hohlraum von den die Kammer auskleidenden Zellen Kohlenmonoxyd (CO) ausgeschieden wird. Bei den pazifischen, am Grund verankerten Kelpalgen (*Postelsia, Macrocystis,*

Nereocystis) wirkt dieses Organ wie eine Boje. Dank ähnlicher Gaskammern vermögen sich die Algen (*Sargassum*, Abb. 20) des Sargassomeeres an der Oberfläche zu halten.

Unter den Invertebraten sind es vor allem die zu den *Hydrozoa* gehörenden Staatsquallen (*Siphonophora*), die sich mit Hilfe von sog. Pneumatophoren in der Schwebe halten. Es sind dies modifizierte Medusen des polymorphen Stockgebildes, die im Rahmen einer weitgehenden Arbeitsteilung die Aufgabe eines hydrostatischen Organs übernehmen, indem sie in einen geschlossenen Raum Gase oder Gasgemische ausscheiden und je nach Bedarf wieder resorbieren. Auffällig sind diese Schwebekörper bei den zum Pleuston (Kap. 3.2.3.) gehörenden Formen (Abb. 15 a, b).

Die Schwimmblase ist ein Klassenmerkmal der Knochenfische (*Osteichthyes*), obwohl sie bei einigen ausgesprochenen Bodenfischen (Abb. 54) sekundär verloren gegangen ist. Sie entsteht ontogenetisch, wie die Lungen der Tetrapoden, als Ausstülpung des Ösophagus, wobei bei den sog. Physostomen zeitlebens ein Verbindungsgang zwischen diesem und der Gaskammer erhalten bleibt. Dieser „Ductus pneumaticus" erlaubt bei Volumenveränderungen eine Nachfüllung bzw. teilweise Entleerung der Schwimmblase durch den Mund des Fisches. Die marinen Fische sind ausnahmslos Physoclisten, deren Schwimmblasengang so weit rudimentiert ist, daß die Gasfüllung des hydrostatischen Organs nur durch die Tätigkeit der sich in der Wandung der Schwimmblase befindlichen Gasdrüsen reguliert werden kann. Diese erbringen bei Tiefseefischen, die unter hydrostatischen Drucken von mehreren hundert Atmosphären leben, fast unglaubliche Leistungen, indem sie einerseits gegen diese Drucke Gase ausscheiden, andererseits verhindern müssen, daß diese wieder ins Blut zurückgepreßt werden.

Das Prinzip der druckresistenten Gaskammern hat sich einzig bei den Cephalopoden durchgesetzt. Über derartige hydrostatische Hilfsmittel verfügen die den primitiven *Tetrabranchiata* zugeordneten, im Indo-Pazifik verbreiteten Nautiliden (Abb. 77 a, b) sowie einige *Sepioidea* (*Dibranchiata*) der Gattungen *Sepia* (Abb. 77 d) und *Spirula* (Abb. 76 a). Die Gaskammern werden vom sog. Mantelorgan gebaut. Eine Ausnahme bildet die Schale des weiblichen Papierbootes *Argonauta* (Abb. 36 b), die von einem modifizierten Armpaar ausgeschieden wird und in erster Linie als Brutkammer dient. Das formschöne Kalkgehäuse von *Nautilus* (Abb. 77 b), der als schlechter Schwimmer in Bodennähe (ca. 300 m) lebt, ist in eine Reihe zusehends größer werdender Kammern unterteilt, von denen die letzte, nach außen offene vom Tier besetzt ist. Von diesem ausgehend durchzieht ein röhrenförmiger, von Gewebe ausgekleideter Siphunculus sämtliche Kammern. Über diese Verbindung reguliert das Tier den Gas- bzw. Flüssigkeitsgehalt der einzelnen Kammern und damit den gewünschten Auftrieb. Je nach der hydrostatischen Situation wird Körperflüssigkeit oder ein Gasgemisch (N_2 = 0,30 atm; O_2 = 0,029 atm; Argon = 0,0005 atm) in die Kammer ausgeschieden. Da das in den Kammern enthaltene Gasgemisch einen Unterdruck aufweist, müssen die Wandungen des Gehäuses sehr widerstandsfähig sein, damit sie unter der Wirkung der hydrostatischen Drucke nicht implodieren. Die kritische Grenze der statischen Widerstandsfähigkeit liegt in diesem Fall bei Außendrucken von 60 atm. Da die untere Grenze der Vertikalverbreitung dieser Arten etwa bei 300 m (ca. 30 atm) liegt, verfügt die Widerstandsfähigkeit des Gehäuses über eine große Sicherheitsmarge (vgl. Abb. 76 a).

Der an allen Küsten Europas vorkommende „Tintenfisch“ *Sepia officinalis* (Abb. 77 c) birgt im dorsalen Bereich des Rumpfes den sog. Schulp (Abb. 77 d). Es ist dies ebenfalls ein Produkt des Mantelorgans, das im Laufe der Embryonalentwicklung durch Überwucherung ins Körperinnere verlagert wird. Dieser aus porösem Kalk aufgebaute „Knochen“, der ca. 9% des Körpervolumens ausmacht, hat eine spezifische Dichte von 0,6, schwimmt also, wenn aus dem Tier herausgelöst, auf dem Wasser. Diese Eigenschaft ist die Folge der komplexen und füglich als statisches Wunderwerk zu bezeichnenden Feinstruktur dieses Hartgebildes. Der Schulp setzt sich aus zahlreichen übereinandergeschichteten Kammern von ca. 0,7 mm Höhe zusammen. Diese sind durch 15–20 μm dicke Septen voneinander getrennt, die durch zahlreiche feine, mäandernde Wandungen gegeneinander abgestützt sind (Abb. 77 e). Die ventrale, konvexe Fläche des Schulpes ist von zwei verschiedenen Geweben des Mantels unterlagert: Das vordere bildet, mit dem Wachstum des Tieres Schritt haltend, laufend neue Kammern, indem abwechslungsweise Septen, Stützwandungen und wieder Septen angelegt werden. Das Epithel, dem der hintere Teil des Schulps aufliegt, steht in direktem Kontakt mit dessen Kammern und scheidet gemäß den hydrostatischen Gegebenheiten entweder Körperflüssigkeit oder Gase (vorwiegend Stickstoff, Partialdruck $\approx$ 0,8 atm.) in die einzelnen Hohlräume aus. Obwohl die einzelnen Septen und Stützwandungen sehr dünn sind, widersteht der Schulp einer äußeren Belastung von bis zu 24 atm (Abb. 76 a).

4.3.3. Zur Biologie der Tiefseefauna

Sowohl das Pelagial als auch das Benthal großer und größter Tiefen sind von einer spezialisierten Fauna belebt, über deren Zusammensetzung und Biologie wir nur lückenhaft informiert sind. Mit Ausnahme von Mikroorganismen (Kap. 2.2.) sind das Sammeln und die Haltung von Tiefseeformen aus technischen und biologischen Gründen bisher kaum gelungen, so daß man über die physiologischen Eigenheiten dieser Tiere nur Vermutungen anstellen kann. Das Milieu, in dem sich diese Tiefseeformen aufhalten und das sich aufgrund der physikalischen Gegebenheiten rekonstruieren läßt, ist durch folgende Parameter gekennzeichnet: Die tiefen Temperaturwerte (Kap. 4.2.3.) weisen unterhalb von 1000 m jahreszeitliche Schwankungen von nicht mehr als durchschnittlich ± 0,2–0,3 °C auf. Es liegt somit weitgehend Homothermie vor. Auf die Organismen, die unter vollständigem Lichtabschluß leben, wirken hydrostatische Drucke von 50 bis zu 1100 atm ein. Biologisch bedeutsam ist ferner, daß dieser unwirtliche Lebensraum der Wirkung jeglicher tages- oder jahreszeitlicher Zeitgeber (Licht, Temperatur) entzogen ist, welche andernorts die Periodizität der verschiedenen Lebensäußerungen (Fortpflanzung, Kap. 5. etc.) mitbestimmen.

Die Untersuchungen zur Frage, wie, d. h. aufgrund welcher biochemischer und physiologischer Anpassungen, sich die Tiefseefauna mit diesen Gegebenheiten erfolgreich auseinanderzusetzen versteht, müssen sich vorläufig auf Versuche an konventionellen Organismen beschränken, an denen man z. B. die Auswirkungen hoher Drucke prüft. Es kann sich hier nicht darum handeln, über die zahlreichen Studien, die im Dienste dieses Problemkreises bisher durchgeführt wurden, erschöpfend zu berichten. Unter Hinweis auf eine ausführliche Darstellung neueren Datums (MACDONALD 1975) seien hier einige Punkte mehr im Sinne eines Aufzeigens der Tragweite der Problematik kurz erwähnt: Generell darf gesagt werden, daß hohe Drucke nicht nur den Verlauf biochemischer und physiologischer Prozesse, sondern auch die Stabilität organischer Syntheseprodukte beeinträchtigen. Die Erbsubstanz, Desoxyribonucleinsäure (DNS, DNA) weist sich, wie aufgrund von „in vitro“ Versuchen geschlossen werden darf, durch eine größere Druck-Stabilität aus als die Ribonucleinsäure (RNS, RNA) und viele Proteine. Einschränkend sei allerdings erwähnt, daß die in Vorbereitung der Chromosomen- bzw. Zellteilung stattfindende Neusynthese (Replikation) der DNS (DNA) durch stei-

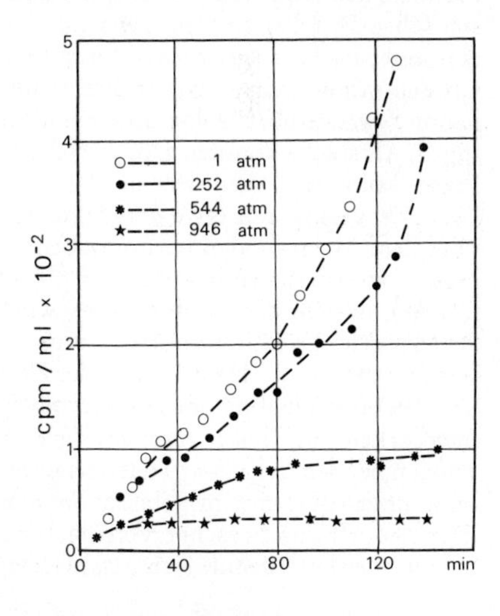

Abb. 78 Der Einfluß von hydrostatischen Drucken auf die DNS-Synthese (Replikation) beim Bakterium *Escherichia coli*. Die Intensität der Synthese wurde aufgrund der Menge des in die DNS-eingebauten, mit C^{14} radioaktiv markierten Thymins bestimmt. Ordinate: Radioaktivität der DNS, ausgedrückt in cpm/ml · 10^{-2}; Abszisse: Zeit in min nach Verabreichung des radioaktiven Prekursors (nach *Yavanos* u. *Pollard* 1969 aus *Mac Donald* 1975).

gende hydrostatische Drucke in zunehmendem Maß behindert wird (Abb. 78). Am gleichen Versuchsobjekt, dem Bakterium *Escherichia coli,* konnte festgestellt werden (ZOBELL u. COBET 1964), daß auch die Proteinsynthese (Translation) eine Hemmung erfährt und daß die RNA-Synthese (Transcription) von all diesen Prozessen durch hohe Drucke am wenigsten betroffen zu sein scheint. Die Leistungsfähigkeit der Enzymsysteme nimmt bei steigenden Drucken ebenfalls ab.

Beobachtungen an intakten Zellen von Eukaryoten (*Amoeba,* Eier von Seeigeln; LANDAU u. Mitarb. 1954), die steigenden Drucken ausgesetzt wurden, haben ergeben, daß sich die Viskosität des Cytoplasmas im Sinne einer reversiblen Verflüssigung verändert, wobei vermutlich die für die Aufrechterhaltung des Gel-Zustandes verantwortlichen Ultrastrukturen dissoziiert werden. Außerdem werden andere cytoplasmatische Strukturkomponenten, wie Golgi-Körper, Pinocytosekanälchen durch hohe Drucke zum Verschwinden gebracht, während andere, so z. B. die Membranen, sich durch eine relativ hohe Druckresistenz auszeichnen. Folgenschwer sind die Druckauswirkungen auf die Mikrotubuli, die teilweise oder ganz zerstört werden, so daß sich der bei der Zellteilung für die Verteilung der Chromosomen auf die Tochterzellen zuständige Spindelapparat nicht organisieren kann, was bei verschiedenen Versuchsobjekten (MACDONALD 1975) bei Drucken zwischen 250 und 400 atm zu einer vollständigen Blockierung der mitotischen Zellteilung führen kann. Auf physiologischer Ebene sind die Auswirkungen hoher Drucke auf das Nervensystem und einzelne Nerven wie auch auf die Muskulatur mit unterschiedlichen Ergebnissen geprüft worden (s. MACDONALD 1975).

Intakte Tiere reagieren z. T. empfindlich auf Veränderungen des hydrostatischen Druckes und sind, wie aus ihren Reaktionen geschlossen werden muß, in der Lage, relativ geringfügige Druckveränderungen in der Größenordnung von 1 atm wahrzunehmen. Man neigt deshalb zur Annahme, daß sie über bisher unbekannt gebliebene Druckrezeptoren verfügen. Als solche könnten z. B. die Schwimmblasen der Knochenfische in Frage kommen. Von den in der Tiefsee lebenden Knochenfischen (Abb. 79) verfügt nur etwa die Hälfte der mesopelagischen, d. h. der sich über dem Meeresboden herumtreibenden Formen über eine Schwimmblase. Das in dieser enthaltene, vom Blut ausgeschiedene Gasgemisch (O_2, N_2, Ar), in dem der O_2 dominiert, wird unter der Wirkung steigender Drucke (Kap. 4.3.2.) komprimiert und erreicht bei 400 atm eine Dichte von ca. 0,45 g/cm^3. Dem Verlauf der Kurve (Abb. 76 b) ist zu entnehmen, daß die Volumenabnahme entsprechend den Gesetzen über die Komprimierbarkeit von Gasen zusehends geringer wird, so daß Druckschwankungen bei den in großen Tiefen lebenden Arten nur unwesentliche Veränderungen des Schwimmblasenvolumens nach sich ziehen. Wenn solche Tiere jedoch unter rascher Verringerung der Drucke an die Oberfläche geholt werden, dehnt sich das Gasgemisch so stark aus, daß die

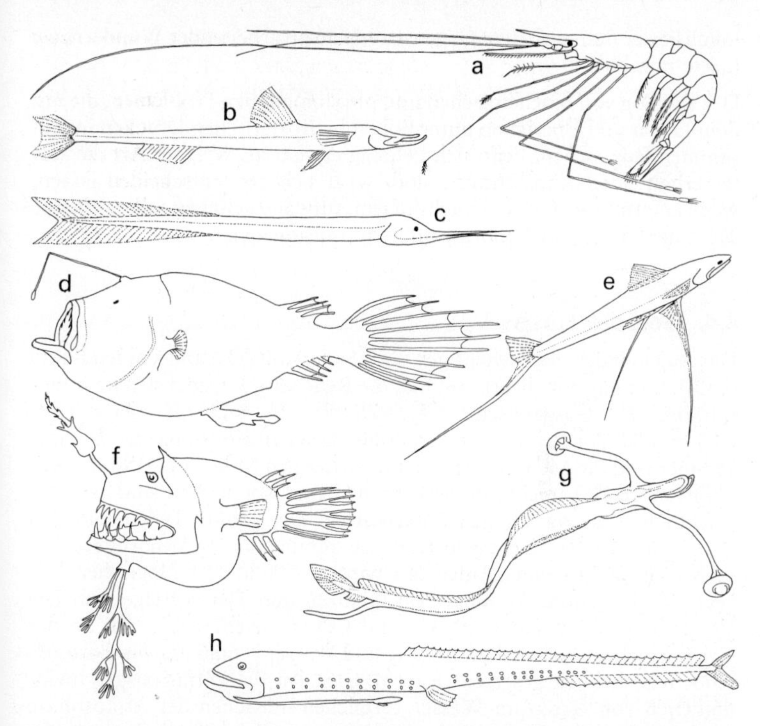

Abb. 79 Ausgewählte Beispiele der Tiefseefauna: **a** Ein in Bodennähe lebender, dekapoder Krebs *Nematocarcinus ensiferus*; ca. 10 cm (nach *Mac Donald* 1975); **b** Augenloser benthischer Fisch, *Ipnops* sp. (nach *Marshall* 1954 aus *Mac Donald* 1975); **c** Der in Tiefen zwischen 1000 und 3000 m lebende, bathypelagische *Cyema atrum*, 10 cm; **d** Weibchen von *Ceratias holböelli* (1 m) mit einem auf der Bauchseite befestigten Männchen (10 cm) (nach *Bertelsen* 1951 aus *Mac Donald* 1975); **e** *Benthosaurus sp.*, ein epibenthischer Fisch, der sich auf Grund mit den verlängerten Bauchflossen und der lang ausgezogenen Schwanzflosse abstützen kann; **f** *Linophryne arborifera*, Weibchen, 7 cm (nach *Marshall* 1957). **g** *Idiacanthus fasciola*, ca. 16 mm lange Larve mit Stielaugen; **h** ausgewachsenes Weibchen von *Idiacanthus fasciola*, ca. 25 cm (nach *Marshall* 1957).

Schwimmblase entweder platzt oder durch das Maul des Tieres nach außen gepreßt wird.

Ein z. T. noch ungelöstes physiologisches Problem (Scholander 1954; Denton 1961; Steen 1970; Macdonald 1975) betrifft die Frage, wie Gase entgegen derart hohen Drucken aus dem Blut ausgeschieden werden können und wie ein Entweichen dieser Gase aus dem Behälter bzw. deren Rückkehr in die Körperflüssigkeiten verhindert wird. Die Ausscheidung erfolgt im Bereich eines oder mehrerer in der Wand der Schwimmblase lokalisierter und nach dem Gegenstromprinzip arbeitender Wundernetze („rete mirabile").

Der Katalog von biochemischen und physiologischen Problemen, die mit dem Leben und Überleben unter hohen hydrostatischen Drucken in Zusammenhang stehen, ließe sich beliebig erweitern. Welcher Art die systemerhaltenden Anpassungen sind, wird sich erst entscheiden lassen, wenn es unter zweifellos beträchtlichem Aufwand gelingen sollte, lebende Tiere der Tiefsee im Laboratorium zu untersuchen.

4.4. Gelöste Gase

Das Angebot der lebenswichtigen Gase Sauerstoff (O_2) und Kohlendioxid (CO_2), und nur von diesen soll hier die Rede sein, zeichnet sich im atmosphärischen Gasgemisch (N_2 = 78,09; O_2 = 20,93; Ar = 0,93; CO_2 = 0,03 Vol.%) durch einen hohen Grad an Konstanz aus. Demgegenüber sind die Mengen der sich im wässerigen Milieu in gelöster Form anbietenden Gase nicht nur wesentlich kleiner, sondern sie sind auch beträchtlichen Schwankungen unterworfen. Der größte Teil der in den Wassermassen der Meere gelösten Gase stammt aus der Atmosphäre. Ein verhältnismäßig kleiner Anteil nur wird als Produkte biologischer Prozesse (Assimilation, Atmung) von Pflanzen und Tieren freigesetzt. Die Versorgung des Wassers mit O_2 und CO_2 vollzieht sich somit an der Grenzschicht zwischen Atmosphäre und Wasser gemäß den für Gase geltenden Löslichkeitsgesetzen (Kap. 4.4.1.). Da die Diffusionsgeschwindigkeiten von Gasen im Wasser verglichen mit jenen der Atmosphäre stark herabgesetzt sind, würde die Diffusion allein für die Versorgung großer Meerestiefen mit dem lebensnotwendigen Sauerstoff niemals ausreichen. Von der Oberfläche ausgehend übernehmen die sich im Rahmen der Konvektionen (Kap. 4.7.2.) abspielenden Umschichtungen der Wassermassen die Verteilung und vor allem den Transport des Sauerstoffes in die Tiefen. In weit ausgeprägterer Form als auf dem Festland fällt das O_2-Angebot im Wasser als ökologisch limitierender Faktor ins Gewicht.

4.4.1. Löslichkeit und Diffusion

Die Gase, von denen hier nur die biologisch relevanten (O_2 und CO_2) berücksichtigt werden sollen, gehen an der Grenzschicht zwischen Atmosphäre und Wasser in diesem in gelöste Form über. Die Konzentration eines Gases wird in der Regel mit seinem im Liter Lösungsmittel enthaltenen Volumen (ml Gas/Liter Lösungsmittel) angegeben. Das Ausmaß des Lösungsvorganges hängt von den in beiden Medien herrschenden Partialdrucken (P) des Gases ab. Eine Sättigung wird dann erreicht, wenn die Partialdrucke im Gleichgewicht stehen. Der seltene Fall, daß Sauerstoff aus dem Meer in die gasförmige Phase zurückkehrt, kann z.B. dann eintreten, wenn durch die intensive assimilatorische Tätigkeit in einem kleinen Wasserkörper anwesender Pflanzen so viel biogener O_2 freigesetzt wird, daß dessen Partialdruck im Wasser größer wird als in der über diesem liegenden Luft; der Sauerstoff steigt dann in Form kleiner Bläschen an die Oberfläche.

Die Löslichkeiten von O_2 und CO_2 hängen ferner stark von den Temperaturen des Lösungsmittels und der darüber befindlichen Luft, wie auch von der Salinität des ersteren ab (Abb. 80).

Sauerstoff: Bei gleichbleibender Salinität bzw. Chlorinität, aber steigender Wassertemperatur nimmt die Löslichkeit des O_2 ab. Diese Herabsetzung der Löslichkeit verhält sich nicht proportional zur Temperaturer-

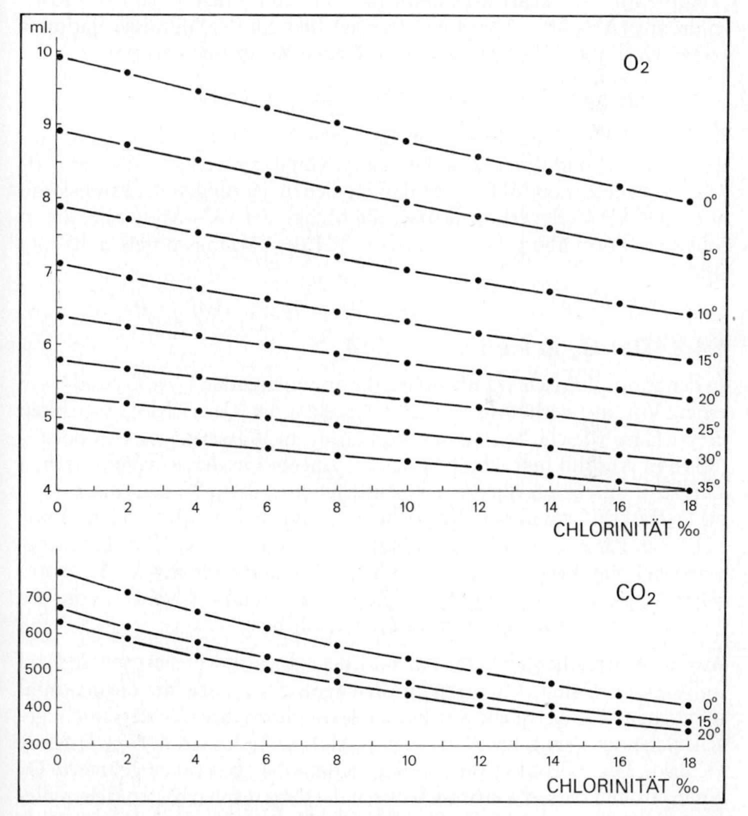

Abb. 80 Löslichkeiten von O_2 und CO_2 im Meerwasser in Abhängigkeit von Temperatur und Chlorinität (nach Tabellen von *Smith* 1974).

höhung bzw. Erniedrigung (Abb. 80). Eine fast lineare Verringerung der O_2-Löslichkeit geht mit einer Erhöhung des Salzgehaltes (Chlorinität, Abb. 80) einher. Für den globalen O_2-Haushalt der Meere bedeutet dies, daß sich in erster Linie die kälteren, gleichzeitig auch einen geringeren Salzgehalt aufweisenden Meere hoher Breitengrade (Abb. 72) mit O_2 beladen und diesen im Rahmen der Konvektion mit in die Tiefe nehmen (Abb. 91). Die Diffusionskonstante für O_2 beträgt 0,34 ccm/min, was bedeutet, daß dieses Volumen O_2 in einer Minute durch eine $1 \mu m$ dicke Wasserschicht von 1 cm^2 Ausdehnung durchtritt, wenn die beidseits dieser Schicht herrschenden Partialdrucke eine Differenz von 1 atm aufweisen.

Kohlendioxid: Die die Löslichkeit von O_2 beeinflussenden Faktoren (Temperatur, Salinität) wirken im gleichen Sinne auch im Fall von Kohlendioxid (Abb. 80). Allerdings werden hier die Verhältnisse dadurch kompliziert, daß CO_2 mit Wasser folgende Reaktionen eingeht:

$$CO_2 + H_2O \rightleftarrows H_2CO_3 \rightleftarrows H^+ + HCO_3^- \rightleftarrows 2\,H^+ + CO_3^=$$

Beide, die HCO_3^- und $CO_3^=$-Ionen, sind im Meerwasser ständig vorhanden (Tab. 11) und ihre Häufigkeit hängt von der jeweiligen Wasserstoffionenkonzentration (pH) ab, so daß die sich in der obigen Reaktionskette abspielenden Verlagerungen bzw. die Menge der CO_2-Moleküle, die in ionisierte Form übergehen, noch vom pH des Lösungsmittels abhängig sind.

4.4.2. Der O_2 in Raum und Zeit

In der atmosphärischen Luft stehen die dominierenden Gase O_2 und N_2 in einem Volumenverhältnis von 21 : 78 zueinander. Gemäß der Löslichkeit dieser Gase verschiebt sich das Verhältnis im Wasser zugunsten des O_2 (33 : 64). Absolut betrachtet ist das O_2-Angebot in der atmosphärischen Luft (210 ml O_2/Liter) jedoch wesentlich höher als im Wasser (max. $\approx$ 10 ml O_2/Liter). Gemäß den die Löslichkeit von O_2 beeinflussenden physikalischen Parametern (Abb. 80) muß der O_2-Gehalt von Oberflächengewässern hoher Breitengrade ($\approx$ 7–8 ccm O_2/L) größer sein als der tropischer Meere ($\approx$ 5–6 ccm O_2/L). Zu dieser Situation tragen sowohl die Temperatur als auch die Salinität (Abb. 80) bei.

An der Oberfläche stehen die Partialdrucke des atmosphärischen und des im Wasser gelösten O_2 nahezu im Gleichgewicht, so daß hier die maximal möglichen Werte erreicht werden. In der euphotischen Wasserschicht gesellt sich noch der als Produkt der pflanzlichen Assimilation freiwerdende O_2 dazu. Diese Produktion und der an der Oberfläche nachgelieferte O_2 einerseits und dessen Verbrauch durch die Organismen halten sich in diesen oberen Wasserschichten ungefähr die Waage. Mit zunehmender Tiefe muß sich eine negative Bilanz einstellen, weil dem Konsum kein kompensatorischer Nachschub gegenübersteht. Dies ist besonders ausgeprägt in tropischen und subtropischen Meeren (Abb. 81 a), wo der O_2-Gehalt des Wassers in einer meist mit der Thermokline (Abb. 67) gut übereinstimmenden Tiefe jeweils ein Minimum erreicht, das bis auf 50% der Oberflächenwerte sinken kann. Unterhalb dieser zwischen 500 und 1500 m oszillierenden Tiefen steigt der O_2-Gehalt wieder merklich an. Dies ist auf die Unterschichtung kälterer, O_2-haltiger Wassermassen zurückzuführen, die sich im Rahmen der globalen Konvektion in der Tiefe aus arktischen und antarktischen Bereichen in Richtung Äquatorialgürtel hin bewegen (Kap. 4.7.2.). Auf hohen Breitengraden verlaufen die Vertikalprofile des O_2-Gehaltes (Abb. 81 a) ähnlich wie jene der Temperatur,

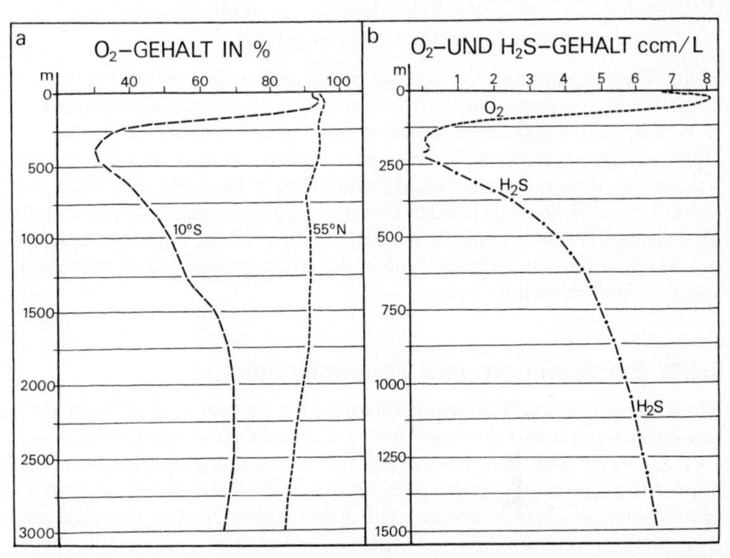

Abb. 81 Vertikalprofile des Sauerstoff- und Schwefelwasserstoff-Gehaltes. **a** Messungen im tropischen und nördlichen Atlantik; **b** Messungen im Schwarzen Meer, wo in einer Tiefe von ca. 200 m der O_2 durch H_2S ersetzt wird (umgezeichnet nach *Defant*, 1961).

d. h. es sind mit zunehmender Tiefe nur geringfügige Veränderungen festzustellen. Dies beruht darauf, daß dort die mit O_2 beladenen Wassermassen in die Tiefe sinken. Der O_2-Nachschub großer Tiefen kommt somit durch diese Konvektion zustande, die dafür verantwortlich ist, daß dort das Leben aerober, heterotropher Organismen überhaupt möglich ist.

In vereinzelten, isolierten Meeresbecken, z. B. dem Schwarzen Meer und einigen tiefen norwegischen Fjorden, wo die hydrographische Situation eine Konvektion ausschließt, ist die O_2-Versorgung größerer Tiefen nicht gewährleistet. Infolgedessen scheiden dort aerobe Organismen aus und überlassen anaeroben Thiobakterien das Feld, welche u.a. Schwefelwasserstoff (H_2S) produzieren. Im Schwarzen Meer kann dieser schon in einer Tiefe von 200 m eine Konzentration von 0,45 ccm/L aufweisen und erreicht in 2000 m Tiefe eine solche von bis zu 6,0 ccm/L. Katastrophen können sich dann einstellen, wenn sich infolge von heftigen Stürmen diese H_2S-haltigen Wassermassen mit oberflächlichen Schichten vermischen und deren Flora und Fauna zerstören. Während es sich bei den erwähnten Beispielen um die Folgen natürlicher, hydrographischer Gegebenheiten handelt, hat die zunehmende, eine Eutrophierung nach sich ziehende Verschmutzung durch den Menschen bereits in gewissen Randmeeren, so z.B. in der Baltischen See, zu vergleichbaren, von einer H_2S-Produktion begleiteten O_2-Defiziten geführt.

Hohe Wassertemperaturen, wie sie im Litoral tropischer und subtropischer Meere die Regel sind, können in abgeschlossenen Wasserkörpern (z.B. Lagunen) eine starke Senkung des O_2-Gehaltes zur Folge haben. Minimalwerte werden außerdem überall dort erreicht, wo der aerobe bakterielle Abbau organischen Materials dem Wasser den Sauerstoff entzieht und wo diese entstehenden Defizite nicht rasch genug durch Zufuhr O_2-haltigen Wassers gedeckt werden können. Diese Situation entsteht u.a. im Bereich von Sedimentböden, die einen großen Anteil an organischen Komponenten enthalten.

4.4.3. Zur Atmungs- und Tauchphysiologie

Die wasserlebenden Pflanzen, Protozoen, Invertebraten und Fische dekken ihren Sauerstoffbedarf auf Kosten des im Wasser gelösten O_2 (Kap. 4.4.1.). Dieser muß dem Lösungsmittel entzogen und im Körperinnern dorthin transportiert werden, wo er zur Aufrechterhaltung oxidativer Stoffwechselprozesse benötigt wird. Beträgt die Distanz zwischen der Körperoberfläche, wo die O_2-Aufnahme erfolgt, und dem Verbrauchsort nicht mehr als etwa 1 mm, kann der O_2-Nachschub allein aufgrund passiver Diffusion erfolgen. Dies trifft für alle Mikroorganismen, wie auch für viele Invertebraten zu, die entweder kleinwüchsig sind oder deren Körper abgeplattet ist (z.B. *Plathelminthes,* Abb. 49b). Bei voluminöseren Organismen vermag die Diffusion allein, ihrer relativ geringen Geschwindigkeiten und der zunehmenden Distanzen wegen den Nachschub nicht mehr zu gewährleisten. Die Distanzen müssen deshalb auf dem Weg eines aktiven O_2-Transportes durch Körperflüssigkeiten überwunden werden, wobei z.T. als Träger noch respiratorische Pigmente (s.u.) mit im Spiel stehen. Im Fall der CO_2-Ausscheidung spielt sich dieses Geschehen im entgegengesetzten Sinn ab.

Der auf Gewichtseinheiten bzw. Protein- oder Stickstoffgehalt bezogene

O_2-Verbrauch, ein grobes Richtmaß für die Intensität der Stoffwechselaktivitäten, kann von Art zu Art außerordentlich stark variieren (Tab. 18). Planktontisch lebende Invertebraten liefern meist relativ niedrige Werte, was z. T. darauf beruht, daß die Meßwerte auf das Frischgewicht bezogen werden, von dem das reichlich vorhandene, metabolisch jedoch inaktive Wasser einen großen Anteil beansprucht. Obwohl mit Ausnahmen behaftet, liegt eine allgemeine Tendenz vor, wonach der O_2-Konsum mit zunehmender Evolutionsstufe verhältnismäßig ansteigt. Andererseits aber wirkt sich die Lebensweise meist deutlich auf diese physiologische Größe aus, indem der O_2-Bedarf mobiler, lokomotorisch aktiver Arten wesentlich größer ist als jener trägerer oder sessiler Formen (Tab. 18).

Tabelle 18 O_2-Verbrauch von einigen poikilothermen Tieren (auszugsweise nach *Nicol* 1960).

Stamm:	Art:	Lebensweise	Temp. °C	O_2-Verbrauch ccm O_2/kg/h
Porifera:	*Suberites massa*	benth., sessil	22	24,1
Cnidaria:	*Anemonia sulcata*	benth., sessil	18	12,7
	Aurelia aurita (Abb. 23g)	pelagisch	13–17	3,4–5,0
Mollusca:	*Pterotrachea coronata*	pelagisch	16	7,84
	Mytilus edulis	benth., sessil	20	22,0
	Octopus vulgaris	benth., vagil	16	86,8
Chordata:	*Osteichthyes: Solea solea*	benth., vagil	14	74,0
	Sargus rondeleti	nektontisch	14	185–204

Die zwischenartlichen Vergleiche sind deshalb problematisch, weil die Respirationsraten innerhalb ein und derselben Art z. T. beträchtliche Schwankungen aufweisen. Dabei spielen u. a. das Entwicklungsstadium, die Körpergröße und das Alter eine Rolle. Nach den Messungen von Zeuthen (1947) zieht z. B. die wachstumsbedingte Zunahme der Körpergröße eine relative Verringerung des O_2-Bedarfs nach sich. Andererseits üben die jeweiligen physiologischen Aktivitätszustände einen Einfluß aus: Bekanntlich gehorchen die Stoffwechselprozesse der poikilothermen Organismen innerhalb der thermischen Toleranzgrenzen der Q_{10}-Regel (Kap. 4.2.6.), d. h. ihre Intensität erfährt bei einer Erhöhung bzw. Erniedrigung der Außentemperatur um 10 °C eine zwei- bis dreifache Steigerung bzw. Reduktion, was gleichsinnige Veränderungen des O_2-Verbrauchs zur Folge hat. Aus dieser Beziehung erwächst eine ökologische Konfliktsituation, denn der durch hohe Temperaturen bewirkten Steigerung des O_2-Bedarfs steht im Wasser eine den Löslichkeitsgesetzen entsprechende Herabsetzung des O_2-Angebots (Abb. 80) gegenüber. Aufgrund von Anpassungen (Akklimatation) scheinen sich jedoch gewisse Arten dem Diktat der RGT-Regel entziehen zu können. So ist z.B. die Respirationsrate der Sandkrabbe *Emerita talpoida* bei winterlichen Temperaturen (+ 3 °C) viermal höher als im Sommer (ca. 20 °C). Bei 5 °C nimmt die in Ostgrönland vorkommende Herzmuschel *Cardium ciliatum* doppelt soviel O_2 auf als die mediterrane *Cardium edule*. Unter den normalen Temperaturbedingungen ihrer Verbreitungsgebiete liegen die Stoffwechselintensitäten arktischer Arten in absoluten Zahlen ausgedrückt jedoch stets wesentlich tiefer als jene ihrer tropischen Verwandten.

Der O_2-Gehalt des Wassers bildet ein weiterer Faktor, der den Sauerstoffkonsum zu beeinflussen vermag. Dabei gilt es zu unterscheiden zwischen Arten, deren O_2-Verbrauch trotz Schwankungen des O_2-Angebots im Außenmilieu auf einem mehr oder weniger konstanten Niveau bleibt und solchen, die ihre Respirationsraten dem jeweiligen O_2-Angebot anpassen. In diese zweite Kategorie gehören u.a. einige Aktinien (*Actinia*), Polychaeten (*Nereis*), Krebse (*Homarus, Callinectes*) und Stachelhäuter (*Asterias*). Der O_2-Konsum der roten Pferdeaktinie (*Actinia equina*) z.B. erfährt eine dreifache Steigerung, wenn der O_2-Druck von 55 auf 220 mmHg erhöht wird. Bei den Arten, die einer solchen Anpassungsfähigkeit entbehren, gibt es kritische Grenzwerte, deren Unter- und sonderbarerweise auch Überschreitung letale Folgen haben können. Der Röhrenwurm *Sabella pavonina* (Abb. 56 d) z.B., dessen natürliche Standorte ausreichend mit O_2 versorgt werden, geht nach 4 Tagen zugrunde, wenn der O_2-Gehalt des Wassers auf 4% der Sättigung sinkt. Für den Sandwurm *Arenicola marina* (Abb. 55 e) reicht dieser O_2-Gehalt zum Überleben aus, während ein hohes O_2-Angebot (100% Sättigung) paradoxerweise für diesen Wurm schädlich wirkt (NICOL 1960).

Atmungsorgane

Der Gasaustausch kann sich bei fast allen aquatilen Tieren im Bereich des ganzen Integuments abspielen, vorausgesetzt natürlich, daß dieses für O_2 und CO_2 durchlässig ist. So fehlen denn auch bei vielen niederen Wirbellosen (z.B. *Porifera, Cnidaria, Plathelminthes, Nemertini, Chaetognatha*) eigentliche Atmungsorgane und selbst dort, wo solche vorhanden sind, ist die Hautatmung nie ganz ausgeschaltet. Die Haut des Aals (*Anguilla*, Abb. 42 e) z.B. kann zur Unterstützung der Kiemen bis zu 60% des Gasaustausches übernehmen. Die Gründe für die evolutive Entwicklung von spezialisierten Atmungsorganen stehen zweifellos im Zusammenhang mit der Verstärkung der Integumente (cuticuläre Ausscheidungen, Exoskelette usw.), durch die wohl die mechanische Widerstandsfähigkeit erhöht, die Durchlässigkeit der Körperoberfläche für Gase jedoch unterschiedlich stark eingeschränkt wird. Bei den höheren Invertebraten, Protochordaten und Fischen übernehmen deshalb bestimmte, anatomisch begrenzte und im Hinblick auf die O_2-Aufnahme bzw. CO_2-Abgabe spezialisierte Organe die Aufgabe des Gasaustausches, wobei diese nicht selten noch andere Funktionen erfüllen.

Ein diesbezüglich besonders vielfältiges Bild vermitteln z. T. die Stachelhäuter (*Echinodermata,* Abb. 52a–f), wo der Gasaustausch in erster Linie den u. a. auch im Dienste der Fortbewegung stehenden Ambulacralfüßchen obliegt. Diese werden bei der Erfüllung ihrer respiratorischen Aufgabe noch von anderen Strukturen unterstützt. Bei vielen Seesternen (*Asteroidea,* Abb. 52f) sind es die bei 0_2-Mangel über die Körperoberfläche hinausragenden, dünnhäutigen Papillen (Papulae), die mit dem periviszeralen Coelom in Verbindung stehen. Bei den Seeigeln (*Echinoidea*, Abb. 52 d) sind es traubenförmige Ausstülpungen des Kiefercoeloms, die das Mundfeld kranzförmig umgeben. Die Seewalzen ihrerseits (*Holothuroidea,* Abb. 52c) verfügen über sog. Wasserlungen, zwei in der Nähe des Anus dem Enddarm angeschlossene, reich verzweigte Blindsäcke, in die O_2-haltiges Wasser eingepumpt werden kann.

In den allermeisten Fällen, wo die Atmungsorgane mittels einer vom Tier erzeugten Strömung mit Frischwasser bespült werden, stehen dieselben auch als Filterapparate wirkenden Organe gleichzeitig im Dienste des Nahrungserwerbs (vgl. Kap. 3.2.3.; 3.4.2.).

Die Atmungsorgane der nicht auf die atmosphärische Luft angewiesenen marinen Tiere sind Produkte polyphyletischer „Erfindungen", so daß dem gebräuchlichen Ausdruck „Kieme" lediglich die Bedeutung eines die Analogie unterstreichenden Sammelbegriffs zusteht. Fast jede Klasse der Invertebrata ist in dieser Hinsicht ihre eigenen Wege gegangen und nur die Kiemen der Chordata (*Urochordata, Cephalochordata* und *Vertebrata*) lassen sich als Bestandteile des Vorderdarms miteinander homologisieren.

Alle diese Organe streben eine möglichst große Kontaktfläche mit dem Außenmilieu an, wobei der Gasaustausch zwischen diesem und den zirkulierenden Körperflüssigkeiten durch die Vermittlung besonders dünner (5–7μm) Epithelien begünstigt wird. Diese Eigenschaften machen die Organe nicht nur anfällig gegenüber mechanischen Schädigungen, sondern fördern auch den osmoregulatorisch bedeutsamen Wasserverlust (Kap. 4.1.4.). Diese und andere Nachteile sind vermutlich dafür verantwortlich, daß die empfindlichen Kiemen im Verlauf der Evolution von der Oberfläche des Körpers („äußere Kiemen") in dessen schützendes Innere („innere Kiemen") verlagert wurden. So sitzen z. B. die Kiemen primitiver Krebse, z. B. *Euphausiacea* (Abb. 27f) noch frei auf den Basisgliedern der Brustbeine, während sie bei den Großkrebsen (Abb. 51i, m) von Hautduplikaturen des Cephalothorax schützend überdacht werden. Bei den *Mollusca,* deren Kiemen (Ctenidien) in die vom Mantel gebildeten Innenräume verlagert wurden, ist eine ähnliche Tendenz zu erkennen.

Ventilation

Die Wirksamkeit des Integumentes, der Pseudokiemen oder echten Kiemen als Vermittler von Sauerstoff hängt, außer von den bereits erwähnten strukturellen Eigenheiten, in starkem Maß von deren Versorgung mit frischem O_2-haltigem Wasser ab. Dabei spielen, sofern es sich um mobile Formen handelt, die Eigenbewegungen des Tieres eine wichtige Rolle, dank derer ein ständiger Wasserwechsel über den respiratorischen Epithelien gewährleistet ist. Während z.B. die meisten Fische gezwungen sind, ihre an den Visceralbögen inserierten Kiemenblättchen durch rhythmische Atembewegungen der Mundhöhle zu ventilieren, unterlassen viele Hochseefische, wie z.B. die Makrelen (*Scomber*, Abb. 38 d) diese Atembewegungen, indem sie mit regungslos geöffnetem Maul durchs Wasser ziehen. Mit dem Ventilationsproblem haben sich vor allem die sessilen und halbsessilen Formen auseinanderzusetzen, ganz besonders dann, wenn sie über innere Kiemen verfügen und zudem noch der benthischen Infauna (Abb. 46) angehören. In solchen Fällen ist der Organismus gezwungen, einen selbst erzeugten Wasserstrom, der gleichzeitig das der Ernährung dienende Geschwebsel mitführt, über die respiratorisch aktiven Epithelien zu lenken (vgl. Kap. 3.2.3., 3.4.2.). Da in diesen Fällen beide Funktionsbereiche, d.h. Atmung und Ernährung, miteinander gekoppelt sind, müssen Ausmaß und Intensität dieser Strudelströme (Tab. 19) nach dem Prinzip des Minimums von Fall zu Fall entweder dem

Tabelle 19 Intensität des von sessilen bzw. halbsessilen Strudlern erzeugten, der Atmung und Ernährung dienenden Wasserstroms. Die Werte (ml Wasser/Stunde) sind nicht auf das Körpergewicht der Versuchstiere bezogen (nach *Nicol* 1960).

	Art	Temp. °C	Wasserstrom ml/h
Porifera:	*Sycon ciliatum* (Abb. 56a)	17–20	360
Polychaeta:	*Arenicola marina* (Abb. 55e)	20,4	177
	Sabella pavonina (Abb. 56 d)	18–20	73
Mollusca:	*Mytilus edulis*	17–20	1 850 (mittel)
	Cardium edule (Abb. 55d)	17,3–19,5	500
Ascidiacea:	*Ciona intestinalis*	17–20	552–750
	Phallusia mammillata	14	225 ca.

O_2- oder Nahrungsangebot angepaßt werden. Bei *Arenicola marina* (Abb. 55 e) erfolgt diese Ventilation diskontinuierlich, d.h. sie wird von längeren oder kürzeren Ruhepausen unterbrochen, während andere Arten, z.B. *Spirographis spallanzanii* (Abb. 55 a) einen ununterbrochenen Wasserstrom durch ihre Tentakelkrone aufrechterhalten. In diesem Zusammenhang stellt sich die Frage nach der Wirksamkeit der Atmungsorgane, d.h. nach den O_2-Mengen, welche die Kiemenepithelien dem über sie streichenden Wasser zu entziehen vermögen. Aufschlußreiche Messungen hierüber lassen sich nur durchführen, wo das Wasser durch einen geschlossenen Raum (Wohnröhre oder Innenraum des Tieres) geleitet wird, wobei die O_2-Gehalte des einströmenden und austretenden Atemwassers einander vergleichend gegenübergestellt werden. Das Defizit liefert ein relatives Maß für die Menge der vom Atmungsorgan dem Wasser entzogenen O_2-Menge. Der Polychaet *Arenicola marina* (Abb. 55 e) vermag dem durch seine Wohnröhre strömenden Wasser 30–50% seines Sauerstoffs zu entziehen; und dies unabhängig vom absoluten O_2-Gehalt des Wassers. Die Kiemen der Muschel *Mya arenaria* entziehen dem durch die Mantelhöhle ziehenden Atemwasser 3–25% des Sauerstoffs. Am wirksamsten scheinen diesbezüglich die Kiemen der Fische zu sein, vermögen sie doch dem durch den Mund einströmenden Atemwasser meist mehr als die Hälfte des darin gelösten O_2 zu entziehen. Unter den Faktoren, welche die Intensität der Kiemenventilation einzeln oder im Zusammenspiel regulieren, spielen die Temperatur, der O_2- bzw. CO_2-Gehalt und die Wasserstoffionenkonzentration des Außenmilieus eine Rolle.

Körperflüssigkeiten und respiratorische Pigmente

Den Transport der Gase (O_2 und CO_2) zwischen den respiratorischen Epithelien einerseits und den Geweben andererseits übernehmen bei größeren Tieren die zirkulierenden Körperflüssigkeiten (Flüssigkeiten der primären oder sekundären Leibeshöhlen und/oder das Blut offener bzw. geschlossener Kreisläufe). Die Löslichkeit von O_2 in diesen Flüssigkeiten ist im allgemeinen relativ gering. Sie liegt bei wirbellosen Tieren zwischen 1–15 Volumenprozenten und bei Fischen im Bereich von 5–15%, d. h. 5–15 ccm O_2 je 100 ccm Körperflüssigkeit. Die Transportkapazität wird jedoch bei Vertretern vieler Artengruppen durch sog. respiratorische Pigmente verbessert, die den O_2 reversibel zu binden vermögen. Bisher sind im Tierreich 4 verschiedene derartige Pigmente nachgewiesen worden: es sind dies das Hämoglobin, das Hämerythrin, das Chlorocruorin und das Hämocyanin. Von diesen Chromoproteinen enthalten die drei ersten Eisen (Fe^{++}), das Hämocyanin jedoch Kupfer (Cu^{+}, Cu^{++}) als metallische Komponenten.

Das vermutlich monophyletisch entstandene **Hämoglobin** (Mol. Gew. 17000–3000000) ist der im Tierreich am weitesten verbreitete Blutfarbstoff. Er tritt schon bei einigen *Plathelminthes* und den *Nemertini* in Erscheinung, findet sich bei den *Echiuroidea, Phoronidea, Echinodermata* und ist unter den *Mollusca* (*Amphineura, Gastropoda, Lamellibranchiata*), den *Polychaeta, Crustacea* und *Chordata* weit verbreitet. Teils ist er frei in Coelom- oder Blutflüssigkeiten, teils, wie im Fall der Wirbeltiere, in Zellen (rote Blutkörperchen, Erythrocyten) eingeschlossen.

Bei den Vertebraten sind ca. 90% des im Blut transportierten O_2 an das Hämoglobin gebunden. Es gibt jedoch antarktische Bodenfische, deren Blut weder Erythrocyten noch Hämoglobin führen. Es war MATTHEWS, der 1931 erstmals über das farblose Blut dieser sog. „Krokodilfische" (*Perciformes, Notothenioidei*) berichtete, von denen seither insgesamt 16, ausschließlich in den kalten Gewässern (-1,7 bis 2 °C) der Antarktis vorkommende Arten entdeckt wurden (Ruud 1971). Über die physiologischen Mechanismen, die es diesen z. T. 50 cm langen Fischen gestatten, den Sauerstoffbedarf ihrer Gewebe trotz Fehlens des Hämoglobins zu decken, können zur Zeit nur Vermutungen angestellt werden. Messungen haben ergeben, daß die O_2-Kapazität des Blutes dieser Fische 0,67 bis 0,72% nicht übersteigt. Vermutlich helfen ein verhältnismäßig großes Blutvolumen, eine verstärkte Zirkulation sowie die träge Lebensweise mit, dieses Handicap zu überbrücken.

Beim **Hämerythrin** (Mol. Gew. ca. 100000), einem im desoxigenierten Zustand farblosen, im oxigenierten purpurnen Chromoprotein, sitzt das Eisen-Atom (Fe^{+++}, Fe^{+}) nicht wie beim Hämoglobin inmitten eines Protoporphyrinringes, sondern ist direkt an das Protein gebunden. Für die Bindung eines O_2-Moleküls sind hier 2–3 Fe-Ionen notwendig. Das Hämerythrin ist bisher in Blut- oder Coelomzellen einiger Polychaeten (*Magelona papillicornis*), Sipunculiden (*Sipunculus*, Abb. 49 k, *Golfingia* u. a.) sowie Brachiopoden (*Lingula unguis*, Abb. 50 n) nachgewiesen worden.

Das **Chlorocruorin** (Mol. Gew. 3.10^6), bisher nur im Blutplasma von Polychaeten (*Sabellidae, Serpulidae*) gefunden, ist stets grün und hat eine dem Hämoglobin ähnliche Struktur, d. h. das Eisen (Fe^{+++}) ist Teil eines Pyrrolringes und bindet je 1 Molekül O_2.

Das **Hämocyanin** (Mol. Gew. 1–7 Mio.), das stets in kolloidaler Form in Blutflüssigkeiten von Mollusken (*Amphineura, Gastropoda, Cephalopoda*) und *Arthropoda* (*Xiphosura*, Abb. 51 a; *Crustacea, Malacostraca*) vorkommt, ist im desoxigenierten Zustand farblos, im oxigenierten blau. Es ist ein kupferhaltiges (Cu^{++}, Cu^{+}) Chromoprotein, dessen Metallionen je ein O_2-Molekül binden.

Luftatmung und Tauchphysiologie

Die Lungen der Reptilien, Vögel und Säugetiere sind dafür gebaut, den O_2 dem atmosphärischen Gasgemisch zu entnehmen. Diese sekundär zur aquatischen Lebensweise zurückgekehrten Wirbeltiere müssen deshalb an die Wasseroberfläche steigen, um atmen zu können. Trotzdem vermögen sich die meisten unter ihnen, dank verschiedener physiologischer Anpassungen, ohne ihren Luftvorrat erneuern zu müssen, längere Zeit unter Wasser aufzuhalten und können größere Tiefen aufsuchen (Tab. 20). Den diesbezüglichen Rekord hält der Pottwal (*Physeter catodon*, Abb. 40 b) inne, von dem bekannt ist, daß er auf der Jagd nach Tiefsee-Cephalopoden bis in Tiefen von 1000 m taucht und sich dabei ununterbrochen bis zu 1 Stunde unter Wasser aufzuhalten vermag.

Tabelle 20 Tauchtiefen und Tauchzeiten einiger Wale *(Cetacea)* und Robben *(Pinnipedia)*. Die Angaben stammen aus verschiedenen Quellen und beruhen auf verschiedenartigen Ermittlungen (Ernährungsgewohnheiten, Direktbeobachtungen, Tauchen nach Harpunierung, Training⁺ etc) (nach *Andersen* 1969 und *Harrison* u. *Kooyman* 1971).

	Tauchtiefen in m	Tauchzeiten in min.
Cetacea:		
Blauwal, *Balaenoptera musculus* (Abb. 40a)	100	49
Finnwal, *Balaenoptera physalus*	500	20
Pottwal, *Physeter catodon* (Abb. 40b)	1 134	75
Grindwal, *Globicephala scammoni*	366	15
Tümmler, *Tursiops truncatus*	185–300	12
Pinnipedia:		
Walroß, *Odobenus rosmarus*	80–90	10
Kalif. Seelöwe, *Zalophus californianus* (Abb. 40e)	250⁺	
Seehund, *Phoca vitulina*	91	
Wendelrobbe, *Leptonychotes weddellii*	600	43
See-Elephant, *Mirounga angustirostris*	183	

Reptilien: Obwohl selten in größere Tiefen tauchend, vermögen die Meeresschildkröte *Caretta caretta* bis zu 25 min, tropische Seeschlangen (*Hydrophiidae*) mehrere Stunden im untergetauchten Zustand zu überleben. Es wird vermutet, daß diese Lungenatmer die Möglichkeit haben, dem Wasser durch die Vermittlung der die Mundhöhle und Kloake auskleidenden Epithelien zusätzlichen O_2 zu entziehen.

Vögel: Meeresvögel tauchen selten länger als 1 Minute. Für diese Zeit scheint der in den reich verzweigten, der Lunge angeschlossenen Luftsäkken vorhandene O_2-Vorrat auszureichen.

Säugetiere: In Anbetracht der langen Immersionszeiten (Tab. 20) mariner Säuger und der damit verbundenen körperlichen Leistungen, könnte man zur Annahme neigen, diese Tiere würden in ihren Lungen einen entsprechend großen Vorrat an Atemluft mit in die Tiefe nehmen. In Wirklichkeit aber ist ihre Lungenkapazität, bezogen auf das Volumen des Körpers nur unwesentlich größer als jene landlebender Säugetiere. Nach groben Schätzungen wird beim Tauchgang nur etwa $^1/_3$ des benötigten O_2 in der Lunge mitgeführt. Die restlichen $^2/_3$ sind im Blut, in den Gewebsflüssigkeiten und im Myoglobin (Muskelhämoglobin) gespeichert. Das gesamte Blutvolumen mariner Säuger ist wohl etwas größer als jenes landlebender Formen. Bezüglich der Kapazität ihres Hämoglobins, O_2 zu binden bzw. zu speichern, konnten jedoch keine wesentlichen Unterschiede festgestellt werden. Wenn man die für terrestrische Arten geltenden Maßstäbe anwendet, so reichte der O_2-Vorrat nur für etwa $^1/_3$ der jeweiligen Immersionsdauer. Trotz verständlicher methodischer Schwierigkeiten ist es gelungen (vgl. ANDERSEN 1969), einige physiologische Vorkehrungen aufzuzudecken, die den O_2-Konsum während der Immersion auf ein Minimum zu reduzieren helfen. Dazu gehören die Heraufsetzung der Reizschwelle der Atmungszentren im Hirnstamm gegenüber einem stark erhöhten CO_2-Gehalt des Blutes, eine Verlangsamung der Blutzirkulation auf dem Weg einer massiven Reduktion der Pulsfrequenz (z.B. Seehund von 80/min auf 10/min). Außerdem wird die Blutversorgung peripherer Körperbereiche durch lokale Gefäß-Kontraktionen stark herabgesetzt, wobei der O_2-Versorgung des Gehirns Priorität eingeräumt wird. Mit diesen und anderen Maßnahmen kann der globale O_2-Verbrauch während des Tauchens bis auf $^1/_5$ reduziert werden. Die relativ hohen Konzentrationen der infolge anaerober Glykolyse in der Muskulatur entstandenen Milchsäure werden bei der Durchatmung nach dem Auftauchen rasch wieder beseitigt (s. auch SCHOLANDER 1940; SCHOLANDER u. Mitarb. 1942; ANDERSEN 1969; HARRISON 1974).

Die Caisson-Krankheit: Die Immersionsdauer und der Aktionsradius eines ohne Hilfsmittel tauchenden Menschen sind, weil er der soeben erwähnten physiologischen Anpassungen entbehrt, stark eingeschränkt. Um dem Bedürfnis nach längerer, die Arbeit unter Wasser ermöglichenden Immersionszeiten nachzukommen, wurden verschiedene technische Hilfsmittel entwickelt. Als Atemgas wurde von Tauchern zunächst reiner, in druckfesten Flaschen komprimierter Sauerstoff mitgeführt, der sich jedoch in dieser Form unter steigenden hydrostatischen Drucken als toxisch erwies. Die heute gebräuchlichen Flaschen enthalten in komprimierter Form das normale, atmosphärische Gasgemisch, wobei ein solches Gefäß von 20 Litern Inhalt das Äquivalent von ca. 4000 l Luft fassen kann. Selbst diese Methode ist nicht frei von Gefahren, denn mit steigenden hydrostatischen Drucken tritt eine zunehmende Menge der in der Lunge enthaltenen Gase (N_2 und O_2) in gelöster Form ins Blut über.

Wenn sich beim Auftauchen der Druck progressiv verringert, kann ein Teil der gelösten Gase im Blut in Form von Bläschen wieder in den gasförmigen Zustand übergehen. Diese Gasbläschen erzeugen Blutgerinnsel und mit diesen zusammen gefäßblockierende Embolien, die nur rückgängig gemacht werden können, wenn der von dieser sog. Caisson-Krankheit befallene Taucher in eine bereitstehende Druckkammer eingeschlossen werden kann. Die dort künstlich erzeugten Drucke machen den Vorgang der Gasausscheidung zunächst rückgängig. Danach wird der Betroffene einer langsamen, stufenweisen Dekompression ausgesetzt, die es den im Blut im Übermaß gelösten Gasen gestattet, via Lungen ausgeschieden zu werden. Zur Vermeidung der Auswirkungen einer raschen Dekompression muß der Taucher diese selber durchführen, indem er beim Aufsteigen aus der Tiefe tabellarisch vorgeschriebene Halte einschaltet, in deren Verlauf der Rückfluß von Gasen aus dem Blutkreislauf in die Lungen erfolgen kann. Je tiefer und je länger der Mensch taucht, um so mehr Zeit muß er diesen Dekompressionshalten einräumen.

In diesem Zusammenhang stellt sich die Frage, ob und in welchem Maß die in große Tiefen tauchenden Säuger den soeben geschilderten Gefahren ausgesetzt sind. Der wesentliche Unterschied besteht darin, daß der Körper tauchender Robben und Wale, wie übrigens auch jener des ohne künstlichen Luftvorrat tauchenden Menschen, während der Immersion keinen weiteren Nachschub von Gasen empfängt. Die Menge der sich im Blut lösenden Gase bleibt somit auf das in der

Lunge mitgeführte Volumen beschränkt. Bis in eine Tiefe von 100 m (ca. 10 atm) wird das Lumen der Lunge bis auf etwa die Hälfte ihres ursprünglichen Inhaltes zusammengepreßt. Dies hat u. a. zur Folge, daß sich die zusammengestauchten respiratorischen Epithelien der Lungenalveolen in zunehmendem Maß dem Übertritt der Gase in die Blutflüssigkeit widersetzen. Beim Tauchgerät ist dies weniger der Fall, weil sich der durch Ventile regulierte Gasdruck der volumenverändernden Wirkung des Außendruckes auf die Lungen entgegenstellt. Als zusätzliche Milderung der Emboliegefahr wird die Tatsache gewertet, daß vor allem der volumenmäßig vorherrschende Stickstoff von den bei Walen und Robben reichlich vorhandenen Fetten vorzugsweise absorbiert und bei Dekompression nur langsam wieder freigesetzt wird. Außerdem liegen gewisse Anhaltspunkte dafür vor, daß die aus größerer Tiefe auftauchenden Tiere dies relativ langsam tun und sich damit ausreichende Dekompressionsmöglichkeiten gewähren. Trotz dieser und anderer Anpassungen sind tauchende Säuger sowie freitauchende Menschen nicht ganz gegen die Caisson-Krankheit gefeit. So hat z. B. SCHOLANDER die zu den Seehunden (*Phocidae*) gehörende Klappmütze *Cystophora cristata* gewaltsam auf eine Tiefe von 300 m abgesenkt und von dort rasch an die Oberfläche geholt. Die Ursache des infolge dieser Behandlung eingetretenen Todes des Versuchstieres wurde mit Gefäßembolie diagnostiziert.

4.5. Das Licht

4.5.1. Optische Eigenschaften des Meerwassers

Ein Teil der auf der Wasseroberfläche auftreffenden, parallelen Lichtstrahlen wird von dieser zurückgeworfen (Reflexion), ein anderer wird an der Grenzschicht Luft-Wasser gebrochen (Refraktion) und dringt ins Wasser ein, wobei sich sowohl die Intensität (Extinktion) als auch die Qualität (differentielle Absorption) des Lichtes mit zunehmender Wassertiefe verändern.

Das Ausmaß der **Reflexion**, d. h. die Menge des am Eintritt ins Wasser verhinderten, zurückgeworfenen Lichtes hängt von der Größe des Einfallswinkels der Einstrahlung ab. Ist dieser null, d. h. treffen die Sonnenstrahlen lotrecht auf die Wasseroberfläche auf, ist die Reflexion theoretisch ebenfalls null. Dieser Idealfall kommt auch dort, wo die Sonne gerade im Zenith steht, nie vor, weil sich der Einfallswinkel durch noch so geringfügige Bewegungen der Wasseroberfläche unablässig verändert, so daß diese Unebenheiten der Grenzschicht zur Zerstreuung des Lichtes führen. Durch Wellengang kann der für einen gegebenen Sonnenstand und eine glatte Oberfläche geltende Reflexionswert um bis zu 60% erhöht werden. Unter der Oberfläche manifestiert sich dies in Form der jedem Taucher bekannten Licht- und Schattenspiele. Die Strahlen, welche die Grenzschicht durchstoßen, werden entsprechend den für die **Refraktion** geltenden Gesetzen auf das Lot hin gebrochen, weil die Lichtgeschwindigkeit im Wasser (225 000 km/sec) kleiner ist als in der atmosphärischen Luft (300 000 km/sec). Der Brechungsindex (n = sin Einfallswinkel / sin Brechungswinkel) beträgt für Strahlen, die aus der Luft in reines Wasser eindringen deshalb: $n = \frac{4}{3} = 1{,}333$. Steigende Salinitätswerte haben eine Vergrößerung, zunehmende Temperaturen eine Verringerung dieses Brechungsindexes zur Folge.

Die Intensität der im Wasser eingedrungenen Strahlung nimmt mit zunehmender Wassertiefe rasch ab. Diese **Gesamtextinktion** beruht auf der Absorption und der Zerstreuung des Lichtes durch das reine Wasser (die Elektrolyten spielen dabei eine untergeordnete Rolle) sowie auf der Absorption (Pigmente), Zerstreuung, Dispersion und Reflexion durch die im Wasser suspendierten toten und lebenden Partikel. Streuung und Reflexion verändern die Energieform nicht, lenken aber die Strahlen von ihrer ursprünglichen Richtung ab. Für die Gesamtextinktion, d. h. die Verminderung der gesamten Lichtmenge in Abhängigkeit zur Wassertiefe, können somit keine allgemein gültigen Regeln angewendet werden, weil sie zu einem guten Teil von der Menge und Qualität der im Wasser suspendierten Partikel, d. h. von der Trübung abhängig ist. Der Extinktionskoeffizient kann zwischen 0,03 (klares Wasser) und 1,5 (hochtrübes Wasser) schwanken. In der Praxis wird die in einer bestimmten Tiefe registrierte Lichtintensität in % des unmittelbar unter der Oberfläche gemessenen Wertes ausgedrückt. Schon in 10 m Tiefe können bei Durchschnittsverhältnissen bereits nur noch etwa 20% des eingefallenen Lichtes gemessen werden. Der 1%-Wert wird als untere, für die Photosynthese (Kap. 4.5.2.) überhaupt noch in Frage kommende Grenze gewertet. In trüben, küstennahen Gewässern kann dieser Extinktionswert schon in 3 m Tiefe erreicht sein, während er im klaren Wasser des Mittelmeeres z. B. bis auf 100 m absinken kann. Unterhalb von 600–1000 m fehlt mit Sicherheit überall jegliches Sonnenlicht, und die einzigen dort möglichen Lichtquellen sind biogener Natur (Kap. 4.5.4.).

Die verschiedenen Bereiche des biologisch relevanten Teils des elektromagnetischen Spektrums werden im Wasser unterschiedlich stark absorbiert (Abb. 82). Am raschesten, d.h. innerhalb der ersten 2–3 m, werden die langwelligen Infrarotstrahlen absorbiert, so daß sich die Erwärmung der Wassermassen nur in dieser relativ dünnen Schicht vollzieht (vgl. Kap. 4.2.5.). Einer vergleichbar raschen Absorption fallen die kurzwelligen ultravioletten Strahlen (UV) anheim. Die biologischen Konsequenzen dieser Tatsache sind von großer Bedeutung, denn im marinen Raum hätten die Organismen des Fehlens schützender Beschattung wegen keine Möglichkeiten, sich den schädlichen Wirkungen der UV-Strahlen zu entziehen. Von dem sich zwischen diesen beiden Extremen (UV-Infrarot) erstreckenden, sichtbaren Bereiche des Spektrums vermag die zwischen 375 und 525 nm liegende, blau-grüne Bande am tiefsten vorzudringen, während der gelbrote Ausschnitt des Spektrums bereits früher absorbiert wird (Abb. 82). Diese differentielle Absorption zeichnet zusammen mit anderen physikalischen Phänomenen (Thyndall-Effekt) für die jeweilige „Farbe“ des Wassers verantwortlich. Klares Wasser erscheint uns deshalb

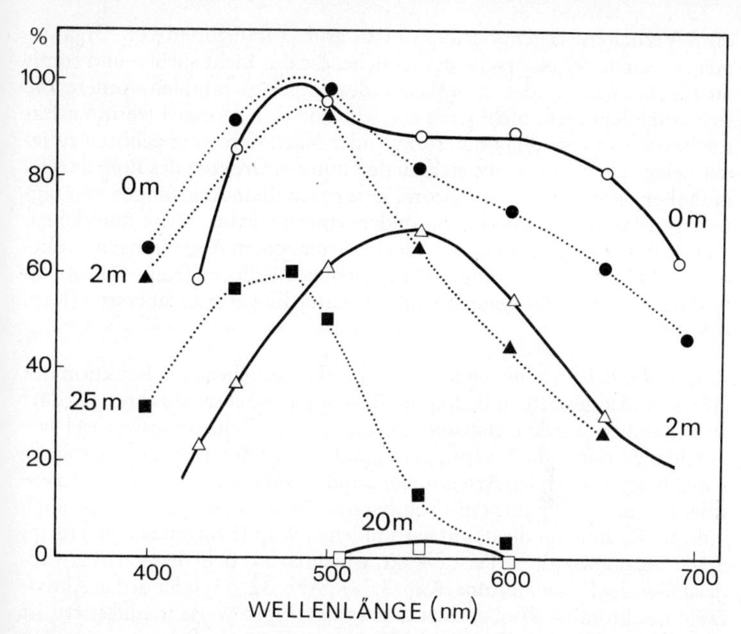

Abb. 82 Spektrale Transmission des eingestrahlten Lichtes ausgedrückt in % der maximalen, an der Oberfläche registrierten Werte. Die ausgezogenen Linien stammen von Messungen im baltischen Meer, die punktierten von solchen im östlichen Mittelmeer (nach *Jerlov* 1970, aus *Newell* 1976).

blau, weil es die übrigen Wellenlängen frühzeitig absorbiert, und die blauen (460–380 nm) bis in größere Tiefen vorgedrungenen Strahlen von den kleinen suspendierten Partikeln reflektiert werden.

4.5.2. Biologische Implikationen des Lichtes

An erster Stelle verdient die Rolle, die das Licht als Energiequelle für die pflanzliche Photosynthese (Kap. 4.5.3.) spielt, erwähnt zu werden. Die Verfügbarkeit des Lichtes schränkt die räumliche Verbreitung der photo-autotrophen Organismen auf den euphotischen Raum ein (Abb. 10), der nur etwa 20% des gesamten marinen Lebensraumes einnimmt. Die Pflanzen des Phytoplanktons (Kap. 3.2.1.) und des Phytobenthos (Kap. 3.4.1.) binden den größten Anteil der heterotrophen Biomasse an sich, so daß das Epipelagial und das kontinentale Benthos den größten Artenreichtum und die größte Biomasse aufzuweisen haben (Kap. 6.).

Unter den heterotrophen Arten und Artengruppen lassen sich bezüglich ihres Verhaltens gegenüber dem Licht grob 3 Kategorien von Organismen voneinander unterscheiden: Solche, die das Licht suchen und somit die tagaktive Fauna des Litorals und des Epipelagials bilden. Andere, die sich wohl dem Licht nicht ganz entziehen, jedoch geringe Lichtintensitäten bevorzugen, sind Dämmerungs- oder Nachttiere oder gehören zu jener pelagischen Fauna, die sich an den unteren Grenzen des Epipelagials aufhalten (Kap. 3.2.3.). Im Litoral lassen sich diese Ablösungen von tag- und nachtaktiven Faunen in besonders eindrücklicher Weise miterleben. Zur dritten Kategorie gehören all jene Arten, deren Anpassungen ein Leben und Überleben in völliger Dunkelheit ermöglichen (Kap. 4.3.3.). Allerdings wird hier das Sonnenlicht z. T. durch biogenes Licht ersetzt (Kap. 4.5.5.).

Zahlreiche Beispiele ließen sich hier für die zeitgeberische Funktion der jahres- und tageszeitlich bedingten Belichtungswechsel anführen. Es darf angenommen werden, daß die jahreszeitlichen Belichtungswechsel wie auf dem Festland, die Fortpflanzungsaktivitäten der meisten im euphotischen Bereich lebenden Arten steuern und damit eventuell im Zusammenspiel mit anderen Faktoren (Temperatur, Nahrungsangebot etc.), auch indirekt Einfluß auf die damit verbundenen Wanderungen nehmen (Kap. 3.3.). Die tageszeitliche Periodizität, wie sie sich z. B. in den Vertikalwanderungen des Zooplanktons (Kap. 3.2.3., Abb. 32, 33) oder in den Aktivitäten des litoralen Zoobenthos in mannigfaltiger Weise manifestiert, ist eine direkte Folge des Tag-Nacht-Wechsels. Versuche haben gezeigt, daß z. B. zahlreiche Plankter (*Cnidaria, Acnidaria* etc.) ihre Gameten entweder bei Tagesanbruch oder beim Einnachten synchron in Wasser entlassen, wodurch die Wahrscheinlichkeit einer erfolgreichen Besamung wesentlich erhöht wird (Kap. 5.3.).

4.5.3. Photosynthese

Die autotrophen Pflanzen sind im Gegensatz zu den heterotrophen Mikroorganismen und Tieren befähigt, unter Nutzung des Lichtes als Energiequelle aus anorganischem Rohmaterial (CO_2 und H_2O) organische Moleküle (Kohlehydrate) zu synthetisieren. Diese bilden das Ausgangsmaterial für die Biosynthese einer unübersehbaren Zahl anderer organischer Stoffe. Die von den Pflanzen (Primärproduzenten) erzeugten Primärprodukte werden im trophischen Gefüge (Kap. 6.2.) von Konsument zu Konsument weitergereicht und dabei den jeweiligen Ansprüchen entsprechend umgewandelt bzw. wieder in anorganische Komponenten zerlegt.

Die Photosynthese, die sich nach der stark vereinfachten Gleichung

$$6\,CO_2 + 6\,H_2O \rightarrow \underset{\text{Glucose}}{C_6H_{12}O_6} + 6\,O_2 - 674\ \text{kcal}$$

vollzieht, läßt sich grob in die folgenden 3 Teilschritte zerlegen (ROUND 1968):

1. Absorption der Lichtenergie durch die zu diesem Zweck in den Zellen eingelagerten photosynthetischen Pigmente.
2. Verwandlung der Lichtenergie in chemische Energie, und zwar in Form energiereicher Bindungen des ATP (Adenosintriphosphat) und z. T. auch als Reduktionsäquivalente als $NADPH_2$ (reduzierte Form des Nicotinamid-adenindinucleotid-Phosphats).
3. Einbau des CO_2 in einer Reihe von Dunkelreaktionen unter Beteiligung von Ribulose-5-Phosphat und Ribulose-1,5-Phosphat, wobei ATP als Energielieferant und $NADPH_2$ als Reduktans dienen.

Die Bestandteile der pflanzlichen Zelle, welche die mit technischen Mitteln bisher unerreichte Leistung vollbringen, die Energien des sichtbaren elektromagnetischen Spektrums ($\lambda = 400-700$ nm) in chemische Energie umzuwandeln, sind die Chloroplasten (Chromatophoren). In den lamellären Strukturen dieser Organellen sind in Analogie zu den Photorezeptoren der tierischen Augen (Kap. 4.5.4.) Pigmente (Tab. 21) eingelagert, die je nach ihrer molekularen Konstitution in der Lage sind, Teile des Spektrums zu absorbieren. Diese photochemisch aktiven Pigmente gehören 4 verschiedenen Stoffgruppen, den Chlorophyllen, Carotinoiden, Xanthophyllen und Phycobilinen an.

Tabelle 21 Vorkommen von Pigmenten in verschiedenen Artengruppen mariner Algen. ● = Hauptpigment(e); ◑ = Pigmentanteil weniger als 1/2 des Pigmentgehaltes; ○ = geringe Pigmentmengen (mod. nach *Round* 1968).

		Cyanophyceae	*Euglenophyceae*	*Pyrrhophyceae*	*Chrysophyceae*	*Xanthophyceae*	*Chlorophyceae*	*Phaeophyceae*	*Rhodophyceae*
Chlorophylle:	Chlorophyll a	●	●	●	●	●	●	●	●
	Chlorophyll b		○				◑		
	Chlorophyll c			○				○	
	Chlorophyll e					○			
Carotine:	α-Carotin						○	○	○
	β-Carotin	●	●	●	●	●	●	○	●
	γ-Carotin						○		
Xanthophylle:	Lutein	○	●		○	○	●	○	◑
	Fucoxanthin				○	○		●	
	Peridinin			◑					
	Echinenon	◑							
	Myxoxanthophyll	◑							
Phycobiline:	R-Phycoerythrin								●
	C-Phycocyanin	●							

Die locker an Proteine gebundenen, lipoidlöslichen **Chlorophylle** setzen sich aus einem ein zentrales Magnesiumatom (Mg) aufweisenden Tetrapyrrolring und 2 Estergruppen zusammen. Ihre Absorptionsmaxima liegen im Bereich des roten (λ = 650–680 nm) und des blauen (λ = 400–450 nm) Teils des Spektrums. Es sind 5 verschiedene Chlorophylle (*a–e*) bekannt, von denen nur das Chlorophyll *a* bei allen autotrophen Kryptogamen, wie auch bei allen Phanerogamen vorkommt.

Die ebenfalls lipoidlöslichen und proteingebundenen **Carotinoide** sind lange, ungesättigte Kohlenwasserstoffmoleküle, deren lichtabsorbierende Eigenschaften auf dem Vorhandensein bzw. der Zahl und Folge von Doppelbindungen beruht. Diese gelb bis roten Pigmente, die in 3 Gruppen, die Carotine, die Xanthophylle und die Carotinoidsäuren eingeteilt werden, absorbieren vor allem den blau-grünen Bereich (λ = 430–500 nm) des Spektrums.

Bei den bisher nur bei Blaualgen (*Cyanophyceae*) und Rotalgen (*Rhodophyceae*) nachgewiesenen **Phycobilinen** handelt es sich um wasserlösliche Tetrapyrrolverbindungen, die als Phycocyanine im Grün, Gelb- und Rotbereich, als Phycoerythrine im Blau-, Grün und Gelbbereich absorbieren.

Die Hauptarbeit als lichtabsorbierende Pigmente leisten zweifellos die Chlorophylle, aber die Angehörigen der beiden andern Gruppen (Carotinoide und Phycobiline) spielen die Rolle akzessorischer Pigmente, welche in der Lage sind, die von ihnen absorbierte Lichtenergie auf das Chlorophyll zu übertragen. Diesem Umstand kommt im Fall der unter Wasser assimilierenden Pflanzen besondere Bedeutung zu, denn diesen stehen, der differentiellen Absorption des ins Wasser eindringenden Lichtes wegen (Kap. 4.5.1.), nur Teile des Spektrums zur Verfügung, die es voll auszunützen gilt. Dieses Ziel wird durch die sog. chromatische Adaptation angestrebt, d. h. je nach dem Tiefenvorkommen, bzw. je nach der Qualität des am Standort verfügbaren Lichtes setzt sich auch von Fall zu Fall die Garnitur verschiedenartiger Pigmente zusammen. In eine etwas weniger finalistisch gekleidete Form bedeutet dies, daß die jeweilige Zusammensetzung der Pigmente, bzw. deren Absorptionseigenschaften darüber entscheiden, bis in welche Tiefe die Assimilationstätigkeit einer Art oder Artengruppe gewährleistet ist. So sind es unter den benthischen Kryptogamen erwartungsgemäß die Rotalgen (*Rhodophyceae*), die größere Tiefen des Litorals zu besiedeln imstande sind (Abb. 45), weil sie dank ihrer Pigmentzusammensetzung das bis dorthin vordringende Grünlicht am besten auszunützen verstehen. Die in mittleren Tiefen vorkommenden Braunalgen (*Phaeophyceae*) absorbieren präferentiell den grün- bis orangen Teil des Spektrums, während die Grünalgen (*Chlorophyceae*) auf das Blau- und Rotlicht angewiesen sind, von denen das letztere langwellige schon in den oberflächlichen Wasserschichten absorbiert wird. Gewisse Algen (z. B. Blaualgen, *Oscillatoria sancta*) sind befähigt, die Lichtabsorption unter Verschiebung der relativen Anteile einzelner Pigmente, den jeweiligen Lichtqualitäten anzupassen (RABINOWITSCH 1945).

Im allgemeinen stimmen die sich überlagernden Absorptionsspektren der einzelnen Pigmente mit dem Aktionsspektrum der Photosynthese gut überein, was zur Aussage berechtigt, daß alle vorhandenen Pigmente ihren Beitrag an der bestmöglichen Ausnützung der anfallenden Energien leisten. Die reiche Auswahl von verschiedenen Pigmenten (Tab. 21), wie sie für die marinen autotrophen Kryptogamen charakteristisch ist, stellt, vom evolutionistischen Standpunkt aus betrachtet, eine zweckmäßige Reaktion auf die besonderen optischen Eigenheiten des Meerwassers (Kap. 4.5.1.) dar.

Die mit der Photosynthese verbundenen quantitativen Aspekte werden im Zusammenhang mit der Primärproduktion (Kap. 6.3.) erörtert werden.

4.5.4. Sehen und Gesehenwerden

Lichtsinnesorgane

Neben seiner Bedeutung als Energiequelle (Kap. 4.5.2.) ist das Licht eine zeitgebende und orientierende Reizquelle, welche die Aktivitäten und das Verhalten der Lebewesen maßgeblich mitbestimmt. Damit die Organismen die photischen Signale systemerhaltend beantworten können, müssen sie in der Lage sein, diese Lichtreize wahrzunehmen. Es lassen sich diesbezüglich 3 Stufen erkennen, deren Evolution sich polyphyletisch und z. T. in konvergenter Weise vollzogen haben muß. Die erste beschränkt sich auf die Perzeption von kurz- oder langfristigen Veränderungen der Lichtintensitäten, die zweite gestattet es, die Einfallsrichtung des Lichtes wahrzunehmen und die letzte und höchste Stufe erlaubt ein bildliches Formensehen. Dieser Reihe entsprechend erfährt auch die Komplexität der für diese Leistungen zuständigen Lichtsinnesorgane und der die Signale verwertenden nervösen Zentren eine den Erfordernissen angepaßte Steigerung (Abb. 83).

Viele Invertebraten (z. B. Polychaeten, Echinodermen), denen eigentliche anatomisch definierbare Lichtsinnesorgane fehlen, verfügen über sog. **Hautlichtsinneszellen** (Abb. 83 a), welche einzeln über den ganzen Körper verteilt sind und durch Intensitätsveränderungen des Lichtes in Erregung versetzt werden. Derartige Wahrnehmungen können verschiedenen Funktionsbereichen dienen, so z. B. der Feindvermeidung, wobei der auf den Organismus fallende Schatten eines potentiellen Feindes eine systemerhaltende Reaktion auslösen kann. Oft sind mehrere Photorezeptoren zu sog. Ocellen zusammengefaßt, ohne daß akzessorische optische Hilfsmittel vorhanden wären. Derartige Ocellen sind z. B. an der Basis der Tenta-

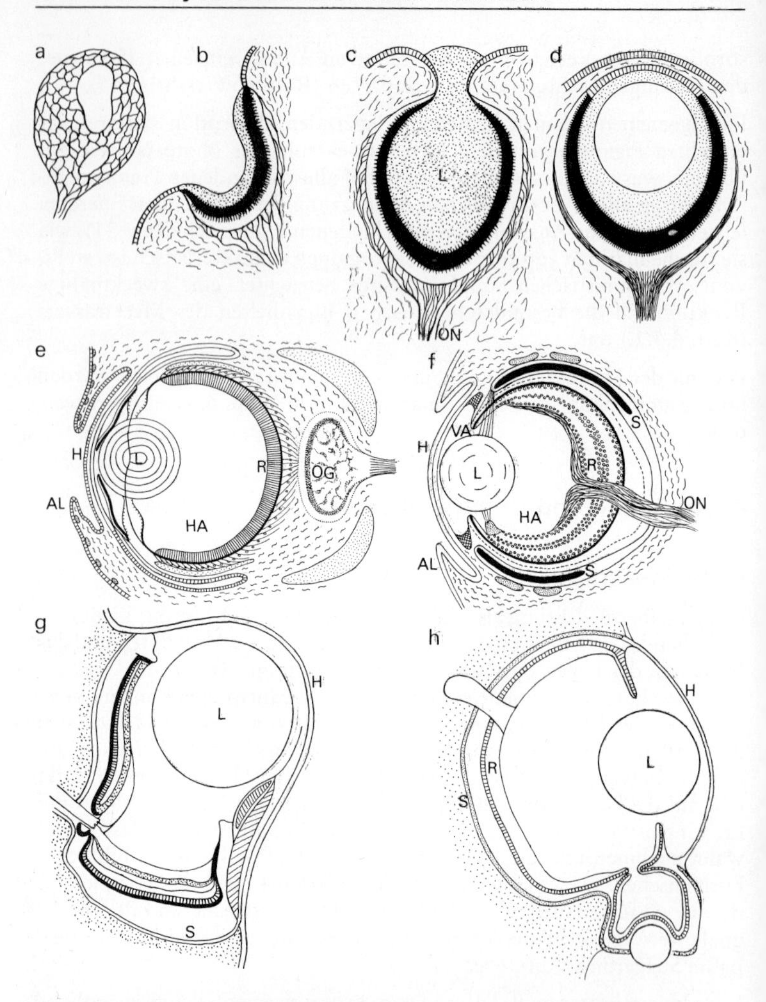

Abb. 83 Lichtsinnesorgane mariner Tiere:
a Einzelne Hautlichtsinneszelle vom Sipho der Muschel *Mya arenaria*;
b–d Evolution der Linsenaugen von Schnecken (*Gastropoda*): **b** = Becherauge der Napfschnecke *Patella*; **c** = primitives Linsenauge der Ohrschnecke *Haliotis* (vgl. Abb. 50 d); **d** = einfaches Linsenauge von *Murex* (vgl. Abb. 50 g);
e–f Baupläne der polyphyletisch entstandenen Kamera-Augen der Cephalopoden (e) und Fische (f);
g–h Augen von Tiefseefischen: **g** = Senkrechter Schnitt durch ein nach oben gerichtetes Röhrenauge von *Scapelarchus guentheri*, **h** = Schnitt durch das Auge von *Bathylynchops exilis* mit einem akzessorischen nach unten gerichteten Linsenauge (die Linse dieses Auges wird von der Sklera gebildet)

kel gewisser Hydromedusen (Abb. 23 a) in Form von pigmentierten Flekken anzutreffen oder wirken bei vielen Invertebraten-Larven (Abb. 103) als primitive Lichtsinnesorgane.

Die Wahrnehmung der Einfallsrichtung des Lichtes bedarf einer Zusammenfassung mehrerer Photorezeptoren zu sog. **Becheraugen** (Abb. 83 b), wobei die Rezeptoren mehrseitig durch lichtabsorbierende Pigmentzellen (Melanophoren) abgeschirmt werden. Derartige Becheraugen sind u. a. bei den *Plathelminthes*, den *Polychaeta* und *Mollusca* weit verbreitet. Selbst das Auge des zu den *Tetrabranchiata* gehörenden *Nautilus* (Abb. 77 a) stellt im Vergleich zu den hochentwickelten Kamera-Augen der übrigen Cephalopoden ein noch primitives Becherauge dar.

Das Bildsehen ist nur dann möglich, wenn dem Sinnesepithel ein Linsensystem (Abb. 83 c–h) vorgeschaltet wird. Obwohl über ihre Leistungsfähigkeit keine Anhaltspunkte vorliegen, gibt es derartige **Linsenaugen** bereits unter den Hydro- und Scyphomedusen (*Cnidaria*, Abb. 23), bei zahlreichen Polychaeten (Abb. 26 d), Gastropoden und Lamellibranchiern. Den höchsten Grad struktureller und funktioneller Perfektion haben die Kamera-Augen der Cephalopoden (Abb. 83 e) und Vertebraten (Abb. 83 f–h) sowie die Komplexaugen der Arthropoden erreicht.

Obwohl bezüglich ihres Baus zum Verwechseln ähnlich, haben die Augen der Cephalopoden und die der Vertebraten eine ganz andere evolutive Entwicklung hinter sich, deren Unterschiede in ihrer ontogenetischen Differenzierung zutage treten: Das Cephalopoden-Auge entsteht durch Invagination von zwei hautektodermalen Blasen, von denen sich die innere zur Retina, zur Iris, und zu einer Hälfte der Linse weiterentwickelt, während die vordere Blase, die vordere Augenkammer, die äußere Hälfte der Linse sowie die Hornhaut bildet. Im Gegensatz dazu entsteht das Vertebraten-Auge teils aus einer neuroektodermalen Blase, teils aus Hautektoderm (Cornea, Linse). Ein weiterer Unterschied äußert sich in der räumlichen Anordnung der retinalen Sinneszellen, deren lichtempfindliche Portion bei den Cephalopoden der Linse zugewandt, bei den Wirbeltieren aber in entgegengesetzter Richtung orientiert ist.

Die Leistungsfähigkeit der Cephalopoden-Augen, die bei großen, in der Tiefe lebenden Arten einen Durchmesser von bis zu 40 cm erreichen können, steht jener der Vertebraten kaum nach. Sie sind farbtüchtig und verfügen dank der in der Retina dicht stehenden Stäbchen (*Loligo* 150 000/mm^2, *Sepia* 60 000/mm^2) über ein ausgezeichnetes Auflösungsvermögen (Young 1961). Einzigartig für wirbellose Tiere sind hier die Möglichkeiten der Akkomodation durch Verschiebung der kugeligen Linse sowie der Regulation des einfallenden Lichtes durch das Pupillen-

(Zeichenerklärungen: AL = Augenlid, H = Hornhaut, HA = hintere Augenkammer, L = Linse, ON = optischer Nerv, OG = optisches Ganglion; R = Retina, S = Sklera, VA = vordere Augenkammer) (a–d modifiziert nach *Nicol* 1960; g–h modifiziert nach *Bowmaker* 1976).

spiel. Die sich tagsüber in Tiefen unterhalb 1000 m aufhaltenden und nachts bis an die Oberfläche aufsteigenden *Decabrachia* der Familie der *Histiotheutidae* besitzen zwei unterschiedlich große Augen. DENTON und WARREN (1968) vermuten aufgrund der unterschiedlichen optischen Eigenschaften der beiden Linsen, daß diese Tintenfische das große Auge für das Sehen an der Oberfläche, das kleine in der Tiefe verwenden.

Die Kamera-Augen der Knorpel- und Knochenfische (Abb. 83f) halten sich, von gewissen Ausnahmen abgesehen (s. u.), an den für die Wirbeltiere allgemein geltenden Bauplan. Die nicht deformierbaren Linsen sind kugelförmig und haben bei den in der euphotischen Region lebenden, tagaktiven Arten eine gelbliche Tönung, welche die blauen und ultravioletten Bereiche des Spektrums absorbieren. Nachtaktive und in der Tiefe lebende Formen dagegen haben klare, UV-durchlässige Linsen. Die Akkomodation, soweit eine solche überhaupt erfolgen kann, wird durch Verschiebung der Linse mittels Muskeln vollzogen. Die ruhende Linse der *Chondrichthyes* ist auf Fernsicht, die der *Osteichthyes* auf Nahsicht eingestellt. Die Retina der ersteren weist meist nur Stäbchen auf. Eine Ausnahme bilden die tagaktiven *Mustelus* (Glatthai) und *Myliobatis* (Adlerrochen, Abb. 53e), in deren Retina auch Zapfen nachgewiesen wurden. Bei den in der euphotischen Region lebenden Knochenfischen kommen beide Typen von Sinneszellen vor, während die in der Tiefsee lebenden Formen nur über Stäbchen verfügen, die jedoch besonders lang sind und in der Retina dichtgedrängt stehen (s. u.).

Man könnte zur Auffassung neigen, daß die permanent in der Dunkelheit großer Tiefen lebenden Fische keiner Lichtsinnesorgane bedürften. Tatsächlich aber sind die Arten, deren Augen rudimentiert oder ganz verschwunden sind (Abb. 79b), in der Minderzahl. Daß es sich bei den Augen all jener Arten, die mit Lichtsinnesorganen ausgerüstet sind, nicht um funktionslose Relikte handelt, dafür zeugen die verschiedenartigen Anpassungen, welche diesen Tiefseeaugen (Abb. 83g, h) zu einer besonderen Leistungsfähigkeit verhelfen. Die Existenzberechtigung dieser Organe muß dahin interpretiert werden, daß der biogenen Lichterzeugung (Biolumineszenz, Kap. 4.5.4.) im sonst aphotischen Raum eine bedeutende ökologische Bedeutung zukommt.

Es kann hier nicht auf alle strukturellen und funktionellen Feinheiten eingegangen werden, mit denen diese Kamera-Augen der Tiefsee eine möglichst optimale Ausnützung der spärlichen Lichtquellen anzustreben suchen (vgl. MACDONALD 1975; BOWMAKER 1976). In der Grobanatomie fällt, wie übrigens auch bei den *Cephalopoda*, eine relative Vergrößerung der Augen auf, der offenbar Grenzen gesetzt sind. Als Ausweichmöglichkeit kann die Entwicklung von sog. Teleskopaugen (Abb. 83g) gewertet werden, die sich polyphyletisch und konvergent in 11 verschiedenen Familien der *Osteichthyes* vollzogen haben muß. Diese fast röhrenförmigen, mit einer überdimensionierten, unbeweglichen Linse ausgerüsteten Augen sind entweder dorsalwärts oder nach vorn gerichtet, wodurch eine Verbesserung des binokularen Sehens erzielt wird. Diese Errungenschaft geht allerdings auf Kosten eines größeren Blickfeldes, aber WEALE (1955) meint zu diesem Punkt: „Es ist besser, ein kleines Blickfeld zu haben, als gar nichts zu sehen.“ Übrigens gibt es bei einigen dieser nach oben gerichteten Teleskopaugen sog. Retina-Divertikel. Es sind dies kleine, nach unten geöffnete Fenster in der Sklera, in die ein Teil der Retina evaginieren. Vermutlich können diese Diverticula, ähnlich einem Becherauge, von unten kommende Lichtreize wahrnehmen. Den dorsalwärts orientierten Augen von *Opisthoproctus soleatus* entspringen sogar je ein kleines, akzessorisches, nach unten gerichtetes Linsenauge (Abb. 83 h).

Die Hauptretina der typischen Teleskopaugen kleidet nur den Boden des zylindrischen Augapfels aus, an dessen Innenwand gegen die unbewegliche Linse verschoben eine zweite akzessorische Retina liegt. Die Hauptretina dient der Nahwahrnehmung, die seitliche der Ferneinstellung. Die Photorezeptoren der Tiefseeaugen sind fast ausschließlich Stäbchen ungewohnter Dimensionen. Das lichtempfindliche Außenglied der Stäbchen von *Platytroctegen mirus* erreicht eine Länge von 200 μm (menschliche Stäbchen = 20 μm). Sie können in der Retina in mehreren Schichten, bis zu sechs (*Bathylychnops*) angeordnet sein. Durch diese Maßnahme können die optische Dichte der Sehpigmente bzw. deren Absorptionsleistung gegenüber jenen der menschlichen Retina um das Dreifache verbessert werden.

Die in der Tiefe lebenden Haie verbessern die Wirksamkeit ihrer Retina z. T. ebenfalls durch Verlängerung der Stäbchen-Akromeren (43–45 μm) bzw. der optischen Dichte der Sehpigmente (0,47–0,60), jedoch vor allem durch Ausbildung eines wirksamen Tapetum lucidum, das bis zu 90% des einfallenden Lichtes reflektiert.

Die aus einzelnen Ommatidien aufgebauten Komplex- oder Facettenaugen, wie sie von den Insekten her am besten bekannt sind, kommen vor allem bei den Krebsen (*Crustacea*), jedoch auch vereinzelt bei Polychaeten und Muscheln vor. Besondere Anpassungen bei den Komplexaugen der bathy- und abyssopelagischen Krebse (Abb. 79 a) betreffen vor allem die Anreicherung von reflektierenden Pigmenten, die an der Basis der Ommatidien ein Tapetum lucidum bilden.

Sehpigmente: Die Erregung der Lichtsinneszellen ist die Folge einer reversiblen photochemischen Reaktion, die durch Absorption der Lichtquanten-Energie durch die sog. Sehpigmente ausgelöst wird. Als solches ist das Rhodopsin, ein aus Neo-b Retinal$_1$ (Vitamin A$_1$-Aldehyd) und einem Proteinträger (Opsin) zusammengesetztes Chromoprotein bei Invertebraten (z. B. *Cephalopoda*) und Wirbeltieren am weitesten verbreitet. Die Absorptionsmaxima des Rhodopsins können innerhalb gewisser Grenzen von Art zu Art variieren. Bei den in der euphotischen Region lebenden marinen Fischen liegen sie zwischen 505 und 510 nm und verschieben sich im Fall jener Arten, welche Tiefen unterhalb 200 m besiedeln, in kurzwelligere Bereiche (λ max = 480–490 nm) des Spektrums. Das Rhodopsin des Beilfisches *Argyropelecus affinis* (*Osteichthyes*, Abb. 91 d) z. B. hat ein Max. von 478,1 nm, jenes des Tiefseehais *Centroscymnus coelolepis* von 472 nm. Wenn man bedenkt, daß die Wellenlänge des am tiefsten ins Meerwasser eindringenden Teils des Spektrums bei 475 nm liegt, darf die diesbezügliche Übereinstimmung der Absorptionsmaxima (s. o.) der Sehpigmente als das Resultat einer überraschend präzisen Anpassungsleistung gewertet werden.

Bei den im Süßwasser lebenden Fischen und Amphibien tritt an Stelle des Rhodopsins das sog. Porphyropsin (Retinal$_2$, bzw. Vitamin A_2-Aldehyd), dessen Absorptionsmaxima gegen den roten Bereich verschoben sind. Als interessante Feststellung mag gelten, daß die Retina der Aal-Larven (*Anguilla*, Abb. 42) solange sich diese im Meer aufhalten, Rhodopsin (λ max. = 487 nm) enthält, und daß dieses nach dem Übertritt ins Süßwasser (Kap. 3.3.0.) durch Porphyropsin (λ max. = 520 nm) ersetzt wird.

Farben, Muster und Pigmente

Die Farben der marinen Pflanzen werden, allerdings im Zusammenspiel mit noch anderen chromatischen Komponenten, durch die verschiedenen Photosynthese-aktiven Pigmente (Kap. 4.3.3.) geprägt.

Das tierische Plankton ist, wie bereits erwähnt (Kap. 3.2.3.), durch dessen Transparenz bzw. das Fehlen von Pigmenten charakterisiert. Bei den ans Tageslicht geförderten Tieren der Tiefsee dominieren rote, braune und schwarze Pigmente, während das litorale Benthos mit ganzen Paletten von Farben und Mustern aufzuwarten hat, obwohl diese der spektralen Absorption des Lichtes wegen (Kap. 4.5.1.) im natürlichen Habitat oft gar nicht zur Geltung kommen. Der rote Seestern, *Echinaster sepositus* (Abb. 52f) z. B. ist in 10 m Tiefe nicht rot, sondern schwarz, weil der frühzeitig absorbierte rote Bereich des Spektrums gar nicht bis dorthin vordringt. Es ist anzunehmen, daß vielen Farbkleidern, besonders jenen der unterhalb der euphotischen Schicht lebenden Tiere, keine selektive Bedeutung zukommt. Gleiches gilt wohl auch für Tiere, deren Farbenpracht durch Schutzhüllen (Wohnröhren, Schalen etc.) verborgen bleibt, wobei die Pigmente in diesen Fällen als Abfallprodukte des Stoffwechsels oder mit der Nahrung aufgenommen, von der Selektion ungestraft, in der Haut eingelagert und gespeichert werden. Jenen Farben und Farbmustern (Phaneren), die von den photophilen Tieren zur Schau getragen werden, waren und sind zweifellos der Selektion unterworfen, so daß ihnen ein, wenn auch meist schwer nachzuweisender, selektiver Vorteil zugebilligt werden muß. Farbkleider können der Arterkennung und Erkennung der Geschlechter dienlich sein. Auffallend ist allerdings, daß der farbliche Geschlechtsdimorphismus unter den marinen Tieren und insbesondere Knochenfischen eine seltene Erscheinung darstellt. Er ist fast ausnahmslos dort (z. B. *Labridae, Blenniidae*, Abb. 54f; *Gobiidae*, Abb. 54g) ausgebildet, wo dem Laichgeschäft ein ausgesprochenes Balzritual vorausgeht. Die Bedeutung auffälliger Farben, wie sie z. B. von vielen „Korallenfischen“ zur Schau getragen werden, kann in verschiedener Weise ausgelegt werden: Es können Warnsignale sein (aposematisches Verhalten), die, mit irgend einer unangenehmen Eigenschaft des Trägers (z. B. Gift) gekoppelt, Feinde vor einer Wiederholung gemachter schlechter Erfahrung warnt, oder die Farbe verliert an Bedeutung, weil das Schwarmverhalten allein die Tiere in ausreichendem Maß vor Feinden schützt. Besondere Farbmuster, z. B. Streifungen, können der optischen Auflösung der Form dienen. Von diesem Prinzip bis zum eigentlichen kryptischen Verhalten, das eine bestmögliche Anpassung der Pigmentierung und Körperform an die jeweilige Umgebung anstrebt, gibt es alle erdenklichen Übergänge. In diese letzte Kategorie gehört die sog. Mimese, bei der die Gestalt, Oberflächenstruktur und Pigmentierung im Zusammenspiel andere pflanzliche oder tierische Lebewesen nachahmen (Abb. 20, 63 a).

Bei den in Tieren vorkommenden, in sog. Erythro- oder Xanthoporen eingeschlossenen Pigmenten handelt es sich vorwiegend um lipoidlösliche Carotinoide pflanzlichen Ursprungs, die von den Primärkonsumenten an die verschiedenen Stufen von Sekundärkonsumenten weitergereicht werden. Es ist dies eine Familie gelber, roter bis brauner Pigmente. Die schwarzen Pigmentzellen, die Melanophoren, enthalten Melanin, ein Produkt des Tryptophanstoffwechsels, das übrigens auch den schwarzen Tintenfarbstoff der *Cephalopoda* darstellt. Bei den in sog. Iridophoren eingelagerten, das weiße Licht reflektierenden Pigmenten handelt es sich meist um Guanin, ein Ausscheidungsprodukt des Stickstoffwechsels. Neben diesen geläufigen Pigmentarten kommen u. a. dem Protoporphyrin des Chlorophylls ähnliche Pyrrole (*Polychaeta, Bonellia*, Abb. 49 m), Quinone (*Echinodermata*) u. a. vor. Durch Überlagerung und Mischung mehrerer Pigmente können die verschiedensten Farbeffekte zustande kommen.

Irisierende Strukturfarben entstehen z. B. in der Perlmutterschicht vieler Muschel- und Schneckenschalen sowie an Borsten und in der Cuticula von Polychaeten. Außerdem können tierische Farben auch auf die Anwesenheit von symbiontischen Algen (Zooxanthellen, Kap. 3.4.3.) zurückgeführt werden.

4.5.5. Biolumineszenz und Fluoreszenz

Biolumineszenz: Von den Bakterien bis hinauf zu den Fischen gibt es fast in allen Klassen des Tierreiches vereinzelte Arten und Artengruppen, die kaltes, sog. biogenes Licht erzeugen. Diese keineswegs auf die Dunkelheit großer Tiefen beschränkte Erscheinung kann nachts auch im neritischen und epipelagischen Bereich beobachtet werden. Die Urheber des längst bekannten „Meeresleuchtens" konnten erst 1830 als Angehörige der planktontischen Dinoflagellaten (*Pyrrhophyceae*), deren bekanntester Vertreter *Noctiluca miliaris* (Abb. 18 g) ist, identifiziert werden. Dieses biogene Licht ist, wie Untersuchungen an terrestrischen Leuchtkäfern (*Photinus pyrolis*) und marinen Muschelkrebsen (*Cypridina*, Abb. 84 b) ergeben haben (McElroy u. Seliger 1962), das Produkt einer chemischen Reaktion. Das Substrat ist das sog. Luciferin, das in Anwesenheit von O_2, H_2O und unter Mitwirkung des Energiespenders ATP (Adenosintriphosphat) durch die Vermittlung des Enzyms Luciferase oxidiert wird:

$$\text{Luciferin-}H_2 + \text{ATP} + O_2 + \text{Luciferase} \rightarrow \text{Luciferin} = \text{O} + \text{anorgan. Pyrophosphat} + \text{AMP} + H_2O + \textbf{Licht}$$

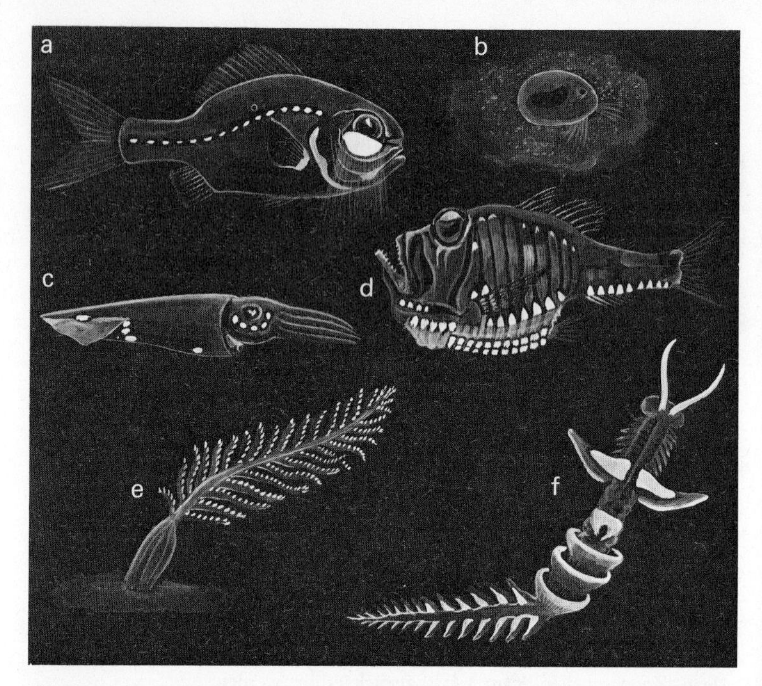

Abb. 84 Selbstleuchtende Tiere: **a** *Photoblepharon palpebratus* (*Osteichthyes*), 8–9 cm, mit einem Beutel photogener Bakterien unter dem Auge. Diese Lichtquelle kann durch ein von unten nach oben bewegliches Lid des Fisches abgedeckt werden; **b** Japanischer Muschelkrebs, *Cypridina hilgendorfii*, der eine bläulich leuchtende Wolke von sich gibt; **c** Decapoder Cephalopode, *Thaumatolampas diadema*. Die Leuchtorgane erzeugen rotes, weißes und blaues Licht; **d** Beilfisch, *Argyropelecus hemigymnus* (*Sternoptychidae*), 6–8 cm; **e** Biolumineszente Seefeder, *Pennatula* sp. (*Cnidaria, Octocorallia*, vgl. Abb. 48 k); **f** leuchtende Fühler und Parapodien von *Chaetopterus variopedatus* (*Polychaeta*, vgl. Abb. 46 f) (mod. nach *Harvey* 1940; *McElroy* u. *Seliger* 1962).

Das Luciferin-Luciferase-System ist bisher bei einigen Polychaeten (*Odontosyllis*), Krebsen (*Ostracoda, Decapoda*) und Mollusken (*Pholas*) nachgewiesen worden, wobei es noch abzuklären gilt, ob die Biolumineszenz anderer Artengruppen eventuell aufgrund anderer chemischer Reaktionen zustande kommt.

In der erwähnten Reaktion werden 80–95% der chemischen Energie in Form von Licht freigesetzt, während bei einer Glühlampe annähernd der gleiche Anteil als Wärme verloren geht. Nach subjektiver Beurteilung sind es die Rippenquallen (*Ctenophora*, Abb. 24, 31 e), die das intensivste Leuchten erzeugen ($>0{,}19\ \mu$ W/cm^2). Die artspezifischen Emissionsspektren, die z. T. durch Chromatophoren verändert werden, erstrecken sich vom blauen bis in den roten Bereich. Die Maxima liegen für den Polychaeten *Chaetopterus variopedatus* (Abb. 84f) bei λ = 460 nm (blau), für den Muschelkrebs *Cypridina hilgendorfii* (Abb. 84b) bei λ = 480 nm (grün).

Von extrazellulärer Biolumineszenz wird dann gesprochen, wenn leuchtende, in besonderen Drüsenzellen, sog. Photocyten, produzierte Sekrete ins Wasser entlassen werden (Abb. 84b). Derartige Sekrete werden z. B. von *Chaetopterus variopedatus* (Abb. 84f), von einigen nachts schwärmenden Borstenwürmern (z. B. *Odontosyllis*), von der Muschel *Pholas dactylus*, von den Ostracoden der Gattung *Cypridina* sowie von mehreren bathypelagischen Großkrebsen abgesondert.

Das intrazelluläre Leuchten bleibt auf bestimmte Körperbereiche bzw. Leuchtorgane (Abb. 85) konzentriert, wobei sich die lichterzeugenden chemischen Reaktionen im Innern von spezialisierten Leuchtzellen ab-

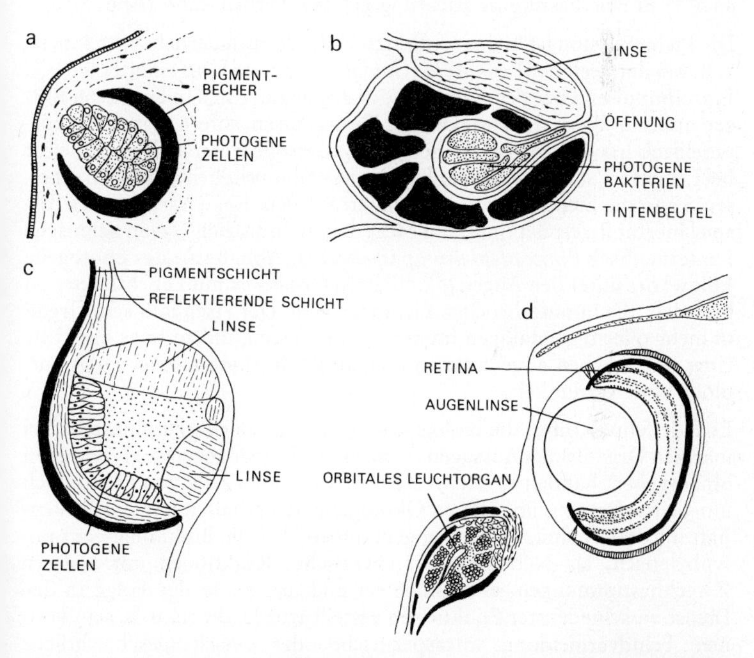

Abb. 85 Struktur einiger Leuchtorgane: **a** Schnitt durch ein kleines, einfaches Leuchtorgan vom Kopf des Fisches *Stomias valdiviae*; **b** Querschnitt durch die im Tintenbeutel eingebettete, mit Leuchtbakterien besiedelte Leuchtdrüse des dekapoden Cephalopoden *Sepiola lingulata*; **c** Schnitt durch das Leuchtorgan des Tiefsee-Cephalopoden *Histiotheutis*; **d** Schnitt durch das Auge und das dieses von unten beleuchtende Leuchtorgan des Tiefseefisches *Cyclothone braueri* (a–b nach *Nicol* 1960, 1967; c–d nach *Marshall* 1957).

spielen. Dabei handelt es sich oft nicht immer um körpereigene Zellen, denn Leuchtorgane können symbiontische Leuchtbakterien enthalten. Dies trifft z. B. für das im Tintenbeutel des Cephalopoden *Sepiola lingulata* eingebettete Leuchtorgan zu (Abb. 85b), sowie für die lichtstarke, sich unterhalb des Auges von *Photoblepharon palpebratus* (*Osteichthyes*, Abb. 84a) befindliche „Laterne". Andernorts, so bei den Fischen *Stomias valdiviae* (Abb. 85a) und *Cyclothone braueri* (Abb. 85d) erfüllen körpereigene, photogene Zellverbände die gleiche Aufgabe.

Eine große Mannigfaltigkeit herrscht bezüglich der Lokalisation und Struktur dieser Leuchtorgane (Photophoren). Letztere erstreckt sich von einem einfachen mit photogenen Zellen ausgekleideten oder mit Leuchtbakterien ausgefüllten Beutel bis zu komplex gebauten Scheinwerfern, deren Rückseite mit spiegelartig wirkenden Reflektoren versehen sind und/oder deren Licht dank eines vorgeschalteten Linsensystems (Abb. 85b, c) in eine bestimmte Richtung gelenkt werden kann (Abb. 84a).

Die Lichtemission ist in den wenigsten Fällen kontinuierlich. Sie kann, so z. B. bei der Seefeder *Pennatula* (*Cnidaria*, Abb. 48k) in einer Folge von Einzelimpulsen über den Polypenstock ziehen oder sich in Form von Blitzen äußern, wobei die Tätigkeit der Photophoren, sofern es sich um körpereigene handelt, meist der nervösen Kontrolle unterstellt sind. Selbst bei Leuchtorganen, die auf der Basis von symbiontischen Bakterien arbeiten, kann die Lichtemission kontrolliert werden. Ein eindrückliches Beispiel hierfür liefert der im Roten Meer und im Indischen Ozean heimische Lanternenfisch *Photoblepharon palpebratus* (Abb. 84a): das photogene Epithel des unter den Augen lokalisierten Organs ist mit Leuchtbakterien besiedelt, die ununterbrochen Licht erzeugen. Der Fisch läßt sein Organ in mehr oder regelmäßigen Intervallen aufblitzen, indem er es mit Hilfe einer beweglichen augenlidartigen Hautfalte in rhythmischer Folge entblößt bzw. verdunkelt.

Es fällt schwer, über die biologische Bedeutung der Biolumineszenz bei marinen Organismen Aussagen zu machen, die über gewagte Hypothesen hinausgehen, handelt es sich in der überwiegenden Zahl von Fällen doch um Tiefseeformen, über deren Ökologie und Verhalten wir nur lückenhaft informiert sind. Es wird angenommen, daß die Biolumineszenz polyphyletisch, als Nebenprodukt chemischer Reaktionen mit anderen Zweckbestimmungen, entstanden sei und daß sie in der Folge in den Dienst verschiedenster Funktionen gestellt wurde, die da u. a. sein können: Feindvermeidung, intraspezifische oder zwischengeschlechtliche Kommunikationsmittel, Nahrungserwerb im engeren und weiteren Sinn.

Fluoreszenz: Eine ganze Reihe mariner Pflanzen und Tiere fluoreszieren. Diese Erscheinung beruht auf einem physikalischen Vorgang, durch den Teile des für uns unsichtbaren Bereiches des elektromagnetischen Spektrums z. B. ultraviolettes Licht vom Organismus so umgewandelt werden, daß sie in Form von sichtbarem Licht reflektiert werden. Bestrahlt man z. B. die Aktinie *Anemonia sulcata* mit UV, leuchten deren Tentakel in einem rötlichen Licht auf, das jedoch verschwindet, sobald die UV-Bestrahlung aussetzt. Da der UV-Bereich des Spektrums vom Wasser rasch absorbiert wird (Kap. 4.5.1.), darf angenommen werden, daß dieser Fluoreszenz keine biologische Bedeutung zukommt.

4.6. Akustik

Die „schweigende" Welt, wie der marine Lebensraum vielfach bezeichnet wurde, hat sich doch als recht geräuschvoll entpuppt. Die verschiedenartigen Lautäußerungen, die sich mit Hilfe von empfindlichen Hydrophonen registrieren lassen, stammen vor allem von Krebsen (*Crustacea*), Knochenfischen (*Osteichthyes*) und Walen (*Cetacea*). Sie dienen, soweit es sich überhaupt ermitteln ließ, der innerartlichen Kontaktnahme und Verständigung, der Feindvermeidung und der Echoorientierung.

4.6.1. Physikalisches

Die Ausbreitungsgeschwindigkeit der Schallwellen sämtlicher Frequenzen ist im Wasser ca. 4mal größer als in der Atmosphäre (340 m/sec). Der für reines Wasser von O °C bei einer Tiefe von O m geltende Grundwert von 1449 m/sec wird durch Salinität und Temperatur wie folgt verändert: Mit zunehmender Salinität erhöht sich die Ausbreitungsgeschwindigkeit linear. Die anzubringenden Korrekturen sind bei tiefen Wassertemperaturen größer als bei hohen. Die Geschwindigkeit erfährt außerdem bei steigenden hydrostatischen Drucken eine Erhöhung. Bei einem Druck von 2,0 kg/cm^2 beträgt die Geschwindigkeit 1449,5 m/sec, bei 1000 kg/cm^2 dagegen 1619,8 m/sec. Die Schallwellen haben eine erstaunlich große Reichweite. Sie breiten sich von einer Schallquelle ausgehend im Prinzip gradlinig aus, können aber sowohl an der Wasseroberfläche als auch am Meeresboden reflektiert werden (Wilson 1960; McLellan 1968).

4.6.2. Lautäußerung und Lautwahrnehmung

Krebse (*Crustacea*): Die einzigen marinen Invertebraten, von denen Lautäußerungen bekannt sind, gehören zu den Großkrebsen (*Malacostraca*). Die von mehreren Arten dieser Gruppe ausgehenden, für das menschliche Ohr z. T. in einem weiteren Umkreis feststellbaren Geräusche werden durch die Betätigung von sog. Stridulationsorganen erzeugt, wobei benachbarte Hartteile aneinander gerieben werden. Die kleinen Garneelen *Crangon*, *Synalpheus* (Abb. 86a) und *Alpheus* produzieren weithin hörbare Knallgeräusche (100–20000 Hz), indem sie in einer raschen Bewegung den mobilen Teil ihrer überdimensionierten Schere gegen den unbeweglichen Teil derselben reiben. Die von der Languste (*Palinurus, Panulirus*) erzeugten Knarrlaute entstehen durch die Bewegungen eines zwischen den basalen Gliedern der großen Antennen befindlichen Stridulationsorgans. Spezialisierte Schallrezeptoren konnten bei diesen Krebsen bisher nicht nachgewiesen werden. Vermutlich erfolgt die

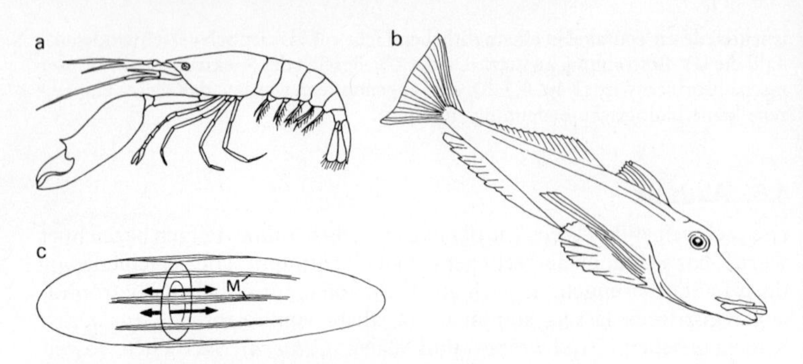

Abb. 86 Lauterzeugung: **a** Knallkrebs, *Synalpheus laevimanus* (*Crustacea*, *Decapoda*), bis 2 cm; **b** Knurrhahn, Seeschwalbenfisch, *Trigla hirundo* (*Osteichthyes, Triglidae*); **c** Schwimmblase des Knurrhahns mit Diaphragma und Muskulatur. Die Pfeile deuten die Strömungsrichtung der in der Schwimmblase enthaltenen Gase bei Kontraktion der Muskulatur (M) an.

Wahrnehmung der Schallwellen mit Hilfe der an der Basis der großen Antennen lokalisierten Statocysten. Über die biologische Bedeutung dieser Lautäußerungen herrscht noch Unklarheit.

Fische (*Chondrichthyes* und *Osteichthyes*): Die rezenten Haie, Rochen und Chimaeren (*Chondrichthyes*) scheinen stumm zu sein. Das heißt jedoch nicht, daß sie nicht in der Lage wären, Schallwellen, besonders Vibrationen im niederen Frequenzbereich, wahrzunehmen. Als Rezeptor-Organe kommen hierfür das Seitenliniensystem, evtl. auch Teile des Innerohrs in Frage.

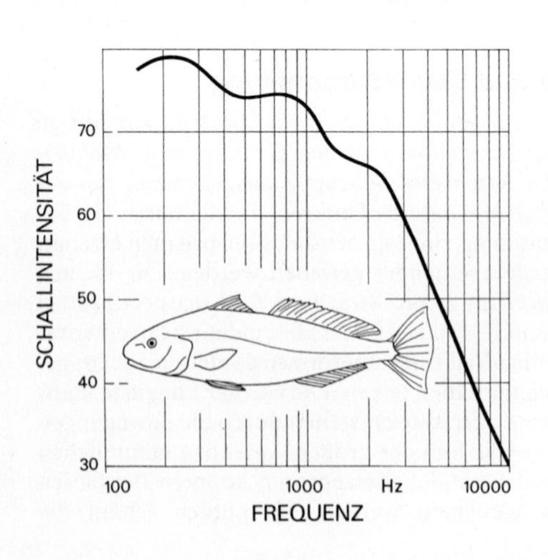

Abb. 87 Emissions-Spektrum der vom westatlantischen Croaker-Fisch, *Micropogon undulatus*, mit der Schwimmblase erzeugten Laute (nach *Barnes* 1959).

Eine Reihe verschiedenen systematischen Gruppen angehörende Knochenfische (*Osteichthyes*) sind imstande, mit Hilfe von Stridulationsorganen oder mit der Schwimmblase mehr oder weniger differenzierte Laute und Geräusche zu erzeugen. Striduliert wird entweder durch „Knirschen" mit den an den Kiemenbögen befestigten pharyngialen Zähnen (z. B. *Balistes, Trachurus*) oder durch Reiben der beweglichen Strahlen der Rückenflosse an deren basaler Verankerung (z. B. Eberfisch, *Capros aper*). Die Schwimmblase kann dabei als passiver, schallverstärkender Resonanzkörper wirken. Bei anderen Formen spielt sie eine aktive Rolle, so z. B. bei den Vertretern der Gattungen *Opsanus, Porichthys* und *Trigla*. Bei den Knurrhähnen (Fam. *Triglidae*, Abb. 86b, c) z. B. wird ein die beiden benachbarten Kammern der Schwimmblase abgrenzendes, perforiertes Diaphragma in Schwingung versetzt, indem das Gasgemisch infolge der Tätigkeit der Schwimmblasenmuskulatur durch die verengte Passage von einer Kammer in die andere getrieben wird (Abb. 86c). Die bisher bekanntgewordenen, von Knochenfischen erzeugten Laute und Geräusche liegen alle in dem für das menschliche Ohr wahrnehmbaren Frequenzbereich (20–20 000 Hz) und weisen keine Ultraschallkomponenten auf.

Die Wahrnehmung akustischer Signale erfolgt hier mit Hilfe des Innerohrs, dem Seitenliniensystem und z. T. auch durch Vermittlung einzelner in der Haut lokalisierter Rezeptoren. Dem Labyrinth der Knochenfische fehlt die sog. Schnecke (Cochlea), deren Funktion hier vom Sacculus und von der Lagena (Vorstufe der Cochlea) wahrgenommen wird, wobei die in Schwingung versetzten Kalk-Statolithen (Gehörsteinchen) die benachbarten Sinnesepithelien mechanisch reizen. Beim Hörvorgang kann die Schwimmblase die Aufgabe eines Resonanzkörpers übernehmen, dessen Schwingungen durch Vermittlung von röhrenförmigen Ausläufern direkt oder indirekt auf die Perilymphe des Labyrinths übertragen werden. Sog. Ostariophysen, d. h. Fische, bei denen die Schallübertragung von der Schwimmblase zum Labyrinth durch Hartteile (Webersche Knöchelchen) erfolgt, gibt es unseres Wissens im Meer nicht.

Wale (*Cetacea*): Am besten untersucht sind die stimmlichen Äußerungen der Wale. Während die Bartenwale (*Mysticeti*) lediglich tiefe, ca. 50–150 Hz, jeglicher Ultraschallkomponenten entbehrende Grunzlaute von sich geben (Abb. 88 c), sind die stimmlichen Äußerungen der meisten Zahnwale (*Odontoceti*) durch ein differenziertes, artspezifisches Frequenzspektrum (Abb. 88 a, b) gekennzeichnet. Dieses weist 2 Komponenten auf: Die eine liegt im niederen, für uns hörbaren Frequenzbereich (Abb. 88b). Sie umfaßt weithin vernehmbare Laute, die vom Jauchzen des Weißwals (Abb. 40c) über das Pfeifen vieler Delphine bis zu einer Art Schnattern des Pottwals (Abb. 40b) reicht. Diese Laute stehen zweifellos im Dienste der akustischen Kontaktnahme zwischen den Mitgliedern größerer und kleinerer Herden. Die z. T. gleichzeitig in regelmäßigen In-

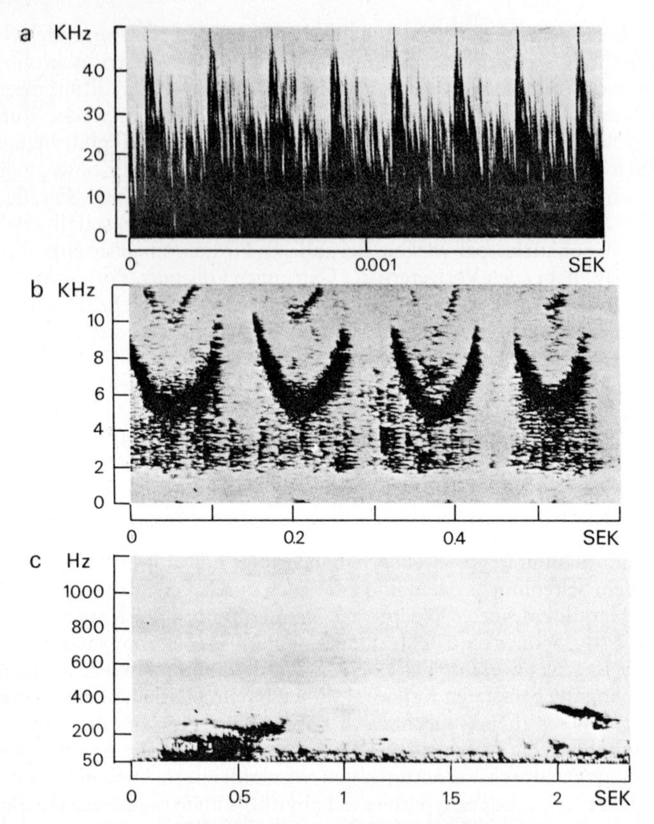

Abb. 88 Oszillogramme der Lautäußerungen von Walen (*Cetacea*): **a–b** Großtümmler, *Tursiops truncatus* (*Odontoceti*). **a** = Regelmässige Folge von ausgesendeten Ultraschallimpulsen. Zwischen den einzelnen Emissions-Impulsen treten die mit dem Hydrophon registrierten Echos in Erscheinung; **b** = Spektrogramm der Lautäußerungen im hörbaren Frequenzbereich.
c Nordkaper, *Eubalaena glacialis* (*Mysticeti*). Spektrogramm der Grunzlaute (aus *Schevill* u. *Watkins* 1962, Texterläuterungen zur Langspielplatte „Whale und Porpoise Voices", Woods Hole Oceanographic Institution, Woods Hole).

tervallen (Abb. 88 a) ausgesandten Ultraschallimpulse, die von normalen Hydrophonen bestenfalls als feines Knattern registriert werden, sind Bestandteil der sog. Sonar-Orientierung. Diese arbeitet nach dem Prinzip des Echolots (Kap. 1.4.), d. h. die von Hindernissen, Artgenossen oder Beutetieren zurückgeworfenen Impulse werden vom Wal als Echo empfangen, das, ähnlich dem Echolot (Abb. 7 a), imstande ist, dem Tier Informationen über die Entfernung, Größe und Qualität des schallreflektierenden Objektes zu vermitteln. Der Großtümmler (*Tursiops truncatus*) erzeugt neben gut vernehmbaren Pfeiflauten von ca. 0,5 sec Länge (7000–15000 Hz) knarrende Geräusche. Es handelt sich dabei um den für unser Ohr wahrnehmbaren Teil der Ultraschallimpulse, die während mehrerer Sekunden in rascher Folge (5 – mehrere 100/sec) vom Tier ausgesandt werden. Die Frequenzen der einzelnen Impulse (Dauer ca. 1 Millisekunde) sind modulierbar in einem Bereich von 20000–170000 Hz, wobei deren Intensität und Reichweite sowie die Wellenlänge mit steigender Frequenz abnehmen. Dies legt die Vermutung nahe, daß der Tümmler je nach Situation die Frequenzen der einzelnen, echobildenden Impulse modulieren kann. Bei Fernorientierung genügen niedrige Frequenzen (größere Reichweite, größere Wellenlänge, vermindertes Auflösungsvermögen des Echos), bei Nahorientierung jedoch sind höhere Frequenzen zum Erzielen eines besseren Auflösungsvermögen (geringe Wellenlängen) vorteilhafter. Die Möglichkeit der Frequenzmodulation erlaubt dem Tier außerdem ein Ausweichen auf andere Frequenzen, sobald es zu Konflikten mit den von Artgenossen stammenden Impulsen bzw. Echos kommt.

Umstritten bleiben z. T. die Fragen, wie die Zahnwale die Laute erzeugen, wie die der Orientierung dienenden Ultraschallechos wahrgenommen und im Zentralnervensystem auf ihren Informationsgehalt hin ausgewertet werden.

Den Walen fehlen Stimmbänder im Bereich des Kehlkopfes (Abb. 89a). Die Vermutung, wonach die Laute von den beweglichen „Lippen“ der auf dem Scheitel des Kopfes lokalisierten Nasenöffnung (Abb. 89a) erzeugt würden, ließ sich bis jetzt nicht bestätigen. Wahrscheinlich entstehen die Töne und Ultraschallimpulse im Bereich eines Labyrinths von Blindsäkken, die dem Nasengang zwischen seinem Austritt aus der Schädeldecke und der äußeren Nasenöffnung angeschlossen sind (Abb. 89b). Diese Annahme wird durch die Feststellung gestützt, wonach die Bartenwale (*Mysticeti*), die keine Ultraschallimpulse erzeugen, über einen wesentlich einfacher gebauten Nasengang verfügen. Von der bei den meisten Zahnwalen dem äußeren Nasengang vorgelagerten „Melone“ (Abb. 89a) wird vermutet, daß sie dazu dient, die erzeugten Ultraschallwellen in eine bestimmte Richtung zu lenken.

Die Wahrnehmung von eigenen (Echos) oder fremden Signalen scheint Aufgabe des Innerohrs bzw. dessen Cochlea (Schnecke) zu sein (Abb. 89 c). Im Gegensatz zu landlebenden Säugern können die eintreffenden Schallwellen jedoch nicht durch Vermittlung des äußeren Gehörganges auf das Trommelfell übertragen werden, da dieser bei den Walen verengt bis ganz verschlossen ist (Abb. 89c). Die Vibrationen werden vielmehr via Gewebe auf die Gehörknöchelchen übertragen. Die periotische Kapsel, die das Mittel- und Innerohr schützend umschließt (Abb. 89c) und aus einem außerordentlich schweren und harten Knochenmaterial besteht, ist mit dem Schädel lediglich durch Ligamente verbunden. Diese Loslösung der sog. Bulla ossea von der Schädelkapsel ist im Zusammenhang mit dem Rich-

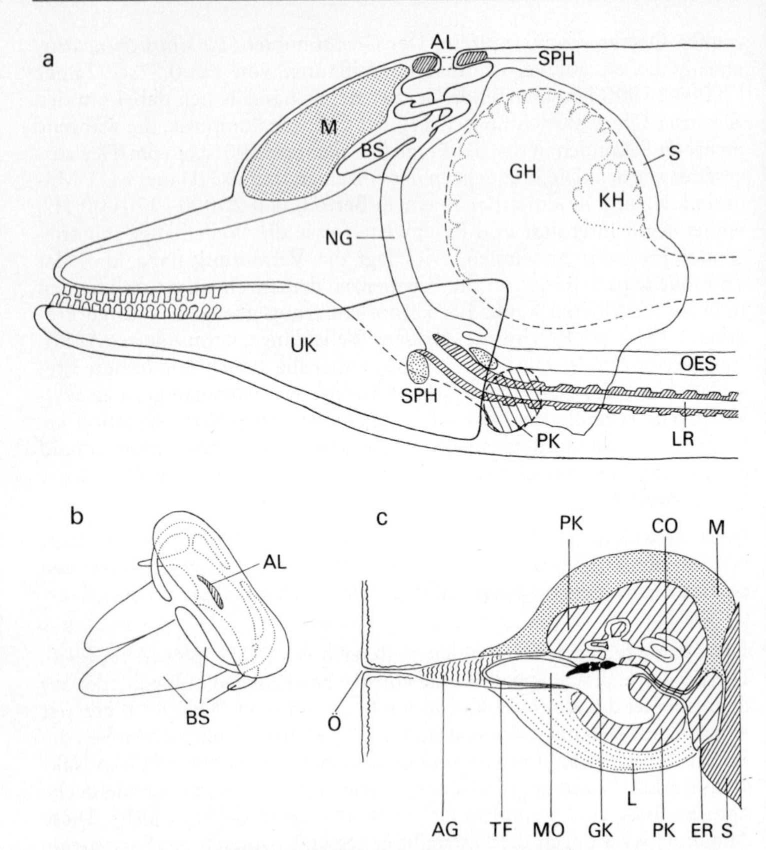

Abb. 89 Kopfanatomie des Großtümmlers *Tursiops truncatus* (*Odontoceti*): **a** Leicht schematisierte Topographie der Kopforgane; **b** Räumliche Rekonstruktion der Blindsäcke des äußeren Nasengangs, Schrägansicht von links oben (vgl. BS in der oberen Darstellung) (nach *Mead* 1975); **c** Querschnitt durch das rechte Gehörorgan (Rekonstruktion anhand verschiedener anatomischer Darstellungen) AG = obliterierter äußerer Gehörgang, AL = Atemloch (Nasenloch), BS = Blindsäcke des außerhalb der Schädelkapsel liegenden Nasengangs, CO = Cochlea („Schnecke" des Innerohrs), ER = Eustachische Röhre, GH = Großhirn, GK = Gehörknöchelchen, KH = Kleinhirn, L = Ligamente, LR = Luftröhre, M = „Melone", MO = Mittelohr, NG = Nasengang, O = Öffnung, OES = Ösophagus (Speiseröhre), PK = Periotische Kapsel, S = Schädel, SPH = Sphincter (verschließt Luftröhre), TF = Trommelfell, UK = Unterkiefer.

tungshören zu interpretieren. Wären diese Kapseln nämlich fest mit dem Schädel verwachsen, dann würden die von diesem aufgefangenen Vibrationen direkt auf die periotischen Kapseln übertragen, was ein differenziertes Richtungshören vereiteln würde. Nach NORRIS (1969) spielen die Unterkiefer der Zahnwale beim Richtungshören eine Rolle. Der hohle Kieferknochen ist nach hinten offen und enthält Fettgewebe, von dem NORRIS vermutet, daß es die eintreffenden Vibrationen auffängt und diese im Gelenkbereich ans Mittelohr überträgt.

Wie immer die zentrale Auswertung der akustischen Signale erfolgen mag, so haben Versuche mit Tümmlern unter Ausschaltung visueller Orientierungsmöglichkeiten gezeigt, daß diese Art der akustischen Echo-Orientierung sehr leistungsfähig ist. So vermögen diese Tiere z. B. in völliger Dunkelheit kleinste Objekte zu orten, genießbare von ungenießbaren Futterfischen zu unterscheiden, oder sichtbare Hindernisse, die sich in ihren Weg stellen, zu umgehen.

4.7. Hydrodynamik

4.7.1. Allgemeines

Die ozeanischen Wassermassen sind, groß- und kleinräumig betrachtet, in ständiger Bewegung. Diese umfaßt horizontale Strömungen in verschiedenen Tiefen, vertikale Umschichtungen, gezeitenbedingte Wasserstandsänderungen und Strömungen, Turbulenzen und Wellengang. Von den Kräften, die dieses dynamische Geschehen in Gang setzen und aufrecht erhalten, wirken die einen von außen her auf den Wasserkörper, während andere in diesem selber, d. h. in dessen physikalischen Eigenschaften ihren Ursprung haben.

Zu den exogenen Kräften gehören die Winde, der atmosphärische Druck und seine zeitlichen und räumlichen Variationen sowie die Anziehungskräfte (Gravitation) des Mondes und der Sonne. Die tangential auf die Wasseroberfläche einwirkenden Winde setzen die oberflächlichen Wasserschichten in der Richtung der von ihnen erzeugten Kraft in Bewegung. Aufgrund der Viskosität des Wassers setzen die so entstandenen Oberflächenströmungen tiefer liegende Wasserschichten ebenfalls in Bewegung. Durch die Windwirkung entstehen Wellen, welche dieser vermehrte Angriffsflächen anbieten und damit die Kraftübertragung begünstigen. Vertikale Komponenten erhalten diese winderzeugten Strömungen u. a. dann, wenn es an der Küste zu einem Stau kommt, der die Strömung in die Tiefe ablenkt oder wenn die Landwinde das Wasser von der Küste weg vor sich herblasen, so daß aus tieferen Schichten aufsteigendes Wasser nachfließen muß (Abb. 60 d, e). Die für die Entstehung der Winde mitverantwortlichen Wechsel der atmosphärischen Drucke wirken wie die Mond- und Sonnengravitation auf den gesamten Wasserkörper.

Die endogenen Kräfte entstehen durch räumliche und/oder zeitliche Dichteunterschiede, wobei spezifisch schwerere Wasserkörper unter Verdrängung der leichteren in die Tiefe absinken. Die Dichteunterschiede, die den „Hauptmotor" der vertikalen Zirkulation darstellen, kommen aufgrund von Temperatur- und Salinitätsdifferenzen (Kap. 4.3.1.) zustande. Auch hier machen atmosphärische Faktoren ihren indirekten Einfluß geltend, denn das räumliche und zeitliche Muster unterschiedlicher Dichten entsteht bekanntlich an der Oberfläche durch Erwärmung oder Abkühlung bzw. infolge von Verdunstung oder Niederschlägen.

Es ist schwer abzuschätzen, welche Anteile die hier kurz erwähnten Antriebskräfte am gesamten hydrodynamischen Geschehen beanspruchen, doch dürften der thermohaline Faktor und die Windwirkung am stärksten ins Gewicht fallen.

Neben diesen „Motoren" gibt es richtungsweisende Kräfte, welche die Fließrichtung der in Bewegung geratenen Wasserkörper mitbeeinflussen. Dazu gehören u. a. die auf die Erdrotation zurückzuführenden Coriolis-Kräfte, deren Einfluß sich vom Äquator ausgehend in nördlicher und südlicher Richtung in zunehmendem Maß geltend macht. Sie lenken die nordwärts fließenden Strömungen nach rechts, d. h. in Richtung Osten, jene nach Süden ziehenden nach links, also ebenfalls ostwärts, ab. Diese rotationsbedingte Ablenkung, deren Ausmaß sich mit zunehmender Tiefe verstärkt, äußert sich in besonders eindrücklicher Weise im Verlauf des atlantischen Golfstromes (Abb. 90). Da auch die Luftbewegungen durch das Coriolis-Phänomen eine gleichsinnige Ablenkung erfahren, verstärken die Winde noch die auf das Wasser direkt einwirkenden, ablenkenden Kräfte. Als weitere richtungsbestimmende Einflüsse sind die von Fall zu Fall verschiedene Geomorphologie der Meeresbecken (Ausdehnung, Tiefe, Gliederung etc.) sowie das räumliche Verteilungsmuster von Wasserkörpern unterschiedlicher Dichte zu erwähnen.

Mehrere hydrodynamische Phänomene, z. B. die Gezeiten und die großen ozeanischen Oberflächenströmungen (Abb. 90), zeichnen sich durch einen verhältnismäßig hohen Grad an Konstanz und Kontinuität aus. Selbst hier jedoch können sich nicht voraussehbare Abweichungen von der Norm einstellen, wie z. B. die gelegentliche Verstärkung der Flut durch eine synergetische Windwirkung oder die Verlagerung traditioneller Oberflächenströmungen.

Vom ökologischen Standpunkt beurteilt, spielt die Hydrodynamik in alle Lebensvorgänge hinein. Ohne diese Zirkulation wäre Leben in größerer Tiefe undenkbar, weil die thermohaline Konvektion einerseits für die Versorgung dieser Räume mit Sauerstoff besorgt ist (Kap. 4.4.2.), andererseits aber in entgegengesetzter Richtung den Transport remineralisierter Stoffe in die assimilatorisch aktiven, euphotischen Wasserschichten übernimmt. Vom populationsdynamischen Standpunkt aus betrach-

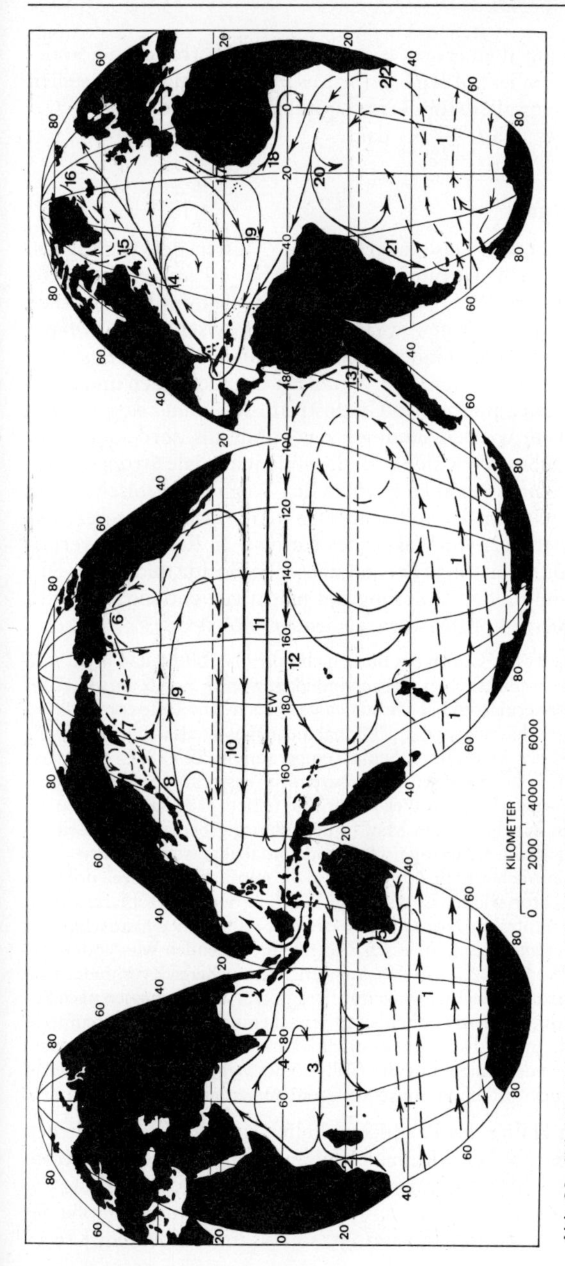

Abb. 90 Wichtigste permanente Oberflächenströmungen (ausgezogene Linien = warme Strömungen, gestrichelte Linien = kalte Strömungen) des Weltmeeres. (1 = Westwinddrift; 2 = Agulhas-; 3 = Südäquatorialstrom; 4 = Äquatorialgegenstrom; 5 = Westaustralischer Strom; 6 = Alaskastrom; 7 = Oya-Schio; 8 = Kuro-Schio; 9 = Pazifischer Strom; 10 = Nordäquatorialstrom; 11 = Äquatorialgegenstrom; 12 = Südäquatorialstrom; 13 = Humboldt- oder Perustrom; 14 = Golfstrom; 15 = Labradorstrom; 16 = Ostgrönlandstrom; 17 = Kanarenstrom; 18 = Guineastrom; 19 = Nordäquatorialstrom; 20 = Südäquatorialstrom; 21 = Brasilstrom; 22= Benguelastrom).

tet können Strömungen einerseits verbindend und überbrückend, andererseits aber auch isolierend wirken (Kap. 4.7.3.). Nicht zuletzt stellen die Gezeiten einen vor allem für die im Litoral lebenden Organismen wesentlichen Zeitgeber (Kap. 4.7.5.) dar.

4.7.2. Strömungen

Oberflächenströmungen: Das geographische Muster der wichtigsten permanenten Oberflächenströmungen ist in Abb. 90 festgehalten: Die ausgedehnten äquatorialen Strömungen, die vor allem im Pazifik einen fast gradlinigen Verlauf nehmen, werden von den zwischen den Wendekreisen herrschenden Passatwinden in Gang gehalten. Sie gliedern sich in einen nördlichen und südlichen, von West nach Ost fließenden und einen dazwischen liegenden äquatorialen Gegenstrom. Wo immer sie auf einen Kontinent auftreffen, werden sie durch das Hindernis nord- oder südwärts aufgefächert. So gabelt sich z. B. der südäquatoriale Strom des Atlantiks an der Ostspitze Brasilien in einen den Weg ins Karibische Meer fortsetzenden und einen nach Süden abgelenkten (Brasilstrom) Teil. Die mittlerweile stark erwärmten Wasser des karibischen Reservoirs verlassen diesen Raum durch die enge Passage zwischen Florida und Kuba. Dieser Floridastrom bildet den Ursprung des mächtigen entlang der nordamerikanischen Küste nordostwärts ziehenden Golfstromes.

An seinem Ursprung ist der Golfstrom nicht mehr als 90–100 Meilen breit, und seine mit einer durchschnittlichen Geschwindigkeit von 1,5–2,5 m/sec (7–9 km/h) fließenden Wassermassen reichen stellenweise bis in eine Tiefe von 3000 m. Dieser „Strom" führt schätzungsweise 1000mal mehr Wasser als der größte nordamerikanische Fluß, der Mississippi. Seine Temperaturen (22–28 °C) sind stellenweise bis um 15 °C höher als jene der angrenzenden Wasserkörper, durch die er, eine scharfe Grenze bildend, seinen Weg bahnt. Auf seinem Weg nach Norden gerät der Golfstrom in zunehmendem Maß in den Wirkungsbereich der Coriolis-Kraft und wird in Richtung der europäischen und nordafrikanischen Küsten abgelenkt, wobei er sich auffächernd im Norden bis in die nördliche Nordsee vordringt und im südlichen Sektor wieder in westliche Richtung wendet (Kanarenstrom, Madeirastrom). Im zentralen Nordatlantik entsteht dabei ein gigantischer, im Uhrzeigersinn drehender Kreisel, in dessen Zentrum die ruhenden Wasser des Sargassomeeres liegen (Kap. 3.2.2., Abb. 19). Im nordöstlichen Bereich verhindern die Ausläufer des Golfstromes das Vordringen kalter, polarer Wassermassen nach Süden und sind somit für die relativ hohen, dort herrschenden Oberflächentemperaturen verantwortlich. Im nordwestlichen Atlantik können die polaren Wassermassen an der Oberfläche der Ablenkung des Golfstromes wegen in Form des Labradorstromes entlang der nordamerikanischen Ostküste weit nach Süden vorstoßen.

In der nördlichen Hälfte des Pazifiks verhalten sich die oberflächlichen Wasserbewegungen ähnlich wie im Nordatlantik. Analog dem Golfstrom zieht (1–1,6 m/sec) hier der warme (22–28 °C) Kuro-Schio entlang der japanischen Inseln nach Nordosten, wird jedoch schon auf der Höhe des 40. Breitengrades westwärts abgedrängt, so daß im Norden ein Kreisel kalter Wassermassen entstehen kann, von denen ein Teil, der nordamerikanischen Westküste vorgelagert, bis weit nach Süden vordringt (Kaliforniastrom). Im nördlichen Abschnitt des Indischen Ozeans liegen die Verhältnisse, verglichen mit dem Atlantik und Pazifik, insofern anders, als die auch hier im Uhrzeigersinn erfolgende Oberflächenzirkulation durch keine von Norden her vordringenden, arktischen Wassermassen gestört wird.

In der südlichen Hemisphäre werden die äquatorialen Ströme spiegelbildlich, d.h. nach Süden umgeleitet, so daß ebenfalls großräumige Kreisel entstehen, die hier im entgegengesetzten Uhrzeigersinn drehen. Im Süden geraten sie in den Bereich der kalten, zirkumpolaren Strömung. Dieser von Westwinden angetriebene, antarktische Strom (Westdrift) ist der einzige, der von Kontinenten ungestört die Erdachse umkreisen kann. Von ihm zweigen an den Westküsten Afrikas (Benguelastrom), Australiens (westaustralischer Strom) und Südamerikas (Humboldtstrom, Perustrom) kalte, nach Norden fließende Ausläufer ab. Der bekannteste unter ihnen und in seinem Ausmaß und seiner Bedeutung dem Golfstrom nicht nachstehende, ist der kalte nährstoffreiche Perustrom (Humboldtstrom), der sich an die Küsten Chiles und Perus anlehnend bis zum Äquator verstößt (0.25 – 1 m/sec). Er gehört zu den produktivsten Gewässern der Ozeane (Kap. 6.3.).

Vertikale Umschichtungen (Konvektionen): Die soeben beschriebenen, oberflächlichen Zirkulationssysteme stellen nur einen Teil des gesamten Musters räumlicher Wasserbewegungen dar. Infolge des durch Hindernisse entstehenden Staus werden Oberflächenströmungen teils in der gleichen Ebene zur Richtungsänderung gezwungen, teils werden ihre Wassermassen in die Tiefe gedrückt. Wo durch Windwirkung Wasser abtransportiert wir, fließt entweder Oberflächenwasser nach oder das Defizit wird durch aus der Tiefe aufquellende Wasserkörper gedeckt. Dadurch erhält das Zirkulationssystem eine vertikale Komponente. Diese wird durch Umschichtungen verstärkt, welche durch thermohaline Dichteunterschiede (Kap. 4.3.1.) verursacht werden. Die sich auf hohen Breitengraden abkühlenden, oberflächlichen Wassermassen sinken, ihrer zunehmenden Dichte wegen, in die Tiefe und verlagern sich über Grund in Richtung des Äquators, wo sie in stark vereinfachter Darstellung, teils unter dem Einfluß der nachdrängenden Wasserkörper, teils infolge der von den Oberflächenströmungen erzeugten Sogwirkung wieder nach oben steigen. Der Verlauf dieser idealisierten Konvektion steht einerseits unter dem Einfluss der Coriolis-Kraft, andererseits wird er durch die geomorphologisch bedingten Hindernisse, wie Schwellen (Abb. 3), ozeanische Gebirgsrücken etc. gestört. Dies kommt im Vertikalprofil der im Atlantik herrschenden Strömungen deutlich zum Ausdruck (Abb. 91). Die dem Gefrierpunkt nahen (≈ 0 °C) antarktischen Wassermassen können als Bodenströmungen relativ ungehindert bis über den Äquator hinaus nach

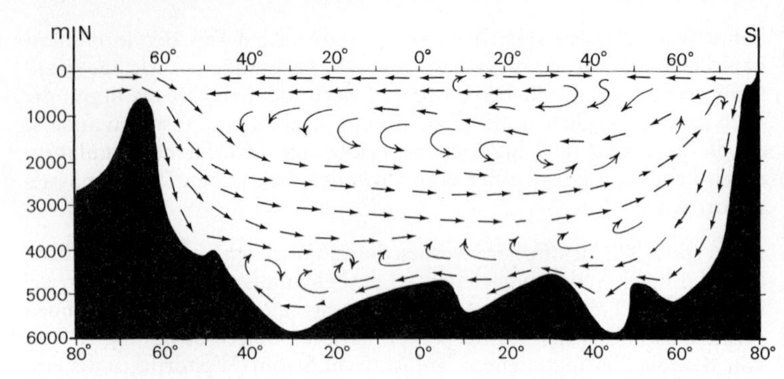

Abb. 91 Vereinfachtes Profil der im atlantischen Becken unter der Oberfläche herrschenden Vertikalströmungen (nach *Tait* 1971).

Norden ziehen. Das arktische Becken ist so gestaltet, daß seine Wassermassen nur über relativ hohe Schwellen Zutritt in das atlantische bzw. pazifische Becken haben. Das über diese Schwellen entweichende Wasser bildet die der Bodenströmung entgegenfließende Tiefenströmung, die sich teils mit der ersteren mischend in 1500–3000 m Tiefe in südlicher Richtung bewegt. Über ihr zwischen 800 und 1200 fließt die sog. atlantische Zwischenströmung nach Norden.

Den kalten atlantischen Boden- und Tiefenströmungen ist der hochgelegenen Schwelle von Gibraltar (Abb. 3) wegen der Zutritt ins Mittelmeer versagt. Infolgedessen sind die in diesem Wasserkörper möglichen Temperatur- bzw. Dichteunterschiede relativ gering, so daß ein wesentlicher, für die Inganghaltung vertikaler Umschichtungen zuständiger „Motor" hier viel an Kraft einbüßt. Noch ausgeprägter sind die diesbezüglichen Verhältnisse im Schwarzen Meer, wo vertikale Umschichtungen, durch Windwirkung herbeigeführt, nur gelegentlich stattfinden.

Kräftige Strömungen und Turbulenzen entstehen in litoralen Bereichen auch infolge der gezeitenbedingten Wasserstandsänderungen (Kap. 4.7.4.). Diese Wasserbewegungen, in deren Rahmen die Wassermassen entweder von der Küste weg oder zu dieser hinfließen können, weisen dort, wo der Tidenhub groß ist, das Ausmaß und die Geschwindigkeiten von reißenden Flüssen auf.

4.7.3. Zur biologischen Bedeutung der Strömungen

Dieser Problemkreis kann hier unmöglich erschöpfend erörtert werden. Aus dem bisher Gesagten geht klar hervor, daß den sich im Rahmen der ozeanischen Zirkulation abspielenden Wasserbewegungen eine in verschiedener Hinsicht bedeutsame Transport- und Verteilerfunktion zufällt. Zum „Transportgut" gehören Wärmeenergie (Kap. 4.2.), gelöste Gase (Kap. 4.4.), pflanzliche und tierische Nährstoffe, lebende Organismen (Plankton), Sedimentmaterial (Kap. 3.2.4.) u.a. Die diesbezüglichen, von den Strömungen erbrachten Leistungen und ihre ökologischen Konsequenzen sind in den erwähnten Kapiteln bereits gewürdigt worden.

Es sei hier lediglich auf die Bedeutung hingewiesen, welche diesen Wasserbewegungen im Zusammenhang mit populationsdynamischen Phänomenen zukommt. Sie können diesbezüglich ihren Einfluß in gegensätzlicher Weise d.h. verbindend oder isolierend zur Geltung bringen. Angenommen, es lägen zwei auf benachbarten Inseln angesiedelte, voneinander getrennte Populationen eines sessilen, litoralen Invertebraten vor, dessen Entwicklungszyklus ein planktotrophes oder lecithotrophes Larvenstadium (Kap. 5.3.2.) aufweist. Die Distanz zwischen diesen Populationen wäre zu groß, als daß sie von den Larven rein aufgrund ihrer Eigenbewegungen überwunden werden könnte. Die Frage, ob diese beiden Populationen vollständig voneinander isoliert sind und damit eine der Voraussetzungen im Hinblick auf eine mögliche Rassenbildung erfüllt wäre, oder ob zwischen den Populationen Panmixie d.h. ein Genaustausch gewährleistet ist, hängt weitgehend von den im Bereich dieser Standorte herrschenden Oberflächenströmungen ab. Zieht zwischen diesen Inseln eine permanente Strömung durch, die so kräftig ist, daß sich die Larven mit eigener Kraft gegen sie nicht durchzusetzen vermögen, darf die gegenseitige Isolation dieser Populationen als unüberwindbar gelten, d.h. die Strömung hat hier isolierende Wirkung. Ist jedoch das Muster der Strömung so, daß die Larven von dieser passiv verfrachtet in einer oder beiden Richtungen ausgetauscht werden können, üben die Wasserbewegungen eine verbindende, die Panmixie fördernde Funktion aus. In diesem Sinn ist auch die Bedeutung des Golfstromes für die Rückverfrachtung der Larven des Aals (*Anguilla anguilla*, Abb. 42) in Richtung der europäischen Küsten zu verstehen (Kap. 3.3.3.).

4.7.4. Die Gezeiten und ihre Ursachen

Allgemeines: Die Gezeiten (Tiden; Flut und Ebbe) sind eine eindrückliche, hydrodynamische Erscheinung, die sich in periodischen Veränderungen des Wasserstandes äußert. Diese machen sich in erster Linie im Bereich des Litorals geltend, indem sie abwechslungsweise eine Entblößung (Ebbe) bzw. Überflutung (Flut) des Mesolitorals (Abb. 10) herbeiführen. Die horizontale und vertikale Ausdehnung der diesem Geschehen unterworfenen Küstenbereiche hängen einerseits von der Steilheit des Küstenprofils, andererseits von der Größe der Gezeitenamplitude ab. Diese ist von Ort zu Ort und von Tag zu Tag verschieden und stellt die Resultante des Zusammenspiels zahlreicher geophysikalischer und geomorphologischer Faktoren dar, die in komplexer Weise ineinander greifen.

Es versteht sich von selbst, daß die Gezeiten, so gering ihre Amplitude auch sein mag, die Lebensrhythmen der in ihrem Einflußbereich vor-

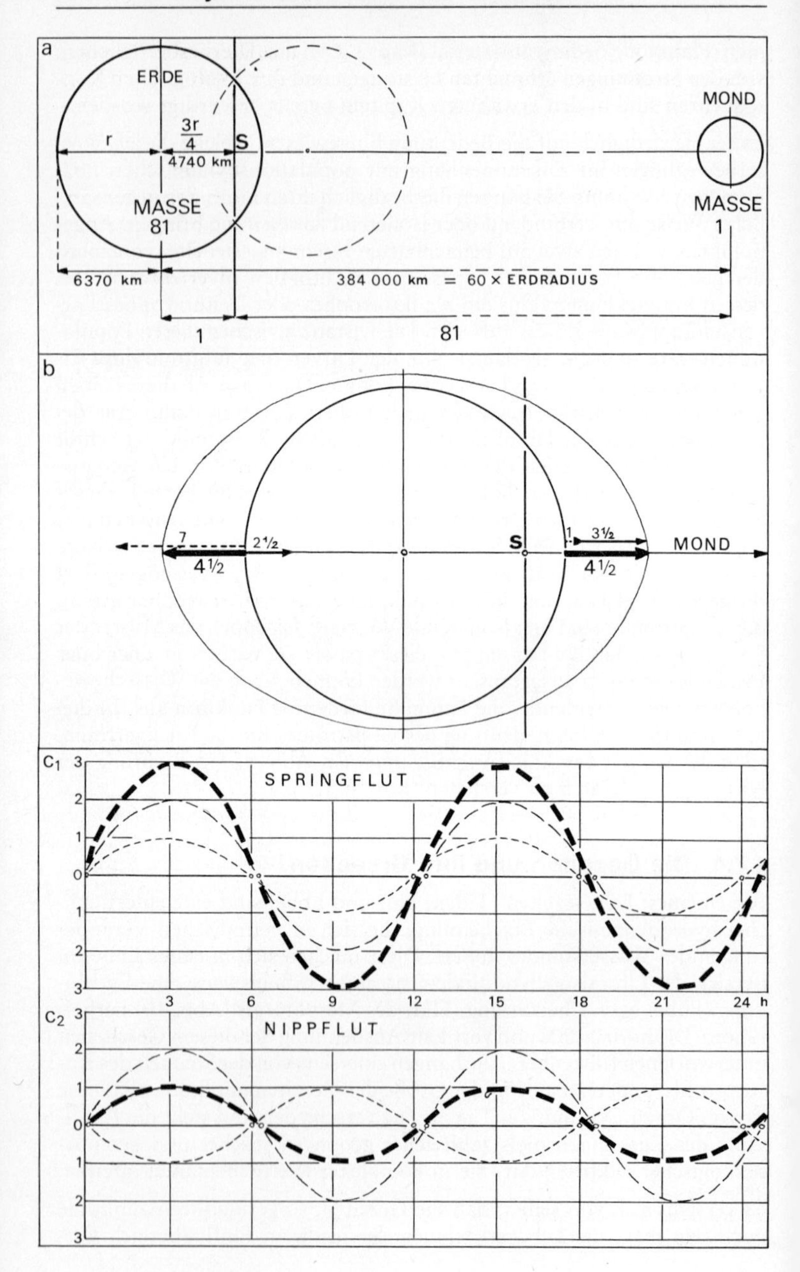
a
ERDE
MOND
r
3r/4
S
4740 km
MASSE 81
MASSE 1
6370 km
384 000 km = 60 × ERDRADIUS
1
81
b
7
2½
4½
S
1
3½
MOND
4½
c1
SPRINGFLUT
3
6
9
12
15
18
21
24 h
c2
NIPPFLUT

kommenden Pflanzen und Tiere in einschneidender Weise beeinflussen. Sie schaffen dort eine ökologische Situation, die im marinen Raum und auch außerhalb desselben ihresgleichen sucht, sind die dort lebenden Organismen doch abwechslungsweise aquatischen und terrestrischen Bedingungen unterworfen (Kap. 4.7.5.).

Geophysikalische Ursachen: Die maßgeblichen geophysikalischen Ursachen der Gezeiten sind einerseits die Mond- und Sonnengravitation, andererseits die im Zusammenhang mit der Rotation der Erde und des Mondes um eine gemeinsame Schwerpunktsachse entstehenden Zentrifugalkräfte. Abb. 92 stellt in stark vereinfachter Form diese Sachlage mit den ihr zugrunde liegenden, relativen und absoluten Größen dar. Im Sinne einer Vereinfachung muß die Annahme getroffen werden, die gesamte Erdoberfläche sei von einem einzigen zusammenhängenden Ozean bedeckt, auf den die erwähnten Kräfte, ungehindert von störenden geomorphologischen Hindernissen, einwirken können.

Bei der Beurteilung der Gravitationskräfte muß zwischen der des Mondes (Mondflut) und jener der Sonne (Sonnenflut) unterschieden werden. Die Massenverhältnisse der 3 zuständigen Himmelskörper liegen wie folgt: Mond : Erde : Sonne = $1:81:26^6$. Die Distanzen zwischen den Gravitationszentren dieser Körper stehen in folgendem Verhältnis zueinander: Mond – Erde (384000 km): Erde – Sonne ($149{,}6 \cdot 10^6$ km) = 1 : 389. Nach dem Gravitationsgesetz $P = k\frac{mM}{r^2}$ ist die Anziehungskraft zweier Körper proportional ihrer Masse und umgekehrt proportional dem Quadrat ihrer Entfernung. Zum besseren Verständnis sollen hier Mond- und Sonnenflut vorerst unabhängig voneinander erläutert werden.

Mondflut: Erde und Mond bewegen sich um eine gemeinsame Schwerpunktsachse (Abb. 92a), die infolge der 81mal größeren Masse der Erde innerhalb derselben liegt und zwar 4740 km vom Erdmittelpunkt entfernt, was ca. $^3/_4$ des mittleren Erdradius (6370 km) entspricht. Die in diesem System (Abb. 92b) an der Erdoberfläche auftretenden, auf die gemeinsame Schwerpunktsachse bezogenen Zentrifugalkräfte betragen, in relativen Werten ausgedrückt, auf der dem Mond zugewandten Seite 1, auf der entgegengesetzten, vom Satelliten abgewandten Seite 7. Dieser Unterschied wird jedoch durch die Mondgravitation aufgehoben. Diese ist auf der dem Satelliten abgewandten Seite der Erde wohl kleiner als auf der dem Mond zugewandten; aber sie wirkt dort in einer der Zentrifugalkraft entgegengesetzten Richtung. Wendet man für die Mondgravitation die gleichen relativen Maßzahlen wie für die Zentrifugalkräfte an, so wirkt sie an den gegenüberliegenden Punkten der Erdoberfläche in einem Verhältnis von $3^1/_2 : 2^1/_2$. Die Resultanten dieser Vektoren, d.h. der auf die Wassermassen einwirkenden Kräfte (Zentrifugalkraft und Gravitation) sind demzufolge auf der dem Mond zugewandten und der von ihm abgewandten Seite der Erde gleich groß. Dies bedeutet, daß das Ausmaß

Abb. 92 Gezeitenerzeugende Kräfte: **a** Massenbeziehungen zwischen Erde und Mond. Die gemeinsame Drehachse (S) der beiden Körper liegt ca. 4740 km vom Gravitationszentrum der Erde entfernt; **b** Vektoren der Zentrifugalkräfte (gestrichelte Pfeile) bezogen auf die Drehachse (S) und der Mondgravitation (feine ausgezogene Pfeile). Die Resultanten sind als dicke Pfeile dargestellt. **c** Theoretischer Tagesablauf der Gezeiten. ---- = Sonnenflut; ––– = Mondflut; **–––** = Resultante; c_1 = Springflut bei Voll- bzw. Neumond; c_2 = Nippflut bei Halbmond.

der Mondflut beiderseits theoretisch identisch ist (Abb. 92 b). Diese gegenüberliegenden Stellen höchster Mondflut wandern nun infolge der Erdrotation einerseits und der Bewegung des Mondes um die Erde andererseits von Ost nach West über die Erdoberfläche. Der Zeitplan der Mondflut entspricht für einen gegebenen Punkt auf der Erde dem Mondtag (24 h 50') und dem siderischen Monat (27 $^1/_3$ Tage). Dies bedeutet für den Mondtag, daß für einen gegebenen Ort auf der Erdoberfläche innerhalb von 24 h 50' theoretisch je 2mal Flut und Ebbe zu erwarten sind (Abb. 92 c). Auf den Sonnentag bezogen verschiebt sich somit der Eintritt dieser Ereignisse täglich um 50'. Die Höhe der Mondflut verändert sich für einen gegebenen Ort deshalb, weil der Mond auf seiner Umlaufbahn um die Erde seine Deklination verändert, wodurch sich der Gürtel höchster Flut von Norden nach Süden und umgekehrt verlagert.

Sonnenflut: Die Auswirkungen der beschriebenen Mondeinflüsse werden durch die Gravitation der Sonne überlagert und verändert. Obwohl die Masse der Sonne 389mal größer ist als jene des Mondes, ist die von ihr auf die Erde ausgeübte Gravitationskraft nur rund halb so groß wie jene des näher liegenden Mondes. Ist die räumliche Konstellation der 3 Körper so, daß sie annähernd in einer Linie liegen, was bei Vollmond und Neumond verwirklicht ist, addieren sich die Gravitationskräfte des Mondes und der Sonne (Abb. 92 c_1), d.h. es liegt Springflut vor. Zwi-

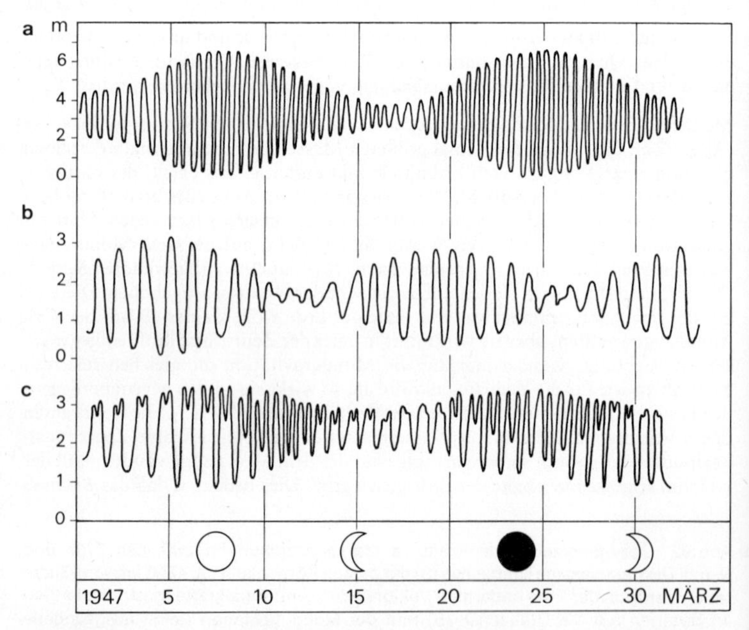

Abb. 93 Unterschiedliche Gezeitenrhythmen: **a** Halbtagstide von Brest (Frankreich); **b** Ganztagstide von Do-Son (Tonkin); **c** Gemischte Tide von Cap St. Jacques (Vietnam) (nach „Science et Vie" No. 51).

schen diesen Konstellationen geraten Mond- und Sonnenflut aus der Phase. Bei Halbmond wirken die von beiden Körpern ausgehenden Kräfte im entgegengesetzten Sinn. Es resultiert daraus die sog. Nippflut (Abb. 92 c_2). Das Zusammenwirken beider Systeme wird noch dadurch kompliziert, daß die doppelte Länge der Mondflut-Phase (24 h 50') zeitlich nicht mit jener der Sonnenflut (24 h) übereinstimmt, so daß die sich überlagernden Kurven um den zeitlichen Betrag von 50' gegeneinander verschoben sind.

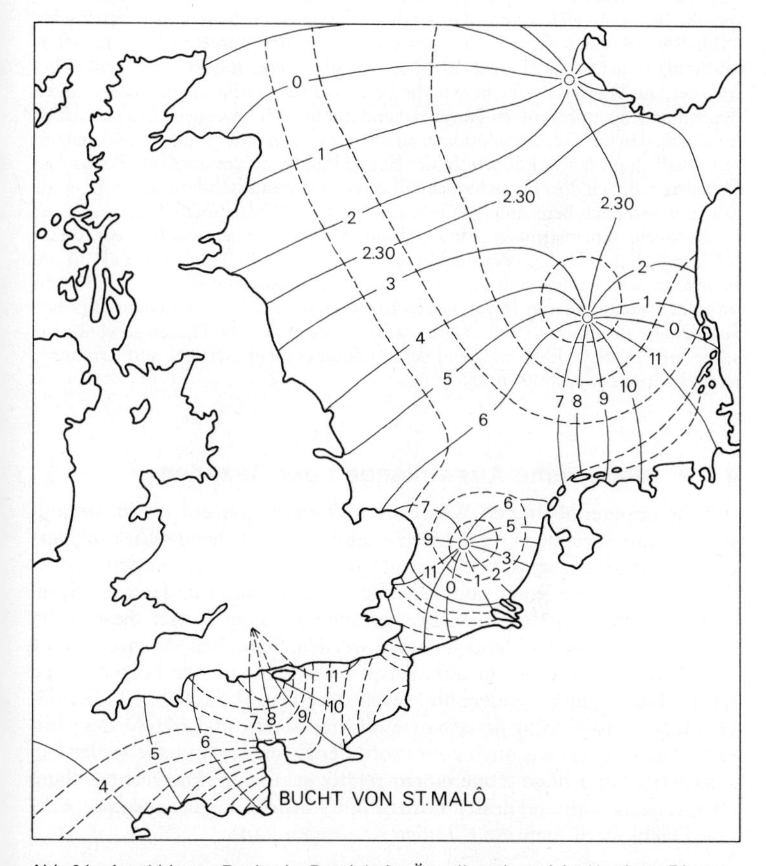

Abb. 94 Amphidrome Punkte im Bereich des Ärmelkanals und der Nordsee: Die ausgezogenen, von den amphidromen Punkten ausgehenden Linien verbinden die Stellen, an denen die Flut gleichzeitig eintritt (die Zahlen geben die Tageszeit an). Die unterbrochenen Linien verbinden die Punkte, an denen die Flut die gleiche Höhe erreicht. Die Unterschiede zwischen zwei benachbarten Linien entsprechen 2 Fuß. (nach Karten der Britischen Admiralität aus „Science et Vie", No. 51).

Andere Faktoren: Die dargestellten extraterrestrischen Kräfte sind durchaus berechenbar und würden Voraussagen über den örtlichen und zeitlichen Verlauf zulassen, wenn nicht terrestrische Faktoren störend in dieses Geschehen eingreifen würden, deren Auswirkungen weit schwieriger zu beurteilen sind. Die freie Entfaltung der gezeitenbedingten Wasserstandsänderungen wird durch Hindernisse (Kontinente und Inseln) und durch die Größe und räumliche Gestalt der einzelnen Meeresbecken gestört. Als Folge davon können die sonderbarsten Gezeitenmuster entstehen (Abb. 93), die allerdings für einen bestimmten Ort konstant sind. Dazu gehört z.B. das Auftreten sog. amphidromer, geographisch definierbarer Örtlichkeiten, in deren Bereich keine periodischen Wasserstandsänderungen stattfinden (Abb. 94). Sie stellen ein ruhendes Zentrum dar, von dem ausgehend sich die Gezeitenoszillationen in zunehmendem Maße manifestieren, indem sich, vertikal betrachtet, die Wasseroberfläche wie die Balken einer gleicharmigen Waage durch den ruhenden amphidromen Punkt ziehend auf und ab bewegen. Unerklärlich ist u.a. auch, daß die Tidenoszillationen an unweit voneinander liegenden Küsten unterschiedlich groß sein können. In der Bay of Fundy, an der nordamerikanischen Ostküste z. B., hat die Flut im Extremfall eine Wasserstandsänderung von 12 m zur Folge, wobei nach Berechnungen jedesmal an die 100 Milliarden Tonnen Wasser in die Bucht hineinströmen. Einige Hundert Kilometer südwestlich von dieser Stelle jedoch, bei der Insel Nantucket, beträgt der Tidenhub nicht mehr als 30 cm. Ebenso unberechenbar sind die räumlichen Unterschiede hinsichtlich der Rhythmik der Gezeitenphasen. An gewissen Küsten halten sich die Tiden an das oben entwickelte Programm (Abb. 92 c), während anderswo die Phasen so verändert sind, daß Flut bzw. Ebbe während des Mondtages nicht zweimal, sondern nur je einmal eintreten (Abb. 93 b, c).

4.7.5. Biologische Auswirkungen der Gezeiten

Ob die gezeitenbedingten Wasserstandsänderungen auf die im ozeanischen Raum lebenden Organismen irgend eine zeitgebende Wirkung ausüben, ist schwer festzustellen. Da auch dort die Oszillationen stellenweise 10 m übertreffen können und da bekannt ist, daß aquatile Tiere geringfügige Druckschwankungen wahrzunehmen vermögen, darf diese Möglichkeit nicht von der Hand gewiesen werden. Sicherlich aber werden die Gezeiten ökologisch nicht annähernd so einschneidende Folgen haben wie im Litoral, insbesondere im Mesolitoral (Kap. 1.5., Abb. 10). Die flächenhafte Ausdehnung desselben hängt einerseits von der Höhe des örtlichen Tidenhubes, wie auch vom Profil der Küste ab. Im Falle steiler Felsenküsten kann diese Zone einem relativ schmalen, senkrechten Band entsprechen, während dessen horizontale Ausdehnung bei ausgesprochenen Flachküsten mehrere Kilometer betragen kann.

Die folgenschwerste Konsequenz der Tiden in diesen Bereichen ist die periodische, bei Ebbe eintretende Entblößung des Meeresbodens, dessen Bewohner während dieser Zeit annähernd terrestrischen Bedingungen ausgesetzt sind. Die daraus entstehenden ökologischen Situationen sind vielschichtig und verlangen den Bewohnern des Mesolitorals eine ganze

Reihe besonderer Anpassungen ab, die von den Funktionsbereichen der Physiologie, der Morphologie bis zu jenen des Verhaltens reichen.

Eine erste diesbezügliche Herausforderung stellt die Gefahr der Vertrocknung dar, welcher die dort lebenden Organismen in unterschiedlicher Weise begegnen: Die zähen, zellulosehaltigen Zellwände der Algen halten den Wasserverlust in erträglichen Grenzen. Die dort lebenden sessilen und halbsessilen Invertebraten sind meist mit einem widerstandsfähigen Integument versehen, das nicht nur der Vertrocknung entgegenwirkt, sondern dem Tier den in der atmosphärischen Luft notwendigen zusätzlichen Halt verleiht. Es betrifft dies z.B. die Muscheln (z.B. Miesmuscheln, *Mytilus*), deren gut abdichtende Schalenklappen das Entweichen einer Wasserreserve aus der Mantelhöhle verhindern. Den gleichen Zweck erfüllen die die Gehäuseöffnung verschliessenden Opercula der Prosobranchier-Schnecken oder die Kalkdeckel (Tergum und Scutum) der Seepocken (*Cirripedia*, Abb. 51 g, h). Sessile Röhrenwürmer (Abb. 55 a) ziehen sich bei Ebbe in die Wohnröhre zurück. Das Fehlen derartiger Schutzvorkehrungen wird bei anderen Arten durch besondere Verhaltensweisen kompensiert. Die auf Felsen lebenden Napfschnecken (*Patellacea*) z. B. pressen die Ränder ihres konischen Gehäuses im entblößten Zustand so fest an die solide Unterlage, daß die Wasserreserve aus dem Mantelraum nicht entweichen kann. Da diese Schnecken standorttreu sind, können die Schalenränder in der Oberfläche selbst harter Gesteine Vertiefungen erzeugen, die der Abdichtung förderlich sind. Die mobilen Tiere haben entweder die Möglichkeit, der Wasserlinie zu folgen oder sich in Wasserrückstände zurückzuziehen, bzw. unter Algen Schutz zu suchen. Im Fall von mesolitoralen Sedimentböden ziehen sich deren Bewohner bei Ebbe ins Innere des wasserhaltigen Substrates zurück (Kap. 3.4.3.).Die Fische folgen im allgemeinen dem zurückweichenden Wasser. Es gibt jedoch gewisse Artengruppen (z.B. *Blennidae,* Abb. 54 f, *Gobiesociformes,* Abb. 54 e), die unter Steinen oder in feuchthaltenden Algen-Thalli die nächste Flut abwarten.

Die Anpassungen, mit denen die im Mesolitoral lebenden Formen im entblößten Zustand den z.T. extremen Temperaturbedingungen begegnen, sind andernorts bereits erörtert worden (Kap. 4.2.6.).

Die Tidenzone (Abb. 95) wird oben durch den bei Springflut (Abb. 92 c_1) erreichten, mittleren höchsten Wasserstand begrenzt und reicht bis zur Wasserlinie, die den mittleren, tiefsten Wasserstand (Nippflut, Abb. 92 c_2) anzeigt. Die Organismen, welche sich an der oberen Grenze aufhalten, werden, wenn nicht zwischenhinein die Brandung für zusätzliche Benetzung sorgt, theoretisch nur zweimal im Monat, d.h. bei Springflut bespült. Es ist dies somit der Aufenthaltsbereich jener Arten, die sich zusammen mit den im Supralitoral heimischen Formen durch das höchste Maß an ökologischer Toleranz bezüglich der Expositionsdauer auswei-

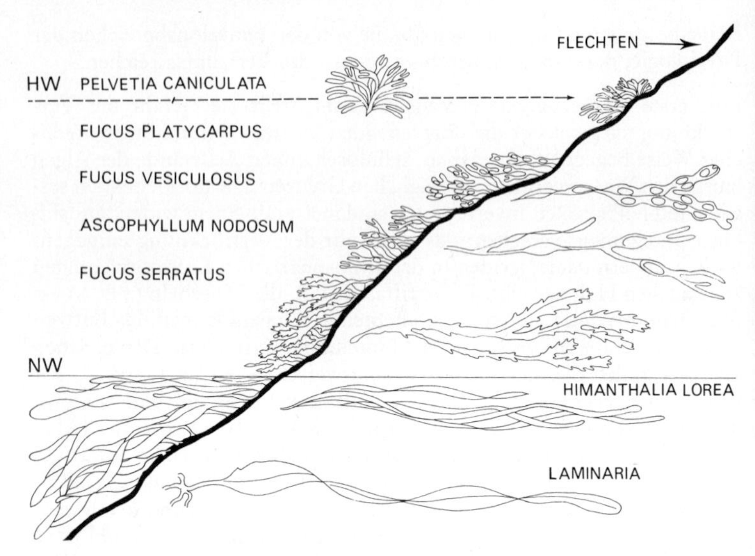

Abb. 95 Gezeitenbedingte Zonierung der großwüchsigen Kryptogamen im Supra-, Meso- und obersten Infralitoral der nordwestfranzösischen Felsenküste (nach *Le Danois* 1955).

sen. Es sind dies an den europäischen Felsenküsten vor allem mehrere Seepocken-Arten (*Crustacea, Cirripedia,* Abb. 51 g, h) sowie die Schnekken der Gattungen *Patella, Acmaea* (Napfschnecken) und *Littorina, Monodonta* u.a. Aufgrund der artspezifischen Toleranzen kommt es im Mesolitoral in der Regel zu einer mehr oder weniger ausgesprochenen, vertikalen Zonierung der Arten, die besonders deutlich im Falle der Großalgen (Abb. 95) in Erscheinung treten kann.

Die Gezeiten bestimmen als Zeitgeber auch weitgehend die Lebensäußerungen und Aktivitäten (Photosynthese und andere Stoffwechselvorgänge, lokomotorisches Verhalten, Nahrungserwerb, Fortpflanzungsgeschehen etc.) der in ihrem Einflußbereich lebenden Organismen. Teils fallen die Perioden höchster Betriebsamkeit mit der Flut, teils mit jener der Ebbe zusammen. Letzteres z.B. trifft für die die Schlickstrände gemäßigter bis tropischer Flachküsten belebenden Winkerkrabben der Gattungen *Uca* (Abb. 96) und *Ocypode* zu. Während der Flut halten sich diese Krabben in ihren selbstgebauten Gängen auf und verlassen diese, sobald das Wasser sich bei eintretender Ebbe zurückzieht. Bis zur nächsten Flut obliegen diese grotesken Tiere der Nahrungssuche, verteidigen ihren Standplatz und balzen. Im Gegensatz dazu entfaltet die an den Felsküsten Europas weit verbreitete Strandkrabbe *Carcinus maenas* (Syn. *Carcinides maenas,* Abb. 51 i) ihre Aktivitäten vor allem während der Flut.

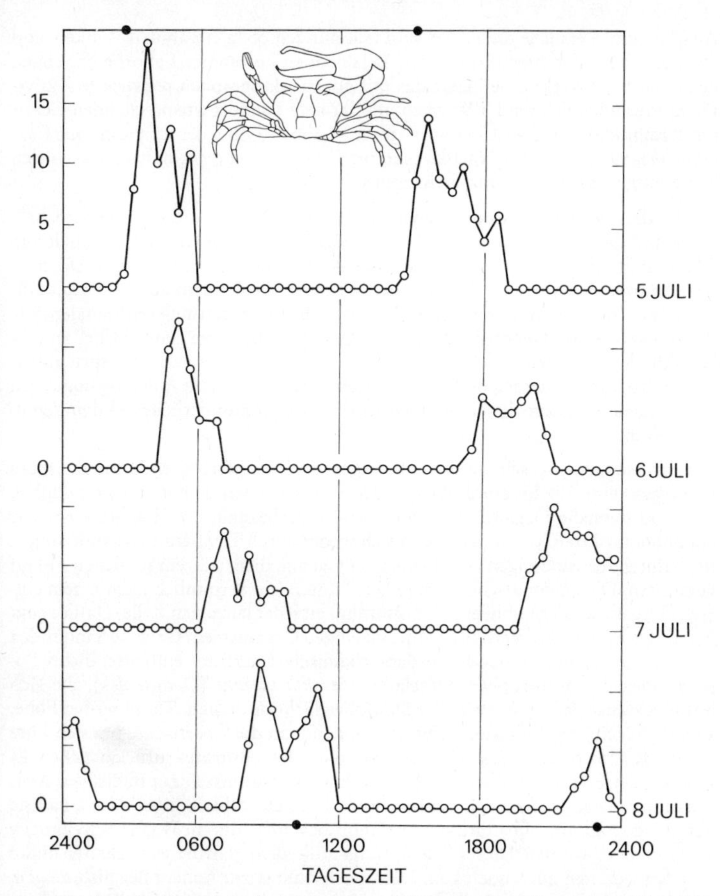

Abb. 96 Gezeiteninduzierte Aktivitäten einer Winkerkrabbe, die am 4. Juli dem Einfluß der Gezeiten entzogen und von diesem Zeitpunkt an in einem dunklen Behälter mit konstanten Außenbedingungen gehalten wurde. Die zwei gezeiteninduzierten Aktivitäts-Maxima klingen in den folgenden Tagen nach (nach *Palmer* 1976).

Identische und ähnliche Beispiele, welche die zeitgeberische Wirkung der Tiden veranschaulichen, ließen sich in beliebiger Zahl aufführen. Sie zeigen, sofern sie Gegenstand von experimentellen Untersuchungen waren (Piéron 1909; Rao 1954; Palmer 1975 u.a.), daß die gezeitenbedingten Aktivitätsrhythmen während Tagen, ja Wochen nachklingen, wenn die ihrem Habitat entnommenen bzw. dem Einfluß der Tiden entzogenen Tiere unter konstanten Außenbedingungen im Laboratorium gehalten werden.

Ausgedehnte Versuche dieser Art sind u.a. mit den oben erwähnten Winker- und Strandkrabben durchgeführt worden. Bei der unter konstanten Laborbedingungen gehaltenen Winkerkrabbe bleibt das mit einem Aktographen registrierte Aktivitätsmuster noch während 5 Wochen mit der dem Fundort entsprechenden Gezeitenrhythmik in zeitlicher Übereinstimmung (Abb. 96). Bei der Strandkrabbe *Carcinus maenas* hält dieses Nachklingen noch ca. 1 Woche an, danach lassen sich keine ausgeprägten Maxima mehr registrieren.

Weder die materiellen Grundlagen noch die Mechanismen dieser „inneren Uhr", die trotz Ausbleiben zeitgebender, äußerer Signale die zuvor von diesen induzierten Aktivitätsrhythmen über längere Zeit nachklingen lassen, sind bekannt. Die meisten Autoren (s. PALMER 1975) sind der Meinung, die Tendenz zu diskontinuierlichen Aktivitäten sei eine angeborene Eigenschaft, wobei den äußeren Signalen, wie dem Licht oder den Gezeiten lediglich die Aufgabe zufalle, die „innere Uhr" zu stellen, d.h. diese mit den äußeren Ereignissen zu synchronisieren. Dafür spricht u.a. die Beobachtung, wonach im Laboratorium unter konstanten Außenbedingungen aufgezogene Jungtiere dieser Krabben schon ein diskontinuierliches Aktivitätsmuster zeigen.

Bei *Carcinus maenas* scheint dem im Augenstiel lokalisierten, endokrinen Organ (X-Organ) eine, die lokomotorischen Aktivitäten steuernde Funktion zuzufallen, während dasselbe Organ bei anderen Arten diesbezüglich wirkungslos ist. Die einmal induzierten Rhythmen lassen sich weder durch Temperaturveränderungen noch durch Anwendungen verschiedenster Chemikalien in ihrem zeitlichen Ablauf verändern. Die enigmatische „innere Uhr" untersteht vermutlich nicht einem einzigen Organ, sondern obliegt der Zuständigkeit jeder einzelnen Zelle. Dafür zeugt u.a. das tidengerechte Verhalten von einzelligen Organismen: Gewisse Sandböden in der Gegend von Cape Cod (Nordamerikanische Ostküste) enthalten dichte Populationen der autotrophen Kieselalge *Nitschia virgata* (*Diatomales*), die sich normalerweise ca. 1 mm unter der Sandoberfläche aufhalten. Tagsüber bei Ebbe, steigen sie, einen gelbbraunen Überzug bildend, an die Oberfläche, um sich kurz vor der Rückkehr des Wassers wieder ins Innere des Substrates zurückzuziehen. Es liegt auf der Hand, daß diese Algen die kurze Expositionszeit zur intensiven Assimilation nutzen. Daß sie dies bei Ebbe tun, läßt sich wohl damit erklären, daß sie der Aufenthalt im Substratinneren davor bewahrt, durch Wasserbewegungen weggespült zu werden. Dieses Beispiel zeigt außerdem, daß dieses Verhalten außer von den Gezeiten auch noch vom Licht beeinflußt wird. Andere Beispiele zeigen, daß die durch Flut und Ebbe induzierten Aktivitätsrhythmen durch die herrschenden Belichtungsverhältnisse nicht so sehr in ihrem zeitlichen Ablauf als in ihrer Intensität modifiziert werden können. So erreichen z.B. die stets mit der Flut synchronisierten Aktivitätsmaxima der Strandkrabbe (*Carcinus maenas*) nachts höhere Werte als tagsüber. Dies bedeutet, daß hier der Zeitgeber und das Licht in einer antagonistischen Beziehung zueinander stehen.

Als Beispiel einer gezeitengesteuerten Fortpflanzungstätigkeit sei jenes des an den Küsten Südkaliforniens heimischen Grunion (*Leurestes tenuis*) erwähnt. Dieser 15–20 cm lange sardinenähnliche Fisch laicht von März bis August massenweise an den flachen Sandküsten. Männchen und Weibchen lassen sich dabei von den Wellen der nächtlichen Springfluten möglichst weit landeinwärts tragen. Beim Zurückweichen der Flutwellen verlassen sie über den Sand hüpfend das Wasser. Die Weibchen graben sich durch heftige Bewegungen schwanzvoran in den Sand ein und entlassen in dessen Inneres 1000–30000 größere Eier, zu denen die Spermien rieseln, welche von den sich nicht eingrabenden, männlichen Fischen an der Substratoberfläche abgegeben werden. Nach diesem oft nicht länger als 30 Sekunden dauernden Laichgeschäft hüpfen die Fische der nächsten Flutwelle entgegen und lassen sich von dieser wieder ins Meer hinaus tragen. Die Embryonalentwicklung der oft 30 cm tief unter der Oberfläche liegenden Eier dauert etwa 10 Tage. Da die feucht bleibenden Laichplätze während dieser Zeit entblößt bleiben, werden sie durch die Sonneneinstrahlung erwärmt. Die Entwicklungsdauer ist auf das Gezeitenprogramm so abgestimmt, daß die geschlüpften Jungfische durch die Wellen der nächstfolgenden Springflut aufgeschwemmt und ins Meer getragen werden.

5. Fortpflanzungsbiologie

5.1. Allgemeines

Die Fortpflanzung erfüllt, als eine Eigenheit lebender Materie, im wesentlichen zwei Aufgaben:

1. Sie stellt die Voraussetzung für die Kontinuität bzw. Erhaltung der Arten dar, indem sie Verluste kompensiert, die durch das alterungsbedingte Ableben der Individuen, infolge deren Verwertung im trophischen Gefüge (Kap. 6.4.) sowie anderer fataler Ereignisse entstehen. Sie wird dieser kompensatorischen Funktion dann gerecht, wenn sich ihre Leistungen und die Verlustquoten, langfristig und großräumig betrachtet, die Waage halten. Die Tatsache, daß die meisten heute lebenden Arten sich weder ins Unermeßliche vermehren, noch unmittelbar vor dem Aussterben stehen, ist eine empirische Feststellung, welche für die Abgewogenheit all der für diese Gleichgewichte verantwortlichen Faktoren zeugt. Diese Gleichgewichte können allerdings störungsanfällig sein, was sich gelegentlich in mehr oder weniger ausgeprägten Bestandesschwankungen einzelner Arten oder Populationen manifestiert.

Die z. B. von Jensen zwischen 1911 und 1914 an Muschelpopulationen des Limfjords (Dänemark) durchgeführten quantitativen Erhebungen haben deutliche Oszillationen der Artbestände aufgezeigt (Abb. 97). In neuerer Zeit hat die in den Korallenriffen des Pazifiks festgestellte Überhandnahme des Dornen-Seesterns (*Acanthaster plancii*), der die Korallen durch Abweiden in beunruhigendem Ausmaß zerstört, Schlagzeilen gemacht.

Solange derartige Bestandesschwankungen nicht unmißverständlich auf die sich häufenden, direkten und indirekten Einwirkungen durch den Menschen zurückgeführt werden können, bietet die Identifikation ihrer Ursachen, der engen Verflechtung synökologischer Beziehungen wegen, größte Schwierigkeiten. Wenn marine und kontinentale Verhältnisse in dieser Hinsicht miteinander verglichen werden, so sind den ersteren unverkennbare Vorteile zuzubilligen, stellen sich doch der Verbreitung der Arten weit weniger physische Schranken in den Weg als im Süßwasser oder auf dem Festland. Bricht aus irgend einem Grund im marinen Raum eine Population zusammen, so bestehen dank der Mobilität der Entwicklungsstadien und dank des alles verbindenden Milieus reellere Chancen einer Neubesiedlung als in den beiden anderen Lebensräumen.

Dieser rein kompensatorischen Funktion werden sowohl die asexuelle (ungeschlechtliche, vegetative) als auch sexuelle (geschlechtliche) Fortpflanzung in gleichem Maß gerecht.

1911	1912	1913	1914

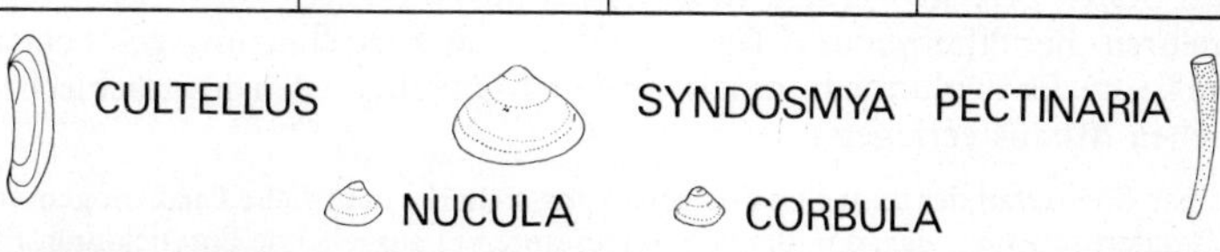

Abb. 97 Bestandesschwankungen einiger, der sog. *Syndosmya alba*-Gemeinschaft angehörender Muscheln (*Bivalvia*: *Syndosmya*, *Cultellus*, *Nucula* und *Corbula*) und Polychaeten (*Pectinaria*). Die quantitativen Erhebungen wurden zwischen 1911 und 1914 von *Jensen* (1919) im westlichen Limfjord (Dänemark) durchgeführt (nach *Thorson* 1957).

2. Der sexuellen Fortpflanzung – und nur dieser – fällt im Zusammenhang mit der Arterhaltung und der Entstehung neuer Rassen und Arten noch eine weitere, weniger quantitative als vielmehr qualitative Bedeutung zu. Diese liegt in der Schaffung und Erhaltung einer genetischen Heterogenität, bzw. einer phänotypischen Variabilität innerhalb von Populationen und Arten als Folge von Neukombinationen des Erbgutes, wie sie im Rahmen der Gametogenese (Reifeteilungen) und der Gameten-Verschmelzung (Karyogamie) zustande kommen. Diese genetische Heterogenität ist, abgesehen davon, daß sie das „Rohmaterial" für das Entstehen von neuen Rassen und neuen Arten darstellt, allein schon für die Erhaltung der Art unerläßlich. Sie sorgt nämlich innerhalb derselben für eine reiche Auswahl verschiedenartiger Merkmalsträger (Phänotypen), aus denen jene sich erfolgreich durchsetzen werden, deren Eigenschaften vorteilhafte Anpassungen an räumlich oder zeitlich sich verändernde, ökologische Parameter darstellen (vgl. Kap. 2.1.).

Die erbhygienischen Vorteile der sexuellen Fortpflanzung werden, im Vergleich zur vegetativen Vermehrung, die der genetischen Variabilität entgegenwirkt, weil die so gezeugten Nachkommen (Klone) die gleiche genetische Konstitution wie die Eltern haben, mit einer ganzen Reihe von Komplikationen erkauft. Dazu gehören u.a. alle anatomischen und physiologischen Vorkehrungen, die notwendig sind, damit das erfolgreiche Zusammentreffen der Gameten gewährleistet ist (Kap. 5.3.1.) und die epigenetische Entwicklung des Individuums ausgehend von einer einzigen Zelle. Eine Kombination beider Fortpflanzungstypen, wie sie in den Generationswechseln der meisten marinen Pflanzen (Kap. 6.2.), der Protozoen (Abb. 21 e), vieler Invertebraten (Abb. 75), ja sogar einiger primitiver Chordatiere (z. B. *Thaliacea*, Abb. 28 b, c) ihren Ausdruck findet, birgt nach populationsdynamischen und ökologischen Gesichtspunkten beurteilt unverkennbare Vorteile: Die sexuelle Phase dieser z. T. komplexen Zyklen (Abb. 75, 98), die nicht unbedingt mit einer intensiven Vermehrung der Individuenzahlen verbunden sein muß, sorgt für die Erhaltung der Variabilität. Dank der vegetativen Vermehrung können sich all jene Genotypen, die den momentanen ökologischen Gegebenheiten am besten gerecht werden, in genetisch unveränderter Form rasch vermehren. Bei Pflanzen und Tieren hat sich das Fortpflanzungsgeschehen im Laufe der Evolution in zunehmendem Maße zugunsten des geschlechtlichen Modus verlagert.

Einen Sonderfall der sexuellen Fortpflanzung stellt die natürliche **Parthenogenese** (Jungfernzeugung) dar, d.h. die vom unbesamten Ei ausgehende Entwicklung. Es ist dies ein vor allem unter Kleinkrebsen der Unterordnung *Cladocera* (Wasserflöhe, Abb. 27 a, b) zu beobachtender Fortpflanzungsmodus: Während des größten Teils des Jahres entwickeln sich aus den unbesamten Eiern ausschließlich weibliche Tiere. Bei Eintritt schlechterer Bedingungen wird die Parthenogenese durch die bisexuelle Fortpflanzung abgelöst, wobei in diesem Zeitpunkt aufgrund noch wenig bekannter Mechanismen aus den Eiern sowohl Weibchen wie auch Männchen hervorgehen. Dieser Wechsel zwischen parthenogenetischer und bisexueller Vermehrung, der unter den im Süßwasser lebenden Invertebraten weit verbreitet ist (*Cladocera, Rotifera*), im marinen Raum jedoch seltener zu sein scheint, wird als **Heterogonie** bezeichnet. Diese erlaubt eine rationellere Ausnützung von trophisch vorteilhaften Situationen, wobei das männliche Geschlecht als Nahrungskonkurrent vorübergehend ausgeschaltet ist.

Sowohl Pflanzen als auch Tiere erzeugen im Rahmen des Fortpflanzungsgeschehens gelegentlich sog. **Dauerstadien,** denen die Aufgabe zufällt, die für die Art ökologisch ungünstigen Situationen (z.B. Trockenlegung, Kälteperioden etc.) zu überbrücken. Es handelt sich dabei meist um vegetativ erzeugte ein- oder mehrzellige Fortpflanzungskörper, die mit den der jeweiligen Situation gerecht werdenden Schutzvorrichtungen, z.B. widerstandsfähigen, wasserundurchlässigen Schutzhüllen ausgerüstet sind. In der marinen Flora und Fauna sind Dauersporen oder ähnliche Körper eine verhältnismässig seltene Erscheinung, was zweifelsohne mit der Tatsache in Zusammenhang zu bringen ist, daß das Auftreten extremer ökologischer Bedingungen auf die litorale „Kampfzone“ beschränkt bleibt.

5.2. Pflanzen

Die Fortpflanzungszyklen der marinen Kryptogamen zeichnen sich durch eine verwirrende Vielfalt aus, die hier unmöglich vollumfänglich zur Darstellung kommen kann (vgl. ROUND 1968; ESSER 1976 u.a.). Ähnlich wie in vielen Artengruppen der Protozoen und wirbellosen Tiere lösen sich z.T. im Rahmen komplexer Generationswechsel (Abb. 98) vegetative und sexuelle Fortpflanzung ab. Die asexuelle Vermehrung umfaßt einfache, mitotische Zellteilungen (Einzeller), die Fraktionierung mehrzelliger Thalli oder die Bildung von Sporen (Mitosporen), welche beweglich (Plano- bzw. Zoosporen) oder unbeweglich (Aplanosporen), diploid (Diplosporen) oder haploid (Haplosporen) sein können. Die ursprünglichste Form der sexuellen Fortpflanzung, wie sie unter den einzelligen Formen (Abb. 18 a) verbreitet ist, beruht auf der Verschmelzung äußerlich gleich gestalteter Zellen (Isogameten). Mit dem Übergang zur mehrzelligen Organisation zeichnet sich eine sich verstärkende Tendenz zur geschlechtlichen Differenzierung ab. Diese manifestiert sich zunächst in der Anisogamie, bzw. Oogamie, indem sich unbewegliche, weibliche Aplanogameten von den beweglichen, männlichen Planogameten (Abb. 98 a, b) differenzieren. In einem weiteren Schritt werden die die Gameten produzierenden Organe (Oogonien und Antheridien) und schließlich, im Falle der Dioecie, die Pflanzen selber von einer divergenten, sexuellen Differenzierung erfaßt. Die Gameten können entweder als sog. Mitogameten aus einem bereits haploiden Gametophyten (Abb. 98 a) oder als Meiogameten nach erfolgter Reduktionsteilung aus einer diploiden Pflanze hervorgehen. Im Rahmen dieser Generationswechsel (Abb. 98 a, b) bildet der Gametophyt die Gameten, der Sporophyt die vegetativen Sporen. Die männ-

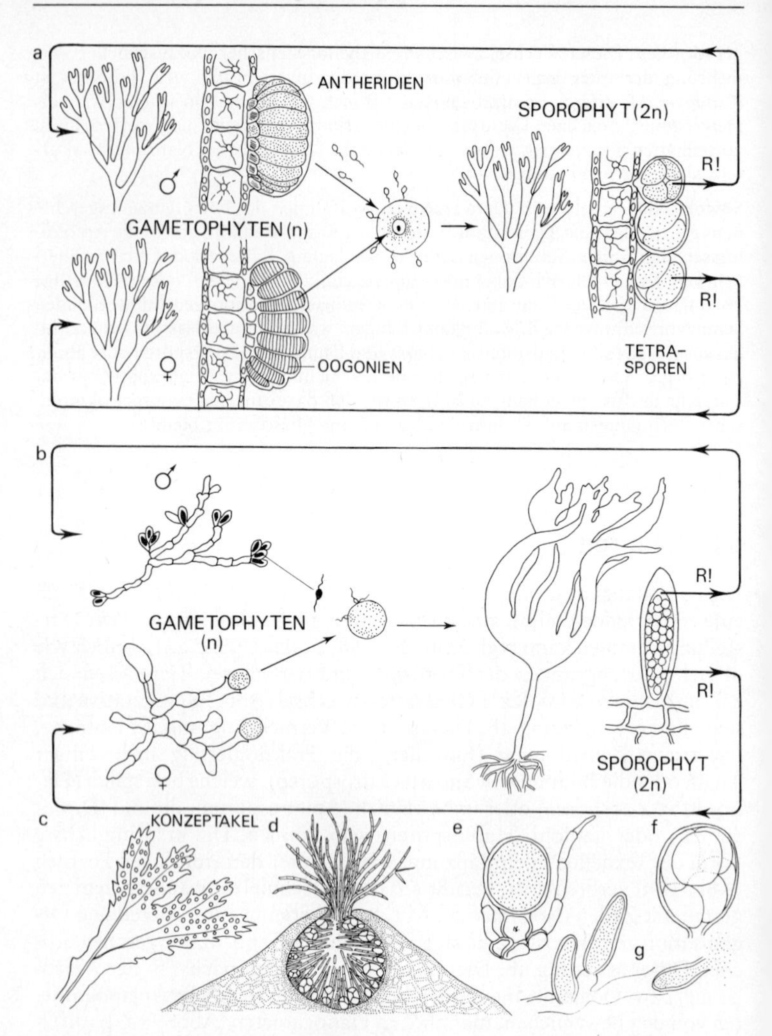

Abb. 98 Entwicklungszyklen von *Phaeophyceae* (Braunalgen): **a** *Dictyota dichotoma* (*Dictyotales*); **b** *Laminaria cloustoni* (*Laminariales*); **c–g** *Fucus* sp. (*Fucales*). Kein Generationswechsel; **c** = Thallus mit Konzeptakeln; **d** = Schnitt durch ein monoezisches Konzeptakel mit Oogonien (vgl. c–f) und Antheridien (vgl. g); **e** = junge Oogonie aus dem Konzeptakel; **f** = abgelöstes Oogonium, 8 Eizellen enthaltend; **g** = Antheridien aus dem Konzeptakel.

lichen und weiblichen Gametophyten können im Fall von Dioecie isomorph (Abb. 98 a) oder dimorph (Abb. 98 b) sein. Was den Zeitpunkt des Eintritts der mit der Reduktion der Chromosomenzahl von 2n auf n verbundenen Reifeteilungen anbelangt, so sind unter den Grün-, Braun- und Rotalgen fast alle erdenklichen Möglichkeiten verwirklicht.

Chlorophyceae (Grünalgen): Die ungeschlechtliche Vermehrung wird von den Grünalgen auf verschiedene Weise vollzogen: Bei den einzelligen Arten (Abb. 18 a) entspricht sie einer ein- bis mehrfachen mitotischen Teilung der Zelle. Mehrzellige oder mehrkernige Thalli können sich an vorbereiteten Stellen (Wandbildung) spontan fragmentieren. Die Bildung und Entlassung begeißelter Planosporen stellt jedoch in dieser Gruppe den häufigsten Modus ungeschlechtlicher Vermehrung dar. Diese Schwärmersporen entstehen entweder durch Mehrfachteilung einer Thallus-Zelle bzw. im Innern von spezialisierten Zoosporangien. Bei einzelligen Formen stellt die ganze Mutterzelle bzw. deren Zellwand das Zoosporangium dar. Die entlassenen, sich meist positiv phototaktisch verhaltenden Zoosporen können die Geißeln verlieren und als Aplanosporen passiv verfrachtet werden.

Im Rahmen der sexuellen Fortpflanzung sind bei den *Chlorophyceae* fast alle Evolutionsstufen anzutreffen: Die einfachste trifft man bei Einzellern, z.B. *Chlamydomonas eugametos* (Abb. 18 a) an, wo Angehörige verschiedener Kreuzungstypen als Isogameten miteinander verschmelzen. Bei anderen Vertretern dieser Gattung findet vorgängig der Kopulation eine eigentliche Gametogenese statt, in dem sich die Zellen in 2–64 Tochterzellen teilt, die als gegeißelte Isogameten mit Partnern unterschiedlicher genetischer Konstitution verschmelzen. Aus den Zygoten gehen nach erfolgter Reduktionsteilung vegetative Haplonten hervor. Bei den mehrzelligen bzw. polyenergiden Grünalgen herrscht Isogamie vor, während Monoecie und Dioecie nebeneinander vorkommen. Die im zweiten selteneren Fall (z.B. *Ulothrix, Ulva, Cladophora*) vorliegende genotypische Geschlechtsbestimmung findet im Zusammenhang mit der sich während der Zygotenkeimung vollziehenden Reduktionsteilung statt. In der Regel werden bei den mehrzelligen *Chlorophyceae* beide, die geschlechtlichen (Gonangien) und ungeschlechtlichen (Sporangien) Fortpflanzungsorgane vom gleichen, haploiden Individuum gebildet. Nur bei einer beschränkten Zahl von Artengruppen (*Siphonocladiales: Cladophora, Chaetomorpha; Ulotrichales: Ulva, Enteromorpha*) hat sich, vermutlich unabhängig voneinander, ein echter metagenetischer Generationswechsel herausgebildet, in dem Gametophyt und Sporophyt von verschiedenen Pflanzen dargestellt werden, die sich morphologisch jedoch kaum voneinander unterscheiden. Es liegt hier somit ein haplo-diplobiontischer, isomorpher Generationswechsel vor.

Phaeophyceae (Braunalgen, Abb. 98): Die Entwicklungstypen der Braunalgen zeichnen sich durch eine große Reichhaltigkeit aus. Der

Grundtypus entspricht einem Wechsel von haploiden (Gametophyt) und diploiden (Sporophyt) Pflanzen. Bei den einen (*Dictyota,* Abb. 98 a) sind die Thalli dieser beiden Generationen äußerlich so ähnlich, daß diese nur anhand der Struktur der Fortpflanzungsorgane (Sporangien bzw. Gametangien, Abb. 98 a) identifiziert werden können. Die heteromorphen Zyklen sind durch eine fortschreitende Rudimentierung des Gametophyten einerseits und einer Neigung zum Gigantismus des Sporophyten andererseits gekennzeichnet. Diese Allometrie erreicht ihren Höhepunkt bei den *Laminariales* (Abb. 12 c, 98 b), wo dem mikroskopisch kleinen Gametophyten ein Sporophyt von 50 und mehr Metern Länge gegenüberstehen kann. Die Gametophyten sind meist getrennt geschlechtig (dioecisch), wobei der Geschlechtsdimorphismus auf die Struktur der Antheridien und Oogonien beschränkt bleibt (Abb. 98 b). Auf dem Niveau der Gameten kommen, ähnlich wie bei den *Chlorophyceae,* alle möglichen Stufen zwischen Isogamie (*Phaeosporales*) und ausgeprägter Anisogamie (*Dictyotales, Laminariales*) vor. Im Extremfall erzeugen die Oogonien (Abb. 98 c) unbewegliche Eier (Oogamie), die Antheridien aber schwärmende Spermatozoide.

Die Reduktionsteilungen finden ausnahmslos im Zusammenhang mit der in den Sporangien stattfindenden Differenzierung der Zoosporen (Abb. 98 a, b) statt. Aus diesen haploiden Schwärmern entwickeln sich die Gametophyten. Den durch Wasserbewegungen verfrachteten Tetrasporen von *Dictyota dichotoma* (Abb. 98 a) fehlen Geißeln.

Eine Sonderstellung nehmen die *Fucales* (Abb. 98 c–g) ein, denen der Sporophyt fehlt, d.h. es liegt hier kein haplodiplophasischer Generationswechsel vor. An den entweder dioecischen (z.B. *Fucus serratus, F. vesiculosus*) oder monoecischen (z.B. *F. platycarpus*) Thalli entstehen endständig sog. Konzeptakel (Abb. 98 d), in deren Vertiefungen sich Antheridien (♂) und/oder Oogonien (♀) ausbilden. Die Reduktionsteilung findet hier während der Gametogenese statt. Die Pflanzen dieser Gruppe sind somit ausschließlich Diplonten.

Rhodophyceae (Rotalgen): Stellvertretend für andere, komplexe Zyklen der Rotalgen sei hier jener eines Vertreters der Gattung *Ceramium* (*Ceramiaceae*) dargestellt: Der fruktifizierende, dioecische Gametophyt bildet am Ende der verzweigten Thalli männliche und/oder weibliche Oogonien, hier Karpogone genannt. Letztere sind mit einem röhrenförmigen Empfängnisorgan (Trichogyne) versehen, an dem die männlichen Keimzellen haften bleiben. Nach der an der Kontaktstelle erfolgten Auflösung der Zellwände tritt der Inhalt der männlichen Zelle in die Trichogyne über, wobei der männliche Kern bis zu der im Karpogon enthaltenen Eizelle vorstößt und mit deren Kern verschmilzt.

Charakteristisch für die *Rhodophyceae* ist, daß sowohl die Gameten wie auch die vegetativen Sporen stets unbegeißelt sind. Nach erfolgter Karyogamie entstehen aus der Zygote auf dem haploiden Gametophyten diploide Zellfäden. Diese stellen den sog. Karposporophyten dar, der ohne Reduktionsteilung diploide Karposporen bildet, aus denen diploide, dem Gametophyten ähnliche Pflanzen hervorgehen. Die Besonderheit dieses Zyklus liegt somit in der diploiden Zwischengeneration, dargestellt durch den sich auf dem haploiden Gametophyten entwickelnden Karposporophyt.

Im Tetrasporophyten entstehen in Sporangien nach Reduktionsteilung haploide Tetrasporen, aus denen dioecische Gametophyten keimen. Dieser komplexe Zyklus erfährt bei anderen Rotalgen verschiedenartige Modifikationen. Neben isomorphen Generationswechseln treten häufig heteromorphe auf. In vielen Fällen sind die Zyklen noch unbekannt oder es herrscht immer noch Unklarheit über die Art und den Zeitpunkt des Kernphasenwechsels.

Phanerogamen (Blütenpflanzen): Die wenigen submersen, marinen Phanerogamen (*Potamogetonaceae: Posidonia, Zostera,* Kap. 3.4.1., Abb. 12a, 63), die im Litoral dichte Wiesen bilden, vermehren sich vor allem vegetativ durch aussprossende Rhizome. Die meisten dieser Beete sind vermutlich sehr alt. Dafür zeugen die z.T. massiven Sedimente von alten Rhizomen und abgestorbenen Blättern, auf denen die lebenden Pflanzen wachsen. Die unscheinbaren Blütenstände (Abb. 12a), deren Pollen vom Wasser verfrachtet werden, sind relativ selten anzutreffen.

5.3. Tiere

5.3.1. Allgemeines

Entwicklungszyklen: Die Entwicklungszyklen vieler mariner Protozoen und Invertebraten sind fast ebenso komplex wie jene der Kryptogamen, weil auch hier innerhalb einer Art verschiedene Fortpflanzungstypen, verbunden mit der Ausbildung polymorpher Erscheinungsformen, nebeneinander vorkommen. In vielen Artengruppen bis hinauf zu den *Urochordata* (*Ascidiacea,* Abb. 52i und *Thaliacea,* Abb. 28b, c) fällt dabei der asexuellen Vermehrung eine bedeutende Rolle zu.

Jede mitotische Zweiteilung einer Protozoen-Zelle ist gleichbedeutend mit asexueller Vermehrung (Abb. 21e). Die *Metazoa* erreichen das gleiche Ziel auf dem Weg verschiedenartiger morphogenetischer Prozesse: Am einfachsten ist der spontane Zerfall des Individuums in zwei oder mehrere Teilstücke (*Porifera, Cnidaria, Nemertini, Polychaeta*), wobei jedes so entstandene Teilstück vor oder nach der Fragmentation die ihm fehlenden Teile regenerativ zu ersetzen hat. Einige polypoide Cnidarier (*Hydrozoa, Anthozoa, Scyphozoa*) schnüren von ihrem Körper amorphe Gewebsstücke ab, aus denen vollwertige Tochterindividuen hervorgehen (Abb. 48g). Eine Weiterentwicklung dieses Vermehrungsmodus ist der Knospungsprozess, in dessen Verlauf sich am mütterlichen Organismus aus somatischen Zellen desselben Tochterindividuen differenzieren (z.B. *Cnidaria; Kamptozoa,* Abb. 49c; *Tentaculata; Urochordata,* Abb. 28b). So entstandene Tochterindividuen können sich entweder vom Muttertier ablösen oder den geweblichen Kontakt mit diesem aufrecht erhalten. Dadurch entstehen die Stockgebilde („Kolonien“) vieler *Cnidaria* (Abb. 58), der *Bryozoa* (Abb. 50 l, m), *Pterobranchia* und *Urochordata* (Abb. 52 h), innerhalb derer es zu funktionell begründeten Polymorphismen kommen kann.

Die vegetative Fortpflanzung ist stets mit der geschlechtlichen gekoppelt. Im einfachsten Fall kommen diese beiden Fortpflanzungsarten im selben Individuum nebeneinander vor. Oft jedoch liegt ein echter Generationswechsel vor, in dem 2 verschiedenartige Erscheinungsformen mit unterschiedlichen Lebensgewohnheiten alternieren. Als klassische Beispiele hierfür mögen die komplexen Entwicklungszyklen vieler *Hydrozoa* (Abb. 14 d, 75) und *Scyphozoa* (Abb. 14 c) gelten, wo die benthisch lebenden Polypen die sich vegetativ vermehrende Generation, die pelagisch lebenden Medusen die Träger der sexuellen Fortpflanzung darstellen. Die Medusen können entweder dadurch entstehen, daß sich der Polyp als Ganzes in die freischwimmende Erscheinungsform umwandelt (*Cubomedusae*) oder sie gehen aus einem Strobilations- (*Scyphozoa*, Abb. 48 h) bzw. Knospungsprozeß (*Hydrozoa,* Abb. 48 d) hervor. Die eine oder die andere der Generationen kann teilweise oder ganz reduziert sein (Tardent 1978), oder der Zyklus erfährt eine zusätzliche Erweiterung, indem wie z.B. bei *Rathkea octopunctata* (Abb. 75) auch die geschlechtliche Meduse befähigt ist, sich durch Knospenbildung vegetativ zu vermehren. Ein ähnlicher dimorpher Generationswechsel liegt bei den Salpen (*Thaliacea,* Abb. 28 b, c) vor.

Charakteristisch für die ontogenetischen Entwicklungsvorgänge der marinen Invertebraten und Knochenfische ist, daß sie über Larvenstadien führen (Abb. 103–106). Diese meist beweglichen Jugendstadien, die sich im Rahmen einer mehr oder weniger dramatischen Metamorphose zur Adultform umwandeln, unterscheiden sich von der letzteren nicht nur gestaltlich, sondern auch bezüglich der Lebensweise. In der Regel sind diese Larven, auch jene benthischer Formen, pelagisch und bilden eine ökologisch stark ins Gewicht fallende Komponente des Zooplanktons. Die Bedeutung dieser Frühphase des Individualzyklus liegt zweifellos im Beitrag, den sie im Zusammenhang mit der räumlichen Verbreitung der Arten, der Durchmischung der Populationen und der Erschließung neuer Lebensräume leistet. Diese dynamischen Faktoren fallen ganz besonders ins Gewicht, wenn die Adultform eine ortsgebundene benthische Lebensweise führt. Die aus dieser Erweiterung der Individualzyklen entstehenden Nachteile sollen an anderer Stelle erörtert werden (s. u.).

Geschlecht und Geschlechtsbestimmung: Getrenntgeschlechtigkeit (Gonochorismus) und Zwittertum (Hermaphroditismus) kommen mit Ausnahme der Knorpelfische, Reptilien, Vögel und Säuger in fast allen systematischen Gruppen nebeneinander vor. Bei den gonochoristischen Wirbellosen beschränken sich die sekundären Geschlechtsmerkmale meistens auf die Gonaden und die akzessorischen Geschlechtsorgane.

Diesbezügliche Ausnahmen stellen die *Echiurida* (s. u.) und die *Cephalopoda* dar. Bei den letzteren lassen sich die Geschlechter im adulten Zustand meist anhand der Körpergröße, des Farbkleides und anderer Merkmale voneinander unterscheiden.

Einen Extremfall stellt das Papierboot (*Argonauta argo,* Abb. 36 b) dar. Das Weibchen, das mit 2 modifizierten Armen ein als Brutbehälter dienendes, formschönes Kalkgehäuse konstruiert, erreicht eine Körperlänge von 28 cm, während das schalenlose Männchen nur ca. 3,5 cm groß wird.

Der Sexualdimorphismus der ausnahmslos getrennt geschlechtigen *Chondrichthyes* beschränkt sich in der Regel auf die paarigen Bauchflossen, die beim Männchen zu einem Begattungsorgan (Pterygopodium, Abb. 53 b, f) umgestaltet sind. Bei den *Osteichthyes* sind auffällige Geschlechtsmerkmale (Größe, Pigmentierung etc.) eine geläufigere Erscheinung; dies jedoch meist nur im Fall kleinwüchsiger, benthischer Arten, deren Laichgeschäft meist mit einem differenzierten Balzverhalten verbunden ist. Das Zwittertum ist unter den marinen Knochenfischen (z.B. *Sparidae, Labridae, Serranidae*) relativ weit verbreitet (s. u.).

Unter den möglichen Mechanismen der Geschlechtsbestimmung ist bei den Gonochoristen zweifellos die genotypische vorherrschend, also jene, die sich auf eine geschlechtsspezifische, chromosomale Konstitution stützt. Es gibt allerdings für marine Tiere sehr wenige, diesem Problem dienliche zytologische Untersuchungen.

Beim gonochoristischen Echiuriden (*Bonellia viridis,* Abb. 49 1, m) liegt ein seltener Fall von phänotypischer Geschlechtsbestimmung vor (Baltzer 1925), d.h. der geschlechtliche Funktionszustand wird hier nicht chromosomal, sondern durch von außen einwirkende Faktoren festgesetzt. Die von den in den Geschlechtsgängen des Weibchens lebenden Zwergmännchen besamten Eier entwickeln sich zu freischwimmenden, lecithotrophen Trochophora-Larven (Abb. 103 n). Wenn diese mit der Körperoberfläche (meist Rüssel) eines adulten Weibchens Kontakt aufnehmen und diesen mindestens 3–4 Tage aufrecht erhalten, so entwickelt sich im Experiment die überwiegende Mehrzahl zu Zwergmännchen weiter (76%♂♂; 10%♀♀; 14% sexuell indifferent; nach Leutert 1974). Werden die geschlechtlich bivalenten Larven jedoch von mütterlichen Geweben isoliert aufgezogen, so resultiert ein umgekehrtes Geschlechtsverhältnis (67%♀♀; 3%♂♂; 30% sexuell indifferent). Der Rüsselkontakt wirkt, vermutlich auf stofflichem Weg, in vermännlichendem Sinn auf die geschlechtliche Differenzierung der bivalenten Larve. Dieser phänotypischen Geschlechtsbestimmung könnte im Sinne einer theoretischen Erwägung die folgende, regulatorische Funktion beigemessen werden: Dort, wo es im Verbreitungsgebiet dieses Wurms wenige Weibchen gibt, sind die Aussichten, daß die Larve zufällig auf ein solches trifft, verhältnismäßig gering. Infolgedessen müßte sich, gemäß den im Laboratorium gemachten Beobachtungen, ein größerer Prozentsatz der Larven zu Weibchen differenzieren. Bei einer dichten Weibchenpopulation würde der Mechanismus im entgegengesetzten Sinn regulatorisch wirken.

Unter den Zwittern gibt es sog. Simultan-Hermaphroditen, deren Ovarien und Hoden gleichzeitig heranreifen und andere, die im Laufe ihres Daseins von einem geschlechtlichen Funktionszustand zum andern wechseln. Simultan-Zwitter sind in einer ganzen Reihe von Invertebraten-Klassen vertreten und kommen auch bei einigen marinen Knochenfischen vor. Dazu gehören u.a. die im mediterranen Litoral häufigen Kleinbarsche *Serranellus scriba* und *S. cabrilla.*

Die Geschlechtsumkehr vom männlichen zum weiblichen Funktionszustand (Protandrie) findet z.B. beim Polychaeten *Ophryotrocha*, bei einigen Schnecken (*Calyptracaea*) und vereinzelten Seesternen (z.B. *Asterina gibbosa*) statt. Die Inversion im entgegengesetzten Sinn (Protogynie) ist vor allem bei einigen marinen Knochenfischen (*Labridae, Sparidae*) festgestellt worden.

Die Weibchen z.B. der zu den Lippfischen (*Labridae*) gehörenden Meerjunker (*Coris geoffredi*) sind von den sog. Primärmännchen äußerlich kaum zu unterscheiden. Die Weibchen können sich spontan oder infolge künstlicher Hormonbehandlung (Reinboth 1962) in sog. Sekundärmännchen umwandeln. Diese Transformation ist u.a. mit einer Größenzunahme des Fisches und einer Veränderung seines Farbkleides verbunden. Nach Fishelson (1975) scheint beim Korallenfisch *Anthias squamipinnis* die Geschlechtsumkehr durch soziale Faktoren ausgelöst zu werden.

Befruchtung/Paarung: Das Zustandekommen der Befruchtung ist vor allem dann problematisch, wenn, wie dies viele marinen Tiere tun, die Gameten beider Geschlechter vor der Besamung frei ins Wasser entlassen werden und das Zusammentreffen von Ei und Spermium mehr oder weniger dem Zufall anheim gestellt bleibt. Obwohl eine Feststellung der Erfolgsraten ausgeschlossen ist, muß angenommen werden, daß sie unter natürlichen Bedingungen eine ausreichende Nachkommenschaft gewährleisten. Die Lebenserwartungen der ins Wasser entlassenen Spermatozoen und damit ihre Befruchtungsfähigkeit sind höchstens auf 1–2 Stunden zu veranschlagen. Außerdem fallen die Eigenbewegungen dieser kleinen Samenzellen, verglichen mit den durch Wasserbewegungen verursachten, passiven Verfrachtungen, kaum ins Gewicht. Eine Reihe von Faktoren sind bekannt, die einzeln oder im Zusammenwirken die Wahrscheinlichkeit des Zusammentreffens männlicher und weiblicher Gameten zu erhöhen vermögen. Wichtig ist vor allem die Synchronisation der Gametenreifung innerhalb einer Population, wobei u.a. die Temperatur (Kap. 4.2.6.), das Licht (Kap. 4.5.2.), die Mondphasen und Ernährungsfaktoren als Zeitgeber wirken können. Ist die Gametogenese einmal synchronisiert, bedarf es eines Auslösers, der die laichbereiten Tiere zur gleichzeitigen Abgabe von Eiern und Spermien veranlasst. So entlassen z.B. reife Seeigel des Litorals (*Psammechinus, Paracentrotus* u.a.) ihre Gameten dann, wenn sie heftigen Wasserbewegungen (z.B. Wellengang) ausgesetzt werden. Viele Plankter (Hydromedusen, Rippenquallen, Chaetognathen u. a.) wie auch benthische Hydroidpolypen tun das gleiche mit großer Präzision nach einem Belichtungswechsel (Tagesanbruch, Sonnenuntergang). Die Anwesenheit von Spermien im Wasser allein, wie z. B. bei den *Amphineura*, kann die Weibchen zur Abgabe der Eier veranlassen.

Mobile, laichbereite Tiere verfügen zusätzlich über Möglichkeiten, sich gegenseitig zu nähern und den Geschlechtspartner durch besondere Verhaltensmaßnahmen zur Abgabe der Gameten anzuregen.

So kriechen z.B. männliche und weibliche Polypen der Aktinie *Sagartia troglodytes* (*Anthozoa*) aufeinander zu und entlassen die Gameten dann, wenn ihre Fußscheiben Kontakt aufgenommen haben. Viele benthische Polychaeten (*Errantia*) schwärmen im geschlechtsreifen Zustand nachts an die Wasseroberfläche und treffen sich dort in großer Zahl zum Laichgeschäft, wobei gewisse Arten im Sinne einer optischen Signalgebung selbstleuchtenden Schleim (Kap. 4.5.5.) von sich geben.

In anderen Fällen (z.B. *Porifera, Hydrozoa, Anthozoa, Bryozoa*) werden nur die Spermatozoen ins Wasser entlassen, während die Eier im Schutze des weiblichen Organismus zurückbleiben, wobei die männlichen Keimzellen den Weg zu diesen Lagerstätten der Eier finden müssen. Wenn es sich um Strudler handelt (Kap. 3.4.2.) vermag der von diesen erzeugte Wasserstrom die Spermien an den weiblichen Organismus heranzuführen. Der männliche Polyp von *Halcampa duodecimcirrata* (*Anthozoa*) gibt die Gameten dann ab, wenn eine Strömung herrscht. MILLER (1966) hat bei mehreren Hydroidpolypen (*Hydrozoa*), deren Eier in urnenförmigen Gonangien eingelagert sind (Abb. 48e), festgestellt, daß die Spermatozoen positiv chemotaktisch auf einen vom Gonangium erzeugten Stoff reagieren und dank dieses richtunggebenden Faktors den Weg ins Innere des Gonangiums finden. Es ist dies bisher der einzige, über jeden Zweifel erhabene Fall chemotaktischer Orientierung von Spermien.

Ein bedeutsamer Schritt in Richtung einer wirksamen Sicherung der Besamung stellt die direkte Übertragung von Spermien durch den männlichen auf den weiblichen Organismus dar. Dieses Verfahren setzt ein zweckdienliches Verhalten beider Partner, sowie die Ausbildung von Spermienkapseln (Spermatophoren) voraus, in denen die Spermien ohne große Verluste auf dem weiblichen Körper deponiert werden können. Die männliche Scyphomeduse *Tripedalia cystophora* überträgt mit Hilfe ihrer Fangtentakel solche Spermatophoren auf die Tentakel des Weibchens. Die hermaphroditischen Pfeilwürmer (*Chaetognatha*, Abb. 26e) tauschen die Spermatophoren im Rahmen einer Pseudokopula gegenseitig aus, wobei diese ohne Dazutun des Partners von der Körperoberfläche in die weibliche Geschlechtsöffnung gleiten. Die z. T. kunstvoll gebauten Spermatophorenkapseln der *Cephalopoda* werden vom Männchen mit Hilfe eines bestimmten, für diese Zwecke modifizierten (hektocotylisierten) Fangarmes, je nach Art, entweder auf der Mundregion (*Sepia*) oder in der Mantelhöhle (*Octopus*) des weiblichen Tieres deponiert.

Eine innere Besamung, d.h. die Übertragung der Spermien in die Genitalien des Weibchens mittels eines Penis oder eines ähnlichen Organs kommt unter den marinen Invertebraten bei den *Turbellaria, Rotifera, Nematodes, Solenogastres, Gastropoda* und *Arthropoda* vor. Während bei den marinen Knochenfischen die äußere Besamung zur Regel gehört, übertragen die männlichen Chimaeren, Haie und Rochen (*Chondrichthyes*) die Spermien mit Hilfe der zu einem Begattungsorgan umgewandelten Bauchflossen (Abb. 53 b, f) in die Kloakenöffnung des Weibchens. Reptilien und Säuger besitzen einen Penis. Die Kopulation der Meerschildkröten wird unter Wasser vollzogen, indem sich das Männchen auf dem Rücken, d.h. am Carapax des Weibchens festklammert und den Schwellkörper in dessen Kloake einführt. Die Wale (*Cetacea*) paaren ebenfalls im Wasser, wobei sich die Partner nach einem Vorspiel für kurze Zeit Bauch gegen Bauch aneinanderlegen. Bei den *Pinnipedia* erfolgt die Begattung sowohl an Land oder auf dem Eis wie auch im Wasser.

Periodizität: Will man ein Bild über Intensität und jahreszeitliche Periodizität des Fortpflanzungsgeschehens mariner Tiere gewinnen, bieten sich 2 Möglichkeiten an. Man untersucht periodisch den Reifezustand der Gonaden oder die Altersstruktur ganzer Populationen oder man beurteilt, sofern es sich um Formen mit pelagischen Jugendstadien handelt, deren räumliches und zeitliches Auftreten im Plankton. Obwohl die Informationen zu diesem Problemkreis noch sehr lückenhaft sind, lassen sich folgende, zweifelsohne von Ausnahmen behaftete Tatsachen erkennen: Das jahreszeitliche Muster der Fortpflanzungsaktivitäten zeigt für eine gegebene Art und einen gegebenen Ort Gesetzmäßigkeiten, die innerhalb gewisser Grenzen variieren. Neben anderen dafür verantwortlichen Parametern fallen trophische Faktoren zweifellos stark ins Gewicht. Die Gametogenese, besonders jene, die zur Produktion großer Eizahlen führt, ist mit hohen stofflichen Investitionen verbunden und ist deshalb in starkem Maß vom Ernährungszustand des weiblichen Organismus abhängig. Dies bedeutet, daß die räumlichen und zeitlichen Muster der Primärproduktion (Kap. 6.3.) den Beginn und den Verlauf des Fortpflanzungsgeschehens der Konsumenten maßgeblich mitbestimmen. Empirisch läßt sich diese Aussage durch folgende Tatsache untermauern: Dort, wo die Primärproduktion relativ geringe jahreszeitliche Schwankungen aufweist, z.B. in tropischen Meeren, gibt es, was die Fortpflanzungsaktivitäten der Tiere anbetrifft, in gewisser Übereinstimmung mit terrestrischen Verhältnissen, keine ausgesprochene Fortpflanzungsperiodizität. Das andere Extrem stellen die polaren Meere dar, deren Primärproduktion klare jahreszeitliche Maxima aufweisen, mit denen auch die Spitzen der tierischen Fortpflanzungs- und Vermehrungstätigkeit zusammenfallen. Ohne daß man hierfür über verläßliche Anhaltspunkte verfügt, darf angenommen werden, daß es in großen Tiefen, die der jahreszeitlichen Zeitgebung weitgehend entzogen sind, auch bezüglich der Fortpflanzung keine Periodizität gibt.

Die Dinge wären allzusehr vereinfacht, wenn man den trophischen Faktor einzig mit den durch die Gametogenese gestellten Ansprüchen in Zusammenhang brächte. Er spielt nämlich eine ebenso wichtige Rolle auf der Stufe der larvalen Entwicklungsphase, besonders dort, wo planktotrophe Stadien vorliegen, die als Primärkonsumenten auf ein ausreichendes Nahrungsangebot angewiesen sind. Außerdem gibt es noch andere Faktoren (Temperatur, Licht etc.), die sexualphysiologische Steuerungsfunktionen übernehmen können.

5.3.2. Invertebrata

Larvenoekologie

Die Entwicklungsverläufe der marinen wirbellosen Tiere sind fast ausnahmslos indirekt, d.h. sie durchlaufen im Anschluss an die embryonale Frühphase ein bis mehrere Larvenstadien. Die „Larve" ist ein ontogenetisches Jugendstadium, dessen Gestalt, Bauplan, Physiologie und Lebensweise mehr oder weniger deutlich von jenen der Adultform abweichen, so daß es zur Realisation der letzteren einer endgültigen Umgestaltung bedarf. Diese Metamorphose vollzieht sich entweder stufenweise oder in Form eines dramatischen Transformationsprozesses, der oft mit dem Übergang zu einer ganz anderen Lebensweise verbunden ist.

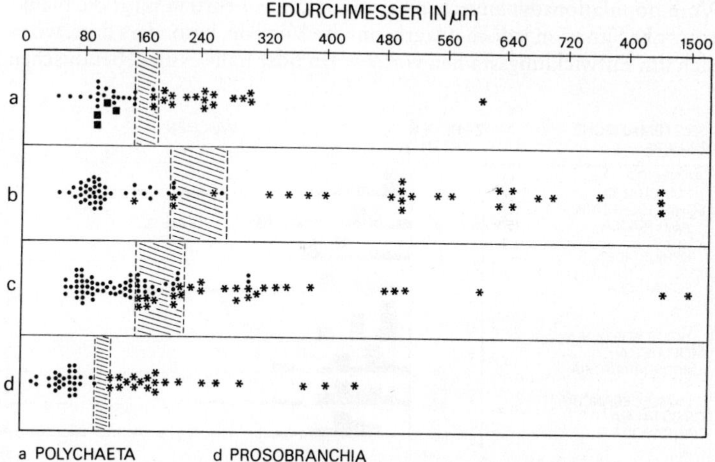

Abb. 99 Beziehung zwischen Eigröße einerseits und Entwicklungsmodus und Larvenökologie andererseits: ● = Arten mit einem langen pelagischen, planktotrophen Leben; ⋆ = Arten mit einer direkten, nicht-pelagischen Entwicklung; ■ = Arten mit Brutpflege. Die schraffierten Bereiche bilden die Grenzen zwischen der pelagisch-planktotrophen und der nicht pelagischen Entwicklung (nach *Thorson* 1951).

Pelagische Larven: Die Mehrzahl der Invertebraten-Larven (Abb. 103–105) tritt für kürzere oder längere Zeit (Abb. 100) als kleinwüchsige Komponente im Plankton in Erscheinung. Diese pelagischen Larven lassen sich ökologisch in **planktotrophe** und **lecithotrophe** Typen einordnen: Die ersten sind autonome, aus verhältnismäßig kleinen, dotterarmen Eiern (Abb. 99) hervorgegangene Jugendstadien, die als Strudler, Räuber oder Parasiten schon vor Eintritt der Metamorphose Nahrung zu sich nehmen. Die Larvalperioden dieses Typs sind meist von längerer Dauer als jene der sog. lecithotrophen Larven. Diese entwickeln sich aus dotterreichen und deshalb auch wesentlich größeren Eiern (Abb. 99), deren Reserven die Entwicklung bis zur Metamorphose garantieren, so daß die Larven keine Nahrung aufzunehmen brauchen und deshalb meist auch über keinen funktionellen Darmtraktus verfügen.

Aus einer Gegenüberstellung dieser beiden Entwicklungstypen ergeben sich eine Reihe von Zusammenhängen, um deren Darstellung sich vor allem THORSON (1951, 1961) bemüht hat: Die Größenunterschiede, die zwischen den Eiern bzw. Larven planktotropher und lecithotropher Arten festgestellt werden, wirken sich dahin aus, daß erstere eine wesentlich größere Zahl von Eiern produzieren als die lecithotrophen. Die Notwendigkeit hierfür ist in den erhöhten Risiken zu suchen, denen ein langes, mit Ernährung verbundenes Larvendasein ausgesetzt ist.

Vom populationsdynamischen Standpunkt aus beurteilt birgt die planktotrophe Situation jedoch unverkennbare Vorteile, besonders dort, wo es sich um Entwicklungsstadien von sessilen oder halbsessilen, benthischen

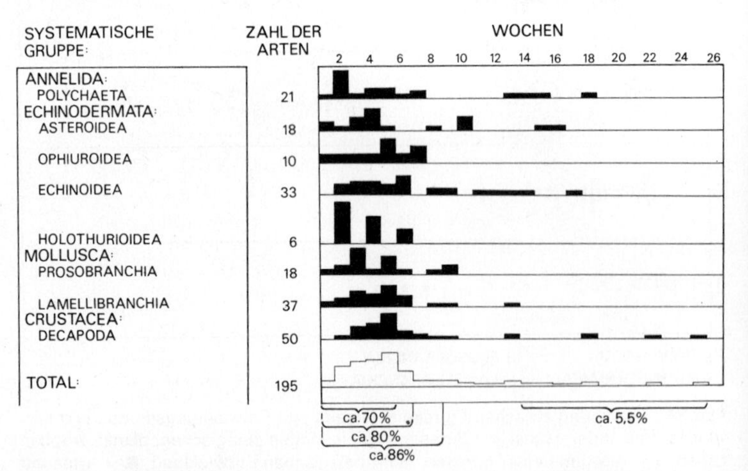

Abb. 100 Dauer (in Wochen) des Larvaldaseins von 195 marinen Invertebraten (nach *Thorson* 1961).

Arten handelt; denn die Mobilität ihrer Larven erlaubt nicht nur die Erschließung neuer Verbreitungsgebiete, sondern gewährleistet auch eine Durchmischung räumlich voneinander getrennter Populationen. Die meist ungerichteten Eigenbewegungen der Larven fallen hier, verglichen mit den strömungsbedingten Verfrachtungen, kaum ins Gewicht, so daß die Länge der Larvalphase und die von Fall zu Fall herrschenden Strömungsverhältnisse für das Ausmaß dieses Zerstreuungsgeschehens maßgebend sind. Der Abb. 100 ist zu entnehmen, daß die Dauer der pelagischen Larvalperiode bei 80% der 195 untersuchten Arten zwischen einigen Tagen und 6 Wochen liegt. Maximalwerte reichen bis an 26 Wochen heran. Aus den Berechnungen von THORSON (1961) können derartige von Oberflächenströmungen getragene „Langstrecken-Larven" Tausende von Kilometern zurücklegen, was z.B. ausreichen würde, um die Distanz zwischen den Küsten benachbarter Kontinente zu überbrücken, vorausgesetzt natürlich, daß die herrschenden Strömungsverhältnisse ihren Beitrag hierzu leisten.

Diese Larven-Dispersion beschwört allerdings ein weiteres Problem herauf. Angenommen, es handle sich um eine Art, deren sessiles Adultstadium eine ausgesprochene Präferenz für ein besonderes Substrat hat, und die Larven dieser Art würden nach dem Willen der Strömungen über weite Strecken zerstreut, dann stellt sich die Frage nach dem „Wie" die metamorphose-bereiten Entwicklungsstadien zu den arttypischen Standorten zurückfinden. Einer alten Vorstellung entsprechend wäre dies dem Zufall überlassen, d.h. die Larven würden dort auf Grund sinken, wo sie sich im Zeitpunkt des Metamorphose-Eintritts gerade befinden; die einen fielen wie eine Saat zufällig auf „guten Boden", andere dagegen müßten an ungeeigneten Stellen zugrunde gehen. Seitdem man das Verhalten der metamorphose-bereiten Larven besser kennt, darf diese These des „Larvenregens" als überholt gelten. Zahlreiche, wenn nicht alle dieser Larven, zeigen nämlich beim Aufsuchen der geeigneten Substrate ein aktives Verhalten, wobei deren Qualität und Eigenschaften geprüft werden. Entspricht die Unterlage nicht den artspezifischen Anforderungen, so kann die Metamorphose bzw. der Akt des Sich-Festsetzens um Tage oder Wochen hinausgezögert werden. Wahlversuche mit metamorphose-bereiten Larven veranschaulichen, wie präzis diese Substrat-Spezialisten ihre diesbezügliche Wahl treffen.

Stellvertretend seien hier die von DE SILVA (1962) mit 3 Arten des kleinen Röhrenwurms *Spirorbis* (Abb. 63 m) durchgeführten Wahlversuche erwähnt: Die adulten Würmer von *Sp. borealis* sitzen präferentiell auf der Braunalge *Fucus serratus* (Abb. 95), die von *Sp. corallina* auf der Rotalge *Corallina officinalis* und jene von *Sp. tridentatus* auf Steinen. Den Larven dieser 3 Arten wurden in Versuchsgefässen je 2 der erwähnten Substrate zur Wahl angeboten. Die Ergebnisse sind in Tab. 22 zusammengestellt.

Larven von *Hydractinia echinata* setzen sich nur fest, wenn das Substrat mit einem bakteriellen Bewuchs überzogen ist, von dem ausgehend chemische Reize auf die

Tabelle 22 Ergebnisse der Versuche über Substrat-Wahl der metamorphosebereiten Larven von 3 *Spirorbis*-Arten *(Polychaeta, Sedentaria)* (nach *De Silva* 1962, Erläuterungen siehe Text)

Art	gleichzeitig angebotene Wahl-Substrate	Zahl der festgesetzten Larven Abs.	%
Spirorbis borealis	*Fucus serratus*	1297	98,63
	Corallina officinalis	18	1,37
Spirorbis corallina	*Fucus serratus*	2	96,92
	Corallina officinalis	63	3,08
Spirorbis tridentatus	*Fucus serratus*	0	0
	Kieselstein	52	100,00
Spirorbis tridentatus	*Corallina officinalis*	0	0
	Kieselstein	55	100,00

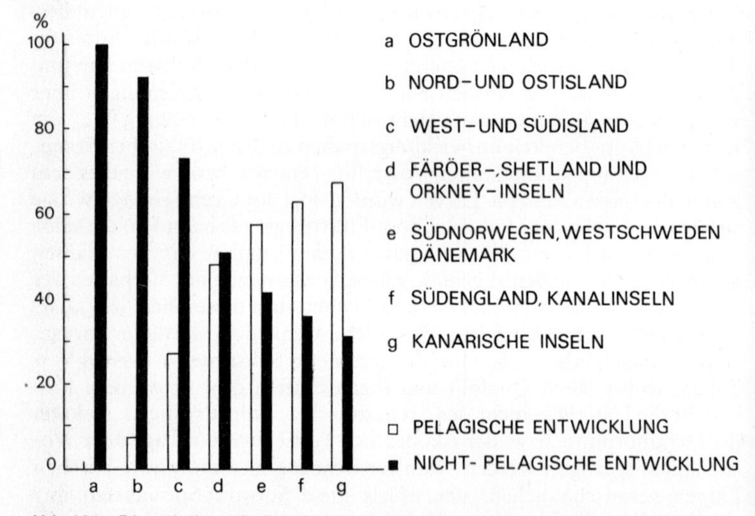

Abb. 101 Die relative Häufigkeit (%) pelagischer und nichtpelagischer Entwicklungstypen von Schnecken (*Prosobranchia*) auf verschiedenen Breitengraden des nordatlantischen Beckens (nach *Thorson* 1951).

Larve wirken (MÜLLER 1973). In anderen Fällen sind es besondere Belichtungsverhältnisse, welche die Larven dazu veranlassen, dunkle Stellen (z.B. *Bugula neritina, Bryozoa,* Abb. 50 1, m) oder schwach reflektierende Unterlagen (z.B. *Balanus eburneus, Cirripedia,* Abb. 51h) aufzusuchen.

Bei anderen Artengruppen (z. B. Larven der *Actinaria, Polychaeta, Ga-*

stropoda, Bivalvia) setzt der Umwandlungsprozeß vermutlich aufgrund eines arttypisch festgelegten Programms schon während der pelagischen Phase ein, so daß dem bereits metamorphosierten Jungtier die Auswahl der geeigneten Substrate obliegt.

Aufgrund dieser sicherlich genetisch-selektiv begründbaren Präferenzen verliert die Rückkehr der pelagischen Larve zum Benthos viel von der ehemals vermuteten Zufälligkeit. Sie stellen auch einen der Garanten dafür dar, daß in bestimmten Biotopen immer wieder die gleichen Artengemeinschaften zusammengeführt werden.

Nicht-pelagische Entwicklungsstadien: Dieser relativ seltene Fall ist meist mit Brutpflege oder Brutparasitismus verbunden. Erstere tritt in unterschiedlich ausgeprägter Form bei fast allen Klassen der Invertebraten auf. Bei zahlreichen *Hydrozoa* und *Anthozoa* z.B. bleiben die Larven in den

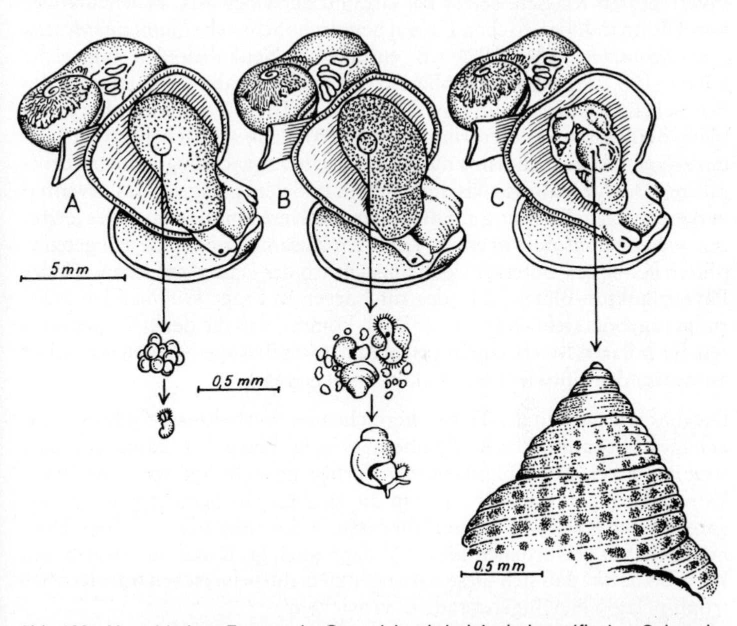

Abb. 102 Verschiedene Formen der Ovooviviparie bei der indopazifischen Schnecke *Planaxis sulcatus* (*Gastropoda*, *Prosobranchia*): **a** Bei Neu-Kaledonien entschlüpfen dem Uterus pelagisch-planktotrophe Larven (100 μm); **b** In der persischen Bucht entwickeln sich die Embryonen (200–400 Stück) bei ca. 90% der Schnecken im Muttertier, wo sie sich von Nähreiern ernähren. Die jungen, nicht pelagischen Schnecken verlassen das Muttertier erst, wenn sie eine Länge von ca. 500 μm erreicht haben; **c** gleichenorts wie b entwickeln sich bei 10% der Weibchen nur 3–4 Embryonen, die im Uterus alle übrigen Eier und Keime aufzehren und als Riesenjunge (Schalenlänge 3 mm) geboren werden (nach *Risbec* 1935 aus *Thorson* 1951).

medusoiden Gonangien, halten sich im Gastrovaskularsystem auf oder entwickeln sich in besonderen Bruträumen. Echte Ovoviviparie liegt dann vor, wenn sich die in den weiblichen Geschlechtsgängen verbleibenden Larven, wie jene gewisser *Nemertini, Polychaeta, Gastropoda* (Abb. 102), *Crinoidea* und *Ophiuroidea* von anderen in ihrer Entwicklung stecken gebliebenen Eiern (Nähreier) ernähren. Diese Ovoviviparie birgt insofern Vorteile, als sich die empfindlichsten Phasen der Entwicklung im Schutze des weiblichen Organismus abspielen können, was allerdings mit einer weitgehenden Einschränkung der larvalen Dispersion erkauft wird.

Brutparasitismus ist u.a. von einigen *Hydrozoa, Anthozoa* sowie *Crustacea* bekannt, deren Larven sich als Ekto- oder Endoparasiten auf Kosten anderer Organismen ernähren.

Die hier kurz skizzierten Entwicklungstypen kommen praktisch in allen Invertebraten-Klassen, selbst bei ein und derselben Art, nebeneinander vor: Die im indopazifischen Litoral heimische Schnecke *Planaxis sulcatus* (*Prosobranchia,* Abb. 102) z.B. entläßt bei Neukaledonien zahlreiche kleine (100 μm) planktotrophe Larven, während die Populationen des Persischen Golfes eindeutig ovovivipar sind. Diese Variabilität hat zweifellos ökologische Hintergründe (Abb. 101). Die arktischen Invertebraten zeigen fast ausnahmslos nicht-pelagische Entwicklungsstadien (Brutpflege). Das Verhältnis zwischen diesem und dem pelagischen Larventyp verlagert sich in Richtung auf die warmen Meere hin zugunsten des letzteren, was zweifelsohne in einem kausalen Zusammenhang zu den geographisch bedingten Unterschieden hinsichtlich der Dauer und Intensität der Phytoplankton-Blüten, d.h. des für Larven in Frage kommenden Nahrungsangebots steht (Kap. 6.3.). Dazu kommt, daß die tiefen Temperaturen der polaren Meere einem raschen, das kurzfristige Nahrungsangebot ausnützenden Entwicklungsverlauf entgegenwirken.

Die diesbezüglich in der Tiefsee herrschenden Verhältnisse sind noch ungenügend bekannt. Planktotrophe Larven kommen dort kaum in Frage, weil ihnen kein Phytoplankton zur Verfügung steht und weil eine Vertikalwanderung aus großer Tiefe in die euphotische Schicht und ein entsprechender Rückweg unzumutbar wären. Die meisten von Tiefseeformen bekannt gewordenen Eier sind denn auch groß und dotterreich, ein Hinweis dafür, daß sich diese entweder zu nicht-pelagischen oder lecithotroph-pelagischen Jugendstadien entwickeln.

Larven-Systematik: Wer mit der qualitativen und quantitativen Analyse von Zooplanktonproben zu tun hat, weiß um die Schwierigkeiten, die mit der Bestimmung larvaler Erscheinungsformen verbunden sind. Allzuhäufig ist die Artzugehörigkeit einer Larve noch gar nicht bekannt oder die taxonomischen Hilfsmittel gestatten im besten Fall eine grobe Zuordnung der zu identifizierenden Objekte. Die Aufgabe wird noch dadurch erschwert, daß die hinfälligen Larven – jene der Arthropoden (Abb. 104)

bilden diesbezüglich eine willkommene Ausnahme – im fixierten Zustand meist bis zur Unkenntlichkeit verunstaltet sind.
Die Vielfalt freilebender Larvengestalten (Abb. 103–105) läßt sich jedoch auf eine überblickbare, allerdings in verwirrender Weise abgewandelte Zahl von Grundtypen zurückführen. Diese sind für bestimmte Stämme oder Klassen charakteristisch und haben somit, im Hinblick auf die Rekonstruktion von größeren, stammesgeschichtlichen Zusammenhängen, einen nicht zu verachtenden Aussagewert.

Die einfachsten Larven erzeugen die *Porifera* und *Cnidaria* (Abb. 103 a–e), deren zellulärer Bau entweder einer bewimperten Blastula (Coeloblastula und Sterroblastula) oder einer zweischichtigen, meist lecithotrophen **Planula** (Abb. 103 a) entspricht. Über mehrere Stämme und Klassen (*Turbellaria, Kamptozoa, Nemertini, Mollusca, Sipunculida, Echiurida, Polychaeta, Phoronidea, Bryozoa, Pogonophora*) hinweg verbreitet ist der Grundtypus der primär planktotrophen **Trochophora**-Larve (Abb. 103 n). Ihre Episphaera (präsumptiver Kopfbereich) ist von der Hyposphaera (präsumptiver Rumpfbereich) durch einen Wimperkranz (Prototroch) getrennt, dessen Cilien der Lokomotion sowie der Erzeugung eines Strudelstromes dienen. Die bei planktotrophen Formen in den funktionellen Darmtrakt führende Mundöffnung liegt im Bereich des Prototrochs. Als Exkretionsorgane sind meist Protonephridien tätig. Die Sinnesorgane liegen am Scheitel der Episphaera. Die mannigfaltigen Abwandlungen dieses Grundtyps, denen von Fall zu Fall eine differenziertere Namengebung zuteil wurde (vgl. Abb. 103) betreffen vor allem den Formwandel der Episphaera, die sich z. B. glockenförmig über die Hyposphaera stülpen oder sich in weit ausladende Lappen (Abb. 103 u) gliedern kann. Außerdem können neben dem primären Prototroch zusätzliche Wimperkränze auftreten. Die mit der Metamorphose verbundene Differenzierung der Imaginalstrukturen, die meist schon in der pelagischen Phase einsetzt, beginnt in der Regel im Rumpfbereich und greift erst relativ spät auf die Episphaera bzw. den Kopf über (Abb. 103 r).
Die sog. **Dipleurula** stellt den Grundtypus der primär planktotrophen, bilateralsymmetrischen Echinodermen-Larven (Abb. 105 a–i) und der *Enteropneusta* (Abb. 105 k), beides Deuterostomier, dar. Sie ist dadurch gekennzeichnet, daß das Oralfeld der Larve von einem in sich geschlossenen Geißelband umgrenzt wird (Abb. 105 k). Die zunächst rundliche Larve erfährt in der Folge einen für jede Klasse mehr oder weniger typischen Gestaltwandel durch Ausbildung von zahlreichen Lappen und z.T. außerordentlich langen Armen (Schwebefortsätze, Abb. 105 i). Dies führt zu einer entsprechenden Verformung des Oralfeldes und des dieses begrenzenden Geißelbandes. Die armförmigen Fortsätze werden bei den *Echinoidea* und *Ophiuroidea* durch nadelförmige, larvale Skelettnadeln verstärkt, die im Larvenkörper verankert sind (Abb. 105 e). Die sog. Doliolaria-Larven der *Crinoidea* (Abb. 105 a) und einiger *Holothuroidea* (Abb. 105 d) lassen sich ebenfalls von der Dipleurula ableiten. Die Metamorphose der meisten Echinodermen birgt eine gewisse Ähnlichkeit mit jener der Insekten, denn die Imaginalform entsteht nicht durch Transformation des ganzen Larvenkörpers, sondern sie entwickelt sich sozusagen „de novo" auf Kosten besonderer, im Larvenkörper enthaltener Zellverbände (Imaginalanlagen). Die Larven der rezenten, nicht sessilen *Crinoidea* (Haarsterne, Abb. 52 a) bilden in der Spätphase ihrer Entwicklung einen Stiel aus, mit dem sie sich wie die Seelilien (*Pelmatozoa*) vorübergehend an Substraten festsetzen (Abb. 105 b).

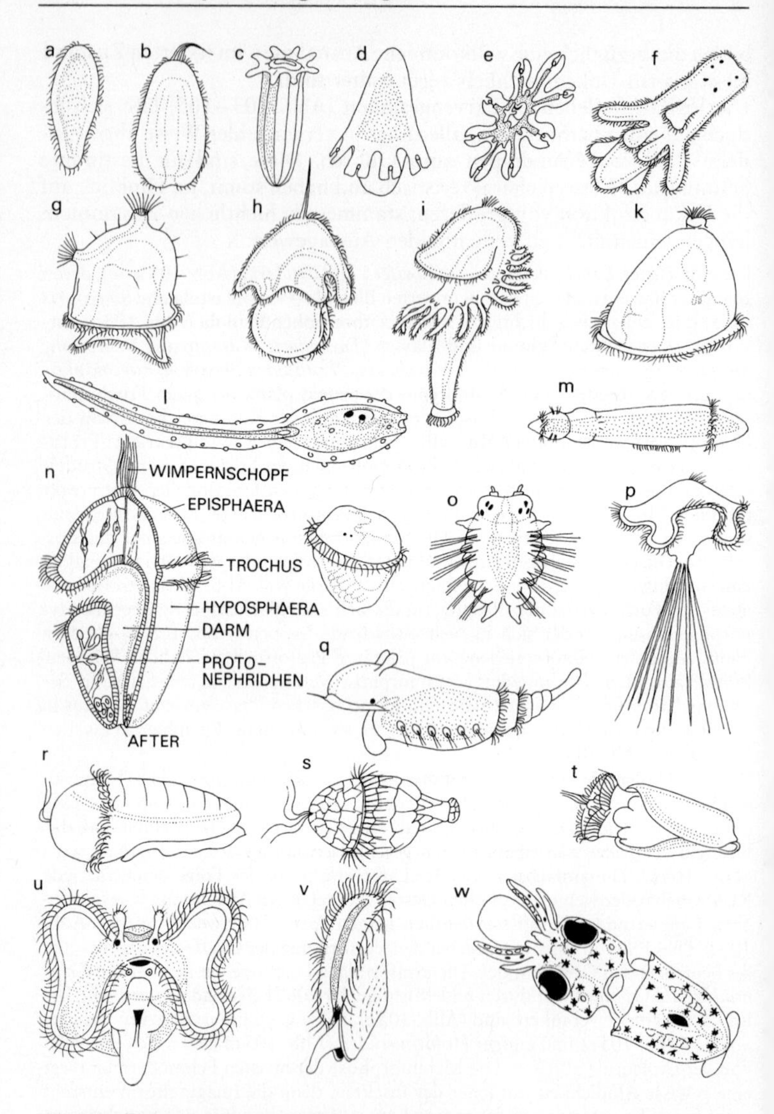

Abb. 103 Einige Larventypen von Invertebraten (exkl. *Arthropoda*, *Echinodermata* und *Urochordata*):

a–e *Cnidaria*: **a** = Planula-Larve eines Hydroiden (*Hydrozoa*); **b** = Planula einer Aktinie (*Anthozoa*); **c** = Metamorphosierende Larve der Aktinie *Peachia hastata*; **d** = Medusoide Ephyra-Larve der Scyphomeduse *Pelagia noctiluca* (*Scyphozoa*); **e** = Junge Ephyra-Larve der Scyphomeduse *Aurelia aurita*.

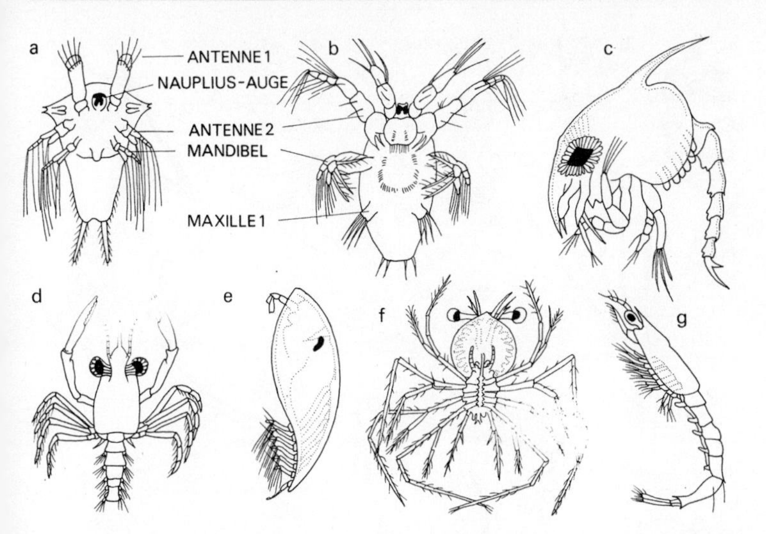

Abb. 104 Larven von Crustaceen: **a** Typische *Nauplius*-Larve von *Sacculina carcini* (*Cirripedia*) mit drei ausgebildeten Segmenten; **b** Metanauplius von *Cyclops strenuus* (*Copepoda*); **c** Zoëa-Larve der Krabbe *Maja;* **d** Megalopa-Larve der Schwimmkrabbe *Portunus puber*; **e** Cypris-Larve von *Sacculina carcini* (*Cirripedia*); **f** Phyllosoma-Stadium des Bärenkrebses *Scyllarides (Decapoda)*; **g** Mysis-Stadium von *Penaeopsis stebbingi* (*Decapoda*). Die Larven sind nicht in den natürlichen Größenverhältnissen dargestellt (b, c nach *Kaestner* 1967).

---

f *Plathelminthes*: Müllersche Larve der Planarie *Yungia* (*Turbellaria*, *Polycladida*);
g *Kamptozoa*: Schwimmlarve von *Pedicellina*;
h *Nemertini*: Pilidium-Larve von *Lineus*;
i–k *Tentaculata*: **i** = *Phoronida*: Actinotrocha-Larve von *Phoronis*; **k** = *Bryozoa*: Cyphonautes-Larve;
l *Urochordata*: Kaulquappe von *Phallusia mamillata* (*Ascidiacea*);
m *Pogonophora*: Larve von *Siboglinum* sp. (nach *Jaegersten* 1972)
n Organisation einer typischen Trochophora-Larve;
o Metatrochophora und Metachaeta von *Harmonthoë* (*Polychaeta, Errantia);*
p Mitraria-Larve von *Owenia* (*Polychaeta*, *Sedentaria*);
q Metatrochophora-Larve von *Chaetopterus variopedatus* (*Polychaeta*, *Sedentaria*) vgl. Abb. 50 f;
r–w *Mollusca*: **r** = *Amphineura*, Trochophora einer Käferschnecke; **s**= *Solenogastres*: Trochophora von *Neomenia*; **t** = *Scaphopoda*: Larve von *Dentalium* mit Larvalgehäuse; **u** = *Gastropoda:* Veliger-Larve von *Nassa incranata* (*Prosobranchia*); **v** = *Lamellibranchia*: Veliger-Larve einer Muschel; **w** = *Cephalopoda*: Schlüpfstadium von *Loligo vulgaris* (*Decabrachia*) mit restlichem Dottersack innerhalb des Kranzes von Fangarmen.

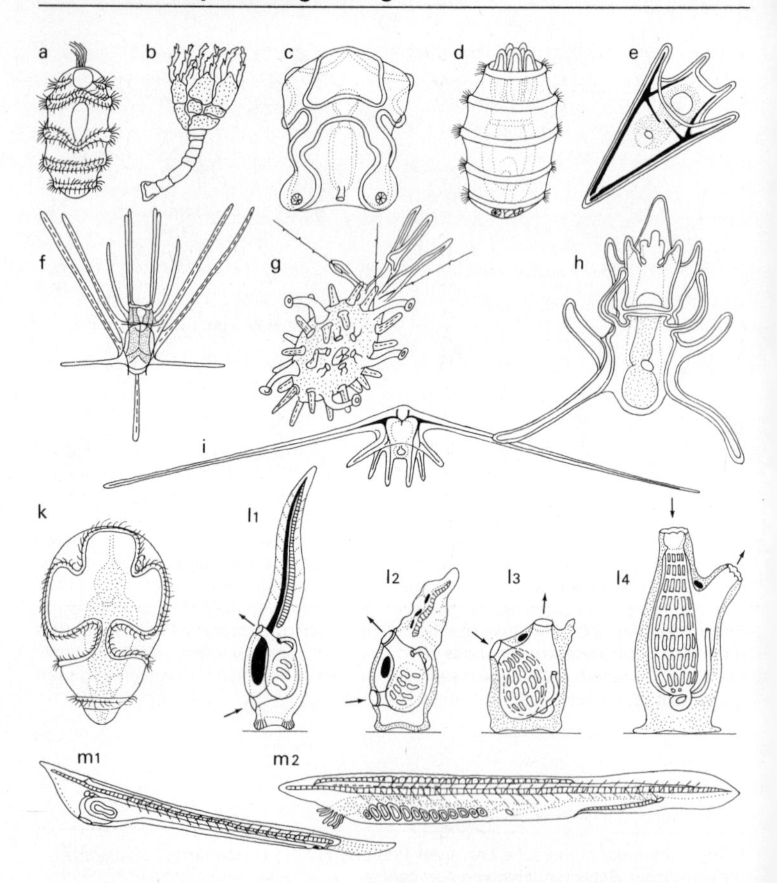

Abb. 105 Larven der *Echinodermata* und *Enteropneusta*:
a–b *Crinoidea*: *Antedon*: **a** = Primärlarve (Doliolaria-Larve):, **b** = Bestielte Sekundärlarve;
c–d *Holothuroidea*: **c** = Primärlarve, sog. Auricularia. Die Bewimperung der Cilienbänder ist weggelassen. **d** = Sekundärlarve (Doliolaria) mit Primärtentakeln;
e–g *Echinoidea*: **e** = Junge Pluteuslarve von *Paracentrotus lividus* (Skelettstäbe schwarz, Cilien weggelassen). **f** = Ältere Pluteus-Larve von *Echinocardium cordatum*.
g = Nahezu abgeschlossene Metamorphose eines regulären Seeigels. Die larvalen Strukturen d. h. Arme und larvale Skelettnadeln werden abgeworfen;
h *Asteroidea*: Sog. Brachiolaria-Larve eines Seesternes. Die Bewimperung der Cilienbänder ist weggelassen;
i *Ophiuroidea*: Pluteus eines Schlangensterns, Ophiopluteus.
k *Enteropneusta*: Dorsalansicht einer jungen Tornaria-Larve von *Balanoglossus* sp;
l *Urochordata*, *Ascidiacea*: Schematisierte Darstellung des Metamorphose-Verlaufs einer sich festsetzenden Kaulquappe. **l_2** = Beginn der Resorption des Schwanzes und dessen Chorda; **l_3-l_4** = Ausbildung und Rotation des voluminösen Kiemendarms mit

Die **Larvalentwicklung der Arthropoda** (Abb. 104) wird durch das Häutungsgeschehen geprägt. Jede Häutung führt zu einer neuen Erscheinungsform, die mehr oder weniger stark von der vorangegangenen abweicht, bzw. sich in zunehmendem Maß jener der Adultform angleicht. Die auffälligsten Merkmale dieser diskontinuierlichen Veränderungen betreffen in erster Linie die Zunahme der Segmentzahlen (Anamerie) bzw. der Extremitätenpaare, sowie deren Funktionswandel. Als erstes Stadium der postembryonalen Entwicklung der Crustaceen darf die oligomere Nauplius-Larve (Abb. 104 a) gelten, in der, mit Bezug auf die definitive Metamerie, erst die vordersten 3 Segmente mit den dazu gehörenden Extremitäten (1. Antenne, 2. Antenne, Mandibel) differenziert sind. Die folgenden Häutungen führen zu einer sukzessiven Vermehrung der Segmente und der ihnen zugeordneten Extremitäten. Auf unterschiedlichen Stufen dieser sog. Anamorphose beginnen die Entwicklungsverläufe einzelner Artengruppen voneinander abzuweichen, was zu einer entsprechend differenzierten Nomenklatur geführt hat, auf die hier nicht im einzelnen eingegangen werden kann (vgl. Abb. 104). In einigen Fällen ist im Zeitpunkt des Schlüpfens bereits die definitive Segmentzahl (Epimerie) realisiert. Dies gilt für viele *Cladocera,* die *Leptostraca* und *Pericardida.*

5.3.3. Chordata

5.3.3.1. Protochordata

Urochordata: Die Kaulquappen-ähnlichen Larven der *Ascidiacea* (Abb. 103 l), die eine Reihe von Chordaten-Merkmalen aufweisen (Schwanzchorda, Kiemendarm mit Spalten, Anordnung der Muskulatur u.a.) schließen sich nur für kurze Zeit dem Plankton an. Die Metamorphose (Abb. 105 l), die einsetzt, nachdem die Larve sich mit ihrem Vorderende mit Hilfe von Klebedrüsen auf einer Unterlage befestigt hat, vollzieht sich im Verlauf weniger Stunden. Dabei wird der ganze Schwanz inkl. Chorda und Neuralrohr resorbiert. Der Kiemendarm erfährt unter Vermehrung der Kiemenspalten eine starke Vergrößerung. Gleichzeitig beginnt das Tier mit der Ausscheidung des widerstandsfähigen Mantels (Tunica). Die metagenetischen *Thaliacea* (Salpen, Abb. 28 b, c) betreiben Brutpflege. Ihre Embryonen werden durch Vermittlung einer Art von Plazentation vom mütterlichen Organismus ernährt und verlassen diesen als verkleinerte Ausgabe der Adultform.

Cephalochordata: Die sich während mehreren Monaten im Plankton aufhaltenden Larven (Abb. 105 m) der Lanzettfischchen (Abb. 52 g) sind gestaltlich und anatomisch dem Adultzustand schon ähnlich. Die Metamorphose, die schon in der pelagischen Entwicklungsphase beginnt, be-

Spalten (Nervensystem schwarz, Pfeile bezeichnen die Ingestions- bzw. Egestionsöffnungen);
m *Cephalochordata*: Zwei junge Larvenstadien von *Amphioxus lanceolatus* (Lanzettfischchen).

trifft vor allem den Pharynx, dessen Kiemenbogen bzw. Kiemenspalten sich kontinuierlich vermehren. Gleichzeitig wird der Kiemenkorb von zwei beidseits ventralwärts auswachsenden und sich bauchseits vereinigenden Metapleuralfalten umhüllt, so daß das durch die Kiemenspalten austretende Wasser zunächst in einen Peribranchialraum gelangt, den es durch den verengten Peribranchialporus verläßt.

5.3.3.2. Vertebrata

Agnatha: Das Fortpflanzungsgeschehen und der Entwicklungsverlauf der *Myxini* (Schleimaale, Inger) sind ungenügend bekannt, doch scheint eine direkte Entwicklung vorzuliegen.

Aus den sich holoblastisch entwickelnden Eiern der zum einzigen Laichgeschäft ihres Lebens ins Süßwasser aufsteigenden Neunaugen (*Petromyzones*) gehen blinde, wurmförmige Ammocoetes-Larven (Querder) hervor, die sich, meist in Schlamm von Süßgewässern vergraben, als Strudler ernähren. Beim Meeresneunauge (*Petromyzon marinus*) vollzieht sich die Metamorphose nach 2–5, beim Flussneunauge (*Petromyzon fluviatilis*) erst nach 4 Jahren. Nach erfolgter Metamorphose kehren diese Neunaugen ins Meer zurück, wo sie sich bis zum Eintritt der Geschlechtsreife aufhalten.

Chondrichthyes: Die Chimären (*Holocephali*) sind ausschließlich, die Rochen größtenteils und die Haie nur vereinzelt ovipar, d.h. eierlegend. Die großen dotterreichen Eier sind von widerstandsfähigen, aus einem hornartigen Material aufgebauten Eikapseln umhüllt, deren Größe und Form arttypisch sind (Abb. 53g–i). Die 4 Ecken der Eikapsel von *Scyliorhinus* (Abb. 53i) laufen in lange spiralisierte Schnüre aus, mit denen die Eier bei der Ablage an freistehenden Objekten (z.B. Hornkorallen) befestigt werden. Der larvale Charakter der Entwicklungsstadien ist vor allem an den Büscheln äußerer Kiemen zu erkennen. Die Jungfische verlassen die Eihüllen nach mehrmonatiger Entwicklung als verkleinerte Ausgaben der Adultform (*Scyliorhinus,* 8–10 Monate; *Raja clavata,* 4–5 Monate).

Die vor allem von den großwüchsigen Haien und Rochen (z.B. *Manta,* Abb. 37c und *Torpedo,* Abb. 53c) gepflegte Viviparie ist, obwohl die Eier dieser Entwicklungstypen mit einem relativ großen Dottervorrat ausgerüstet sind, in den meisten Fällen mit einer besonderen Art intrauteriner „Plazentation“ verbunden: Im einfachsten Fall gibt die Uterusschleimhaut nährstoffreiche Sekrete ab, die entweder vom Dottergefäß-System oder direkt von verschiedenen Epithelien des Embryos übernommen werden. Die nächst höhere Stufe ist die Ausbildung einer sog. Dottersackplazenta, in deren Bereich die Dottersackgefässe einen engen Kontakt mit der durchbluteten Uteruswand aufnehmen. Oophagie, d.h. das

Tabelle 23 Daten zur Fortpflanzung einiger mariner Fische.

	Oviparie			Ovoviviparie		
	Eizahl je Laichperiode	Eigröße	Größe nach Schlüpfen	Zahl der geborenen Jungen	Größe bei Geburt	Brutzeit (Tragzeit)
Rundmäuler:						
Petromyzon marinus	bis 240 000	1 mm				
Myxine glutinosa	20–30	17 × 25 mm				
Knorpelfische:						
Cetorhinus maximus				1–2	150 cm	2 J
Squalus acanthias				4–8	20–33 cm	18–22 M
Torpedo ocellata				3–20	7,5 cm	7 M
Scyliorhinus caniculus	18–20	23 × 58 mm	9–10 cm			
Raja clavata	20	40 × 60 mm	12,5 cm			
Knochenfische:						
Arcipenser sturio	bis 2,4 Mio.	3 mm	9 mm			
Clupea pilchardus	bis 60 000		4 mm			
Salmo salar	bis 26 000	5,5–6 mm	25 mm			
Gadus morrhua	bis 5 Mio.	1,5 mm	5 mm			
Thunnus thynnus	?	1,2 mm	4 mm			
Pleuronectes platessa	bis $^1/_2$ Mio.	1,6–2,1 mm	6 mm			
Syngnathus acus	200–400	2,4 mm	30 mm			

Verschlingen von anderen Eiern durch fortgeschrittene Entwicklungsstadien scheint bei Haien ebenfalls vorzukommen. Beim Heringshai (*Lamna nasus*) beginnen die ca. 6 cm langen Feten, unbefruchtete Eier zu verzehren, was eine starke Anschwellung ihres sog. Dottermagens zur Folge hat (s. auch ZISWILER, 1976).

Osteichthyes: Im Gegensatz zu jenen der *Chondrichthyes* sind die dotterhaltigen Eier (thelolecithaler Typ) der marinen *Chondrostei* (Knorpelganoiden) und *Teleostei* (moderne Knochenfische) im allgemeinen klein und werden in großer Zahl produziert (Tab. 23). Über den Entwicklungstyp der rezenten *Crossopterygii* (Abb. 13a) ist vorläufig noch nichts bekannt. Wie im Fall der *Invertebrata* stehen auch hier Eizahl und Eigröße in einer umgekehrt proportionalen Relation zueinander. Ein anderer Faktor, der Einfluß auf die Gelegegröße nimmt, sind die Laichgewohnheiten bzw. das Ausmaß an „Pflege", das die Erzeuger der Nachkommenschaft angedeihen lassen. Die Hochseefische, deren sog. Schwebe-Eier von den laichbereiten Schwärmen ins Wasser abgegeben werden, produzieren sehr viele, relativ kleine Eier. Mit zunehmendem Differenzierungsgrad der Brutpflege ist eine fortschreitende Verringerung der Eizahlen bzw. eine Vergrößerung der Eier verbunden. Verschiedene Stufen der Brutpflege sind vor allem unter den benthischen Knochenfischen des Litorals verwirklicht (über die Laichgewohnheiten der Tiefseefische ist kaum etwas bekannt).

Als niedrigste Stufe einer **Brutpflege** ist das Deponieren des Laiches an einer mehr oder weniger gut geschützten Stelle zu bewerten. Die Männchen der meisten Lippfische (*Labridae,* Abb. 54c) bereiten als Laichstätte regelrechte „Nester" vor, in die nacheinander mehrere Weibchen, vom Balzspiel des Männchens angelockt, ihre Eier ablegen. Diese Stufe, für die noch viele andere Beispiele anzuführen wären, wird in ihrer Wirksamkeit noch dadurch aufgewertet, daß die Laichplätze bis zum Schlüpfen der Larven von den sich in dieser Zeit territorial verhaltenden Männchen gegenüber Artgenossen und anderen Laichräubern verteidigt werden. Als in dieser Beziehung noch wirksamer dürfen jene Fälle gelten, bei denen sich die Eier am oder im Körper des männlichen Fisches entwickeln: Die wenigen bisher bekannt gewordenen, marinen Maulbrüter gehören der Familie der *Apogonidae* (Kardinalbarsche) an, deren einziger Vertreter in europäischen Gewässern *Apogon imberbis* ist. Das Männchen nimmt die vom Weibchen abgelaichten Eier in seiner Mundhöhle auf, wo sie, vom Atemwasser bespült, bis zum Schlüpfen der Larven verbleiben. Diese kehren jedoch nicht, wie bei den maulbrütenden Cichliden des Süßwassers, in den schutzgewährenden Brutraum zurück. Die Männchen der Seenadeln und Seepferdchen (*Syngnathidae,* Abb. 54a, b) tragen ebenfalls die Eier mit sich herum. Bei den Vertretern der Gattung *Nerophis* kleben diese an der Bauchseite, während sie bei anderen Seenadeln und bei den Seepferdchen in eine hierfür ausgebildete Bruttasche (Hautfalte) aufgenommen werden.

Weibliche Ovoviviparie oder Viviparie, wie sie bei Rochen und Haien (s. o.), wie auch bei einigen im Süßwasser lebenden Knochenfischen vorkommen, gibt es unseres Wissens bei marinen *Osteichthyes* nicht.

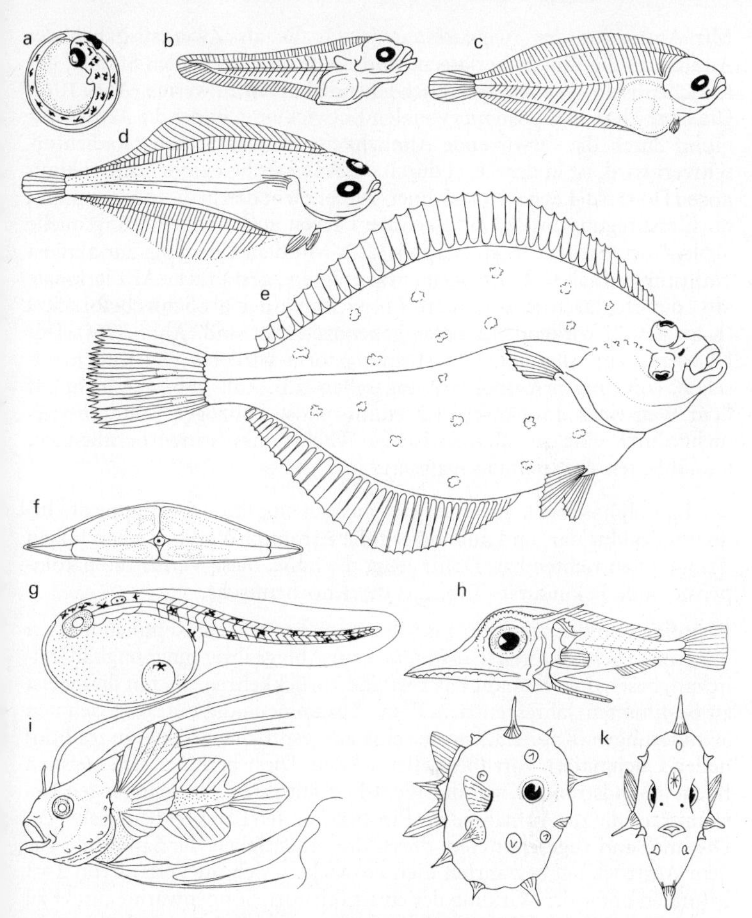

Abb. 106 Entwicklungsstadien von Knochenfischen (*Osteichthyes*). **a–f** Folge von Entwicklungsstadien und Metamorphose der Scholle *Pleuronectes platessa*; **a** = Ei (Ø ca. 1,6–2,1 mm) mit schlüpfbereiter Larve; **b** = 8–12 Tage alte, noch bilatero-symmetrische Larve (ca. 7 mm); **c** = Larve ca. 20–25 Tage alt (ca. 8,5 mm); **d** = Bodenstadium (45–50 Tage, 12,5 mm); Der Fisch liegt, wie die adulte Scholle (**e** = ca. 36 cm) mit der linken depigmentierten Körperseite dem Grund auf. Das linke Auge hat sich im Verlauf der Metamorphose auf die rechte Körperseite verlagert. **f** = Körperquerschnitt einer Scholle zur Veranschaulichung der Asymmetrie der Rumpfmuskulatur (a–f nach *Muus* u. *Dahlström* 1968).
g frisch geschlüpfte Larve eines Thunfisches (*Thynnus alalunga*) mit Dottersack;
h Larve des Schwertfisches (*Xiphias gladius*), 11,3 mm;
i Larve des Seeteufels (*Lophius piscatorius*), ca. 2 cm;
k Seiten- und Vorderansicht der Larve des Mondfisches (*Masturus lanceolatus*) ca. 10 mm.

Mit Ausnahme der *Syngnathidae* (s.o.), die als Zwergausgaben der Adultform die Eihülle verlassen, sind die postembryonalen Stadien der Knochenfische als echte, pelagisch lebende **Larven** zu werten (Abb. 106). Die erste Phase der postembryonalen Entwicklung, in der die Artbestimmung durch die verwirrende Ähnlichkeit der Entwicklungsstadien erschwert wird, ist in der Regel durch die Anwesenheit eines noch voluminösen Dottersackes gekennzeichnet. Dieser dient den in diesem Zeitpunkt noch fast regungslos dahintreibenden Larven außer als Nahrungsquelle als hydrostatisches Organ (Kap. 4.3.2.). Mit dem Übergang zur aktiven Nahrungsaufnahme bilden sich ausgeprägtere, gestaltliche Artmerkmale aus, die oft durch eine stärkere Entwicklung der als Schwebefortsätze (Kap. 4.3.2.) wirkenden Flossen gekennzeichnet sind (Abb. 106i). Der Übergang zur subadulten Erscheinungsform wird bei den Knochenfischen, von einigen Ausnahmen abgesehen (z.B. Aal, Abb. 42), nicht auf dem Weg einer dramatischen Metamorphose vollzogen, sondern vielmehr durch eine auf allometrischen Wachstumsschritten beruhenden, allmählichen Angleichung realisiert.

Die Larvalphase stellt auch hier eine äußerst empfindliche Etappe des Individualzyklus dar, im Laufe dessen die Art durch Verluste einen hohen Tribut zu entrichten hat. Dafür zeugt die hohe, diese Verlustraten kompensierende Fekundität (Tab. 23) der Knochenfische.

Reptilia: Von den sekundär ins Meer zurückgekehrten Reptilien müssen die großen Schildkröten (*Chelonidae*) zur Ablage ihrer pingpongballähnlichen, beschalten Eier auf das Festland zurückkehren. Sie tun dies meist zu bestimmten Jahreszeiten, z.T. im Zusammenhang mit ausgedehnten Wanderungen (Kap. 3.3.), wobei eine ausgesprochene Treue zu traditionellen Laichplätzen vorzuherrschen scheint. Diese befinden sich meist an flachen Sandstränden, wo die Weibchen mit ihren paddelförmigen Extremitäten die zur Aufnahme der Eier bestimmten Laichgruben ausheben. Die mit Sand zugeschütteten, durch die Feuchtigkeit der Sandbeete vor dem Austrocknen bewahrten Eier, entwickeln sich im Verlauf von 2–3 Monaten unter der Wirkung der einstrahlenden Sonnenwärme direkt zu kleinen Schildkröten. Diese befreien sich strampelnd aus der Laichgrube und eilen unverzüglich dem Meer entgegen. Über die Natur der den geschlüpften Schildkröten den Weg zurück zum Meer weisenden Faktoren ist noch nichts bekannt. Das Weibchen der Suppenschildkröte *Chelonia mydas mydas* z.B. vergräbt im Sand 75 bis 200 Eier von einem mittleren Durchmesser von 4,8 cm, wobei es während ein und derselben Fortpflanzungsperiode in Zwischenräumen von ca. zwei Wochen 2–4mal an Land steigen kann. Die an europäischen Küsten häufigere, unechte Karettschildkröte, *Caretta caretta*, legt je Laichakt 120–150 Eier (Durchmesser 40–43 mm). Über die kaum erforschte Lebensweise der tropischen Meerschlangen (*Hydrophiidae*) ist nur so viel bekannt, daß sie oovivipar sind und ihre Jungen im Wasser zur Welt bringen können.

Tabelle 24 Daten zur Fortpflanzung einiger mariner Säuger. Zusammengestellt nach Angaben von *Mohr* (1952), *van den Brink* (1957), *Slijper* (1962), *Walker* (1968) und *Harrison* (1969). (J = Jahre; M = Monate; N = nördl. Hemisphäre; S = südl. Hemisphäre; W = Wochen; I–XII = Monate; *Die Zahlen geben die Intervalle zwischen Begattung und Niederkunft an. In Klammern ist die effektive Dauer der Fetalentwicklung angegeben.)

	Tragzeit in Monaten	Wurfzeit	Zahl der Jungen je Wurf	Geburtsgewicht bzw. Größe	Dauer der Säugezeit	Geschlechtsreife in Jahren	Lebenserwartung in Jahren
Robben, *Pinnipedia:*							
Seehund, *Phoca vitulina*	9–10 (7–8)	V–VII	1–2	10–15 kg	4–6 W	♀5–6 /♂6	15–20
Kalif. Seelöwe, *Zalophus californianus*	11 (7–8)	VI–VII	1		5–6 M	3–5 (?)	ca. 23
See-Elefant, *Mirounga leonina*	11 (7–8)	X–XI	1–(2)	50 kg	3 W	♀3–6/♂4	12–20 (?)
Walroß, *Odobenus rosmarus*	11–12	IV–V	1	45–68 kg	16 M	♀4–5/♂5–6	20–30 (?)
Wale, *Cetacea:*							
Blauwal, *Balaenoptera musculus*	11	IX–I N III–VII S	1–(2)	7–7,8 m ca. 2500 kg	7 M	3–7	35–40 (?)
Pottwal, *Physeter catodon*	12–16	I–XII	1–(2)	4–5 m	10–15 M (?)	1 1/2–2 (?)	30 (?)
Tümmler, *Tursiops truncatus*	12	III–VII	1	1,3–1,5 m	12–18 M	3–4	?
Schwertwal, *Orcinus orca*	11–12	III–IX	1	2–2,2 m	12 M (?)	1 (?)	?
Sirenen, *Sirenia: Trichechus manatus*	5–6 (?)		1–(2)	1,2 m	2 J (?)	4	?

Mammalia: Bei den marinen Säugern gibt es, was die Anpassungen des Fortpflanzungsgeschäftes an die aquatile Lebensweise anbelangt, zwei Stufen: Auf der einen, der die *Pinnipedia* und der pazifische Seeotter (*Carnivora*) angehören, werden die Jungen auf dem Festland oder Eis, bei der anderen (*Cetacea* und *Sirenia*) im Wasser zur Welt gebracht.

Das Fortpflanzungsgeschehen der marinen Säuger, welche die polaren Meere bewohnen, ist einem relativ strengen Jahreszyklus unterworfen, was sich u.a. in den fast ausnahmslos im Bereich von 10–12 Monaten liegenden Tragzeiten äußert (Tab. 24). Bei den *Cetacea* entspricht dies meist auch der Dauer der Embryonal- bzw. Fetalentwicklung. Im Fall der *Pinnipedia* ist diese mit Ausnahme des Walrosses (*Odobenus*) um 2–4 Monate verkürzt, aber die Implantation der Blastocyste erfolgt erst nach einer entsprechend langen Verzögerung, so daß zwischen Begattung und Niederkunft auch hier eine Zeitspanne von 11–12 Monaten liegt. Während die Weibchen der *Pinnipedia* im Rahmen eines solchen Zyklus vermutlich alljährlich 1 bis 2 Junge zur Welt bringen, ist anzunehmen, daß sich die Geburten bei Walen nur mit Intervallen von 2–3 Jahren folgen. Bei den in gemäßigten und tropischen Gewässern lebenden Säugern sind die Fortpflanzungszyklen weniger streng an bestimmte Jahreszeiten gebunden.

Daß Zwillingsgeburten bei den marinen Säugern eine Seltenheit sind (*Cetacea* ca. 1%), ist zweifelsohne mit dem relativ hohen Geburtsgewicht in Beziehung zu bringen (Tab. 24). Dieses erreicht bei Walen und gewissen Robben 25–30% des Körpergewichts des Muttertiers (Nilpferd 1%; Mensch 5%), weil die Jungen im Gegensatz zu vielen terrestrischen Säugetieren vollentwickelt und bewegungsfähig zur Welt kommen und dann ein thermoregulatorisch tragbares Volumen-Oberflächen-Verhältnis aufweisen müssen. Charakteristisch ist außerdem das beschleunigte, durch den hohen Fett- und Proteingehalt der Muttermilch (Tab. 25) ge-

Tabelle 25 Milch-Zusammensetzung mariner Säugetiere (nach *Harrison* 1969 und *Gunderson* 1976).

	Fette %	Proteine %	Lactose %
Wale, *Cetacea:*			
Blauwal, *Balaenoptera musculus*	35–50	10–13,5	0,82–1,77
Fleckendelphin, *Stenella graffmani*	25,3	8,2	1,1
Robben, *Pinnipedia:*			
Kegelrobbe, *Halichoerus grypus*	52,2	11,2	2,6
Kalif. Seelöwe, *Zalophus californianus*	31,1–37,0	13,3–13,8	0
Vergleichswerte:			
Hausrind, *Bos primigenius*	2,8–4,5	3,3–3,9	3,0–5,5
Mensch, *Homo sapiens*	3,3	1,3	7,5

förderte, postnatale Wachstum. Das Körpergewicht einer neugeborenen Kegelrobbe (*Halichoerus grypus*), die bei der Geburt 16,8 kg gewogen hatte, nimmt anfangs täglich um 1,9 kg zu. Das Muttertier seinerseits kann während der Zeit des Stillens bis zu 23% des Körpergewichtes (168 kg) einbüßen. Die selektiven Vorteile dieses raschen Wachstums können in verschiedenen Zusammenhängen gesehen werden: Einerseits erreichen die Nachkommen dadurch rasch eine Größe und Muskelkraft, die es ihnen erlaubt, mit den wandernden Eltern „Schritt zu halten"; außerdem verbessert sich für die in einem kalten Milieu (Kap. 4.2.2.) lebenden Warmblüter auch das Volumen-Oberflächen-Verhältnis beschleunigt im Sinne eines verminderten Wärmeverlustes.

Je nach Art und geographischer Lage versammeln sich die sonst umherstreifenden Populationen der *Pinnipedia* zu bestimmten Jahreszeiten (Tab. 24) an traditionellen, auf dem Festland oder auf Treibeis-Schollen befindlichen Paarungsplätzen, in deren näheren Umgebung sie sich während 3–4 Wochen aufhalten. Auf fester Unterlage bringen dort die Weibchen zuerst die Jungen zur Welt, die nur während weniger Wochen, d. h. bis zur Auflösung der Fortpflanzungsverbände, bzw. bis zur Rückkehr zum Nomadenleben, gesäugt werden (Tab. 24). Beim Walroß (*Odobenus rosmarus*) erfolgt die Entwöhnung erst nach ca. 10 Monaten. Die Paarung findet in der Regel kurz nach der Niederkunft entweder auf dem Festland bzw. Eis oder im Wasser statt. Die am Brutplatz sich territorial verhaltenden Männchen der Ohrenrobben (*Otariidae*) und See-Elefanten (*Mirounga*) bilden und verteidigen in der Paarungszeit ein Harem. Polygam sind auch die Walrosse (*Odobenidae*), während die Mehrzahl der Seehunde (*Phocidae*) monogam zu sein scheinen. Die Jungen werden 11–12 Monate nach erfolgter Paarung geboren (Tab. 24), also dann, wenn sich die Population wieder an ihrem angestammten Paarungsplatz versammelt.

Die pazifischen Seeotter *Enhydra lutris* paaren sich während des ganzen Jahres im Wasser, so daß das einzige, bereits weit entwickelte Junge nach einer Tragzeit von 8–9 Monaten irgendwann im Verlaufe des Jahres an einem geschützten, wassernahen Ort auf dem Festland zur Welt kommen kann.

Im Fortpflanzungsgeschäft der Seekühe (*Sirenia*), das an keine besondere Jahreszeit gebunden zu sein scheint, finden Paarung und Geburt im Wasser statt. Die Jungen säugen unter Wasser an den brust-ständigen Zitzen.

Die meisten Angaben über die Fortpflanzungsbiologie der Wale (*Cetacea*) stützen sich entweder auf Gelegenheitsbeobachtungen oder Autopsien bei getöteten Tieren. Seitdem es gelungen ist, verschiedene Zahnwale (*Odontoceti*) in Gefangenschaft zu halten, mehren sich jedoch die Beschreibungen von Paarungen und Geburten.

Über die Periodizität (Tab. 24) des Fortpflanzungsgeschäftes sind wir nur ungenügend informiert, da nur wenige Arten (z.B. Grauwal, Weißwal) ihre Jungen in Küstennähe zur Welt bringen. Da die meisten Wale Kosmopoliten sind, verschieben sich die Paarungs- und Wurfzeiten je nach dem jeweiligen geographischen Raum. Die Bartenwale (*Mysticeti*), die während des arktischen bzw. antarktischen Sommers (Kap. 3.3.) ihre ausgiebigen Weidegründe in den Eismeeren aufsuchen, wandern im nördlichen bzw. südlichen Winter in gemäßigtere Regionen (Abb. 43), um dort zu gebären und zu paaren. Die Tragzeiten liegen fast alle, soweit festgestellt, in der Größenordnung von 11–12 Monaten. Hinweise für eine verzögerte Implantation der Blastocyste liegen nicht vor. Die Zwillingshäufigkeit liegt zwischen 0,5–1,9%. Die Wachstumsgeschwindigkeit des Fetus ist $2^1/_2$–3mal größer als die anderer Säuger, was für eine sehr wirkungsvolle Vermittlerrolle der Plazenta spricht. Die Periode intensiven fetalen Wachstums fällt in die Jahreszeit, in der die Bartenwale in den Eismeeren von einem reichen Futterangebot zehren können. Der Fetus des Blauwals (*Balaenoptera musculus,* Abb. 40a) z.B. wächst während der letzten 5 Monate der Tragzeit von 1–3 m auf 7 m Länge heran. Die Jungen werden in wärmeren Gewässern in der Nähe der Wasseroberfläche zur Welt gebracht (Steißgeburten). Das Neugeborene ist sofort in der Lage, zu schwimmen, wird aber nicht selten von der Mutter, z.T. assistiert von Artgenossen oder selbst von artfremden Walen (Gefangenschaftsbeobachtung) zum Atmen an die Wasseroberfläche gehoben.

Die Jungen saugen unter der Wasseroberfläche an den 2 in der Nähe der mütterlichen Geschlechtsöffnung liegenden Zitzen. Beim Großtümmler *(Tursiops truncatus)* dauert eine auch nachts zwei- bis dreimal stündlich wiederholte Mahlzeit nicht länger als 1 Minute. Nach vorsichtigen Schätzungen produzieren große Wale täglich an die 600 Liter Milch, die, verglichen mit der Milch anderer Säuger, außerordentlich fett- und proteinhaltig ist, jedoch sehr wenig Milchzucker (Lactose) enthält (Tab. 25). Das postnatale Wachstum ist entsprechend rasch, wird doch das Geburtsgewicht in ca. 1 Woche verdoppelt.

6. Die Produktivität der Meere

6.1. Allgemeines

Verantwortungsbewußte Menschen und weitsichtige Instanzen, die sich berechtigte Sorgen über die Ernährungslage der sich unaufhaltsam vermehrenden Weltbevölkerung machen, setzen ihre Hoffnungen auf das oft als unerschöpflich gepriesene Produktionspotential der Meere. Wieweit diese Erwartungen mit der Wirklichkeit in Einklang stehen, ist auf dem heutigen Stand unseres Wissens schwer abzuschätzen, wobei es gilt, folgende Tatsachen zu berücksichtigen: Das Phytoplankton und das Phytobenthos sind als mögliche Quelle menschlicher Ernährung bis heute praktisch ungenutzt geblieben. Den Meeren werden Sekundärprodukte in Form von Fischen, wirbellosen Tieren und Nebenerzeugnissen der Walindustrie entzogen. Trotz der in den Nachkriegsjahren erfolgten Intensivierung der Fischerei (Abb. 115), stellen deren Erträge, weltweit betrachtet, auch heute noch einen verschwindend kleinen Anteil an der gesamten Proteinversorgung der Weltbevölkerung. Andererseits aber mehren sich in verschiedenen intensiv befischten Regionen (z.B. Nordsee und Nordatlantik) bereits die Anzeichen einer Überfischung, was neuerdings mehrere Staaten dazu veranlaßt hat, ihre Hoheitsgewässer von 12 auf 200 Seemeilen auszudehnen, um einem unkontrollierten Raubbau in den küstennahen Gewässern Einhalt zu gebieten. Diese und andere Symptome legen die Schlußfolgerung nahe, wonach dem Nutzungsgrad der Meere, selbst solcher, die als besonders produktiv bekannt sind (Abb. 114), bereits heute erreichte Grenzen gesetzt sind, daß also die im Meer vorhandenen, biologischen Reserven alles andere als unerschöpflich sind. Für die beunruhigende Erkenntnis zeugt u.a. auch die Verminderung der Wal-Populationen, welche außerstande zu sein scheinen, die durch den skrupellos betriebenen, industrialisierten Fang verursachten Verluste zu kompensieren. Dazu kommt, daß sich die Lage durch die fortschreitende Verschmutzung der Meere zu ungunsten einer ungestörten Produktivität entwickelt.

Im marinen Raum verhält sich der Mensch heute noch als hochtechnisierter, die Folgen seines Tuns verkennender Jäger und Ausbeuter. Wenn die marinen Pflanzen und Tiere als zusätzliche Nahrungsquelle für die Menschheit tatsächlich eine ins Gewicht fallende Rolle spielen sollen, wird auch hier eine Umstellung von der Jägermentalität zu einer gezielten, auf Sachkenntnissen begründeten Bewirtschaftung unumgänglich sein. Die Aquakultur (Marikultur) steht heute noch in ihrer Pionierphase, die sich einer großen Zahl von biologischen und technischen Problemen ge-

genübersieht (Kap. 6.6.). Ob es je gelingen wird, die Aquakultur zu einer mit jener der Landwirtschaft eigenen Leistungsfähigkeit heranzuführen, muß noch dahingestellt bleiben. Bis dahin gilt es darüber zu wachen, daß die empfindlichen natürlichen Gleichgewichte im gesamten marinen Raum nicht durch eine gedankenlose Ausbeutung gestört werden; denn eine gezielte Steuerung der Kreisläufe z.B. durch Rückerstattung entzogener Komponenten, wie wir es z.B. auf dem Festland durch das Düngen der Kulturen tun, ist – wenigstens vorläufig – unmöglich, nicht zuletzt auch deshalb, weil noch allzuviele Elemente dieser komplexen Zusammenhänge unserer Kenntnis entgehen.

6.2. Die Kreisläufe organischer Materie

Die lebende, aus organischen Molekülen aufgebaute Materie stellt sozusagen eine Phase eines großen Kreislaufgeschehens dar, in dem sich aufbauende (anabolische) und abbauende (katabolische) Prozesse ablösen. Im Rahmen der ersteren werden von den autotrophen Organismen zunächst relativ einfache organische Moleküle auf Kosten niedermolekularer, anorganischer Ausgangsprodukte synthetisiert. Von diesen sog. Assimilaten wird ein Teil von den Primärproduzenten selber, ein anderer von den Konsumenten zu komplexeren Verbindungen weiterverarbeitet. Diese Bau- und Betriebsstoffe sind alle vorübergehend integrierte Bestandteile lebender Materie, bis sie früher oder später dem katabolischen Abbaugeschehen anheimfallen und auf dem Weg der sog. Remineralisation wieder in anorganische Moleküle zerlegt werden.

Die erste Stufe der Synthese organischer Moleküle, d.h. der aus Kohlenstoff, Sauerstoff und Wasserstoff aufgebauten Kohlehydrate, ist das Werk der pflanzlichen Photosynthese (Kap. 4.5.3.). Dieser Prozeß ist auf das Licht als Energiequelle angewiesen, so daß sich dieser wesentliche, anabolische Teil des Kreislaufes, dessen Hauptträger das Phytoplankton (Kap. 3.2.1.) und in geringerem Maß das Phytobenthos (Kap. 3.4.1.) sind, nur in den obersten, euphotischen Wasserschichten vollziehen kann, wo Licht und CO_2 in ausreichenden Mengen zur Verfügung stehen. Die Primärproduzenten sind jedoch auf eine ganze Reihe weiterer anorganischer Prekursoren angewiesen, deren Verfügbarkeit nach dem Prinzip des Minimums ihr Wachstum und ihre Vermehrung und damit das Ausmaß der Primärproduktion (Kap. 6.3.0.) entscheidend mitbestimmen. Für die Biosynthese von Aminosäuren, Nucleinsäuren sowie vieler anderer Stoffgruppen sind u.a. Stickstoff (N), Phosphor (P) und Schwefel (S) erforderlich. Von diesen ist nur der Schwefel in Form von SO_4^{2-}-Ionen im normalen und konstanten Elektrolyten-Inventar des Meerwassers (Tab. 11) vertreten, während das Angebot der beiden anderen starken räumlichen und zeitlichen Schwankungen unterworfen ist (Tab. 13). Ein Teil dieser pflanzlichen Nährstoffe ist terrigenen Ursprungs und wird von Flüssen in die euphotischen Schichten des Meeres transportiert. Ein anderer Teil entsteht durch den bakteriellen Abbau (Tab.4) organischer Materie im Meer selbst, vor allem über und in den sedimentreichen Böden. Von dort wird dieses remineralisierte Material durch Vermittlung vertikaler Wasserbewegungen (Kap. 4.7.) der euphotischen Region zurückerstattet. Wie auf dem Festland hängt die Primärproduktion von der Intensität dieses Düngungsvorganges ab (Kap. 6.3.).

Die gesamte vom Phytoplankton und Phytobenthos unter diesen Voraussetzungen erbrachte Synthese-Leistung wird als Bruttoprimärproduktion bezeichnet, von der ein Teil von den Pflanzen selbst bzw. durch deren Stoffwechsel wieder remineralisiert wird. Es werden z.B. durch die Veratmung eines Teils der Kohlehydrate CO_2 und H_2O wieder freigesetzt. Was zu einem gegebenen Zeitpunkt in Form verwertbaren organischen Materials übrigbleibt und von den Primärkonsumenten verwertet werden kann, wird als Nettoprimärproduktion gewertet. Es ist dies das Substrat, von dem sich die Vertreter der nächstfolgenden trophischen Stufe, die heterotrophen Primärkonsumenten ernähren. Im Fall des Hauptträgers mariner Primärproduktion, des Phytoplanktons (Kap. 3.2.1.), fällt die Aufgabe der Anreicherung der in der Wassermasse suspendierten Einzelzellen den zahlreichen Strudlern des kleinwüchsigen Zooplanktons (Kap. 3.2.3.), vor allem den Kleinkrebsen (Abb. 27), zu. Es ist dies die Stufe der Sekundärproduktion, deren Ausmaß eine Funktion der Intensität der örtlichen und zeitlichen Primärproduktion ist. An diesen Primärkonsumenten halten sich in einem meist kaum zu entwirrenden Gefüge trophischer Beziehungen (Kap. 6.4., Abb. 109) die räuberischen Sekundär- und Tertiärkonsumenten schadlos. Vom Niveau der Primärkonsumenten an lassen sich die einzelnen Etagen der trophischen Hierarchie nicht mehr klar voneinander abgrenzen, weil die Ernährungsgewohnheiten in zunehmendem Maß an Spezifität einbüssen (Kap. 6.4.). Mit anderen Worten: ein und dieselbe Art kann sich gleichzeitig auf verschiedenen Stufen verpflegen. Ausnahmslos fällt ein Teil der von einer Stufe zur nächsthöheren weitergereichten, organischen Materie der direkten oder indirekten Remineralisation anheim. Direkt ist sie dann, wenn vom lebenden Organismus Ausscheidungsprodukte des normalen Stoffwechsels (CO_2, NH_3, PO_4^{3-} etc.) freigesetzt werden; von einer indirekten Mineralisation ist dann die Rede, wenn Fäkalien oder Kadaver erst bakteriell zersetzt werden müssen (Tab. 4). Auf diesem Weg werden die für die pflanzliche Assimilationstätigkeit erforderlichen Moleküle schrittweise wieder in die Kreisläufe zurückgeleitet.

Die Energiekreisläufe stützen sich somit auf die folgenden 4 Komponenten:

1. die anorganischen Stoffe, die als Rohmaterial für die Biosynthese lebender organischer Materie in Frage kommen.
2. die autotrophen Produzenten (Kap. 6.3.), die unter Ausnützung des

Lichtes (Phototrophie) oder chemischer Verbindungen (Chemotrophie) als Energiequellen diese Biosynthese (Primärproduktion) vollziehen, d. h. aus anorganischen Molekülen organische Verbindungen aufbauen.

3. die verschiedenen Stufen der heterotrophen Konsumenten, deren Vertreter – selber außerstande, die unter 2. erwähnte Assimilationsleistung zu vollbringen – direkt (Primärkonsumenten) oder indirekt (Sekundärkonsumenten) von den lebenden oder toten (Detritus) Syntheseprodukten der Primärproduzenten zehren.
4. Die Zersetzer (Destruenten, Reduzenten: Bakterien und Pilze, Kap. 2.2.), deren Stoffwechsel auf die Zerlegung organischer Verbindungen in anorganische Komponenten (Remineralisation) ausgerichtet sind.

6.3. Primärproduktion

6.3.1. Der „standing crop“

Die zu einem gegebenen Zeitpunkt in einem gewissen Raum anwesende pflanzliche Biomasse, beispielsweise die Zahl bzw. das Gesamtgewicht der in einer Wasserprobe suspendierten Phytoplankton-Organismen oder die Dichte des Grossalgenbewuchses im Litoral, sind Maßzahlen, die ein Bild über den momentanen Zustand der pflanzlichen Entwicklung zu vermitteln vermögen. Wir beurteilen diese wie der Bauer, der die momentane Ertragslage, die „stehende Ernte“ („standing crop“) eines Feldes einschätzt. Selbstverständlich läßt sich die gleiche Betrachtungsweise auch auf die Menge der vorhandenen Konsumenten wie auch auf die, alle Komponenten einschließende Gesamtbiomasse übertragen.

Der „standing crop“ der Primärproduzenten kann anhand verschiedener, mehr oder weniger zuverlässiger Verfahren erfaßt werden: Handelt es sich um das Phytoplankton, so bieten sich verschiedene Methoden an. Voraussetzung für die Vertrauenswürdigkeit der Ergebnisse ist in jedem Fall eine sorgfältige Probeentnahme, welche es erlaubt, die gewonnenen Zahl- oder Meßwerte mit einiger Genauigkeit auf das ursprüngliche Volumen des analysierten Wasserkörpers zurückzuführen. Da mit den gbräuchlichen Phytoplanktonnetzen Fehlerquellen nicht ganz auszuschließen sind (Kap. 3.2.5.), finden für diese Zwecke vor allem Wasserschöpfer (Kap. 4.1.1.) Verwendung. Diese liefern wohl ein kleineres Probenvolumen als die Netze, dafür aber garantieren sie weitgehend den angestrebten Genauigkeitsgrad. Durch Sedimentation oder Zentrifugation wird das Phytoplankton in den so gewonnenen Wasserproben angereichert. In einer Zählkammer kann die Menge der in einer repräsentativen Probe enthaltenen Zellen festgestellt werden. Von diesen Werten ausgehend läßt sich aufgrund der Kenntnis der mittleren Zellvolumina die Gesamtmasse errechnen. Zuverlässigere Angaben liefern jedoch biochemische Analysen der Proben. So können z. B. nach erfolgter Extraktion die Gesamtmenge der Chlorophylle oder anderer Pigmente (Tab. 21) spektrophotometrisch oder der Kohlehydrat-Gehalt ermittelt werden.

Im Fall der benthischen Großalgen geht es darum, diese von einer bekannten Substratfläche einzusammeln, sie von animalen Epibionten zu befreien und ihr Trokkengewicht oder ihren Pigmentgehalt zu bestimmen.

Die so gewonnenen Daten stellen nichts anderes als eine Momentaufnahme aus einem dynamischen Geschehen dar, in dem Produktion (Primärproduzenten) und Konsum (Primärkonsumenten) gegeneinander wirken. Erweisen sich beide Kontrahenten über eine gewisse Zeitspanne als gleich stark, verändert sich der „standing-crop" theoretisch nicht, weil die Verwertung der Assimilate in gleichem Ausmaß wie deren Nettoproduktion erfolgt. In Wirklichkeit aber ist diese Wechselbeziehung selten so ausgeglichen.

Dies veranschaulichen in besonders deutlicher Weise die jahreszeitlichen Oszillationen der Phytoplanktonblüte einerseits und der damit gekoppelten Zooplankton-Konzentrationen, wie sie für gemäßigte, boreale und polare Regionen typisch sind.

Phytoplankton: In gemäßigten Breiten (Abb. 107) entwickelt sich die Situation im Frühjahr, was Licht, Temperatur und Nährstoffe anbelangt,

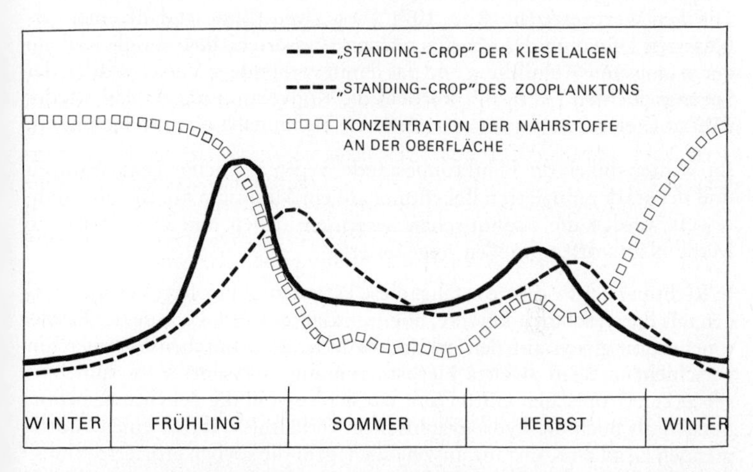

Abb. 107 Vereinfachtes Diagramm der jahreszeitlichen Wechselbeziehungen zwischen Konzentration der pflanzlichen Nährstoffe, Phytoplanktonblüte und Zooplanktonentwicklung, wie sie an der Oberfläche von Meeren gemäßigter Breiten herrschen (nach *Tait* 1971).

zugunsten einer intensiven Proliferation des pflanzlichen Planktons, die vor Beginn des Sommers einen ersten Höhepunkt erreicht. Diese Steigerung der Primärproduktion zieht mit einer gewissen Verzögerung eine entsprechende Vermehrung des Zooplanktons nach sich, dessen Primärkonsumenten in zunehmendem Maß vom reichen Nahrungsangebot zehren und damit ihrerseits das Nahrungsangebot für Sekundärkonsumenten steigern. Mit dieser Periode intensiver Produktion sind auch die Fortpflanzungsperioden vieler planktontischer und benthischer Tiere synchronisiert (Kap. 5.). Der in der Regel auf den Sommer hin erfolgende und eine entsprechende Verarmung des Zooplanktons nach sich ziehende Zusammenbruch der Phytoplanktonpopulationen hat verschiedene, z.T. miteinander verknüpfte Ursachen. Einerseits wird durch die Weidetätigkeit des überhandnehmenden Zooplanktons das Phytoplankton in zunehmendem Maß aufgezehrt. Andererseits hat dieses selber an den in der euphotischen Schicht vorhandenen Nährstoffen (Nitrate, Phosphate, Silikate etc.) Raubbau betrieben, deren Nachschub infolge der im Sommer herrschenden, stabileren hydrographischen Bedingungen nicht gewährleistet ist. Infolgedessen vermag die gedrosselte Primärproduktion die durch die Konsumenten verursachten Verluste nicht mehr wettzumachen.

In gemäßigten Breiten folgt auf dieses sommerliche Tief im Herbst ein erneuter Anstieg des „standing crop", der jedoch selten die für das Frühjahr üblichen Werte erreicht (Abb. 107). Diese zweite Blüte ist dank einer verbesserten Düngung der oberflächlichen Wasserschichten möglich, denn deren langsame Abkühlung und das damit verbundene Verschwinden der Sprungschichten (Abb. 67) kurbeln die Konvektion an, so daß wieder nährstoffreicheres Wasser aus größeren Tiefen nach oben steigen kann.

Im Winter sinken die Planktonbestände wegen der tiefen Temperaturen und der stark reduzierten Belichtung auf ein Minimum ab. In dieser Jahreszeit werden die euphotischen Schichten, denen nun in vermehrtem Maße Nährstoffe zufließen, regeneriert.

In Richtung der Eismeere erfährt diese Periodizität insofern Veränderungen, als die wesentlich kürzere, aber umso intensivere Periode der Planktonentfaltung sich auf den arktischen bzw. antarktischen Sommer hin verschiebt und ein zweites Herbstmaximum ausbleibt. Vom subtropischen zum tropischen Gürtel hin, wo sich sowohl die Belichtungsbedingungen als auch die hydrographischen Verhältnisse durch einen zunehmenden Grad an Konstanz auszeichnen, geht die soeben erörterte jahreszeitliche Periodizität des planktontischen „standing crop" nach und nach verloren.

Phytobenthos: Die Bestandesschwankungen innerhalb des Phytobenthos sind, obwohl schwerer erfaßbar und weniger auffällig als jene des Phytoplanktons ebenfalls dem Diktat der Jahreszeiten unterstellt. So ist z.B. der „standing crop" der benthischen Kieselalgen (*Chrysophyceae, Diatomales*) im Sommer größer als im Spätherbst und erreicht in Übereinstimmung mit den im Pelagial herrschenden Verhältnissen im Winter ein Minimum.

6.3.2. Die assimilatorischen Leistungen

Die stichprobenartigen Bestandesaufnahmen, was die Erhebungen über den „standing crop" in Wirklichkeit sind, erlauben keine verläßlichen Schlüsse über die tatsächlichen Syntheseleistungen, zu deren Ermittlung verschiedene Methoden entwickelt wurden. U.a. wird die Intensität der Assimilation einer Probe lebender Pflanzen an der Menge der von dieser in der Zeiteinheit fixierten Kohlestoffmenge gemessen.

Hierfür wird der Probe radioaktiv markiertes Kohlendioxid ($C^{14}O_2$) beigegeben. Nach einiger Zeit wird dann das pflanzliche Material angereichert und mit Hilfe geeigneter Meßgeräte (Scintillations-Zähler) festgestellt, wieviel von diesem radioaktiven Kohlenstoff (C^{14}) von den Pflanzen fixiert, d.h. zur Synthese assimilatorischer Primärprodukte (Kap. 4.5.3.) aufgenommen wurde. Im Fall des Phytoplanktons wird eine Wasserprobe auf 2 Flaschen bekannten Inhalts aufgeteilt, denen je eine bekannte Menge radioaktiven Kohlendioxids beigefügt wird. Man senkt die Versuchsgefäße hernach während einer gewünschten Zeit wieder auf jene Tiefe ab, aus der die Probe ursprünglich stammte. Dort kann sich die Photosynthese der eingeschlossenen Algen unter Bedingungen abspielen, die mit jenen außerhalb des Gefässes wenigstens annähernd identisch sind. Sofern die am Ort und im Zeitpunkt der Probeentnahme herrschenden Belichtungs- und Temperaturverhältnisse genau bekannt sind, kann die Inkubation der Proben mit $C^{14}O_2$ auch im Laboratorium an Bord des Schiffes, d.h. unter simulierten Bedingungen durchgeführt werden.

Nach der Inkubation wird das Plankton durch Filtration angereichert und durch Waschen vom nicht verwerteten, freien $C^{14}O_2$ befreit. Die Radioaktivität der Probe, die ein Maß für die Menge des organisch gebundenen C^{14} liefert, wird anschließend mit Hilfe eines β-Strahlengerätes bestimmt, wobei es gilt, die Differenz zwischen diesem Wert und der der Probe bei Versuchsbeginn zur Verfügung gestellten C^{14}-Menge zu berechnen. Diese Methode ist in der Lage, ein zuverlässiges Bild über die Intensität der am Ort und im Zeitpunkt der Probeentnahme stattfindenden Nettoproduktion zu vermitteln. Die so gewonnenen Werte werden extrapoliert und in Anlehnung an die auf dem Festland geübte Praxis in Gramm oder Milligramm je Quadratmeter und Zeiteinheit assimilatorisch gebundenen Kohlenstoffs ausgedrückt (z.B. gr C/m^2/Tag).

Die Intensität der phototrophen Assimilation und damit der Brutto- bzw. Nettoproduktion organischer Materie hängt von der Menge des energiespendenden Lichtes, der CO_2-Konzentration, der Temperatur und der Verfügbarkeit pflanzlicher Nährstoffe (Nitrate, Nitrite, Phosphate, Silikate etc.) ab. Jeder dieser Parameter kann in limitierendem bzw. regulatorischem Sinne wirken.

Licht (vgl. Kap. 4.5.): Das Vordringen des Lichtes in größere Tiefen wird durch die rasche Absorption der elektromagnetischen Strahlung durch den Wasserkörper verhindert. Der euphotische Raum, in dessen Grenzen die phototrophe Assimilation gewährleistet ist, stellt daher, verglichen mit den übrigen Wassermassen der Ozeane, eine relativ dünne oberflächliche Schicht dar, deren unterste Grenze bei allergünstigsten Bedingungen in einer Tiefe von ca. 200 m (Abb. 10) gezogen werden muß. Die sog. Kompensationstiefe, auf der sich die anabolische Assimilation und die katabolische Atmung die Waage halten, d.h. wo keine Nettoproduktion mehr stattfindet, liegt meist jedoch wesentlich höher. Ihre jeweilige Lage hängt u.a. von der geographischen Breite, den Jahres- und Tageszeiten, dem Wellengang (Kap. 4.5.1.) und dem Ausmaß der durch suspendiertes Material verursachten Trübung des Wassers ab. Letztere kann durch das assimilierende Phytoplankton selber hervorgerufen werden, so daß die Phytoplanktonblüte in einem gewissen Sinn selbstregulatorisch wirken kann.

Ebenso nachteilig wie ein akuter Lichtmangel kann sich ein Überangebot an Lichtenergie auswirken, was in den die Brutto- oder Nettoprimärproduktion wiedergebenden Vertikalprofilen deutlich zum Ausdruck kommt. Maximalwerte werden nämlich bei intensiver Einstrahlung nicht an der Oberfläche, sondern in Tiefen zwischen 5 und 20 m gemessen.

Kohlendioxid (CO_2): Seiner relativ hohen Konstanz wegen stellt das CO_2-Angebot keinen im limitierenden Sinn ins Gewicht fallenden Faktor dar, umso mehr als der CO_2-Gehalt der Atmosphäre in stetigem Steigen begriffen ist (Woodwell 1978).

Temperatur: Die Photosynthese nimmt, der RGT-Regel gehorchend (Kap. 4.2.6.), mit steigender Temperatur an Intensität zu, bis sie eine von Art zu Art unterschiedlich hoch liegende kritische Schwelle erreicht, oberhalb der die Werte rasch absinken. Diese Tatsache darf jedoch nicht dahin ausgelegt werden, daß die assimilatorische Leistungsfähigkeit des Phytoplanktons kalter Meere geringer wäre, als die der Primärproduzenten wärmerer Regionen. Wie in anderen Zusammenhängen (Kap. 4.2.6.) so hat sich auch hier evolutiv eine physiologische Anpassung an die thermischen Gegebenheiten des Verbreitungsraumes vollzogen.

Nährstoffe: Außer CO_2 und H_2O bedürfen die Primärproduzenten für die Biosynthese organischer Materie eine Reihe anderer anorganischer Rohstoffe: als Stickstoffquellen Nitrate, Nitrite und Ammoniak, als Phosphorquelle Phosphate. Die Kieselalgen benötigen für den Aufbau ihrer Skelette außerdem größere Mengen von Kieselsäure (Si). Diese essentiellen Nährstoffe, zu denen sich noch eine ganze Reihe anderer Oligoelemente gesellt, liegen, da sie grundsätzlich nicht zum stabilen Elektrolyten-Inventar des Meerwassers (Tab. 11) gehören, in relativ geringen und z.T. stark variierenden Mengen vor (Tab. 13). Sie werden teils durch Flüsse vom Festland ins Meer gespült, teils entstammen sie biologischen Remineralisierungsprozessen, die im Rahmen der großen Kreisläufe (Kap. 2.2.0., 6.2.0.) organische Materie in die anorganischen Ausgangsprodukte zurückführen. Die Versorgung der euphotischen Wasserschichten mit diesen Nährstoffen ist zusammen mit dem Licht ein kritischer, das Ausmaß der Primärproduktion mitbestimmender Parameter.

6.3.2.1. Die räumlichen Muster der Primärproduktion

Abb. 108 veranschaulicht in eindrücklicher Weise, wie unterschiedlich die durchschnittlichen Werte der Primärproduktion, weltweit betrachtet, sind. Sie läßt keinen Zweifel darüber, daß die produktivsten Regionen in Küstennähe, d.h. über dem kontinentalen Sockel (Kap. 1.2.0.) liegen, und daß der große ozeanische Raum sich im Vergleich wie eine Wüste ausnimmt. Die geographische Verteilung der produktivsten Bereiche unterstreicht die Tatsache, daß nicht so sehr das Licht als vielmehr die Düngung ihren fördernden bzw. begrenzenden Einfluß geltend macht. Diese ist zunächst einmal überall dort sichergestellt, wo sich nährstoffhaltiges, kontinentales Wasser in Form von Flüssen ins Meer ergießt.

Eine noch bedeutendere Nährstoffquelle stellt die Remineralisation (Kap. 2.2.) mariner Sedimente dar. Ausschlaggebend ist hier, daß der unterhalb der euphotischen Wasserschicht auf diese Weise entstandene Dünger in diese zurückgeführt wird. Je größer die dabei zu überwindende Vertikaldistanz ist, umso problematischer gestaltet sich dieser Transport. Dies ist mit ein Grund dafür, daß die wenig tiefen, kontinentalen Meere produktiver sind als die ozeanischen Becken. Der Transport der remineralisierten Nährstoffe aus der Tiefe hinauf zur Oberfläche besorgen die vertikalen Wasserbewegungen (Kap. 4.7.2., Abb. 91). Dort, wo vom Festland her blasende Winde das Oberflächenwasser vor sich hertreiben, fließen diesen, aus der Tiefe kommend, nährstoffreiches Aufstiegswasser nach. In ähnlicher Weise wirken die Turbulenzen sowie die thermohaline Konvektion (Kap. 4.7.2.). Die Primärproduktion wird deshalb überall dort relativ hohe Werte erreichen, wo aus irgend einem Grund düngendes Wasser aus der Tiefe hochsteigt und dies ist meist in küstennahen Gewässern der Fall (Abb. 108). Zu den produktivsten Regionen im atlantischen Raum gehören die Ostsee, Nordsee und der nördliche Teil des Atlantik, was u.a. in den hohen, dort erzielten Erträgen des Fischfanges (Abb. 114) seinen Niederschlag findet. Das seiner blauen Farbe wegen vielbesungene Mittelmeer stellt, wie man schon aus dieser Eigenschaft folgern muß, einen relativ unproduktiven Wasserkörper dar. Das Becken ist, gemessen an seiner bescheidenen Größe, verhältnismäßig tief. Es kann der Schwelle von Gibraltar wegen (Abb. 3) aus dem benachbarten Atlantik kein Tiefenwasser empfangen, so daß es in seinem Bereich zu keiner echten Konvektion kommen kann, die eine intensive Düngung oberflächlicher Schichten besorgen würde. Als ebenso unzureichend darf in diesem Bekken die terrigene Zufuhr von Nährstoffen bewertet werden, vermögen doch die wenigen, sich ins Mittelmeer ergießenden Flüsse nicht einmal dessen durch die Verdunstung entstandenen Wasserverluste zu kompensieren.

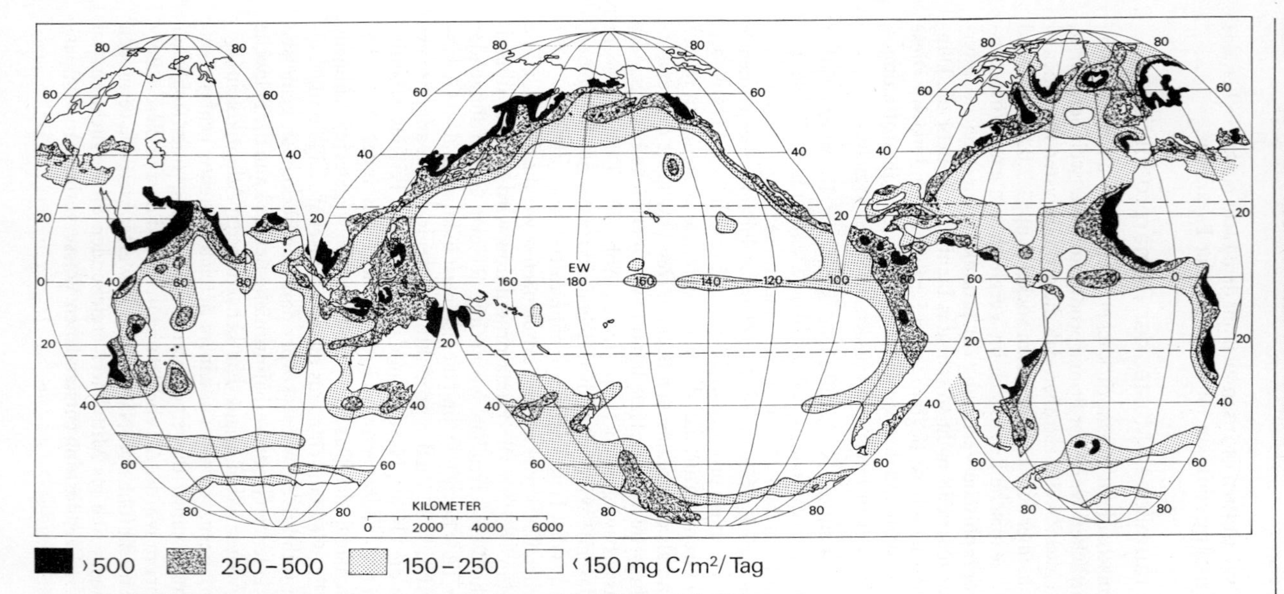

Abb. 108 Weltkarte der Phytoplankton-Produktion ausgedrückt in mg C/m²/Tag. (nach FAO „Atlas of the living resources of the seas", Rom 1972).

6.3.2.2. Die zeitlichen Schwankungen der Primärproduktion

Die jahreszeitlichen Schwankungen der marinen Primärproduktion sind im wesentlichen auf saisonale Veränderungen der Faktoren Licht und Nährstoffangebot zurückzuführen, wobei je nach geographischer Region der eine oder andere dieser Parameter stärker ins Gewicht fällt. Im Bereich der an sich nährstoffreichen borealen und polaren Meere stellt das Licht den limitierenden Faktor dar (Kap. 6.3.1.). Eine intensive Primärproduktion ist dort lediglich während einigen in den arktischen bzw. antarktischen Sommer fallenden Wochen möglich. Die in dieser Zeit kurzfristig erbrachten Syntheseleistungen, die nicht nur die momentanen Konsumansprüche der großen dort lebenden heterotrophen Biomasse zu befriedigen, sondern auch die Reserven für den restlichen, unproduktiven Teil des Jahres bereitzustellen hat, übertreffen bei weitem jene gemäßigter und tropischer Regionen. Dort erlaubt das Lichtangebot eine kontinuierlichere Produktion, wobei sich allerdings auch hier Perioden intensivierter und verlangsamter Produktivität nach jahreszeitlichen Gesetzmäßigkeiten ablösen (Abb. 107). Diese Schwankungen gehen in gemäßigten, subtropischen und tropischen Breiten jedoch in vermehrtem Maß auf das Konto des Nährstoffangebotes (Kap. 6.3.1.).

6.3.3. Vergleich Meer – Festland

Obwohl die Kenntnisse über das Produktivitäts-Potential der Weltmeere zurzeit noch lückenhaft sind, vermitteln die groben Schätzungen ein nicht gerade vielversprechendes Bild. Enttäuschend ist diesbezüglich vor allem die Feststellung, wonach die Produktivität der großen ozeanischen Räume verglichen mit jener küstennaher Gewässer nur bescheidene, um nicht zu sagen, wüstenähnliche Werte aufzuweisen hat (Abb. 108). Die Hoffnungen, auf jene immerhin mehr als die Hälfte der Erdoberfläche bedeckenden, euphotischen Wasserkörper könnte dereinst zum Nutzen des Menschen im Sinne eines unerschöpflichen Nahrungsreservoirs zurückgegriffen werden, scheinen sich im erwarteten Ausmaß nicht zu bestätigen. Die ertragsversprechenden Bereiche bleiben auf jene küstennahen Gewässer beschränkt, die als solche bisher schon bekannt waren und bereits intensiv genutzt werden (Abb. 115)!

Diese Tatsachen gehen mit aller Deutlichkeit aus einer Gegenüberstellung der Gesamtbiomassen bzw. der Gesamt-Nettoproduktion zwischen der kontinentalen d.h. terrestrischen Vegetation einerseits und der marinen andererseits hervor (Woodwell 1978). Die Gesamtbiomasse der ersteren wird, ausgedrückt in der von ihr gebundenen Kohlenstoffmenge, auf $826{,}5 \cdot 10^9$ Tonnen, die der marinen Primärproduzenten auf $1{,}74 \cdot 10^9$ Tonnen geschätzt, was bedeutet, daß die pflanzliche Biomasse des Festlandes etwa 500mal größer ist als jene der Ozeane und Meere. Dabei darf nicht außer acht gelassen werden, daß die kontinentale Vegetation weniger als 29% der gesamten Erdoberfläche in Anspruch nimmt, ist sie doch von ausgedehnten polaren und Wüstengebieten fast ganz ausgeschlossen.

Der Vergleich verschiebt sich leicht zugunsten der marinen Primärproduzenten, wenn deren Produktionskraft jener der terrestrischen Vegetation gegenübergestellt wird. Woodwell (1978) schätzt die jährliche Gesamt-Nettoproduktion der letzteren auf $52{,}8 \cdot 10^9$ Tonnen Kohlenstoff, die der marinen Vegetation auf $24{,}8 \cdot 10^9$ Tonnen, was einem Verhältnis von ungefähr 2:1 entspricht und für ein verhältnismäßig hohes Produktionspotential zeugt, wenn man den enormen Unterschied bezüglich der Biomassen (s. o.) in Betracht zieht.

Während auf dem Festland die Aussicht besteht, die Produktivität durch geeignete Maßnahmen (Bewässerung von Wüsten, Düngung etc.) noch erhöhen zu können, bieten sich im Fall der Meere wenigstens vorläufig noch keine praktikablen Möglichkeiten für eine Produktionssteigerung größeren Stils an. Ansätze in dieser Richtung stellen allerdings die auf dem Gebiet der Marikultur (Kap. 6.5.3.) angelaufenen Bestrebungen.

6.4. Die trophischen Wechselbeziehungen (Futterketten)

Die Nettoprimärproduktion der pflanzlichen Organismen bildet das den heterotrophen Konsumenten sich anbietende, primäre Nahrungssubstrat. Im marinen Raum liegt dieses vor allem in Form einzelliger Vertreter des Phytoplanktons (Kap. 3.2.1.) vor, die von den meist kleinwüchsigen Primärkonsumenten des Zooplanktons mittels z.T. ausgeklügelter Methoden angereichert wird (Kap. 3.2.3.). Im Litoral zehren außerdem die zahlreichen benthischen Strudler und Substratfresser (Kap. 3.4.2.) vom sedimentierenden oder bereits sedimentierten pflanzlichen Plankton. Die Angehörigen dieser zweiten trophischen Stufe, die Primärkonsumenten also, lassen sich aufgrund ihrer Ernährungsgewohnheiten als solche relativ leicht identifizieren, obschon hier damit gerechnet werden muß, daß sich gewisse Strudler bereits von Vertretern ihrer eigenen Stufe ernähren. So lassen sich aus diesen unübersichtlichen, trophischen Gefügen (Abb. 109) besonders dann, wenn es sich um makrophage Sekundär- und Tertiärkonsumenten mit relativ unspezifischen Ernährungsgewohnheiten handelt, oder wenn man die verschiedenen Entwicklungsstadien ein und derselben Art in Betracht zieht (Abb. 109) in den wenigsten Fällen lehrbuchgerechte, lineare „Futterketten" rekonstruieren, in denen eine klare Hierarchie der Stufenfolge zum Ausdruck käme. Das Fressen und Gefressenwerden stellt vielmehr ein kaum entwirrbares, dreidimensionales Gefüge von trophischen Wechselbeziehungen dar, in dem der Energietransfer von einer Stufe zur nächstfolgenden schwer zu ermitteln ist. Am Ende einer fast idealen und vor allem kurzen „Futterkette" stehen paradoxerweise die größten Repräsentanten der marinen Fauna, die Barten-

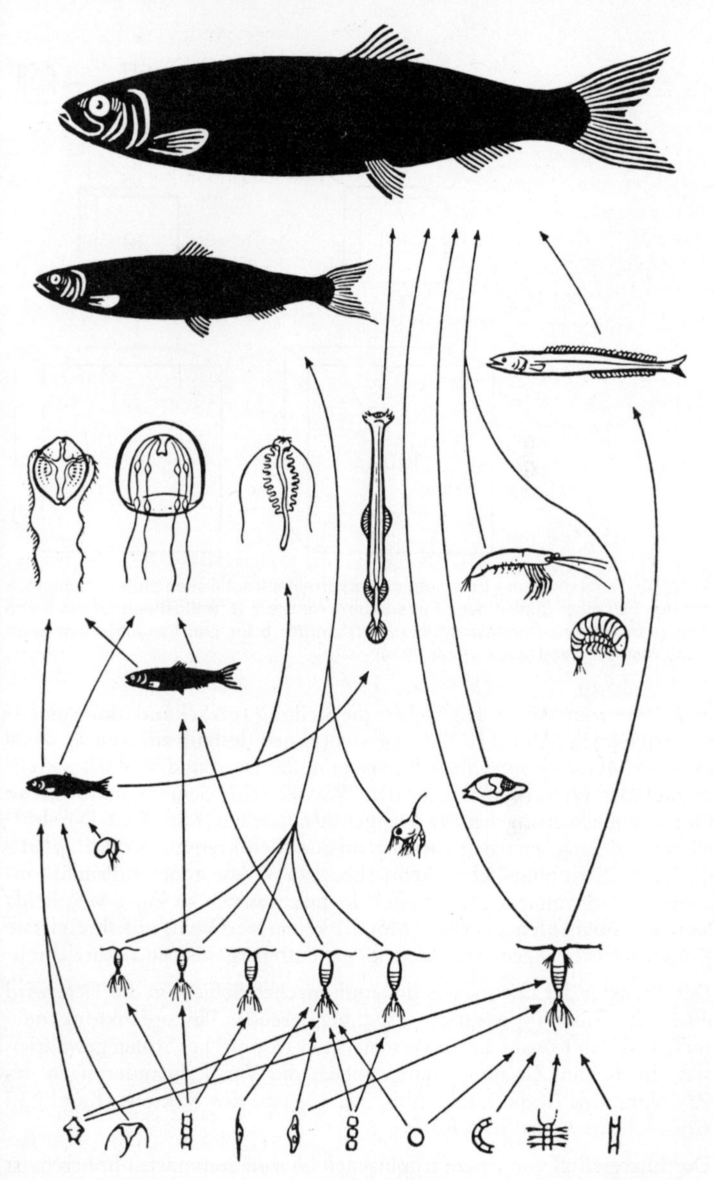

Abb. 109 Trophische, auf die verschiedenen Entwicklungsstadien des Herings (*Clupea harengus*) ausgerichtete Beziehungen (nach *Hardy* 1924 aus *Hedgpeth* 1957).

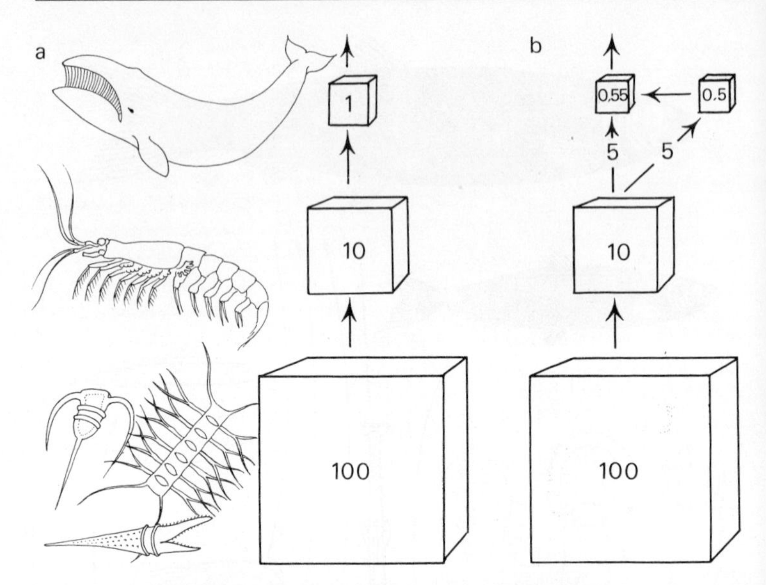

Abb. 110 Darstellung des Energietransfers von einer trophischen Stufe zur andern. **a** Für den Fall einer gradlinigen „Futterkette", wie sie z. B. weitgehend für die Reihe Phytoplankton-Krill-Bartenwale (*Mysticeti*) zutrifft; **b** für den Fall eines einfachen „Futternetzes" (mod. nach *Steele* 1974).

wale (*Mysticeti,* Abb. 116), welche die Stellung von Sekundärkonsumenten einnehmen (Abb. 110 a). Diese steht ihnen deshalb zu, weil sie dank ihrer im Mund dicht stehenden Barteln in der Lage sind, ähnlich wie ein strudelnder Primärkonsument, dem Wasser sehr kleine planktontische Organismen in ausreichenden Mengen zu entziehen (Kap. 3.3.). Die abfiltrierte Nahrung setzt sich vorwiegend aus Kleinkrebsen (Krill, *Euphausia,* Abb. 27 f), Flügelschnecken (Abb. 29 a) sowie anderen Primärkonsumenten zusammen. Die „Kette" ist hier deshalb so kurz, weil beide Konsumentenstufen über die Möglichkeiten verfügen, auf ihre eigene Körpergröße bezogen, besonders kleine Futterorganismen anzureichern.

Der Transfer der Energie aus der euphotischen Schicht in die Tiefe wird einerseits durch abgestorbenes, sedimentierendes Phytoplankton, andererseits durch Konsumenten verschiedener trophischer Stufen gewährleistet. In diesem Zusammenhang spielen die Vertikalwanderungen des Zooplanktons (Kap. 3.2.3., Abb. 32, 33) und des Nektons (Kap. 3.3.) eine nicht unwesentliche Rolle.

Der Energiefluß von einem trophischen Niveau zum nächst höheren, ist mit Verlusten verbunden. Als Modellfall möge jene der zu den Bartenwalen führenden Kette (Abb. 110 a) dienen: Von der vom Phytoplankton, in

Form von chemischer Energie (Assimilationsprodukte) umgewandelten Sonnenenergie (Bruttoprimärproduktion) steht den Primärkonsumenten nach Abzug des pflanzeneigenen Energieverbrauchs (z.B. Atmung) nur ein Teil zur Verfügung. Es ist dies die Nettoprimärproduktion, d.h. die als Futter verwertbare organische Materie. Von dieser konsumiert die erste Stufe, d.h. der Krill wiederum nur einen Bruchteil, während der Rest anderen Energiekreisläufen zugeführt wird. Werden die beiden ersten trophischen Stufen bezüglich ihres Energiegehaltes miteinander verglichen, so ergibt sich vom Primärproduzenten zum Primärkonsumenten ein Unterschied von der Größenordnung von einer bis zwei Zehnerpotenzen, was bedeutet, daß das Nettosekundärprodukt um den entsprechend kleineren Betrag zu veranschlagen ist. Von der Stufe der Primärkonsumenten (Krill) zum Sekundärkonsumenten (Wal) ergibt sich eine erneute Reduktion auf ca. 1/10. Dies bedeutet in vereinfachter Form, daß es zur Produktion von 1 kg Wal schätzungsweise 10 kg Krill bedarf. Sobald die trophischen Beziehungen von dieser idealen Linearität abweichen, verzweigt sich auch der Energiefluß unter gleichzeitiger Erhöhung der Verluste (Abb. 110b).

Die diesbezügliche Situation scheint in verschiedener Hinsicht komplexer zu sein als auf dem Festland, nicht zuletzt weil der marine Lebensraum eine ausgesprochen dreidimensionale Struktur hat, weil seine wichtigsten Primärproduzenten nicht großwüchsige Pflanzen, sondern einzellige Organismen sind und weil zwei in ihrem Charakter verschiedenartige Ökosysteme, das Pelagial und das Benthal, komplexe Wechselbeziehungen zueinander pflegen.

6.5. Nutzung durch den Menschen

6.5.1. Allgemeines

Die Nutzung mariner Organismen und deren Produkte als Quelle menschlicher Ernährung ist wahrscheinlich so alt wie das Menschengeschlecht selber. Die Pioniere waren vermutlich Sippen, die sich aus diesem oder anderen Gründen in Küstennähe niederließen und sich vorerst auf das Einsammeln des angeschwemmten Gutes beschränkten. Schon aus dem Paläolithikum jedoch sind Harpunen und angelähnliche Geräte überliefert. Außerhalb ausgesprochen kalter Regionen (Arktis) kamen Konservierung und Transport ins Landesinnere dieser hinfälligen Nahrungsmittel zunächst wohl nicht in Frage.

Die Entwicklung von jener primitiven Nutzung, wie sie heute noch in vielen Entwicklungsländern gepflegt wird, zur heutigen, hoch technisierten Fischerei der Industrieländer, stand in Abhängigkeit zur fortschreitenden Technisierung der in die Dienste des Fanges, der Verarbeitung und Verteilung des Fanggutes gestellten Hilfsmittel. Dazu gehören u.a. der nach wirtschaftlichen Gesichtspunkten operierende Einsatz von immer weiter reichenden Fischereiflotten, die Verwendung von Echolot (Kap. 1.4.) und Luftfahrzeugen für die Ortung der Beute, die Entwicklung wirksamer Fanggeräte, sowie die fortlaufend verbesserten Konservierungsverfahren.

Die Ausschöpfung biologischer Quellen ist z.T. insofern schon zweckentfremdet worden, als ein Teil des angelandeten Gutes nicht mehr direkt als menschliches Nahrungsmittel verwertet, sondern in Form von Fischmehl zur Veredelung als Tierfutter oder auf unzweckmäßige Art sogar als pflanzliches Düngmittel verwendet wird. Ein nicht zu vernachlässigender Anteil der Produkte wird ganz anderen Zwecken zugeführt. Dazu gehören die von der Walindustrie für Technik, Kosmetik u.a. hergestellten Produkte, Robbenfelle als künstliche Phaneren wärmebedürftiger Frauen, aber auch Vitamine, Antibiotika und andere Pharmaka.

Die vom Menschen direkt genutzten Produkte sind größtenteils tierischen Ursprungs, weil die Anreicherung bzw. Gewinnung des Phytoplanktons, des Hauptträgers der marinen Primärproduktion (Kap. 6.3.), vorläufig noch nicht in wirtschaftlich vertretbarer Weise erfolgen kann. Der Mensch „erntet" hier also auf der Stufe der Sekundärkonsumenten, die für ihn im Rahmen längerer oder kürzerer Nahrungsketten die anspruchsvolle Anreicherungsarbeit bereits geleistet haben (Kap. 5.3.). Als die von der Warte des menschlichen Verbrauchers betrachtet kürzeste Anreicherungs- bzw. Veredelungsleistung darf jene gelten, an deren Spitze die Bartenwale (*Mysticeti*, Abb. 116) stehen, denn zwischen diesen und dem Phytoplankton ist in der Regel ein einziges Zwischenglied, der Krill (Kap. 3.3., Abb. 110a) eingeschaltet.

Wenn man von den schon seit langer Zeit betriebenen Muschelzuchten absieht, gehorcht die Meeresfischerei den opportunistischen Grundsätzen des Jägertums. Da die Hoheitsgewässer unlängst noch eine Ausdehnung von lediglich 12 Seemeilen hatten, war der übrige Raum einer uneingeschränkten und praktisch unkontrollierten Nutzung preisgegeben; man nahm, wo es gab, d.h. vor allem in den fischreichen Schelfmeeren des Nordens und, im Fall der Wale, in deren arktischen und antarktischen Weidegründen. Die Nutzung artete in eine fast hemmungslose Ausbeutung aus, deren Folgen sich im Verein mit jenen der Verschmutzung in zunehmendem Maß bemerkbar machen (s. u.).

Die Rettung und Erhaltung dieser marinen Nahrungsquellen muß in einer Abkehr von der schrankenlosen Ausbeutung und in einer gezielten Bewirtschaftung gesucht werden. Darunter ist u.a. die gewissenhafte Überwachung der Bestände und deren Schwankungen, die Erforschung der Lebensgewohnheiten, das Erlassen von international anerkannten und befolgten Schutz- bzw. Hegebestimmungen sowie eine Förderung der

Aquakultur (Marikultur, Kap. 5.6.3.) als Alternative zum bisherigen „Jägertum" zu verstehen.

Der Vollständigkeit halber sei hier auf ein weiteres biogenes Produkt hingewiesen, das sich der Mensch durch Vermittlung von Meeresvögeln nutzbar macht, die an ihren küstennahen Nistplätzen ihren Kot (Guano) hinterlassen. Dieser ist reich an Calciumphosphat, Harnsäure und Harnstoff und wird an den Küsten Südafrikas, Chiles, Perus als wertvoller Stickstoff- und Phosphatdünger abgebaut. Man schätzt, daß die Guano-Vögel (Abb. 111) im Bereich des fischreichen Perustromes (Kap. 1.2.2.) jährlich an die 3 Mio. Tonnen Fische, vor allem Anchovetas (*Engraulis ringens,* Abb. 38 a) verzehren. An den Küsten, wo er – den geringen Niederschlagsmengen wegen – nicht zurück ins Meer geschwemmt wird, hat sich der Guano in Schichten angehäuft, deren Alter auf 500 Jahre geschätzt wird und die einen jährlichen Zuwachs von bis zu 8 cm erfahren können.

Abb. 111 Guano-Vögel der Westküste Südamerikas: **a** Brauner Pelikan, *Pelicanus fuscus*; **b** Guanokormoran, *Phalacrocorax bougainvillei*; **c** Guanotölpel, *Sula variegata*.

6.5.2. Die Fischerei

6.5.2.1. Marine Organismen von wirtschaftlicher Bedeutung

Es gibt im Meer kaum Organismen, die als menschliche Nahrungsmittel nicht Verwendung fänden. Es können deshalb hier nicht alle erwähnt werden, die von den verschiedenen Völkern teils als Komponenten der Grundnahrung oder zur gelegentlichen Bereicherung der Speisekarte gesammelt und gefischt werden. Nur jene Arten und Artengruppen, die als Bestandteile menschlicher Nahrung weltweit ins Gewicht fallen, werden von den Statistiken erfaßt. Solche werden u.a. von der „Food and Agriculture Organization of the United Nations" (FAO) in Rom (Abb. 114, 115), von den zuständigen Ministerien einzelner Staaten (BRD: „Bundesministerium für Ernährung, Landwirtschaften und Forsten", vgl. Tab. 26) laufend veröffentlicht.

Tabelle 26 Versorgung der Bundesrepublik Deutschland mit Meerfischen in den Jahren 1973–1975 (nach Unterlagen des „Statistischen Bundesamtes Wiesbaden" und des „Bundesministerium für Ernährung, Landwirtschaft und Forsten").

a) Fangerträge (in Tonnen) nach Arten (Anlandungen in den Bundesländern Bremen, Hamburg, Niedersachsen und Schleswig-Holstein).

Arten	1973	1974	1975
Hering, *Clupea harengus*	71365	57634	53089
Dorsch, Kabeljau, *Gadus morrhua*	115163	152626	119944
Schellfisch, *Melanogrammus aeglefinus*	13224	23416	22781
Köhler, Seelachs, *Pollachius virens*	90328	78250	77027
Rotbarsch, *Sebastes marinus*	61312	57795	54024
Krebse, Krabben, *Crustacea*	30015	30317	22799
andere Arten	74204	92931	84372
Total	455613	492970	434037

b) Fänge, Importe, Exporte und Konsum (in 1000 Tonnen)

	1973	1974	1975
Eigenerträge (siehe a)	455,6	493,0	434,0
Einfuhr	454,7	411,6	420,0
Ausfuhr	189,5	184,7	202,0
Nicht als Nahrung verwertet	73,5	76,2	63,0
als menschliche Nahrung verwertet	647,3	643,7	589,0
Konsum je Einwohner und Jahr	10,4 kg	10,4 kg	9,5 kg

Nach FAO-Angaben wurden 1971–1973 weltweit etwa 2 Mio. t Großalgen, vorwiegend Rot- und Braunalgen, geerntet (MICHANEK 1975), die als Nahrungsmittel, Dünger oder als Rohmaterial zur Herstellung bestimmter Chemikalien (z.B. Agar) Verwendung finden. Die FAO schätzt die Jahresproduktivität der *Rhodophyceae* und *Phaeophyceae* auf mehr als 17 Mio. t. Das Phytoplankton mit seinem an sich hohen Nährwert (40–55% Proteine, 20–40% Kohlehydrate, 20–25% Lipide) kann aus bereits erwähnten Gründen noch nicht im großen Stil geerntet werden.

Unter den wirbellosen Tieren nehmen die Weichtiere (*Mollusca*) und Krebse (*Crustacea*) als Nahrungsquelle eine Vorrangstellung ein, obwohl ihr Anteil, soweit dieser statistisch überhaupt erfaßbar ist, im Vergleich zu den Fischen bescheiden ausfällt (Abb. 115). Unter den wirtschaftlich bedeutenden Mollusken herrschen die Muscheln (Austern, *Ostreacea;* Miesmuscheln, *Mytilacea* und Kamm-Muscheln, *Pectinacea*) vor, die in gemäßigten Regionen auch bewirtschaftet werden (Kap. 5.6.3.). Die benthischen und pelagischen *Cephalopoda,* von denen laut FAO im Jahre 1967 weltweit ca. 750 000 t angelandet wurden, erfreuen sich als Nahrungsmittel unterschiedlicher Beliebtheit. Die zahlreichen befischten Großkrebsarten (1967 weltweit 690 000 t) wie Hummer (*Homarus*), Langusten (*Palinurus, Panulirus*), Kaisergranat oder Schmalhummer (*Nephrops*), Panzerkrebse (*Cancer*) sowie andere Krabben und Garneelen gehören alle in die Kategorie der Delikatessen.

Das Fleisch von Haien und Rochen (*Chondrichthyes,* Abb. 37, 53), die sozusagen als Nebenprodukte der Netz- und Angelfischerei anfallen, findet geteilten Zuspruch, doch wird aus der Leber, besonders jener der großen Arten (z.B. Grönlandhai, *Somniosus microcephalus*), vitaminhaltiger Tran gewonnen. Die mit Placoid-Zähnchen durchsetzte Haut findet zum Schleifen von Holz oder zur Herstellung eines geschätzten Leders Verwendung.

Die Hauptanstrengungen der Meeresfischerei gelten einer relativ kleinen Zahl von Knochenfischarten. An erster Stelle sind hier die relativ kleinwüchsigen Heringsartigen (*Clupeidae*) anzuführen, zu denen neben einigen anderen der Hering (*Clupea harengus,* Abb. 38 c), die Sardine (*Clupea pilchardus,* Abb. 38 b) die Sprotte (*Sprattus sprattus*), die Sardellen (*Engraulis,* Abb. 38) gehören. Von den letzteren (Anchoveta, *Engraulis ringens*) allein wurden 1971 im Bereich des Perustromes mehr als 10 Mio. t gefangen (Abb. 114) und vor allem zu Futtermehl verarbeitet.

Eine weitere, wirtschaftlich bedeutende Gruppe bilden die Dorschartigen (*Gadidae*), darunter der nordatlantische Dorsch oder Kabeljau (*Gadus morrhua*), der Schellfisch (*Melanogrammus aeglefinus*), der Köhler (*Pollachius virens*), der Pollack (*Pollachius pollachius*), der Seehecht (*Merluccius merluccius*) und einige andere, weniger befischte Vertreter dieser Familie, die in der Fischereistatistik der Bundesrepublik für 1975 mit mehr als 220 000 Tonnen zu Buche steht (Tab. 26). Typische Hochseefische sind die Makrelenartigen (*Scomberidae*) mit den Makrelen (*Scomber scombrus,* Abb. 38 d, *Sc. japonicus*), dem Thunfisch (*Thunnus thynnus,* Abb. 38 a) und dessen näheren Verwandten.

Als Speisefische sind außerdem die Plattfische (*Pleuronectiformes*), Schollen (*Pleuronectes platessa,* Abb. 106 e), Steinbutt (*Psetta maxima*), Seezungen (*Soleidae*) sowie der zu den Barschen gehörende, in der Nordsee und im Atlantik intensiv befischte Rotbarsch *Sebastes marinus,* die Sandaale (*Hyperoplus, Ammodytes,* Abb. 54 k), der Flußaal (*Anguilla anguilla,* Abb. 42) und die Lachse (*Salmo, Oncorhynchus*) und Meerforellen (*Salmo trutta*) zu erwähnen.

Unter den marinen Reptilien ist die Suppenschildkröte (*Chelone mydas*) ihres geschätzten Fleisches wegen an den Rand der Ausrottung gebracht worden, während die Zukunft der anderen Arten heute mehr infolge der zunehmenden Störung ihrer natürlichen Laichplätze und des Raubes der Gelege durch Eingeborene gefährdet ist.

Den Robben (*Pinnipedia*) wird, weniger ihres Fleisches als ihrer Felle wegen, nachgestellt. Dies gilt in besonderem Maß für einige Arten der *Phocidae*, so z.B. für die nordatlantische Sattelrobbe (*Phoca groenlandica*), deren auf dem Treibeis zur Welt gekommene Jungen im März im Nordosten Kanadas von kanadischen, norwegischen und dänischen Equipen massenweise abgeschlachtet werden. Im Jahre 1970 waren es deren 290000, 1972 noch 150000 (FAO-Bericht, 1974). Als weitere Fell- und Öl-Lieferanten werden der nordpazifische (*Callorhinus ursinus*), der südafrikanische (*Arctocephalus pusillus*) Seebär und andere *Otariidae* bejagt.

Die Wal-Industrie hält sich an den großwüchsigen Arten, zu denen praktisch alle Bartenwale (*Mysticeti*, Abb. 116) sowie der größte Zahnwal, der Pottwal (*Physeter catodon*, Abb. 40b) gehören, schadlos. Nur ein Teil des Walfleisches wird der menschlichen Ernährung zugeführt (Japan), der große Rest wird zu Tierfutter verarbeitet. Das Hauptprodukt dieser leider noch blühenden Industrie bildet das aus den Speckschichten gewonnene Walöl (Waltran), das ca. 5% des Bedarfs an tierischen Fetten deckend, in Form von Margarine auf den Markt kommt. Ein Teil des Tranes wird zur Herstellung von Seife, Kunstharzen (Getriebeöl u.a.) verwendet. Die Knochen liefern Leim, Gelatine, Dünger und Knochenmehl. Aus der Leber werden Vitamine, aus den endokrinen Drüsen Hormone extrahiert. Sagenumwoben ist die im Enddarm von Pottwalen gelegentlich angetroffene „Ambra“, vermutlich pathologische Konglomerate (bis 500 kg) aus verfestigtem Darminhalt (Hartteile von Cephalopoden?), die als Heilmittel und Aphrodisiacum gehandelt werden und in der Parfümindustrie Absatz finden.

6.5.2.2. Fischereimethoden

Korb- oder Reusenfischerei: Reusen sind nichts anderes als Fallen, in die in Bodennähe lebende Tiere durch Köder angelockt oder durch andere Vorkehrungen dorthin gelenkt, geraten. Ein Korb bzw. eine Reuse (Abb. 112d) aus Holz, Korbgeflecht oder Metall ist ein zylindrischer oder quadrischer Behälter mit einer oder zwei trichterförmigen Öffnungen. Diese sind so gestaltet, daß dem Tier Zutritt ins Innere gewährt, ein Entkommen in entgegengesetzter Richtung jedoch verhindert wird. Derartige mit Ködern beschickte Reusen werden auf dem Meeresboden deponiert und mittels der mit einem Oberflächenschwimmer verbundenen Leine wieder eingeholt. Sie dienen dem Fang von Wirbellosen (Cephalopoden, Hummer, Languste, Krabbe, Garneelen) sowie von benthischen und epibenthischen Fischen (Aale, Dorschartige usw.).

In die Kategorie der Reusen fallen auch permanent im Grund verpflockte Netze, die so angeordnet sind, daß pelagische Fische durch sog. Leitnetze in eine oder

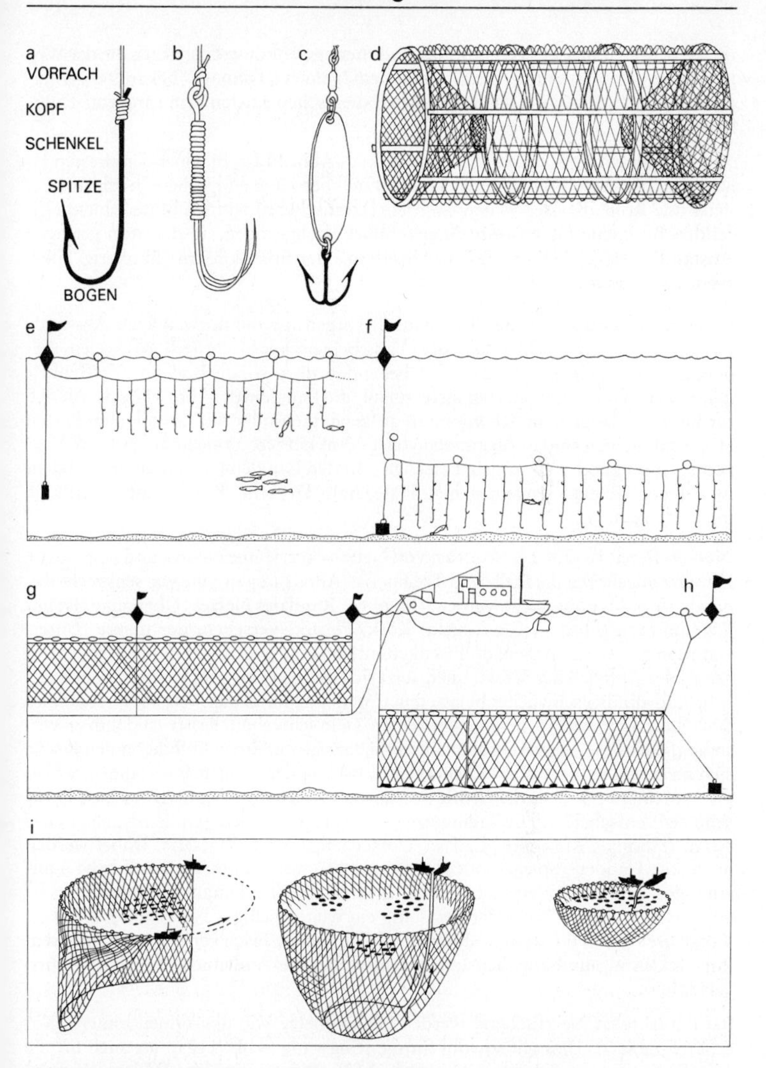

Abb. 112 Geräte und Methoden der Meeresfischerei; **a** Bestandteile einer Angel; **b** Doppelhaken ohne Widerhaken (Bart), verwendet für den Fang von Thunfischen; **c** Künstlicher Köder (Spinner, Blinker); **d** Hummerreuse (norwegische Bauart); **e–f** Langleinenfischerei; **g** Treibnetz; **h** Stellnetz; **i** Perspektivische Darstellung von drei Phasen der Umkreisung und der Einschließung eines Fischschwarmes mit der Ringwade („purse-seine") (mod. nach Abb. aus *Muus* u. *Dahlström* 1968).

mehrere hintereinander gereihte Netzkammern gelenkt werden, durch die der Weg in eine Sammelreuse führt. Große unter dem Namen „Tonnare“ bekannte, permanente Anlagen dieser Art dienten an den italienischen Küsten dem Fang von Thunfischen.

Angel- oder Köderfischerei: Der Angelhaken (Abb. 112a, b), eines der ältesten Fischereigeräte, spielt selbst in der kommerziell betriebenen Fischerei noch eine bedeutende Rolle. Bei der Schleppangelei (Darrfischerei) werden hinter einem fahrenden Boot eine bis mehrere Angelschnüre nachgezogen, an denen in geringen Abständen Angeln mit natürlichen Ködern oder Spinnködern (Blinkern, Pilke, Abb. 112c) befestigt sind.

Scherbretter und Gewichte (Tiefenangel) sorgen für die notwendigen Abstände zwischen den nachgeschleppten, dem Fang pelagischer Fische (z.B. Makrelen) dienenden Leinen. Gebräuchlicher sind, besonders dort, wo die Bodenbeschaffenheit den Einsatz von Schleppnetzen nicht zuläßt, die Langleinen (Abb. 112e, f). An den oft kilometerlangen, an Schwimmern aufgehängten oder auf Grund verankerten Horizontalleinen sind in Abständen von 1–3 m kürzere Vorschnüre (Snood, Vorfächer) mit beköderten Angeln befestigt. Mit den Langleinen werden, je nachdem in welcher Tiefe die Angeln stehen, Haie, Aale, Dorsche, Rotbarsche, Plattfische u.a. gefangen.

Netzfischerei: Es gibt 2 Kategorien von Netzfischerei, eine passive und eine aktive. Zur ersten gehören die Stell- und Treibnetze (Abb. 112g, h), die wie senkrecht stehende Vorhänge ausgelegt werden. Der obere Rand des Netzes (Obersimm) ist mit Schwimmern (Flotten, Glaskugeln, Kork, Plastik) versehen, der untere (Untersimm) mit Gewichten (Senker, Eisenketten, Blei u.a.) beschwert. Sind diese schwerer als der Auftrieb der Schwimmer, setzt sich das Netz als sog. Stellnetz dem Meeresgrund auf. Bei schwächer belastetem Untersimm kann das Netz als Treibnetz an der Oberfläche oder in einer gewünschten Tiefe schweben. Passiv ist dahin zu verstehen, daß diese Netze stationär sind und daß die mit ihnen kollidierenden Fische sich meist mit den Kiemendeckeln oder Flossen in den Maschen verfangen, wobei die Maschenweite über die Größe der hängengebliebenen Beute (Dorsche, Plattfische etc.) entscheidet. Die Treibnetze (Abb. 112g) werden zum Fang pelagischer Arten (Heringe, Makrelen, Lachse, Dorschartige u.a.) eingesetzt. Dabei werden auch sog. Gadder-, Spiegel- oder Dreiwandnetze verwendet, die aus 2 bzw. 3 aneinander liegenden Netzen bestehen. Das eigentliche Fangnetz (Innengarn) ist engmaschig. Ihm ist ein- oder beidseitig ein weitmaschiges Netz (Spiegel) vorgehängt. Der durch die weiten Maschen schwimmende Fisch verfängt sich im losen, ihn sackförmig umhüllenden Innengarn, wobei die Außennetze ein Entweichen verhindern.

Bei der aktiven Netzfischerei werden Schleppnetze wie überdimensionierte Käscher eingesetzt. Dies gilt sowohl für die Ringwade (Abb. 112i), als auch für die verschiedenartigen Schleppnetze (Abb. 113). Die nur in Oberflächenschichten verwendbare Ringwade (engl. „purse seine“) kommt gezielt gegen optisch oder mit Echolot wahrgenommene Schwärme (Lachse, Makrelen, Thunfische, Sardinen, Heringe, Sprotten etc.) zum Einsatz. Diese werden mit einem schnellen Boot umfahren, das von einer stationären Boje bzw. einem Beiboot ausgehend auf seiner Kreisbahn ein bis 500 m langes Netz ausfahren läßt, dessen Obersimm an Schwimmern an der Wasseroberfläche schwebt und dessen beschwerter Untersimm 50 bis 100 m in die Tiefe hängt. Hat das Boot seinen Ausgangspunkt wieder

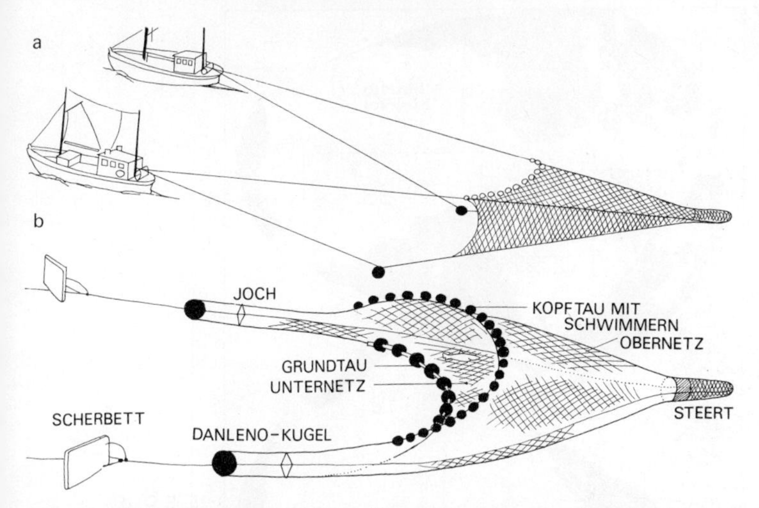

Abb. 113 Schleppnetze: **a** Schwimmschleppnetz nach Larsen (Flydetrawl) von 2 Trawlern geschleppt; **b** Perspektivische Ansicht eines Grundschleppnetzes (Trawl) mit 2 Scherbrettern (mod. nach *Muus* u. *Dahlström* 1968).

erreicht und ist der Schwarm im Innern der unten noch offenen Ringwade eingeschlossen, wird der Untersimm mittels einer Schnürleine zusammengezogen. Das nun auch nach unten geschlossene Ringwadennetz wird mit einer besonderen Vorrichtung (Powerblock) soweit eingeholt, bis die im napfförmigen Netz zusammengedrängte Beute ausgeschöpft werden kann.

Die Schleppnetze (Abb. 113) sind große, trichterförmige Beutel, die entweder von einem oder zwei Booten (Trawler) an zwei Zugleinen (Kurrleinen) nachgeschleppt werden. Der Netzmund wird dadurch offen gehalten, daß die an den Kurrleinen befestigten Scherbretter die Netzflügel nach außen zerren und daß am oberen Öffnungsrand angebrachte Schwimmer das Netzdach heben und Gewichte den unteren Rand (Grundtau mit Rollgeschirr) nach unten ziehen. Beim Baumnetz (Baumkurre, „beam trawl“) wird der Netzmund durch einen waagrechten, an Kufen befestigten Baum offen gehalten, an dem der Kopftau befestigt ist. Das in der Heringsfischerei verwendete pelagische Schwimmschleppnetz (Flydetrawl), meist von 2 Booten geschleppt (Abb. 113 a), arbeitet in jeder gewünschten Tiefe. Die Grundschleppnetze (Abb. 113 b) dagegen gleiten mit dem Grundtau und dem Unterblatt des im sog. Steerk (Cod End) blind endenden Netzes über Grund und nehmen alles auf, was in den Bereich des weitausladenden Netzmundes gelangt. Der Einsatz von Schleppnetzen, die Gefahr laufen, an Felsen zu zerreißen, setzt saubere, von solchen Hindernissen freie Böden voraus.

Der Walfang: Der primitive Walfang, wie er noch heute gelegentlich ausgeübt wird, ist für die Jäger mit nicht geringen Risiken verbunden. Die langsamen Arten, so z.B. der Pottwal (*Physeter catodon*) werden mit einem mit mehreren Ruderern bemannten Boot verfolgt. Der Harpuneur schleudert von Hand dem Tier eine mit

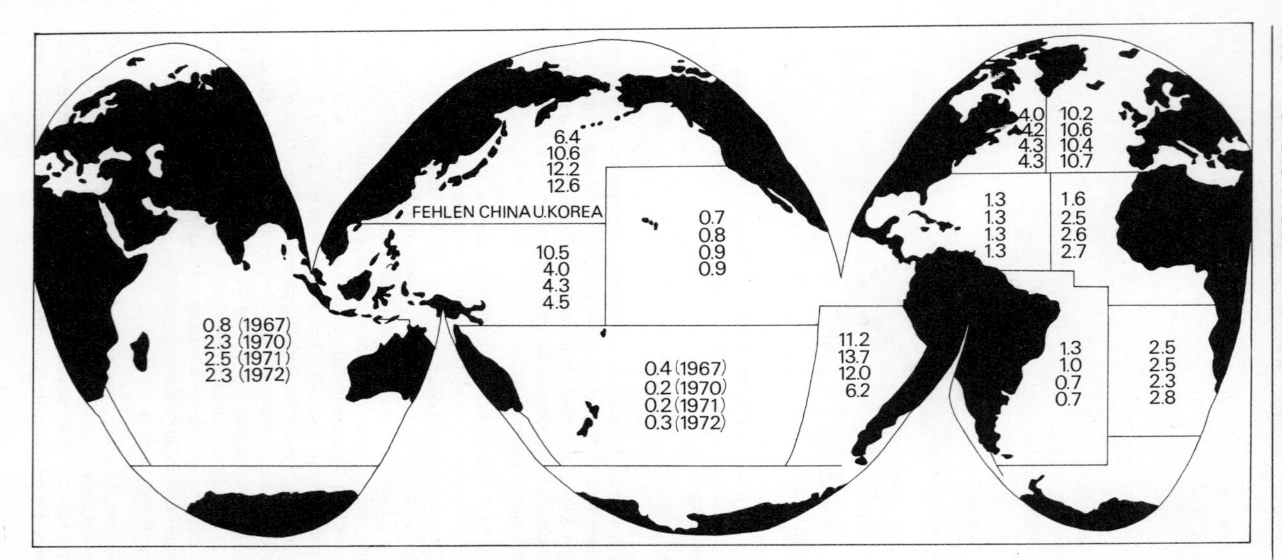

Abb. 114 Erträge der Weltfischerei (ohne Invertebraten und Säugetiere) in Millionen Tonnen innerhalb der von der FAO ausgeschiedenen Fischereizonen. Die Zahlen von oben nach unten gelesen entsprechen den Jahren 1967, 1970, 1971, 1972 (nach FAO 1972 „Atlas of the living resources of the Seas" und FAO 1974 Fisheries Circular No. 328).

einem schweren Holzschaft versehene Harpune in den Körper. Diese bleibt mit einer langen Trosse mit dem Boot verbunden, das vom agonisierenden Wal bis zu dessen Erschöpfung herumgeschleppt wird. Das von modernen Walfängern angewendete Verfahren arbeitet nach dem gleichen Prinzip mit den Unterschieden, daß es sich um schnelle Motorschiffe handelt, die auch den besten Schwimmer unter den Walen (Tab. 7) einzuholen vermögen, und daß die rascher wirkende Harpune von einer Kanone abgeschossen wird. Der vom Fangboot erlegte Wal wird zum Fabrikschiff geschleppt, eine große Einheit, welche die Beute mit Windenkraft durch eine am Heck befindliche Öffnung an Deck zieht, wo sie zerlegt und verarbeitet wird.

6.5.2.3. Fangerträge

Es wird kaum je möglich sein, die Erträge der gesamten Weltfischerei in verläßlichen Zahlenbildern zu fassen. Eine Dunkelziffer wird es immer geben, sei es, daß die Angaben über die Fangergebnisse absichtlich unterschlagen werden oder daß sie aus anderen Gründen den Eingang in die Statistiken nicht finden.

Bei der Nutzung der marinen Biomasse für Ernährungs- und andere Zwecke stehen die Knochenfische im Vordergrund (Abb. 115), die z.Zt. mit ca. 60 Mio. t pro Jahr zu Buche stehen. An zweiter Stelle rangiert der Walfang (Abb. 116) und zuletzt die verschiedenen Invertebraten (ca. 4–5 Mio. t/Jahr).

Seit dem Ende des letzten Weltkrieges hatten die Anlandungen von Fischen eine fast lineare Zunahme zu verzeichnen (Abb. 115). Diese ist nicht zuletzt auf eine überaus starke Intensivierung der Anchovéta-Fischerei (*Engraulis ringens*) durch Peru und Chile (Abb. 114) zurückzuführen, die zwischen 1957 und 1967 eine Steigerung von ca. 0,5 auf 11,2 Mio. t/Jahr erfahren hat.

Die Schwerpunkte der Meeresfischerei liegen im Nordatlantik im Südwestpazifik, und im zentralen Westpazifik, während der tropische Gürtel und die Meere der südlichen Hemisphäre weit hinter diesen Spitzenwerten zurückbleiben (Abb. 114). Diese Zahlen geben sicher nicht das geographische Verteilungsmuster der tatsächlichen Fischbiomasse wieder, da viele dieser Regionen nicht mit gleicher Intensität und mit dem vergleichbaren Stand der Technologie befischt werden, aber sie lassen sich doch widerspruchslos in das Bild der Gesamtproduktivität (Abb. 108) einfügen.

Werden die Weltfangerträge nach den wirtschaftlich bedeutsamen Arten und Artengruppen gegliedert, so stehen die *Clupeidae* mit den Anchovétas (*Engraulis ringens*), den Sardellen (*Engraulis,* Abb. 38a), Heringen (*Clupea harengus,* Abb. 38c) und Sardinen (*Clupea pilchardus,* Abb. 38b) sowie anderen Vertretern der *Clupeidae* an der Spitze, gefolgt von den *Gadidae* (Dorschartige) und *Scomberidae* (Makrelenartige, Abb.

38 d). Je nach Region oder örtlichen Fischereigepflogenheiten verschieben sich diese Verhältnisse mehr oder weniger stark. Im Fall der Bundesrepublik z.B. nehmen die *Gadidae* (Dorsch, Köhler, Schellfisch) den ersten Platz ein, während die *Clupeidae* hinter dem Rotbarsch erst an dritter Stelle rangieren (Tab. 26). Trotz der anscheinend hohen Fangerträge spielen die Fische als Proteinquelle in der menschlichen Ernährung, verglichen mit anderen tierischen und pflanzlichen Proteinen, eine überraschend geringe Rolle (Westeuropa ca. 2,5%). In der Bundesrepublik Deutschland reicht der Fischkonsum je Jahr und je Kopf der Bevölkerung an die 10 kg, in der Schweiz jedoch nur ca. 3,7 kg.

Der sich in Abb. 115 abzeichnende Rückgang der jährlichen Anlandungen ist vor allem die Folge einer drastischen Ertragsverminderung der Anchovétas-Fischerei an der südamerikanischen Westküste, wo die Ausbeute von 12,4 (1970) auf einen Tiefstwert von 2 Mio. t im Jahr 1973 gesunken ist. Ob dieser Rückgang allein auf die Auswirkungen des „El Niño" zurückzuführen sind, eines warmen, den nährstoffreichen Perustrom von der Küste verdrängenden Äquatorialstromes, oder ob es sich um die Folgen der Überfischung handelt, muß vorläufig noch dahingestellt bleiben. Es kann nicht übersehen werden, daß die sich immer wirk-

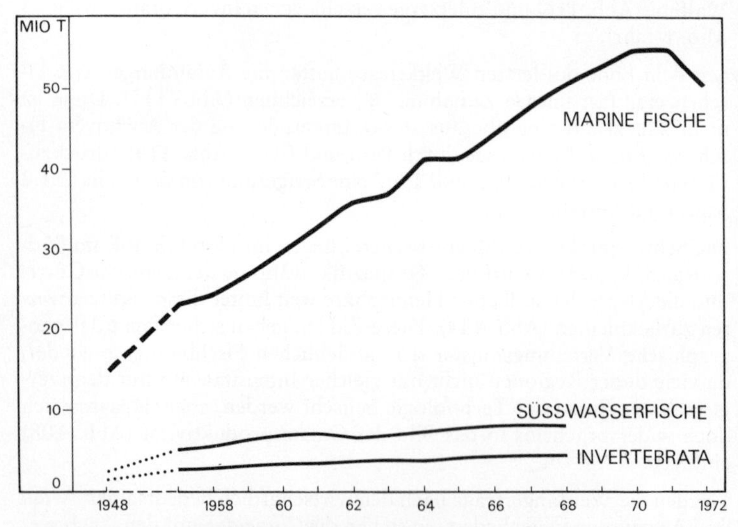

Abb. 115 Erträge der Weltfischerei in den Nachkriegsjahren, zusammengestellt nach Angaben der FAO. Der im Jahre 1972 aufgetretene Rückgang ist auf eine durch Inkursionen des warmen „el Niño"-Stromes bedingte Abnahme der Sardellen-Anlandungen in Peru und Chile zurückzuführen (FAO Bull. of Fishery Statistics No. 1, 1963 und Fisheries Circular No. 238, 1974).

samerer Methoden bedienende, schrankenlos betriebene Fischerei vielorts bereits zu Überfischungs-Erscheinungen geführt hat. Zeugen dafür sind die daraus neulich entstandenen internationalen Konflikte (z.B. nordatlantischer „Kabeljaukrieg"). Das Wissen um die z.T. schon erreichten Grenzen der Nutzbarkeit und die Sorge um die Existenz ihrer Fischereiindustrie veranlassen eine zunehmende Zahl von Ländern, allerdings nicht unbestritten, ihre Fischereihoheit einseitig auf eine 200 Meilen breite ihren Küsten vorgelagerte Zone auszudehnen.

Der Walfang wird nach dem Verzicht verschiedener Nationen heute vor allem durch die Sowjetunion, Japan, Norwegen und China ausgeübt. Die Walfangquoten der Nachkriegsjahre (Abb. 116) haben in der ersten Hälfte der 60er Jahre einen Höhepunkt erreicht. Seither sind sie zurückgegangen, nicht nur der strengeren Überwachung durch die „International Whaling Commission" wegen, welche die Jahresquote festlegt, sondern, weil die Bestände einzelner Arten derart stark dezimiert worden sind, daß sie unter uneingeschränkten Schutz gestellt werden mußten. Dazu gehören u.a. der Blauwal (*Balaenoptera musculus,* Abb. 40a), der Grönlandwal (*Balaena mysticetus,* Abb. 116), der Nordkaper (*Eubalena*

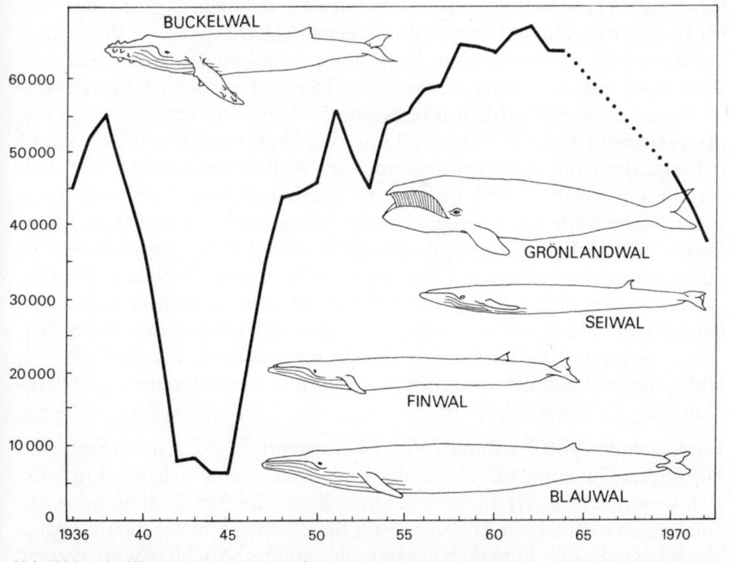

Abb. 116 Walfänge, die im Verlauf der vergangenen 40 Jahre weltweit getätigt und statistisch erfaßt wurden, ausgedrückt in der jährlich gefangenen Stückzahl. Maßstabgerechte Darstellung der wichtigsten Bartenwale (*Mysticeti*) (die Angaben stammen aus *McVay* 1966 und FAO-Fisheries Circular No. 328).

glacialis, Abb. 116), von denen befürchtet werden muß, daß ihre Populationen bereits eine kritische, das Aussterben ankündigende Schwelle unterschritten haben. Ob die in letzter Stunde ergriffenen Schutzmaßnahmen dieser bedauerlichen Entwicklung Einhalt zu gebieten vermögen, wird die Zukunft zeigen.

6.5.3. Aquakultur (Marikultur)

Als Alternative zu der bereits durch Übernutzung bedrohten Meeresfischerei ist zweifelsohne eine gezielte Bewirtschaftung dafür in Frage kommender Pflanzen und Tiere anzustreben, d.h. es wird sich eine Entwicklung anbahnen müssen, wie sie sich auf dem Festland mit dem Übergang vom Jägertum zur Landwirtschaft längst schon vollzogen hat. Daß die marine Aquakultur heute noch in ihren Anfängen steckt, dafür können 2 Hauptgründe angeführt werden: 1. Der bislang verbreitete Glaube, die Biomassen der Ozeane seien sozusagen unerschöpflich und könnten eine weitere Steigerung der Nutzung mit den bisherigen Methoden ungestraft ertragen; 2. die noch nicht überwundenen Schwierigkeiten, die mit der Zucht mariner Organismen unter kontrollierten Bedingungen verbunden sind (s. u.).

Der Idealzustand wäre dann erreicht, wenn es gelänge, in größeren, vom Meer isolierten Wasserkörpern durch künstliche Düngung die Vegetation so zu fördern, daß diese unter Umgehung eines komplexen Futternetzes (Kap. 6.4.) imstande wäre, verwertbare Tiere, wenn möglich Primärkonsumenten, in wirtschaftlich interessanten Mengen zu ernähren. Als Primärproduzent kommt in erster Linie das Phytoplankton (Kap. 3.2.1.) in Frage, das wohl von Strudlern unter den wirbellosen Tieren (z.B. *Bivalvia*) direkt verwertet werden kann, von dem jedoch wirtschaftlich interessante Fische ohne zwischengeschaltete Primärkonsumenten (z.B. Kleinkrebse) nicht zehren können. Benthische Großalgen ihrerseits werden nur von einer relativ geringen Zahl von Fischen direkt als Nahrungsquelle verwertet. Aus diesen und anderen Gründen ist es in der Marikultur bisher nicht gelungen, ein in sich geschlossenes, sich selbst erneuerndes Produktionssystem zu schaffen. Die Bemühungen müssen sich deshalb vorläufig darauf beschränken, einzelne Phasen solcher Systeme in förderndem Sinn zu bewirtschaften.

Fischzuchten (Fish-Farming): Von einer eigentlichen Zucht im Sinne der Haustierzucht kann nur dann die Rede sein, wenn sich der Entwicklungszyklus einer Art lückenlos unter kontrollierten Bedingungen abspielt. Dies trifft z.B. im Süßwasser für die Zuchten von Forellen, Karpfen u.a. zu, wo die Eier künstlich besamt, die Jungfische in hierfür errichteten Anlagen hochgezogen und gemästet werden. Mit wirtschaftlich interessanten Meeresfischen sind Versuche in dieser Richtung bisher mißlungen, da die marinen Arten fast ausnahmslos hinfällige planktontische Larvenstadien durchlaufen, deren Haltung mit großen Schwierigkeiten verbunden ist. Diese entspringen u.a. der Unkenntnis der Ernährungsgewohnheiten dieser Larven und deren Empfindlichkeit gegenüber mechanischen Schädigungen bzw. deren Anfälligkeit für Infektionen. In experimentellen Fischzuchtanstalten Japans sind bisher Larven von 10 kommerziell bedeutenden Fischarten unter künstlichen Bedingungen hochgezogen worden, aber der Schritt zur großangelegten Ausnützung dieses Erfolges ist noch nicht getan.

Die Bewirtschaftung mariner Speisefische, wie sie in verschiedenen Ländern bereits betrieben wird, beschränkt sich vorläufig auf folgende Maßnahmen: 1. Hege der natürlichen Bestände durch Erlaß von Schutzbestimmungen betr. Schonzeiten während der Laichzeit und Wanderungen (Abb. 41), Festlegung und Einhaltung von Fangquoten und Mindestgrößen. 2. Ein ebenfalls der Hege dienliches Vorgehen besteht drin, daß die Eier von laichreifen, im Meer gefangenen Fischen künstlich besamt werden. Nachdem sich wenigstens die Embryonalentwicklung im Schutze der Zuchtanstalt vollziehen konnte, werden die geschlüpften Larven wieder im Meer ausgesetzt. 3. Bei der künstlichen Mast, wie sie z.B. in Japan mit dem pazifischen „Yellow tail“ (*Seriola quinqueradiata, Carangidae*) betrieben wird, werden im Meer gefangene, halbwüchsige Tiere in geräumigen, zwischen Pontons hängenden Netzkäfigen gehalten und mit minderwertigen Futterfischen oder Abfällen anderer Art gemästet.

Wirbellose Tiere: Die wirbellosen Tiere haben als mögliche Proteinquelle für den Menschen einen nicht zu vernachlässigenden Stellenwert. Die älteste Tradition in der Geschichte der marinen Aquakultur hat zweifellos die Bewirtschaftung von Muscheln, insbesondere von Miesmuscheln (*Mytilacea*), Austern (*Ostreacea*) und Perlmuscheln (*Pteriacea*). Junge Muscheln, die sich nach vollzogener Metamorphose der Larve (Kap. 5.3.2.) an natürlichen Standorten oder an den ihnen hierfür angebotenen, künstlichen Substraten festgesetzt haben, werden eingesammelt und in gut zugänglichen und nährstoffreichen Zuchtanlagen untergebracht und gemästet.

Im Mittelmeerraum, wo es keine ausgedehnte Tidenzone gibt, müssen die jungen Miesmuscheln (*Mytilus edulis, M. galloprovincialis*), die sich traubenweise an der Wasserlinie des Felslitorals festgesetzt haben, von der natürlichen Unterlage abgeschabt und zwischen den Fasern von Hanf- oder Kokostauen oder in den Maschen von Netzen eingeklemmt bzw. aufgehängt werden. Diese werden an Schwimmern befestigt und in nährstoffreichen Buchten ausgesetzt. Im Atlantik und in der Nordsee, wo die Kulturen bei Ebbe zugänglich sind, werden junge Miesmuscheln so gewonnen, daß man den metamorphosebereiten Larven künstliche Substrate in Form von Holzpflöcken anbietet, die in den Grund gerammt werden. Von diesen Substraten werden die jungen 1–2 cm langen Muscheln zur Mast auf andere für diese Zwecke hergerichtete Substrate übersiedelt. Die Ernte kann bei Ebbe trockenen Fußes erfolgen.

Die Austern (*Ostreacea*), die übrigens wie mehrere andere marine *Bivalvia* unter künstlichen Bedingungen im Laboratorium gezüchtet werden können (LOOSANOFF u. DAVIS 1963), werden ähnlich wie die Miesmuscheln bewirtschaftet. Für die metamorphosebereiten Larven werden in der Gezeitenzone sog. Brutsammler (aufeinandergeschichtete, mit Kalk überzogene Firstziegel, Holzplatten, Pfähle oder Buschwerk) hergerichtet, von denen sie abgesammelt und in Austernbeeten ausgebreitet oder in aufgehängten Körben untergebracht werden, wobei oft mehrere Standortwechsel vorgenommen werden. Unter guten Ernährungsbedingungen sind die Austern zwischen dem 3. und 5. Lebensjahr handelsreif.

In neuerer Zeit wurden vor allem in Japan erfolgsversprechende Versuche zur Bewirtschaftung von Krebsen unternommen, wobei es gelang, die Larven unter kontrollierten Bedingungen hochzuziehen.

7. Literatur

7.1. Handbücher

7.1.1. Geologie und physikalische Ozeanographie

Defant, A.: Physical Oceanography, (Bd. II. Pergamon Press, Oxford 1961

Dietrich, G., K. Kalle: Allgemeine Meereskunde. Bornträger, Berlin 1965

Gass, I. G., P. J. Smith, R. C. L. Wilson: Understanding the Earth. Open University Press by the Artemis Press, Sussex 1973

Kalle, K.: Der Stoffhaushalt des Meeres. Akademische Verlagsgesellschaft, Leipzig 1943

King, C. A. M.: Introduction to Physical and Biological Oceanography. Arnold, London 1975

McLellan, J. H.: Elements of Physical Oceanography. Pergamon Press, Oxford 1968

National Science Foundation: Deep Sea Research. The Story of the Seabed Assessment Program. National Science Foundation, Washington, DC 1976

Pickard, G. L.: Descriptive Physical Oceanography. Pergamon Press, Oxford 1964

Riley, G. A., R. Chester: Introduction to Marine Chemistry. Academic Press, London 1971

Seibold, E.: Ergebnisse und Probleme der Meeresgeologie. Springer, Berlin 1974

Smith, F. G. W.: Handbook of Marine Science, Bd. 1. CRC Press, Inc., Cleveland, Ohio 1974

Smith, F. G. W., F. A. Kalber: Handbook of Marine Science, Bd. II. CRC Press, Inc., Cleveland, Ohio 1974

Sverdrup, H. U., M. W. Johnson, R. H. Fleming: The Oceans, their Physics, Chemistry and General Biology. Prentice Hall Inc., New York 1942

7.1.2. Technologie

Barnes, H.: Oceanography and Marine Biology. A Book of Techniques. Allen & Unwin, London 1959

Fujinami, N.: Research Fleet of the World. Technical Paper, 93 FAO, Rome 1969

Grasshoff, K.: Methods of Sea Water Analysis. Verlag Chemie, Weinheim 1976

Knudsen, N.: Hydrographic tables. 2. Aufl. G. E. G. Gad, Kopenhagen 1901

Piccard, A.: Au fond des mers en bathyscaphe. Arthaud, Paris, 1954

Schlieper, C.: Methoden der meeresbiologischen Forschung. VEB Fischer, Jena 1968

Unesco Press: Zooplankton Sampling. Unesco Press, Paris 1968

Victor, H.: Meerestechnologie. Thieme, München 1973

7.1.3. Mikrobiologie

Colwell, R. R., R. Y. Morita: Effect of the Ocean environment of Microbial Activities. University Park Press. Baltimore 1974

Fahret, Jones, E. B.: Recent Advances in Mycology. Elek Science, London 1976

Johnson, T. W., F. K. Sparrow: Fungi in Oceans and Estuaries. Cramer, Weinheim 1961

Kriss, A. E.: Marine Microbiology (Deep Sea). Oliver & Boyd, London 1963

Zobell, C. E.: Marine Microbiology. Chronica Botanica Waltham, Mass. 1946

7.1.4. Flora

Esser, K.: Kryptogamen. Blaualgen, Algen, Pilze, Flechten. Springer, Berlin 1976

Fott, B.: Algenkunde. Fischer, Stuttgart 1971

Funk, G.: Beiträge zur Kenntnis der Meeresalgen von Neapel, zugleich mikroskopischer Atlas. Pubbl. Staz. Zool. Napoli 25, Suppl., 1955

Gams, H.: Kleine Kryptogamenflora, Bd. Ib. Makroskopische Meeresalgen. Fischer, Stuttgart 1974

Gayral, P.: Les algues des côtes françaises (Manche et Atlantique). Doin, Paris 1966

Pankow, H.: Algenflora der Ostsee. I. Benthos. Fischer, Stuttgart 1971

Round, F. E.: Biologie der Algen. Eine Einführung, 2. Aufl. Thieme, Stuttgart 1975

7.1.5. Fauna

Bertin, L.: Les Anguilles. Payot, Paris 1942
Brink, van den F. H.: Die Säugetiere Europas. Parey, Hamburg 1957
Burton, R.: The Life and Death of Whales. Universe Books, New York 1973
Cheng, L.: Marine Insects. North Holland Publishing Co., Amsterdam 1976
Götting, K. J.: Malakozoologie. Grundriss der Weichtierkunde. Fischer, Stuttgart 1974
Grell, K. G.: Protozoology. Springer, Berlin 1973
Gunderson, H. K.: Mammology. McGraw-Hill, New York 1976
Kaestner, A.: Lehrbuch der Speziellen Zoologie. Wirbellose. VEB Fischer, Jena 1963–1967
Lythgoe, J., G. Lythgoe: Meeresfische, Nordatlantik und Mittelmeer. BLV Verlagsgesellschaft, München 1974
Marshall, N. B.: Explorations in the Life of Fishes. Harvard University Press, Mass. 1971
Mohr, E.: Die Robben der europäischen Gewässer. Schöps, Frankfurt 1952
Muus, B. J., P. Dahlström: Meeresfische. BLV Verlagsgesellschaft, München 1968
Norman, J. R., F. C. Fraser: Riesenfische, Wale und Delphine. Parey, Hamburg 1963
Ricketts, E. F., J. Calvin: Between Pacific Tides. Stanford University Press, Stanford 1956
Riedl, R.: Fauna und Flora der Adria. Parey, Hamburg 1963
Slijper, E. J.: Riesen des Meeres. Eine Biologie der Wale und Delphine. Verständliche Wissenschaft. Springer, Berlin 1962
Trégouboff, G., M. Rose: Manuel de Planctonologie Méditerranéenne. Centre National de la Recherche Scientifique, Paris 1957
Walker, E.: Mammals of the World, Bd. I und II. Hopkins, Baltimore 1968
Wermuth, H., R. Mertens: Schildkröten, Krokodile, Brückenechsen. VEB Fischer, Jena 1961
Ziswiler, V.: Wirbeltiere, Spezielle Zoologie, Bd. I und II. Thieme, Stuttgart 1976

7.1.6. Funktionelle Anatomie und Physiologie

Andersen, H.: The Biology of Marine Mammals. Academic Press, London 1969
Florey, E.: Lehrbuch der Tierphysiologie, 2. Aufl. Thieme, Stuttgart 1975
Harrison, R. J.: Functional Anatomy of Marine Mammals. Academic Press, London 1972
Harvey, E. N.: Living Light. Princeton University Press, Princeton 1940
Horton, J. W.: Fundamentals of Sonar. United States Naval Institute, Annapolis/Md. 1957
Kellogg, W. N.: Porpoises and Sonar. Phoenix Science Series, University of Chicago Press, Chicago 1962
MacDonald, A. G.: Physiological Aspects of Deep Sea Biology. Cambridge University Press, Cambridge 1975
Newell, R. C.: Adaptation to Environment. Essays on the Physiology of Marine Animals. Butterworth, London 1976
Nicol, J. A. C.: The Biology of Marine Animals. Pitman, London 1960
Penzlin, H: Lehrbuch der Tierphysiologie. Fischer, Stuttgart 1977

7.1.7. Entwicklungsbiologie

Fioroni, P.: Cephalopoda, Tintenfische. In: Morphogenese der Tiere, hrsg. von F. Seidel. VEB Fischer, Jena 1978
Giese, A. C., J. S. Pearse: Reproduction of Marine Invertebrates, Bd. I. Acoelomate and Pseudoceolomate Metazoans. Academic Press, London 1974
Jägersten, G.: Evolution of the Metazoan Life Cycle. Academic Press, London 1972
Reinboth, R.: Intersexuality in the Animal Kingdom. Springer, Berlin 1975
Reverberi, G.: Experimental Embryology of Marine and Freshwater Invertebrates. North-Holland Publishing Co., Amsterdam 1971
Russell, F. S.: The Eggs and Planktonic Stages of British Marine Fishes. Academic Press, London 1976
Schmidt, J.: The Breeding Places of the Eel. Smithsonian Report, Washington 1924
Siewing, R.: Lehrbuch der vergleichenden Entwicklungsgeschichte der Tiere. Parey, Hamburg 1969
Tardent, P.: Cnidaria, Coelenterata. In: Morphogenese der Tiere, hrsg. von F. Seidel. VEB Fischer, Jena 1978

7.1.8. Oekologie

Barnes, H.: Oceanography and Marine Biology. Allen & Unwin, London 1959
Bougis, P.: Marine Plankton Ecology.

North Holland Publishing Co., Amsterdam 1976
Cushing, D. H., J. J. Walsh: The Ecology of the Sea. Blackwell, Oxford 1976
Fraser, J.: Treibende Welt. Verständliche Wissenschaft. Springer, Berlin 1965
Friedrich, H.: Meeresbiologie, Bornträger, Berlin 1965
Kinne, O.: Marine Ecology. A Comprehensive Integrated Treatise on Life in Oceans and Coastal Waters, Bd. I. Wiley, New York 1970/1971
Laubier, L.: Le coralligène des Albères. Monographie biocénotique. Thèse de la Faculté des Sciences de l'Université de Paris, Paris 1966
Le Danois, E.: Das große Buch der Meeresküsten. Kosmos-Gesellschaft der Naturfreunde, Franck'sche Verlagsbuchhandlung, Stuttgart 1955
McConnaughey, B. H.: Introduction to Marine Biology. Mosby, St. Louis 1970
Marshall, N. B.: Tiefseebiologie. VEB Fischer, Jena 1957
Moore, H. B.: Marine Ecology. Wiley, New York 1958
Newell, R.: Biology of Intertidal Animals. Paul Elek (Scientific Books), 1972
Nihoul, J. C. J.: Modelling of Marine Systems. Elsevier, Amsterdam 1975
Orr, R. T.: Das große Buch der Tierwanderungen. Ex Libris, Zürich 1975
Parker, R. H.: The Study of Benthic Communities. A Model and a Review. Elsevier, Amsterdam 1975
Parsons, T., M. Takahashi: Biological Oceanographic Processes. Pergamon Press, Oxford 1973
Remane, A.: Einführung in die zoologische Oekologie der Nord- und Ostsee. In: Die Tierwelt der Nord- und Ostsee, hrsg. von Grimpe, Wagler. Leipzig 1940
Schmidt-Koenig, K.: Migration and Homing in Animals. Springer, Berlin 1975
Tait, R. V.: Meeresoekologie. Thieme, Stuttgart 1971
Thorson, G.: Life in the Sea. World University Library. Weidenfels & Nicolson, London 1971

7.1.9. Produktivität, Fischerei

Bacon, P. R.: Review on Research, Exploitation and Management of the Stocks of Sea Turtles. Fisheries Circular, 334. FAO, Rome 1975
Boyer, A.: Les pêches maritimes. Presse Universitaire de France, Paris 1967
Von Brandt, A.: Fanggeräte der Kutter- und Küstenfischerei. Schriftenreihe des AID (Land- und Hauswirtschaftlicher Auswertungs- und Informationsdienst), H. 113, Bad Godesberg 1966
Bundesministerium für Ernährung, Landwirtschaft und Forsten: Jahresbericht über die Deutsche Fischwirtschaft 1975/1976. Mann, Berlin 1976
FAO: Bulletin of Fishery Statistics, I. Landings by Species. FAO, Rome 1963
FAO: Review of the Status of Exploitation of the World Fish Resources. Fisheries Circular 328. FAO, Rome 1974
Goldberg, E. D.: The Health of the Oceans. Unesco Press, Paris 1976
Hardy, A. C.: The Herring in Relation to its Animate Environment. Teil I. The Food and Feeding Habits of the Herring with Special Reference to the East Coast of England. Fishery Invest. Series II/7. Ministry of Agriculture and Fishery, London 1924 (S. 1–53)
Levring, T. H. A. Hoppe, O. J. Schmid: Marine algae: a survey of research and utilization. In: Botanica Marina Handbooks Vol. 1, de Gruyter, Hamburg
Michanek, G.: Seaweed Resources of the Ocean. Fisheries Technical Paper, 138. FAO, Rome 1975
Rabinowitsch, F. I.: Photosynthesis, Bd. 1. Interscience Publishers, New York 1945
Raymont, J. E. G.: Plankton and Productivity in the Oceans. Pergamon Press, Oxford 1976
Royce, W. R.: Introduction to the Fishery Sciences. Academic Press, London 1972
Russell, E. S.: The overfishing Problem. Cambridge University Press, Cambridge 1942
Russell-Hunter, W. D.: Aquatic Productivity. An Introduction to some basic aspects of biological oceanography and limnology. Macmillan, New York 1970
Smith, W. L., M. H. Chanley: Culture of Marine Invertebrate Animals. Plenum Press, New York 1975
Statistisches Bundesamt Wiesbaden: I. Fangergebnisse der Hochsee- und Küstenfischerei 1974 und 1975. Fachserie B, Land- und Forstwirtschaft, Fischerei, Reihe 4. Kohlhammer, Stuttgart 1975/1976
Steele, J. H.: Marine Food Chains. University of California Press, Berkeley Calif. 1970

7.1.10. Zoogeographie

Ekman, S.: Zoogeography of the Sea. Singwick & Jackson, London 1953

Hesse, R., W. C. Allee, K. P. Schmidt: Ecological Animal Geography. Wiley, New York 1951
Illies, J.: Einführung in die Tiergeographie. Fischer, Stuttgart 1971
Middlemiss, F. A., P. F. Rawon, G. Newall: Faunal Provinces in Space and Time. Seel House Press, Liverpool 1971

7.1.11. Palaeontologie und Evolution

Dose, K., H. Rauchfuß: Chemische Evolution und der Ursprung lebender Systeme. Wissenschaftliche Verlagsgesellschaft, Stuttgart 1975
Kaplan, R. W.: Der Ursprung des Lebens. Thieme, Stuttgart 1972
Kroemmelbein, K.: Brinkmann's Abriss der Geologie, Bd. II, Historische Geologie. Stuttgart 1977
Kuhn-Schnyder, E.: Geschichte der Wirbeltiere. Schwabe, Basel 1953
Thenius, E.: Allgemeine Paläontologie. Prugg, Wien 1976
Zimmermann, W.: Geschichte der Pflanzen, 2. Aufl. Thieme, Stuttgart 1969

7.2. Zitierte Originalarbeiten bzw. zusammenfassende Artikel.

7.2.1. Kap. 1: Das Meer als Lebensraum

Bullard, E.: The origin of the oceans. Sci. Amer. 221 (1969) 66–75
Dewey, J. F.: Plate tectonics. Sci. Amer. 226 (1972) S. 56–68
Dietz, R. S., J. C. Holden: The breakup of pangaea. Sci. Amer. 223 (1970) 30–41
Hedgpeth, J. W.: Classification of marine environments. Geol. Soc. Amer. Memoir 67 (1957) 17–28
HSU, K. J.: Als das Mittelmeer eine Wüste war. Mannheimer Forum 75/76. Boehringer, Mannheim (1976) S. 119–171
Perès, J. M., J. Picard: Manuel de Bionomie benthique de la Mer Méditerranée. Recl. Trav. Stat. mar. Endoume 14–23 (1958) 7–122
Rona, P. A.: Plate tectonics and mineral resources. Sci. Amer. 229 (1973) 86–95

7.2.2. Kap. 2: Die marine Flora und Fauna

Cloud, P.: Beginnings of biospheric evolution and their biogeochemical consequences. Paleobiology 2 (1976) 351–387
Guelin, A.: Sur le pouvoir bactéricide de l'eau de mer. C. R. Acad. Sci. (Paris) 279 (1974) 871–874
Jannasch, H. W., C. O. Wirsen: Microbial life in the deep sea. Sci. Amer. 236 (1977) 42–52
Müller, W. A.: Auslösung der Metamorphose durch Bakterien bei den Larven von *Hydractinia echinata*. Zool. Jahrb. Abt. Anat. u. Ontog. 86 (1969) 84–95
Taga, N., O. Matsuda: Bacterial populations attached to plankton and detritus in sea water. In: Effects of the Ocean Environment on Microbial Activities, hrsg. von R. R. Collwell, R. Y. Morita. University Park Press, Baltimore 1974 S. 433–448
Wood, E. J. F.: Marine algae in the deep Oceans. In: The Ocean World. Proceedings of Joint Oceanographic Assembly IAPSO, IABO, CMG, SCOR, TOKYO JAP. Soc. for the Promotion of Science, hrsg. von M. Uda. 1971 (S. 254–255)

7.2.3. Kap. 3: Die großen marinen Oekosysteme

Alldredge, A.: Appendicularians. Sci. Amer. 235 (1976) 94–102
Bainbridge, R.: Studies of the interrelationships of zooplankton and phytoplankton. J. mar. biol. Ass. U. K. 32 (1953) 385
Boden, B. P., E. M. Kampa: The influence of natural light on the vertical migrations of an animal community in the sea. Symp. Zool. Soc. (Lond.) 19 (1967) 15–26
Bogorov, B. G.: Peculiarities of diurnal vertical migration of zooplankton in polar seas. J. Mar. Res. 6 (1946) 25–32
Carr, A.: The navigation of the green turtle. Sci. Amer. 212 (1965) 78–87
Conover, R. J.: Feeding on large particles by *Calanus hyperboreus* (Kröger). In: Some Contemporary Studies in marine Science, hrsg. von H. Barnes, Allen & Unwin, London 1966 (S. 187–194)
Cushing, D. H.: The vertical migration of planktonic crustacea. Biol. Rev. 26 (1951) 158–192
Dietz, R. S.: The sea's deep scattering layers. Sci. Amer. 207 (1962) 44–64
Fage, L., Fontaine: Migrations. In: Traité de Zoologie, Bd. XIII, hrsg. von P. P. Grassé, Masson, Paris 1958

Fiedler, K.: Verhaltensstudien an Lippfischen der Gattung *Crenilabrus* (*Labridae, Perciformes*). Z. Tierpsychol. 21 (1964) 521–591
Goreau, T. F.: Problems of growth and calcium deposition in reef corals. Endeavour 20 (1961) 32–39
Gray, J.: How fishes swim. Sci. Amer. 197 (1957) 48–65
Hardy, A. C.: The continuous plankton recorder. Discov. Rep. 11 (1936) 457–510
Harvey, H. W.: Notes on selective feeding by *Calanus*. J. mar. biol. Ass. U. K. 22 (1937) 97–100
Hasler, A. O., J. A. Larsen: The homing salmon. Sci. Amer. 193 (1955) 72–76
Heron, A. C.: Plankton gauze. In: Zooplankton Sampling Monographs on Oceanographic Methodology, Bd. II. Unesco Press, Paris 1974 (S. 19–26)
Holme, N. A.: Methods for sampling the benthos. Advanc. Mar. Biol. 2 (1964) 171–260
Hughes, G. C.: Studies of fungi in oceans and estuaries since 1961. I. Lignicolous, caulicolous and follicolous species. Oceanogr. Mar. Biol. Ann. Rev. 13 (1975) 69–180
Mayer, A. G.: Ctenophores of the Atlantic Coast of North America. Carnegie Institution of Washington, Washington, DC 162 1912 (S. 1–58).
Mergner, H.: Cnidaria. In: Experimental Embryology of Marine and Fresh-Water Invertebrates, hrsg. von G. Reverberi. North Holland Publishing Co., Amsterdam 1971 (S. 1–84)
Perès, J. M., J. Picard: Manuel de Bionomie benthique de la Mer Méditerranée, Recl. Trav. Stat. mar. Endoume 14–23 (1958) 7–122
Petersen, C. G. J.: Valuation of the sea. II. The animal communities of the sea-bottom and their importance for marine zoogeography. Rep. Danish biol. Stat. 21, (1913) 44–68
Ryther, J. H.: The Sargasso Sea. Sci. Amer. 194 (1956) 98–104
Thorson, G.: Bottom communities (sublittoral or shallow shelf). Mem. Geol. Soc. Amer. 67 (1957) 461–534
Tranter, D. J., P. E. Smith: Filtration performance. In: Zooplankton Sampling, Unesco Press, Paris 1968 (S. 27–56)
Tucker, D. W.: A new solution to the Atlantic eel problem. Nature (Lond.) 183 (1959) 495–501
Werner, B.: Spermatozeugmen und Paarungsverhalten bei *Tripedalia cystophora* (*Cubomedusae*). Mar. Biol. 18 (1973) 212–217
Wolff, T.: The concept of the hadal or ultra abyssal fauna. Deep Sea Res. 17 (1970) 981–1003
Yonge, C. M.: The biology of coral reefs. Advanc. Mar. Biol. 1 (1963) 209–260

7.2.4. Kap. 4: Physikalisch-chemische Parameter und ihre biologischen Implikationen.

Bowmaker, J. K.: Vision in pelagic animals. In: Adaptation to Environment: Essays on the Physiology of Marine Animals" hrsg. von R. C. Newell, Butterworth, London 1976 S. (430–479)
Carey, F. G.: Fishes with warm bodies. Sci. Amer. 228 (1973) 36–49
Clarke, G. L., E. J. Denton: Light in animal life. In: The Sea, Bd. I, hrsg. von M. N. Hill, Wiley, New York, 1962 (S. 456–468)
Denton, E. J.: The buoyancy of fish and cephalopods. Progr. Biophys. 11 (1961) 178–234
Denton, E. J., J. B. Gilpin-Brown: Floatation mechanisms in modern and fossil cephalopods. Advanc. Mar. Biol. (1973) 197–268
Denton, E. J., F. J. Warren: Eyes of *Histioteuthidae*, Nature (Lond.) 219 (1968) 400–401
Elsner, R.: Cardiovascular adjustment to diving. In: The Biology of Marine Mammals, hrsg. von H. T. Andersen. Academic Press, London 1969 (S. 117–145)
Fischer, A. G.: Latitudinal variation in organic diversity. Evolution 14 (1960) 64–81
Hargens, A. R., S. V. Shabica: Protection against lethal freezing temperatures by mucus in antarctic limpet. Cryobiology 10 (1973) 331–337
Irving, L.: Temperature regulation in marine mammals. In: The Biology of Marine Mammals hrsg. von H. T. Andersen. Academic Press, London 1969 (S. 147–174)
Jankowsky, H. D., H. Laudien, H. Precht: Ist intrazelluläre Eisbildung bei Tieren tödlich? Versuch mit Polypen der Gattung *Laomedea*. Mar. Biol. 3 (1969) 73–77
Kaelin, J.: Ein Wunderwerk der Statik: der Schulp des Tintenfisches. Mikrokosmos 56 (1967) 230–238
Kooyman, G. L., H. T. Andersen: Deep diving. In: The Biology of Marine Mammals hrsg. von H. T. Andersen. Academic Press, London 1969 (S. 65–94)
Landau, J. V., A. M. Zimmermann, D. A.

Marsland: Temperature-pressure experiments on *Amoeba proteus* plasmagel structure in relation to form and movement. J. cell. comp. Physiol. 44 (1954) 211–232
Locket, N. A.: Deep-sea fish retina. Brit. med. Bull. 26 (1970) 107–111
McElroy, W. D., H. H. Seliger: Biological luminescence. Sci. Amer. 207 (1975) 76–91
Mead, J. G.: Anatomy of the external nasal passage and the facial complex in the *Delphinidae (Mammalia: Cetacea)*. Smithson. Contrib. Zool. 207 (1975) 1–72
Murphy, R. C.: The oceanic life of the antarctic. Sci. Amer. 207 (1962) 186–211.
Naylor, E.: Tidal and diurnal rhythms of locomotory activity in *Carcinus maenas* L. J. exp. Biol. 35 (1958) 602
Naylor, E.: Rhythmic behaviour and reproduction in marine animals. In: Adaptation to Environment, hrsg. von R. C. Newell. Butterworth, London 1976 (S. 393–429)
Nicol, J. A. C.: Bioluminescence. In: Fish Physiology III, hrsg. von W. S. Hoar, D. J. Randall. Academic Press, London 1969
Norris, K. S.: The echolocation in marine mammals. In: The Biology of Marine Mammals, hrsg. von H. T. Andersen. Academic Press, London 1969 (S. 391–423)
Palmer, J. D.: Tidal rhythms: The clock control of the rhythmic physiology of marine organisms. Biol. Rev. 43 (1973) 377–418
Palmer, J. D.: Biological clocks of the tidal zone. Sci. Amer. 232 (1975) 70–79
Potts, D. C., R. W. Morris: Some body fluid characteristics of the antarctic fish *Trematomus bernacchii*. Mar. Biol. 1 (1968) 269–276
Raymont, J. A., A. L. Devries: Freezing behavior of fish blood glycoproteins with antifreeze properties. Cryobiology 9 (1972) 541–547
Ruud, J. T.: The Ice Fish. Readings from Scientific American Oceanography. Freeman, San Franciso 1971 (S. 300–305)
Schevill, W. E., W. A. Watkins: Whale and Porpoise Voices. Langspielplatte mit Stimmen von Walen mit erläuternder Broschüre. Woods Hole Oceanographic Institution, Woods Hole, Mass.
Scholander, P. F.: Experimental investigations on the respiratory function in diving mammals and birds. Hvalrad. Skr. Norske Vidensk. Akad. Oslo 22 (1940) 1
Scholander, P. F.: Secretion of gases against high pressure in the swim bladder of deep sea fishes. II. The rete mirabile. Biol. Bull. 107 (1954) 260–277
Scholander, P. F., J. E. Maggert: Supercooling and ice propagation in blood from arctic fishes. Cryobiology 8 (1971) 371–374
Scholander, P. F., L. Irving, S. W. Grinnell: Aerobic and anaerobic changes in seal muscles during diving. J. Biol. Chem. 142 (1942) 431
Scholander, P. F., V. Walters, R. Hock, L. Irving: Body insulation of some arctic and tropical mammals and birds. Biol. Bull. 99 (1950) 225–236
Steen, J. B.: The swimbladder as a hydrostatic organ. In: Fish Physiology, Bd. IV hrsg. von W. S. Hoar, D. J. Randall. Academic Press, London 1970
Theede, H.: Vergleichende oekologisch-physiologische Untersuchungen zur zellulären Kälteresistenz mariner Evertebraten. Mar. Biol. 15 (1972) 160–191
Weale, R. A.: Binocular vision and deep-sea fish. Nature (Lond.) 175 (1955) 996.
Werner, B.: Die Verbreitung und das jahreszeitliche Auftreten der Anthomeduse *Rathkea octopunctata* M. Sars sowie die Temperaturabhängigkeit ihrer Entwicklung und Fortpflanzung. Helgoländer wiss. Meeresunters. 6 (1958) 137–170
Wilson, W. D.: Speed of sound in sea water as a function of temperature, pressure and salinity. J. acoust. Soc. Amer. 32 (1960) 641
Young, J. Z.: Learning and discrimination in the octopus. Biol. Rev. 36 (1961) 32–96
Zeuthen, E.: Body size and metabolic rate in the animal kingdom with special regard to the marine microfauna. C. R. Lab. Carlsberg sér. Chim. 26 (1947) 17

7.2.5. Kap. 5: Fortpflanzungsbiologie

Baltzer, F.: Untersuchungen über die Entwicklung und Geschlechtsbestimmung der *Bonellia*. Pubbl. Staz. Zool. Napoli 6 (1925) 223–287
De Silva, P.H. D.H.: Experiments on choice of substrata by *Spirorbis* larvae *(Serpulidae)*. J. exp. Biol. 39 (1962) 483
Harrison, R. J.: Reproduction and reproductive organs. In: The Biology of Marine Mammals, hrsg. von H. T. Andersen. Academic Press, London 1969 (S. 253–390)
Hedgpeth, J. W.: Concepts of marine eco-

logy. Geol. Soc. Amer. Mem. 67 (1957) 29–52
Jensen, P.B.: Valuation of the Limfjord. I. Studies on the fish-food in the Limfjord 1909–1917: its quantity, variation and animal production. Rep. Danish Biol. Stat. 26 (1919) 1–44
Leutert, R.: Zur Geschlechtsbestimmung und Gametogenese von *Bonellia viridis* Rolando. J. Embryol. exp. Morph. 32 (1974) 169–193
Miller, R.L.: Chemotaxis during fertilization in the hydroid *Campanularia*. J. exp. Zool. 161 (1966) 23–44
Müller, W.A.: Metamorphose-Induktion bei Planulalarven. I. Der bakterielle Induktor. Wilhelm Roux' Arch. Entwickl.-Mech. Org. 173 (1973) 107–121
Reinboth, R.: Morphologische und funktionelle Zweigeschlechtigkeit bei marinen Teleostiern (*Serranidae*, *Sparidae*, *Centracanthidae*, *Labridae*), Zool. Jb. Allg. Zool. Physiol. Tiere 69 (1962) 405–480
Thorson, G.: Zur jetzigen Lage der marinen Bodentier-Oekologie. Verh. dtsch. Zool. Ges. (1951) 226–327
Thorson, G.: Bottom communities (sublittoral or shallow shelf). Treatise on marine ecology and paleoecology 1. Geol. Soc. Amer. Mem. 67 (1957) 461–534
Thorson, G.: Length of pelagic larval life in marine bottom invertebrates as related to larval transport by Ocean currents. Oceanograph. Amer. Ass. Advanc. Sci. (1961) 455–474

7.2.6. Kap. 6: Zur Produktivität der Meere

Von Haken, W.: Algenchemie – ein neuer Wirtschaftszweig. Chem. Ind. 10 (1958) 246–250
Holt, S.J.: The food resources of the Ocean. In: Readings from Scientific American: Oceanography. Freeman, San Francisco 1969 (S. 356–368)
Loosanoff, V.L., H.C. Davis: Rearing of bivalve molluscs. Advanc. Mar. Biol. 1 (1963) 2–136
Pinchot, G.B. Marine farming. Sci. Amer. 223 (1970) 15–21
Woodwell, G.M. The carbon dioxide question. Sci. Amer. 238 (1978) 34–43.

Sachverzeichnis

Kursive Zahlen verweisen auf Abbildungen, **halbfette** auf ausführliche Textstellen.

A

B

C

D

F

G

M

N

O

U

V

W